“十三五”江苏省高等学校重点教材(编号 2017-1-041)

中国天气概论

（第三版）

寿绍文　主编

徐海明　王咏青
寿亦萱　励申申　参编

气象出版社
China Meteorological Press

内容简介

本书全面系统地论述了中国重要天气的特点以及分析预报的理论与方法，还介绍了中期、短期、甚短期及临近期天气预报的方法和最新研究成果。全书共9章，分别介绍了我国的天气气候特点、季风的影响、重要天气系统，以及寒潮、暴雨、强对流、台风和冷冻、雾、霾、沙尘暴与夏季高温等主要灾害性天气和高影响天气过程的分析和预报，最后对天气预报技术和方法的发展作了概述。本书是现代天气学成套教材的重要组成部分，可作为气象及相关专业的教材或科研和业务人员的参考书。

图书在版编目（CIP）数据
中国天气概论 / 寿绍文主编. -- 3版. -- 北京 : 气象出版社, 2025. 1（2025. 9重印）.
ISBN 978-7-5029-8419-9
Ⅰ. P4
中国国家版本馆CIP数据核字第2025JQ8209号

Zhongguo Tianqi Gailun (Di-san Ban)
中国天气概论（第三版）
寿绍文　主编

出版发行：气象出版社
地　　址：北京市海淀区中关村南大街46号　　邮政编码：100081
电　　话：010-68407112（总编室）　010-68408042（发行部）
网　　址：http://www.qxcbs.com　　E-mail：qxcbs@cma.gov.cn
责任编辑：杨泽彬　　终　　审：张　斌
封面设计：北京地大彩印设计中心　　责任技编：赵相宁
印　　刷：三河市君旺印务有限公司
开　　本：720 mm×960 mm　1/16　　印　　张：31
字　　数：600千字
版　　次：2025年1月第1版　　印　　次：2025年9月第2次印刷
定　　价：78.00元

第三版前言

天气学是研究天气变化规律和天气分析与预报方法的科学，具有极为重要的应用价值和科学意义。天气学课程是气象和其他相关专业学生最重要的专业课程之一。

现代天气学是一个内容极为丰富的巨大的理论、知识和技能体系，在教学中必须有多门课程和成套教材循序渐进地有机配合才能有效地适应需要。多年来，我们通过不断的科研和教学实践，针对教学对象需要的多样性，已经逐步形成了天气学理论与实践的成套教材，主要包括《天气学》《天气学基本原理》《中国天气概论》《天气学分析》和《现代天气学方法》以及《中尺度气象学》《中尺度大气动力学》和英文版的《中尺度气象学引论》(*An Introduction to Mesoscale Meteorology*)、《天气学——天气分析与预报基础》(*Synoptic Meteorology--Fundamentals of Weather Analysis and Forecasting*)和《中国天气概论》(*An Introduction to the Weather in China*)等教材，以便能够广泛地满足气象专业及其他气象相关专业课程的教学需要。任课教师可以根据不同教学对象及教学大纲的具体要求，来选择教材和组织教学内容。

作为现代天气学成套教材的重要组成部分，本书(《中国天气概论》)是对中国的天气气候、季风、天气系统以及寒潮、暴雨、强对流 、台风等严重灾害天气和其他高影响天气的基本理论和知识，以及中期、短期、甚短期及临近期天气预报的方法和最新研究成果，气象学的发展历史及展望的简要介绍。

本书出版以来受到广大读者的厚爱，此次又获得了一次宝贵的再版机会。值此机会我们对本书部分内容作了必要的修订和调整。

本书由国家特色专业建设项目、国家级精品课程项目、江苏省高校优势学科建设工程资助项目（PAPD）、江苏省高等教育教改研究立项课题（2015JSJG032）、国家自然科学基金项目（41575048、41965001、41475041、42030611）、江苏高校品牌专业建设工程资助项目（TAPP）以及南京信息工程大学教材建设基金项目资助。本书编写和修订过程中得到南京信息工程大学校内外专家们的热情鼓励，以及学校各级领导、同事和气象出版社编辑们的大力支持与帮助。在此谨一并向他们表示最深切的谢意。同时也诚挚地期望继续得到广大读者的批评指正。

编著者

2024 年 8 月于南京

第二版前言

《中国天气概论》(第一版)自出版以来，一直受到广大读者的普遍欢迎和好评。近期本书又荣幸地被南京信息工程大学及江苏省教育厅列为学校重点教材建设项目和“十三五”江苏省高等学校重点教材建设项目。因此获得了一次宝贵的修订和再版机会。

《中国天气概论》系统地介绍了关于中国的天气气候、季风、天气系统以及寒潮、暴雨、强对流、台风等严重灾害天气和其他高影响天气的基本理论和知识，以及短期、甚短期及临近期天气预报的方法和最新研究成果。

在本次修订中，我们根据教学实践体会和广大读者的宝贵意见及建议，对本书第一版的原有内容作了适当的增删、调整和订正。参与本次修订的有徐海明(重点修订第二、第五等章)、王咏青(重点修订第四、第七等章)、励申申(重点修订第一、第三、第六、第八等章)和寿绍文(主编，负责全书各章修订和统编)。

本书在修订过程中得到有关领导和同事们以及很多专家学者和气象出版社的领导及编辑们的鼓励、支持与帮助，特别是还得到李泽椿院士、丁一汇院士、陶祖钰教授、于玉斌教授、姚秀萍教授等专家的审阅和教正。本书的出版得到国家级特色专业建设项目、国家级教学团队建设项目、国家级精品课程建设项目、国家级自然科学基金项目、中国气象局与南京信息工程大学局校共建的重点教材建设基金项目、江苏高校品牌专业建设工程资助项目(PPZY2015A016)及2015年江苏省高等教育教改研究立项课题(2015JSJG032)等的资助。在此我们一并向他们致以衷心的感谢,并诚挚地欢迎广大读者继续给予帮助和指正。

编著者

2018年12月于南京

第一版前言

我国地处东亚，疆域辽阔，地形复杂，由于受到地理、气候以及大气环流的影响，各地的天气复杂多变，各种灾害天气和高影响天气频繁发生，有时甚至造成十分严重的巨灾。因此，气象部门发布的每日每时的天气变化信息都受到广大人民群众的密切关注，而关于这些天气变化的发生发展机制和分析预报方法则更是广大气象专业工作者们孜孜不倦地研究的重大课题。最近几十年来，国内外气象工作者取得了大量研究成果和经验，本书的目的是将它们加以总结归纳和继承发扬。全书共八章，分别介绍了我国的天气气候特点、季风的影响、主要天气系统以及寒潮、暴雨、强对流天气、台风、冷冻、大雾、沙尘暴和夏季高温等高影响天气的相关知识及分析和预报的原理与方法。

中国天气是一个复杂和巨大的研究课题，迄今的研究成果极为丰富、深入，本书虽力图全面详尽介绍，但限于篇幅，有的只能择要概述，难免挂一漏万。书中还难免有其他错误和不足之处，热忱希望大家指正，以便今后改正和改进。

本书在编写过程中得到有关领导和同事们以及很多专家学者和气象出版社编辑们的关心、支持、鼓励与帮助，在此谨向他们表示诚挚的谢意。

编著者

2012 年 8 月于南京

目　　录

第三版前言

第二版前言

第一版前言

第1章　天气气候……………………………………………………………(1)

1.1　中国的地理特点及其影响 ……………………………………………(1)

1.2　中国的季节划分及四季特征 …………………………………………(9)

1.3　中国主要的气象资源和灾害…………………………………………(16)

1.4　中国重要天气的地理分布……………………………………………(21)

1.5　极端天气气候事件……………………………………………………(24)

复习与思考 …………………………………………………………………(28)

参考文献 ……………………………………………………………………(28)

第2章　季风 ……………………………………………………………(30)

2.1　季风及其影响…………………………………………………………(30)

2.2　季风指数及其应用……………………………………………………(31)

2.3　季风环流系统 …………………………………………………………(37)

2.4　东亚季风的形成和变化………………………………………………(49)

2.5　全球季风………………………………………………………………(53)

复习与思考 …………………………………………………………………(54)

参考文献 ……………………………………………………………………(54)

第3章　天气系统 ………………………………………………………(60)

3.1　气团与锋面……………………………………………………………(60)

3.2　气旋与反气旋 …………………………………………………………(73)

3.3　切变线及低涡…………………………………………………………(83)

3.4　副热带高压 ……………………………………………………………(92)

3.5　高原系统 …………………………………………………………………… (110)
3.6　高低空急流 ………………………………………………………………… (113)
复习与思考…………………………………………………………………………… (118)
参考文献……………………………………………………………………………… (119)
第 4 章　寒潮………………………………………………………………………… (121)
4.1　概述 …………………………………………………………………………… (121)
4.2　极地环流及西风带扰动 …………………………………………………… (126)
4.3　寒潮天气系统和天气过程 ………………………………………………… (137)
4.4　寒潮天气的预报 …………………………………………………………… (149)
复习与思考…………………………………………………………………………… (156)
参考文献……………………………………………………………………………… (157)
第 5 章　暴雨………………………………………………………………………… (161)
5.1　概况 …………………………………………………………………………… (161)
5.2　大范围降水的环流特征 …………………………………………………… (167)
5.3　不同尺度天气系统对暴雨的作用 ………………………………………… (185)
5.4　暴雨的诊断分析 …………………………………………………………… (197)
5.5　暴雨的预报 ………………………………………………………………… (219)
复习与思考…………………………………………………………………………… (238)
参考文献……………………………………………………………………………… (239)
第 6 章　强对流天气………………………………………………………………… (245)
6.1　概况 …………………………………………………………………………… (245)
6.2　强对流系统的结构及天气成因 …………………………………………… (249)
6.3　中小尺度天气系统 ………………………………………………………… (274)
6.4　影响对流性天气的因子 …………………………………………………… (290)
6.5　对流性天气的预报 ………………………………………………………… (311)
复习与思考…………………………………………………………………………… (344)
参考文献……………………………………………………………………………… (345)
第 7 章　台风………………………………………………………………………… (350)
7.1　台风的定义及气候特征 …………………………………………………… (350)

7.2　台风的结构特性 …… (354)
7.3　台风移动的路径及预报 …… (366)
7.4　台风的发生和发展 …… (376)
7.5　台风天气及其预报 …… (385)
7.6　赤道辐合带 …… (392)
7.7　热带扰动和涡旋 …… (397)
7.8　热带云团 …… (406)
复习与思考 …… (409)
参考文献 …… (410)
第8章　高影响天气 …… (423)
8.1　冷冻天气 …… (423)
8.2　雾、霾天气 …… (433)
8.3　沙尘天气 …… (437)
8.4　夏季高温天气 …… (440)
8.5　环境气象问题 …… (443)
复习与思考 …… (444)
参考文献 …… (446)
第9章　天气预报的技术和方法 …… (449)
9.1　天气预报的类别 …… (449)
9.2　天气预报的发展历程 …… (450)
9.3　现代天气探测技术及应用 …… (451)
9.4　现代天气诊断分析-预报方法 …… (454)
9.5　数值天气预报及其产品释用 …… (460)
9.6　气象的高质量发展 …… (462)
复习与思考 …… (468)
参考文献 …… (468)
附录A　蒲福风力等级表 …… (473)
附录B　西北太平洋和南海热带气旋命名表 …… (475)
附录C　中央气象台气象灾害预警发布办法 …… (477)

第 1 章　天气气候

我国各地的天气及其变化一般都有明显的地理及气候背景。本章将简要讨论我国的地理环境、季节变化和主要灾害天气气候等方面的特点。

1.1　中国的地理特点及其影响

1.1.1　中国地理概况

中国位于亚洲东部、太平洋西岸，陆地面积 960 多万平方千米。其领土范围东西横跨 60 多个经度，距离约 5200 km，南北纵越约 50 个纬度，距离约 5500 km。其最北端在黑龙江省漠河以北的黑龙江主航道中心线上（53°N 附近），最南端在南海的南沙群岛中的曾母暗沙（4°N 附近），最东端在黑龙江省的黑龙江与乌苏里江主航道中心线的相交处（135°E 附近），最西端在新疆帕米尔高原（73°E 附近）。中国所濒临的海洋，从北到南，依次为渤海、黄海、东海、南海，海岸线长 18000 多千米。沿海有岛屿 5000 多个，绝大多数分布在长江口以南的海域。其中最大的岛屿是台湾岛，其次是海南岛。辽东半岛是中国最大的半岛，其次是山东半岛和雷州半岛。

中国是个多山的国家，山多且高。山区面积约占全国总面积的 2/3，平原面积仅占 1/10 多一点。其主要大山脉有东北的大、小兴安岭和长白山脉；华北的阴山山脉、燕山山脉和太行山脉；华南的武夷山脉、南岭山脉；西南的横断山脉；西北的阿尔泰山脉、天山山脉、阿尔金山脉、祁连山脉、秦岭山脉；青藏高原地区的昆仑山脉、巴颜喀拉山脉、唐古拉山脉、喀喇昆仑山脉、冈底斯山脉和喜马拉雅山脉。喜马拉雅山脉主脉平均海拔超过 6000 m，是世界上最雄伟的山脉，其主峰珠穆朗玛峰海拔 8848.86 m，是世界第一高峰。中国有四大高原、四大盆地、三大平原。四大高原包括青藏高原、内蒙古高原以及黄土高原和云贵高原，其中青藏高原是世界最高的高原，平均海拔 4000 m 以上。四大盆地包括塔里木盆地、准噶尔盆地、柴达木盆地和四川盆地，其中塔里木盆地位于新疆境内，在天山以南，是中国面积最大的盆地。塔克拉玛干沙漠是中国面积最大的沙漠，也是世界最大的流动沙漠。准噶尔盆地位于新疆境内，在天山以北。柴达木盆地平均海拔在 3000 m 左右，是中国地势最高的盆地。三大平原包括东北平原、华北平原和长江中下游平原。其中东北平原是中国面积最大的平原，华北平原是中国第二大平原,长江中下游平原的地势很低,平均海拔在 10 m 以下,河流多,湖泊多(图 1.1)。

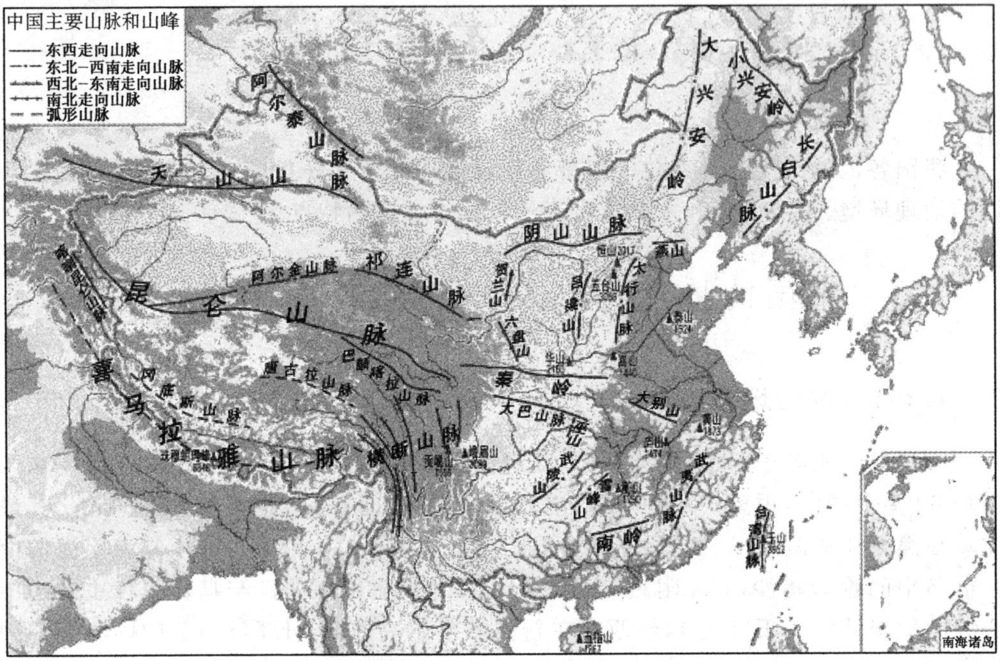

图 1.1 中国主要山脉和山峰分布(Wang et al. ,2007)

中国地势西高东低,呈三级阶梯分布。最高的第一阶梯以高原为主,包括青藏高原、柴达木盆地、昆仑山、阿尔金山、祁连山、横断山脉等大山脉;第二阶梯以高原为主,包括内蒙古高原、黄土高原、云贵高原和塔里木盆地、准噶尔盆地、四川盆地;最低的第三阶梯以平原、丘陵为主,包括东北平原、华北平原、长江中下游平原以及辽东丘陵、山东丘陵和东南丘陵等丘陵地带。长江和黄河是中国最大的河流,它们均发源于青藏高原,自西向东流入海洋。长江全长约 6300 km,流经中国 11 省(自治区、直辖市),它的长度、流量位居中国第一,世界第三。黄河长度约 5500 km,是中国第二长河。

1.1.2 地理对气候的影响

由于中国地处太平洋的西岸,欧亚大陆的东南部,陆地面积广阔,所以使中国成为世界上著名的季风气候区。大多数地方冬季寒冷、降水少;夏季炎热、降水多。而且南方和北方差异明显。从地理上看,秦岭—淮河一线是中国南方与北方的界线。冬季,秦岭—淮河一线以北的地区,平均气温都在零摄氏度以下,夏季中国大多数地方气温普遍较高(图 1.2)。吐鲁番盆地中部的艾丁湖,是中国地势最低的地方,湖面低于海平面 154 m。夏季中国气温最高的地方是吐鲁番,7 月平均气温在 33 ℃以上,人称“火洲”,但昼夜温差很大。夏季中国长江沿岸的不少沿江城市气温较高,素有“火炉”之称。

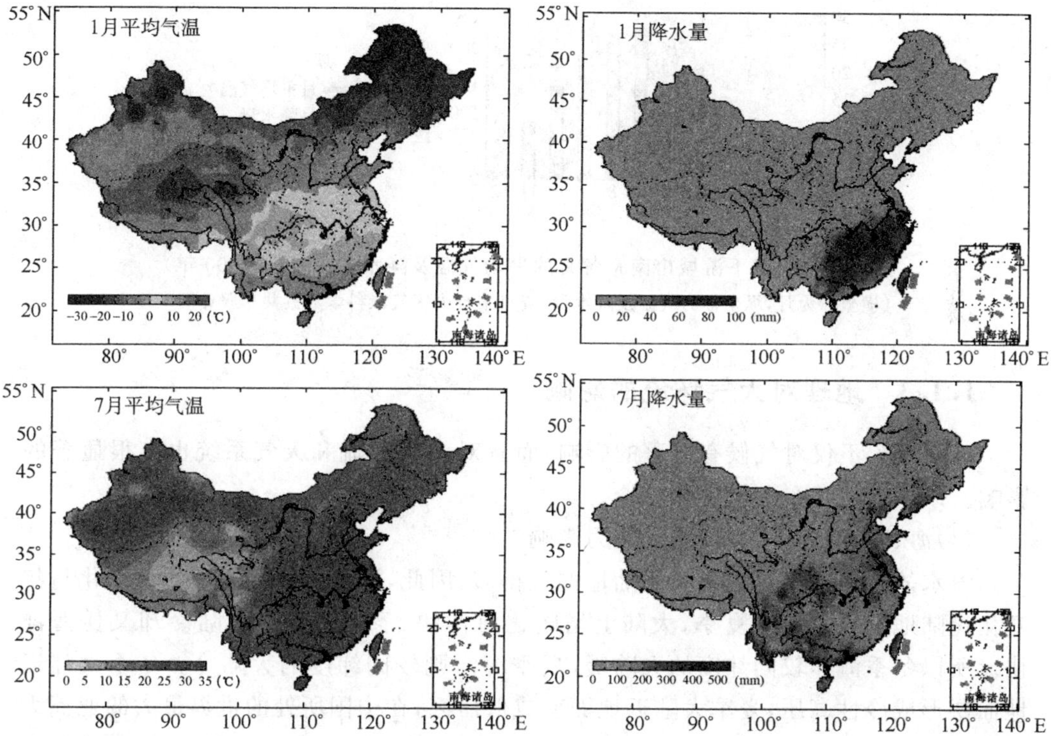

图 1.2　中国 1 月和 7 月的月平均气温和月平均降水量分布(1971—2000 年平均)
(国家气象信息中心气象资料室)

中国降水量分布东多西少,沿海多于内陆(图 1.2)。降水量最多的地方在台湾省东北部的火烧寮,年平均降水量达 6558 mm;降水最少的地方则数新疆吐鲁番盆地中的托克逊,年平均降水量仅 5.9 mm。每年 6 月中旬,在江淮流域为“梅雨”季节。7 月、8 月梅雨季节过后,在江淮流域随之出现高温干旱的“伏旱”天气。中国地形呈西高东低、朝大洋方向逐级下降的特点,不仅有利于来自东南方向的暖湿海洋气流深入内地,对中国的气候产生深刻而良好的影响,而且使中国东部平原、丘陵地区能得到充分的降水,为中国农业生产的发展提供了优越的水、热条件。

特别是长江流域季风气候有非常显著的特点:冬冷夏热,四季分明,降水丰沛,雨热同季。以地处长江下游的南京为例,一年中,气温 1—7 月逐月升高,7—12 月逐月降低;降水量1—6月逐月增大,6—12月逐月减少(图1.3)。这种雨热大体同步升降的特点,为农业生产提供了优越的气候条件。正是由于得益于季风气候,黄河和长江流域才成为了世界农耕文化的发祥地之一,并列为我国古代农业文明的起源地。中国的季风气候环境为中华民族提供了文明发展的优越条件。

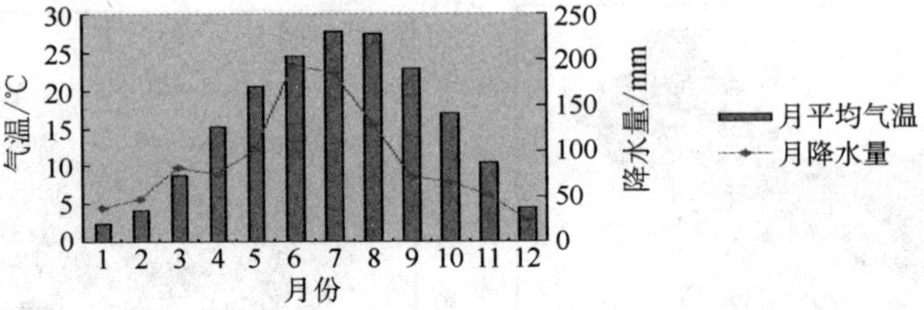

图1.3 长江下游城市南京各月的平均气温及降水量(1971—2000年)
(横坐标为月,纵坐标为气温及降水量,资料来自中国气象科学数据共享服务网)

1.1.3 地理对大气环流的影响

地理因子不仅对气候有显著的影响,而且对大气环流和天气系统也有很显著的影响。以下仅就几个方面进行讨论。

(1)海、陆分布对大气环流的热力影响

海水的比热容和热容量要比陆地的大得多,因此,海洋上空气温度的日变化与年变化比陆地上小得多。夏季,大陆上增暖比海洋快。冬季相反,大陆冷却又比海洋快。所以冬季海洋较同纬度的大陆暖,夏季海洋则较同纬度的大陆冷。冬季大陆近地面层形成冷性高压,夏季大陆近地面变成低压区,在中国所处的世界最大的亚洲大陆上,热低压特别强大。而夏季在海洋上的副热带高压比冬季强大得多。海、陆分布不但对近地面层的气压系统有直接影响,而且对于对流层中部西风带平均槽、脊的形成也有重要作用。

(2)地形对大气环流的动力影响

大范围的高原和山脉对大气环流的影响是相当显著的。它们可以迫使气流绕行、分支或爬坡、越过,并使气流速度发生变化。以青藏高原为例,冬季青藏高原位于西风带里,高大的高原使500 hPa以下西风环流明显分支、绕流和汇合,从而使得高原迎风坡和背风坡形成弱风的"死水区",西风绕流作用形成北脊和南槽,并且对南、北两支西风起稳定作用。我国西南地区位于高原东侧的"死水区",南支西风在高原南部形成的孟加拉湾低槽,槽前的偏西南风又受地形摩擦作用而减弱,具有气旋性切变,故冬春季节我国西南地区处于孟加拉湾地形槽前,以致低涡活动特别多。除此而外,较高层的西风气流也可以爬坡自由地通过高原,并在高原东侧下坡。而且气流在迎风坡有利于反气旋性涡度加强，在背风坡有利于气旋性涡度加强。因此，冬季东亚大槽位于大陆东岸，这是海陆热力差异和西藏高原地形动力作用两者共同作用的结果。而夏季东亚大槽并不在大陆东岸，比冬季位置要偏东一些，由此可以看出大地形的动力作用。

(3)地形对大气环流的热力影响

青藏高原相对于四周的自由大气来说，在夏季起着强大的热源作用。在冬季高原的东南部也是一个热源，西部一般认为是冷源，而东北部是冷源还是热源尚未有定论。10月至翌年4月高原西部边界层里形成一个冷高压(图1.4a)；而6—8月却是热低压(图1.4b)。高原热力作用还影响这个地区的东、西风环流。隆冬过后，高原西部地区冷源作用减弱，其上空的大气也日益增温，削弱了高原南侧的南北向温度梯度，加强了北侧的南北向温度梯度。根据热成风原理，高原南侧西风减弱，北侧西风加强。当加热到一定程度，高原成为一个巨大的热源时，高原南侧的温度梯度就变成为由北指向南，高原南侧西风消失变为东风环流，可见高原热源作用非常巨大。夏季，青藏高原这个巨大热源使它上空的大气几乎在整个对流层内都呈对流性不稳定、高温并高湿。高原的近地面层，总的来说是个热低压，低压中由于气流辐合产生大规模的对流活动，把地面的感热和高温、高湿空气释放的潜热带到高层，使得空气柱变暖。在静力学关系的约束下，高空等压面抬高，产生辐散，又有利于低空辐合加强。根据青藏高原气象科学实验期间计算表明，夏季高原相应区域的平均散度的垂直分布为，地面至500 hPa有辐合，而500 hPa以上有辐散，400 hPa高度上辐散达到极大(叶笃正 等，1979)。根据涡度方程可知，辐合有利于气旋性涡度维持与加强，使反气旋性涡度减弱；辐散则有利于反气旋性涡度维持与加强。在这种情况下若有动力性的伊朗高压东移(或是动力性的副热带高压移上高原，这种情况较少见)，原来具有动力性的伊朗高压，出现晴空天气，进入高原就变性为热力性高压，热力性高压的近地

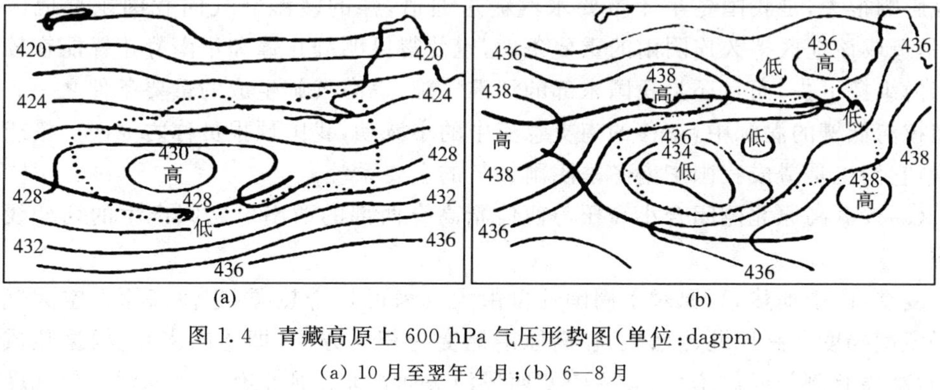

图1.4 青藏高原上600 hPa气压形势图(单位：dagpm)

(a) 10月至翌年4月；(b) 6—8月

(朱乾根 等，2007)

面为暖低压有辐合上升,当水汽条件具备时,对流凝结潜热释放又增强伊朗高压在青藏高原上变性为热力性高压,潜热在高层释放有利高层辐散,使动力性高压的高层辐合转变为辐散,辐散有利高层高压的反气旋性涡度维持与加大,高层辐散还有利低层辐合加强,而辐合又使低层的反气旋性涡度难以维持,持续作用将转变为气旋性涡度,形成了具有上升气流的热力性青藏高压。它从高原东部继续东移,到达我国大陆东部时,强度经常减弱。如遇到西太平洋副热带高压西伸时,两者叠加,又可变为动力性反气旋,在它的控制下,盛行下沉运动的晴旱天气。

1.1.4 地理因子对天气系统的影响

地形对天气系统和天气过程有十分明显的影响,下面仅就几方面来说明。

(1)青藏高原南北部的地形槽脊的影响

如前所说,冬季对流层下半部的西风带,受到青藏高原阻挠而分为南、北两支,绕过高原,向东流去,而在对流层中、上部的气流则爬坡越过高原。这两种作用使得高原北部形成一个地形脊,南部形成地形槽,它们对东亚的天气过程有很大影响。在冬季,从欧洲东移来的长波槽在高原邻近就开始减速减弱,往往还分为两段,远离高原的北段迅速东移,至贝加尔湖附近才有可能重新加强。槽的南段或是切断变成冷涡,停滞少动并渐渐就地减弱,或是绕过高原往东移去。但是并非所有的高空槽都是不能越过高原而东移的。当行星锋区位于高原上空时,平直西风中的小槽还是能越过高原的。据统计,冬季每月可以有 5～10 次高空槽移过拉萨。槽在爬山时减弱,气压场表现得不清楚,但温度场上却比较清楚,这样的高空槽也能引起恶劣天气。

(2)青藏高原对南支槽或印缅槽的形成和我国东部天气的影响

冬季,高原对其四周的自由大气来说是个冷源,因而加强了南侧向北的温度梯度,使得南支急流强而稳定。孟加拉湾的地形槽,槽前的暖平流对于高原东部的天气过程影响很大,是我国冬半年重要水汽输送通道,强的暖湿空气向我国东部地区输送,是造成该地区持久连阴雨的重要条件,也使得昆明静止锋和华南静止锋能在较长时间内维持下去,而且还是我国东部的江淮气旋、东海气旋生成的重要条件之一。从孟加拉湾低槽的涡源中,东移的南支急流中的小波动,我国预报员称之为南支槽或印缅槽,它们也是造成我国华南冬季阴雨天气的主要系统。

(3)青藏高原北侧闭合小高压与西伸副高脊西部的西南风之间产生的切变线的影响

夏季,由于加热,高原对于周围的自由大气来说是个热源,它使高原上空大气的水平温度梯度在高原北侧增大,在高原南侧变为相反方向(即指向南)。根据热成风原理,高原北侧的西风增大,高原南侧西风消失而被东风所取代。高原对大气的摩擦作用使高原北侧的反气旋性涡度相应地明显起来,表现为在 700 hPa 天气图上常常有一个孤立的闭合小高压在祁连山东南侧的兰州附近生成并东移，这个小高压一般称为兰州小高压。在其东部的偏北风和高压南部的偏东风与这个季节西伸的太平洋高压脊西部的西南风之间形成一条切变线。这是我国夏半年黄河流域降水的主要系统之一。切变线随着两侧气流势力的对比变化而南北摆动，伴随着的雨区也南北移动。

(4)青藏高原上空的暖高压的影响

夏季，高原500 hPa上高压活动频繁，对我国天气也有重要影响。例如，范围较大而稳定的暖高压控制高原不仅会造成高原上干旱天气，而且当这种高压向东移到高原边缘时，还会产生暖而干的辐散下沉气流。这种气流又由于有利的下坡地形而又有所加强，所以它在地势较陡的祁连山北坡最为显著，这时河西走廊在地面图上就有强的热低压发展，吹干热的偏东风，也就是干热风。这在小麦灌浆到乳熟期间会造成小麦严重减产。这种稳定的暖高压向东北方移，经常不断发展与西风带的长波脊或西太平洋副热带高压合并，是造成我国夏季酷暑天气的一种重要天气过程。

(5)地形使过山气旋分裂的作用

大气在地表上空运动，除了受下垫面热力作用外，还受地形和摩擦的动力影响。在预报实践中发现，高空槽或地面气旋若移近较大山脉时，常常在山前逐渐填塞，而过山后又重新发展，因此，低压槽(或气旋)过山时，往往分裂为两个，一个在山前，一个在山后。以后，山前的完全消失，仅剩山后的一个槽(或气旋)继续向前移动。

(6) 地形对系统强度变化的作用

当气流过山时，在山前由于地形强迫抬升有上升运动，但上升运动愈至高空愈小，而到大气层顶为零。结果在山前垂直方向上气柱被压缩，但大气近似不可压缩的，因而造成水平方向空气辐散，从而又引起了气旋性涡度的减弱。而在山后，由于下沉运动向上减小，引起垂直方向上气柱被拉长，造成水平方向空气辐合，从而又引起了气旋性涡度加强。由此原理，我们就可理解下面所列的一些在天气分析中常见的事实。

① 当高空槽和地面气旋移过乌拉尔山、萨彦岭，大、小兴安岭，长白山、锡霍特山等大山脉时，会出现在山前填塞、山后重新发展的现象；而高空脊和地面反气旋移近大山脉时，则情况相反，会出现在山前加强、山后减弱的现象。例如，蒙古低压东移过大兴安岭到东北平原时，常会发展成强大的东北低压。

② 由于我国西部青藏高原、云贵高原、蒙古西部萨彦岭等山脉及我国南部南岭、武夷山等山脉的存在，西风槽东移，气旋都是形成在山脉东边的地区。例如，蒙古气旋多生成在蒙古中部、东部，黄河气旋生成在河套及黄河下游地区，江淮气旋生成在长江中下游，南方气旋多生成在东海及南海东北部等地区。

③ 在无明显天气系统东移时，迎风坡常有地形脊形成，背风坡常有地形槽形成。

例如,在黄土高原东侧的华北平原、蒙古高原东侧的东北平原,长白山、锡霍特山东侧的朝鲜、日本海就经常有地形槽形成。长白山、锡霍特山西侧则常有地形脊产生。

(7)高原地形对兰州小高压和西南涡形成的作用

由于偏西气流绕高原而过,在高原北侧形成反气旋性曲率,在高原南侧形成气旋性曲率。从地形等高线看,在兰州附近高原的地形曲率最大,所以在兰州附近,由绕流产生的负曲率涡度和由摩擦产生的负切变涡度最大,总的负涡度生成最大。负涡度生成后,又随高空气流向下游输送,因此在平直西风气流中,在兰州附近不断有小高压中心生成并向东移动。这些小高压南侧的偏东风与副热带高压北侧的偏西风之间即有切变线形成。而在高原南侧绕过的气流,在高原的东南侧则有气旋性涡度生成,即有西南涡生成。

(8)地形对槽脊系统移速变化的作用

高原地形会造成槽脊的移速变化,这可以有多种不同情况:

① 西风带高空槽(脊),经过高原时,在高原各部分移速是不均匀的。当槽线自西向东移动尚未到达高原时,槽前西南气流已到达高原迎风坡,开始上坡运动,因而槽前气旋性涡度减弱,槽移速减慢。当槽线开始上坡时,槽前已全部位于相对平坦的高原中部,无上下坡运动,但槽后则有上坡运动,因而槽后气旋性涡度减弱,反气旋性涡度加强,槽移动加速。当槽线在高原中部时,移速不受地形的影响。当槽线移到高原东坡开始下坡时,槽前气流有下坡运动,因而气旋性涡度加强。当槽又加速移动,移至高原以东的平原时,槽后有下坡运动,因而气旋性涡度加强,槽移速减慢。由此可见,槽在高原东、西两侧时,移速减慢,在高原上空时,移速加快或正常。反之,脊在高原东、西两侧时,移速加快,在高原上空时移速减慢或正常。

② 在高原南、北两侧西风带的槽(脊)移速不同。按经验,在高原北部的槽(脊)移速一般大于南部的槽(脊)。例如,印缅槽移速很慢,而西北槽移速较快。这也和高原地形影响有关。在高原北部的槽,槽前下坡运动,槽后上坡运动,槽移速加快。在高原中部的槽,移速不受地形影响。在高原南部的槽,槽前上坡运动,槽后下坡运动,槽移速减慢。如开始是正南北向的槽,则过若干时后,由于槽北部移动快,南部移动慢,结果变成东北—西南向的槽。当槽的南北部移速相差过大时,高原有切断低涡形成。

③ 印缅槽南部离高原较远,不受高原影响,移动比北部快,因此,印缅槽常呈西北—东南向。

④ 由于高原北部尚有阿尔泰山、萨彦岭等山脉,因而在乌拉尔山以东到阿尔泰山之间,巴尔喀什湖以北,槽的北部移动要比南部快,易有横槽出现。并在咸海、巴尔喀什湖一带常有切断低涡形成。

(9)山脉对锋面移动的影响

锋面在移动过程中,若遇到山脉和高原等障碍物时,可以使锋面移速减慢,形成静止锋。我国的天山静止锋、华南(南岭)静止锋以及昆明静止锋等都是这样造成的。锋面在移动过程中,若遇到山脉、高原等障碍物时,有时形状也都会发生改变。如有一冷锋平行于山脉移来时,正对山脉的那一段会停滞不前,而其左、右两段可继续前进,锋面变成弓形。被山阻挡的那段冷锋,其停滞时间决定于冷空气强度和山脊的高度,当冷空气厚度超过了山脊的高度时,受阻段冷锋便能翻过山去,继续前进。但当冷空气强度较弱或山脊较高时,受阻段冷锋便不能过山,此时就会发生地形锢囚。在我国浙闽山地以及祁连山等地区都可见到这种情况。

1.2 中国的季节划分及四季特征

我国各种天气的发生都有鲜明的季节性,在作天气分析时,要考虑到季节的特征。通常把一年中气候相似的时段称为"季节"。由于季节对人类的生活和生产活动有着十分密切的关系,所以关于季节的划分自古以来就受到人类的重视。根据不同的考虑因子,季节通常有天文季节、气候季节和自然天气季节三种不同的划分方法。

1.2.1 天文季节

天文季节是一种以天文因子为依据而划分得出的季节。所谓天文因子主要就是太阳的影响。对北半球温带地区而言,6—8 月是一年之中接受太阳辐射最多、天气最为炎热的季节,称为夏季;12 月至翌年 2 月是接受太阳辐射最少、天气最为寒冷的季节,称为冬季;而 3—5 月由冬转夏和 9—11 月由夏转冬的过渡季节,分别称为春季和秋季。我国古代多以立春、立夏、立秋和立冬四个节气分别作为春、夏、秋、冬四个季节的开始。

节气是按太阳在黄道的位置划分的。从黄经 0°起,每间隔 15°划定一个日期,共得 24 个反映气候周年变化的日期,称为二十四节气,它们的名称分别为立春、雨水、惊蛰、春分、清明、谷雨、立夏、小满、芒种、夏至、小暑、大暑、立秋、处暑、白露、秋分、寒露、霜降、立冬、小雪、大雪、冬至、小寒、大寒。其中"春分"是太阳在黄经 0°时的日期,此时太阳光直射赤道,昼夜长短平分;"夏至"是太阳在黄经 90°时的日期,此时太阳光直射北回归线;"秋分"是太阳在黄经 180°时的日期,此时太阳光又直射赤道;"冬至"是太阳在黄经 270°时的日期,此时太阳光直射南回归线。春分—夏至—秋分—冬至之间,黄经各相隔 90°。阳历每月有两个节气。上半年一般在各月的 6 日和 21 日左右,下半年则一般在各月的 9 日和 23 日左右,前后最多相差 1～2 天(表 1.1)。

表 1.1　二十四节气(The 24 Solar Terms)表

次序	黄经(°)	季节	节气	英文名称	农历	公历	含义
1	315	春季	立春	Spring begins	正月节	2月4/5日	立是开始,春是蠢动。春天开始,万物复苏
2	330		雨水	The rains	正月中	2月19/20日	雨水过后,天气渐暖,雨量渐增
3	345		惊蛰	Insects awaken	二月节	3月5/6日	惊蛰是"蛰虫惊而出走"之意。天气转暖,大部分地区进入春耕
4	0		春分	Vernal Equinox	二月中	3月20/21日	"春分者,阴阳相半也",此日阳光直射赤道,昼夜等长,越冬作物猛长
5	15		清明	Clear and bright	三月节	4月4/5日	天气晴朗明洁,气候温暖,草木萌发
6	30		谷雨	Grain rain	三月中	4月20/21日	"雨天百谷"之意,天气渐暖,雨量增加,是北方春耕作物播种的好季节
7	45	夏季	立夏	Summer begins	四月节	5月5/6日	夏天开始,农作物生长渐旺,田间管理日益繁忙
8	60		小满	Grain buds	四月中	5月21/22日	"物至于此小得盈满",北方夏熟作物子粒逐渐饱满,南方开始夏收夏种
9	75		芒种	Grain in ear	五月节	6月5/6日	有芒作物长出芒刺,长江中下游地区将进入黄梅季节,开始秋播
10	90		夏至	Summer solstice	五月中	6月21/22日	阳光直射北回归线,白天最长,农作物生长旺盛,杂草害虫迅速滋长
11	105		小暑	Slight heat	六月节	7月7/8日	正值初伏前后,天气尚未酷热,忙于夏秋作物的管理
12	120		大暑	Great heat	六月中	7月23/24日	正值中伏前后,一年最炎热时期,喜温作物迅速生长

续表

次序	黄经(°)	季节	节气	英文名称	农历	公历	含义
13	135	秋季	立秋	Autumn begins	七月节	8月7/8日	秋天开始，气温始降，中部地区早稻收割，晚稻开始移栽和管理
14	150		处暑	Stopping the heat	七月中	8月23/24日	“暑气至此而止”，气温逐渐下降
15	165		白露	White dews	八月节	9月7/8日	“阴气渐重，露凝而白”，天气转凉
16	180		秋分	Autumn Equinox	八月中	9月23/24日	“秋分者，阴阳相半也”，阳光几乎直射赤道，昼夜等长。北方秋收秋种
17	195		寒露	Cold dews	九月节	10月8/9日	露气寒冷，气温降低，露重而冷
18	210		霜降	Hoar-frost falls	九月中	10月23/24日	“气肃而凝，露结为霜”，黄河流域出现初霜。南方秋收秋种
19	225	冬季	立冬	Winter begins	十月节	11月7/8日	“冬，终也，万物收藏也”，冬季开始
20	240		小雪	Light snow	十月中	11月22/23日	黄河流域开始降小雪
21	255		大雪	Heavy snow	十一月节	12月7/8日	“大者盛也，至此而雪盛矣”，黄河流域渐有积雪
22	270		冬至	Winter Solstice	十一月中	12月21/22日	阳光直射南回归线，黑夜最长。忙于防冻、积肥和深耕
23	285		小寒	Slight cold	十二月节	1月5/6日	正值“三九”前后，大部分地区进入严寒时期，但“月初寒尚小，故云”
24	300		大寒	Great cold	十二月中	1月20/21日	一年中最寒冷时期

二十四节气是中国古代人民的创造。早在2400年前的春秋时期，就已确立了四立节气（立春、立夏、立秋和立冬）。在《吕氏春秋》十二纪中，就已记载了四立、二至、二分等八个节气；在西汉《淮南子》中，则可以见到完整的二十四节气的最早记载。二十四节气很有规律地反映了季节、气候和农事的关系，对农业生产起着指导作用，是我国古代农业气候学的萌芽。二十四节气也较有规律地反映了我国天气与季节关系的天气气候特征。

从节气的名称往往就能看出该季节的典型天气特点。例如，冬至是一年之中的最后一个节气，天文学上以冬至日为北半球冬季的开始。平常所说的“隆冬”也就是从冬至开始的。“隆冬”是指一年中最寒冷的季节,冬至日一到就意味着气温将由此进入严寒。而进入隆冬后,我国又有“数九寒天”的说法。所谓“数九”,就是从冬至开始计数,共有九个九天。冬至日是“头九头”,往后数九天为“头九”,也叫“一九”,第二个九天为“二九”,第三个九天为“三九”,以此类推。而一年中最冷的时候一般出现在冬至后的“三九”“四九”前后,也就是“小寒”“大寒”节气前后,所以有“三九四九冰上走”或“小寒大寒,冷成冰团”等天气谚语。又例如夏至,天文学上以夏至日为北半球夏季的开始。我国又有“热在三伏”的说法,“三伏”是指初伏、中伏和末伏,约在7月中旬到8月中旬这一段时间。从夏至后第三个“庚”日算起,初伏(10天)、中伏(10～20天)、末伏(立秋后的第一个庚日算起,10天),一般是一年中天气最热的时间。本来立秋意味着秋天开始,气温始降,但有时立秋后却很热。对此,我国民间有“秋老虎”的说法。所谓“秋老虎”是指立秋(8月8日左右)以后短期回热天气。一般发生在8月、9月之交,持续日数约7～15天。这种天气出现的原因是南退后的副热带高压又再度控制江淮及附近地区,形成连日晴朗、日射强烈,重新出现暑热天气,人们感到炎热难受,故称“秋老虎”。民间还有“二十四个秋老虎”的说法,其意思是说,每年的立秋之后的二十四天,同样是很热的,就把这二十四天叫作二十四个秋老虎。不过“数九寒天”和“热在三伏”及“二十四个秋老虎”等说法都是气候意义上的说法,实际天气有时不一定如此。“数九寒天”也可能暖意融融,“三伏”时节也并非一定都是酷热异常,“秋老虎”也非一定年年发威。此外,很多其他节气名称也都反映了该季节的典型天气特点。如“雨水”表示降水开始逐步增多;“惊蛰”表示气温回升、春雷乍动;“清明”表示天气晴朗、空气清新、草木繁茂;“谷雨”表示雨水增多,有利谷类作物的生长;“小满”表示夏熟作物的籽粒开始灌浆饱满,但还未成熟;“芒种”表示麦类作物成熟,夏种开始。“小暑”“大暑”“处暑”中的“暑”是炎热的意思,“小暑”还未达最热,“大暑”才是最热时节,正如俗话所说“小暑不算热,大暑正伏天”,而“处暑”则是暑天即将结束的日子;“白露”表示天气转凉,早晨草木上有了露水;“寒露”表示渐有寒意,已结露水;“霜降”表示天气渐冷,开始有霜;“小雪”“大雪”表示开始降雪,小和大表示降雪的程度;“小寒”“大寒”表示天气进一步变冷,“小寒”还未达最冷,“大寒”为一年中最冷的时候。不过这些也都只是气候意义上的说法,实际天气每年都是有差异的。

1.2.2 气候季节

气候季节是一种以气候要素分布状况为依据划分得出的季节。在中纬地区通常以候(5天)平均气温低于10℃作为冬季,高于22℃作为夏季,10～22℃作为春、秋季。10℃以上是大部分作物生长发育的适宜温度,所以这种季节划分有很大的实际意义。而在低纬热带地区气温变化不大,但降水差异比较显著,所以常用降水量的多少来划分季节,把一年分成雨季和干季。

1.2.3 自然天气季节

自然天气季节是一种以形成气候的天气过程的特点为依据而划分出的季节。它是天气气候学的重要内容，对天气预报有重要的指导意义。

所谓一个自然天气季节，是指大型天气过程稳定的时期，在这个时期中，主要大气活动中心的作用保持不变。大气活动中心包括地面上永久性的气旋和反气旋，以及高空环流系统。李麦村等(1983)指出，就东亚地区而言，冬季(以1月为代表)，有两个活动中心，大陆为蒙古高压，海洋为阿留申低压(图1.5a实线)。夏季(以7月为代表)，也有两个活动中心，高低压的海陆分布与冬季相反，它们是印度低压和太平洋高压(图1.5a虚线)。如果把蒙古高压和阿留申低压控制的时期作为冬季，把印度低压和太平洋高压控制的时期作为夏季，而把四个系统同时并存的时期作为过渡季节，则东亚季节的划分大致如下：11月至翌年3月为冬季，4—5月为春季，6—8月为夏季，9—10月为秋季。

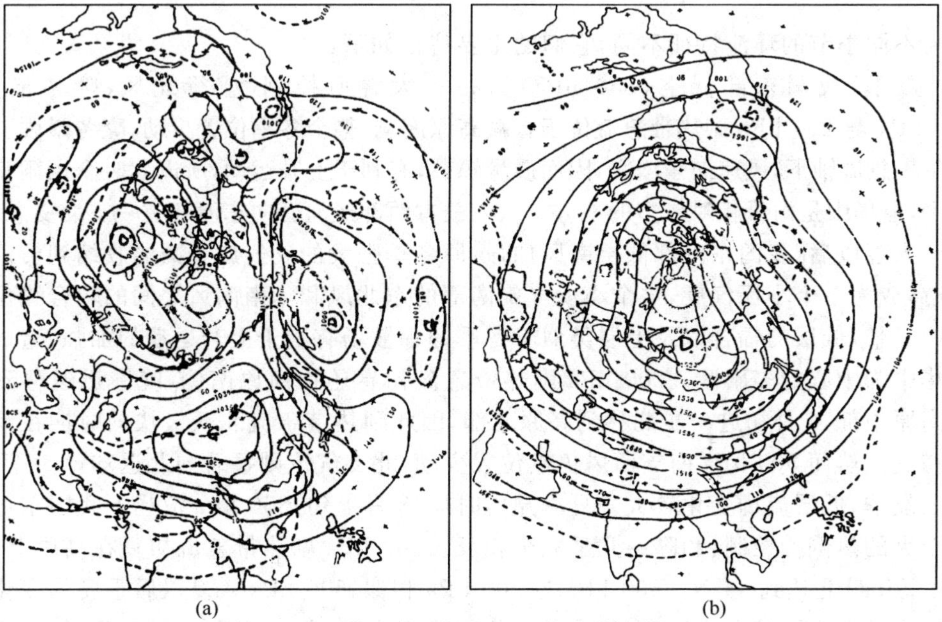

图1.5 北半球海平面平均气压场(a)和100 hPa平均高度(b)
(实线为1月，虚线为7月；资料年代：地面为1954—1973年，高空为1961—1975年)
(李麦村 等，1983)

在对流层上部(以100 hPa为代表)，北半球有极地涡旋和低纬高压两个大系统。但冬夏位置和强度变化很大。1月极涡最强中心偏在东半球的泰米尔半岛，低纬的高压很弱，位于10°N以南的洋面上(图1.5b实线)。7月南亚高压大大加强，位于亚洲中部,极涡大大减弱并退居西半球的冰岛(图 1.5b 虚线)。如果把极涡位于东半球且南亚高压退居海上的时期作为冬季,而把极涡退居西半球,南亚高压登上大陆的时期作为夏季,其他时间作为过渡季节,则冬季为 11 月至翌年 4 月,夏季为 6—9 月,过渡季节分别为 5 月和 10 月。对流层中部(500 hPa)不如低层和高层变化明显。虽然长波和超长波振幅的年变化还是很大的,但是极涡和太平洋高压两个大系统冬夏位置没有大的改变。可以看出,虽然低层和高层大气活动中心的年变化特征不同,但季节转变的时间基本上是一致的。只是过渡季节高层比低层迟一个月,因而更加短促。把整个对流层都一致为冬季(夏季)大气活动中心所控制的时期(对流层中层适当考虑谐波的变化)作为冬季(夏季),而把活动中心具有过渡性质(如冬夏活动中心并存)以及上下层不一致(例如下层已经改变,而上层尚未改变)的时期作为过渡季节,则最后季节的划分与地面的划分一致。即 11 月至翌年 3 月为冬季,4—5 月为春季,6—8 月为夏季,9—10 月为秋季。

1.2.4 我国四季的环流特征

不同季节的环流特征不同,它们的主要特征如下:

冬季,我国东部低空(850 hPa)为一个大脊所控制,盛行北风,隆冬最盛。500 hPa 与 200 hPa 副热带急流位于青藏高原南侧,整个冬季位置少动,隆冬最强。华中位于急流轴下,风速向东增大,因而质量辐散,有利于上升运动,所以此时全国雨量都很少,但华中是雨量相对较多的地方。从内蒙古西部经河套向东海还有一支北支急流。

入春以后,我国东南部低层南风加强,原冬季强大的反气旋脊减弱收缩到黄河中下游,成为一个小反气旋,这个小反气旋南部的东北风和华南南风之间的辐合线位于华中一带,低层的辐合以及上层类似于冬季的辐散场有利于上升运动的加强,造成了以华中为中心的多雨区。200 hPa 副热带急流初春还在高原南侧,晚春迅速移到青藏高原中部,6 月初进一步北移到高原北部,因此副热带急流北跃最快的时期在晚春到初夏。然而 500 hPa 南支西风仍然位置少动,北支气流则显著向北退却。

夏季,低层流场变化较大。夏季鼎盛时期(8 月上旬)850 hPa 流场上我国东部被一个大的热倒槽控制,和隆冬几乎完全相反。200 hPa 副热带急流初夏在高原北部,8 月上旬最北达到 44°N。500 hPa 与 200 hPa 相似,500 hPa 入夏以后重要的变化是高原中部切变线的形成,它在整个夏季位置稳定少动,并一直维持到初秋,是造成高原雨季的主要天气系统。

入秋以后,我国东部低层迅速变为一个大的反气旋控制,华中秋高气爽,初秋青藏高原东侧为反气旋后部的偏南气流与西北气流交绥造成多雨,深秋反气旋加强,多雨区逐渐收缩到云南、四川一带。初秋 500 hPa 副热带急流还在高原北侧,10 月上旬已南退到高原中部。初冬迅速退到高原南侧,因此深秋到初冬是急流南退最快的时期。深秋 500 hPa 主要表现为高原南侧东风的消失和西风的初建。

1.2.5 四季的开始和终结时间

关于各个季节的开始和终结时间及阶段性还可以作进一步的讨论。

首先来看夏季。叶笃正等(1955)把 6 月副热带急流跃过青藏高原作为夏季的开始,而把 10 月中下旬副热带急流退到高原南部作为夏季的结束。李麦村等(1983)指出,副热带急流跃过青藏高原与 100 hPa 南亚高压跃上高原是一致的,因此可以用 100 hPa 高压稳定地登上高原作为入夏的标志,入夏日期一般在 5 月底 6 月初,平均日期是 6 月 1 日。而副热带急流退到高原南部的时间也与 100 hPa 环流的季节变化基本上是一致的。但是高由禧等(1958)注意到东亚秋季来临时高低层不一致的现象,并认为 9 月初入秋。因而认为夏季平均始于 5 月底 6 月初,终于 8 月底 9 月初。

值得注意的是,夏季由于太平洋副高的进退表现出明显的阶段性,环流也有明显的阶段性,影响了我国雨带的分布。一般来说,500 hPa 西太平洋副高有三次北跃,因此李麦村等(1983)根据西太平洋副高和南亚高压脊线演变、雨带分布和雨季日期等因子,把我国夏季细分为五个阶段:第一阶段平均从 5 月底 6 月初至 6 月上半月。在这段时期 100 hPa 高压脊已北跃上高原,而 500 hPa 西太平洋副高尚未北跃,二者北跃不同步,使我国东部大陆上空北风加大,低层辐合线和主要雨带由华中退到珠江流域,华南进入前汛盛期,青藏高原以东普遍出现相对少雨。我国东部的偏南季风在入夏初期,有一个短时间的南退阶段。第二阶段平均在 6 月下半月至 7 月上旬。它是以 500 hPa 西太平洋副高第一次北跃过 20°N 开始,第二次北跃过 25°N 结束。随着副高第一次北跃,我国南方的偏南季风显著加强向北发展,相应的低层辐合线由华南迅速北跃到长江流域,华南前汛期结束,长江中下游入梅。因此第二阶段也就是梅雨阶段。第三阶段平均在 7 月上旬末至 7 月下旬初。它是 500 hPa 西太平洋副高第二次北跃以后第三次北跃以前的时期。500 hPa 副高脊线在 25°—30°N,我国东部偏南季风进一步向北发展,辐合线北推到黄河流域,梅雨结束,北方雨季开始,主要雨带在黄河流域。第四阶段平均在 7 月下旬末至 8 月上半月。500 hPa 西太平洋副高第三次北跃,脊线在 30°N 以北,达到全年最北位置,此时低层辐合线到达河套,主要雨带也达到河套、海河流域和东北、内蒙古一带。由于副高的进一步北移,华南高空受东风带影响,低层受赤道辐合线影响而出现第二雨季——后汛期。伏旱区扩大到陕甘川交界处。前面已经指出,此时 100 hPa 南亚高压也达全年最北位置,相应的高原切变线也最强,因而高原雨季进入高峰期。由于这个阶段 500 hPa 西太平洋副高脊线年际变化很大,故容易出现大旱大涝。第五阶段平均从 8 月下半月至 9 月初。西太平洋副高南退到 25°—30°N,由于低层冷高压已移到河套以东,使那里出现反气旋,我国东部的主要雨区明显向西收缩到 110°E 以西,华北雨季基本结束,陕甘川交界处的伏旱也结束,并出现秋雨。

再来看春、秋这两个过渡季节。春季的基本特征是印度低压和太平洋高压的出现和加强以及蒙古高压和阿留申低压的减弱收缩。这是与低层暖中心由热带海洋移到印度次大陆相对应的。因此在我国东部低层环流春季的基本特征是南方偏南气流的加强和盛行,我国东部大陆气温已高于西太平洋,而气压则是大陆低于海洋。春季华南的偏南气流来自孟加拉湾、中南半岛和南海。此时中南半岛进入雨季,而我国华中的春季云量和降水量都是北半球同纬度地区最多的,这是因为那里的环流有利于上升运动的结果。低层辐合线实际上是华南静止锋的反映。随着一次次冷空气的活动,华南静止锋在长江和珠江流域之间摆动,造成以华中为中心的多雨区。多雨区向西扩大到陕南和陇东南。根据上述分析,平均春季在4月初开始,5月底至6月初结束。秋季的基本特征是蒙古高压和阿留申低压加强。虽然秋季和春季一样都是4个活动中心同时并存,但是和春季不同的是秋季蒙古高压和阿留申低压明显加强。蒙古冷空气受青藏高原阻挡不能直接入侵南亚,然而西北高东南低的地形却十分有利于冷空气东南下。因此,初秋往往在一次较强冷空气东南下以后,我国南部低层的偏南季风便一下子被东北季风所代替,与此相应的500 hPa东岸大槽初建,进入秋季。秋季低层我国东部大陆温度已经低于西太平洋,并且是北半球同纬度最低的,而气压则是大陆高于海洋,所有这些都和春季相反。环流的巨大差别造成了天气上的巨大差别。春雨甚多的华中,秋季变成了秋高气爽,青藏高原东部和东侧则秋雨连绵,其中西北区东南部初秋是全年降水最多的时期。秋季平均在9月初开始,10月中结束。

最后来看冬季。一般都把冬季分为初冬、隆冬和后冬三个阶段。这些阶段大气活动中心的强度有些变化,天气(主要是温度趋势)也有些不同,但是大气活动中心的基本状况和降水的基本特征不变,因此,李麦村等(1983)认为把冬季分成三个阶段不如合成一个为好,这样更能抓住本质。

1.3 中国主要的气象资源和灾害

1.3.1 气象资源及灾害的概念

所谓自然资源和自然灾害是指作用于人类的有利或不利的自然因素。一般认为,如果由于某种自然因素作用于人类社会及其生存的环境,使人类的日常生活、经济、生产、交通运输和其他活动以及社会发展、生态平衡、自然环境得到有利影响,此种自然因素便称为自然资源。相反,如果由于某种自然因素作用于人类社会及其生存的环境,造成人员伤亡、财产损失,或使经济、生产、交通运输和其他活动及日常生活、社会发展、生态平衡、自然环境蒙受不利影响，则称其为自然灾害。

气象资源是由于气象因素作用而产生的一种自然资源，包括气候资源和天气资源两类，分别是指由气候和天气因素产生的资源。它们是对人类影响范围最广、作用最经常、施益程度最大的一种自然资源。

气象灾害则是由于气象因素作用而造成的一种自然灾害，同样包括气候灾害和天气灾害，它们也是影响范围最广、致灾损失最严重，而且又是发生最为频繁的一种自然灾害。以亚洲为例，世界气象组织（WMO）根据1980—2005年的资料统计分析结果认为，在亚洲大约90%的自然灾害均与水文和气象因子相关，40%的生命损失和65%的经济损失均与水文和气象因子相关。而中国气象局国家气候中心根据1992—2001年资料统计指出，中国各种主要自然灾害的经济损失中气象灾害的损失比例还要大些，约占71%。其他所有亚洲国家也都程度不同地受到各种气象灾害的危害。

1.3.2 中国主要的气象资源和灾害

首先来看气象资源。如上所说，我国是季风气候显著的国家，加上国土辽阔、地形复杂、气候多样、生物物种繁多、气象资源十分丰富，是自然赋予我国的宝贵财富。在我国很多地区和很多时候都具有比较充分的日照、适宜的气温和降水量，并具有多种气候类型，这些都是宝贵的天气和气候资源，它们使各种生物得以昌盛繁衍，各种作物都得以在相适宜的气候带上被合理种植，丰富的降水量和梯级地势特征提供了丰富的水电能源、便利的交通运输以及灌溉和饮水资源。有利的天气气候条件有力地保障了国家的经济发展、社会繁荣，使广大人民日常的生产、生活、旅游和各种社会活动都能顺利进行，并且感受到身心愉悦。这些气象资源所带来的巨大物质和精神财富是难以简单地用价值估量的。而且也正如上面已经提到的，我国的季风气候环境还为中华民族提供了文明发展的优越条件。正是由于得益于季风气候，我国才成为了世界农耕文化的发祥地之一，也成为世界古代文明长久不竭的独特地区。

另一方面再来看气象灾害。它们包括气候灾害和天气灾害两类，分别是由异常的气候和天气因子造成的灾害，其中天气灾害又可以分成由大范围、持续性、长时间的异常天气过程（如大范围的寒潮、降水、台风、高温、冷害等）和由局地性、突发性、短时间的强烈天气过程（如暴雨、冰雹、雷暴、大风、龙卷等）所造成的灾害两大类。每类灾害又可进一步分类。

我国是世界上蒙受气象灾害影响最严重的国家之一，全国平均每年因气象灾害（如台风、暴雨、冰雹、寒潮、大风、暴风雪、沙尘暴、雷暴、浓雾、干旱、洪涝、高温等）及其衍生灾害（如山洪灾害、地质灾害、海洋灾害、生物灾害、森林火灾等）所造成的损失约占全部自然灾害损失的70%以上，受影响人口约达4亿以上，平均经济损失约2000多亿元（人民币）。特别是不少极端天气灾害事件所造成的损失，往往令人触目惊心。例如1922年8月2日,广东潮汕沿海遭受强台风袭击,风暴潮致使7万人被溺身亡,40万人无家可归。1975年8月5—7日,河南省西部山区淮河上游发生了我国大陆历史上罕见的特大暴雨,造成两座大型水库垮坝,致使1100万人口、1700多万亩①耕地严重受灾,560万间房屋倒塌,数万人丧生(温克刚,2008)。

我国的气象灾害种类很多。根据《中国气象灾害大典》(综合卷)所载,我国的气象灾害大致有10大类20余种,如果再细分则更有数十种甚至上百种之多。表1.2列出了中国主要气象灾害种类及其直接危害和次生灾害。

表1.2 中国主要气象灾害种类及其危害(黄荣辉 等,2005)

类别	灾种	天气现象	直接危害	次生灾害
洪涝	洪水 雨涝	暴雨 大雨	河水泛滥、山洪暴发、城市积水、内涝、渍水,毁坏庄稼、建筑、物资,造成人员伤亡、疾病,作物歉收或绝收,交通、通信受阻	农林灾害(病虫害)、地质灾害(泥石流、滑坡、水土流失)、水圈灾害(洪水、内涝)
干旱	干旱、干热风、焚风、热浪	久晴、高温	作物歉收和绝收、城镇用水缺乏、人畜用水缺乏、疾病、灼伤、中暑、作物逼熟	农林灾害(病虫害、森林及草原火灾)、地质灾害(土地荒漠化)、饥荒、能源紧张
台风(热带气旋)	台风(热带气旋)	狂风、暴雨	海难、河水泛滥、山洪暴发、城市积水、内涝、渍水,毁坏庄稼、建筑、物资,人畜伤亡、疾病,作物歉收或绝收,交通、通信等受阻	地质灾害(泥石流、滑坡、水土流失)、水圈灾害(洪水、内涝、巨浪、风暴潮)
冷冻害	冷害、冻害、冰害、冻雨、雪害	强冷空气、寒潮、雨凇、霜冻、积雪、吹雪	作物歉收,庄稼、经济林木、人畜冻害,牧场积雪、牲畜死亡、雪崩,电线、道路结冰,交通、通信受阻,交通事故、海难	农林灾害(庄稼、林木冻害,牧业受损)、水圈灾害(江、湖、河、海结冰,凌汛、巨浪)
洪涝局地风暴	冰雹、飑线、风害、龙卷、雷电	强对流天气、下击暴流、大风	毁坏庄稼、建筑、物资,人畜伤亡,山洪暴发,交通、通信受阻,交通事故、空难,火灾	农林灾害(森林、草原火灾)、地质灾害(泥石流、滑坡、刮走地表沃土)

① 1亩≈666.667 m^2,下同。

续表

类别	灾种	天气现象	直接危害	次生灾害
连阴雨	连阴雨	阴雨、低温、潮湿	影响作物生长发育、烂秧，物资霉变	农林灾害（病虫害、野外作业困难）
其他	沙尘暴、雾、霾、酸雨	强风、浓雾、烟雾、大气污染	流沙淹没农田，破坏庄稼、建筑、物资，人畜伤亡，危及人体健康，交通、通信受阻，交通事故、空难、疾病	地质灾害（沙丘移动、土壤沙化），空气污染

1.3.3 中国气象灾害的特点

根据《中国气象灾害大典》(综合卷)的总结，我国气象灾害除具有全球气象灾害的共同特征外，与同纬度的其他国家和地区相比，洪涝、干旱和台风灾害更为严重。它们具有以下鲜明的特点：

(1)洪涝灾害最为严重

在季风气候影响下，我国经常会发生特大暴雨，造成严重洪涝灾害。全国约有三分之二的资产，二分之一的人口，三分之一的耕地都分布在受到洪涝威胁的地区，成为世界上洪涝灾害最为严重的国家之一。历史上 1931 年、1935 年、1954 年、1963 年、1991 年、1998 年、2003 年、2004 年等年份在全国不同地区，甚至大部分地区都发生了持续性暴雨和严重洪涝，造成极其严重生命和财产损失。例如，1991 年和 1998 年长江流域发生的持续性暴雨、洪涝均造成了数以千亿计的人民币损失。

(2)干旱灾害非常显著

旱灾是我国频繁发生且造成巨大损失的气象灾害之一。历史上 1965 年、1968 年、1972 年、1978 年、1999 年、2000 年、2003 年等年份我国都发生了严重的旱灾。例如 2003 年夏季，我国南方很多地区持续发生气温 38℃以上的高温和干旱天气。闽、浙、赣等地极端气温达 40～43℃，湘、闽、浙、赣等地降水量不足 50 mm。

(3)台风影响十分严重

我国是世界上少数几个受台风影响最大的国家之一。1961—2006 年间，在中国沿海登陆的热带气旋平均每年约有 7 个，最多年份达 12 个(1971 年)。登陆台风常常造成巨大损失，例如，2004 年 8 月 12 日的台风“云娜”(0414 号)在浙江登陆，造成浙江等省约 1800 万人受灾。

(4)寒潮及强对流天气危害严重

除了上述的洪涝、干旱和台风三种最严重灾害以外，冬春季的寒潮天气、夏季的强对流天气，也都是我国的严重灾害天气，常常带来非常严重的危害。我国历史上发生过很多次重大灾害天气事件，其中不少都使人感到触目惊心，留下难以磨灭的记忆。例如，2008 年我国南方的冰雪灾害造成了极为严重的灾情，有的地方电线被冰雪压断，造成长时间断电和交通受阻等严重的经济损失。1974 年 6 月 17 日，我国东部江苏、安徽等省的强飑线，很多地方风力达到 12 级以上，造成极大的破坏。2005 年 6 月 10 日，黑龙江省沙兰镇的暴雨引发山洪和泥石流灾害，在瞬间造成严重伤亡。2010 年 8 月 7 日，甘肃舟曲因暴雨引发的泥石流，使千余人不幸遇难。

我国的天气灾害除了以上所说的天气类型特点以外，在其发生发展的时间、空间、频率和季节等方面还具有以下特征：

(1)群发性突出

往往在同一时间出现多种气象灾害。例如，在冷锋影响下会同时在不同地区产生暴雨、冰雹、雷暴、大风和龙卷风等，并可能引发泥石流、滑坡、塌方等次生灾害。

(2)区域性明显

我国西北地区及内蒙古、西藏、四川等省(区)属干燥的大陆性气候，常年干旱，冬季冻害较重。青藏高原是全国冰雹最多的地区。南疆和内蒙古、甘肃西部沙尘暴发生最频繁。东北、华北、西北东部及黄淮北部一带，干旱和霜冻发生较为频繁。江淮、江南、华南是全国暴雨、洪涝、台风(热带气旋)灾害最为严重的地区，也是雷雨大风、龙卷等灾害性天气多发区。西南中东部一带地形复杂，干旱、暴雨及其引发的泥石流、崩塌、滑坡和冰雹、低温阴雨等灾害发生频繁。图 1.6 是中国主要气象灾害的地理分布概况示意图。

(3)发生频率高

全国每年平均发生较大范围旱灾 7.5 次，涝灾 5.8 次，登陆台风(含热带风暴)6.9 个，黄淮海地区每 3 年一次较重旱灾，江南北部至江淮地区平均每 2～3 年一次较严重暴雨洪涝灾害。

(4)季节性强

由于我国大部分地区属季风气候，因此气象灾害的发生有明显的季节性。春季以干旱、沙尘暴、寒潮、雪害、低温连阴雨等灾害为主；夏季以暴雨洪涝、台风(热带气旋)、干旱、冰雹、雷暴、干热风、高温酷热等灾害的影响最大；秋季主要灾害有台风(热带气旋)、干旱、冷害、连阴雨、霜冻等；冬季主要有寒潮、大风、雪害、冻害等。而对国民经济影响最为严重的气象灾害如暴雨洪涝、台风(热带气旋)等多发生在每年的5—9 月。

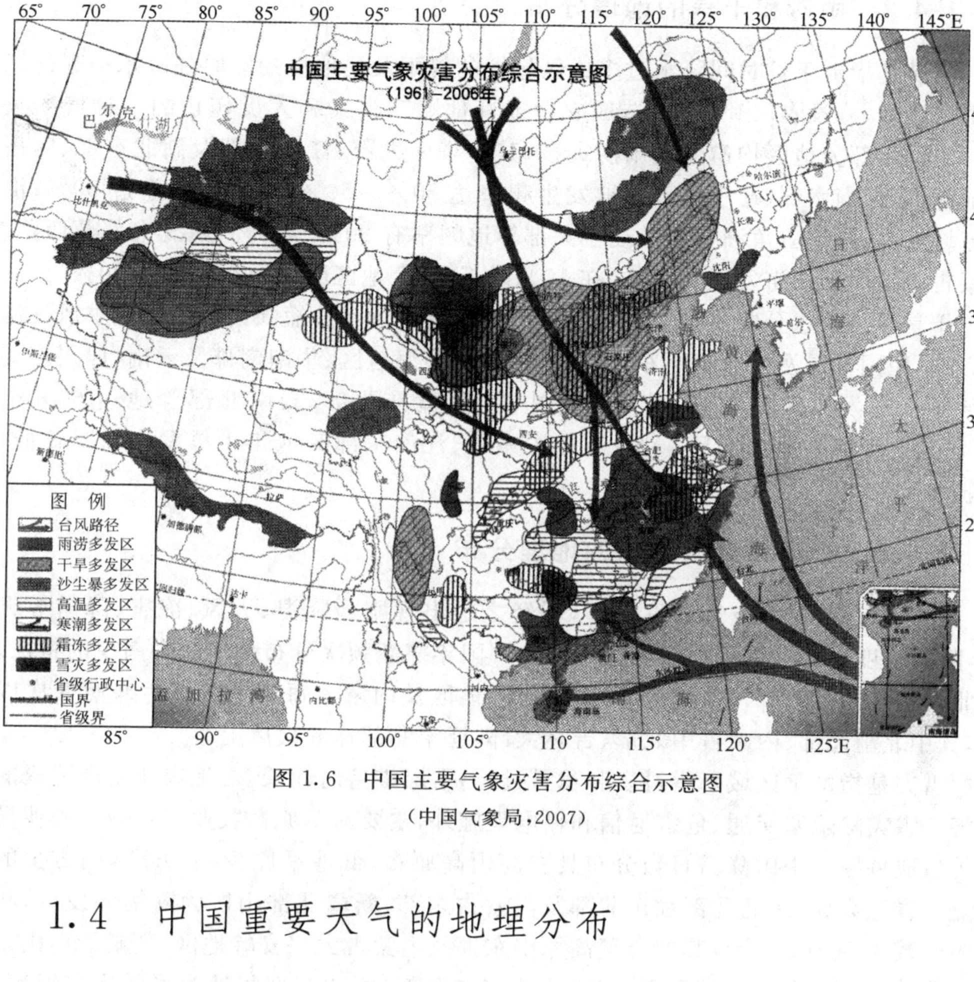

图 1.6 中国主要气象灾害分布综合示意图

(中国气象局,2007)

1.4 中国重要天气的地理分布

1.4.1 阴晴天气的地理分布

如果以日平均总云量＜2.0成定义为晴天,以日平均总云量＞8.0成定义为阴天,则中国的晴天数北方多于南方,而阴天数则相反,是南方多于北方。新疆、内蒙古、东北大部地区的晴天日数均达90～120天以上,而阴天日数则在90天以下;江南、华南、西南大部地区阴天日数均达120天以上,四川等地阴天日数达200天以上,而晴天在30～60天以下。年平均日照百分率也是北方高于南方,西南地区年平均日照百分率最低。

1.4.2 雨涝和干旱的地理分布

雨涝是指由于长时间降水过多或区域性的暴雨及局地性的短时强降水引起的江河洪水泛滥,淹没农田和城乡,造成农业或其他财产损失和人员伤亡的一种气象灾害。中国大部分地区均遭受过雨涝灾害,其中华南大部、江南大部及湖北东部、四川盆地西部、云南南部、辽宁东部等地发生频率达30%～50%,局部地区超过50%;淮河流域大部、长江三角洲一带及辽宁大部等地频率有20%～30%;西北大部及西藏、内蒙古等地大部雨涝发生频率低,在10%以下;其余地区雨涝则在10%～20%。

干旱是指因水分收支或供求不平衡而形成的持续水分短缺的现象。受季风气流的影响,中国干旱发生频繁。东北的西南部、黄淮海地区、华南南部及云南、四川南部等地年干旱发生频率较高,其中华北中南部、黄淮北部、云南北部等地达60%～80%;其余大部分地区不足40%;东北中东部、江南东部等地年干旱发生频率较低,一般小于20%。

1.4.3 寒潮和雪灾霜冻的地理分布

高纬地区的强冷空气暴发南下,所经之地出现剧烈降温、大风、冻害、降雪等天气,降温幅度达到一定标准时称为寒潮。中国年寒潮频次分布呈现北多南少的特征。东北、华北西北部和西北、江南、华南的部分地区及内蒙古每年平均发生寒潮3次以上,其中北疆北部、内蒙古中北部、吉林大部、辽宁北部达6次以上。

雪灾是指由于区域降雪过多和积雪过厚,雪层维持时间长,对工农业生产造成的危害。雪灾除阻塞交通、危害通信和输电设施外,主要对草原畜牧业、冬作物、农业设施等造成危害。中国降雪日数分布具有高山高原多,低地平原少,北方多,南方少的特点。青藏高原、东北北部和东北部及内蒙古东部、新疆北部山区为降雪多发区,年降雪日数为50～100天,其中青藏高原中东部及内蒙古大兴安岭地区、新疆天山山区在100天以上。东北西部和南部、华北北部和西部、西北东部等地为降雪次多发区,年降雪日数为20～50天。华北平原至南岭以北广大地区及内蒙古西部、新疆南部、青海西北部年降雪日数为5～20天。华南及四川盆地、云南等地为降雪少发区,年降雪日数不足5天,其中华南南部及云南南部全年无降雪。

霜冻是指生长季节里因土壤表面和植株体温度降到0℃或0℃以下而引起植物受害的一种农业气象灾害。霜冻发生时可以有霜(白色的冻结物,也称白霜),也可以无霜。中国年霜冻日分布的基本特征是由北往南逐渐减少。青藏高原、东北及新疆东北部、内蒙古出现霜冻最多,全年在180天以上,其中青海南部、西藏部分地区多达250～300天,华北中南部、黄淮、西北东部及新疆中西部为90～180天,长江中下游地区为30～90天,华南及云南、四川盆地等地不足30天;华南沿海及海南和台湾几乎无霜冻出现。

1.4.4 大风和沙尘暴的地理分布

大风是指在测站出现的瞬时风速达到或超过 17.2 m/s(或目测风力达到或超过 8 级)的现象。凡一日中出现过大风作为一个大风日。中国有三个大风多发区:一是青藏高原大部,年大风日数多达 75 天以上,是中国范围最大的大风日数高值区;二是内蒙古中北部地区和新疆西北部地区,年大风日数在 50 天以上;三是东南沿海及其岛屿,年大风日数多达 50 天以上。此外,山地隘口及孤立山峰处也是大风日数多发区。

沙尘暴是指强风把地面大量沙尘卷入空中,使空气特别浑浊,水平能见度小于 1 km 的天气现象。沙尘暴主要发生在中国北方地区,其中南疆盆地、青海西南部、西藏西部及内蒙古中西部和甘肃中北部是沙尘暴的两个多发区,年沙尘暴日数在 10 天以上,南疆盆地和内蒙古中西部的部分地区超过 20 天;准噶尔盆地、河西走廊、内蒙古北部等地的部分地区有 3～10 天;西北的东南部、华北的中南部和东部、黄淮、东北的中西部及新疆、青海、四川、湖北等省(区)的部分地区在 3 天以下。

1.4.5 高温酷热的地理分布

气象上将日最高气温≥35℃定义为高温日;将日最高气温≥38℃定义为酷热日。每个测站连续出现 3 天以上(包括 3 天)最高气温≥35℃或连续 2 天出现最高气温≥35℃并有一天最高气温≥38℃定义为一次高温过程,也称为高温热浪。持续高温对人们日常生活和健康有一定影响,也会加剧水分蒸发和作物蒸腾作用,加速旱情发展;导致水电需求量猛增,造成能源供应紧张。中国年高温日数分布特征是东南部和西北部为两个高值区,全年高温日数一般有 15～30 天,新疆吐鲁番达 99 天,为全国之最;江南部分地区及福建西北部年高温日数可达 35 天左右;重庆市高温日数也较多,有 35 天。

1.4.6 雷电冰雹的地理分布

雷电是在雷暴天气条件下发生于大气中的一种强烈放电现象,具有大电流、高电压、强电磁辐射等特征。中国的雷暴活动多发区主要集中在华南、西南及青藏高原东部地区。年雷暴日数在 70 天以上,其中江南、西南东部、西藏、华北北部地区、西北部分地区,年雷暴日数在 40～70 天。东北、华北、江淮、黄淮、江汉、西北东部及内蒙古中部和东部的雷暴活动较少,为 20～40 天。西北地区大部、内蒙古西北部更少,不足 20 天。

冰雹是从发展强盛的积雨云中降落到地面的冰球或冰块,是一种季节性明显、局地性强,且来势凶猛、持续时间短,以机械性伤害为主的天气灾害。中国冰雹分布的特点是山地多于平原,内陆多于沿海。青藏高原为冰雹高发区,年冰雹日数一般有3～15天,云贵高原、华北中北部至东北地区及新疆西部和北部山区为相对多雹区,有1～3天,秦岭至黄河下游及其以南大部地区、四川盆地、新疆南部为冰雹少发区,在1天以下。

1.4.7 雾的地理分布

雾是由无数悬浮于低空的细小水滴或冰晶组成并使水平能见度小于1 km的天气现象。雾使能见度降低,易造成水、陆、空交通事故,也会对人们的日常生活造成影响。中国年雾日分布大致是东部多,西部少。黄淮、江淮、江南及河北、四川、重庆、云南、贵州、福建、广东等省(市)年雾日数一般有20天以上,局部地区可达50～70天。东北地区东南部和大兴安岭北部雾日也比较多,有20～30天;西北地区因气候干燥,很少出现雾,但部分地区雾日数较多,如陕西和新疆天山山区年雾日数一般有10～30天。

1.4.8 热带气旋的地区分布

在中国东部地区,不同强度热带气旋频数分布大致呈由南向北逐渐减少的趋势,风速≥32.7 m/s的台风影响主要地区是华南和华东地区,其中华东地区受影响的频数最多,年均5.8次,华北地区受影响的频数最少,年均仅0.4次。

1.5 极端天气气候事件

1.5.1 极端天气气候事件的定义及实例

极端天气气候事件一般是指在一定时期内,在某一区域或地点发生的出现频率较低、强度较大的对人类社会有重要影响的天气气候事件。从统计学意义上说,极端天气气候事件是指天气(气候)的状态严重偏离其平均态时所发生的天气气候事件,属于"不易发生"的事件。换句话说,即为异常或很少发生的天气气候事件。一般而言,如果出现概率在5%或10%以下这种小概率事件就是极端天气气候事件,包括暴风、暴雨、暴雪、酷热、严寒等,都是极端天气气候事件,因为它们发生的概率较小,如果超出了正常范围,就认为是出现了极端天气气候事件。

极端天气气候事件也常定义为超过某个阈值的极端事件。阈值包括极值、绝对阈值和相对阈值。极值即挑选某个长期序列的极端最大、最小值及其出现的日期和时间。比如每年的日最高气温或日最低气温等。绝对阈值一般按照国家标准、行业标准、现行观测规范或经验,定义某一要素超过或小于特定阈值的日数(量值)为特定指标。例如高温日数为日最高气温≥35℃的天数等。相对阈值采用百分位阈值，即选取某个长期序列的固定百分位值（通常取第90或95个百分位数等）作为阈值，超过这个阈值的值被认为是极端值，该事件被认为是极端事件。

联合国政府间气候变化专门委员会（IPCC）对极端天气气候事件作过明确的定义（IPCC 2007）：对某一特定地点和时间，极端天气事件就是发生概率极小的事件，通常发生概率只占该类天气现象的10%或者更低。由此可见，极端天气事件的特征是随地点和时段而变的；极端气候事件就是在给定时期内，大量极端天气事件的平均状况，这种平均状态相对于该类天气现象的气候平均态也是极端的。通俗地讲，极端天气气候事件通常指的是十几年或几十年一遇，甚至50年或100年一遇的小概率事件。

目前，国内外有关极端天气气候事件指标的研究很多，但并无统一的标准规范、方法和指标，同一类极端事件各地标准不统一，同一指标又由于定义的时间段不同而造成结果不一样。在中国气象局国家气候中心发布的监测快报中，极端天气气候事件的标准阈值是根据百分位法确定的：即对某一事件的气候标准年内的历年最大值序列从小到大进行排位，定义序列超过第95百分位值为极端多（高）事件，小于第5百分位值为极端少（低）事件。例如，北京日最高气温气候标准年内历年最大值序列的第95百分位值为39.4℃，而当监测到北京当天的最高气温超过39.4℃时，就可以认为北京发生了极端高温事件。

我国历史上发生过很多各类极端天气气候事件。以下仅简略列举数例关于暴风、暴雨等灾害的极端天气气候事件。

① 1956年8月1日24时，在浙江省象山县沿海登陆的5612号台风（国外称其为“Wanda”台风），中心气压低于923 hPa，造成狂风（中心最大风速超过55 m/s）、暴雨（浙江省临安县最大过程降水量达694 mm）、大海潮（浙江象山最高潮位达4.7 m），这是1949—1956年间登陆我国大陆强度最大的一个台风，对华东地区造成了巨大损失。

② 1963年8月上旬，海河流域特大暴雨（一般称其为“63·8暴雨”），持续约一周的降水过程，最大过程降水量达2025 mm（河北獐么），最大24 h降水量达704 mm（邢台司仓，8月4日），对华北地区造成极为严重的影响。

③ 1974年6月17日，一次强飑线在鲁南及苏、皖等地造成狂风、冰雹。南京最大阵风风速达38.8 m/s，造成非常严重的损失。

④ 1975年8月4—8日，由于受到深入内陆的7503号台风和北方冷空气的影响，在河南省驻马店、南阳、许昌等地造成了我国大陆上罕见的特大暴雨（一般称其为“75·8暴雨”）。最大3天（8月5—7日）降水量达1605 mm（泌阳县林庄）；最大24 h（8月7日）降水量达1060 mm（泌阳县林庄）；1 h最大降水量达189.5 mm（泌阳县老

君)。造成水库垮坝等严重危害。

⑤ 1991 年 5—7 月，江淮地区出现特大暴雨(一般称其为“91 暴雨”)。1991 年江淮梅雨出现早(5 月 18 日开始)，梅雨期长达 56 天，而且雨带稳定，一直稳定在江淮流域附近地区，南北摆动仅 1 个纬距左右，因此降水区集中，强度大。有 20 多站的过程降水量超过 1000 mm(其中江苏兴化 1294 mm，安徽岳西 1274 mm)；24 h 最大降水量 362 mm(7 月 9 日安徽金寨)；12 h 最大降水量 270 mm(7 月 10 日安徽岳西)；6 h 最大降水量 214 mm(7 月 5 日安徽淮干蛰子集)；3 h 最大降水量152 mm(6 月 29 日江苏兴化)；1 h 最大降水量 101 mm(6 月 12 日安徽蚌埠)。

⑥ 1998 年 6—8 月，长江流域特大暴雨(一般称其为“98 暴雨”)。3 个月内，长江流域大部分地区频降大雨、暴雨和大暴雨，局部降特大暴雨。过程降水量一般在 600～900 mm，沿江及江南部分地区超过 1000 mm，较常年同期偏多 6 成以上。7 月 22 日，湖北黄石日降水量达 360.4 mm，湖南桑植日降水量达 291.7 mm，以上雨量均超过或接近当地历史最高纪录。

其他更多的严重极端天气气候事件就不在此一一列举。详情可以参阅《中国气象灾害大典》(温克刚 等，2008)。

1.5.2 极端天气气候事件出现频率的变化趋势

2007 年联合国政府间气候变化专门委员会(IPCC)的评估报告显示，过去 50 年中，极端天气事件特别是强降水、高温热浪等极端事件，呈现不断增多增强的趋势，预计今后这种极端事件的出现将更加频繁。随着全球气候变暖，极端天气气候事件的出现频率发生变化，呈现出增多增强的趋势。

全球气候变暖是极端天气气候事件频发的大背景。世界气象组织指出，2007 年 1 月份和 4 月份的全球地表气温分别比历史同期平均值高出 1.89℃和 1.37℃，都超过了 1998 年的最高水平，为 1880 年有记录以来的同期最高值。2006 年，我国年平均气温较常年偏高 1.1℃，为 1951 年以来最暖的一年。2006 年四川、重庆遭遇百年不遇的高温干旱、2007 年淮河流域大洪水、2008 年我国南方地区雪灾等极端天气气候事件不断地发生。

IPCC(2005)发表的一项研究指出，20 世纪 70 年代以来，强台风(风速 58 m/s 以上，17 级)发生的数量不断增加，其中在北太平洋、印度洋与西南太平洋的增加最为显著；强台风出现的频率由 20 世纪 70 年代初的不到 20%增加到 21 世纪初的 35%以上。例如，2005 年全球洋面生成的热带气旋个数创历史纪录；“卡特里娜”成为美国 1928 年以来破坏性最大的一次飓风；10 月下旬的“威尔玛”是大西洋历史上最强的一次飓风；10 月 9 日飓风“文斯”第一次登陆欧洲大陆。而根据我国 1949 年以来的台风资料分析，登陆我国的热带气旋在登陆时的强度有逐年增大的趋势，而登陆台风中强度较强的热带气旋所占比重也逐年增加。2006年8月10日，超强台风“桑美”登陆时中心附近最大风力达17级，为百年一遇，是新中国成立以来登陆我国大陆最强的一个台风。2007年8月16日，0709号台风“圣帕”的中心附近最大风力也达到17级。2009年8月则有“莫拉克”台风等极端天气气候事件发生。“莫拉克”台风风力14级左右，过程降水量达2000 mm以上，使台湾遭受重创，在2009年国内外十大天气气候事件评选中，名列榜首。

2010年极端天气气候事件在我国也是频繁发生。1月份，北京、天津、内蒙古、河北、辽东、山东等地出现大到暴雪。强冷空气从北至南席卷了中国大部地区。江苏省气温的起伏和极端化在2月和3月格外明显，50年来极端最高气温和极端最低气温聚首。根据2010年1月至3月中旬江苏省气候资料显示，2010年1—3月，江苏省气温起伏较大，2月中旬全省平均气温还比常年同期偏低3.0℃，2月下旬全省平均气温又比常年偏高5.7℃，3月上旬则又偏低3.3℃，这种气温高低变化幅度之大为1961年以来所罕见。3月份的一周，南京的天气仿佛经历了“四季的轮回”，冷热变化很大。最为突出的是3月19日，当天气温为7～29.6℃，单日气温差达到22.6℃，成为1961年以来南京历史上3月日温差最大的一天。除了寒潮，南京2010年遭遇的坏天气还有很多，2月还发生了单日同时出现暴雨、雷电、降雪、冰雹和冻雨等复合性天气过程，在有观测记录以来尚属首次。

2010年在全国范围内接连不断发生的极端天气事例还有很多，例如，①西南地区持续的高温少雨天气，导致云贵川、广西、重庆的旱情持续加重。云南大部分地区干旱等级升至百年一遇，贵州为80年一遇，广西的总体旱情50年一遇；②大雨：3月6日，大雨倾盆，杭州遭遇60年来历史同期最强降雨，这导致杭州多处出现水患，东苕溪、运河全线水位超过警戒线，钱塘江逼近警戒水位，30多个小型水库溢洪。5月上中旬，广州一周三场倾盆暴雨破了百年最大过程降水量纪录；③大风：5月重庆遭受罕见的大风、冰雹灾害；④高温：3月19日，我国中东部地区气温猛升，部分城市气温挑战历史同期极值，南京29.6℃、西安30℃、杭州31.4℃；⑤沙尘：3月20日，新疆、青海、北京、天津、河北、山西、陕西、河南、山东、江苏、安徽、湖北、四川13个省(区、市)都受到沙尘天气影响。4月24日一次沙尘暴袭虐河西走廊，甘肃敦煌、酒泉、张掖、民勤等13个观测站出现沙尘暴、强沙尘暴和特强沙尘暴，其中民勤19时10分能见度接近0，伸手不见五指。

2011年以来，各地也频繁发生极端天气事件，如6—7月间，北京、南京、武汉等20余城市都发生过特大暴雨过程，一度造成了严重的城市内涝。

以上种种异常天气气候的原因，其大的背景可能是全球气候变化。极端天气气候事件频繁发生可能是全球气候变率增大、气候波动幅度增大的一种反映。但是异常天气气候事件的具体成因是复杂的，例如，它可能与城市化带来的热岛、雨岛等效应及其他很多不同时空尺度的影响因子都有密切关系。异常天气气候事件的频繁发生给人类社会带来重大威胁,因此,对气象预报预警能力的要求更高。建立能满足各种时空尺度的异常气象事件预报预警要求的理论、方法和技术,是当前气象工作者面临的巨大挑战。

复习与思考

(1) 我国有哪些大山脉、大高原、大盆地、大平原?

(2) 我国地势有何特点?

(3) 地理因子对我国气候有何影响?

(4) 地理因子对大气环流有哪些影响?

(5) 地理因子对天气系统和天气过程有哪些影响?

(6) 什么是天文季节?什么是二十四节气?

(7) 什么是"隆冬季节"和"数九寒天"及"三伏"时节?

(8) 什么是气候季节和自然天气季节?

(9) 我国四季的环流各有何特征? 各季节分别起止于何时?

(10) 什么是气象资源和气象灾害? 我国主要的气象灾害有哪些?

(11) 我国气象灾害具有哪些特点?

(12) 我国各种重要天气的地理分布各有什么特点?

(13) 什么是极端天气气候事件?

参考文献

北京大学地球物理系,1961. 天气学[M]. 北京:北京大学出版社.

北京大学地球物理系气象教研室,1976. 天气分析与预报[M]. 北京:科学出版社.

高由禧,1958. 东亚的秋高气爽[J]. 气象学报,**29**(2):83-92.

高由禧,等,1962. 东亚季风的若干问题[M]. 北京:科学出版社.

黄荣辉,张庆云,阮水根,等,2005. 我国气象灾害的预测预警与科学防灾减灾对策[M]. 北京:气象出版社.

拉梅奇 C S,1978. 季风气象学[M]. 中译本. 北京:科学出版社.

李麦村,徐国昌,1983. 东亚的季节[J]. 地理科学,**3**(1):1-9.

刘匡南,邬鸿勋,1956. 近五年东亚夏季自然天气季节的划分及其夏季特征的初步探讨[J]. 气象学报,**27**(3):219-241.

寿绍文,2009. 天气学[M]. 北京:气象出版社.

史军,丁一汇,崔林丽,2009. 华东极端高温气候特征及成因分析[J]. 大气科学,**3**:347-357.

陶诗言,赵煜佳,陈晓敏,1958. 东亚的梅雨期与亚洲上空大气环流季节变化的关系[J]. 气象学报,**29**(2):119-134.

王静爱,史培军,王平,等,2006. 中国自然灾害时空格局[M]. 北京:科学出版社.

王绍武，1964. 北半球500毫巴月平均环流特征及演变规律的研究——超长波[J]. 气象学报，**34**(3)：316-327.

温克刚，2008. 中国气象灾害大典·综合卷[M]. 北京：气象出版社.

徐国昌，1981. 青藏高原东北侧干旱的天气气候特征[M]//长期天气预报文集. 北京：气象出版社.

叶笃正，高由禧，1979. 青藏高原气象学[M]. 北京：科学出版社.

叶笃正，朱抱真，1955. 从大气环流变化论东亚过渡季节的来临[J]. 气象学报，**26**(1-2)：71-87.

张德二，2004. 中国三千年气象记录总集[M]. 南京：江苏教育出版社.

张家诚，1991. 中国气候总论[M]. 北京：气象出版社.

中国气象局，2007. 中国灾害性天气气候图集[M]. 北京：气象出版社.

中国人民解放军气象专科学校天气教研室，1960. 天气学[M]. 北京：人民教育出版社.

朱福康，等，1979. 南亚高压[M]. 北京：科学出版社.

朱乾根，林锦瑞，寿绍文，等，2007. 天气学原理和方法[M]. 4版. 北京：气象出版社.

IPCC，2001. Climate Change 2001：Impact，Adaptation，and Vulnerability[M]. Cambridge University Press.

IPCC，2007. IPCC Fourth Assesment Report (AR4)[M]. Cambridge University Press.

KARUMURI ASHOK，2008. Overview of APEC Climate Center for Climate Information Services Institute on "The Asian Monsoon System：Prediction of Change and Variability"[R]. IPCC, January 9.

KUNIYUKI SHIDA，2006. Regional capacities，opportunities，gaps and needs[R]//Report of Asia (Regional Association II). First Session of the Disaster Prevention and Mitigation Programme Coordination Meeting of WMO Programmes and Constituent Bodies，Geneva.

WANG SHAOWU，LI WEIJIN，2007. Climate of China[M]. Beijing：China Meteorological Press.

第2章 季　风

季风不仅是重要的气候学概念，在近代，季风也是天气学的重要研究对象。我国地处东亚，是季风十分显著的国家，季风环流系统的演变常常是很多天气过程发生发展和变化的背景。本章将对季风的概念、季风指数、季风环流系统及东亚季风的形成和变化等问题进行简要的讨论。

2.1 季风及其影响

季风一般是指以近地面层冬、夏季的盛行风近于相反而且降水和气温等气候特征明显不同为特征的一种大范围风系季节性变换现象，它是自古就有的一个气候学概念。阿拉伯海地区是世界显著季风区之一，所以当地古代人很早就利用这种具有季节性变换的风系在海上往返进行航行和贸易。据认为英文中的“monsoon（季风）”，就起源于阿拉伯语中的“mausim（季节）”一词（竺可桢，1933）。我国地处东亚，也是世界显著季风区之一，在我国除新疆、柴达木盆地中部西部、藏北高原西部、贺兰山和阴山之北的内蒙古地区属大陆性气候（无季风）区外，其他地区均属季风区。我国古代也很早就知道季风及其与降水的关系，并利用季风的规律进行海外交流和贸易。例如，古代就有“北风航海南风回，远物来输商贾乐”的诗句，指的是商人们一般在 11 月、12 月前后吹北风时出航南洋，5 月、6 月前后吹南风时返回。这就是对季风规律的利用。很多古代文献都有关于季风的记载，例如，著名诗人苏东坡的诗句“三时已断黄梅雨，万里初来舶艎风”中的“舶艎风”正是中国古代对季风的许多名称之一。

我国季风的形成主要是受到海陆热力差异作用和行星风系季节位移以及青藏高原这一特殊地理因素综合影响的结果，所以表现特别强烈。我国季风区大体位于“大兴安岭—阴山—贺兰山—乌鞘岭—巴颜喀拉山—唐古拉山—冈底斯山”连线（若包括高原季风区，其界线则应包括整个青藏高原）的东南部。通常，将季风盛行地区的气候称为季风气候。季风对我国长江流域、黄河流域乃至整个东部地区的天气气候都有极其重要的影响。冬季风来自蒙古高原和西伯利亚东部等干燥寒冷的内陆地区，带来极地大陆冷空气，而我国东部地区正好位于冷空气扩散南下的路径上，往往出现大风和急剧降温的天气。因此，长江中下游的冬季气温要低于同纬度其他地区。最冷月平均气温一般在 0～－15 ℃，除一些山间盆地与河谷地区外，最低气温多在－10 ℃以下，北部可低于－20 ℃。夏季风来自暖湿的海洋地区，它带来热带海洋气团和赤道气团。初夏，当这些气团与变性极地大陆气团在江淮地区交锋时，锋面停滞，就出现所谓梅雨天气，主要特征是常为连续性降水，且常有大雨或暴雨；雨量充沛，相对湿度大。7 月上旬以后，长江中下游进入副热带高压控制下的盛夏时期，出现晴燥高温天气，除一些山地外，各地月平均气温超过 28 ℃，日最高气温在 32 ℃以上，有些地方可达 40 ℃。春秋季是过渡季节。春季冷高压削弱，极地大陆气团北撤，而源于南方海洋的暖湿气流则随之北进，冷暖气流交汇形成的极锋及降水带，从东南沿海逐步北移。秋季，在近地层蒙古冷高压迅速建立，而在对流层中高层仍有副热带高压维持，从而形成地面冷高压之上叠置暖空气，造成稳定的大气层结，出现秋高气爽的天气。而此时在我国西南部长江上游部分地区仍受西南气流影响，多阴雨天气。随着西南季风撤离大陆，川黔上空东风环流转为西风环流，形成“华西秋雨”。

一般来说，季风作为一个气候学概念，主要用以研究大范围风系的平均状态及其季节、年际、年代际的变化等气候问题。但是到近代，对季风的研究已经不再局限于气候学的范畴，而是把它也纳入天气学研究领域之中，来研究季风环流系统及季风的暴发、中断与撤退的过程和机制。大量研究表明，许多中短期天气变化都是与季风的活动相紧密关联的，东亚天气主要受东亚季风系统变化的支配，东亚季风异常对中国旱涝和冷害的发生有很大影响。因此，在中短期天气的分析预报中也必须对季风加以仔细考虑。

2.2 季风指数及其应用

2.2.1 季风指数的定义

上面已经说过，季风是指一种以近地面层冬、夏季的盛行风近于相反且气候特征明显不同为特征的大范围风系季节性变换现象，而具有明显季风特征的地区则称为季风区。据此定义我们便可定性地判定一个地区是否为季风区。例如，我国所处的东亚地区，其特征是冬季盛行东北季风，夏季盛行西南季风，夏季风期间为雨季，冬季风期间为干季，冬夏季风期的干湿不同、气候迥异，所以属于显著的季风区之一。但是，为了进行客观的分析还必须有定量的季风强度定义。为此，很多研究者从不同角度设计了各种季风指数，用以定义季风强度和季风区。

例如，赫洛莫夫(Khromov，1957)定义了一个季风指数(I)，其表达式为：

$$I = (F_1 + F_7)/2$$

式中，F_1和 F_7分别为 1 月和 7 月盛行风向频率的百分数。并规定，凡地面上冬(1 月)

夏(7月)盛行风向之间至少差120°且季风指数 I 达到一定百分率的地区为季风区。进一步又规定 $I<40\%$ 的地区为具有季风倾向的地区,$I>40\%$ 的地区为季风区,$I>60\%$ 的地区为明显季风区。

图2.1是此种季风指数(I)的世界分布图。由图2.1可见,全球的季风气候区域主要位于东半球,从非洲西部、阿拉伯海、印度、东南亚和东亚地区,到马来西亚、印度尼西亚和澳洲北部都是季风活动的地区。这些地区的季风分别称作西非季风区、南亚(印度)季风区、东亚季风区和澳洲季风区。亚、非和澳洲的热带、副热带地区的季风区连成一片成为全世界最大的季风区。南亚为热带季风区,东亚季风区比较复杂,其中,南海—西太平洋一带为热带季风区,冬季盛行东北季风,夏季盛行西南季风。东亚大陆—日本一带为副热带季风区,冬季30°N以北盛行西北季风,以南盛行东北季风;夏季盛行西南季风或东南季风。夏季雨量丰富,冬季雨雪较少,干湿季没有热带季风区明显。

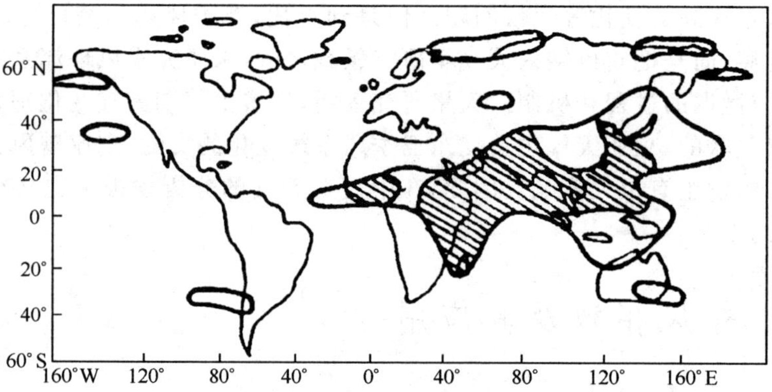

图2.1 世界季风区域分布图

(实线为 $I=40\%$ 等值线,斜线区为 $>60\%$ 的明显季风区)

(朱乾根 等,2007)

近年来,国内外很多学者也给出了各种季风强度指数,它们被用于季风的分析和监测。张庆云等(2003)将东亚热带季风槽区(100°—150°E,10°—20°N)与东亚副热带地区(100°—150°E,25°—35°N)6—8月平均的850 hPa风场的纬向风距平差,定义为东亚副热带夏季风指数(EASMI)。该指数是根据夏季热带季风槽与梅雨锋的强度及其距平风场的变化呈相反趋势的特征而定义的,能够较好地反映东亚风场和中国东部降水场的年际变化特征。何敏等(2001,2002)定义和计算了南海季风指数。该指数定义为100°—130°E、0°—10°N范围内,850 hPa和200 hPa平均纬向风距平差。该指数表示了南海南部高低层的纬向风切变。当夏季南海季风指数大于零时,表示在南海地区低层西南气流较常年偏强，影响我国的热带夏季风偏强。反之，当指数小于零时，夏季风偏弱。根据他们的研究和预测业务中的应用，表明冬季南海夏季风指数与南海夏季风活动密切相关，当上年南海季风指数为高指数时，次年南海夏季风往往暴发偏早且强，反之，低指数年则偏晚且弱。以上各种季风强度指数均在近年对南海季风的监测试验中得到了实际应用。

此外，还有很多季风指数。例如，王启等(1998)在设计季风指数时，选择了两个基本的区域，一个是亚洲区域(40°—120°E，0°—20°N)，它包括整个的北热带印度洋和南海，基本概括了亚洲季风区的热带部分，其季节和年际变化都很剧烈。另一个是南海区域(105°—120°E，0°—20°N)，这一区域季风暴发最早，且有较大的年际变异，水汽含量分布有较大的季节变化，与我国气候有密切的关系。另外，还将南海区域分为南海北部地区和南部地区，这两个区域变化有较大的区别。把中南半岛包括到南海区域里也将是一种选择，它介于上述两个区域之间，是季风北上的另一条路径，但可能更多地表现南海区域的特征。用13年(1980—1992年)ECMWF(欧洲中期天气预报中心)分辨率为2.5°×2.5°经纬度的未初始化的逐日网格点资料，加工成逐候的资料，并采用区域平均的850 hPa和200 hPa的纬向风速差或经向风速差作为季风指数，或单独选择一层(850 hPa或200 hPa)。南海地区季风强弱以南海区域(105°—120°E，0°—20°N)平均的850 hPa和200 hPa的纬向风速差表示，冬季风强度定义为前一年12月至翌年2月季风指数的距平和，将值大于1.5的称当年为冬季风弱年，小于－1.5的称当年为冬季风强年，两者之间称为正常年。同样，夏季风强度定义为6—8月季风指数的距平和，将值大于1.5的称当年为夏季风强年，小于－1.5的称当年为夏季风弱年，两者之间称为正常年。由此他们得到冬季风和当年夏季风强度具有基本相反关系的结果。即，若冬季风弱，则当年夏季风强；反之，若冬季风强，则当年夏季风弱。此外，还有Wang B等(1999，2001)设计的印度夏季风指数(IM Index)和西太平洋夏季风指数(WNPM Index)等。其中，IM由40°—80°E，5°—15°N和70°—90°E，20°—30°N的850 hPa纬向风的差异确定；而WNPM则由100°—130°E，5°—15°N和110°—140°E，20°—30°N的850 hPa纬向风的差异确定。即IM = U850(40°—80°E，5°—15°N)－U850(70°—90°E，20°—30°N)；WNPM = U850(100°—130°E，5°—15°N)－U850(110°—140°E，20°—30°N)。IM或WNPM指数值越大，则所对应的季风就越强。

2.2.2 季风指数的类别

合理设计季风指数是定量研究季风强度的基础，所以自20世纪80年代以来，许多学者都从不同角度出发，定义了各种表示东亚季风强弱的季风指数。上面说到的只是其中的部分例子。江滢(2005)把它们归纳为几种基本类别，即环流类、温湿类、海陆差异类和完全从动力、热力学方程出发结合其物理意义而定义的方程类，还有一

些指数的定义要素包含以上两种或两种以上要素类型,称为综合类。这些类别分别具有以下的特点:

(1)环流类季风指数

环流类季风指数包括用位势高度、高低空风场(经向风和纬向风)及其散度、涡度等要素定义的季风指数,其中用高低空风场定义的指数最多。在用高低空风场定义的季风指数中,除了少数用1000 hPa经向风定义我国南方冬夏季风指数外,其他各指数均用850 hPa风场或200 hPa风场或两者相结合起来定义的,其差别在于从不同的角度出发,根据季风的特点,选择不同的区域,来反映季风的不同侧面。综合来看,用环流要素定义的东亚季风指数能很好地反映东亚环流场的变化,并能较好地结合东亚季风的其他特征,是发展比较成熟的一类季风指数定义方法,但总体来说,此类东亚季风指数在反映季风降水方面显得有些不足。

(2)温湿类季风指数

温湿类季风指数包括用OLR(向外长波辐射)、TBB(卫星红外辐射亮度温度)、相当位温和降水量等要素定义的季风指数。有的用不同区域的降水量定义了南亚降水指数、东南亚降水指数和南海降水指数、东亚降水指数。由于很难区分季风降水和非季风降水,因此用降水指数来监测季风的暴发、发展、中断和撤退不十分准确,但若作为全年季风强度的监测指标又是最直接的。因此,Wang(1999)及周兵等(2001)又分别用OLR构造了印度夏季风指数、东南亚夏季风指数和南海季风指数、东亚季风指数来弥补降水指数易受非季风天气系统影响的不足,但是OLR季风指数受云的影响比较大。

(3)海陆差异类季风指数

海陆差异类季风指数包括热力差异和动力差异两类季风指数。郭其蕴(1983)取110°—160°E的海平面气压差来表征东亚夏季风的强度。赵汉光等(1994)引用郭其蕴的方法建立冬季风强度指数。施能(1996)改进了郭其蕴的方法。但热带地区的气压场的变化相对较小,因此仅用气压差定义的季风指数来描述热带地区的季风效果并不理想,用该指数来描述副热带地区的季风效果较好。孙秀荣等(2001)细化并改造了郭其蕴和施能的季风强度指数,同时考虑了东西向和南北向的海陆热力差异,该季风指数虽然不是严格的季风指数,但与上述动力差异类季风指数相比,孙秀荣、陈隆勋构造的热力差异季风指数考虑得更详尽些。属于海陆差异类的季风指数还有Hanawa(1988)用海参崴与日本根室两站气压差构造的冬季风指数,该冬季风指数所用的站数少,纬度偏高,更适用于日本。

(4)综合类季风指数

综合类季风指数是用两种或两种以上要素相结合来反映季风特征的指数(或指标)。综合类季风指数(或指标)多是用来判定南海夏季风暴发日期的。梁建茵等

(2000)和张秀芝等(2001) 定义的指数反映南海季风强度;钱国荣(1982)则定义的是单点逐日的季风强度指数;而祝从文等(2000)结合东亚热带和副热带季风双重特性定义其强度指数。由于东亚地区季风活动不仅受热带季风的作用,同时还受副热带季风的影响,两种不同性质的季风既有联系又相互独立,用单一要素很难全面地表达东亚季风的活动。而综合类季风指数可以将反映季风不同特点的多种要素结合起来,因此能更全面地表征东亚季风复杂的特征,此类季风指数也许是最有前途的一类反映东亚季风变化的指数。但是由于对东亚季风认识有限,将哪些要素如何结合起来才能更好地表征东亚季风还有待于进一步研究。

由于在季风的研究中,所设计的各种季风指数所反映的区域或所应用的范围、限制常常各不相同,它们所反映出的季风强弱有时会有很大的差异,甚至会出现相互矛盾或相反的情况,例如,以一种指数分析认为是强季风,而以另一种指数分析却认为是弱季风,因此设计一个合理的季风指数时应该有一定的基本要求。Lau 等(2000)认为,最佳的亚洲季风指数应当具备下列特点:

① 指数所反映的亚洲季风及其子系统的季节循环和年际变化(或更长时间尺度的变化) 要有代表性。

② 要有适当的区域以至全球的关联(地理的、社会的影响)。

③ 使用的气象要素力求简单,最好使用直接观测的资料,如降水、风、温度和湿度等。

④ 如使用不同参数,要求内部动力学的一致性。

⑤ 用不同资料也可得出类似的结论(特征的显著性)。

⑥ 多种时间尺度都适用的可扩展性。很明显,很难得到一个指数同时满足所有要求。而 Goswami 等(1999)更认为一个指数如果与当地的降水量关系不好,就很难说它对当地季风来说是个好的指数。

正如上面所说,关于季风指数的研究是定量地研究季风强度的基础,为此不少专家针对现有的问题,对今后开展东亚季风指数研究提出了很多设想。例如:

① 黄荣辉等(1997)认为,东亚季风区水汽的辐合辐散主要是由于湿度平流造成的,而且夏季水汽输送特征是水汽经向输送很大。水汽的输送直接影响东亚地区的降水,因此在构建季风指数时对如何表征东亚季风水汽输送的特征,值得进一步研究。

② ENSO(厄尔尼诺与南方涛动) 循环对于东亚夏季降水有很大影响,黄荣辉等(1989,2001)指出,ENSO 暖事件的发展(衰亡) 阶段,我国江淮流域以及日本和韩国夏季降水偏多(少),而华北和江南地区的降水偏少(多)。陈文等(1998,2000) 发现 ENSO 事件成熟期我国东部沿海冬季风偏弱,经常发生暖冬现象。金祖辉等(1999)也指出了 ENSO 事件显著地影响了东亚季风的强弱。因此,如何把 ENSO 的影响加

到季风指数的定义里,也是一个值得思索的问题。

③ Hahn 等(1976)和 Dickson(1984) 的研究表明,印度季风降水和欧亚积雪具有反相关关系,陈烈庭等(1979,1981)发现青藏高原冬春季积雪影响长江中、下游初夏的降水。这是否表明青藏高原冬春季积雪对东亚季风降水有预测性的指示意义,还有哪些因子可能对东亚夏季风强弱有预测性意义,能否用对东亚季风具有预测性意义的因子定义一个或几个东亚季风的预测指标,这将对短期气候预测水平的提高有巨大的推动作用。

④ 东亚冬季风的活动,不仅可以引起我国及邻近国家的寒潮降温和降雪等灾害性天气,还可以影响到马来西亚、印度尼西亚、澳大利亚等地汛期的旱涝,因此如何很好地定量描述东亚冬季风的进退、强弱都有待于进一步深入研究。

2.2.3 季风强度的监测

东亚季风系统(包括南海一西太平洋的热带季风和大陆一日本的副热带季风)的进退和强度异常变化对中国的天气和气候影响十分显著,尤其是夏半年的汛期(5—9月)中国东部地区的降水和雨带位置的变化与夏季风活动有着密切关系。因此,人们对东亚季风系统的强度和位置变化时刻都给予密切的关注。近年来,中国气象局国家气候中心等单位建立了季风监测系统,利用实时接收的大气资料、卫星观测资料(向外长波辐射 OLR)和中国大陆地区的台站降水记录等资料,来对东亚夏季风的活动情况,包括夏季风暴发、推进、强度等以及中国大陆地区雨带位置和降水异常状况进行实时监测试验。

(1)南海一西太平洋热带季风的监测指标

南海是东亚夏季风暴发最早的地区之一。研究表明,5 月中旬前后南海夏季风的突然暴发,标志着东南亚和东亚夏季风的到来及雨季的开始。对南海夏季风的监测包括南海夏季风的暴发、强度变化以及撤退等。以下介绍南海夏季风暴发时间的监测指标,以及南海夏季风强度指数等。

① 南海季风监测区选为：10°—20°N,110°—120°E。

② 南海夏季风起止时间的判定指标为:以南海季风监测区内平均纬向风和假相当位温为监测指标,当监测区内平均纬向风由东风稳定转为西风以及假相当位温稳定地大于 340 K 的时间,为南海夏季风暴发的主要指标。同时参考 200 hPa 和 850 hPa、500 hPa 位势高度场的演变。

③ 南海夏季风强度逐候变化为:以南海季风监测区内平均纬向风逐候变化和同时段气候平均值比较,考察南海夏季风强度的逐候变化。

④ 30 年南海夏季风强度指数变化:南海夏季风暴发到结束期间纬向风(考虑西风)强度累积值的标准化距平值为当年南海夏季风强度指数(气候值为 1971—

2000 年)。监测系统中给出近 30 年南海夏季风强度指数变化曲线图。以南海季风监测区内平均纬向风和假相当位温为监测指标，当监测区内平均纬向风由东风稳定转为西风以及假相当位温稳定地大于 340 K 的时间，为南海夏季风暴发的主要指标。同时参考 200 hPa 和 850 hPa、500 hPa 位势高度场的演变。以南海季风监测区内平均纬向风逐候变化和同时段气候平均值比较，考察南海夏季风强度的逐候变化。

⑤ 南海季风指数：应用何敏等(2001)定义的季风指数计算了南海季风指数。如上面已经介绍的，该指数定义为 100°—130°E、0°—10°N 范围内，850 hPa 和 200 hPa 平均纬向风距平差，它表示了南海南部高低层的纬向风切变。当南海夏季风指数大于零时，表示热带夏季风偏强；反之，当指数小于零时，夏季风偏弱。

(2)中国大陆—日本的副热带季风的监测指标

对东亚副热带季风的监测，该系统提供了 3 个东亚副热带季风强度指数。

① 海—陆气压差季风指数：该指数计算主要参考上面提到的施能等的定义，计算两个序列，月序列及季(夏季)序列。该指数定义为：20°—50°N(7 个纬带)的 110°E 与 160°E 的月(季)的标准化海平面气压差的和，所得的序列再进行一次标准化处理。对于夏季(6—8 月平均)的季强度指数，则乘以 −1，这样计算所得的强度指数越大，表示夏季风越强。

② 海—陆气压差季风指数：该指数是根据郭其蕴(1983)、赵汉光等(1996)的定义计算而得。计算的季风指数序列包括月序列和季序列。定义为 10°—50°N 范围内，每 10°纬圈上用 110°E 减 160°E 之间的气压差值 $\geqslant$5 hPa 的所有数值之和，代表冬季风强度，气压差值 $\leqslant -5$ hPa 的所有数值之和，代表夏季风强度，并将各月冬、夏季风强度与气候平均值(1971—2000 年)，求比值，作为冬、夏季风强度指数。

③ 东亚副热带夏季风强度指数：该指数根据张庆云等(2003)的定义计算求得。将东亚热带季风槽区(100°—150°E,10°—20°N)与东亚副热带地区(100°—150°E,25°—35°N)6—8 月平均的 850 hPa 风场的纬向风距平差，定义为东亚夏季风指数(EASMI)。该指数根据夏季热带季风槽与梅雨锋的强度及其距平风场的变化呈相反趋势的特征而定义的，能够较好地反映东亚风场和中国东部降水场的年际变化特征。

2.3 季风环流系统

如上所说，世界上有很多季风地区，但最重要的季风气候区域主要位于东半球。各个季风地区都有独特的环流系统。根据季风系统发生的地域和环流特征的不同，季风系统有各种不同名称。主要季风系统包括西非季风系统、南亚季风系统、东亚季风系统和澳洲季风系统等。每个季风系统都是由一些环流系统组成的，它们称为季风系统的成员。各个季风系统的成员来源不同,有的是中纬度的系统,有的是越赤道的气流,还有的是副热带和热带的环流系统。在各个季风系统中,季风的开始往往是暴发性或突变性的,暴发时间各不相同。例如,西非夏季风系统在每年5月中旬间向北暴发;印度夏季风和东亚夏季风从5月中旬到7月中旬阶段性地向北推进,在每个阶段又有迅速推进和停滞的时候;澳洲季风则通常在每年的12月份突发性地暴发。以下主要讨论对我国有重要影响的南亚夏季风环流系统,以及东亚夏季风环流系统和东亚冬季风环流系统。

2.3.1 南亚夏季风环流系统

每年5月中旬前后,来自南印度洋马斯克林高压的东南气流沿非洲东岸低空形成强劲的索马里急流,径直向着南亚印度次大陆流去,并引起持续性降水,这就是南亚夏季风(图2.2)。造成降水的天气系统主要是季风槽和季风低压。如图2.3所示,季风槽基本上是沿着喜马拉雅山脉南侧,从西北—东南向孟加拉湾(BOB)及中南半岛方向伸展的。当它处于活跃阶段时,沿槽线有一连串的低压活动,造成一次次的强降水过程。这些低压在孟加拉湾得到进一步的发展和加强。所以在孟加拉湾地区是南亚地区低压发生频率最高的地区(图2.4)。南亚季风槽有时可以向东一直伸展

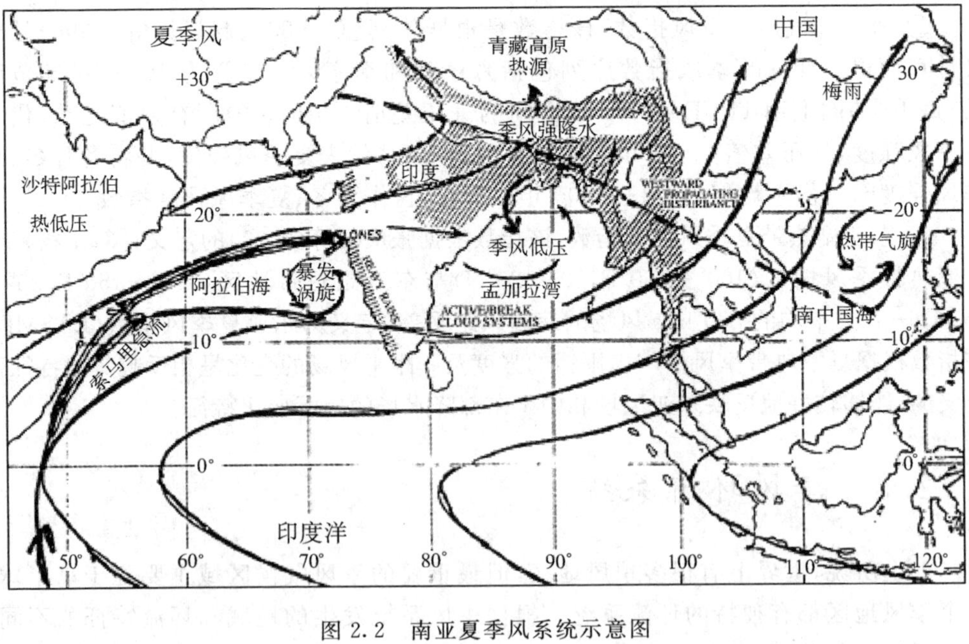

图2.2 南亚夏季风系统示意图

(Annamalai, 2008)

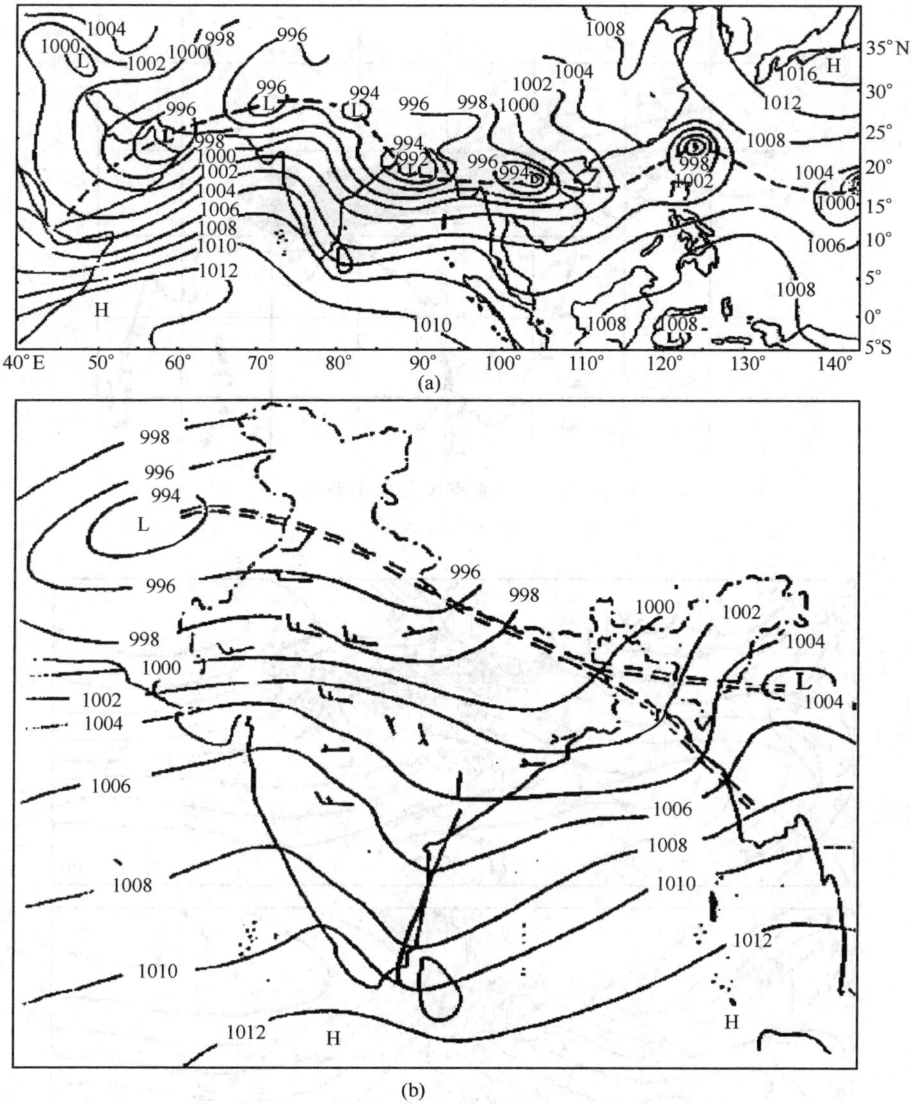

图 2.3　南亚季风槽活跃(a)和休止(b)阶段的地面气压场特征

(Annamalai, 2008)

到南中国海一带。特别是在有很多台风的时候,它们有时像与赤道辐合带(ITCZ)连接起来了。图 2.5 表示南亚夏季(7—9 月)850 hPa 平均流线图,由图可见,有两种不同的情况。一种是在有许多台风(比一般多 2～3 倍)的情况,具有活跃的赤道辐合

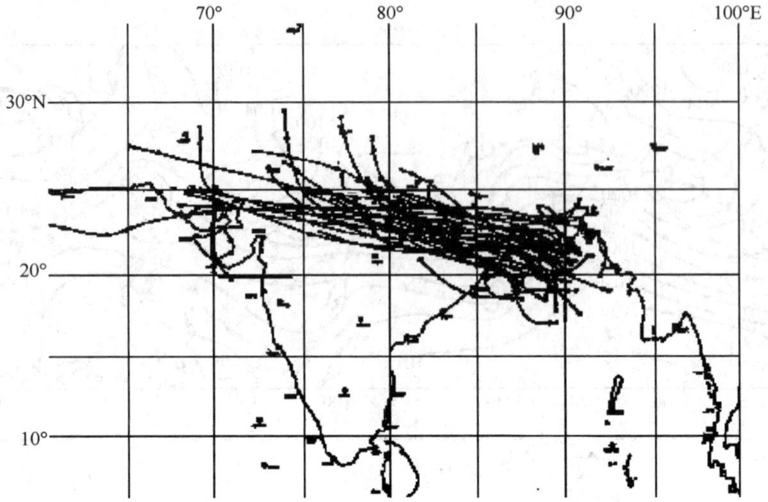

图 2.4 南亚季风低压的路径

(Annamalai, 2008)

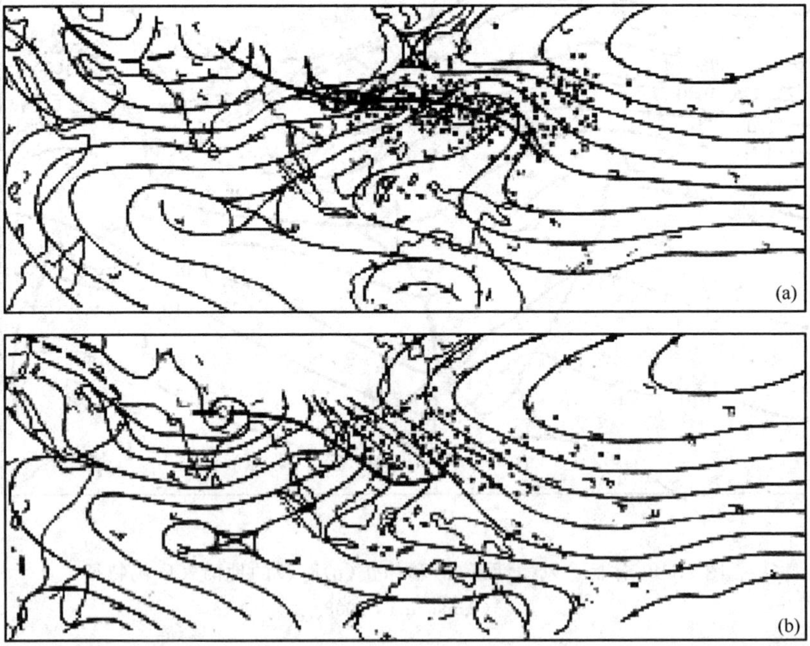

图 2.5 南亚夏季(7—9 月)850 hPa 平均流线图

(a)有许多台风[比(b)多 2～3 倍]的情况。具有活跃的赤道辐合带,季风槽处在 20°N 附近,朝东伸至 160°E 附近地区;(b) 台风较少的情况。赤道辐合带不活跃。季风槽在 10°N 附近,朝东伸至 130°E 附近便结束了

(Annamalai, 2008)

带,季风槽处在20°N附近,可以朝东伸至160°E附近地区;第二种是台风较少的情况,赤道辐合带不活跃。季风槽一般向东伸展不远,在10°N附近,朝东伸至130°E附近便结束了。有时在对流层中层(500 hPa)的气旋性涡旋也是重要的强降水系统(图2.6)。

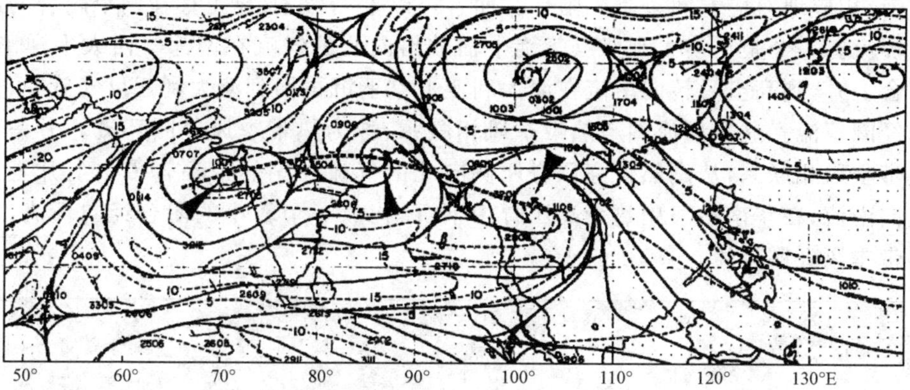

图2.6 对流层中层(500 hPa)的气旋性涡旋

(Annamalai, 2008)

2.3.2 东亚夏季风环流系统

(1)东亚夏季风系统的构成

东亚季风区虽然与南亚季风区连在一起,许多学者也认为东亚夏季风是南亚夏季风向东的延伸,但根据近年来国内外的大量研究结果认为,东亚夏季风系统和南亚印度夏季风系统既有相互联系又是相互独立的。基本来说,东亚夏季风系统相对于印度夏季风是一个相对独立的季风系统。相反,东亚夏季风与南半球的印尼—北澳冬季风却有着更为密切的联系。东亚夏季风盛行时,也正是印尼—北澳冬季风的盛行期。研究还认为,东亚季风系统包括南海季风系统(发生于南海—西太平洋一带的热带季风区,冬季为东北季风,夏季为西南季风),以及副热带季风系统(发生于东亚大陆—日本一带的副热带季风区,冬季盛行西北季风或东北季风;夏季盛行西南季风或东南季风)。

不少学者把东亚和印尼—北澳夏季风(北半球)作为一个统一的环流系统来看。它的成员主要包括:低空的澳大利亚冷性反气旋、东亚地区的向北越赤道气流、南海—西太平洋热带辐合带(ITCZ)(或称热带季风辐合带、南海季风槽等)、西太平洋副热带高压、梅雨辐合带(或称副热带季风辐合带、梅雨锋等);高空的南亚反气旋的东部脊、东风急流(含南、北两支东风急流)、东亚地区向南越赤道气流、南半球高空副热带高压脊等。在这些环流系统的控制下,存在三支低层季风气流,这就是从澳大利亚冷性反气旋中辐散出来的冬季东南季风和越过赤道后转向而成的南海—西太平洋热带西南季风,以及由西太平洋副热带高压脊西侧向北流转向而成的东亚大陆—日本副热带西南季风(图 2.7)。东亚地区两支西南季风的北侧是两条辐合带,高层为辐散带,相应地对应着两条季风雨带。而且可以推测,东亚夏季存在两个闭合的经向垂直环流。一个是从澳大利亚反气旋中辐散出向北的气流在南海—西太平洋 ITCZ 中辐合上升,到高空后转向南流在澳大利亚上空下沉再回到澳大利亚反气旋中,构成闭合经圈环流。这个环流圈与热带季风相联系,称为热带季风经圈环流。另一个与副热带季风相联系,从副热带高压脊西侧向北的气流在副热带辐合带中上升至高空后转向南流,在华南沿海副热带高压脊中下沉,构成一个较小的闭合经向环流,称为副热带季风经圈环流。

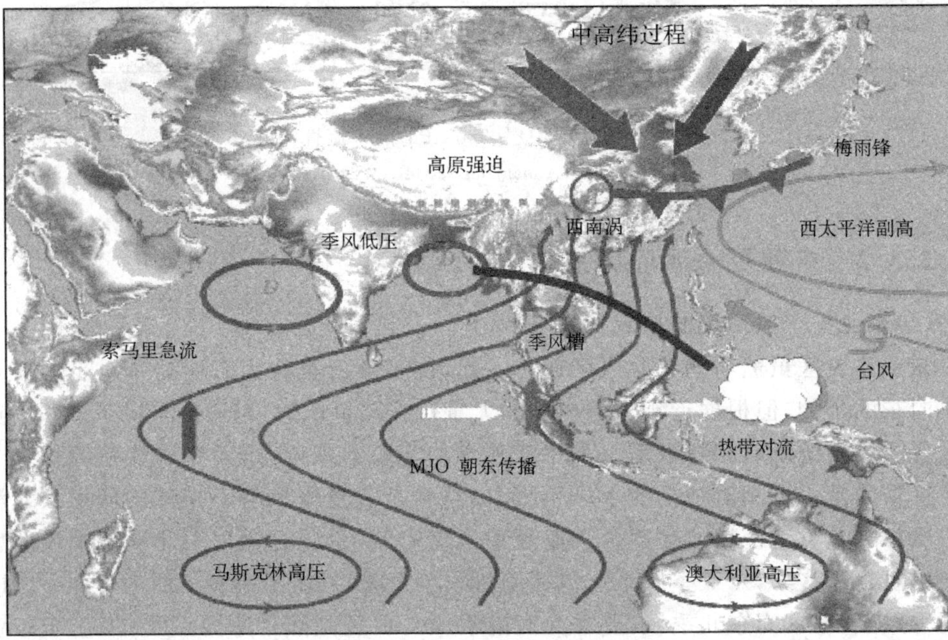

图 2.7 东亚夏季风系统的构成示意图(Ding et al., 2007)

[MJO:马登-朱利安振荡(Madden Julian Oscillation, MJO),也称热带季节内振荡或 30～60 天振荡。]

南海—西太平洋热带季风的气流主要来自南半球。东亚大陆—日本副热带季风的气流由三部分组成,即由副热带高压西南侧的东南气流、南海—西太平洋热带西南季风和印度热带西南季风三股气流在副热带高压西侧汇合而成。南海—西太平洋 ITCZ 由单一的热带海洋气团所组成,不具锋面性质。副热带季风辐合带由热带气团与北方极地大陆变性气团所构成,湿度对比明显,至少在高空有明显的锋面结构。

(2)旱涝年高低空环流特征

夏季风环流系统中的某一成员的强弱、位置发生变化,均可影响到整个环流系统的变化,从而影响到夏季风的强弱和进退,并进而影响到各个地区的旱涝。这可以通过对图2.8中的1978年和1980年的比较可见。图2.8的实线部分是根据1980年(江淮流域典型涝年)夏季东亚季风环流系统的情况所绘制的综合图。

在图2.8中,除了上面所说的1980年(江淮流域典型涝年)的环流形势,也绘制了1978年(江淮流域典型干旱年)夏季东亚夏季风环流系统特征(虚线)。由图中的实线和虚线的比较可见,洪涝年(1980年)105°E通道上的越赤道气流比干旱年(1978年)明显,涝年热带季风辐合带位于12°N,在其中发生的台风少,副热带季风辐合带(或梅雨锋)位于30°N左右,相应地高空存在两支东风急流。干旱年热带季风辐合带位置偏北,位于22°N左右,在其中发生的台风多,副热带季风辐合带也偏北,位于40°N左右,相应地高空仅存在一条南支东风急流。总之,北半球的东亚季风系统洪涝年比干旱年偏南8个纬距左右。与此同时,北半球中纬西风急流轴的位置洪涝年也比干旱年偏南5个纬距,位于40°—45°N。而南半球澳大利亚冷高压的位置只在东西方向上略有偏离。

图2.8 1980年夏季(实线)和1978年夏季(虚线)东亚季风环流系统的综合图

(朱乾根 等,2007)

(3)东亚副热带夏季风的热力性质

由于组成东亚副热带季风的三股气流(即从澳大利亚冷性反气旋中辐散出来的冬季东南季风气流和越过赤道后转向而成的南海—西太平洋热带西南季风气流,以及由西太平洋副热带高压脊西侧向北流转向而成的东亚大陆—日本副热带西南季风气流)均来自热带海洋上,含有丰富的水汽,当它们进入大陆后,又受到夏季大陆的辐射加热作用和副热带高压脊下的下沉增温作用,温度升高,于是形成高温高湿的特性。

从4—10月沿110°E各地850 hPa层候平均θ_{se}和风速随时间变化来看,4月、5月、6月θ_{se}的大值区一般位于20°N及其以南地区,6月下旬大值区急速向北移至30°N左右,一直维持到8月中旬。以后又向南移,9月中旬回到20°N以南的地区。从5月至9月20°N以及以南的低纬地区θ_{se}一直保持在344~348 K,它表征了热带夏季风的热力性质。7月、8月30°N附近的θ_{se}大值中心达356 K以上,它表征了副热带夏季风的性质。副热带夏季风的θ_{se}其所以高于热带夏季风主要是在大陆增温的结果,从水汽含量来看二者差不多。另外,在6月、7月35°N附近有一θ_{se}等值线的密集带,这就是梅雨锋带。梅雨锋带以北为极地大陆变性气团,这个密集带主要是由湿度对比所形成的,温度差异很小。因此,可以认为副热带夏季风具有高温高湿的热力性质,热带夏季风具有高湿和较高温度的热力性质,极地大陆变性气团具有高温低湿的热力性质。另一方面,副热带季风由于从高空副热带高压脊下越过,上层干燥下层高温高湿,因而具有强的对流不稳定。

2.3.3 东亚与南亚夏季风的比较

如上所述,南亚季风是指亚洲南部(印度半岛和中南半岛以及中国西南等地区)的季风。以印度半岛最为典型,故命名为南亚季风。其形成主要是由气压带、风带的季节移动引起的,同时也有海陆热力差异和地形因素的影响。冬季气压带、风带南移,赤道低气压带移至南半球,亚洲大陆冷高压强大,风由蒙古西伯利亚吹向印度,受地转偏向力影响成为东北风,即亚洲南部的冬季风。夏季气压带、风带北移,赤道低压移至北半球,本来位于南半球的东南信风北移至印度半岛,受地转偏向力影响成为西南风,即为南亚的夏季风。且由于夏季西南风强于冬季东北风,故有西南季风之称。冬干夏湿是南亚季风的主要气候特征。

东亚与南亚夏季风是相对独立的两个子季风环流系统,它们之间有着较大的差异,但它们又同处于亚洲季风系统之内,又有相互联系、相互作用的一面。其异同和相互联系表现在下列方面:

① 印度和中国的降水除少数地区外无明显的相关。印度中部降水距平与中国降水距平的相关系数分布表明,显著水平达95%以上的地区仅为华北、西北东部和

川北地区。在北京到石家庄、内蒙古中部到陕西北部的局部地区显著水平达99%。其余地区,除零散的测站外,均无显著相关。但印度和东亚同纬度的南海地区对流活动常是反相的。

② 印度夏季风由单纯的热带季风所组成,东亚夏季风包含热带季风和副热带季风两部分,影响系统比较复杂。印度夏季风暴发于6月上、中旬,东亚夏季风建立于5月中旬,比印度夏季风约早1个月。

③ 大部分夏季风低压系统是在东亚季风区发生而后向西传播到印度季风区。例如,76%的孟加拉湾风暴是由起源于南海或西太平洋的低压环流减弱西行到孟加拉湾重新加强发展而形成的。但从水汽输送来看,却是从印度季风区向东亚季风区输送并产生东亚季风降水。

④ 印度季风区的西南气流向东输送构成东亚副热带季风的一部分。对印度夏季风影响很大的索马里急流的变化同样可以影响到东亚夏季风的变化。

2.3.4 东亚冬季风环流系统

和东亚夏季风与印尼—北澳冬季风有密切的联系一样,东亚冬季风与南半球印尼—北澳夏季风也有密切的联系,东亚冬季风盛行时正是印尼—北澳夏季风的盛行期。

(1) 高低空环流特征

如图2.9所示,东亚和印尼—北澳冬季风(北半球)环流系统的低空成员包括:亚洲大陆冷性反气旋、东亚向南越赤道气流、印尼—北澳夏季风辐合带或热带辐合带(西北季风与东南信风)以及澳大利亚热低压等;高空成员包括:南半球高空副热带高压脊,向北越赤道气流和北半球高空副热带高压的西部脊,在这些环流系统的控制下,存在两支季风气流,一支是从亚洲冷性反气旋内辐散出的东亚冬季风,30°N以北为西北季风,以南为东北季风,另一支是印尼—北澳夏季西北季风,它的气流来自于北半球的东亚东北季风和北半球西太平洋副热带高压南侧的东北信风。东亚冬季风期间的主要降水区已由北半球移到赤道及其南侧的印尼地区,这里也是冬季全球最强的降水区。

东亚和印尼—北澳冬季风(北半球)的经向垂直环流,从亚洲冷性反气旋发出的冬季风向南流越过赤道,在南半球夏季风辐合带上上升,至对流层高层后又转为辐散的东南气流向北流越过赤道进入北半球的西风带,在这里下沉回到冷性反气旋中,从而构成一个闭合的经向垂直环流。

以上是1个月平均的冬季风环流系统,它显示了冬季风环流的基本特征,但不表示整个月都有冬季风活动。当有冬季风活动时称为冬季风(或南半球夏季风)的活跃,没有冬季风活动时称为冬季风(或南半球夏季风)的中断。同样,前面所说的北半球的夏季风也有活跃或中断的变化。

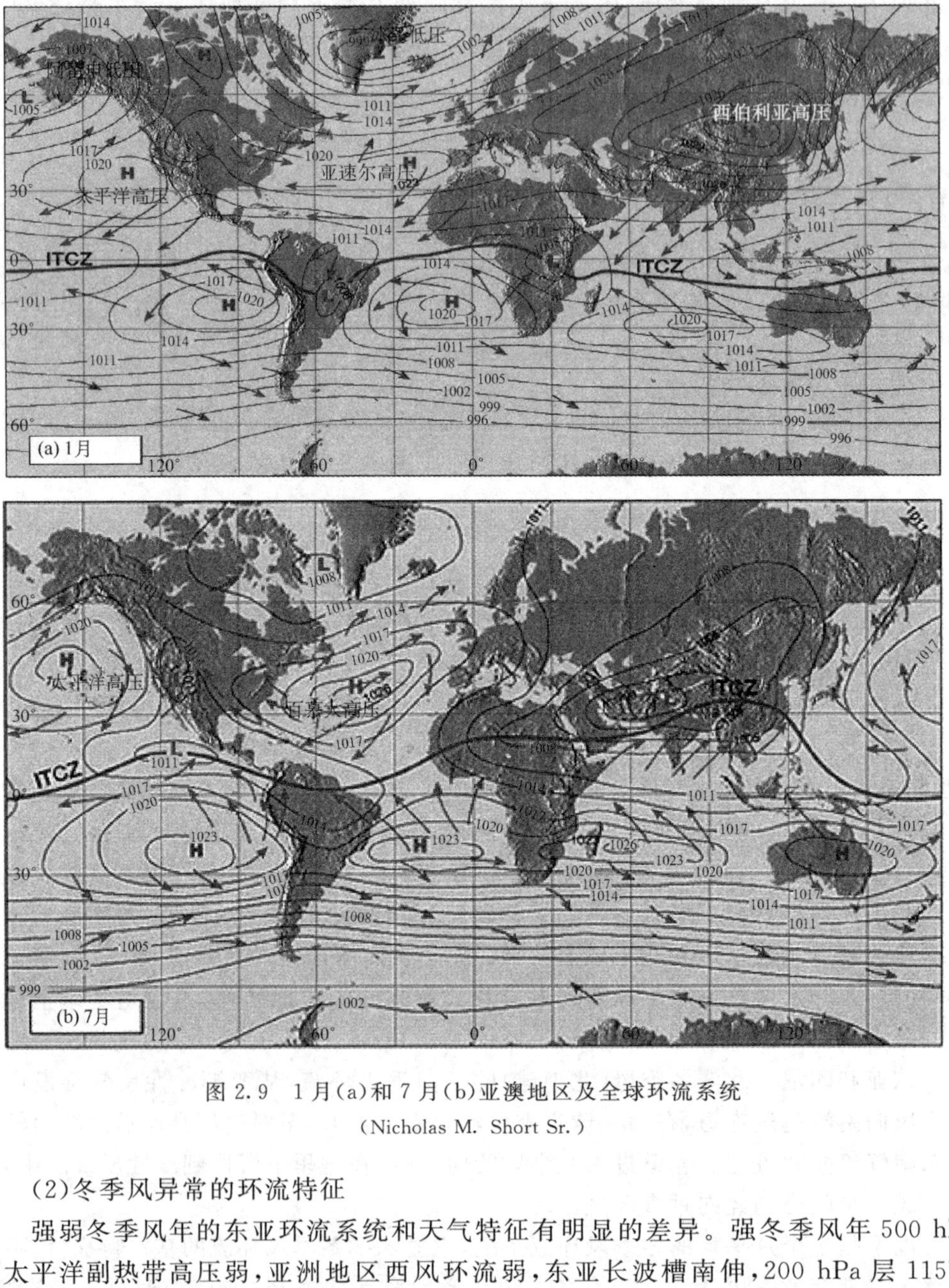

图 2.9　1 月(a)和 7 月(b)亚澳地区及全球环流系统

(Nicholas M. Short Sr.)

(2)冬季风异常的环流特征

强弱冬季风年的东亚环流系统和天气特征有明显的差异。强冬季风年 500 hPa 西太平洋副热带高压弱,亚洲地区西风环流弱,东亚长波槽南伸,200 hPa 层 115°E 西风急流强且偏北。弱冬季风年环流特点与之相反,500 hPa 西太平洋副热带高压强,亚洲西风环流强,东亚槽弱,200 hPa 层 115°E 西风急流弱而偏南。

1986—1987 年东亚冬季风偏弱，该年我国大部分地区气温偏高，全国 324 个台(站)中，1 月气温有 84 个达新中国成立后同期最高值，62 个为次高值；2 月气温有 28 个达新中国成立后同期最高值，52 个为次高值。我国北方大部分地区降水偏多，南方降水偏少。与此同时，南半球夏季风也偏弱且偏迟建立，澳大利亚夏季西北季风直到 1 月 14 日才开始建立，比常年推迟约 1 个多月，澳大利亚大部分地区降水偏少。在 1986 年 12 月 950 hPa 平均流场上，冬季风前沿仅抵达赤道附近，15°S 至赤道之间为东风距平，整个印度尼西亚、澳大利亚地区及印度洋东部海平面气压比常年偏高。

(3)冷涌的向南传播及其对低纬环流的作用

东亚冬季风在北方暴发及侵入中国时习惯上称为寒潮，当其进一步向南海推进时称为冷涌。一般认为，当南海北部东北风大于等于 8 m/s，深圳与黄石地面气压差大于等于 8 hPa，且冷涌过程中东北风维持在 6 m/s 以上时，称为南海冷涌。

冷涌向南传播过程中，冷空气的厚度愈来愈薄，一般不超过 700 hPa。冷涌向南的传播路径主要有两条：一条是由东亚大陆沿海经台湾海峡进入南海(东路)；一条是从中国大陆西部南下，沿中南半岛的东海岸进入低纬度(西路)。从东路南下的冷空气主要在海面上移动，冷空气迅速变性增温增湿，逐渐失去其干冷的特性。从西路南下的冷空气由于在陆地附近的海上移动，而且受冷洋流的影响，冷空气变性很慢，保持更多的干冷特性。强的冷涌可以侵入南半球，并可从南海南部向西传播至印度洋，形成印度季风区的东北季风。

冷空气南下时，在高原附近和锋面附近具有强的非地转特性，因而常在冷锋前部激发出重力波，表现为冷锋前的北风增大和气压涌升，这种重力波的移速比冷锋移速快得多，可达 50 m/s 左右。一般把此重力波看作冷涌的前缘，因此，冷涌从华南传播至赤道仅需一天左右的时间。冷涌过境时，先是东北风增大，气压急剧上升，过一段时间后才观测到温度的下降。在冷锋后部还存在一个东北风大值中心区，此风速中心向南传播速度较慢，约为 30 m/s。

青藏高原大地形对冷涌向南传播具有重要的动力作用，它迫使冷涌从高原东部南下，在低层东亚大陆沿海地区形成一条偏北风风速轴，称为冷空气输送带，并使冷涌加强。数值试验证明，如果去除青藏高原，则冷涌将大大减弱并主要向西传播。

东北风冷涌向赤道传播时，常常在加里曼丹与马来半岛之间激发起强烈的对流活动，从而加强了这里的低层辐合和气旋性环流。因此在低层月平均图上可以出现一个常驻性的气旋性环流。

低纬积云对流的发展，产生了强上升气流和高空强辐散，辐散气流随高空副热带高压北侧的东南气流向北流动，由于地转偏向力的作用逐渐转为偏西风，从而加强了西风急流，同时在冷性反气旋上空下沉，最后使局地哈得来(Hadley)环流加强。另一方面低纬高空辐散气流向东、西两侧流动，加强了太平洋上的沃克(Walker)环流和赤道印度洋上的纬向环流。

2.3.5 东亚夏季风与冬季风的交替

(1)东亚冬夏季风的建立和撤退

一般所讲的冬夏季风的建立(撤退)都是针对一个局部地区而言的,例如,印度季风的建立(或暴发)一般是针对印度中部地区而言,东亚季风的建立是针对南海中部或华南沿海而言。此外,还有针对更小地区而言的,如云南季风的建立与撤退等。实际上,冬夏季风都不是在一季风区的所有地方同时建立和撤退的,而是具有一个不断推进和撤退的过程。因此,对一季风区而言,所谓季风的建立与撤退应包含两个概念:一是在季风区开始建立(撤退);一是在整个季风区完全建立(撤退)。对于整个季风区来说,冬(夏)季风的开始建立也就是夏(冬)季风的开始撤退,冬(夏)季风的完全建立也就是夏(冬)季风的完全撤退。如上所述,东亚季风比较复杂,夏季存在热带和副热带两种性质不同的季风和季风环流系统,本节下面所讲的东亚夏季风,主要是指东亚热带夏季风。

由于北半球东亚季风与南半球印尼—北澳季风处于同一个季风环流系统,因此,东亚冬(夏)季风的完全建立(撤退)也就是印尼—北澳夏(冬)季风的开始建立(撤退);反之,印尼—北澳冬(夏)季风的完全建立(撤退)也就是东亚夏(冬)季风的开始建立(撤退)。东亚冬(夏)季风的完全建立(撤退)与东亚冬(夏)季风的开始撤退(建立)都应以低层越赤道气流方向的转换为标志,也就是以过赤道的经向垂直环流方向的转换为标志。当低层越赤道气流从偏南风转为偏北风时,也就是过赤道经向垂直环流从北部上升南部下沉转为南部上升北部下沉之时,此时东亚冬(夏)季风完全建立(撤退);反之,当越赤道气流从偏北风转为偏南风时,也就是过赤道经向垂直环流从南部上升北部下沉转为北部上升南部下沉之时,此时东亚夏(冬)季风开始建立(撤退)。根据这个标志,平均来说,东亚冬(夏)季风完全建立(撤退)于 11 月与 12 月之间,开始撤退(建立)于 4 月与 5 月之间。

(2)东亚夏季风的建立过程

东亚热带夏季风与副热带夏季风的开始建立几乎是同时的,但建立的方式有明显不同。南海—西太平洋热带西南季风是由南半球印尼—北澳冬季风越过赤道而建立的,而大陆—日本副热带西南季风则是北半球低纬环流自身变化的结果。

东亚夏季风开始建立时,高空南亚高压正在加强形成的阶段,它的范围不断扩大,中心从 15°N 左右跃至 23°N 左右的中南半岛上空,南半球高空反气旋的强度也有所加强,中心仍位于太平洋上空。在这两个强大的高空反气旋之间的东南气流转为一致的东北气流。在这宽广的东北气流中出现了两支东风急流,一支位于 10°—15°N,一支位于赤道附近。与此同时,低空东亚地区出现了明显的向北越赤道气流,南海南部出现了较强的西南风，这就是南海热带夏季风，季风槽位于其北侧；另一方面，南海反气旋减弱东移合并入西太平洋副热带高压脊中，原位于孟加拉湾海上的热带气旋向北跃至大陆上的23°N左右，从而在此热带气旋的南侧、东侧及副热带高压的西侧、西北侧建立了另一支较强的西南气流，这就是东南亚夏季风和华南沿海的夏季风。东南亚地区的西南季风位于南亚高压脊的南侧属热带夏季风，华南沿海的西南季风位于南亚高压脊的北侧，属副热带夏季风。因此，与高空两支东风急流相对应，在低空出现了南、北两支西南季风。

(3)东亚副热带夏季风的进退

东亚副热带夏季风的进退与东亚热带夏季风的进退有密切的联系，但由于海上资料的缺乏，目前尚没有关于热带夏季风进退的详细研究。

东亚副热带季风的进退主要是指副热带季风北侧前沿的南北进退。根据副热带季风的温湿性质和风向，可以用θ_{se}、露点温度(T_d)特征线和西南风前沿等进行综合分析。由于季风雨带与季风辐合带相对应，季风辐合带又是西南风的前沿，所以雨带的位移也是季风进退的标志。一般850 hPa上θ_{se}取336～340 K，T_d取12～14℃和1000 hPa上θ_{se}取344～348 K等特征线作为副热带夏季风前沿进退的指标。

2.4 东亚季风的形成和变化

2.4.1 影响季风形成的基本因子

季风是下垫面附近的大气现象(不包括高空平流层季风)，影响季风形成的基本因子是下垫面附近的热力因子，主要包括：

(1)太阳辐射的经向差异

由于地球的球形和太阳辐射直射纬度的季节性摆动，造成冬夏相反的纬向均匀的经向太阳辐射加热差。受到太阳辐射加热的下垫面，通过地—气间的热量(感热、潜热)交换及长波辐射使大气加热。感热交换及长波辐射直接加热当地的低层大气。随气流流动的水汽通过释放凝结潜热而加热大气。主要由于前二者的作用，如果下垫面均匀时，将造成冬夏相反的纬向均匀的经向大气加热梯度，从而引起行星风系的南北位移，形成季风。

(2)海陆热力差异

由于海陆热容量大小不同，使得海陆气压和热量分布产生显著的季节变化。冬季大陆为高压冷源，海洋为低压热源；夏季则相反。高低气压系统或冷暖中心呈带状分布，且高低气压的分界线大致都是以海岸线为界。而气压中心形成以后，又会反过来影响冷热源的分布。海陆表面热量状况的差异是形成大气活动中心及其季节变化的重要因素之一，这种活动中心的产生和发展，产生和维持了季风现象，加强了大气南北输送。正是由于海陆分布不均，从而形成东亚冬夏相反的季风气流。

(3)青藏高原与大气之间的热力差异

由于高原与自由大气的热力性质不同，造成高原与周围自由大气之间的热力差异，从而形成高原上的冬夏季风，并且对整个亚洲季风有直接影响。

除了上述三个基本因子之外，其他还有许多因子对季风的形成也有重要作用，如海冰与其他下垫面之间的热力差异、降水引起的凝结潜热释放、高原大地形的动力作用等。但是，决定亚洲季风环流基本特征的仍是上述三个基本因子。

2.4.2 东亚季风的建立与维持机制

通过对7月东亚和印尼—北澳季风区的大气热源(汇)分布的分析表明，南海—西太平洋热带季风经向垂直环流与东亚大陆—日本副热带经向垂直环流是由两对与其相对应的热源(汇)所维持的。对于东亚热带季风来说，澳大利亚地区冷却下沉，南海—西太平洋地区加热上升。就像一部热机一样，冷热源是驱动其运转的动力，特别是凝结潜热释放加热，其数值很大，是维持这部热机的主要动力。对于东亚副热带季风来说也是如此，西太平洋副热带高压中气流冷却下沉，北侧雨带中加热上升，从而维持了副热带季风经向垂直环流。由于这两个经向垂直环流的维持，不仅维持了低层南、北两支西南季风气流，同时也维持了高空南、北两支热带东风急流，并有利于南亚高压的东部脊在东亚大陆上空的维持。维持东亚冬季风经向垂直环流的热源(汇)是亚洲大陆的冷源和印尼—北澳地区的热源。当然，东亚季风环流是整个大气环流的一部分，它还受到全球大气环流的制约，并对全球大气环流施加影响。可以说，东亚季风环流的维持是在全球各种热力动力因子的作用下，大气环流变化的结果。但就其主要环流特征来说，是由这两对热源(汇)所驱动和维持的。

在任何一对热源(汇)中，热源总是由凝结潜热释放加热所造成的，而凝结潜热释放又总是位于季风辐合带中的。一般来说，季风辐合带的形成及其所处的位置是各种热力动力因子与大气环流相互作用达到相对平衡的结果。这些基本热力动力因子就是上面所述的三因子。对于东亚夏季风来说，在其建立之前，季风雨带尚在南半球赤道附近。由于太阳辐射分布的季节变化，引起行星风系的北移，热带辐合带也北移，但是由于亚洲大陆与南部海洋之间各个经度上的感热加热差是很不相同的，在印度经度上25°—30°N处加热梯度最大，东亚经度上加热梯度较小，太平洋上加热梯度已经消失，当加热差愈大时，辐合带向北移动愈多，于是从印度—南海—西太平洋的热带辐合带是由北向南倾斜的，愈向东离赤道愈近，至西太平洋已逐渐丧失季风辐合带的性质。因而可以说，亚洲热带季风环流基本特征的最初建立，主要是由海陆热力差与太阳辐射的经向差共同决定的。对流凝结潜热的释放是加强和维持季风环流的重要因子。

副热带季风较为复杂,它除了受经向太阳辐射加热差和经向海陆热力差的影响外,还受到纬向海陆热力差的作用。行星风系的影响主要反映在副热带高压带的北移。东亚大陆感热加热的影响使低层副热带高压脊减弱东缩,致使热带季风北上与副热带高压西南侧的东南气流汇合形成副热带季风。季风辐合带的位置主要是由中高层副热带高压的位置所决定的。纬向海陆热力差使得副热带夏季风的风向更加偏南。因此,东亚副热带季风的基本特征也是由海陆热力差和太阳辐射经向差共同决定的。冬季风环流基本特征的建立与夏季风类似。

青藏高原对东亚季风的建立、维持与传播有重要的作用。对东亚夏季风来说主要是热力作用。主要表现在高空南亚高压的北上,从 4 月开始高空副热带高压中心就从菲律宾以东的洋面上向西北移至南海,5 月又移至中南半岛,6 月即跃上高原,在此过程中高压不断增强,范围不断扩大,最终成为夏季北半球高空最强大的环流系统。它的北上与高原地区大气的感热加强有密切的联系。各种计算结果均表明,从 10 月至翌年 2 月高原为冷源,3 月至 7 月高原为热源,其中 3 月至 7 月感热均大于潜热,特别在高原西部感热远大于潜热,高原转为雨季后感热潜热同样重要。由此可见,南亚高压中心跃上高原是与高原的热力性质有关的,即使在跃上高原后感热加热也很重要。由于南亚高压是亚洲季风环流中的主要高空系统,当它进入中南半岛时,东亚热带和副热带季风开始建立,当它跃上高原时,印度季风开始建立,因此可以说,夏季青藏高原的热力作用,对东亚夏季风的建立与维持均有重要作用。当然,亚洲、北非大陆的热源对南亚高压的发展扩大同样有重要作用。

此外,由于高原的存在,在其背风坡的我国西南一带可以生成西南涡、西北涡等降水天气系统,对东亚副热带季风降雨有重要的作用。

相反,对东亚冬季风来说,青藏高原的动力作用是主要的。由于冬季东北季风浅薄,青藏高原的存在限制了冬季风的传播路径,并使其风速加强。数值试验表明,当去除高原后,冬季风仍然可以向南传播,但强度大为减弱。当保留高原大地形而去除加热作用后,积分结果与控制试验相差不大,说明热力作用对冬季风的影响很小。

青藏高原对东亚冬季风的动力作用还表现在对高空西风带的分支。冬季高空西风带南移,受高原阻挡分为南、北两支,并有利于北支西风气流在高原东侧沿海一带形成东亚长波槽,引导低层冷空气南下。南支西风带则在孟加拉湾处生成南支槽,当南支槽活跃东移时,有利于我国南方冬季锋生和降水。

综上所述,青藏高原对东亚季风有重要作用。对夏季风来说,以热力作用为主,有利于夏季风环流的建立和维持;对冬季风来说,以动力作用为主,影响冬季风的向南传播。

2.4.3 东亚季风与低频振荡

大气运动是具有各种变化(振荡)周期的大气环流的总和。一般把周期小于7～10天的大气振荡称为高频振荡;大于7～10天但小于一个季度的大气振荡称为低频振荡,也称为季节内变化;以年为周期的大气振荡称为季节变化;年以上的大气振荡称为甚低频振荡。在大气低频振荡中有两个周期的振荡最显著,即10～20天(准双周)和30～60天(或40～50天、30～50天、准40天)两个周期段。这两个周期变化是相互联系的,且在季风区最为活跃。在季风地区,它们的活动与季风环流系统及其降水的中期变化(建立、活跃、中断、推进和撤退等)有关。

低频振荡直接同大范围天气和气候异常有关,但它的重要性不仅在于它本身,还因为它与其他时间尺度的变化存在着显著的相互作用。它和季节变化相结合可以影响季风的建立与撤退的年际变化,它对高频振荡具有明显的调控作用;它和ENSO(厄尔尼诺与南方涛动)现象之间更是具有重要的相互作用,即40～50天振荡向东传播造成的西风异常可以成为ENSO现象的触发因素;反之,ENSO现象的发生又可以导致低频振荡大尺度特征的异常。

图2.10是季风与ENSO联系的示意图,图中描绘了与加热的陆地、热带暖池、冷的冬季海洋和陆地相联系的季风系统的三个分量,在北半球冬季,热带赤道附近地区有纬向的沃克环流在印度尼西亚以东西太平洋暖池洋面上空上升,而在南美洲西面的东太平洋冷洋面上空下沉,同时又有横向的季风环流在印度尼西亚附近的暖洋

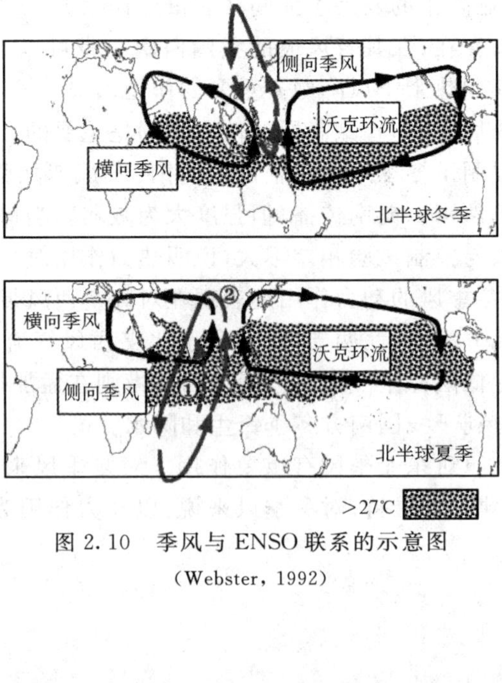

图2.10 季风与ENSO联系的示意图

(Webster, 1992)

面上空上升，而在非洲东部上空下沉。而此时的侧向(经向)季风环流从澳大利亚热大陆和低纬暖洋面上空上升，在亚洲冷大陆上空下沉；相反，在北半球夏季，则有侧向(经向)季风环流从北半球低纬热洋面和亚洲热大陆上空上升，在澳大利亚冷大陆和南半球低纬冷洋面上空下沉。这样三个环流系统的上升气流结合在一起共同产生了强烈的上升运动和对流，造成潜热释放，从而形成地球上最强的加热梯度。因此不难想象，当有厄尔尼诺(El Niño)或拉尼娜(La Niña)现象等环流异常事件发生时，季风环流势必也将产生异常，与其相联系的天气气候也可能产生异常。

2.5 全球季风

传统的季风是指由于陆地和海洋间的温度对比产生的风向季节性反转，是一个具有很强地域性特点的气候学概念。近些年随着认识的深入，对季风的研究逐渐向全球尺度扩展。Sankar-Rao(1966)最早使用了“全球季风”(global monsoons)这个名词。20 世纪 80 年代，Webster(1987)提出了普遍意义的一个季风定义，即冬夏风向的季节性反转和干湿期的季节性交替出现。到了 21 世纪，全球季风已经成为现在气候学中的一个重要概念。现代气候学的全球季风和传统定义的季风有几点不同(王绍武，2010)：① 现代气候学把季风视为全球现象，而不像经典气候学那样把季风视为局地现象；② 现代气候学认为季风形成的机制是随季节而变化的大尺度持续性大气翻转，而不像经典气候学那样仅仅把季风视为近地面风的季节性反转；③ 现代气候学认为全球热带至少有 6 至 7 个区可称为季风区，而经典气候学只强调亚洲、非洲和澳洲季风区。现代气候学的全球季风是季风研究的一个新发展。

全球季风以夏湿、冬干为主要特征。因此，采用夏季与冬季降水量差来代表季风，称为季风降水指数(MPI)，其表达式为：

$$MPI = ARP/AMP$$

式中，ARP 为夏季与冬季降水量差。北半球夏季定为 5—9 月，冬季定为 11 月至翌年 3 月。南半球夏季定为 11 月至翌年 3 月，冬季定为 5—9 月。AMP 为平均年降水量。因此 MPI 表示夏季与冬季降水量差占年降水量的百分比。经过试验，Wang 等(2008)用 ARP>300 mm，MPI>50% 来定义全球季风区。根据该定义，全球共有 6 个季风区，大体上在 10°—25°N 及 10°—25°S，分列于赤道两侧，即西非季风区、亚洲西太平洋季风区、北美季风区、南印度洋季风区、澳大利亚-南太平洋季风区及南美季风区。

全球季风的变化受自然强迫(太阳活动和火山活动)、人为强迫(温室气体和气溶胶)、内部变率(海-气相互作用的年际和年代际变化)等因素的共同作用。通过对长时间的观测和再分析资料的分析表明，自 20 世纪 50 年代以来，全球季风总体上存在减弱趋势,但根据统计时段的不同,全球季风的变化也有所差异。1948—2003 年间全球大陆季风降水整体呈现减弱的趋势(Wang et al. ,2006),而 1979—2008 年间全球季风面积和季风降水有增加趋势,但由于季风面积增大更多,全球季风强度也相对减弱(Hsu et al. ,2011)。

复习与思考

(1) 什么叫季风?

(2) 现有季风指数有哪些基本类别? 它们各有什么特点?

(3) 全球范围有哪些主要季风系统?

(4) 南亚季风系统中的主要降水天气系统有哪些?

(5) 东亚季风系统包括的热带及副热带季风系统各有什么特点?

(6) 东亚和印度尼西亚—北澳夏季风环流系统的成员主要包括哪些?

(7) 东亚副热带季风包括哪三股气流? 它们有什么热力性质?

(8) 东亚与南亚夏季风环流系统之间有何异同和相互联系?

(9) 影响季风形成的基本因子有哪些?

参考文献

安芷生,吴国雄,李建平,等, 2015. 全球季风动力学与气候变化[J]. 地球环境学报, **6**(6): 341-381.

陈烈庭,阎志新, 1979. 青藏高原冬春积雪对大气环流和我国南方汛期降水的影响[C]//中长期水文气象预报文集Ⅰ. 北京:水利电力出版社.

陈烈庭,阎志新, 1981. 青藏高原冬春异常雪盖影响初夏季风的统计分析[C]//中长期水文气象预报文集Ⅱ. 北京:水利电力出版社.

陈隆勋,李薇,赵平,等, 2000. 东亚地区夏季风暴发过程[J]. 气候与环境研究,**5**(4):345-355.

陈隆勋,张博,张瑛, 2006. 东亚季风研究的进展[J]. 应用气象学报,**17**(6):711-724.

陈文,顾雷,魏科,等, 2008. 东亚季风系统的动力过程和准定常行星波活动的研究进展[J]. 大气科学,**32**(4):950-966.

邓先瑞, 2004. 季风形成与长江流域的季风文化[J]. 长江流域资源与环境,**13**(5):419-422.

丁一汇,李崇银,等,2004. 南海季风试验与东亚夏季风[J]. 气象学报,**62**(5):561-586.

冯瑞权,王安宇,吴池胜,等, 2001. 南海夏季风建立的气候特征 I——40 年平均[J]. 热带气象学报,**17**(3):345-354.

高辉,何金海,谭言科,等, 2002. 40 a 南海夏季风建立日期的确定[J]. 南京气象学院学报,**24**(3): 379-383.

高辉,何金海,徐海明, 2001. 南海夏季风建立日期的确定与季风指数[M]. 北京:气象出版社.

高辉,张芳华, 2003. 关于东亚夏季风指数的比较[J]. 热带气象学报,**19**(1):79-86.

高由禧,徐淑英,等, 1962. 东亚季风的若干问题[M]. 北京:科学出版社.

郭品文，1997. 亚洲热带夏季风暴发的特征、机制及南海海气耦合低频振荡[D]. 南京：南京气象学院.

郭其蕴，1983. 东亚夏季风强度指数及其变化的分析[J]. 地理学报，**38**(3)：207-216.

郝青振，张人禾，汪品先，等，2016. 全球季风的多尺度演化[J]. 地球科学进展，**31**(7)：689-699.

何金海，赵平，祝从文，等，2008. 关于东亚副热带季风若干问题的讨论[J]. 气象学报，**66**(5)：683-696.

何敏，1999. 热带环流强度变化与我国夏季降水异常的关系[J]. 应用气象学报，**10**(2)：171-180.

何敏，宋文玲，许力，2001. 南海季风指数的定义及预测[C]//南海夏季风建立日期的确定与季风指数. 北京：气象出版社.

何敏，许力，宋文玲，2002. 南海夏季风暴发日期和强度的短期气候预测方法研究[J]. 气象，**28**(10)：9-13.

贺海晏，温之平，简茂球，等，2000. 1982—1996 年亚洲热带夏季风建立迟早的探讨 Ⅰ——热带季风环流的主要特征和季风建立指数[J]. 中山大学学报(自然科学版)，**39**(1)：91-96.

黄刚，1999. 东亚夏季风环流指数与夏季气候变化关系的研究[J]. 应用气象学报，**10**(增刊)：63-69.

黄刚，严中伟，1999. 东亚夏季风环流异常指数及其年际变化[J]. 科学通报，**44**(4)：421-424.

黄荣辉，2001. 关于我国重大气候灾害的形成机理和预测理论研究[J]. 中国基础科学，**8**：4-8.

黄荣辉，顾雷，陈际龙，等，2008. 东亚季风系统的时空变化及其对我国气候异常影响的最近研究进展[J]. 大气科学，**32**(4)：691-719.

黄荣辉，张振洲，黄刚，等，1997. 夏季风东亚水汽输送特征及其与南亚季风区水汽输送的差别[J]. 大气科学，**21**(4)：460-469.

黄士松，汤明敏，1987. 论东亚季风体系的结构[J]. 气象科学，**7**：1-16.

江静，钱永甫，2000. 南海地区降水的时空特征[J]. 气象学报，**58**(1)：60-69.

江滢，2005. 东亚季风指数分类初析[J]. 气象，**31**(5)：3-7.

江滢，翟盘茂，2005. 几种亚洲季风指数与中国夏季主要雨型的关联[J]. 应用气象学报，**16**(增刊)：70-76.

金祖辉，1999. TBB 资料揭示的南海季风暴发的气候特征[C]//南海夏季风暴发和演变及其与海洋的相互作用. 北京：气象出版社.

金祖辉，陶诗言，1999. ENSO 循环与东部地区夏季和冬季降水的关系[J]. 大气科学，**23**(6)：664-672.

拉梅奇 C S，1978. 季风气象学[M]. 中译本. 北京：科学出版社.

蓝光东，温之平，贺海晏，2004. 南海夏季风暴发的大气热源特征及其暴发迟早原因的探讨[J]. 热带气象学报，**20**(2)：271-280.

李峰，2000. 东亚季风和中国梅雨暴雨研究的评述[J]. 成都气象学院学报，**15**(1)：72-77.

李锋，何立富，2002. 长江中下游地区夏季旱涝年际、年代际变化的可能成因研究[J]. 应用气象学报，**13**(6)：718-276.

李崇银，龙振夏，2001. 一种南海季风的指数及其年际变化[C]//南海夏季风建立日期的确定与季风指数. 北京:气象出版社.
梁建茵,吴尚森, 1999. 南海夏季风的建立及强度变化[J]. 热带气象学报,**15**(2):97-105.
梁建茵,吴尚森, 2000. 南海夏季风暴发日期的确定及其机理研究[C]//SCSMEX 研讨会文集.
梁建茵,吴尚森, 2002. 南海西南季风暴发日期及其影响因子[J]. 大气科学,**26**(7):829-844.
林祥, 钱维宏,2012. 全球季风和季风边缘研究[J]. 地球科学进展, **27**(1):26-34.
林之光, 1984. 气候风光集[M]. 北京:气象出版社.
刘秦玉,刘鹏辉,贾英来,2001. 等. 确定南海夏季风暴发时间的指标[C]//南海夏季风建立日期的确定与季风指数. 北京:气象出版社.
刘霞, 1998. 南海夏季风暴发的气候特征[J]. 热带气象学报,**14**(1):28-37.
钱国荣,余志忠, 1982. 梅雨期季风强度指数的基本特征[C]//全国热带学术会议论文集. 昆明:云南人民出版社.
乔云亭,陈烈庭,张庆云, 2002. 东亚季风指数的定义及其与中国气候的关系[J]. 大气科学,**26**:69-82.
乔云亭,简茂球,罗会邦,等, 2002. 南海夏季风降水的区域差异及其突变特征[J]. 热带气象学报,**18**(1):38-44.
施能,鲁建军,朱乾根, 1996. 东亚冬、夏季风 100 年强度指数及其气候变化[J]. 南京气象学院学报,**19**(2):168-177.
施能,朱乾根,吴彬贵, 1996. 近 40 年东亚夏季风及我国夏季大尺度天气气候异常[J]. 大气科学,**20**(5):575-583.
孙淑清,孙伯民, 1995. 东亚冬季风环流异常与中国江淮旱涝天气的关系[J]. 气象学报,**53**(4):440-450.
孙秀荣,陈隆勋,何金海, 2001. 东亚海陆热力差指数与东亚夏季风强度关系探讨[C]//南海夏季风建立日期的确定与季风指数. 北京:气象出版社.
孙颖,丁一汇, 2002. 1997 年东亚夏季风异常活动在汛期降水中的作用[J]. 应用气象学报,**13**(3):277-287.
陶诗言,卫捷, 2006. 再论夏季西太平洋副热带高压的西伸北跳[J]. 应用气象学报,**17**(5):513-524.
陶诗言,赵煜佳,陈晓敏,1958. 东亚的梅雨期与亚洲上空大气环流季节变化的关系[J]. 气象学报,**29**(2):119-134.
涂长望,黄仕松, 1944. 夏季风进退[J]. 气象,**18**:1-20.
王黎娟, 1999. 南海夏季风暴发前后的突变特征及其年际变化[D]. 南京:南京气象学院.
王启,丁一汇,江滢, 1998. 亚洲季风活动及其与中国大陆降水关系[J]. 应用气象学报,**9**(增刊):84-89.
王绍武,2010. 全球季风[J]. 气候变化研究进展,**6**(6):473-474.
谢安,戴念军, 2001. 关于南海夏季风暴发日期和季风强度定义的初步意见[C]//南海夏季风建立日期的确定与季风指数. 北京:气象出版社.
谢安,毛江玉,宋焱云,等, 2002. 长江中下游地区水汽输送的气候特征[J]. 应用气象学报,**13**(1):

67-77.

徐国昌，1981. 青藏高原东北侧干旱的天气气候特征[C]//长期天气预报文集. 北京：气象出版社.

徐国昌，葛玲，吴敬之，1963. 我国西北陕、甘、宁、青地区的自然天气季节[J]. 地理学报，**29**(4)：281-291.

徐海明，1999. 关于东亚热带和副热带夏季风(梅雨)建立特征、机制及其年际变率的研究[D]. 南京：南京气象学院.

阎俊岳，1997. 南海西南季风暴发的气候特征[J]. 气象学报，**55**(2)：174-186.

姚永红，钱永甫，2001. 用湿位涡定义的南海西南季风指数及其与我国区域降水的关系研究[J]. 南京大学学报(自然科学版)，**37**(6)：781-788.

叶笃正，高由禧，1979. 青藏高原气象学[M]. 北京：科学出版社.

叶笃正，陶诗言，李麦村，1958. 在六月和十月大气环流的突变现象[J]. 气象学报，**29**(4)：249-263.

张庆云，陶诗言，1998. 夏季东亚热带和副热带季风与中国东部汛期降水[J]. 应用气象学报(增刊)，**9**(8)：17-23.

张庆云，陶诗言，陈烈庭，2003. 东亚夏季风指数的年际变化与东亚大气环流[J]. 气象学报，**61**(4)：559-568.

张秀芝，李江龙，阎俊岳，等，2001. 南海夏季风暴发的环流特征及指标的研究[C]//南海夏季风建立日期的确定与季风指数. 北京：气象出版社.

张秀芝，李江龙，阎俊岳，等，2002. 南海夏季风暴发的环流特征及指标研究[J]. 气候与环境研究，**7**(3)：321-331.

赵汉光，张先恭，1994. 东亚季风和我国夏季雨带的关系[J]. 气象，**22**(4)：8-12.

赵振国，1999. 中国夏季旱涝及环境场[M]. 北京：气象出版社.

周兵，何金海，吴国雄，等，2001. 关于东亚副热带季风指数选择的讨论[C]//南海夏季风建立日期的确定与季风指数. 北京：气象出版社.

朱福康，等，1979. 南亚高压[M]. 北京：科学出版社.

朱乾根，林锦瑞，寿绍文，等，2007. 天气学原理和方法[M]. 4版. 北京：气象出版社.

竺可桢. 1934. 东南季风与中国之雨量[J]. 地理学报，**1**(1)：1-27.

祝从文，何金海，吴国雄，2000. 东亚季风指数及其与大尺度热力环流年际变化关系[J]. 气象学报，**58**(4)：391-401.

ANNAMALAI H，2008. The Asian-Australian monsoon system：recent evolution，current status and prediction[R]. Update prepared by Climate Prediction Center/NCEP.

CHEN LONGXUN，XIE AN，1988. Westward propagation of low frequency oscillations in the subtropics of eastern hemisphere and its remote correlation[J]. *Acta Meteorological Sinica*，**2**(3)：300-312.

CHEN WEN，HANS F GRAF，1998. The interannual variability of East Asian winter monsoon and its relationship to global circulation[R]. Max Planck Institute for Meteorologic Report，250.

CHEN W, GRAF H F, HUANG R H, 2000. The East Asian winter monsoon and its relationship to summer monsoon[J]. *Adv. Atmos. Sci.*, **17**:48-60.

DICKINSON R R, 1984. Eurasian snow cover versus Indian rainfall, An extension of the Hahn Skukla results[J]. *J. Clim. Appl. Meteor*, **23**:171-173.

GOSWAMI B N, KRISHNAMURTHY V, ANNAMALAI H, 1999. A broad-scale circulation index for the interannual variability of the Indian summer monsoon[J]. *Q. J. R. Meteor. Soc.*, **125**:611-633.

HAHN D J, SHUKLA J, 1976. An apparent relationship between snow cover and the Indian monsoon rainfall[J]. *J. Atmos. Sci.*, **33**:2461-2462.

HANAWA K T, WATANABE N, IWASAKA T, *et al*, 1988. Surface thermal conditions in the western Pacific during the ENSO events[J]. *J. Meteor. Soc. Japan*, **66**(3):445-456.

HE MIN, 1997. Summer monsoon and Yangtze River Basin precipitation(Abstract)[C]. Preprint of Abstracts of Papers for the First WNO International Workshop on Monsoon Studies, WNO/TD-no. 786, **2**:67-67B.

HSU P C, LI T, WANG B, 2011. Trends in global monsoon area and precipitation over the past 30 years [J]. *Geophy. Res. Lett.*, **38**, L08701.

HUANG R H, WU YIFANG, 1989. The influence of ENSO on the summer climate change in China and its mechanism[J]. *Adv. Atmos. Sci.*, **6**:21-32.

KHROMOV S P, 1957. Die geographic che verbreitung der monsune[J]. *Potermanns Geogr Mitt*, **101**:234-237.

LAU K M, KIM K M, YANG S, 2000. Dynamical and boundary forcing characteristics of regional components of the Asian summer monsoon[J]. *J. Climate*, **13**:2461-2482.

LU E, CHAN J, 1999. A unified monsoon index for south China[J]. *J. Climate*, **12**(8):2375-2385.

MADDEN R A, JULIAN P R, 1971. Detection of a 40～50 day oscillation in the zonal wind in the tropical pacific[J]. *J. A. S.*, **28**:702-708.

MADDEN R A, JULIAN P R, 1972. Description of global-scale circulation cells in the tropic with a 40—50 day period[J]. *J. A. S.*, **29**:1109-1123.

MURAKAMI T, MATSUMOTO J, 1994. Summer monsoon over the Asia continent and western north Pacific[J]. *J. Meteor. Soc. Japan*, **72**:745-791.

PARTHASARATHY B, KUMAR K R, KOTHAWAIE R, 1992. Indian summer monsoon rainfall indices:1871—1990[J]. *Meteor. Mag.*, **121**:174-186.

PIDWIRNY M. 2006. Global scale circulation of the atmosphere[M]//Fundamentals of Physical Geography, 2nd ed.

SANKAR-RAO M, 1966. Equations for global monsoons and toroidal circulations in the s-coordinate system [J]. *Pure Applied Geophysics*, **65**(1):196-215.

SHI N, ZHU Q G, 1996. An abrupt change in the intensity of East Asia summer monsoon index and its relationship with temperature and precipitation over East China[J]. *Int. J. climatol.*,

17(7):757-764.

TAO SHIYAN, CHEN LONGXUN, 1987. A review of recent research on the East Asian summer monsoon in China[C]//Monsoon Meteorology, Edited by C. P. Cheng and Y. N. Krishnamurti, Oxford University Press, 60-92.

WANG B, FAN Z, 1999. Choice of South Asian summer monsoon indices[J]. *Bull. Am. Meteor. Soc.*, **80**:629-638.

WANG B, DING Q H, 2006. Changes in global monsoon precipitation over the past 56 years [J]. *Geophy. Res. Lett.*, **33**, L06711.

WANG B, DING Q H, 2008. Global monsoon: dominant mode of annual variation in the tropics [J]. *Dyn. Atmos. Oce.*, **44**:165-183.

WANG B, LIN H, ZHANG Y S, *et al*, 2004. Definition of South China Sea Monsoon Onset and Commencement of the East Asia Summer Monsoon[J]. *J. Climate*, **17**(4):699-710.

WANG B, WU RENGUANG, LAU K M, 2001. Interannual variability of the Asian Summer Monsoon: Contrasts between the Indian and the western North Pacific-East Asian monsoons[J]. *J. Climate*, **14**:4073-4090.

WANG HUIJUN, 2001. The weakening of the Asian monsoon circulation after the end of 1970's [J]. *Adv. Atmos. Sci.*, **18**(3):376-386.

WEBSTER P J, YANG S, 1992. Monsoon and ENSO: Selectively interactive systems[J]. *Q. J. R. Meteor. Soc.*, **118**:877-926.

WEBSTER P J, 1987. The elementary monsoon [C] // New York: John Wiley, Edited by Fein J S and Stephens P L, 3-32.

WU A M, NI Y Q, 1997. The influence of Tibetan Plateau on the interannual variability of Asian monsoon[J]. *Adv. Atmos. Sci.*, **14**(4):491-504.

ZHOU T J, 2007. The 20th century East Asian summer monsoon simulated by coupled climate models of IPCC AR4[R]. 4th International CLIVAR Climate of the 20th Century Workshop, 13—15th March 2007 Hadley Centre for Climate Change, Exeter, UK.

ZHOU T J, LI ZHAOXIN, 2002. Simulation of the east Asian summer monsoon by using a variable resolution atmospheric GCM[J]. *Climate Dynamics*, **19**:167-180.

ZHOU T J, YU R C, 2005. Atmospheric water vapor transport associated with typical anomalous summer rainfall patterns in China [J]. *J. Geophys. Res.*, **10**, D08104, doi: 10. 1029/2004JD005413.

ZHANG Y, KUANG X, GUO X, *et al*, 2006. Seasonal evolution of the upper-tropospheric westerly jet core over East Asia[J]. *Geophys. Res. Lett.*, **33**, L11708, doi:10. 1029/2006GL026377.

第3章 天气系统

天气系统是大气中具有某种结构特征的大气环流组织，它们的直接或间接影响是造成天气变化的主要因子。本章主要讨论影响我国天气的一些重要天气系统，包括气团、锋面、气旋、反气旋、切变线、高空冷涡、低空涡旋、西太平洋副高、南亚高压、高原系统以及高低空急流等。其他还有很多重要天气系统，包括极地、高纬系统，中高纬西风带系统和热带低纬系统等，将分别结合影响我国的重要天气过程，如寒潮、暴雨、强对流天气、热带风暴和其他高影响天气过程来讨论。

3.1 气团与锋面

3.1.1 影响我国的气团

气团是大范围性质比较均匀的空气团。影响我国的气团主要有极地大陆气团、热带大陆气团、热带海洋气团以及印度洋的赤道气团(又称季风气团)。见图3.1。

冬半年，我国常受极地大陆气团影响，它的源地在西伯利亚和蒙古，通常称其为西伯利亚气团。这种气团的地面流场特征为很强的冷性反气旋，中低空有下沉逆温，它所控制的地区为干冷天气。当它与南方的热带海洋气团相遇时，在两者交界处则可造成阴沉多雨的天气，冬季华南常见到这种天气。热带海洋气团可影响到华南、华东和云南等地。对其他地区除高空外，它一般影响不到地面。北极气团也可南下侵袭我国，造成气温剧降的强寒潮天气。

夏半年，西伯利亚气团在我国长城以北和西北地区活动频繁，它与南方热带海洋气团交绥，是构成我国盛夏南北方区域性降水的主要原因。热带大陆气团常影响我国西部地区，被它持久控制的地区，就会出现严重干旱和酷暑。1955年7月下旬，我国华北受该气团控制后，天气酷热干燥，有些地方最高温度竟达40℃以上。2010年7月上旬，我国北方受该气团控制，北京、河北中南部、山东西北部、陕西关中等地的部分地区都有38～40℃的高温天气。来自印度洋的赤道气团(或称季风气团)，可造成长江流域以南地区大量降水。

春季，西伯利亚气团和热带海洋气团二者势力相当，互有进退，因此是天气变化最为频繁的时期。

秋季，变性的西伯利亚气团占主要地位，热带海洋气团退居东南海上，我国东部地区在单一的气团控制下，出现全年最为宜人的秋高气爽的天气。

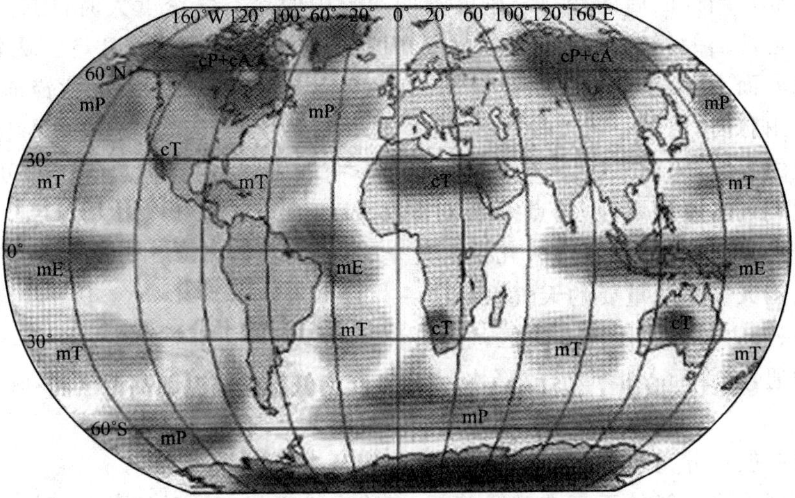

图 3.1 全球气团分布示意图

cAA—南极大陆气团；cA—北极大陆气团；mP—极地海洋气团；

mT—热带海洋气团；cT—热带大陆气团；cP—极地大陆气团；mE—赤道海洋气团

3.1.2 影响我国的锋面

锋是性质不同的气团之间的交界面或过渡区。从结构特点上讲，它是具有较大的温湿(水平和垂直)梯度和风速(水平和垂直)切变的狭长地区。影响我国的锋有冷锋、暖锋、准静止锋和锢囚锋等类别。

锋是重要天气系统之一。对锋正确的认识和分析，大大有助于做好天气预报。然而锋的分析是个困难问题。因此，提高分析锋的水平，是天气分析预报工作中的重要问题之一。为此我国气象工作者针对我国锋面的季节、地理分布、锋附近的云和降水等要素分布特征，以及锋的空间结构和变化(锋生、锋消)过程等问题，通过不断地总结研究，取得了不少成果。

冷锋在我国一年四季都有，冬半年更为常见。气团在移动过程中，由于变性程度不同，或有小股冷空气补充南下，在主锋后面，即在同一个冷气团内又可形成一条副锋，一般说来，主锋两侧的温差较大，而副锋两侧的温差较小，而且延伸高度也较低。暖锋多在我国东北地区和长江中下游活动，大多与冷锋联结在一起。锋面的主要特征是锋面两侧有明显的温差，冷锋后有负变温而暖锋后有正变温，但在大气底部气团的温度因受许多因素的影响，使某一地的气温不能正确代表气团的属性，因而使锋面两侧温差有时并不明显，甚至冷锋过后还可能升温；而在另一些没有锋面存在的区域温差却较明显。例如冬季,在我国北方或在盆地里,锋前晴而风小,近地面层辐射强烈冷却,有一层气温很低、密度较大的冷膜形成;在四周均为高山的盆地里,这种冷膜更容易形成。当锋面后的冷空气密度不如冷膜中的冷空气密度大时,则锋面在冷膜上滑行。近地面的气温不受锋面影响,地面锋线两侧没有明显的温差。夏季,冷锋自大陆移到海面上,由于海面温度比较低,有时会使冷锋后的气温反而比锋前高。干冷空气经过山脉时,由于下沉增温的作用,使背风坡地区冷锋两侧的温度对比减小,或没有明显的温差,但露点温差仍然十分明显。一般来说,露点温度比温度更为保守,能更好地表现气团的属性,露点差异显著的锋区,一般称为露点锋。

冷锋在我国活动范围甚广,几乎遍及全国,尤其在冬半年,北方地区更为常见,它是影响我国天气的最重要的天气系统之一。冬季我国大陆上空气干燥,冷锋大多从西伯利亚、蒙古进入我国西北地区,然后南下。从西伯利亚带来的冷空气与当地较暖的空气相遇,在锋面上很少形成降水,所以,冬季寒潮冷锋过境时,只形成大风降温天气。

冷锋一般可分为第一型和第二型两型。

第一型冷锋一般处于高空槽线前部,多稳定性天气。这种锋移动缓慢,锋面坡度不大(约 1/100),锋后冷空气迫使暖空气沿锋面平稳地上升,当暖空气比较稳定,水汽比较充沛时,会形成与暖锋相似的范围比较广阔的层状云系,只是云系出现在锋线后面,而且云系的分布次序与暖锋云系相反,降水性质与暖锋相似,在锋线附近降水区内还常有层积云、碎雨云形成。降水区出现在锋后,多为稳定性降水。如果锋前暖空气不稳定时,在地面锋线附近也常出现积雨云和雷阵雨天气。夏季,在我国西北、华北等地,以及冬季在我国南方地区出现的冷锋天气多属这一类型。

第二型冷锋是一种移动快、坡度大(1/40～1/80)的冷锋。锋后冷空气移动速度远较暖气团为快,它冲击暖气团并迫使产生强烈上升。而在高层,因暖气团移速大于冷空气,出现暖空气沿锋面下滑现象,由于这种锋面处于高空槽后或槽线附近,更加强了锋线附近的上升运动和高空锋区上的下沉运动。夏季,在这种冷锋的地面锋线附近,一般会产生强烈发展的积雨云,出现雷暴甚至冰雹、飑线等对流性不稳定天气。而高层锋面上,则往往没有云形成。所以第二型冷锋云系呈现出沿着锋线排列的狭长的积状云带。在地面锋线前方也常常出现高层云、高积云、积云。当第二型冷锋过境时,往往伴随狂风、雷电、暴雨以及各种气象要素的剧变。这种天气历时短暂,一当锋线过后,天空便豁然转晴。在冬季,由于暖气团湿度较小,气温不可能发展成强烈不稳定天气,只在锋线前方出现卷云、卷层云、高层云、雨层云等云系。当水汽充足时,地面锋线附近可能有很厚、很低的云层和宽度不大的连续性降水。地面锋过境后,云层很快消失,风速增大,并常出现大风。在干旱的季节,空气湿度小,地面干燥、裸露,还会有沙尘暴天气。这种冷锋天气多出现在我国北方的冬、春季节。

暖锋常常与冷锋联结在一起，并构成锋面气旋。按照锋面气旋学说，气旋前部的锋（暖锋）总是向冷空气方向移动的。但在我国有时却会出现气旋前部的锋向暖空气方向移动的情况。在这种情况下的锋面，究竟应该分析为冷锋还是暖锋呢？关于这个问题，早在20世纪50年代，我国气象工作者就经过热烈的讨论，认为冷锋有穿过低压中心的可能性，从而提出了所谓“穿心冷锋”的概念。因为，一方面实际风与梯度风在低层常常存在相当大的偏差，冷暖空气并不是总是沿着等压线运行的；另一方面，气压变化的机制常常可以使低气压中心及锋所在的气压槽本身向暖区移动，从而便可能造成这种“穿心冷锋”的情况（夏平，1959）。

影响我国的准静止锋主要有华南准静止锋、南岭准静止锋、昆明准静止锋、梅雨静止锋、天山静止锋等。准静止锋按云系也可分为两类：一类是云系发展在锋上，有明显的降水；另一类则主要是云系发展在锋下，无明显降水。

第一类准静止锋如华南准静止锋，它们大多是由于冷锋减弱演变而成的。其天气和第一型冷锋相似，只是锋面坡度更小，云区、降水区更为宽广，其降水区并不限于锋线地区，可延伸到锋面后很大的范围内，降水强度比较小，为连续性降水。由于准静止锋移动缓慢，并常常来回摆动，使阴雨天气持续时间长达10天至半个月，甚至1个月以上。这种阴雨天气，直至该准静止锋转为冷锋或暖锋移出该地区或锋消失以后，天气才能转晴。初夏时，如果暖气团湿度增大，低层升温，气层可能呈现不稳定状态，锋上也可能形成积雨云和雷阵雨天气。

第二类准静止锋如昆明准静止锋，它是南下冷空气为山脉所阻而呈静止状态，锋上暖空气干燥而且滑升缓慢，产生不了大规模云系和降水，而锋下的冷空气沿山坡滑升和湍流混合作用，在锋下可形成不太厚的雨层云，并常伴有连续性降水。

我国夏季的静止锋云系多为对流性积状云，由积云、浓积云和积雨云组成。冬季的静止锋则以层状云为主，由高层云、高积云和层云组成。昆明静止锋和天山静止锋一般位于云带的前边界，其走向与地形等高线一致；梅雨静止锋位于云带中间部位或前部；而华南静止锋则位于云带中由稠密云区过渡到稀薄云区的过渡带上。

我国的锢囚锋主要出现在锋面频繁活动的东北、华北地区，以春季最多。东北地区的锢囚锋大多由蒙古、俄罗斯移来，多属冷式锢囚锋。华北锢囚锋多在本地生成，属暖性锢囚锋。

总体来说，我国境内锋面活动非常活跃，并常以锋面气旋的形式影响着我国广大地区。锋面活动主要集中在南、北两带，与气旋活动分布相一致。在冬季，冷锋的影响更为突出，其势力强，影响范围广。由于我国地域广大，地形复杂，因此锋面特点和锋面天气具有明显的地区差异。冬季南、北两个锋带基本上是发生在极地大陆气团与变性的极地大陆气团之间（昆明准静止锋和华南准静止锋除外），夏季锋带主要发生在极地大陆气团与热带海洋气团之间。

3.1.3 具有地方特色的锋面

如上所述，我国不少地区的锋都具有鲜明的地方特色。例如，新疆地区的冷锋、静止锋和锢囚锋，贺兰山和宁夏的冷锋和锢囚锋，河套(华北)的锢囚锋，东北(东亚大陆东岸)的倒暖锋，昆明静止锋，长江中下游地区梅雨锋区上的准静止锋，南岭静止锋，武夷山附近的锢囚锋，青藏高原上的锋面等都有其地方特色，下面分别作简要介绍。

(1)新疆地区的锋

一般来说，冷锋后有正变压，但新疆地区的冷锋锋后却常有负变压。这是因为冷空气影响新疆之前，新疆境内往往有两天左右的降压过程。当冷空气刚刚侵入新疆时，可以表现出 3 h 正变压，但还来不及弥补前 24 h 的气压下降值，因此冷锋后仍为负变压。此变压零线较明显地落后于锋面位置。

新疆地区的暖锋锋前一般有较大的 3 h 负变压中心，风场由锋后的西南风转到锋前的东南风，温差也存在；但在盆地内部一般不分析暖锋。

新疆的天山可以形成静止锋，但很少，在一般情况下不形成静止锋。当冷空气进入北疆后，由于天山的阻挡，使冷空气明显地堆积在天山北麓，因此盆地到天山北麓气压升高，3 h 正变压明显，并出现大风和降水天气。但多数情况下，对每一个站来说天气现象维持不到 24 h。随着冷空气“灌满”盆地，气压就不再上升，锋面天气现象也就逐渐消失。这时，虽然等压线在天山北麓相当密集，850 hPa 也有等温线密集带，但从锋面的天气意义来讲已经不存在了，也就不再分析静止锋了。这种情况与华南静止锋的长期维持是不同的。

新疆的锢囚锋一般在蒙古高压的后部和新疆高压的前部在阿尔泰山附近形成。

(2)贺兰山和宁夏的冷锋和锢囚锋

贺兰山位于宁夏西部，呈弧形近南北向，主峰在银川的西北方，达 3000 m 以上，南、北两端低，中间高。当西北路冷锋到达贺兰山西侧时，若冷空气势力还不够强，则冷锋在山的西侧要停滞 3～6 h。当冷空气在贺兰山西侧堆积时，可有冷空气从山的南、北两侧的中卫、石嘴山附近绕流进入宁夏。这时可以看到中卫、石嘴山两站的 3 h 正变压($+\Delta P_3$)加大，西风、北风加强。而处在贺兰山中段东侧的银川站，由于尚处在锋前，$+\Delta P_3$不明显，吹弱的东风或南风，冷锋呈弓形。当冷空气翻越贺兰山后，银川站的风和变压才会明显变化。在日常天气分析预报工作中，除了有上述现象常见外，有时还可分析出贺兰山锢囚锋。

(3)华北(河套)锢囚锋

华北地区经常出现“华北锢囚锋”，也是一种锋的移动问题上的独特现象。一般来说，锢囚的形成是由于冷锋追上暖锋所形成的，但华北锢囚的形成有一部分不属于这种情况，而是由于两条冷锋在特定的流场和地形条件下相向而行所造成的(在其他山地区域也有这种现象出现过)。在这些山地区域，由于高山的阻挡作用，使冷锋弯曲，冷空气沿着高山两侧绕行，然后在山南侧相遇，而形成一般所谓的地形性锢囚锋。

华北锢囚锋是在华北地区形成的一种地方性锢囚锋，多由冷空气分东、西两路进入华北地区而形成。东边冷空气自贝加尔湖东部经过我国东北、渤海直入华北平原，而西边冷空气由中亚细亚经我国新疆、甘肃进入河套地区，两股冷空气前沿均有冷锋出现，两条冷锋相向而行，常在河套地区形成锢囚锋。华北锢囚锋多形成于冬半年，带来雨雪天气。

华北(河套)锢囚锋的形成过程有以下几种情况：

① 河套回流在六盘山东侧或高原东侧形成准静止锋，这时，如果西边有冷锋东移，在河套地区形成锢囚锋。

② 河西气旋东移受到东边高压的阻塞，西边的冷锋追上了东边的冷锋或静止锋，在河套西侧形成锢囚锋移入河套。

③ 河套北部有东西向冷锋南压，由于受到阴山、狼山和西边贺兰山的阻挡，使西段冷锋移动变慢，而东段冷锋受地形阻挡影响较小，仍能南下，一部分从河套东北部向西迂回推进，最后在河套西部同西来的西段冷锋相遇而形成河套锢囚锋。

以上三种情况中以河套有回流准静止锋同西边过来的低槽冷锋相遇造成的锢囚锋为最多；河西气旋形成锢囚锋移入河套的次之；北方冷锋南压由于地形阻碍造成的锢囚锋最少。

(4)东北(东亚大陆东岸)的倒暖锋

我国东北地区有时会发生倒暖锋，其特点是暖区在北、冷区在南，暖锋单独存在，自北向南移动，可移到50°N以南。据统计，1954—1972年的19年中共出现27次倒暖锋。最早出现在11月，最晚结束于8月，以12月为最多；多数倒暖锋的生命史在30～72 h，最长达114 h。

倒暖锋生成之前，我国东北地区有东北低压生成、发展。之后，东北低压偏东或向东北移动(常与已经减弱北上的日本海气旋合并)，稳定在日本海北部到鄂霍次克海一带，继续发展成锢囚气旋。通常在东北低压东移后，我国东北地区总有一次明显的降温。这时，西起新疆，东至东亚大陆东岸，向北直到贝加尔湖北部，向南伸到我国华南，是个南北向的高压带。此后，如果出现了上述天气形势，从鄂霍次克海到我国东北北部的偏东气流中，便有倒暖锋生成。

(5)昆明准静止锋

云、贵之间经常有准静止锋存在，称为昆明准静止锋。它是由于南下冷气团减弱并受云贵高原阻挡后滞留于滇黔之间而形成的。平均位于103.5°—104°E附近，即在沾益、威宁以西，昭通以南，昆明和会泽的东北方一带地区。夏半年出现较少，冬半年(11月至翌年4月)出现较多,约有一半时间均有其存在。停留时间在冬半年常可达10～15天之久,而在夏半年则仅历时数天或仅一两天。

段旭等(2002)通过对1993—1995年间冬、春季的10次昆明准静止锋结构的合成分析,表明昆明准静止锋的垂直高度大约为700 hPa。沿纬度方向准静止锋的温、湿特征为锋面上、650 hPa以下等温线接近垂直,锋及锋后高湿区仅在700 hPa以下、等位温线在103.5°E附近出现密集区,位温水平梯度在750 hPa达到最大。近地面层有明显的偏东气流。u分量的负值中心在105°E、800 hPa附近,锋后为一浅薄的正环流(图3.2)。

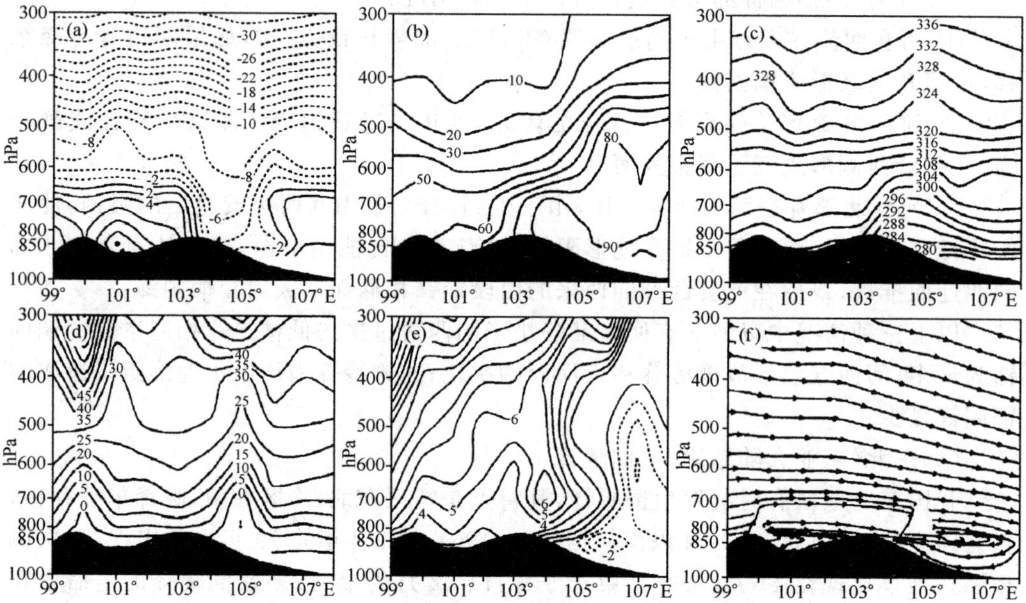

图3.2 昆明准静止锋的结构(沿26°N的垂直剖面图)

(a)温度(℃);(b)相对湿度(%);(c)位温(K);(d)u分量(m/s);

(e)v分量(m/s);(f)u分量(m/s)和w分量(10^{-3} hPa/s)合成的流线

(段旭 等,2002)

昆明准静止锋的日变化明显,常有日间北退、夜间南进的现象;准静止锋越弱,此种日变化越为明显。昆明准静止锋呈南北向,锋前晴空少云,锋后则为大片的中低云覆盖,一般可达几百千米。当锋后有冷空气补充时,准静止锋向西摆动;若锋后冷气团减弱变性后,准静止锋东退或锋消。

北方南下冷空气影响云南一般有三条路径:①西北路径,冷空气来自青藏高原,不会形成准静止锋,占冷空气总次数的5%;②东北路径,冷空气途经四川盆地后进入滇东北,容易形成准静止锋,该路径冷空气次数较多,占总数的58%;③偏东路径,冷高压南下后，冷高压西侧的偏东或东南气流引导冷气团向西移动，形成回流天气影响云南，最容易形成准静止锋，该路径冷空气次数较多，占总次数的 37%。

（6）长江中下游地区梅雨锋区上的准静止锋

每年 6 月、7 月间在长江中下游和淮河地区，由于大气环流的季风调整，来自海洋的暖湿气流与北方南下的冷空气在江淮流域持续交绥，形成一条东西向准静止锋，一般称为梅雨锋。在梅雨时期，从江淮流域至日本南部，维持一条稳定持久的雨带。雨带中的暴雨分布不均匀，常有数个暴雨中心。由于梅雨锋持续时间长，暴雨面积广，造成的洪涝灾害范围一般较大。

形成梅雨锋暴雨的大气环流条件一般包括：①在亚洲的高纬度地区对流层中部有阻塞高压或稳定的高压脊，大气环流相对稳定少变；②中纬度地区西风环流平直，频繁的短波活动为江淮地区提供冷空气条件；③西太平洋副热带高压有一次明显西伸北跳过程，500 hPa 副高脊线稳定在 20°—25°N，暖湿气流从副高边缘输送到江淮流域。在这种环流条件下，梅雨锋徘徊于江淮流域，并常常伴有西南涡和切变线，在梅雨锋上中尺度系统活跃。不仅维持了梅雨期连续性降水，而且为暴雨提供了充沛的水汽。梅雨锋暴雨是不同尺度环流系统相互作用下形成的一种特定地区的特殊天气。

（7）华南（南岭）静止锋

华南静止锋是指在中国华南一带形成的静止锋，多为南下冷锋受南来暖湿气流及南岭的阻挡减速演变而成，常与空中切变线相配合出现。其主要天气特征为：锋上层状云系，有明显降水。因锋面坡度很小，雨区不限于锋线附近，而分布在地面锋线与 700 hPa 空中切变线之间，如果暖气团潮湿不稳定，锋上可出现积状云和雷阵雨天气。华南静止锋是影响华南地区的重要天气系统，一年四季皆可出现，以春季最多，秋季较少。

（8）武夷山锢囚锋

武夷山锢囚锋为弱的冷空气进入华南后，由于受到武夷山的阻挡而形成的地形锢囚锋系（图 3.3），慢慢地由北、东两个方向向广东中部推进。暖湿的西南气流向东北方向推进，因此，在广东境内形成有偏西、偏南、偏北三股气流的汇合点。由于三股气流汇合，空气加速地进行涡旋式辐合上升，造成比一般锋面要剧烈的降雨。暴雨区一般分布在暖切变及三合点附近，是广东前汛期常见的典型的暴雨形式之一。

（9）青藏高原上的锋面

冷锋在一般情况下不易到达高原内部。但当高原上或高原西北有高空槽引起高原上一次寒潮过程时，冷锋可以进入高原，即使夏季在高原上也可以出现寒潮天气。当冷锋移入高原时最初云带并不典型，只表现为一条狭窄而破碎的云带，但到高原之后，冷锋常有加强，云带变密加宽，锋面上的天气也变得激烈，尤其在锋面南段常有强

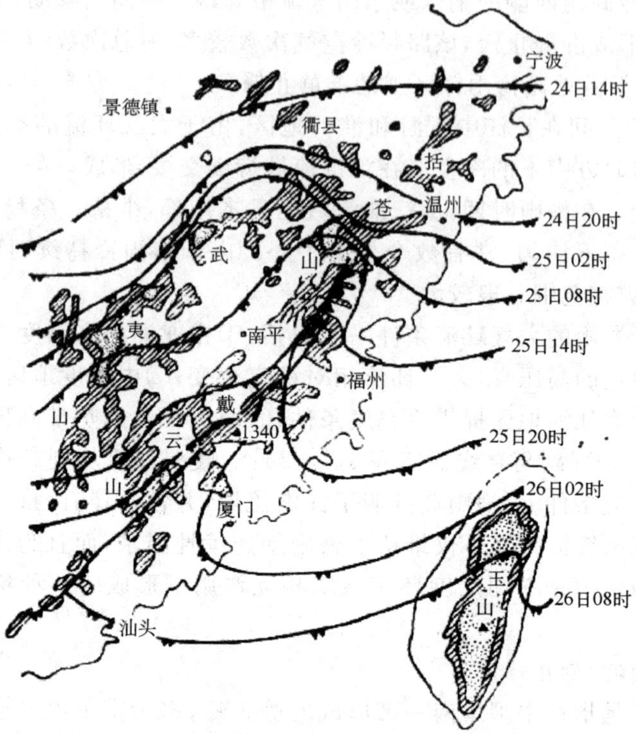

图 3.3　浙闽山区的地形锢囚锋

(朱乾根 等,2007)

烈的雷暴发展。高原北面的冷锋有时能够翻越昆仑山到达高原,如果夏季有强冷空气侵入高原,会造成一次夏季高原寒潮,天气更为激烈。

暖锋在青藏高原上常发生在10—12月从低纬地区有大量暖湿空气向北涌进到高原的时候。例如在高原以南有孟加拉湾风暴移进高原时,随着风暴云带的北上高原,相应有一次暖空气活动和北推,从而造成在高原上有暖锋锋生和北推。锋面的结构一般在400～300 hPa上最明显。

高原东侧有时有准静止锋发生。卫星云图的观测事实表明,冬季,每当北方冷空气大举南下并向西扩展时,由于受高原的阻挡,便会在高原东侧停留下来,因而在卫星云图上高原东侧经常停留着一大片表面光滑、色调一致、无水平结构的中低云区。很多情况下,它同停留在日本的低槽冷锋云带相连接,靠近高原一侧的边界非常整齐和稳定,约在32°N以南呈东南—西北向,32°N以北折向呈西南—东北向。对于这种现象,它的南段可分析为昆明准静止锋,其北段位置在银川—兰州—岷县附近,其南端可以分析到四川西部并与昆明准静止锋相连接。

高原上地形复杂,地面测站的许多要素缺乏比较性,尤其温度和湿度更是如此。所以在高原上，一般不能用温、湿的特征定锋面，而用24 h变压和变温（ΔP_{24}、ΔT_{24}）等方法确定锋面。此外，单站的时间演变图上可作为定锋面的可靠工具之一。

进入高原的冷锋，ΔP_{24}的表现很清楚。一般说来，在冷锋前面的ΔP_{24}为负值，冷锋后面的ΔP_{24}为正值。零线与锋面平行并落后于锋线，但很少重合。如果零线与锋线重合或超前锋线，则此冷锋是在显著地减弱中。而在副冷锋前后的ΔP_{24}表现得与主锋略有不同，锋前不一定是负ΔP_{24}，有时可能是正ΔP_{24}，但正值较锋后小。

高原上锋面前后天气一般还是明显的。冷锋上常伴有降水，夏季锋前往往有对流性天气出现。当冷锋移到高原中部，如果冷空气继续由青海经西藏东北部向雅鲁藏布江流域侵袭，这种东北回流的冷空气可使高原在锋后出现连续性的范围大、雨强大的降水区。在静止锋上，冷空气一侧多阴雨天气，暖空气一侧常为多云，间或有阵雨。

在高原主体北部边缘上，由于地形的巨大落差，午后到傍晚局地锋生和高原热低压相结合产生的锋面气旋，表现在近地面层等温线密集。所以，在600 hPa图上，锋区特征有明显反映，锋前后的切变明显。若外来高空锋区与其配合，可以发展成对流层锋，且气旋引起的雨（雪）区也将扩大。这类气旋波垂直尺度较小，温压场结构较弱，是一种介于天气尺度和次天气尺度之间的系统。

3.1.4 东亚上空锋的空间结构

关于锋的空间结构，谢义炳等(1951)利用日本的探空记录首次指出，在东亚上空有多层锋区结构，一般存在两层或三层锋区。在极锋上面还有副热带锋区，极锋下面有冰洋锋。并又指出，锋区与高空急流一一对应。这一发现，揭露了东亚高空温度场和流场的某些特点。后来，随着探空记录增多，进一步证明，我国南部上空也经常存在副热带锋区。这类锋区有时变化很剧烈，甚至突然下沉与极锋合并，对我国南方的天气影响很大。个例分析指出，它的生成可能与高空冷侧的上升运动有关，而上升运动又可能与西藏高原东移的小槽有关。张镡(1971)通过分析锋区附近的铅直环流后，指出当大槽逼近时，锋区下方有反环流存在，锋区坡度变陡，急流也加强；反之，槽后的锋区下方是一正环流，使锋变平，急流减弱。而高空急流附近，维持一个正的环流。仇永炎(1957,1970)分析了一次寒潮冷锋的流场及温度场，得出寒潮冷锋在黄河流域与在华南时，其构造发生变化，并指出700 hPa以下的温度平流起着主导作用。华南冷锋上的暖空气来源有二，其一来自西北，多作下沉运功，另一来自东南海上，作上升运动，二者形成一辐合线。此外，槽前水平温度梯度加大，主要是由于温度平流的变率。

高空锋区的位置和结构对天气系统的发生和发展有直接的影响。关于它的生成和演变的动力原因,及其与天气系统和天气现象的关系,是一个需要进一步深入探讨的问题。

关于锋的低层结构,谢义炳等(1951)指出,有些情况下,高空锋区很清楚,但低层常常不清楚。他举出在斜压性很强的暖锋上,天气是碧空无云,暖锋在地面图上很不清楚。至于在地面图上表现甚为清楚的锋,一般对天气影响明显,有的是与剖面图的锋区暖边界相接,有的与冷边界相接,还有的暖、冷边界同时垂地,在地面图表现为两条锋。

冬季,在我国广大地区上空,持续存在着宽广的水平稳定层,有时春季也可以发现。它是冷锋南下后,锋区北部回暖与下沉而形成的。它的南端下垂及地时,便是华南静止锋与昆明静止锋。它的西界停在青藏高原的东沿。稳定层的持续存在,可能与青藏高原东侧的死水区有关。它在高空槽后部突起处像似高空冷锋。当北方南移的冷空气的位温比它下面空气的位温还低时,北面的冷空气就要从稳定层的下面南移。

水平稳定层的南端锋区,有时因流场改变而北上,出现锋消过程。当低层流场又出现辐合时,重新锋生。假如北方同时有新的冷锋南下,新的冷锋往往像似锋消,实际上只是锋的低层不明显了,冷空气仍然继续南下。所以在外观好像北方的冷锋突然向南“跳跃”了一步似的,其实是一对低层的锋消锋生同时作用在两个锋区上的缘故。

3.1.5 我国的锋生锋消概况

(1)锋生概况

我国大部分地区处于温带,冷、暖气团活动频繁,锋生现象十分明显。根据统计,我国境内的锋生区,集中在华南到长江流域和河西走廊到东北这两个地区,常称之为南方锋生带和北方锋生带。这两个锋生带是和南、北两支高空锋区相对应的。锋生带随高空锋区的季节变化而相应地发生位移。自春到夏,锋生带逐渐北移,自夏到冬,则逐渐南移。冬半年(10月至翌年5月)南方锋生带位于江南地区。春季锋生最频繁,因为这时南下的冷空气势力比冬季弱,而南方暖湿空气已开始加强,东移的高空低槽增多,地面倒V形槽容易发展,故利于锋生。6月、7月,锋生带移到长江流域,盛夏时,锋生带移到华北,这时江南极少锋生。9月以后,锋生带又逐渐南移。北方锋生带有显著的季节变化。冬季,由于这一带经常位于高空脊前槽后,地面反气旋活动频繁,锋生不多。3月以后,这地区的反气旋势力减弱,从西方东移的高空槽频繁,这时蒙古和我国东北地区常有锋生。5月以后,高空锋区北移,中蒙边界一带的锋生又减少。但我国东北地区,这时因常有冷涡存在,涡后强烈的冷平流常在东北及华北地区生成副冷锋。河西地区在夏季锋生较多,这是因为夏季侵入我国的冷空气路径偏西，常沿青藏高原东侧南下，此时，河西地区是冷空气必经之路。冬半年，由于冷空气路径偏东，所以春、冬两季在这一带的锋生较少。我国有些地区的锋生与地形有关。如天山北坡、南岭北坡和昆明—贵阳—成都一线的坡地等，都是常见的静止锋锋生区。

锋生时的高空温压场形势特点是：锋生区的上空常有低槽移入和发展，在高空槽前，地面低压或低压槽容易获得发展，使得地面的气流辐合加强，有利于锋生。不过，冷锋锋生和暖锋锋生的温压场有所不同。冷锋锋生以冷空气活动为主，所以冷锋锋生时，高空常有冷性低槽发展，槽后有较强的冷平流，促使温度梯度加大，利于冷锋生成(图 3.4a)。暖锋锋生时，往往在 700 hPa 或 850 hPa 上有暖式切变，切变线南部有较强的偏南风，且有温度脊配合，在较强的暖平流作用下，促使温度梯度加大，造成暖锋锋生(图 3.4b)。在江淮流域附近，700 hPa 图上有时出现变形场，在此种形势下，江淮流域一带常有锋生。

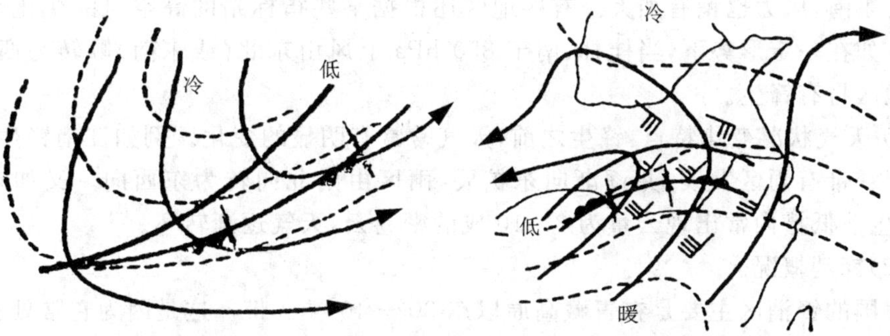

(a) 冷锋锋生　　(b) 暖锋锋生

图 3.4　冷锋锋生和暖锋锋生的典型形势

(朱乾根 等，2007)

锋生时地面气压场形势的特点是：在地面天气图上，锋生常发生在低压或低槽中。例如，在东北地区，当低槽加深较快，致使后部冷平流显著增强时，槽内便有冷锋锋生。又如江淮地区，当亚洲大陆冷高压停留在 35°N 以北而不再南下，或高压在 30°—35°N 入海，使江淮流域处在东高西低的形势中，这时从西南地区常有倒 V 形槽向东北方向伸展过来，并逐渐转为东东北—西西南方向，于是锋生便在倒槽中发生。

有时冷锋锋生也不一定在低槽中，而是在冷高压的东或东南侧。如东北地区，当停留在西伯利亚的冷高压迅速向东或东南方向移动时，高压前部有明显的正 3 h 变压，风速也显著增大，高压东或东南侧便有冷锋锋生。

锋生时气象要素的变化有以下特点：

① 24 h 和 3 h 变压场变化特点：锋生过程中，ΔP_{24}和ΔP_{3}也有明显的表现。据经验，在华南地区，当高压从长江口入海，而有倒槽逐渐发展起来，且在倒槽内ΔP_{24}达−3～−4 hPa 以后，则在 6～12 h 内可能有锋生成，锋生区大致在ΔP_{24}零线附近。四川盆地与江南一带预报锋生时，常要注意西藏高原上ΔP_{24}的变化。西藏高原的平均高度是 4 km，故有$-\Delta P_{24}$东移时，就表示高空有槽移来，该区可能有锋生。由于冷锋锋生以冷空气活动为主，所以冷锋锋生前，地面常有明显的$+\Delta P_{3}$出现。例如，河西地区冷锋锋生时，冷锋后高压一般不强，但ΔP_{3}却很明显，常在+3 hPa 以上。而暖锋锋生是以暖空气活动为主，所以暖锋锋生前，地面常有明显的$-\Delta P_{3}$出现。如东北地区，若低压前部某地带气象要素值有很大差异，两侧风速加大，低压内出现明显的$-\Delta P_{3}$，就标志着该地带有暖锋锋生。

② 风场变化特点：江南地区，暖锋锋生前，常有明显的气旋性风切变出现。例如在入海高压西部或倒槽东侧锋生区南边有西南风加大，而在锋生区的北边，风向多由西南转东南，风力也稍有加大。有些地区还根据某些指标站的高空风的变化来预报锋生。如在一定形势下，当桂林、南宁 850 hPa 上风由东北(或东南)顺转为西南时，华南地区将有锋生。

③ 天气状况变化特点：锋生之前，天气常常有明显的变化。例如江南锋生之前，在四川一带有雨区发展，并逐渐向东扩展，雨区由南北向转为东西向。又如东北地区，锋生前低槽内常出现云量为 8～10 成的密卷云，天气逐渐转坏。

(2)锋消概况

我国的锋消区主要是在青藏高原以东 30°—40°N 一带。这是因为它常处在东亚大槽后部，有利于加压与气流下沉。当冷空气从西北高原向东南移动时，地形助长了西北来的冷空气的下沉。因此，冷锋经过此地区时常有显著的锋消现象。一般来讲，夏半年(6—9 月)锋消较多，特别是 7 月、8 月，锋消过程最多。这是由于 7 月份以后，太平洋高压开始西伸并北移，高压脊控制我国近海及东南大陆，环流形势有利于锋消。7 月、8 月我国北部虽有冷空气活动，亦有冷锋南下，但冷空气势力都不强，且到达的位置偏北，就是能南下也因为大陆温度高，冷空气极易增暖变性。所以，从西方或北方侵入我国大陆的锋面，绝大多数在我国境内消失，能继续向东入海的极少。

当出现不利于锋面存在的条件时，就会产生锋消。常见的有下列几种情况：

① 高空或地面的气压形势发生变化。如和锋面配合的高空槽减弱或前倾，使锋面处在高空槽后脊前，或锋面附近出现下沉运动，或地面风场出现辐散时，锋将减弱或消失。

② 维持锋面的冷暖平流减弱或消失。如华南准静止锋的维持常和西南暖平流有关，当南海的高压脊减弱或东撤时，锋面由于没有充分的暖平流存在就会减弱消

失。又如东北地区的冷锋，其上空的冷中心常位于低槽的西部或西北部，当其移至低槽的西南部或南部时，冷平流便减弱，就可能出现锋消现象。

③ 锋消过程中，许多气象要素也有明显的表现。如当地面锋两侧 ΔP_{24} 差减弱时，说明锋在减弱之中。据统计，在江南地区，当冷锋两侧 ΔP_{24} 皆为正时，则一般在 24 h 后锋消；当冷锋前 ΔP_{24} 达 +3 hPa 以上时，则一般在 6～12 h 后锋消。与锋面相联系的天气区强度减弱或范围缩小，也是锋消的征兆。

④ 气团变性对锋消有很大影响。我国冷锋活动较多，在其南下过程中，往往由于下垫面热力作用使冷气团逐渐增暖变性，而使冷锋逐渐减弱、消失。在夏半年，东北或华北地区的冷锋，在东移过程中，如受强大的太平洋高压阻挡，冷空气停留而增暖，也会导致锋消。但当海上有台风活动，太平洋高压东撤时，则冷锋可一直移到海上而不会消失。

⑤ 在我国，尤其是冬半年，冷锋南下时，由于空气干燥，中层锋区逐渐消失，使整个锋区变成高低两部分分别南下，而且在南下过程中中高层锋区逐渐加强。其原因就是因为锋生强迫的非地转横向垂直环流的垂直运动数值在对流层中部最大，干燥的空气、暖空气上升绝热冷却，冷空气下沉增温，使中层锋区趋向锋消。正环流使高层和低层辐合加强，有利于锋生。此外，如果暖空气潮湿，正环流上升凝结释放的潜热，有利于锋生和正环流加强。

锋生、锋消现象在我国很多地区都会出现。它不仅影响锋的强度和速度的预报问题，还影响到天气现象的强弱变化。陶诗言等指出，强烈的锋生对灾害性大风的产生常有决定性的作用。迅速的锋生过程通过力管项使大气发生强的正环流加速，甚至可以在 6 h 内使低层空气从静稳变为极大风。所以，这对预报来说，是个极为重要的课题。锋生锋消不仅表现为某一锋区锋生、另一锋区锋消的现象，它还可以同时作用在一个锋区之上。顾震潮等采用锋面假相当位温（θ_{se}）图这一工具，发现锋面远不是等 θ_{se} 面，且其上的 θ_{se} 的最大值常有很大的改变。他认为这个事实是不能用观测误差来解释的，只有锋面不是物质面时才能解释。这个发现对锋面基本概念的进一步阐明有很大的意义。它说明锋的本身是新陈代谢的，锋前暖空气中的质点不断成为锋的暖界面的质点，原在锋的暖界面的质点退居锋区之中，而原在锋下界的质点则变为锋下的冷空气。

3.2　气旋与反气旋

气旋与反气旋分别是指在北半球气流作逆时针与顺时针旋转运动的涡旋。它们分别对应低压和高压。我国地处东亚大陆，在这一地区活动的气旋和反气旋在其源地、路径、发生和发展等方面都具有一定特点，简略介绍如下。

3.2.1 东亚气旋的源地及路径

气旋是重要的天气系统。关于东亚地区的气旋活动,已经有过不少统计研究(吴伯雄 等,1956;Hanson *et al.*, 1985;朱乾根 等,1980;齐桂英,1985;Sanders *et al.*, 1980;Roebber,1984;Murty *et al.*, 1983;Gyakum *et al.*, 1989;Sanders, 1986;董立清 等,1989;仪清菊 等,1989;张培忠 等,1993),其结果是大体一致的。但由于资料年代不同等原因,也存在某些差异。

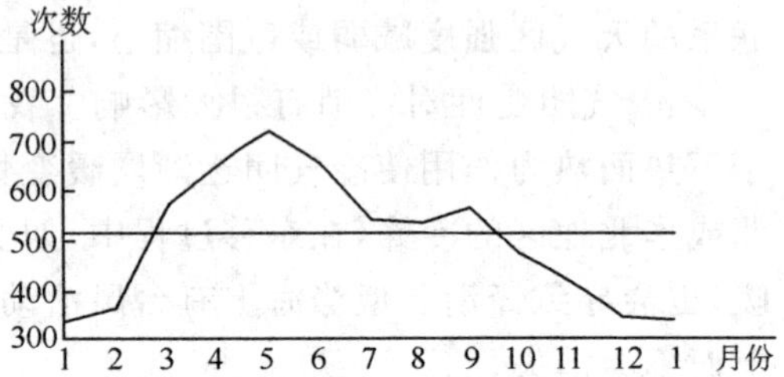

图 3.5 气旋生成次数月际变化曲线图
(张培忠 等,1993)

张培忠等(1993)根据 32 年(1958—1989 年)的中央气象台历史天气图资料进行普查,结果表明,在亚洲及西太平洋地区(60°—160°E,20°—75°N)中出现的 7593 个温带气旋,有 6150 个就生成于本地区。有明显年际变化,最多年 237 个,最少年 154 个。月际变化也很大,最多月为 5 月,最少月为 1 月(图 3.5)。有 82%的气旋生命期长度在 72 h 以内,只有 1%在 6 天以上。

由气旋生成的总次数的地域分布图(图 3.6)可见,在亚洲及西太平洋地区有两个大的气旋生成区。一个是蒙古气旋生成区,另一个是沿海气旋生成区。其中,蒙古气旋生成区的范围最大,次数最多。主中心在蒙古中部(105°—107.5°E,45°—47.5°N),最大值为 84(单位:个/2.5°×2.5°经纬度),次数大值区呈东西向分布。沿海气旋生成区的范围也很大,但数值较小,分布走向与海岸线一致。

图 3.6 32 年气旋生成的总次数的地域分布图
(单位:个/2.5°×2.5°经纬度)(张培忠 等,1993)

沿海气旋生成区又可分成两个分区，即东海气旋生成分区和日本海气旋生成分区。其中，东海气旋生成分区的主中心在东海，中心值为 47，次中心在日本四国岛南方，中心值为 42。此分区气旋生成的季节间变化最大。东海主中心冬季位置与全年一致。生成次数占全年的 80%以上。夏秋季显著变小。日本海气旋生成分区的范围和形状与日本海一致，中心值为 44。夏季最少，仅 7 次。与沿海气旋生成区相配合，海上也有气旋活动集中区。主要有两个中心，一个在日本海北部，中心值为 181；一个在日本东侧太平洋上，中心值为 145。

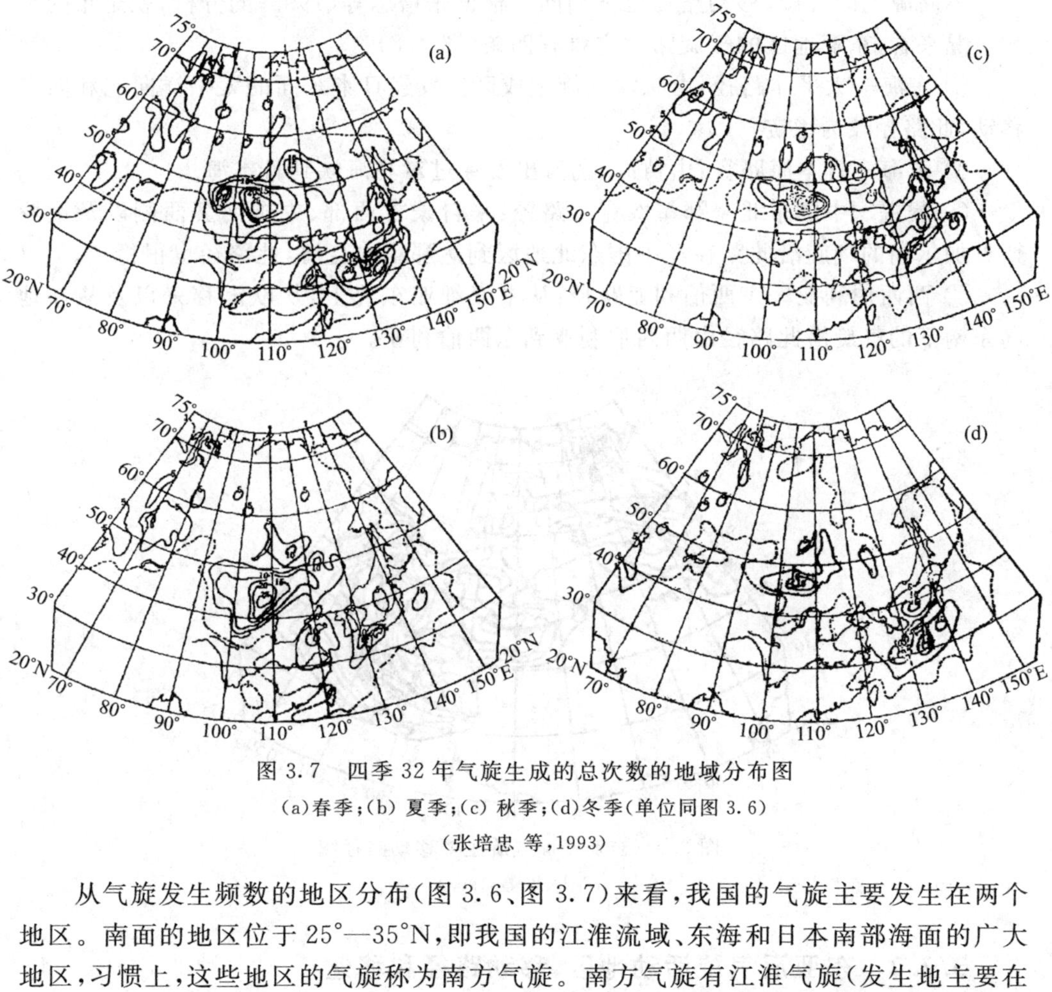

图 3.7　四季 32 年气旋生成的总次数的地域分布图

(a)春季；(b) 夏季；(c) 秋季；(d)冬季(单位同图 3.6)

(张培忠 等，1993)

从气旋发生频数的地区分布(图 3.6、图 3.7)来看，我国的气旋主要发生在两个地区。南面的地区位于 25°—35°N，即我国的江淮流域、东海和日本南部海面的广大地区，习惯上，这些地区的气旋称为南方气旋。南方气旋有江淮气旋(发生地主要在长江中下游、淮河流域和湘赣地区)和东海气旋(活动于东海地区，有的是江淮气旋东移入海后而改称的，有的是在东海地区生成的)等。另一地区，即北面的地区位于 45°—55°N，习惯上这些地区的气旋称为北方气旋。北方气旋有蒙古气旋(多生成在蒙古中部、东部)、东北气旋(又称东北低压,多系蒙古气旋或河套、华北以及渤海等地气旋移到东北地区而改称的)、黄河气旋(生成于河套及黄河下游地区)、黄海气旋(生成于黄海和由内陆移来的气旋)等。

气旋源地的这种分布,与东亚南、北两支锋带是一致的。另外,处于太行山东侧的华北平原、日本海及俄罗斯的巴尔喀什湖附近,也是气旋发生较多的地区。我国大陆 110°E 以西地区很少有气旋发生。我国长白山区、朝鲜、日本北部也都是气旋发生相对少的地区。而在 20°N 以南就没有产生过锋面气旋。

不同源地的气旋,移动路径也不相同。根据张培忠等(1993)的分析,就全年的平均情况来看,东亚地区的气旋路径主要有四条(图 3.8):

① 东海—太平洋路径:由东海气旋生成区出发经日本东面的太平洋向北和向东移动,此路径较为稳定。

② 黄海—日本海路径:由黄海、渤海出发穿过对马海峡到日本海。

③ 蒙古—中国东北—鄂霍次克海路径:来自蒙古西部、中国河套西侧以及俄罗斯贝加尔湖的气旋沿此路径经中国东北地区到达鄂霍次克海,此路径也很稳定。

④ 西西伯利亚—东西伯利亚路径:从中亚细亚东北上,从欧洲移来以及从新地岛东南下的气旋沿此路径由西西伯利亚到东西伯利亚。

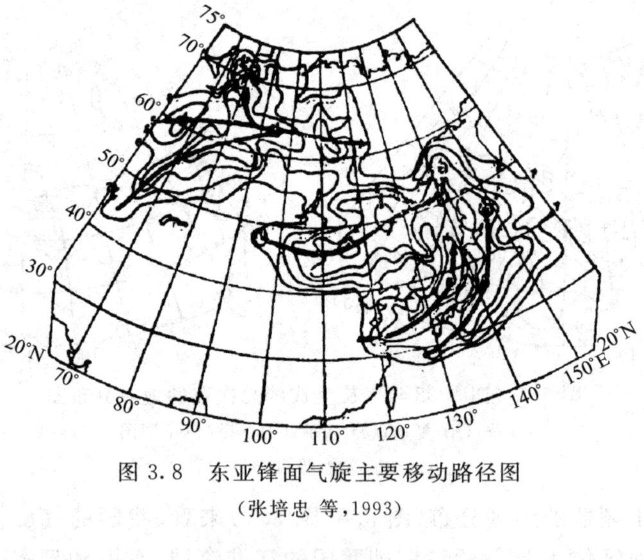

图 3.8 东亚锋面气旋主要移动路径图

(张培忠 等,1993)

3.2.2 东亚反气旋活动地区、移动路径和移速

根据东亚(70°—140°E,20°—55°N)10 年(1951—1960 年)资料得到的反气旋频数分布图(图 3.9)可见:从蒙古国西部到我国河套地区呈西北—东南向的狭长地带

内反气旋出现频数最高，并以此为中心向东北和西南方向减少。冬半年冷性反气旋的脊可伸到华南沿海，夏季偏北。一般活动在 40°N 以北地区。

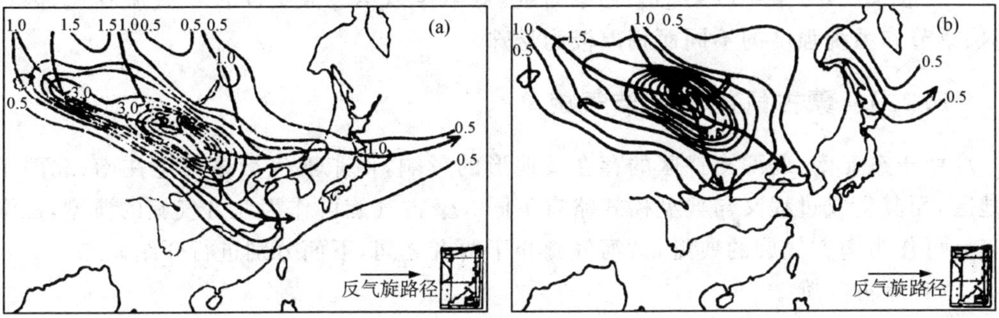

图 3.9 东亚反气旋频数分布和路径

(a)1 月；(b) 7 月

(朱乾根 等，2007)

进入我国的温带反气旋，大都是从亚洲北部、西北部或西部移来的，只有少数是在蒙古西部形成的。它们进入我国的路径可归纳为以下四条(图 3.10)：

① 从亚洲大陆西北方移来，经西伯利亚、蒙古国，然后进入我国。

② 从亚洲大陆北方移来，有的开始自北向南或自东北向西南移动，一般到 55°N 以南附近就转向东南，然后经西伯利亚西部、蒙古国，进入我国；有的经西伯利亚东部进入我国东北地区。

③ 从亚洲大陆西方移来，在 50°N 以南，多由西向东移动，有的直接进入我国新疆地区；有的则折向东北移动，经蒙古国进入我国。

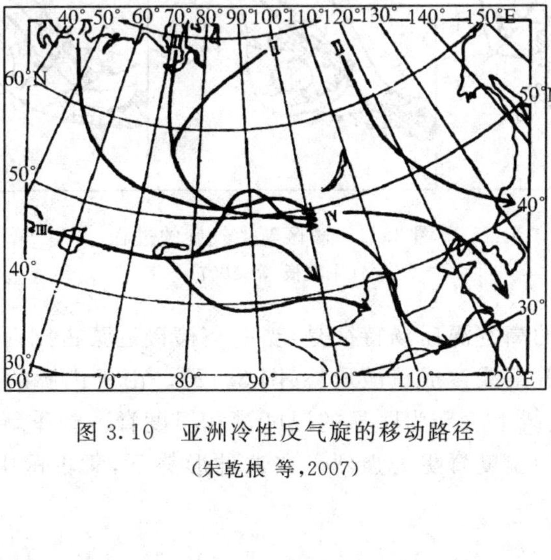

图 3.10 亚洲冷性反气旋的移动路径

(朱乾根 等，2007)

④ 起源于蒙古国,常直接南下进入我国。反气旋的移动路径,随季节、过程、强度的不同而有差异。

一般来说,冬半年以第①②④条为主,夏半年以第③条为主。反气旋移速,因地区、季节和系统强度的不同而相差极为悬殊。

3.2.3 蒙古气旋和江淮气旋

由于东亚南、北两支锋区的存在及地形的影响,使东亚气旋多发生在南、北两个地区,而其生成过程又与典型模式略有不同。蒙古气旋可作为北方气旋的典型,江淮气旋可作为南方气旋的典型,黄河气旋介于两者之间,下面分别进行介绍。

(1)蒙古气旋

蒙古气旋一年四季均可出现,但以春秋季为最多。从地面形势看,其形成过程大致可分三类,以暖区新生类出现次数最多。当中亚细亚或西西伯利亚发展很深的气旋(其中有成熟的,也有锢囚的)向东北或向东移动时(图 3.11),受到蒙古国西部的萨彦岭、阿尔泰山等山脉的影响,往往减弱、填塞。再继续东移过山后,有的在蒙古国中部重新获得发展,有的则移向中西伯利亚,当它行抵贝加尔湖地区后,它的中心部分和其南面的暖区脱离而向东北方移去,南段冷锋则受地形阻挡,移动缓慢,在它的前方暖区部位形成一个新的低压中心,后来西边的冷空气进入低压,产生冷锋。同时在东移的高空槽前暖平流的作用下,形成暖锋,于是就形成蒙古气旋。

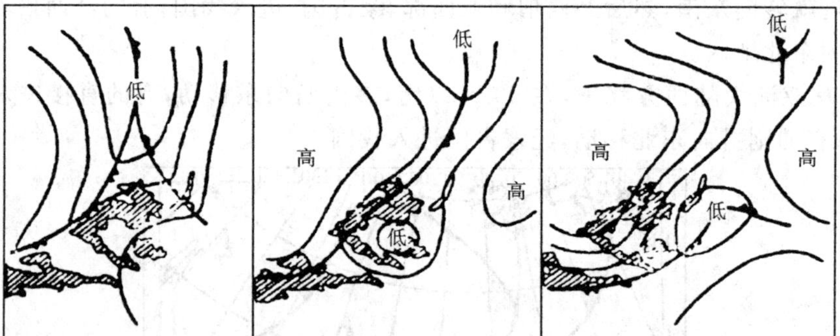

图 3.11 暖区新生气旋的过程

(朱乾根 等,2007)

蒙古气旋形成的高空温压场特征是:当高空槽接近蒙古国西部山地时,在迎风坡减弱,背风坡加深,等高线遂成疏散形势(图 3.12)。由于山脉的阻挡,冷空气在迎风面堆积,而在等厚度线上表现为明显的温度槽和温度脊。春季新疆、蒙古地区下垫面的非绝热加热作用使温度脊更为强烈。在这种形势下,蒙古国中部地面先出现热低压或倒槽或相对暖低压区。当其上空疏散槽上的正涡度平流区叠加其上时，暖低压即获得动力性的发展。与此同时，低压前后上空的暖、冷平流都很强，一方面促使暖锋锋生，另一方面推动山地西部的冷锋越过山地进入蒙古中部，于是蒙古气旋便形成了。在此过程中，高空低槽也获得发展。

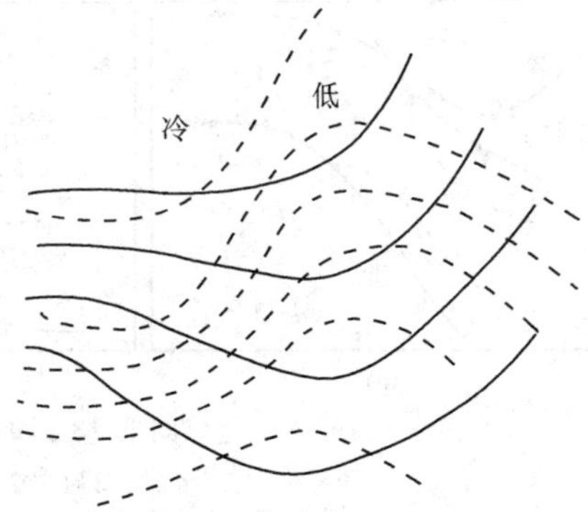

图 3.12 蒙古气旋发生的高空温压场
（实线为 500 hPa 等高线，虚线为等厚度线）
（朱乾根 等，2007）

一般气旋所具有的天气现象都可以在蒙古气旋中出现，其中比较突出的是大风。发展较强的蒙古气旋，不论在其任何部位，都可以出现大风。如内蒙古中西部地区的西南转西北大风就比较明显，赤峰、通辽一带的西南大风最为明显，呼伦贝尔盟一带特别是阿尔山一带的东南大风更为突出。

蒙古气旋活动时，总是伴有冷空气的侵袭，所以降温、风沙、吹雪、霜冻等天气现象都可以随之而来。由于这个地区降水较少，而大风又多，故经常出现风沙，尤其是春季解冻之后，植物还不茂盛，因而风沙出现最多也最严重，出现时能见度往往降低到1 km 以下。

(2)江淮气旋

江淮气旋一年四季皆可形成，但以春季和初夏较多。其形成过程大致可分为两类：

① 静止锋上的波动。这类江淮气旋的形成过程与典型气旋的生成过程类似。当江淮流域有近似东西向的准静止锋存在时，如其上空有短波槽从西部移来，在槽前下方由于正涡度平流的减压作用而形成气旋式环流，偏南气流使锋面向北移动，偏北气流使锋面向南移动，于是静止锋变成冷暖锋。若波动中心继续降压，则形成江淮气旋。

② 倒槽锋生气旋。开始时(图 3.13a)，地面变性高压东移入海后，由于高空南支锋区上西南气流将暖空气向北输送，地面减压形成倒槽并东伸，这时在北支锋区上有一小槽从西北移来，在地面上配合有一条冷锋和锋后冷高压。尔后(图 3.13b)由于高空暖平流不断增强，地面倒槽进一步发展并在槽中江淮地区有暖锋锋生，并形成了暖锋。此时，西北小槽继续东移，南、北两支锋区在江淮流域逐渐接近。冷锋及其后部高压也向东南移动，向倒槽靠近。最后(图 3.13c)，高空南北锋区叠加，小槽发展，地面上冷锋进入倒槽与暖锋接合，在高空槽前的正涡度平流下方，形成江淮气旋。如果在此过程中，北支锋区小槽及地面冷空气较弱不能南下时，单纯在南支槽的动力、热力作用下也可形成江淮气旋，但很弱。

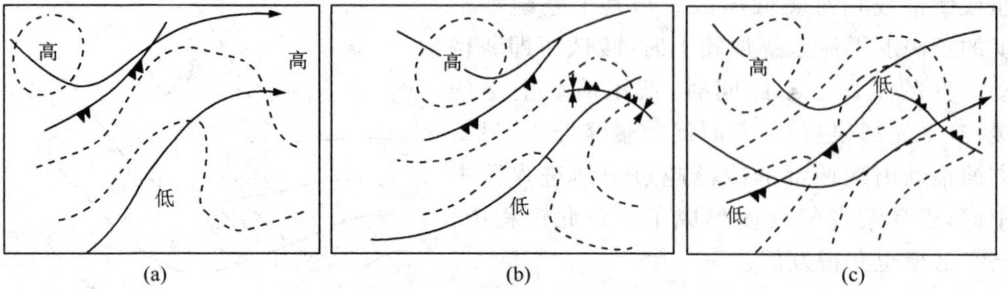

图 3.13 倒槽锋生江淮气旋形成过程

(实线为高空等高线,虚线为地面等压线)

(朱乾根 等,2007)

倒槽锋生气旋的形成与典型气旋模式大不相同。其主要区别是:①典型气旋发生在冷高压的南部,东、西风的切变明显;而这类气旋是发生在倒槽中,具有西南风和东南风的切变。②典型气旋形成开始就存在有明显的锋面,高空气流平直,没有明显的槽;而这类气旋在形成之初无明显锋区,以后由于锋生,锋区才开始明显起来,但高空却有比较明显的槽。从上可见,典型气旋是在高空平直气流的扰动上发展起来的,而这类气旋则是在已有的高空槽上发展起来的。

江淮气旋是造成江淮地区暴雨的重要天气系统。迅速发展的江淮气旋并伴有较强的大风,暖锋前有偏东大风;暖区有偏南大风,冷锋后有偏北大风。

江淮气旋的雨区与典型气旋模式类似。暴雨在各部位均可发生。根据总结:如果气旋形成位置偏西,而向东移,又有低空切变线(850 hPa 及 700 hPa)与之配合,则雨区移向与气旋中心路径一致。如果气旋形成位置偏东,向东北移动,则除了在气旋中心有暴雨外,冷锋经过的地区也可产生雷雨或暴雨。

(3)黄河气旋

黄河气旋介于蒙古气旋和江淮气旋之间,形成于黄河流域。其生成的形势,与江淮气旋类似,大致可以分为两种类型:一类是在 40°—45°N 高空有一东西向锋区,在锋区上有小槽自新疆移到河套北部地区,导致准静止锋上产生小的黄河气旋,这类气旋一般发展不大。另一类是在地面上由西南地区有一倒槽伸向河套、华北地区,此时若有较强的冷锋东移,且高空有低槽(或低涡)配合,当冷锋进入倒槽后,一般可产生黄河气旋。若我国东部及海上为副热带高压所控制,则气旋更易生成。

黄河气旋一年四季均可出现,以夏季为最多,它是影响我国华北和东北地区的重要天气系统。黄河气旋是夏季降水的重要系统,当其发展时可带来大风和暴雨,在其他季节,一般只形成零星的降水,主要是大风天气。

东移的黄河气旋一般不易发展,当其向东北方移动进入东北时,可以得到发展。

3.2.4　东亚气旋的发展

温带气旋中心气压下降，称为气旋发展和加深。当气旋发展速度达到 24 h 内中心气压下降大于 24 hPa 时，称为暴发性气旋，这是指在 60°N 地区而言的。由于同样的气压加深率在不同的纬度上地转风的加强率是不同的，纬度越低地转风速加强越大。为了获得任何纬度 φ 的地转等值率，就必须要用 $\sin\varphi/\sin 60°$ 乘上 24 hPa/日，这个临界比率称为该纬度的一个贝吉隆 B（$B=24\times\frac{\sin\varphi}{\sin 60°}$，单位：hPa/日），这个比率从 25°N 的 11.7 hPa/日变化到 70°N 的 26.0 hPa/日。令 $R=\Delta P_{24}/B$，并设 $1.0\leqslant R\leqslant 1.2$ 为弱暴发类，$1.3\leqslant R\leqslant 1.8$ 为中等暴发类，$R>1.8$ 为强暴发类，按照这个标准，东亚地区暴发性气旋很少。根据张培忠等（1993）的统计，32 年中共出现 469 次暴发性气旋，其中强暴发类气旋很少，仅 19 次，平均每年不到 1 次；中等暴发类和弱暴发类气旋分别为 153 次和 297 次，年平均分别约为 5 次和 9 次。Sanders（1985）也曾用相同标准对大西洋西部的暴发性气旋作过统计，将其结果与东亚及太平洋西部地区的情况进行对比可见，两个大洋西部地区情况有些类似。暴发性气旋冬季最多，约占全年的 50%～60%；夏季极少，春秋季居中，春季多于秋季。

图 3.14 是暴发性气旋的地理分布图。由图可见，有三个主要的暴发性气旋发生区。第一个在日本本州岛以东的大洋上，中心值为 17；第二个在日本海北部和津轻海峡，中心值为 17；第三个在择捉岛附近，范围较小。在亚洲大陆沿岸有少量的暴发性气旋发展。在深入内陆的内蒙古北部、黑龙江北部偶有发生。

据统计，1966—1985 年的 20 年间，130°E 以西的东亚大陆邻近海域上，只有 20 个

图 3.14　暴发性气旋次数的地理分布图

（张培忠 等，1993）

暴发性气旋(12 h 中心气压下降 12 hPa 以上,且中心气压低于 1000 hPa),平均每年一个。而在这些海域和中国海岸附近每年则有 50 个气旋活动,也就是说仅有 2%的气旋是暴发性气旋。然而在其东侧的西北太平洋地区(35°—55°N,140°—165°E),仅 1984 年 8 月至 1985 年 8 月就有 26 个暴发性气旋形成。它们中的大部分是由大陆入海经历暴发性增强而形成的。多年资料普查发现,风力强、范围大的气旋大多数是暴发性气旋。中心气压低于 990 hPa 的气旋都经历过暴发性发展或急骤发展。因此,暴发性发展是强气旋的重要特征。从季节分布来看,暴发性气旋主要发生于冬春季,夏秋季极少。

为什么暴发性气旋主要形成在海上且多形成在日本以东的西北太平洋上,又以冬春季为最多呢?这与暴发性气旋生成的背景流场有关。绝大多数的东亚暴发性气旋形成于高空西风急流出口区的左侧,少数形成于入口区的右侧。出口区的右侧和入口区的左侧没有暴发性气旋形成。东亚海岸附近海域和西北太平洋上的暴发性气旋都是如此形成的。在东亚海岸线附近海域的暴发性气旋很多发生于高空急流出口区左侧或出口区急流轴附近。由于在急流最大风速中心左侧为正相对涡度中心,右侧为负相对涡度中心,急流出口区左侧和入口区右侧为正涡度平流区,按位势倾向方程可知,在这两个地区的低层有利于气旋的发展。

由于青藏高原地形对气流的阻挡,高层西风气流被分为两支,分别在高原南、北两侧绕过高原,而后在高原东侧汇合,汇合地点一般位于东亚沿岸或日本上空。南支气流上的低槽较浅且移动缓慢,北支气流上的低槽移动较快且可发展较深。往往北支槽与南支槽在日本上空处于同一经度,从而构成典型的东亚急流(图 3.15)。一般

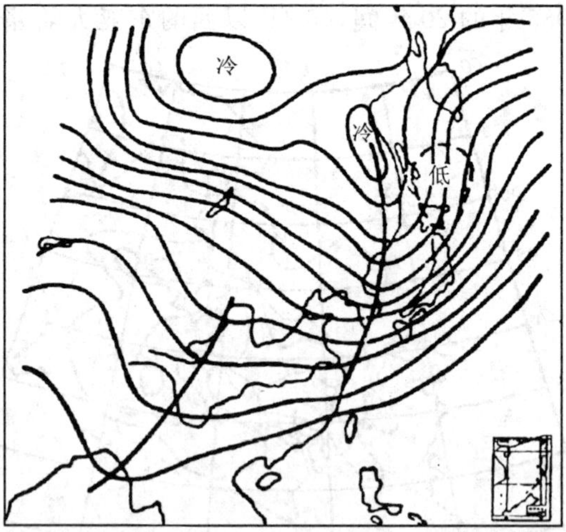

图 3.15 南支槽与北支槽构成的东亚高空急流及与急流入口区和出口区相对应的地面气旋示意图

(虚线表示地面气旋,实线为高空流线)(朱乾根 等,2007)

南支槽前正涡度平流较弱，东亚气旋在其下形成，但强度较弱。当此较弱的气旋向东或东北方移动，进入北支槽前的下方(高空急流出口区左侧)时，由于这里正涡度平流强，气旋便在此强烈发展，从而达到暴发性气旋的标准。这就是东亚气旋形成和发展的环流背景。由于急流中心主要位于日本上空，故西北太平洋上易形成暴发性气旋。又由于冬春季西风急流偏南，易受高原的阻挡产生这种环流形势，因此暴发性气旋多发生于冬春季节。

3.3 切变线及低涡

3.3.1 低空切变线的概念及特征

一般把出现在低空(850 hPa 和 700 hPa 面上)风场上具有气旋式切变的不连续线称为切变线。切变线附近气压场较弱，有时分析不出等高线来，但风场表现却很明显。在我国各地区、各季节都会发生切变线。南方的切变线多为东西向，从气压场上来看也就是低空东西向的横槽。北方切变线多为南北向。切变线在我国常常会引起不同强度的降水过程。尤其在夏季，切变线是我国主要的降水天气系统之一。

春季，副热带高压脊线一般位于 20°N 以南地区，这时切变线一般活动在华南地区，称之为华南切变线。从 6 月到 7 月初，副热带高压脊位置移到 22°—25°N，这时切变线多位于江淮流域，称之为江淮切变线。从 7 月中旬到 8 月，副热带高压脊线位置北移到 30°—35°N，切变线常常出现在华北地区，称为华北切变线。此外，夏季在西北和青藏高原地区也有切变线活动，造成较强的降水，它所在高度一般在 400 hPa 左右。

切变线是东亚夏季环流的一个特点，对我国夏季天气影响非常大。早在 1953 年赵国藏等就提出，这种切变线实质上是北方或西北方下来的冷空气与南来的暖湿气流的交界面，具有锋的性质，而不仅仅是风场的不连续。但是也应该指出，切变线两侧密度差常常是比较小的。谢义炳等(1956)认为“切变线”这一名词，事实上可以包括几个天气学概念：第一，赵国藏等(1953)所提出的极锋式的锋面，随高度北倾。第二，赤道锋或赤道辐合带式的锋面，随高度南倾。第三，冷性的低压槽线或阻塞高压东南与西南两侧一系列冷涡中心的连线，锋区在连线之南。谢义炳等(1956)认为最好对“切变线”这一名词的应用加以一定的限制。至于预报降水的问题，他认为夏季降水区域接近 850 hPa 面上的锋区。因此，引用高空锋区分析来预报降水比较合理，且容易掌握规律。在上述论文中他还指出了初夏极锋的上界一般位于高值的暖湿舌中，这一般表示了暖湿空气的上升作用。随后他又分析了盛夏的极锋和赤道锋的热力结构，并指出，当没有新的冷空气补充时，极锋下的冷空气迅速变性，甚至比南方的变性热带海洋气团更暖时,极锋就转变为赤道锋。

切变线根据其所能产生的天气及其本身特征、形成和活动的过程可以分成不同类型。下面以江淮切变线为例来说明。

从流场形势来看江淮切变线可分为冷锋式切变线、暖锋式切变线和准静止锋式切变线三种。一般江淮切变线是准静止锋式的(图 3.16 中虚线),移动缓慢,但当切变线上有西南涡活动时,则在低涡前方的切变线就成为暖锋式的,低涡后方的切变线就成为冷锋式的(图中实线)。两高之间的切变线则是准静止锋式的。由图还可看到,江淮切变线的南侧为副热带高压脊,北侧为西风带小高压。

江淮切变线常与地面静止锋或缓行冷锋相配合,但也不都是如此,有时只有切变线而无锋面。切变线形成后一般可维持 3～5 天,长的可达 10 天以上。

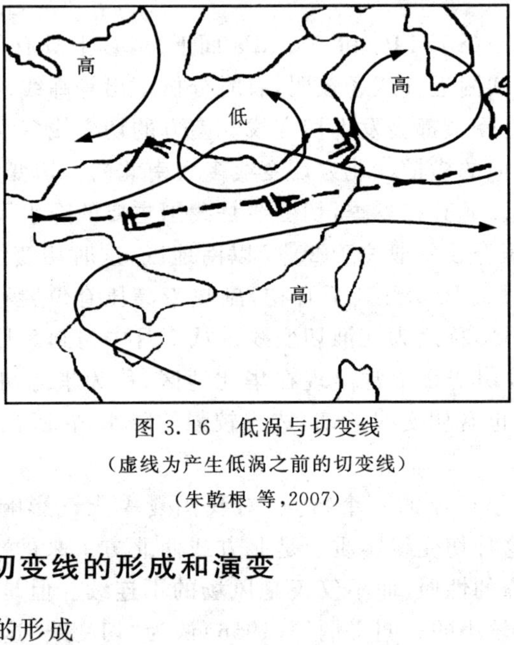

图 3.16 低涡与切变线
(虚线为产生低涡之前的切变线)
(朱乾根 等,2007)

3.3.2 江淮切变线的形成和演变

(1)江淮切变线的形成

当江淮流域高空 500 hPa 图上西风气流较平直,西太平洋副高呈东西向时,从西经河西一带东移的西风槽比较平浅,多不发展。这时 700 hPa 槽线在移动过程中,南端就受到副热带高压的阻挡,槽线停滞或移动缓慢,而北端则继续东移,遂使槽线顺转而成为东西向的切变线(图 3.17)。在这种形势下,槽后常有小高压中心形成并向东移动。切变线就处于此小高压与副热带高压之间。小高压主要是在平直西风环流下,由于高原的侧向摩擦作用而产生的。

(2)江淮切变线的移动

切变线形成后,移动一般比较缓慢,江淮切变线也是如此。其移动规律是:

① 当高空槽加深，地面气旋发展时，处于槽后的切变线南移。

② 冷锋式切变线南移，暖锋式切变线北移，所以当有低涡沿切变线东移时，涡前切变线北抬，涡后切变线南压，东移过去一个低涡，切变线就南北摆动一次。

③ 如西太平洋副热带高压脊势力加强而北上，则整个切变线也北抬；反之，如高压脊势力减弱而向东南撤退，则整个切变线也南移。

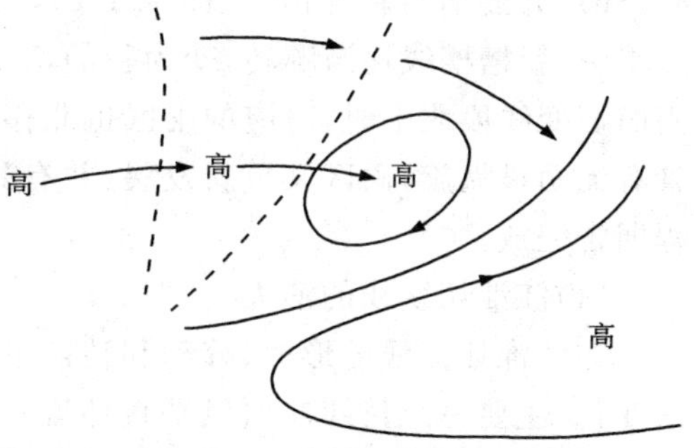

图 3.17 700 hPa 上江淮切变线的形成

（虚线为切变线的前期位置，箭头表示动态）

（朱乾根 等，2007）

(3)江淮切变线的转换

旧的切变线消失，新的切变线建立过程，即切变线的新陈代谢过程，一般称之为切变线的转换。当旧切变线在江淮地区维持时，如从河西走廊又有一个新的较强的西风槽东移(图 3.18a)，则新槽前的旧的小高压也东移，并逐渐与副热带高压合并，于是旧冷式切变线的东段南压消失。而旧的小高压后部还有低涡东移，这时旧切变的西段由于处于旧的小高压后部与涡前部的偏南气流中，就变为暖式切变线而北上(图

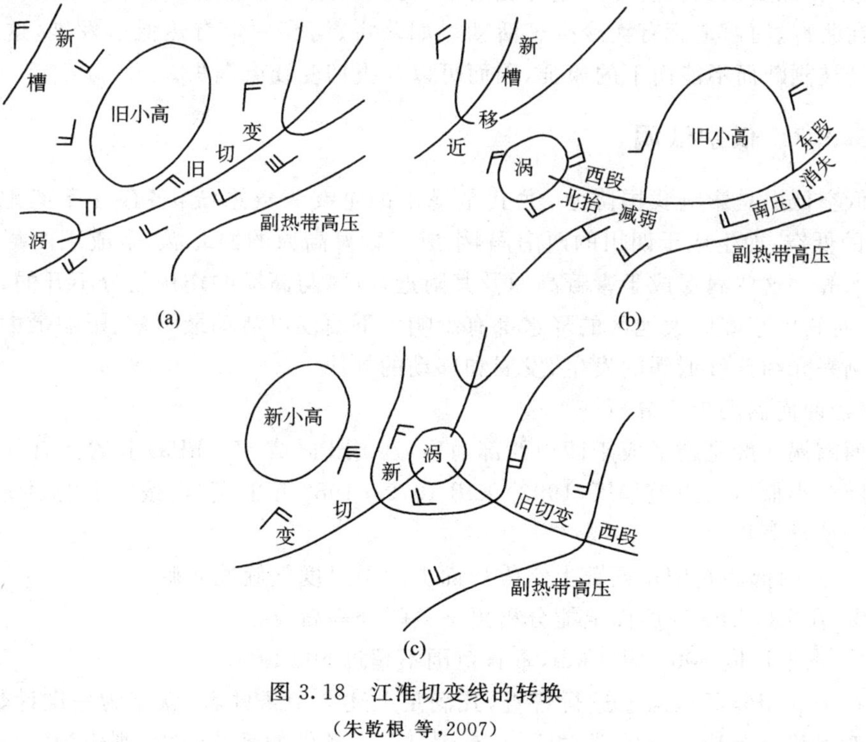

图 3.18 江淮切变线的转换

（朱乾根 等，2007）

3.18b),并逐渐与新槽相接(图 3.18c),形成北槽南涡形式。然后,在低槽低涡东移过程中,新槽槽线逐渐顺转,变为新的切变线,而新槽后的小高压代替了旧的小高压。当旧切变线段北上时,对应的雨区也北移,但强度减弱,而当新槽与此切变相接时,不管有无明显涡旋,雨区又重新发展,并有暴雨形成。这样,一次江淮切变线的转换过程即告完成。

(4)江淮切变线的消失

在江淮切变线的形成、移动和转换过程中,整个江淮地区高空的环流形势没有大的变化,主要是维持纬向西风平直环流。而江淮切变线的消失,则常是伴随着高空由纬向环流转变为经向环流。其具体过程大致有以下两类:

① 切变线南移逆转为西风带低槽而消失。一般表现为高空低槽加深,或副热带高压南撤,预报时主要应注意这时高空河西走廊及青藏高原东部一带转为西北风,冷空气侵入西南地区,或台风北上迫使副热带高压减弱东移。

② 切变线北方小高压合并于副热带高压而消失。此过程相当于江淮切变线在转换过程中,东段南压消失,西段北抬减弱的阶段(图 3.18b),但这时没有新槽东移以代替旧的切变线,终于使旧切变线西段也逐渐消失。因为消失的关键在于没有新槽东移,在低层也就没有冷空气补充南下,所以预报时除注意西北槽的活动外,还要注意在蒙古、河西走廊有无冷空气活动。如蒙古、河套一带有热低压发展,这往往是冷空气被割断而不能南下的象征,因而可以预报切变线会消失。

3.3.3 低空低涡

低空低涡是影响我国降水,尤其是暴雨的重要天气系统,多存在于离地面 2～3 km的低空,如生成于四川的西南涡,生成于青海高原的西北涡,生成于西藏地区的高原涡等。这些涡形成于青藏高原及其附近地区,与高原的作用是分不开的,它们东移后,对我国东部广大地区的降水都有影响。下面仅以活动最频繁、影响最大的西南涡为例来介绍这种低涡的发生、发展和移动的规律。

(1)西南涡的统计分析

西南涡一般是指形成于四川西部地区,700 hPa(或 850 hPa)上的具有气旋性环流的闭合小低压。卢敬华等(1993)采用 1970—1989 年的资料,按以下的西南低涡定义进行统计分析:

① 西南低涡是四川西部上空等压面上的中尺度气旋性涡旋。

② 在 700 hPa 等压面上能分析出一条闭合等高线。

③ 水平尺度 300～500 km,垂直范围不超过 500 hPa。

在 700 hPa 等压面上进行普查,凡满足上述 3 个条件者,就作为一次计数统计。当该低涡移出源地或就地消亡后,又有满足 3 个条件的系统新生,则作为另一次计数统计。按照这一原则，统计结果表明，1970—1989 年中，共出现西南低涡 1096 次，每月平均 4.6 次，但月际分布极不均匀。

如图 3.19a 所示，4—6 月出现次数最多，其中，5 月份达到峰值，共生成低涡 113 个。而 8 月和 10 月恰好相反，为全年最少，分别为 80 个和 75 个。这说明春末夏初，在低涡源地及其附近地区具备低涡新生和发展的条件，而秋季，条件则不足。

图 3.19b 是西南低涡的年际变化。如图所示，20 年中平均每年 54.8 次，1975 年、1976 年和 1983 年为西南低涡高频数年，每年 66 次以上，1970 年、1972 年和 1988 年为低频数年，每年 42 次以下。同时还能看到 1975—1983 年的 9 年间，每年西南低涡出现的次数都在平均数以上，为西南低涡的多频数年份，从 1984—1989 年的 6 年间，每年低涡出现的次数都在平均数以下，为西南低涡少频数年份。

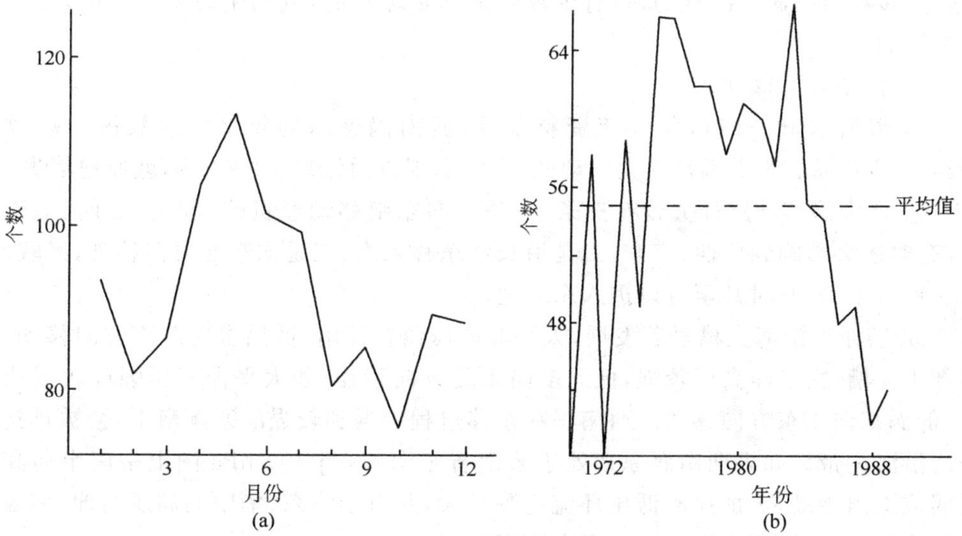

图 3.19 1970—1989 年在 700 hPa 等压面上的西南低涡的逐月出现次数(a)和西南低涡出现次数的年际变化(b)

（卢敬华 等，1993）

(2)西南涡的形成

一般认为西南涡的形成有以下三种因子的作用：

① 西南的地形在起作用。首先，四川盆地处于西风带的背风坡，有利于降压而形成动力性涡旋。其次，由于高原的阻挡，西风气流从高原的南北两侧绕过。从南侧绕过的西风气流，由于受高原侧向边界的摩擦作用而产生气旋性涡度，终于形成低涡。

② 500 hPa 面上有高原槽东移。经普查发现，如果 500 hPa 面上没有低槽，就不会有低涡发生。这表明 500 hPa 低槽前正涡度平流所造成的低层减压，是西南涡形

成的一个重要因素。

③ 700 hPa 图上要有能使高原东南侧的西南气流加强,并在四川盆地形成明显的辐合气流的环流形势。因此当华北高压脊或高压中心东移时,在其后部的偏东南气流与副热带高压西北边缘的西南气流之间,若在四川构成一辐合线则易有西南涡形成。另外,江淮切变线的西端也易形成西南涡。

以上三种作用中,地形的作用是天天存在的,然而西南涡并非天天出现。实际上,地形作用仅能造成一些动力小涡旋,只有在一定的环流形势配合下,才能产生具有天气意义的低涡。因此,日常工作中主要应着眼于 500 hPa 和 700 hPa 图上是否都已具备有利于产生西南涡的环流型,当这两条件同时具备时,就可形成西南涡。

此外,从卫星云图的分析表明,与西南涡对应的云团,常可追溯到黑河地区和雅鲁藏布江河谷等高原上空,这也说明西南涡的形成与高原高空系统的移出有关。

大多数西南涡是冷性的,也有少数西南涡是暖性的,或初生时是暖性的,以后变为冷性的。

(3)西南涡的移动

① 根据 1956—1958 年 3 年资料统计,西南涡移出的年平均频数占其总数的 41%。而 59%的西南涡是不大移动的,它们出现以后维持 12～24 h,就原地消失。

② 西南涡移动路径大致有三条:一条是向东南移动经贵州、湖南、江西、福建出海,有时还会影响到广西、广东;二是沿长江东移入海;三是向东北方向移动,经陕西、华北地区出海,有时甚至可以进入东北地区。

③ 若东亚沿海大槽显著发展,太平洋高压位置偏南,低涡多向东南方向移动;若东部无大槽,太平洋高压较强,低涡多向东北方向移动;如太平洋高压强度较弱或正常,低涡都向正东方向移动。西南涡在东移过程中遇到较强的寒潮南下,会被排挤到华南沿海一带。如果西南涡原来处于云南省东南部,当 500 hPa 图上中南半岛高压减弱或退出半岛,孟加拉湾低压环流范围扩大,并由于华东、华中的高压西伸,使云南北部盛行东风时,西南涡可以自东向西而行。

④ 西南涡的移向与相应的 500 hPa 面上气流方向基本一致,但略偏南些;移速则为 500 hPa 面上风速的 50%～70%。

⑤ 位于切变线上的西南涡,常沿切变线东移。这是因为西南涡位于切变线上时,其长轴方向与切变线一致,而低压是接近长轴方向移动的。而且如 700 hPa 面上有切变线存在,而 500 hPa 面上又为平直西风气流时,其引导气流方向向东,故低涡是沿切变线而东移。

(4)西南涡的发展

西南涡在源地发展不大,只有在东移过程中才能发展。

① 如冷空气从低涡的西部或西北部入侵,低涡则东移发展;如冷空气从东部或

东北部侵入，会使西南涡的气旋式环流减弱，并使低涡填塞。

② 500 hPa 上青藏高原低槽发展东移，有利于西南涡的东移和发展。当500 hPa上西北槽较强，且南伸至较低的纬度时，如西南涡处在槽前，或槽线的延长线上，构成所谓“北槽南涡”形势时，这就有利于低涡的东移和发展；相反，当西北槽位置偏北或在减弱中，或低涡位于槽后，这就不利于西南涡的发展。

(5)西南涡的天气

西南涡在原地时，可以产生一些阴雨天气。当低涡移出时，无论低涡是否发展或是否有地面锋面配合，绝大部分(95.5%)都有降水，雨区主要分布在低涡的中心区和低涡移向的右前方。这是因为低涡的右侧常是副热带高压边缘的低空急流所在，在这里有充分的水汽供应。又因风速大，在低涡南侧的曲率涡度也大。当低涡移动时，在低涡右前侧有较强的正的局地涡度变化，因而产生较强的负变压。其变压风促使气流辐合上升，同时低涡中心也有较强的摩擦辐合上升运动，所以在这两个部位都有较强的降水。当有地面锋面气旋与低涡配合时，因气旋中心一般也位于低涡的右前方，低涡右前方也会有较强的降水，其左前方降水较小，而在低涡的后部，则基本上无雨。

低涡天气有日变化，一般夜间或清晨比白天坏些，这可能是由于夜间或清晨云层顶部辐射冷却，造成不稳定，而使对流加强的缘故。

当西南涡发展东移时，雨区也不断扩大和东移，降水强度逐渐增强。一般到了两湖盆地，降水量便大大增加，往往形成暴雨。同时，西南涡的东移和发展，往往引起地面锋面气旋的发生发展，而大风、低云、恶劣能见度等也随之出现。

3.3.4 高空冷涡

高空冷涡是大尺度的环流系统，从低空到高空都有表现，是比较深厚的系统，如东北冷涡、华北冷涡等，它们对北方天气影响较大。下面我们仅以东北冷涡为代表介绍它的发生、发展规律和天气影响。

(1)东北冷涡的时空分布特征

孙力等(1994)用35年(1956—1990)资料，对东北冷涡的时空分布特征，及其与东亚大型环流系统之间的关系作了研究，发现东北冷涡的出现不仅在时间上有相对的集中期，在地理分布上也有着明显的密集性。并且东亚地区阻塞高压的异常发展及位置变化、西太平洋副高的强度及位置变化等因子对东北冷涡的形成和发展均具有重要的影响。

孙力等(1994)所定义的东北冷涡为符合下述条件的一次天气过程：①在500 hPa天气图上至少能分析出一条闭合等高线，并有冷中心或明显冷槽配合的低压环流系统；②冷涡出现在35°—60°N，115°—145°E 范围内；③冷涡在上述区域内的生命史至少为 3 天或 3 天以上。并且他们还把出现在 50°—60°N,40°—50°N 以及 35°—40°N 的东北冷涡分别定义为“北涡”“中涡”和“南涡”。当冷涡中心某时次的 500 hPa 高度值较上一时次有所降低时,则称此东北冷涡在该时次是一个发展的冷涡。统计分析发现,35 年中 4—10 月,东北冷涡总共出现了 2750 天,占该期总天数的 37%,特别是夏季 6—8 月,受冷涡影响的天数达 1364 天,占该期总天数的 42%,因此可以说东北冷涡是影响东北地区的一个重要天气系统。各月冷涡发生过程的次数统计表明,35 年中 4—10 月共有 698 次东北冷涡过程,平均每次冷涡过程持续大约 3.94 天。其中以夏季 6—8 月每次冷涡过程持续天数为最长,达 4.07 天;春季 4—5 月次之,为 3.85 天;秋季 9—10 月是 3.73 天,为最短,说明东北冷涡有一定的准静止性。例如,从 1990 年 6 月 4 日开始的一次东北冷涡过程,一直持续到 6 月 17 日,长达 14 天之久。

东北冷涡主要以中涡和北涡的形式出现,南涡很少。并且平均来说中涡和北涡呈反相关分布。孙力等(1994)以 2.5°×2.5°经纬距网格为面积单位统计得出一年各月(4—10 月)东北冷涡出现天数的地理分布图,发现共有两个东北冷涡出现的密集区。一个出现在大兴安岭背风坡东北平原的北端,密集区最大轴线贯穿整个东北平原;另一个出现在三江平原黑龙江、松花江和乌苏里江的低洼地上空。说明虽然东北冷涡是一个高空冷性涡旋,但其发展变化与东北地区的大地形分布也有着十分密切的关系,并且前者还与东北低压经常生成的地理位置有一定的联系,即位于东北低压生成密集区的北端发展的东北冷涡受地形分布的影响更为明显。一般来说,它们只集中在东北平原和三江平原,另外在日本海西部也有一个大值中心形成,这说明它还与下垫面的变化海陆差异有关,即东北冷涡东移出海后有再发展加强的。

东北冷涡的空间分布及其活动路径在不同季节也表现出了较大的差异,初春 4 月份,主要的冷涡密集区出现在东北平原的北部,大约位于 52°N,且呈纬向分布;另一个主要的密集区位于东北平原的中部和西北日本海沿岸。冷涡活动的路径主要有三条,即西北路径、偏西路径和超极地路径。到了春末夏初(以 6 月为例),主要的东北冷涡活动高频区的南北摆动达到了最南端,大约在 43°N 附近,并且此密集区主要呈经向分布,与东北地区大的地形走向相一致。进入盛夏以后(以 8 月为例),东北冷涡分布的主要密集区逐渐北移到了最北端,大约在 52°N,次要的高频区仍在 47°N 附近维持。冷涡活动路径与初春(4 月份)的情况相类似,所不同的是此时沿超极地路径活动的冷涡很少。

从图 3.20 可以看出,东北冷涡活动的最大密集带从 4 月份开始逐渐向南移动,6 月份达到最南端,这时也是冷涡活动的最强盛期。而后,这一高频区缓慢北移,进入盛夏之后(以 8 月为例),这一冷涡活动的高频轴线出现了一次不连续北跳,一下就移到大约 52°N,并在此一直维持到 10 月以后。值得注意的是,冷涡活动密集区这一显著变化几乎是与盛夏副高大幅度北进、江淮梅雨期结束同步进行的。

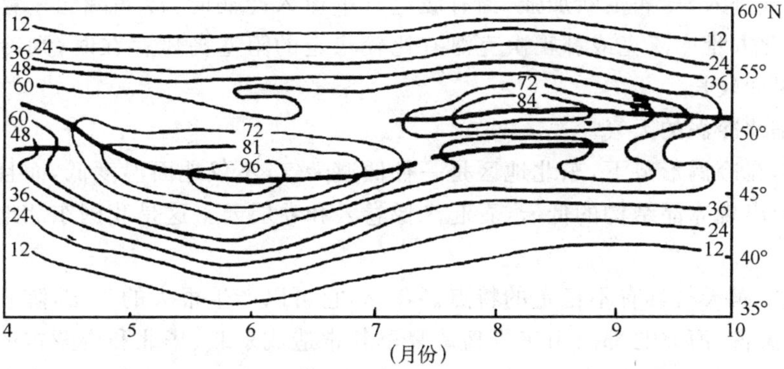

图 3.20 1956—1990 年各月(4—10 月)东北冷涡活动频数的纬向分布

(孙力 等,1994)

(2)东北冷涡的发生发展过程

东北冷涡的形成过程通常有两种情况。

第一种情况是高空西风槽加深,槽的南部断离母体而形成冷涡。这种过程在地面图上常有一锢囚气旋填塞,而在其南部暖区内新生出一个低压来。高空图上在形成冷涡前,高空槽后北段有暖平流切入,而在其南部有较强的冷平流(图 3.21a)。在冷暖平流的作用下,槽的南部不断加深,而槽的北部却有加压作用(图 3.21b),使南部与北部断裂,而形成具有闭合环流的冷涡(图 3.21c)。

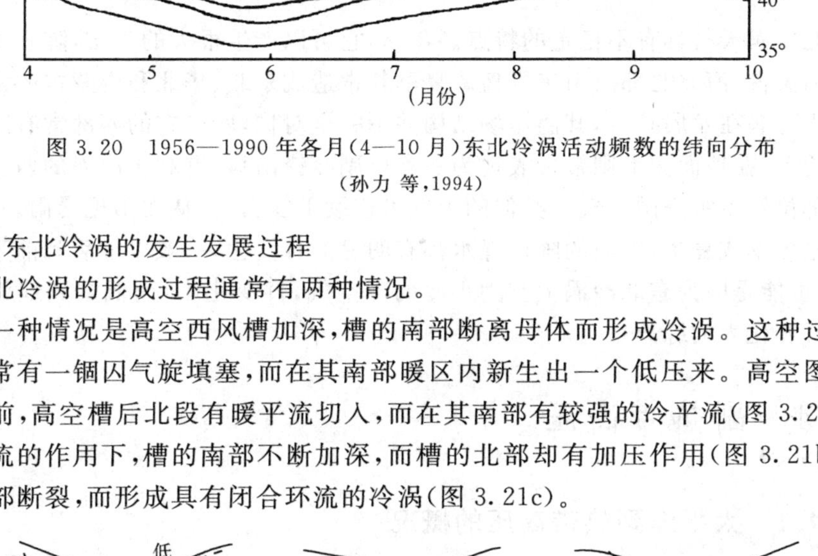

图 3.21 东北冷涡形成过程

(实线为等高线,虚线为等温线)(朱乾根 等,2007)

第二种情况是有两个或更多的低压北上与东北低压合并,于是高空槽充分加深形成冷涡。这样形成的冷涡较少,只有在夏季才出现。北上的地面低压,一般为黄河气旋,但也不尽然,如果台风移到东北地区,而与东北地区原有的低压合并,也可以形成冷涡。

此外，还有早已形成的高空冷涡，是从西伯利亚移到东北地区的。当冷涡后部不断有冷空气进入，冷涡不断加强，当有暖空气平流入冷涡时，冷涡减弱东移。当东北冷涡的东北方雅库茨克或鄂霍次克海有比较稳定的阻塞高压存在时，则冷涡受阻停滞，持续时间较长。

(3)东北冷涡的天气

冬季，在冷涡形势下，东北地区是一种低温天气，不仅地面温度低，而且高空温度也低，并会出现冰晶结构的低云，看起来像卷云和卷层云。这是我国东北地区特有的现象。

东北冷涡天气具有不稳定的特点。冬季，它可以产生很大的阵雪，阵雪天气还可影响到内蒙古、河北北部及山东半岛。夏季其常造成东北、华北和内蒙古的雷阵雨天气。因为冷涡在发展阶段，其温压场结构并不完全对称，所以它的西部常有冷空气不断补充南下，在地面图上则常常表现为一条条副冷锋南移，有利于冷涡的西、西南、南到东南部位发生雷阵雨天气。类似的天气可连续重复出现，从而出现暴雨。

不论冬季或夏季，冷涡的阵性降水都有明显的日变化，一般以午后到前半夜比较严重，这可能是因为东北冷涡上空为很冷的冷空气，日变化小，而低层到地面由于太阳辐射日变化大的缘故。

3.4 副热带高压

3.4.1 太平洋副热带高压的概况

地理学中一般把 30°N—30°S 以内的地区称为低纬度地区，包括热带和副热带。其中南、北回归线(23.5°N—23.5°S)之间的地区称为热带，以外则为副热带。天气学和地理学不同，一般将南北半球赤道两侧的盛行东风带的地区范围定义为热带地区，将盛行东风带与中纬度盛行西风带之间的过渡区定义为副热带地区。因为盛行东风带及中纬度盛行西风带是随季节而南北移动的，所以天气学上所指的热带地区也是随季节而变动的。一般情况下，北半球冬半年的热带东风带都在 20°N 以南，夏半年可以移到 30°—35°N，所以天气学所指的热带区域在夏半年向高纬方向伸展，在冬半年向低纬方向退缩。

在南北半球的副热带地区，存在着副热带高压带。由于海陆热力差异、海气相互作用、山脉的存在、陆面过程，乃至海冰、冰川和积雪等外部强迫过程改变了大气的能量收支等诸多因子的影响，常断裂成若干个高压单体，这些单体统称为副热带高压。在北半球，它主要出现在太平洋、印度洋、大西洋和北非大陆上。其中，出现在西北太平洋上的副热带高压称之为西北太平洋副热带高压，通常简称为西太平洋副高。其西部的脊在夏季可伸入我国大陆。在这里,我们主要讨论这一副热带高压单体。

副热带高压是制约大气环流变化的重要成员之一,是控制热带、副热带地区的、持久的、大型的天气系统之一。西太平洋副高对西太平洋和东亚地区的天气变化有极其密切的关系,且是最直接地控制和影响台风活动的最主要的大型天气系统。

这里需指出,目前对出现在副热带地区的暖性高压系统,笼统地称之为副热带高压,但从低层到高层,高压的强度、位置有很大的变异,高压的性质和形成过程也有所不同,这在夏季表现得更清楚。如在地面图上,在太平洋地区常为一大高压控制(这就是最早所称的副热带高压),而在西藏地区却常为低压所控制。在对流层高层200 hPa图上,常出现相反的情况,即太平洋地区为低槽区,而西藏地区却为高压区。高原上空的高压和太平洋上的高压,虽然同是副热带地区的高压,但在形成过程中,前者是热力因子起主要作用,后者则是动力因子占主要地位。因此,为了严格区别起见,我们把主要出现在对流层中、下层位于大洋上的暖高压按惯例称为副热带高压,而把主要出现在对流层上层,位于高原大陆上的暖高压称为高原高压或大陆高压。

早在20世纪60年代及更早,我国气象学家们(陶诗言 等,1962,1963;黄士松 等,1962,1963)就对西太平洋副高和青藏高压的变化及其对中国天气的影响进行了一系列的研究。他们的研究表明,太平洋副高常年存在,是一个相对稳定而少动的暖性系统,其冬夏强度和范围差异很大。黄士松和余志豪(1962)通过对1959年8月15—23日的太平洋副高个例分析及1958年5—8月沿许多经圈方向的每5天平均剖面图分析,就副高脊线位置、温湿场分布、风场、涡散场、垂直运动及经圈环流等诸多方面作了比较详细的研究。他们指出,副高的结构是十分复杂的,不但各个单体之间有不同,一个高压单体内部各处亦有所不同。而且还特别指出,副高并非一个纯粹动力性质的系统,尤其是移近大陆或位于大陆上的高压。最近几十年来有更多气象工作者对副热带高压的各个方面,包括副热带高压带形态的形成及强度和结构变动机理与规律等问题进行了深入的研究,取得了大量成果(黄士松 等,1978,1979;陶诗言 等,2001,2006;刘屹岷 等,2000;吴国雄 等,2003;何金海 等,2010;等),并且不少已在科研和业务工作中得到了广泛应用。下面仅就关于太平洋副热带高压的一些具有共识的观测事实进行简要介绍。

3.4.2 太平洋副热带高压的结构

(1) 高度场

多年观测事实表明,太平洋副热带高压是常年存在的,它是一个稳定而少动的暖性深厚系统。其强度和范围,冬夏都有很大不同。夏季,太平洋副热带高压特别强大,其范围几乎占整个北半球面积的1/5～1/4,冬季,强度减弱,范围也缩小很多。太平洋副热带高压多呈东西扁长形状,中心有时有数个,有时只有一个。一般冬季多为两个中心,分别位于东、西太平洋。西太平洋副热带高压除在盛夏偶有南北狭长的形状外,一般长轴都呈西西南—东东北走向(图 3.22)。

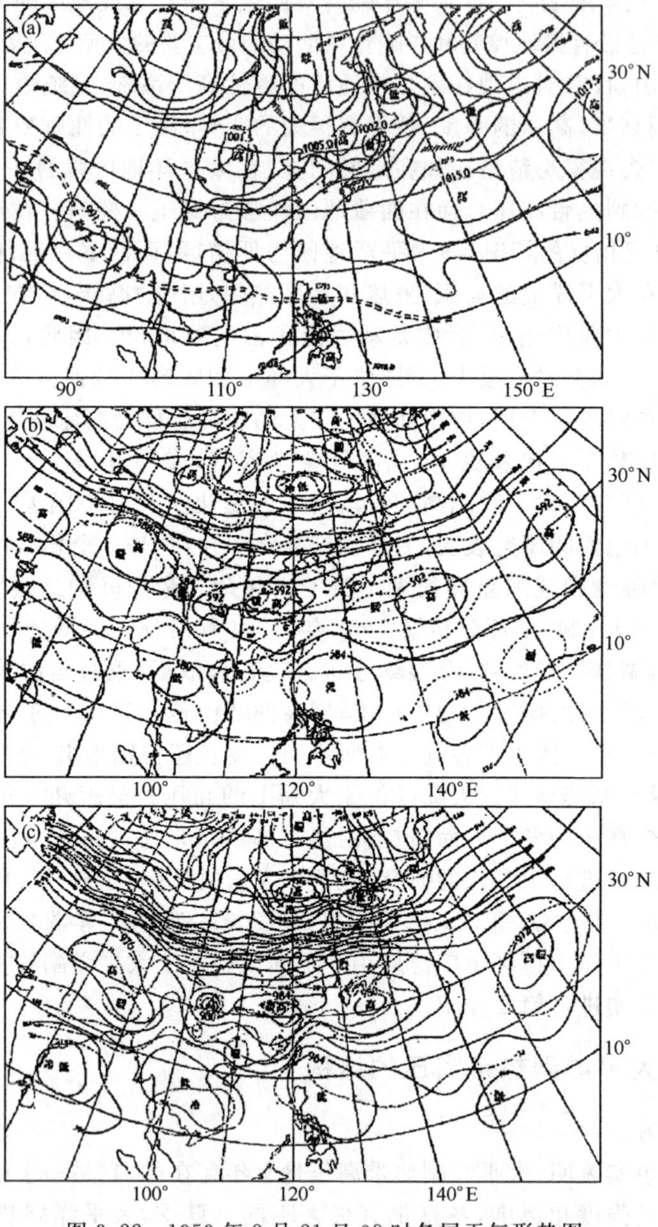

图 3.22　1959 年 8 月 21 日 08 时各层天气形势图
(a)海平面天气图;(b)500 hPa 等压面图;(c)100 hPa 等压面图
(黄士松 等,1962)

副热带高压脊呈西西南—东东北走向，在 500 hPa 以下各层都较一致，但其脊线的纬度位置随高度有很大变化。冬季，从地面向上，副热带高压脊轴线随高度向南倾斜，到 300 hPa 以后，转为向北倾斜；夏季，对流层中部以下，多向北倾斜，向上则约呈垂直，到较高层后又转为向南倾斜。但位于 140°E(海洋上)的副热带高压脊轴线在低层随高度仍然是向南倾斜的。这是因为海洋上的热源或最暖区位于副热带高压的南方，而大陆上的热源或最暖区却位于副热带高压的北方。因此在 500 hPa 以下的低层，海洋上副热带高压脊轴线随高度往南偏移，而大陆上则往北偏移(如图 3.23)。这显示了热力因子对副热带高压结构的影响。

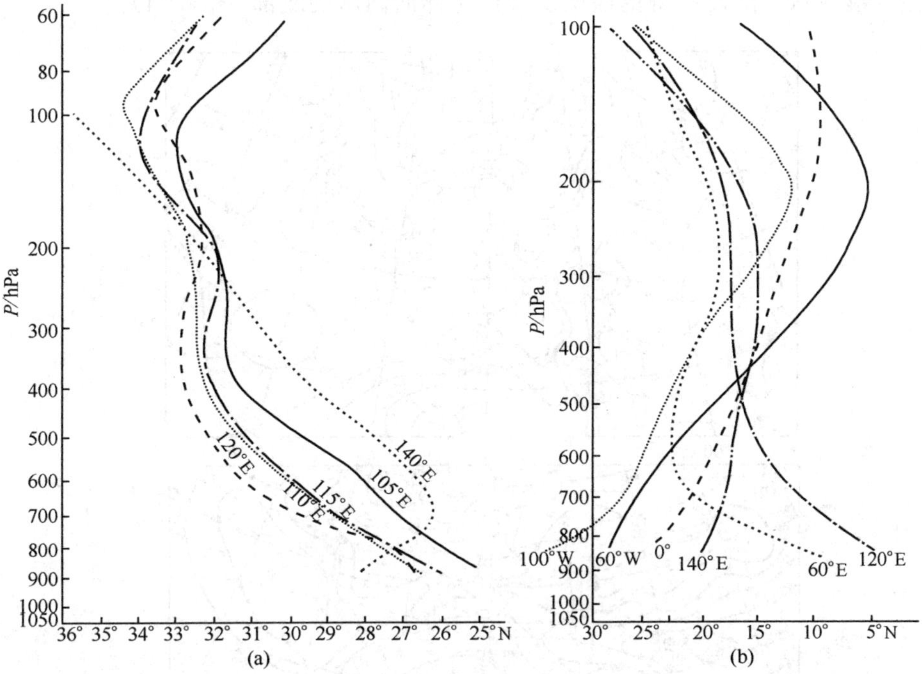

图 3.23　(a)1959 年 8 月 21 日 08 时副热带高压脊轴在不同经度上随高度的南北变化；(b) 1950 年夏季各地区副热带高压脊轴(平均)在垂直方向的南北变化

(黄士松 等，1962)

副热带高压脊的强度总的看来随高度是增强的。但由于海、陆之间存在着显著的温度差异，使 500 hPa 以上的情况就不大相同。夏季，大陆上及接近大陆的海面上温度较高，所以位于该地区上空的高压随高度迅速增强，而位于海洋上空的高压则不然，其在 500 hPa 以上各层表现得比大陆上的弱得多。至 100 hPa 上，太平洋副热带高压已主要位于沿海岸及大陆上空，与地面图比，形势完全改观。通常所说的太平洋副热带高压脊主要是指 500 hPa 及其以下的情况。

(2)温度场及湿度场

在对流层内高压区基本上与高温区的分布是一致的。每一高压单体都有暖区配合,但它们的中心并不一定重合。在对流层顶和平流层的低层,高压区则与冷区相配合。

另外,太平洋副热带高压脊的低层往往有逆温层存在,这是由下沉运动造成的。特别当高压脊向西伸展的过程中,逆温更明显。逆温层下部湿度大,上部湿度小。

太平洋副热带高压脊中一般较为干燥。在低层,最干区偏于脊的南部,且随高度向北偏移,到对流层中部时,最干区基本与脊线相重合。高压的南、北两缘有湿区分布,主要湿舌从大陆高压脊的西南缘及西缘伸向高压的北部(图 3.24)。

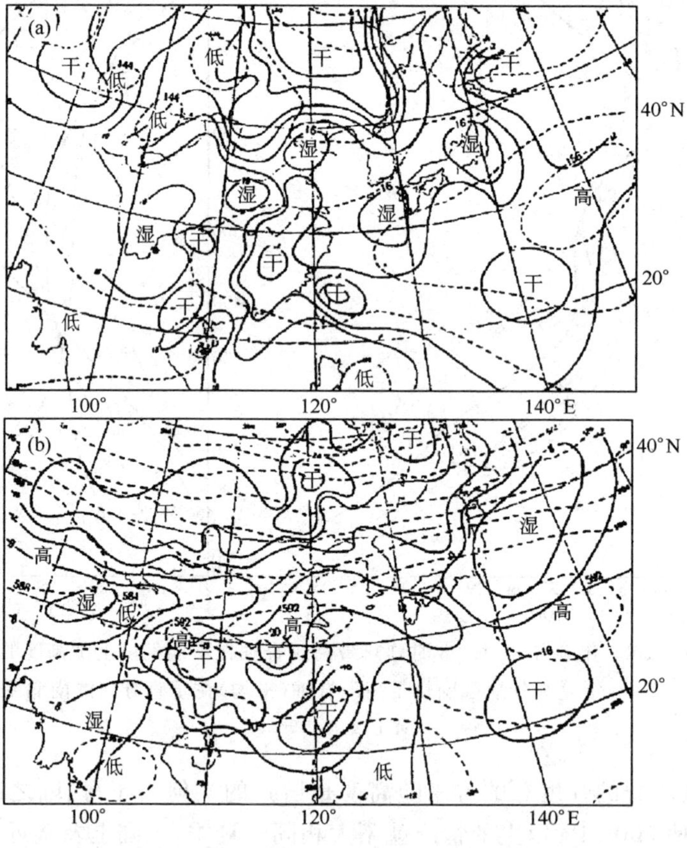

图 3.24　1959 年 8 月 21 日 08 时各层露点温度(T_d)分布图

(a) 850 hPa;(b)500 hPa(实线为等露点线,单位:℃;虚线为等高线,单位:dagpm)

(黄士松 等,1962)

(3)风场

太平洋副热带高压脊线附近气压梯度较小，水平风速也较小；而其南、北两侧的气压梯度较大，水平风速也较大。又因为太平洋副热带高压是随高度增强的暖性深厚系统，故其两侧的风速必然也随高度而增大，到一定高度上便形成急流。其北侧为西风急流，中心位于 200 hPa 附近，风速约 40 m/s；南侧为东风急流，中心位于 130 hPa 附近，风速比西风要小些(图 3.25)。这是因为西风急流常与低层南移的冷锋相结合的缘故。当太平洋副热带高压脊做南、北移动时，西风急流与东风急流的位置、强度、高度都会发生很大的变化。

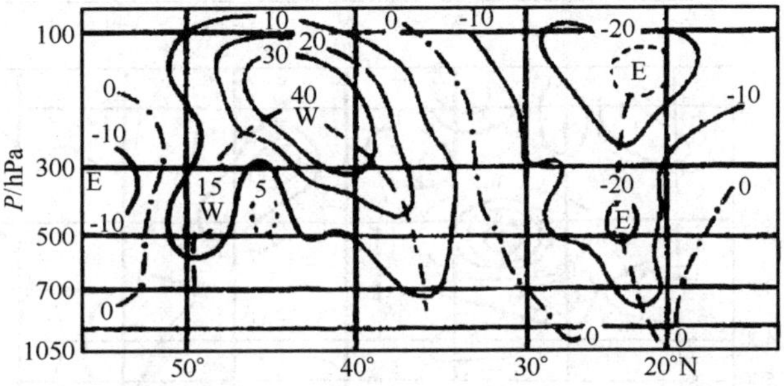

图 3.25　1958 年 8 月 21 日 08 时沿东经 115°E 剖面东西向风速分量

(黄士松 等，1962)

(4)涡度场与散度场

据个例分析，在各高度上，相对涡度的分布，在副热带高压区内基本上都是负值，而且涡度场相对于高压表现得很匀称。负涡度区的范围和强度均随高度而增大(图 3.26a)。高压内部的散度场分布要比涡度场复杂(图 3.26b)，绝不以通常所想象的模式(低层辐散、高层辐合)那样简单。事实上，高压区各部分散度分布不同，在各高度间亦有很大不同。总的来说，在高压区内，低层以辐散占优势，但主要位于高压南部，而在北部尤其西北侧多为辐合区，在高层，高压区内，北部为辐散，南部为辐合并扩展到中心部分，辐合、辐散的强度均很大。

(5)垂直速度

在对流层中上层，高压脊轴南侧存在着广大的下沉运动，北侧及脊轴附近有上升运动，再北侧又有下沉运动(图 3.27)，因之在高压脊轴附近有一反(经圈)环流，而其两侧各有一正(经圈)环流。另外，在对流层下层脊轴附近为下沉运动。

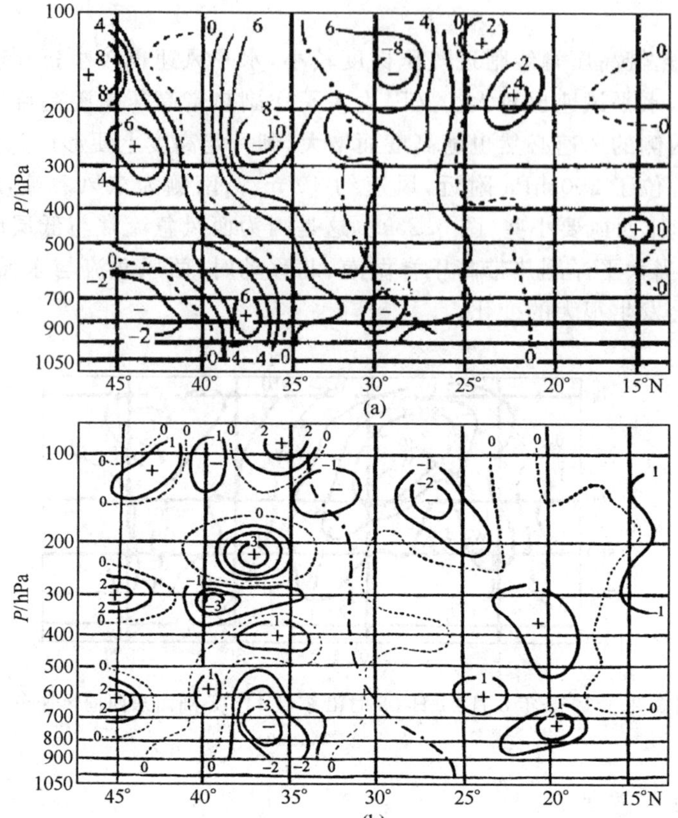

图 3.26 1959 年 8 月 21 日 08 时沿 117.5°E 的剖面上的相对涡度(单位:$2\times10^{-5}\ s^{-1}$)(a)及散度(单位:$1\times10^{-5}\ s^{-1}$)(b)

(黄士松 等,1962)

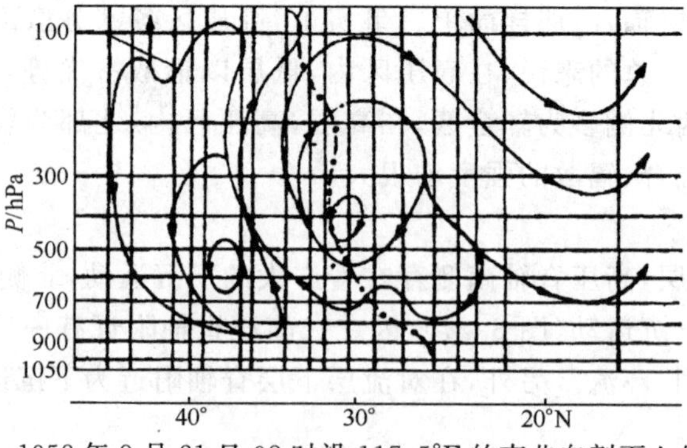

图 3.27 1958 年 8 月 21 日 08 时沿 117.5°E 的南北向剖面上的环流图

(点划线为高压脊轴线)

(黄士松 等,1962)

(6)在卫星云图上

副热带高压主要表现为无云区或少云区，无云区的边界一般较明显(图 3.28)。副热带高压脊线一般位于北方锋面云带伸出来的枝状云的末端；或是在副热带高压西部洋面上常有一条条呈反气旋曲率的积云线时，500 hPa 副热带高压脊线常位于积云线最大反气旋曲率北边 1～2 个纬度处。副热带高压脊线附近也常有海面反射形成的太阳耀斑区存在。副热带高压西部常有的一些呈反气旋性曲率的积云线，常可维持 2～3 天。当副热带高压强度减弱时，低层常有大范围的对流云发展，有时甚至可出现一些小尺度的气旋性涡旋云系(常出现在副热带高压南侧东风气流里)。这些云系在天气图上常反映不出来，但其出现对副热带高压强度减弱有一定的预报意义。另外，当强冷锋入海后，冷锋云系的残余常可伸入到副热带高压内部，甚至越过副热带高压进入低纬度，这在春秋季节发生较多。

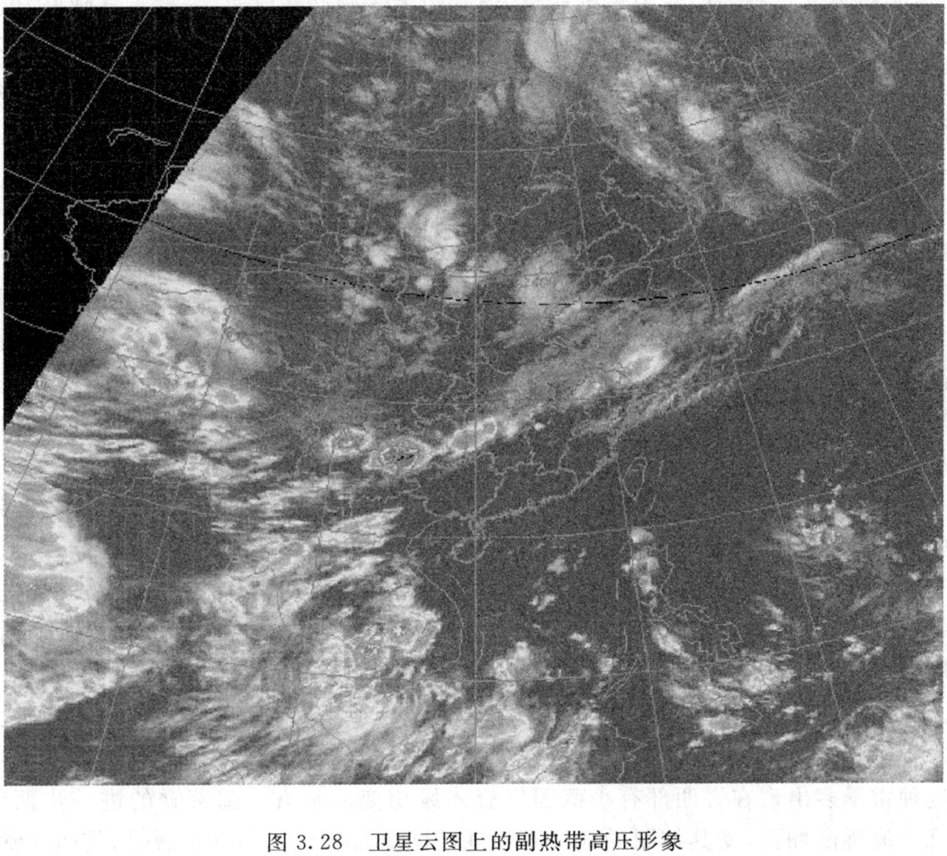

图 3.28　卫星云图上的副热带高压形象

3.4.3 西太平洋副热带高压的变动与我国天气的关系

(1)西太平洋副热带高压的变动

在对流层的中、下层,太平洋副热带高压的主体一般位于海洋上,而西端的脊伸达我国沿海;夏季可伸入大陆,冬季在南海上空形成独立的南海高压。天气实践指出,它直接影响我国天气的主要是伸向我国大陆的一个脊,当然有时也可以在我国沿海或大陆上出现闭合的高压单体。

西太平洋高压的不同部位,因结构的不同,天气也不相同。在脊线附近,为下沉气流,多晴朗少云的天气;又因气压梯度较小,风力微弱,天气则更为炎热。长江流域8月份经常出现的伏旱,就是由于西太平洋高压脊较久地控制这个地区而造成的。

西太平洋高压脊的北侧与西风带副热带锋区相邻,多气旋和锋面活动,上升运动强,多阴雨天气。脊的南侧为东风气流,当其中无气旋性环流时,一般天气晴好,但当有东风波、台风等热带天气系统活动时,则常出现云、雨、雷暴,有时有大风、暴雨等恶劣天气。因此,西太平洋副热带高压脊的季节变化与我国主要雨带的活动、雨季的出现有密切的关系,这将在第7章介绍。下面主要讨论西太平洋高压的短期活动及其对我国天气的影响。

在实际工作中,表示副热带高压脊线的最常用方法主要有两种,一是500 hPa图上的副热带高压脊线,即以脊线的南北移动来表示副热带高压的南退或北进;另一种是以500 hPa图上的588 dagpm等高线,向北、向西扩展来表示副热带高压的向北、向西推移。588 dagpm线的范围扩大时,即表示副热带高压增强。一般说来,当副热带高压单体中心位于145°E以西地区时,高压中心的动向与588 dagpm线所代表的西端高脊的位移一致;而当高压单体中心位于145°E以东地区时,高压中心的动向与西部脊的位移就不完全一致。

西太平洋副热带高压在随季节做南、北移动的同时,还有较短时期的活动,即北进中可能有短暂的南退,南退中可能出现短暂的北进,且北移常与西进结合,南退常与东缩结合。西太平洋副热带高压的这种进退,持续日数长短不一,如果将一个进退算一个周期的话,则长的可达10天以上,短的只有1～2天。一般称10天以上的为长周期,10天以下的为短周期。

当其脊西伸时,因其西部地区原来往往为低压或槽所控制,故天气较坏,水汽较多。脊刚到达时,下沉气流尚不十分强烈而天气却会转晴,所以有时有热雷暴产生,且这种雷暴多出现在脊西部有小范围气旋式风切变的地方。随着脊的进一步西伸,下沉气流逐渐加强,受其控制的地区则出现晴朗少云天气。当脊东撤时,其西部常伴有低槽东移,有上升运动发展。如果大气潮湿且不稳定,就会造成大范围雷阵雨天气。

(2)西太平洋副热带高压脊的短期变化与西风带短波槽脊的关系

西太平洋副热带高压脊线短期的变化是和它周围东风带及西风带天气系统互相联系并且互相制约的。在东亚,当西风环流较平直时,其上常有短波槽、脊东移入海。这些小槽、小脊只能引起西太平洋高压外围等高线的变形,而副热带高压脊线位置的变动很小,尤其当西太平洋副热带高压强大时更是如此。但当东移的是发展强大的槽、脊时,它们就会造成西太平洋副热带高压的短周期变化。当深槽移近它时,它就东撤、南退;当强脊移近它时,它便西伸、北进。它进退周期的长短与西风槽脊的强弱有关,槽脊越强,周期越长。据统计,周期 5~6 天的次数较多。此规律是对呈南、北向或东北—西南向的西风槽脊而言的。另一方面,副热带高压也可影响西风槽的活动。当西风槽不很强,而副热带高压本身很强或在增强西伸北进时,它可使西风槽北缩,向东北方向移去或使之由南北向的槽转为东北—西南或东西向。

(3)西太平洋副热带高压脊的短期变化与我国大陆高压的关系

① 和青藏高压的关系:夏季,500 hPa 图上,在西藏高原地区常有分裂的暖高压中心出现(简称青藏高压),当其东移入海并入西太平洋副热带高压时,引起后者明显的西进。据统计,在 1957—1963 年 7—9 月间,西太平洋副热带高压明显西进过程共有 30 次,除其中 7 次是由西风带高压脊作用所引起外,其余 23 次都是由西藏高原上空东传的暖平流加压作用所造成。这种暖平流所引起的 $+\Delta H$ 数值不需很大就足以使西太平洋副热带高压脊西伸、北进。盛夏前,这种 $+\Delta H$ 值只要达 3~6 dagpm,就可使西太平洋副热带高压脊产生明显的北跳。而西风带高压脊引起的 $+\Delta H$ 数值需达 6~9 dagpm 才能引起西太平洋副热带高压的西伸或北跳。

② 和华北暖高压的关系:夏季,尤其是 8 月份,在华北地区上空(一般在700 hPa上),有时会出现暖高压系统,常称华北暖高。当华北暖高并入西太平洋副热带高压时,可使西太平洋副热带高压脊的形状发生较大的变化,脊线可从原来的东西向转为南北向,甚至可在较北地区出现闭合高压中心。

③ 和大陆冷高压的关系:初夏或秋季,从我国大陆有冷高压东移入海,在刚一入海的阶段,由于其东部有冷平流,可使西太平洋副热带高压脊减弱东撤;而当冷高渐渐变性增暖并入西太平洋副热带高压后,西太平洋高压脊往往加强西伸。

(4)西太平洋副热带高压脊的短期变化和台风的关系

太平洋上的台风,多产生于西太平洋副热带高压的南缘,并沿高压的外围移动。这是它们之间相互制约的基本方面。但台风在受其外围气流“操纵”的同时会给副热带高压以一定的影响,特别当台风强大时,影响更为显著。当副热带高压呈东西带状,且强度比较强时,位于其南侧的台风将西行,且路径较稳定。一般情况下,当台风移到西太平洋副热带高压西南时,高压脊便开始东退;在台风北行时,高压脊继续东退;而当台风越过脊线后,则位于台风南侧的高压脊又开始西伸。还有,当西太平洋副热带高压脊较弱时,台风可穿过其脊,使脊断裂(图 3.29)。

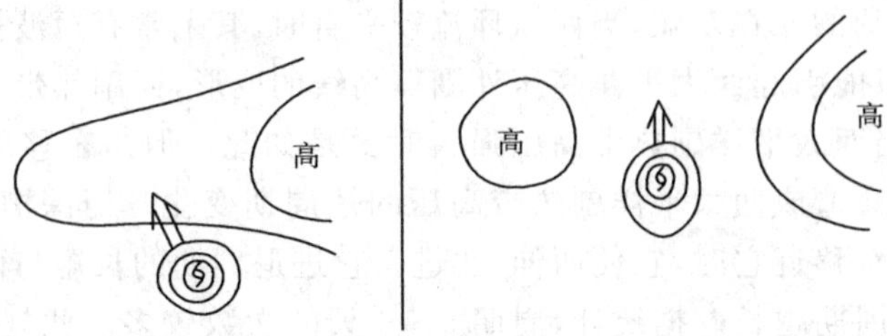

图 3.29　台风移动使太平洋高压脊断裂

(朱乾根 等,2007)

(5)西太平洋副热带高压脊变化与副热带长波流型调整的关系

盛夏,在北半球副热带范围内流型表现为 6～7 个波,其平均波长约为 50～60 个经度。这种流型具有显著的稳定性,即如果在某段时间内副热带地区的长波数目与波长不符合上述特征时,长波将要调整,使波数与波长趋于平均情况。这种调整过程只需 3～5 天便可完成,而调整之后的流型,一般可维持 10 天左右。若调整后刚好有一副热带高压脊在我国大陆东部建立,则常可维持 15 天之久。例如 1958 年 7 月 15—20 日,副热带长波流型在北半球出现了一次调整过程。这次调整在东半球表现最为清楚,那时原在我国河套地区的长波槽不连续地西退到巴尔喀什湖地区。图 3.30(a)(b)(c),分别代表流型调整前、调整期间和调整后亚洲副热带范围的300 hPa 平均图。由图可见,7 月 6—15 日(图 3.30a)在 105°E 附近我国河套地区维持着一个经向度较大的低压槽。此槽维持 10 天左右后,于 7 月 16—17 日(图 3.30b)流型开始变化,先在巴尔喀什湖附近出现了强烈的斜压过程(有冷平流),这表明该地区将有长波槽建立。由于长波要维持其平均波长,即 50～60 个经度,故当 75°E 将有新的长波槽建立的同时,原来停留在 105°E 的深厚大槽将遭到破坏。从图上可看出,这个长波槽在 7 月 16—17 日已处在被切断的过程中,同时,青藏高原上空和西太平洋上空的副热带高压单体均显现出向华中上空移动的趋势。7 月 20 日前后(图3.30c),副热带流型的调整已经完成,在巴尔喀什湖建立了长波槽,而在 105°E 附近则已是脊的位置,脊的南方便是副热带高压位置所在。

副热带流型的调整是整个半球的现象,因此要着眼于全球的槽脊发展来进行判断。预报我国东部地区副热带高压将建立与否,特别要注意 80°E 的长波槽是否将建立。当该区有槽产生时,则我国东部地区将有一次副热带高压的建立过程。同时还要注意北支西风带和热带东风带的影响。

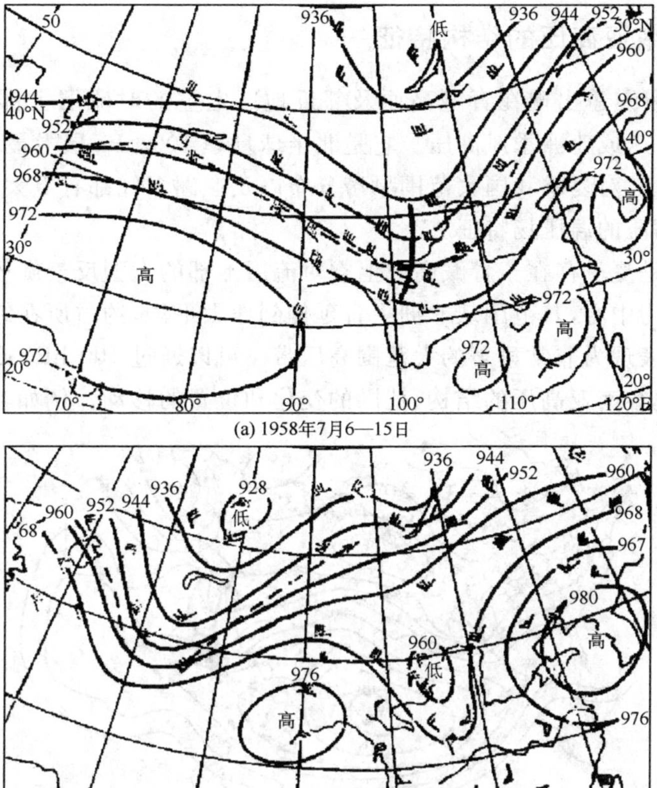

(a) 1958年7月6—15日

(b) 1958年7月16—17日

(c) 1958年7月16—25日

图 3.30 亚洲副热带长波流型调整前(a)、调整期间(b)和调整后(c)的 300 hPa 平均图
(朱乾根 等,2007)

3.4.4 南亚高压的结构特征

南亚高压是夏季出现在青藏高原及邻近地区上空的对流层上部的大型高压系统,又称青藏高压或亚洲季风高压。它是北半球夏季100 hPa层上最强大、最稳定的控制性环流系统,对夏季我国大范围旱涝分布以及亚洲天气都有重大影响。

(1)南亚高压的温压场特征

南亚高压是夏季存在于青藏高原上空对流层上部的大型反气旋环流系统。反气旋环流以高原为中心,其范围从非洲一直延伸到西太平洋,约占所在纬圈的一半。南亚高压在高空表现为非常显著的大范围高压带。可以通过100 hPa或200 hPa等压面图的分析,观察南亚高压的结构、范围的变化和位置的移动。例如,图3.31是一次

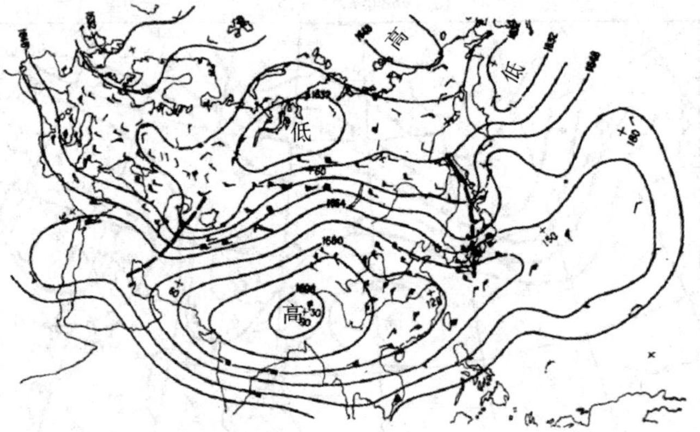

(a)

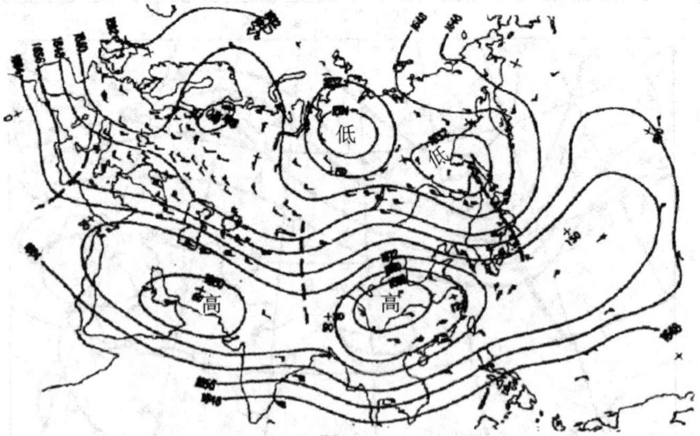

(b)

图3.31 1961年6月10日(a)和6月14日(b)08时亚欧100 hPa天气图

(陶诗言 等,1964)

发生在 1961 年 6 月中旬的南亚高压过程实例。从 1961 年 6 月 10 日的 100 hPa 图上可见,在青藏高原上空,有一个庞大的高压中心,它向西延伸到非洲东部,向东延伸到西太平洋上空。6 月 14 日演变成两个高压中心。东部的一个高压中心移到了我国东部上空。两个高压中心之间逐渐变成一个低槽。到 6 月 16 日(图略),在原先(6 月 10 日)的反气旋位置上出现了一个较深的低压槽,而在高原的东、西方各有一个副高单体,完成了一次 100 hPa 高空环流型的转换。

南亚高压是对流层上部的暖性高压。青藏高原在夏季是强热源,高原上空整个对流层平均是个高温区。空气在高原上受热上升,低层空气辐合形成低压环流,高层辐散形成高压环流。在气压场上,南亚高压下面 600 hPa 以下整个高原为热低压控制(图 3.32),500 hPa 是过渡层,400 hPa 以上转变为暖高压,南亚高压在 150～100 hPa气层达到最强。在 7 月北半球 100 hPa 平均图上(图 3.33),高压脊线在 30°N附近。在南亚高压的南侧是热带东风急流,北侧是高空副热带西风急流。

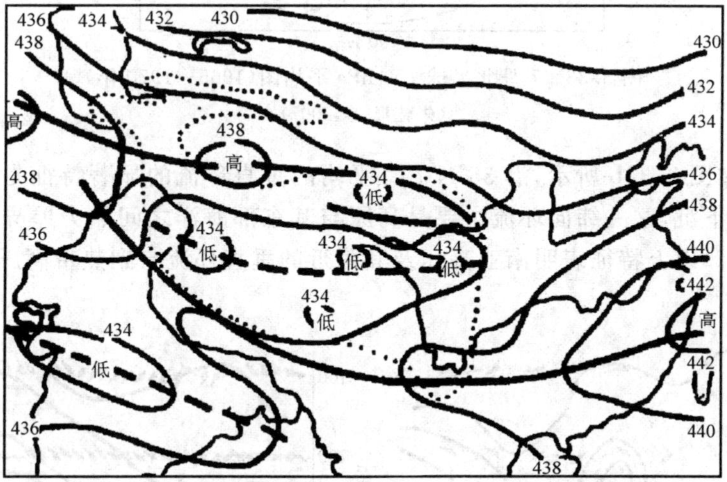

图 3.32　青藏高原及其邻近地区 600 hPa 7 月平均图(1961—1970 年)

(图上粗实线为脊线,粗断线为槽线,细点线为青藏高原廓线)

(朱乾根 等,2007)

(2) 南亚高压的垂直环流特征

图 3.34a 是沿 90°E 的 7 月平均经向环流。该图的显著特征之一是高原经度上巨大的季风环流代替了哈得来环流,显著特征之二是在经圈环流内高原上空叠加了两个尺度较小的环流圈,在南亚高压中心附近为明显的上升气流,两侧的下沉支下抵 500 hPa 附近。在南亚高压控制区中所出现的两个方向相反的垂直环流圈与青藏高原的加热效应有关。高原虽然比孟加拉湾的总加热率要小,但高原是一个中空热源,相对于周围自由大气加热效应强得多,因而这两个经圈环流是热力直接环流。在纬

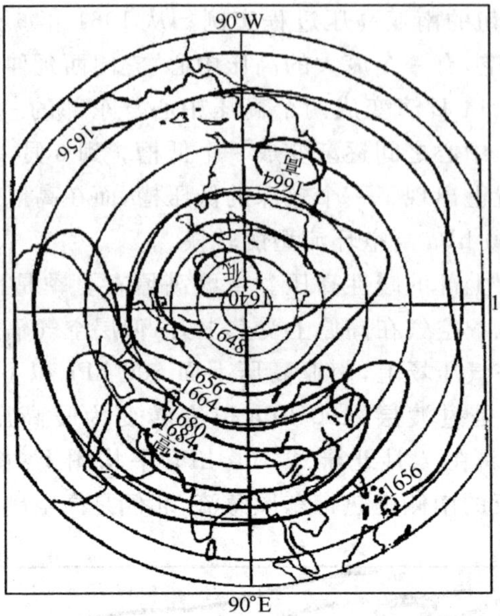

图 3.33　7 月北半球 100 hPa 平均图(1965—1970 年)
(朱乾根 等,2007)

向方向上,如图 3.34b 所示,沿 35°N 7 月平均的垂直环流的显著特征是在高原上升和在太平洋下沉,这一纬向环流主要是高原与其东部海洋之间热力差异所引起的热力直接环流。以上特征表明南亚高压及其附近的垂直环流与副热带高压具有显著不同的结构。

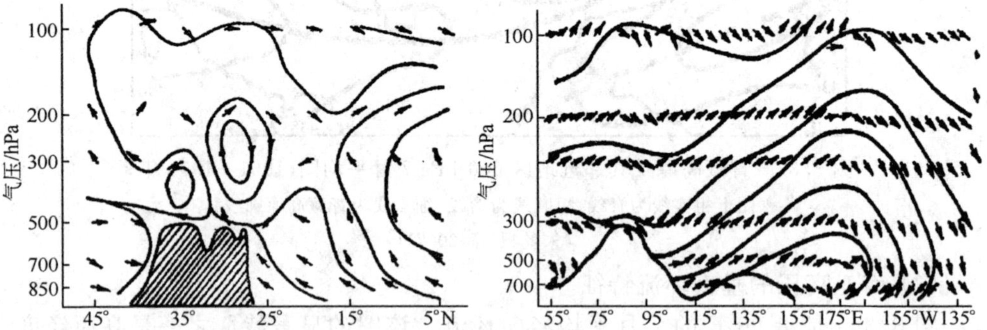

图 3.34　沿 90°E 7 月平均经圈环流(a)和沿 35°N 7 月平均纬圈环流 (b)
(朱乾根 等,2007)

1979 年青藏高原气象科学实验资料的分析结果表明,南亚高压位于不同地理位置时环流结构具有不同的特征。当南亚高压位于云贵南部和中南半岛北部时(高原的东南边沿)，500 hPa 以上各层等压面上的高压具有一般副热带高压的特征：高压配合暖区，下沉运动。在 700～850 hPa 气层中为低压区和上升运动。当南亚高压位于高原上空时，具有独特的温、压和环流结构：上层高压对应下层低压，并与高温区配合，整层为上升运动，季风环流圈较强。当南亚高压位于我国东部上空时，它的结构具有一般副热带高压的结构特征，在 100～850 hPa 各层等压面上都是高压区，高压中心附近为下沉气流。

(3)南亚高压区的潮湿不稳定特征

图 3.35 是拉萨 7 月的探空曲线和加勒比海雨季午夜的探空曲线。二者的垂直分布特征很相似，在 470 hPa 以下超绝热，在其以上为湿绝热，而且高原近地面气层比加勒比海低层大气更不稳定，500 hPa 以上高原大气比加勒比海同高度上要潮湿得多。高原上的这一特征与地面感热加热以及印度西南季风的影响有关。这一特征以及南亚高压控制下高低层的流场特征，决定了南亚高压控制区内多对流活动。

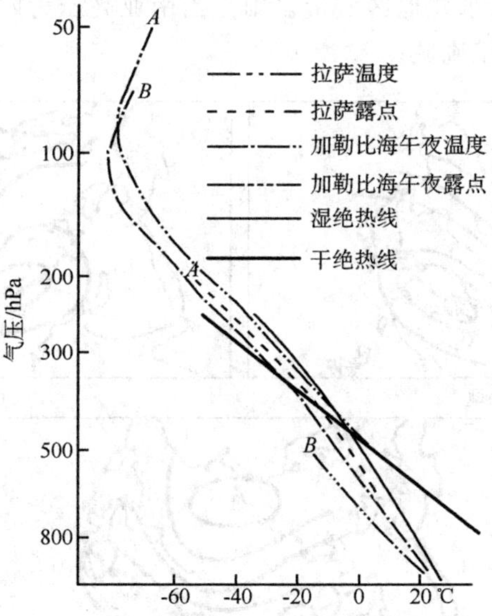

图 3.35　拉萨 7 月平均探空曲线(A)和加勒比海雨季午夜探空曲线(B)

(朱乾根 等，2007)

3.4.5　南亚高压的活动特征

南亚高压是对流层上部的暖高压，由于夏季青藏高原加热作用最为显著，如同一“热岛”，所以南亚高压中心在夏季稳定于高原上空。但是从这一暖高压作为对流层上部大气环流的成员角度看，其位置和强度都有明显的季节变化。对流层上部的暖高压在冬季也存在,其中心位于菲律宾东南沿岸附近,但是在4月以后开始向西北方向转移,5月移到中南半岛,6月"跳"上高原,7月、8月在高原上空最为强盛,9月以后又逐渐转移到海上。从其脊线的平均位置看,4月在15°N,5月在23°N,6月在28°N,7月在32°N,8月在33°N,9月又回到28°N附近。考虑这种季节性变化特征,有人认为夏季南亚高压的形成不仅仅决定于青藏高原的加热作用,而且与全球加热场的季节变化所决定的行星风带变化有关。

南亚高压的位置不仅随季节有所变化,而且在夏季期间还有明显的经度变化。南亚高压在夏季期间的变动可分为东部型、西部型、带状型这样三个基本的天气型过程(图3.36)。其中东部型过程,主要高压中心在90°E以东,维持时间在5天以上;西部型过程,主要高压中心在90°E以西,维持时间在5天以上;带状型过程,在50°—140°E有几个强度相当的高压中心,维持时间较短,它属前两型的过渡型。当南亚高压为东部型时,500 hPa西太平洋副热带高压常西伸北跳,588线控制在长江中下游,长江流域少雨,而西北、东北地区一带多雨。当南亚高压为西部型时,500 hPa 588线偏东偏南,雨带多在长江流域。

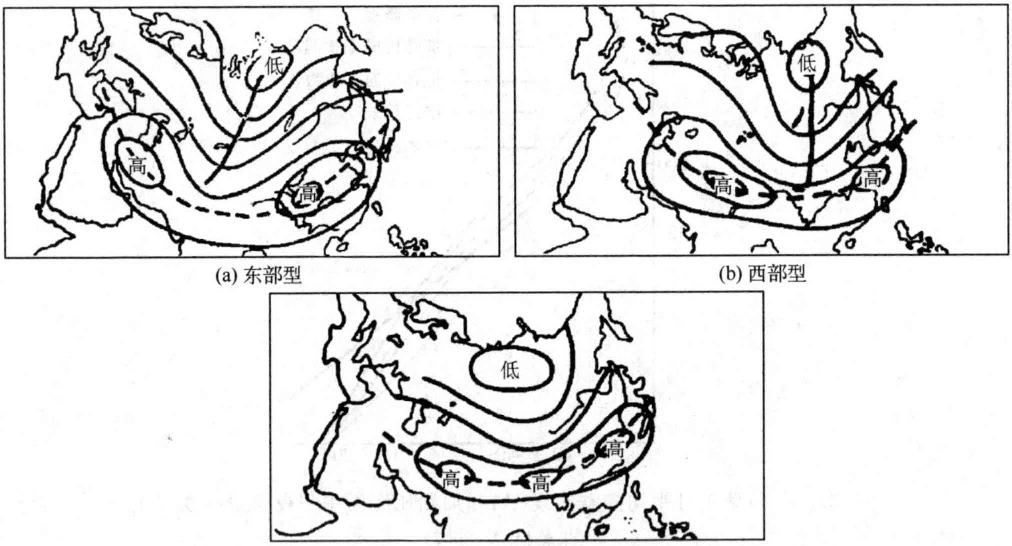

(a) 东部型　(b) 西部型　(c) 带状型

图3.36　南亚高压的主要环流型

(朱乾根 等,2007)

南亚高压东部型和西部型的转换具有准双周东西振荡的特征。这种东西振荡主要受加热场的变化和周围大气环流调整所制约。夏季在南亚高压中心附近纬带上有两个主要加热中心,一个位于高原上,另一个位于长江中下游地区。当长江中下游梅雨期雨带中所释放的凝结潜热加热超过高原加热强度时，南亚高压主要中心稳定在我国东部上空，南亚高压由西部型转为东部型。在东部型南亚高压环流控制下，我国东部降水减少，至高原上的加热作用超过东部地区时，位于东部的南亚高压中心减弱，位于高原上的南亚高压中心增强，南亚高压又由东部型转为西部型。若这种过程重复出现，便形成南亚高压中心的东西振荡。一些实例分析表明，南亚高压的每一次东西振荡都与西风带的长波调整有关。当高原经度范围由长波脊变为长波槽时，南亚高压由西部型转为东部型；当高原经度范围由长波槽变为长波脊时，南亚高压由东部型转为西部型。此外，热带环流的调整对南亚高压的东西振荡也有影响。

3.4.6 南亚高压对我国和亚洲天气的影响

南亚高压是一种行星尺度的环流系统，它不仅对我国天气有直接影响，而且对南亚和东亚大范围地区的天气气候有重要影响。例如，1972 年夏季南亚高压很强大，并且主要高压中心在 7 月份稳定在我国东部大陆上空，我国广大地区以及印度、东南亚和日本各国均遭受到大旱。

南亚高压脊线的位置和变动与我国主要雨带的位置和季节性变化有密切的关系。据 1961—1973 年资料分析结果，南亚高压在 120°E 的脊线从春到夏的季节转换中，共有四次明显的北跳。第一次出现在 5 月 16 日前后，脊线跳过 20°N；第二次在 6 月 5—10 日，脊线跨过 25°N，长江流域进入梅雨期；第三次在 6 月、7 月之交，脊线由 28°N推进到 31°N；第四次出现在 7 月 10—15 日，脊线跳到 33°N 以北，这时长江流域梅雨结束，进入伏旱期。值得注意的是，100 hPa 南亚高压在 120°E 的脊线比 500 hPa西太平洋副热带高压脊线提早 10 天左右北跳，而且 100 hPa 高压脊线比 500 hPa 高压脊线偏北 4～6 个纬距，盛夏时要偏北 6～7 个纬距。可见，100 hPa 等压面上南亚高压脊线的变动对我国东部主要雨带的变动具有预报指示意义。若初夏时南亚高压脊线比常年偏北，提早跳到 25°—30°N，江淮流域可能提前入梅，造成梅雨偏多。如果盛夏时南亚高压脊线比常年偏南，而稳定在 25°—30°N，则会使出梅日期推迟，也会形成梅雨偏多，甚至形成水涝。例如，1969 年 7 月 100 hPa 等压面上的脊线比平均位置明显偏南，这一年也明显偏涝。江淮流域的伏旱是在南亚高压脊线跳过 33°N 以北时发生的。如果南亚高压脊线过早地北跳和在 33°N 以北长期稳定，则会引起江淮流域持续干旱。例如前述的 1972 年大范围干旱就是南亚高压脊线过早跳到 33°N 以北并长期稳定所致。对于华南而言，若初夏 100 hPa 层上的脊线比常年偏北，则降水偏少。但是，对华北来说，盛夏 100 hPa 层上的脊线过早跳过 33°N 以北，则有利于该地区雨季的提早和雨量偏多。

南亚高压主要中心的位置和东西振荡与我国主要雨带中的中期变化也有密切的关系。据 13 年夏季的统计结果，其中南亚高压东部型过程有 26 次，西部型过程有

54次,带状型过程有12次。对长江中下游而言,东部型过程中有24次是少雨的,带状型过程中有11次是少雨的,而在西部型过程中有37次是多雨的。对其他地区而言,不同地区的降水过程与南亚高压主要中心的关系并不相同。例如,川西、宁夏、青海、甘肃、新疆等地多雨时,南亚高压多为东部型,而川东、贵州和长江中下游降水多少却与川西相反。这些事实可以说明,雨季中的降水过程与副热带长波的位相有关。例如,当南亚高压为西部型过程时,我国东部处于长波槽区(图3.36b),长江中下游多雨,而川西、甘肃等地位于长波槽后,少雨。由于副热带长波的位相不是由南亚高压主要中心所唯一确定,例如,当主要中心位于高原上而长江中下游上空也为一高压中心控制时,长波槽位于紧靠高原的东侧,所以西部型过程中长江中下游尚有24%的日数是少雨的。

南亚高压进入高原到退出高原之间的时期,刚好是高原的雨季。但是,当伊朗动力性副热带高压进入高原时,在高原上空形成高、低层均为高压的所谓"上高下高"的形势,高原雨季会出现短暂的中断。

南亚高压与日本夏季的天气也有密切关系。例如,在我国江淮梅雨期前后日本也进入梅雨季节,其入梅和出梅的日期也与南亚高压东伸脊线的位置和变动有密切关系。1967年和1972年,盛夏南亚高压中心持续停滞在我国东部上空,南亚高压脊东伸和笠原高压西移,日本西部遭受非常严重的干旱。

南亚高压与印度季风槽的活动也有密切关系。南亚高压强时,季风槽被阻于印度中部,印度北部加尔各答雨量偏少,但印度南部的马德拉斯、孟买等地的降水偏多。反之,南亚高压弱时,季风槽移到印度北部,该地区易降大雨,而南部降水却偏少。

3.5 高原系统

青藏高原位于我国西部,平均海拔4000 m以上,范围约占我国陆地总面积的1/4,是世界上最高大、复杂的大地形。自1972年以来,我国对青藏高原气象进行了较系统的研究,并于1979年5—8月进行了青藏高原气象科学实验,取得了许多研究成果。本节仅对高原环流系统作简要介绍。

3.5.1 高原500 hPa切变线

夏半年在青藏高原地区经常出现的500 hPa切变线,是高原地区最重要的降水系统之一。据统计,在6—8月期间,几乎每次切变线过程都伴有降水。

高原切变线一般呈现为横切变线和竖切变线两种形式,前者比后者的出现次数平均多一倍。由图3.37a可以看到,横切变线多出现在30°—35°N的高原地区,高频中心在那曲附近。图3.37b表明,竖切变线在103°E高原陡坡地区和高原中部分别有两条高频带。

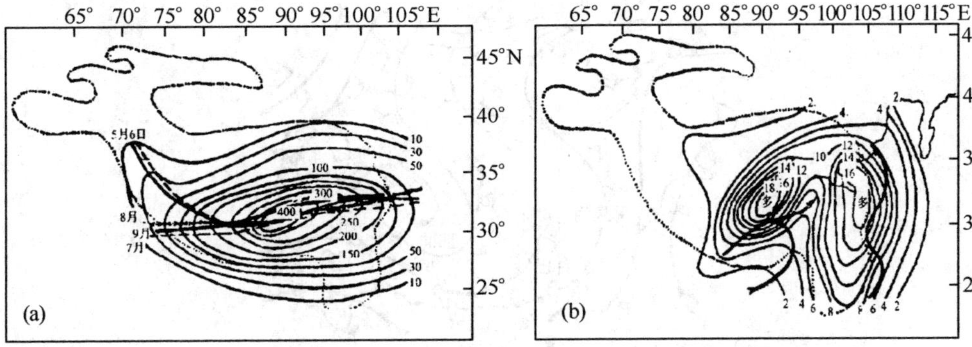

图 3.37　(a) 1969—1976 年青藏高原横切变线累计频数(粗线为各月高频曲线)；
(b) 1969—1976 年 7 月青藏高原竖切变线活动频数(粗线为多雨带轴线)
(朱乾根 等,2007)

横切变线多形成于高原热低压上空。由图 3.32 可知,在 600 hPa 上平均为热低压控制,在其南、北侧各有一东西向高压带。由于这两个高压带的轴线均向高原内部倾斜,因此热低压的范围随高度而缩小,一般在 500 hPa 附近南、北两高压之间形成明显的切变线。因为在这种切变线上空是深厚的暖气柱,所以在垂直方向上切变线只达 400 hPa,再向上变为深厚的暖高压。由于在切变线所及气层是气流的辐合层,在其之上为深厚的辐散层,所以在切变线附近,一般在南北侧 5～10 个纬距内整层都盛行上升气流和有云、雨区相配合。这种切变线一般少动,维持时间较长,过程降水量也比较大。

横切变线也常由西风槽自西北向东南进入高原后顺转而成。当西风槽顺转,槽后有小高压或东伸的高压脊时,若高原南侧受副热带高压脊控制,在其间可形成切变线。这种切变线一般不超过 400 hPa,其结构特征与江淮切变线相似。

竖切变线的形成与高原北侧西风带长波槽发展东移和伊朗高压进入高原有关。这种切变线形成于进入高原的伊朗高压和西太平洋副热带高压西伸脊之间,呈现为南—北走向或东北—西南走向。如图 3.37b 所示,竖切变线的两条高频带与两条多雨带相对应。

3.5.2　高原 500 hPa 低涡

夏半年在青藏高原地区 400 hPa 以下经常出现与低压相对应的气旋性涡旋环流,人们称之为青藏高原低涡,简称高原低涡。这种低涡一般在 500 hPa 流场上最明显(图 3.38),形成初期水平尺度为 400～500 km,发展盛期可达 600～800 km,生命史为1～3天。

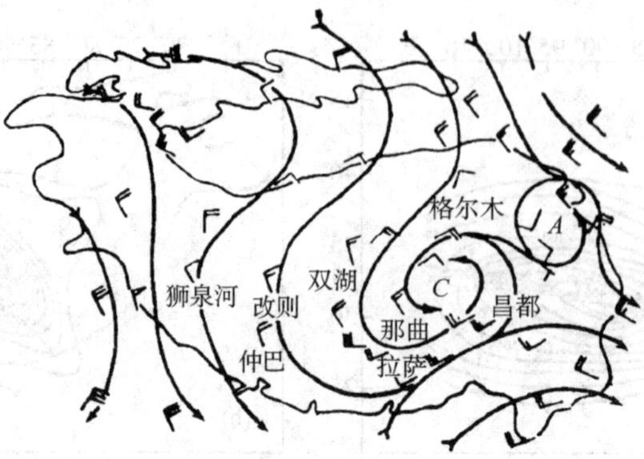

图3.38 1979年6月8日20时500 hPa流场
(朱乾根 等,2007)

据1979年科学实验资料分析结果的统计,该年5—8月高原地区共出现低涡过程54次,其中除3次低涡是从70°E以西移上高原外,其余51次都是在高原上生成的,而在这51次中又多数(44次)出现在高原雨季(6—8)月中,其中65%以上的低涡导致降水。所以,高原低涡也是高原地区主要降水系统之一。从图3.39可以看到,高原初生低涡有两个涡源区,一个在那曲以北地区,另一个在西边的改则附近。

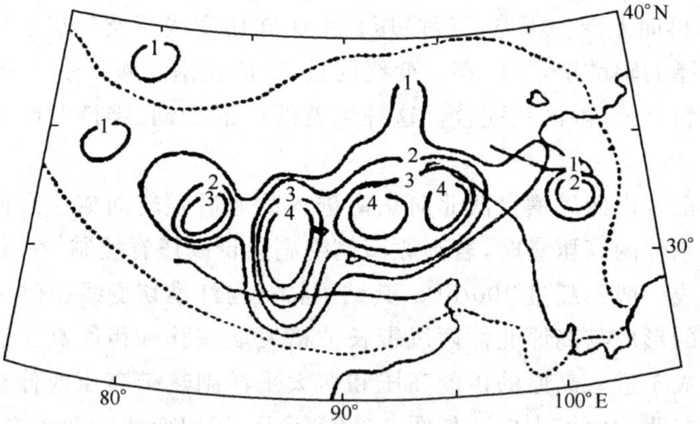

图3.39 1979年5—8月高原低涡初生涡频数(次)分布图
(朱乾根 等,2007)

高原低涡具有图3.40所示的热力结构特征。由图可看到,在高原初生低涡中心附近从地面到100 hPa都是正的温度纬向距平,即具有暖性结构,一般称其为暖涡。低涡发展盛期的成熟涡与初生涡却有很大的不同,成熟涡中心附近低层是冷中心,高层是暖中心。这种变化与随着低涡的发展而降水增强,使得低层水滴蒸发而消耗热量和高层凝结潜热释放使其增温有关,另外也与低层受冷空气影响有关。一般称成熟涡为冷涡。

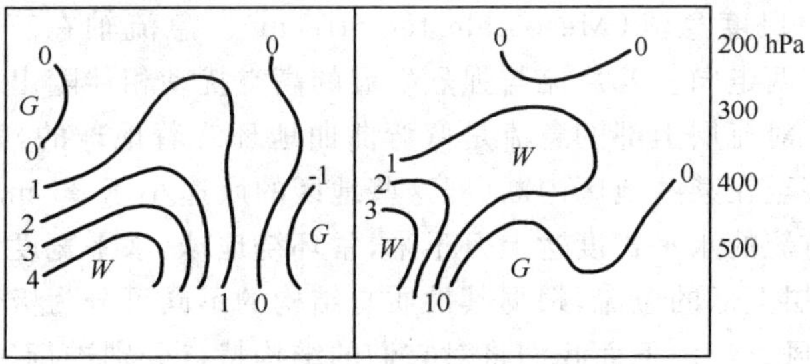

图 3.40 高原初生涡和成熟涡的温度纬向距平

(朱乾根 等,2007)

高原低涡在低涡中心附近 400 hPa 以下以辐合为主,无辐散层在 400～300 hPa,300 hPa 以上为辐散层。初生涡的低层辐合和高层辐散都比较弱,成熟涡在 400 hPa 以下低涡中心附近的辐合区东、西两侧为辐散区,400 hPa 以上恰恰与其相反。这种辐散、辐合的上下左右相间配置有利于质量补偿,对低涡的维持和发展有重要作用。

高原低涡在其中心附近自低层到 100 hPa 都是上升运动,低涡降水主要集中在低涡中心附近 400 km 范围内,初生涡降水中心偏在低涡中心的东南侧,成熟涡降水中心偏在低涡中心的东侧,二者的西北象限都是少雨区。

夏季高原上的横切变线为低涡的形成提供了正涡度环境场。夏季高原中西部地一气温差较大,感热自地面向上输送较强,当对流旺盛时大气中潜热加热也强,二者造成的非均匀加热通过能量转换给低涡发展提供了动能,若其上空风的垂直切变比较小,则气柱中的热量和水汽不易消失,有利维持和增强非均匀加热及其所提供的能量。因而高原低涡多数都形成在高原切变线的西端。高原低涡形成后,一般沿切变线东移,平均移速为 2.8 纬距/12 h。低涡东移后,多数在高原东部消亡或减弱并入东移槽中,仅有少数低涡可移出高原影响我国东部。

3.6 高低空急流

3.6.1 高空急流的一般概念

在对流层上部约 200 hPa 的高度上常常存在急流(Jet Stream),一般称其为高空急流(ULJ)。急流是指一股强而窄的气流带,其具体强度标准一般是规定急流中心最大风速在对流层的上部必须大于或等于 30 m/s,风速水平切变量级为每 100 km

5 m/s,垂直切变量级为每千米 5～10 m/s。急流带中心的长轴就是急流轴,沿着狭长急流带的轴线上可以有一个或多个风速的极大值中心,常称其为急流强风速段或急流核,或称为中尺度急流(Mesoscale Jet Stream)。急流轴在三维空间中呈准水平,多数轴线呈东西走向。若急流与强烈发展的高空扰动相伴随出现时,可转成南北向的。总体来说,对流层上部的急流是弯弯曲曲地环绕着地球的,某些地区强些,另一些地区弱些,甚至在某些地区中断(即这些地区的风速小于 30 m/s,达不到急流的标准)。大尺度急流的水平长度达上万千米,常环绕地球,水平宽度约几百千米,厚度约几千米。对流层上部的急流,根据其性质与结构的不同可分为极锋急流、副热带西风急流和热带东风急流。下面我们将对它们的结构特点分别进行讨论。

3.6.2 高空急流的结构特点

(1)急流的一般特点

急流轴的左侧风速具有气旋性切变,右侧风速具有反气旋性切变,如果流线曲率很小,那么急流轴的左侧相对涡度为正,右侧相对涡度为负。急流的宽度是指以急流中心两侧风速等于最大风速一半的两点间的距离。急流两侧的最大风切变(水平切变)与地转参数(f)同量级,一般情况,反气旋切变一侧切变稍小,气旋性切变一侧的切变显著大些,急流轴两侧的切变都随远距急流轴而减小。

在平直西风的急流轴两侧,内摩擦的侧向混合作用使轴两侧的空气获得正的加速度,这两处的实际风速比没有考虑内摩擦作用时的地转风要大,地转偏向力相应加大,在急流轴两侧就产生了与气压梯度方向相反的偏差风。而在急流轴上内摩擦侧向混合作用使得实际风减小,小于地转风,地转偏向力相应减小,就产生了与气压梯度方向相同的偏差风。从急流轴的两侧偏差风分布可以看出,在急流轴的左侧有偏差风辐合,右侧有偏差风辐散。

如果急流附近的流线曲率都很大,那么偏差风就更大了。偏差风的大小,由式 $D=-\frac{1}{f}\frac{V^2}{R}$(其中,$D$ 为切向地转偏差,f 为地转参数,R 为流线曲率半径,V 为切向风速)可知,若没有急流存在,等高线均匀分布的槽前脊后有纵向辐散,槽后脊前有纵向辐合。急流中心若与槽线重合或相交,那么,急流轴的右侧槽前就具有强烈的偏差风辐散,槽后的急流轴左侧辐合也特别强,这样的高空槽,即使开始时并无地面气旋、反气旋与它配合,一旦它移到斜压性比较强的地区后,也会迅速引起地面气旋与反气旋的发生和发展。

(2)极锋急流的结构特点

极锋急流中心的下方,有温度水平梯度很大的极锋锋区,急流中心附近上方对流层顶断裂(图 3.41)。根据热成风原理,$\frac{\partial \mathbf{V}_g}{\partial z}=-\frac{g}{fT}\mathbf{\nabla}_p T\times\boldsymbol{k}$,急流区中风速的垂直分布为:急流轴的下方锋区中地转风随高度增加最快;急流中心的上方由于温度水平梯度与下方相反,地转风随高度减小。最大地转风出现在对流层顶断裂附近、极锋锋区斜压性最强处的上空。

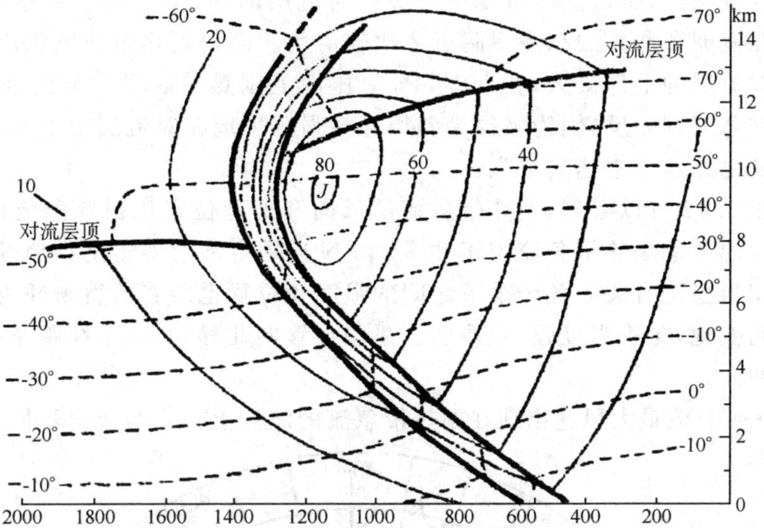

图 3.41 极锋的垂直剖面

[虚线为等温线(℃),细实线为等风速线(m/s),粗线为对流层顶和锋的边界]

(朱乾根 等,2007)

极锋急流轴附近辐散、辐合的分布特点叠置于斜压性很强的极锋上,地面上就产生气旋和反气旋,有时极锋急流还与地面上一串气旋、反气旋相对应,而气旋、反气旋的发生、发展又破坏了急流轴与极锋相平行的位置。分析表明,北半球天气尺度的气旋、反气旋活动一般是有规律地沿着风暴轴发生的。风暴轴位于对流层上部急流中心的下游向极地一侧。

极锋急流随着极锋而南北移动很大。冬季平均位于40°—60°N,甚至还可能达到更低的纬度;夏季平均位于北极圈附近。急流所在高度平均约在300 hPa等压面上,中心最大风速曾达到105 m/s。急流强度在冬季较强,夏季较弱。急流的长度平均与风速成正比,而在同一风速条件下,低纬度的急流比高纬度长些。

(3)副热带西风急流的结构特点

副热带西风急流位于高空副热带锋区上方,它是由哈得来环流的上层支(或称向北支)携带低层大气在东风带中获得的地球角动量来维持的。在绝对角动量守恒的条件下空气向北移动时,地球角动量就转化为相对角动量,使得大气中西风不断增大。哈得来环流上层支的角动量输送随高度有变化,由于温度经向水平梯度而引起的气压经向水平梯度随高度增大而增大,所以角动量输送也随高度而增大,在对流层顶附近达到最大。副热带急流最大风速中心，出现在对流层上部哈得来环流和费雷尔环流汇合的中纬度对流层顶(约 250 hPa)与热带对流层顶(约 100 hPa)之间的断裂处附近。因为费雷尔环流很弱，而且这两个环流圈汇合下沉产生了水平辐散，所以副热带锋区特征在对流层的中、下部几乎看不到，对流层上部也只在亚洲和北美的东海岸附近才比较清楚。因而副热带西风急流的风速垂直切变在对流层的上部最大，在 500 hPa 等压面上副热带西风急流的强度就大大减弱。极锋急流则相反，因为极锋中斜压性最强区出现在对流层中下部，所以地转风垂直切变也在这层中达到最强。

从图 3.42 可以看到，副热带急流的风向和地理位置比极锋急流稳定得多，整个北半球的冬季副热带急流位于 20°—30°N 近乎定常的事实是与哈得来环流位置和强度相当稳定有关。各个季节之间的强度和位置也跟着哈得来环流的强度和位置变化而变化，冬季强度强，夏季弱。夏季位置向北移动 15 个纬距左右，其轴基本上呈东西向。

副热带急流最大风速出现在副热带急流的波峰上。它与极锋不同，冬季北半球

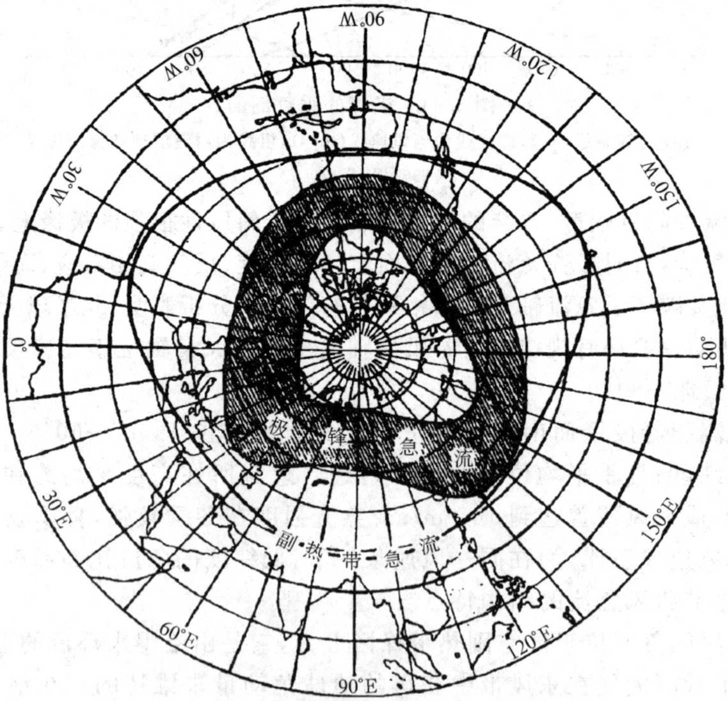

图 3.42 冬季副热带急流轴和极锋急流轴的主要活动区

(阴影区表示极锋急流的活动区)

(朱乾根 等,2007)

有三个波，且其波峰与极锋急流的波谷(即冬季三个平均大槽附近的位置)最接近，特别是在日本附近已经汇合成一支(图 3.42)，使日本上空急流中心风速有时可达 100～150 m/s，甚至个别可达 200 m/s。

(4)热带东风急流

夏季随着北半球西风带北移，赤道地区的东风带也北移，在热带对流层顶附近约 100～150 hPa 处，东风达到急流标准，称其为热带东风急流。亚洲地区在海陆对比和青藏高原热源的共同作用下，东风急流是全球最强且最稳定的。盛夏最强的平均东风，位于 10°—15°N 附近的阿拉伯海上空，风速约 35 m/s。

3.6.3 低空急流

在对流层下部 700～850 hPa 上下，也常有强而窄的气流带出现，其中心最大风速、风速的水平切变和垂直切变的强度可能均达不到上述高空急流的标准，而且尺度也比对流层上部急流的尺度要小得多，可能仅是在一定地区范围所出现的。一般把这种出现在对流层低层的强而窄的气流带称为低空急流(LLJ)。在我国最常见的低空急流是出现在西太平洋副热带高压西侧的西南风低空急流，它们通常有湿舌伴随，起到暖湿空气输送带的作用。因此它们常与暴雨、强对流天气等剧烈天气过程有着密切的关系。

关于低空急流的成因有很多学说，其中之一是“高低空急流耦合”的作用。分析表明，在高空急流强风速段(即急流核，或中尺度急流)的入口区和出口区分别会产生正次级环流(急流轴南侧上升，北侧下沉)和负次级环流(急流轴南侧下沉，北侧上升)。所以在出口区低空南风地转偏差加大，由运动方程可知，它将导致西风加速，从而形成低空西南风急流，从高空急流轴下方穿过，并与高空急流轴交叉。而在入口区低空北风地转偏差加大，导致北风加速，并在离开高空急流轴南侧一定距离的地方引起负次级环流(南侧下沉，北侧上升)，从而在此负次级环流的低层形成低空偏西风急流，它与高空急流轴近于平行，并与高空急流轴离开一定距离(图 3.43)。

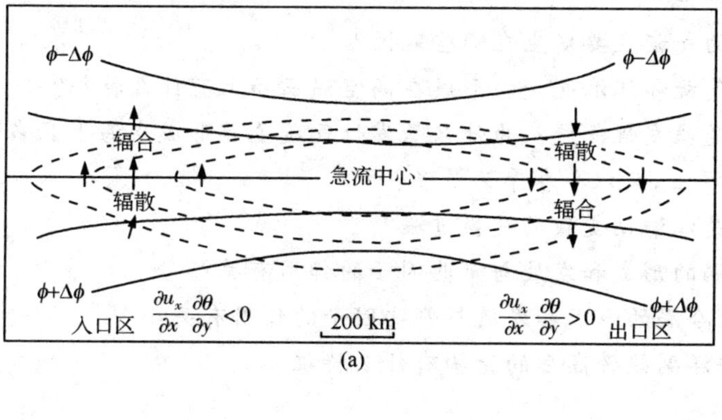

(a)

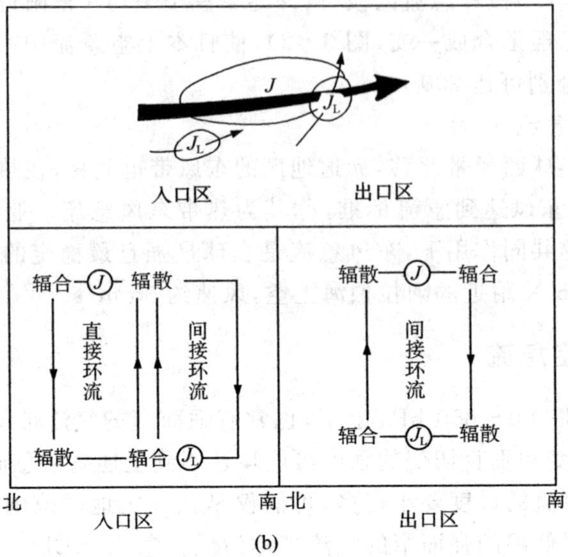

图 3.43 高空急流的入口和出口区附近的次级环流和低空急流

(a)急流入口区和出口区的非地转风散度分布(Shapiro *et al.*，1981)；

(b) 高空急流与低空急流的耦合形式及次级环流(J 为高空急流中心，J_L 为低空急流中心)(斯公望，1988)

复习与思考

(1) 影响我国的气团主要有哪些?

(2) 影响我国的锋有哪些类别?

(3) 我国各地有哪些具有地方特色的锋面? 它们具有什么结构特征?

(4) 我国境内的锋生区集中在哪些地区? 锋生时的高空温压场形势和地面气压场形势有什么特点?

(5) 我国的气旋主要发生在哪些地区?

(6) 蒙古气旋和江淮气旋的形成在高空温压场上有什么特征?

(7) 什么是暴发性气旋? 为什么暴发性气旋主要形成在海上且多形成在日本以东的西北太平洋上,又以冬春季为最多?

(8) 什么是江淮切变线的转换过程?

(9) 西南涡的形成和发展与哪些因子的作用有关?

(10) 东北冷涡的形成和发展与哪些因子的作用有关?

(11) 太平洋副热带高压的结构有什么特征?

(12) 西太平洋副热带高压脊的短期变化与我国大陆高压有什么关系?

(13) 南亚高压的结构有什么特征?

(14) 高原低涡具有怎样的热力结构特征?

(15) 极锋急流和副热带急流的结构分别有哪些特征?

(16) 高空急流的入口和出口区附近的次级环流及低空急流有何不同?

参考文献

董立清,李德辉,1989. 中国东部的暴发性海岸气旋[J]. 气象学报,**47**(3):371-375.

段旭,李英,孙晓东,2002. 昆明准静止锋结构[J]. 高原气象,**21**(2):205-209.

何金海,祁莉,张韧,等,2010. 西太平洋副热带高压研究的新进展及其应用[M]. 北京:气象出版社.

黄士松,余志豪,1962. 副热带高压结构及其同大气环流有关问题的研究[J]. 气象学报,**31**(4):339-359.

黄士松,1963. 副热带高压东西向移动及其预报的研究[J]. 气象学报,**33**(3):320-332.

黄士松,1979. 西太平洋副高的一些研究[J]. 气象,(10):1-3.

黄士松,1978. 有关副热带活动及其预报问题的研究[J]. 大气科学,**2**(2):159-168.

刘屹岷,吴国雄,2000. 副热带高压研究回顾及对几个基本问题的再认识[J]. 气象学报,**58**(4):500-512.

卢敬华,1986. 西南低涡概论[M]. 北京:气象出版社.

鲁敬华,陈刚毅,1993. 西南低涡的一些基本事实及初步分析[J]. 成都气象学院学报,(4):7-15.

齐桂英,1986. 北太平洋温带气旋的天气气候分析[J]. 气象(增刊),(2):90-99.

仇永炎,1957. 在一种寒潮情况下的水平温度场及冷锋构造[J]. 气象学报,(1):13-26.

寿绍文,励申申,王善华,等,2002. 天气学分析[M]. 北京:气象出版社.

寿绍文,励申申,姚秀萍,2003. 中尺度气象学[M]. 北京:气象出版社.

斯公望,1988. 暴雨和强对流环流系统[M]. 北京:气象出版社.

苏东玉,李跃清,蒋兴文,2006. 南亚高压的研究进展及展望[J]. 干旱气象,**24**(3):68-74.

孙力,郑秀雅,王琪,1994. 东北冷涡的时空分布特征及其与东亚大型环流系统之间的关系[J]. 应用气象学报,**5**(3):297-303.

陶诗言,等,1963. 中国夏季副热带天气系统若干问题的研究[M]. 北京:科学出版社.

陶诗言,卫捷,2006. 再论夏季西太平洋副热带高压的西伸北跳[J]. 应用气象学报,**17**(5):513-525.

陶诗言,徐淑英,郭其蕴,1962. 夏季东亚热带和副热带地区经向和纬向流型的特征[J]. 气象学报,**32**(1):91-102.

陶诗言,徐淑英,1962. 夏季江淮流域持久性旱涝现象的环流特征[J]. 气象学报,**32**(1):1-18.

陶诗言,张庆云,张顺利,2001. 夏季北太平洋副热带高压系统的活动[J]. 气象学报,**59**(6):747-758.

陶诗言,朱福康,1964. 夏季亚洲南部100毫巴流型的变化及其与西太平洋副热带高压进退的关系[J]. 气象学报,**34**(4):385-396.

吴伯雄,刘长盛,1958. 东亚温带气旋统计研究[J]. 南京大学学报(自然科学),**1**:1-21.

吴国雄,丑纪范,刘屹岷,等, 2003. 副热带高压研究进展及展望[J]. 大气科学,**27**(4):503-517.

夏平, 1957. 冬季水平稳定层及南岭槽生[M]. 1957年中央气象局预报员轮训班教材.

夏平, 1959. 十年来我国的锋面分析研究[J]. 气象学报,**30**(3):218-222.

谢义炳,陈玉樵, 1951. 冬季西太平洋及东亚大陆北部上空的温度场和流场[J]. 中国地球物理学报,**2**:279-297.

叶笃正,等,1959. 西藏高原气象学[M]. 北京:科学出版社.

仪清菊,丁一汇, 1989. 海洋温带气旋发生发展的研究[J]. 大气科学,**13**(2):238-246.

张玲,智协飞, 2010. 南亚高压和西太副高位置与中国盛夏降水异常[J]. 气象科学,**30**(4):438-444.

张培忠,陈受钧,白岐凤,1993. 东亚及西太平洋锋面气旋的统计研究[J]. 气象学报,**51**(1):46-58.

赵国藏,李明熙,牟维丰,1953. 关于我国夏季高空流型和华中华南夏季降水[J]. 天气月刊,7月.

朱福康,陆龙骅,陈咸吉,等,1981. 南亚高压[M]. 北京:科学出版社.

朱福康, 1983. 南亚高压的研究及其在天气预报中的应用[C]//气象科学技术集刊:6. 北京:气象出版社.

朱乾根,林锦瑞,寿绍文,等, 2007. 天气学原理与方法[M]. 4版. 北京:气象出版社.

GYAKUM J R, *et al*, 1989. North Pacific cold-season surface cyclone activity[J]. *Mon Wea Rev*, **117**:1141-1155.

HANSON L P, LONG B, 1985. Climatology of Cyclogenesis over the East China Sea[J]. *Mon Wea Rev*, **113**:697-707.

MURTY T S, MCBEAN G A, MCKEE B, 1983. Explosive Cyclogenesis over the Northeast Pacific Ocean[J]. *Mon Wea Rev*, **111**:1131-1135.

ROEBBER P J, 1984. Statistical analysis and updated climatology of explosive cyclones[J]. *Mon Wea Rev*, **112**:1577-1589.

SANDERS F, GYAKUM J R, 1984. Synoptic-dynamics climatology of the "bomb"[J]. *Mon Wea Rev*, **112**:1577-1589.

第4章　寒　　潮

东亚冬季风强烈暴发，北方强冷空气大举侵入我国的天气过程通常称为寒潮(cold wave)，当冷空气进一步向南海推进时则称为冷涌(cold surge)。每年入秋以后，直到冬季和翌年春季，东亚冬季风常常十分活跃，干冷空气伴随偏北气流频频南下，其中特别强烈的冷空气暴发便会造成我国大范围的寒潮天气过程。寒潮天气过程的形成是与极地和高纬的大气环流、西风带的大型扰动以及寒潮天气系统的演变等因子密切相关的。本章将简要介绍中国寒潮概况，并讨论与中国寒潮形成相关的极地环流和西风带扰动，以及寒潮天气系统演变和寒潮天气的预报等问题。

4.1　概述

4.1.1　寒潮的定义

寒潮是一种大规模的强冷空气活动过程，其主要天气特点是剧烈降温和凛冽大风，有时还伴有雨、雪、雨凇、冻雨或霜冻等天气现象。寒潮能导致河港封冻、道路结冰、交通和通信阻断、牲畜和早春晚秋作物遭受冻害，是一种严重的灾害性天气，但它们也有有利于小麦灭虫越冬和盐业制卤等某些可以被利用的有益作用。

冷空气的活动四季皆有，有时十分频繁，但强度很不相同。冷空气活动强度一般以过程降温与温度负距平相结合来划定。所谓过程降温是指冷空气影响过程的始末，日平均气温的最高值与最低值之差。而温度负距平则是指冷空气影响过程中最低日平均气温与该日所在旬的多年旬平均气温之差。按中央气象台的寒潮标准规定，过程降温10℃以上称为寒潮，过程降温8～9℃和5～7℃分别称为强冷空气和一般冷空气。我国中央气象台在全国范围取30个代表站，将它们分为东北、华北、西北、长江流域和华南5个地区(图4.1)，一个区内有3/5的台站有冷空气活动，则定义为该区有冷空气活动。当一次冷空气影响2～5个地区并达到相同等级，并且其中包括华北和长江2个区的，称为全国类；只影响北方2个或3个区，称为北方类；只影响南方2个区的称为南方类。

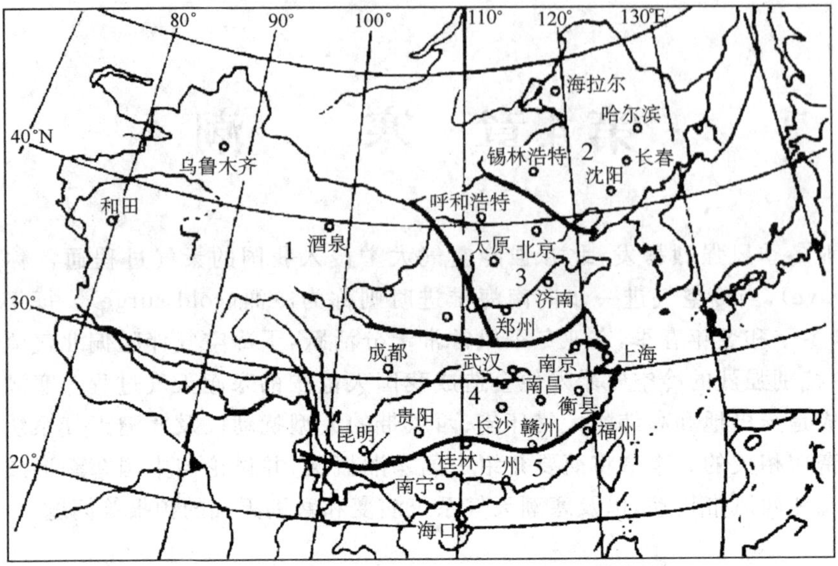

图 4.1 寒潮和强冷空气的分区和站点分布图
(引自中央气象台)(朱乾根 等,2007)

4.1.2 中国各地的寒潮

中国大部分地区均会在不同程度上受到寒潮降温的影响。据统计,中国年寒潮频次分布呈现北多南少的特点。年寒潮频次最多的北疆北部、内蒙古中北部、吉林大部和辽宁北部等地区,年频次一般达 6 次以上。内蒙古、东北、华北西北部和西北、江南、华南的部分地区每年平均发生寒潮在 3 次以上(图 4.2)。影响中国的寒潮主要出现在 10 月至翌年 4 月,9 月和 5 月很少。各月出现寒潮的总次数,以 11 月最多,约占 1/6;12 月、1 月、2 月、3 月、4 月及 10 月次之。从 1951—2003 年,全国和区域性寒潮共发生 371 次,平均每年 7 次,其中全国性寒潮 104 次,平均每年发生 2 次左右。以上是多年的平均情况,但实际各年寒潮出现次数差异很大,最多的年度达 10 次,而出现最少的年度仅 2 次。而且据研究,在全球增暖的背景下,自 20 世纪 60 年代末开始,出现全国和区域性寒潮频次减少的趋势,并在 20 世纪 70 年代末出现突变。这种寒潮频次减少趋势,冬季最显著,其次是秋季和春季。中国北方寒潮频次减少较显著。尤其是东北地区。寒潮频次减少的原因可能是由于冬季西伯利亚高压强度和东亚冬季风强度两者均与中国寒潮频次呈显著的正相关,而近年来两者均明显减弱,因而造成了中国寒潮频次的减少(王遵娅 等,2006)。

寒潮的侵袭,在不同地区往往造成不同程度的灾害。急剧的降温会带来冻害、低温冷害、暴风雪,对北方广大牧区的放牧威胁严重。在中国南方,常使越冬作物及耕

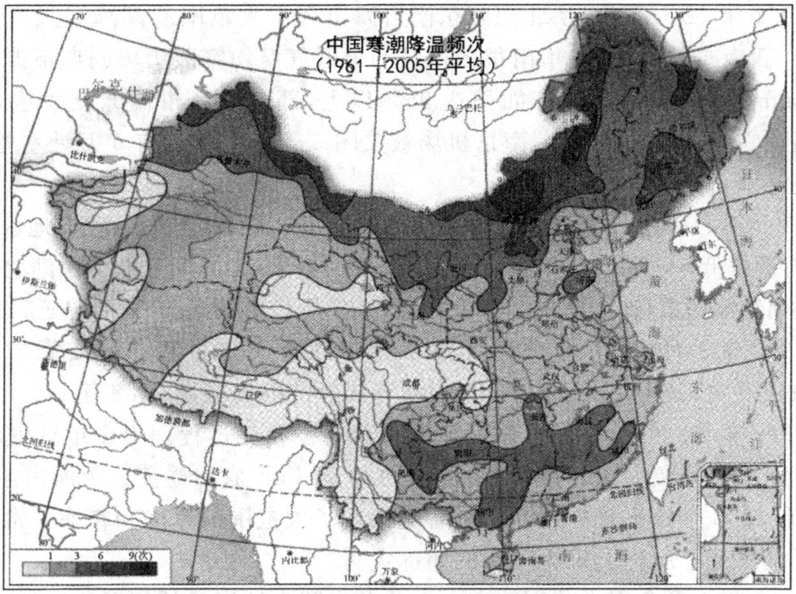

图 4.2 中国年寒潮降温频次(1961—2005 年平均)
(温克刚，2008)

牛和家畜冻死；在南岭以南，可使热带经济作物遭受严重灾害。寒潮带来的秋季早霜冻、春季晚霜冻以及倒春寒天气对农业生产危害很大。寒潮伴随地面大风，陆上最大风力有时达 10 级左右，海上则超过 10 级，常吹翻船只，毁坏房屋、通信设备等，在渤海湾引起的风暴潮危害也很大。寒潮还可能引起冻雨(雨凇)、结冰天气，给交通、供电、通信、工业等带来很大灾害。

作为例子，以下简略地列举一些 20 世纪 80 年代至 21 世纪初(2010 年之前)发生过的部分全国性的严重低温冷冻灾害事件(资料主要来源于《中国气象灾害大典》)：

① 1983 年 4 月 25—30 日，出现了大范围寒潮天气。黄河以北 24 h 降温 8～14℃，黄河以南 24 h 降温 6～16℃。很多地区发生风灾、雪灾、冻灾，鲁、豫、苏、鄂、浙、沪等 18 省(市)还发生了雹灾，有的地方还有龙卷。全国有上千人死亡，数万人受伤，数十万头牲畜死亡、丢失，406.7 万 hm^2 农田受灾，其中 23.6 万 hm^2 绝收，直接损失数十亿元人民币。

② 1987 年 10 月下旬和 11 月下旬，发生了两次全国范围的寒潮冻害天气过程。全国大部分地区均遭受寒潮天气侵袭，造成重灾。其中湖北省有 90% 的作物遭受冻害；江苏省有 330 万 hm^2 多的越冬作物受害；贵州、广东、广西的热带和亚热带作物

也遭受不同程度的冻害。

③ 1991 年 12 月下旬,从北疆到东南沿海出现了大范围寒潮降温天气。西北和华北大部、西南东部及江南、华南很多地区的最低气温均突破历史同期最低纪录。湖南 20 万 hm^2 多柑橘受冻,受冻面积达 95%以上,部分地区柑橘冻死率达 50%。江苏省普遍积雪深达 10～30 cm,南京机场被关闭 3 天。上海市有 5 万处水管冻裂,煤气支管被冻塞,机场、桥梁被关闭。

④ 1993 年 1 月中、下旬全国大部分地区的持续低温天气过程。很多地区气温偏低 4～5℃,有的偏低 6～9℃,不少地区旬平均温度为近 40 年同期最低值。湖北省北部因雨雪后路面结冰严重,连续堵车达 5 天之久。107 国道上堵车上万辆,绵延50 km。

⑤ 1998 年 3 月中、下旬全国大范围寒潮冻害天气过程。仅安徽省就有 268 万 hm^2 农田受灾,其中 21.9 万 hm^2 绝收,直接经济损失就达 28.8 亿。

⑥ 1999 年 12 月中、下旬全国大范围寒潮冻害天气过程。很多地区气温大幅下降。江苏气温下降幅度大、持续时间长,有 133 万 hm^2 农田受灾。上海市连续冰冻 7 天,全市有 1800 余处水管冻裂。广东省也出现了大范围的冰冻和霜冻。常年无寒的滇南地区也出现了历史上最为罕见的霜冻灾害。

⑦ 2000 年 1 月全国大范围冻灾。东北及内蒙古地区最低气温达－40～－20℃,新疆北部也达－30～－20℃,长江中下游地区最低气温达－10～－2℃。淮河、洪泽湖区大面积结冰封冻,水上交通一度中断。杭州西湖和南京玄武湖也出现了历史上少见的封冻。闽、粤地区的越冬作物和果树、花卉均遭受严重冻害。

⑧ 2008 年 1 月 10 日起至 2 月下旬,在全国发生的大范围低温、雨雪、冰冻等自然灾害,使 20 余个省(区、市)受到不同程度的影响。因灾直接经济损失 1516.5 亿元人民币。受灾人口超过 1 亿。其中湖南、湖北、贵州、广西、江西、安徽、四川 7 个省(区)受灾最为严重。

⑨2016 年 1 月 21—25 日,在全国暴发了入冬以来最强的一次寒潮天气过程,造成全国大部分地区大范围剧烈降温,多地出现极端低温天气,强寒潮共造成 233 个县市最低气温跌破当地建站以来 1 月历史极值,其中 69 站日最低气温突破历史纪录。(陶亦为 等,2017)

⑩2017 年 2 月 20—22 日全国范围的寒潮。我国中东部地区相继出现强烈降温,华北西部及内蒙古中、西部,黄淮、江汉大部,江南西部等地最大降温幅度在 8℃以上,其中内蒙古中部、山西北部、河北西北部、山东西部、河南南部、湖南东部等地最大降温幅度甚至超过 12℃,黑龙江大部、吉林东部、内蒙古东部、北疆大部等地极端最低气温降至－20℃以下,东北中南部、华北大部、西北大部、青藏高原等地降至－20～－4℃。新疆北部、河套地区、内蒙古东部、东北地区、华北地区、黄淮、江淮、江南北部等地,先后出现 6～8 级大风,局地阵风达 10 级。我国大部地区出现雨雪天

气，其中，西北地区东部、华北大部、黄淮大部、江汉等地累计降雪量有4～10 mm，黄淮南部、江汉及内蒙古河套地区、陕西北部等地降雪量超过10 mm（毛旭 等，2017）。

4.1.3 冷空气的源地和路径

据统计，影响我国冷空气的源地主要有三个：即新地岛以西的北冰洋面上、新地岛以东的北冰洋面上以及冰岛以南的北大西洋洋面上（分别大致为图4.3中的I、II、III三条寒潮路径的起始端附近的洋面）。来自以上三个源地的冷空气，95%都要经过西伯利亚中部（70°—90°E，43°—65°N）地区并在那里积累加强。陶诗言等（1957）称这个地区为寒潮关键区（图4.3）。冷空气从关键区再入侵我国又有四条路径：

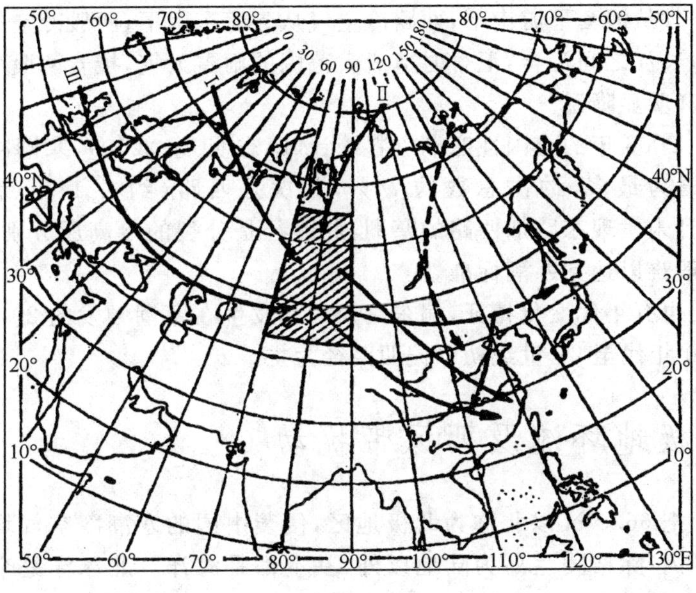

图4.3　寒潮的路径

（Ⅰ西北路径，Ⅱ 超极地路径，Ⅲ 西方路径）

（陶诗言 等，1957）

(1)西北路（中路）

冷空气从关键区经蒙古到达我国河套附近南下，直达长江中下游及江南地区。循这条路径下来的冷空气，在长江以北地区所产生的寒潮天气以偏北大风和降温为主，到江南以后，则因南支锋区波动活跃可能发展伴有雨雪天气。

(2)东路

冷空气从关键区经蒙古到我国华北北部，在冷空气主力继续东移的同时，低空的冷空气折向西南,经渤海侵入华北,再从黄河下游向南可达两湖盆地。循这条路径下来的冷空气,常使渤海、黄海、黄河下游及长江下游出现东北大风,华北、华东出现回流,气温较低,并有连阴雨雪天气。

(3)西路

冷空气从关键区经新疆、青海、西藏高原东南侧南下,对我国西北、西南及江南各地区影响较大,但降温幅度不大,不过当南支锋区波动与北支锋区波动同位相而叠加时,亦可以造成明显的降温。例如1970年11月12—14日,从新疆经青海—西藏的一次西路冷空气,有两支波动同位相叠加时,就使昆明最低气温达−3℃,超过历史同期最低气温。

(4)东路加西路

东路冷空气从河套下游南下,西路冷空气从青海东南下,两股冷空气常在黄土高原东侧,黄河、长江之间汇合,汇合时造成大范围的雨雪天气,接着两股冷空气合并南下,出现大风和明显降温。

据1951—2006年的全国性寒潮资料统计(康志明 等 2010),寒潮冷空气以西北路径入侵我国为最多,约占总数的74%,其次是西路(约占14%)和东路(约占12%)。但统计未发现东路加西路的寒潮,此路径是分裂的冷高压分别从东、西两路南下影响,一般难以达到寒潮标准。

寒潮路径也有年代变化特征,偏东路径大都发生在寒潮频发的20世纪50年代和60年代,80年代至21世纪初以偏西路径为主。

4.2 极地环流及西风带扰动

地理学上把66.5°N以北称为北极地区,侵袭中国的寒潮冷空气均源自这一地区。在此地区内,除格陵兰岛为陆地以外,基本都是海洋。北冰洋是个多冰山的大洋,但即使在冬季也不完全冰封。大气在极地上空平均是净支出热量,所以极地是大气中的冷源,中、低纬度的热量通过平均经圈环流和大型涡旋不断向极地输送,大气在极地冷源上散失热量形成冷空气,然后向南侵袭,影响中、低纬的环流和天气,所以研究极地环流很有意义。对中国来说,要研究来自北方的冷空气活动,都必须对北极地区的环流概况和西风带扰动有所了解。

4.2.1 北极环流概况

在北半球1月份的平均地面气压场上极地基本上是一个冷高压带。但冰岛低压很强大,向大西洋的极圈伸出一个槽,约占极地一半面积。500 hPa平均图上,极地涡旋断裂为两个闭合中心,一个在格陵兰西侧与加拿大之间;另外一个在亚洲的东北部,极地是一个槽区(图 4.4)。700 hPa 平均图基本上与 500 hPa 一样,在新地岛500 hPa平均图上有槽的地方,在 700 hPa 上是一个闭合的小低压,其他两个位于格陵兰与加拿大之间及亚洲东北部的低中心,在 700 hPa 上的位置比 500 hPa 偏向东南(700 hPa 图略)。

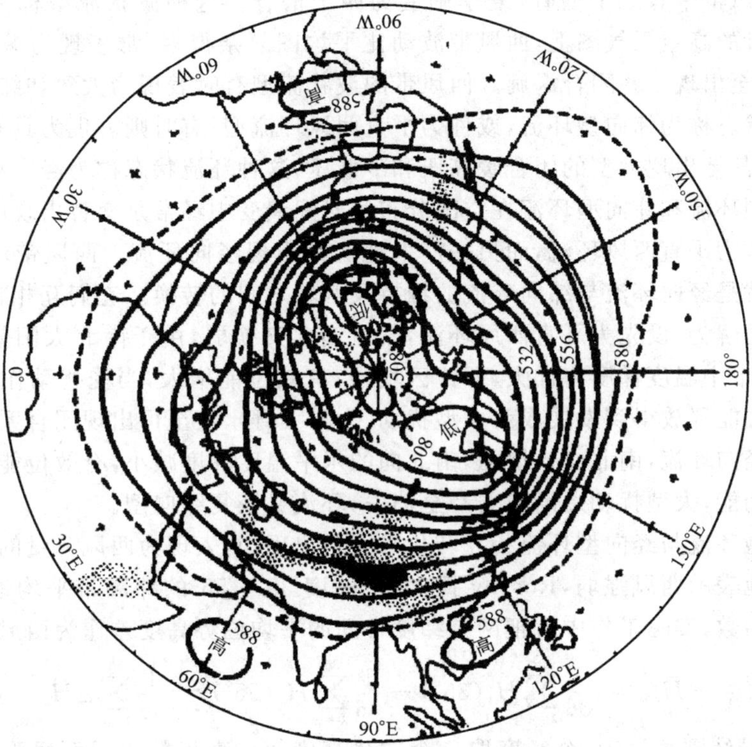

图 4.4　北半球 1 月份 500 hPa 平均等高线
(朱乾根 等,2007)

以上是极地环流的平均情况。出现异常的情况很多,其中有的异常形势常常可导致北半球出现大范围持续严寒天气。冬季,北极对流层中层一般是个极地涡旋或是极涡的槽区,但有时也可能出现反气旋,一般不能持久。但若极地持久地为暖性的反气旋或暖脊所控制时,就会使极地冷性涡旋分裂并偏离极地向南移动,导致锋区位置比平均情况偏南,寒潮活动多而强烈。据 20 世纪 70 年代统计,在 10 个冬半年影响我国的 171 次寒潮中,有 102 次都在亚洲上空出现持久的极涡,特别是其中最强的 6 次寒潮过程,这时极涡就在亚洲上空,位置明显偏南。在强寒潮发生前,亚洲上空早已有一个稳定的强大极涡系统,并且一直维持到寒潮暴发以后。

4.2.2 西风带环流型

中、高纬度对流层高层盛行西风称为西风带,它围绕着极涡沿纬圈运行。平均而言,冬季西风带中有三个槽脊,夏季则变为四个槽脊。这种波状流型称为西风带波动。在每日的高空天气图上,西风带波动比平均图复杂得多,常表现为振幅、波长不等,有时甚至出现一些闭合涡旋。西风带的波状流型有时表现为大致和纬圈相平行,这种环流状态称为纬向型环流,或称为平直西风环流型;有时则表现为具有较大的南北向气流,甚至出现大型的闭合暖高压和冷低压,这种环流状态称为经向型环流。

经向型环流和纬向型环流在空间分布和时间演变中经常是交替出现的。即在某一广大地区为平直西风环流,而另一广大地区则出现经向环流。西风带环流变化的主要特征就是经向环流与纬向环流的维持及两者之间的转换。它们互相转换的基本原因可以理解为:设先为平直西风环流,气流南北交换弱,由于南北太阳辐射强度的差异,西风带中温度梯度将加大,即锋区增强,有效位能增大,当受扰动作用时,扰动因获有效位能释放得到发展成为大型扰动(大槽大脊),甚至可出现闭合系统,纬向型环流转为经向环流,南北交换增强,南北向的水平温度梯度减小,有效位能转为动能、摩擦耗散动能,大型扰动逐渐减弱乃至消失,环流又恢复纬向型。

纬向型环流与经向型环流相互转化与交替出现,常表现为西风分量的强弱变化。为了定量地表示西风强弱,Rossby 提出,把纬度 35°—55°的纬圈带平均地转西风定义为西风指数,实际工作中就把两个纬度带间的平均位势高度差作为西风指数 I:

$$I = \overline{H}_{35^\circ} - \overline{H}_{55^\circ} = \frac{1}{36}\sum_{\lambda=1}^{36} H_\lambda(35^\circ) - \frac{1}{36}\sum_{\lambda=1}^{36} H_\lambda(55^\circ) = \frac{1}{36}\sum_{\lambda=1}^{36} \Delta H_\lambda \tag{4.1}$$

式中,λ 为沿纬圈每隔 10 个经度取一个位势高度值。高指数表示西风强大,与纬向型环流对应;低指数表示西风弱,经常与经向型环流对应。因此,西风环流的中期变化主要表现为高低指数交替、循环的变化过程,这称为指数循环。一般西风环流指数在寒潮暴发前 6 日至暴发后 2 日前后会出现明显下降,这是我国寒潮天气过程最常见的环流演变特征。

实际应用中发现,有时西风环流破坏以后,南北风分量明显加大,环流已属经向型环流,但由于整个区域内全风速很大,西风指数并不减小,因此又定义一个经向度的量表征南北交换的程度。经向度 $M = \frac{1}{n}\sum_{i=1}^{n} |\Delta H|$。以 10 个经度为间隔,取纬圈的南北风绝对值沿纬圈平均。

4.2.3 西风带长波

(1)长波的特征

西风带波动按其波长可分为三类,即超长波、长波和短波。超长波的波长在1万 km 以上,即绕地球一圈可有 1～3 个波,它是由地形和海陆分布的强迫振动引起的,呈准静止状态,生命史在 10 天以上属于中长期天气过程。长波的波长(两个相邻槽线或脊线之间的东西距离)3000～10 000 km,相当于 50～120 个经距。全纬圈约为3～7 个波,振幅一般为 10～20 个纬距,平均移速在 10 个经距/日以下,有时很慢,呈准静止,甚至会向西倒退。在中高纬度地区,长波的水平尺度可大到同地球半径相比拟,故亦称为行星波(或称为 Rossby 波),从对流层的中上层到平流层的低层均可见到,是行星锋区中的一种长波的扰动,而且温度槽脊常常落后于高度槽脊,有时则两者重合出现冷槽暖脊的水平结构,因此,长波的强度在对流层中是随高度增加的。一般说来,长波槽前对应着大范围的辐合上升运动和云雨天气区,槽后脊前对应着大范围辐散下沉运动和晴朗天气区。长波变化常导致一般天气系统及天气过程发生明显变化。短波的波长和振幅均较小,移动快,平均移速为 10～20 经度/日,生命史也短,多数仅出现在对流层的中、下部,往往叠加在长波之上。在每日的天气图上,长波和短波同时存在,相互叠加,还可以互相转化。一般情况下,长波和短波不容易分辨。

长波是对流层中、上部及平流层下部(如 700～200 hPa)中的深厚系统,波长很长,振幅很大,移动缓慢。长波的波长约为 50～120 个经度,北半球长波数约 3～7 个不等,以 4～5 个居多。长波的热力结构特征是暖性脊冷性槽。通常根据这些特征来辨别长波。一般来说,在 200 hPa、300 hPa 等压面上辨别长波最方便,那里波动形式光滑而振幅很大,如果计算长波速度则以采用 600 hPa 等压面为较好,因为波速公式在这一层上最适用。在 700 hPa 以下的气层里,长波往往难以辨认,因为在这些气层里,长波形式往往被低层中比较小的暖槽和冷脊等系统所隐蔽。

(2)长波的移速

为了讨论长波的移动,可以根据绝对涡度守恒原理,求得下面的长波波速公式(或称槽线方程、Rossby 波速公式):

$$C = \overline{u} - \beta \left(\frac{L}{2\pi}\right)^2 \qquad (4.2)$$

式中,C 为波速,$\overline{u}$ 为平均西风,L 为波长,$\beta=\partial f/\partial y$ 为地转参数(f)随纬度的变化。由波速公式可以得到以下结论:

① $\overline{u}$,L 对波的移动速度 C 起着决定性的作用。西风强时,波动移动较快,反之,移动较慢;波长短时,移动较快,反之较慢,即短波移动快,长波移动慢。

② 重叠在基本西风气流上的一切长波,其传播速度都小于纬向风速。当波长较短时,其传播速度稍小于 $\overline{u}$,若波较长,则 C 和 $\overline{u}$ 之差较大。

③ 当 $u=\overline{u}_c=\beta\left(\frac{L}{2\pi}\right)^2$ 时，$C=0$，即波静止；$\overline{u}>\overline{u_c}$ 时，波前进；$\overline{u}<\overline{u_c}$ 时，波后退。$\overline{u_c}$ 称为临界纬向风速。根据这一公式计算得到在不同纬度、不同波长情况下临界纬向风速值，并做成查算表。实际应用时，可以根据实际纬向风速的大小，来判别波动是静止还是前进或后退的。

④ 当 $L=L_s=\sqrt{\frac{4\pi^2\overline{u}}{\beta}}=2\pi\sqrt{\frac{\overline{u}}{\beta}}$ 时，$C=0$，即波静止，$L=L_s$ 的波为静止波，$L>L_s$ 的波为后退波，$L<L_s$ 的波为前进波。因此，静止波波长 L_s 是波前进或后退的临界波长。L_s 是 $\overline{u}$ 和 β 的函数，在固定纬度上，β 为常数，静止波波长随西风增强而增大。

⑤ 对波动的移动起作用的因子除了 $\overline{u}$，L 和 β 外，尚有其他一些因子。例如，自 700～800 hPa 以上的大气层内，各层波动的波长与移速差不多是相同的。但西风速度自下而上可增大 2～4 倍，因此波速公式的应用一般只以用在 600 hPa 面上为最好。因为这层近于无辐散层，与公式条件比较符合。因实际工作中不分析600 hPa等压面，故常用 500 hPa 面进行计算。

由于地形作用或南北部西风强度不同，南北部波长不同，波动各部分的移动情况可有很大不同。尤其是东亚更为明显，例如在我国境内有一正南北向的槽，由于北端移速大，南端移速小，波槽最后可变成东西方向的横槽。另外，如果有一长波主槽自欧洲移入亚洲，其南端因受西藏高原阻挡而停滞在高原西侧，而北端的槽却可继续向东移动，这些现象，在应用波速公式时应特别注意。

根据经验，公式(4.2)中 $\overline{u}$，L 以取在最大风速轴上为较好。因此，应该用纬向风速最强的纬度带来计算。公式中的 $\overline{u}$ 以长达 120 个经度以上、宽达 5 个纬度的区内平均纬向地转风来代替。

(3)长波的调整

长波有时会发生调整。广义的长波调整包括两方面的内容：一是长波的位置变化，即长波的前进或后退；另一是长波波数的变化，如小扰动不稳定而发展成为新长波，就使长波波数增多。又如长波衰减，成为短波，就使长波波数减小。有时长波波数无变化，但长波已经过一次更替。一般仅把长波波数的变化及长波的更替称为长波调整。长波调整是与长波稳定相对立的概念。在长波稳定时，大型环流很少变动，天气过程按一定形式发展，预报起来就容易掌握。当长波调整时，天气过程将发生剧烈的变化，容易使预报失败，所以必须重点加以研究。

预报长波调整，不仅要从该系统的温压场结构特征及其所在的地形条件分析入手，而且要注意周围系统生消变化的影响，不但要注意紧邻的系统，而且还要注意远处，特别是关键地区内系统的变化。

① 注意不同纬度带内系统的相互影响。在西风带内，尤其是在亚洲上空，常有南、北两支锋区及相应的西风，其上各有波系在活动，由于高纬度的西风往往大些而

β又比低纬小，故高纬度波系移速常比低纬度快。在适当情况下，高、低纬两支波系发生同位相叠加合并，使波的振幅加大，强度增强，出现经向度更大的流型。春夏之交我国东部沿海低槽突然加深为长波常与这种过程有关。

② 注意紧邻槽脊的相互影响。上游槽（脊）线的转向会引起紧接着的下游脊（槽）强度变化。(a)上游脊由南北向转为东北—西南向时，下游槽往往会显著加强；(b)当上游槽线由南北向转为西北—东南走向时（一般低空都有气旋强烈发展过程），则下游脊的轴向也会转为西北—东南向并有所发展；(c)当上游脊线由南北向转为西北—东南向时，则下游槽减弱，环流变平；(d)当上游槽由南北向转为东北—西南向时，则下游脊将减弱，环流变平（以上四种情况分别如图4.5a—d所示）。

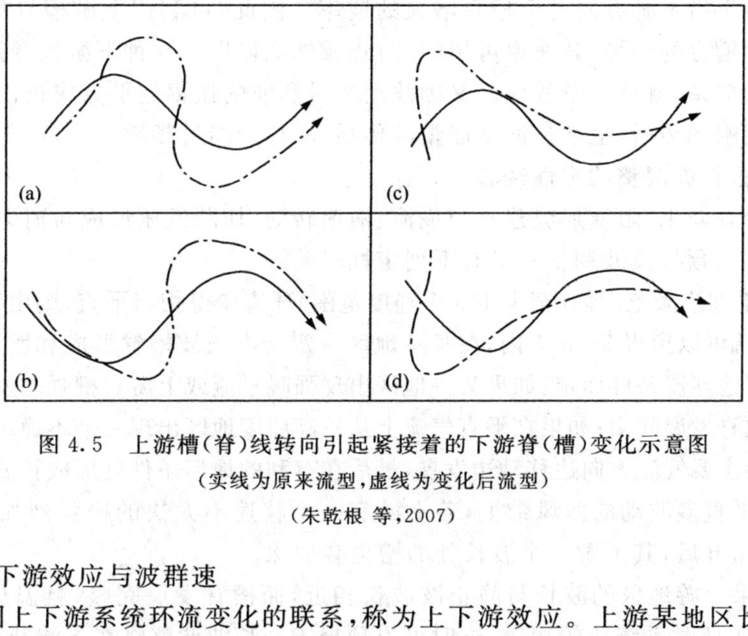

图4.5 上游槽（脊）线转向引起紧接着的下游脊（槽）变化示意图
（实线为原来流型，虚线为变化后流型）
（朱乾根 等，2007）

(4)上下游效应与波群速

大范围上下游系统环流变化的联系，称为上下游效应。上游某地区长波系统发生某种显著变化之后，接着就以相当快的速度（通常比系统本身移速以及平均西风风速都快）影响下游系统也发生变化，叫上游效应。在长波调整过程中，上游效应非常重要，对于我国而言，在西风带中的上游乌拉尔山地区、欧洲北大西洋和北美东岸这三个关键地区最为重要。当下游某地区长波发生显著变化后也会影响上游环流系统随着发生变化，称为下游效应，北太平洋就是我国西风带的下游。这种现象可以用波群速的概念给予解释。

复杂的非正弦波，可以把它看作是各种不同波长的正弦波叠加起来的波群（综合波）。对任意一个复杂波，如果各分波波速相等时，则综合波的移速与正弦波的波速相同。如果分波的波速随波长而改变时，则综合波的移速与正弦波的波速不同。波速随波长而变的波称为频散波。

为简单起见,假定实际波是由两个频散波波长彼此相差很小的正弦波组成:一个波的波长为 L_1,以速度 C_1 移动;另一个波的波长为 $L_2=L_1+\mathrm{d}L$,其传播速度为 C_2,设这两个波的波峰在 A 处相合,其合振动的最大值就在这里。由于长波波速与波长成反比,故 $C_2>C_1$,于是第一波将追过第二波,经过一段时间后,波峰在 B 处重合,则合振动振幅的最大值就从 A 移至 B。而此最大值的移速比各分波速 C_1 或 C_2 都要大。这种振幅最大值的移速便称为波群速。长波的群速 C_g 为:

$$C_g=C+2\beta\left(\frac{L}{2\pi}\right)^2=\bar{u}+\beta\left(\frac{L}{2\pi}\right)^2 \tag{4.3}$$

由(4.3)式可见,范围线以群速向下游方向传播,这个速度大于纬向风速 $\bar{u}$。波群速也就等于沿下游方向各个槽脊增大的速率。因此,可利用上游槽脊的增强来预报未来下游槽脊的增强,其速率可用(4.3)式或外推得出。这种下游槽脊强度随上游槽脊变化的关系,就是上游效应。又因波动能量和波的振幅的平方成正比,因此这种波动最大振幅的传播,也就是波动能量的传播,亦称为能量频散。

(5)预报长波调整的定性经验

长波槽脊新生、阻塞形势建立与崩溃、横槽转向、切断低压形成与消失,都属于长波调整过程。预报长波调整一般有下列定性经验:

① 如果在广大范围内(至少 120 个经度范围)环流变得相当平直,则由于平直气流不能持久,就可以预报 3~5 天内,在某一地区一定会有长波槽脊形成和发展。形成的地区要看当地环流条件而定:如果某一地区出现强暖平流或上游有槽强烈发展,则该地区将有长波脊发展起来;如果在平直气流上从较高纬度地区出现一个不稳定短波槽,这个小槽将沿主要气流方向边移动边发展,最后在有利的地形条件处形成长波槽。

② 在平直多波动的西风带上,若上游有一个移速不太快的槽强烈加深时,可以预期 24~48 h 后,其下游一个波长处的槽也会加深。

③ 如果上游地区的波长与静止波波长相近,而槽脊发展完整,且温压场配置是冷槽暖脊,则此时系统比较稳定,这时可以预报未来长波调整将在下游开始。

④ 如果实际波长大大超过静止波波长时,可预期长波将要发展;如果上游地区已经有长波槽脊发展时,就可以预报下游地区将有长波要调整。

⑤ 北半球的长波调整往往先从关键地区开始,然后向下游传播。根据经验,太平洋和大西洋就是两个关键区。在日常工作中,我们十分重视北美大槽、北大西洋暖脊及东亚大槽的变化。从美洲大槽加深到冷空气影响我国,一般为 6~8 天;从北美洲大槽减弱并东移到美洲东海岸去,到冷空气影响我国,一般为 4~6 天。这是冬季冷空气中期预报的一个很有用的统计指标。

(6)Hovmöller 图分析法的应用

上面已经说过,在正压平面大气中,Rossby 波的能量频散是以群速度传播的。由于群速度大于波的相速度,因此,当上游高空槽发展时,在下游地区会触发新的波动生成。这种现象被称为 Rossby 波的下游效应,根据上游系统的变化可以预报下游天气系统的发展。Hovmöller(1949)提出可以利用某一纬度带平均的位势高度的时间一经度剖面图,分析槽和脊的下游发展。这种方法称之为 Hovmöller 图分析法。但是在 20 世纪 80 年代以前,有关 Rossby 波下游效应的分析与预报并未受到人们的重视,直到 80 年代以后 Rossby 波能量频散理论才重新被广泛应用于大气遥相关的研究中。Hoskins 和 Ambrizzi(1993)的研究表明,副热带急流类似一条波导,使 Rossby 波沿急流传播。Chang(1999)指出,在这种急流波导中有天气尺度的波包(波群)自西向东传播(群速度),存在波的"下游效应"。当欧亚急流入口区中有高压脊或低压槽强烈发展后,几天以后会在急流出口区中也有高压脊或低压槽发展,而静止 Rossby 波列实际上就是遥相关型。Joung 和 Hitchman(1982)分析了 16 次东亚寒潮,发现在冷锋经过韩国前 6～7 天,北大西洋西部先有槽脊发展,以后下游(沿欧亚大陆向东)有槽脊系统的"顺序"发展,直到寒潮暴发。

20 世纪 40 年代末提出的 Hovmöller 图分析方法是分析 Rossby 波列下游发展效应的一个简单、直观和有效的工具。它是指某一气象参数(如位势高度、经向风或温度等)在北半球(或南半球)的某一纬度(或经度)带平均的时间一经度(或时间一纬度)剖面图。1949 年 Hovmöller 首先绘制了这种可以反映出气象变量时间演变特征的剖面图,用于分析高空槽和脊的演变及其下游发展效应,从 20 世纪 80 年代以来已被人们广泛用于分析高空槽脊的下游发展效应引发灾害性天气的机制分析。

近年来,我国著名气象学家陶诗言院士等深入研究了我国历史上许多严重的灾害天气事件,指出它们均由 Rossby 波的上下游效应所激发。所以他们强调夏季东亚上空 Rossby 波上下游效应与中国大陆上的强天气事件(包括冬春季寒潮和夏季致洪暴雨等)紧密相关,因此提出在天气预报业务中,应密切监视 Rossby 波的上下游效应。这种上下游效应可以在高空经向风场的时间一经度剖面图,即 Hovmöller 图上得到明显反映。例如,图 4.6 表现了在 2008 年 1 月寒潮过程中 Rossby 波上下游效应的影响。

2008 年 1 月,我国南方地区遭遇了持续性低温、雨雪、冰冻等重大灾害天气,在连续 20 多天时间里,我国黄河及其以南地区接连出现了 4 次强烈暴雪、冰冻灾害天气过程,全国 20 多省(市)受到影响。图 4.6 为 2008 年 1 月 1 日至 2 月 10 日 20°—35°N范围内平均 300 hPa 经向风时间一经度剖面(Hovmöller 图)。可以看到,1 月 21 日在大西洋中部 30°W 处有一个高空槽强烈发展,而 23—24 日 20°E 有高空槽发展,25—26 日 85°E 有高空槽发展加深。同时,在 22—23 日 10°W 处、25—26 日 60°E

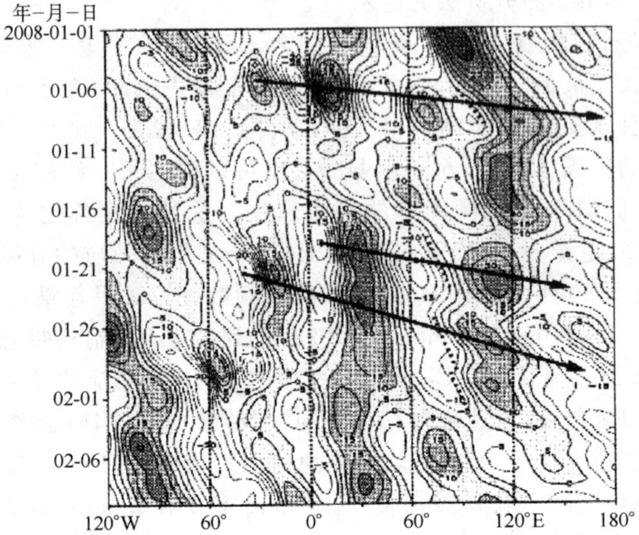

图 4.6　2008 年 1 月 1 日至 2 月 10 日沿 20°—35°N 范围内平均 300 hPa 经向风时间一经度剖面
(单位:m/s,阴影区:南风区,箭头表明 Rossby 波列的能量传播方向,粗点线为槽线)
(陶诗言 等,2010)

以及 27—28 日 135°E 先后有高空脊发展。图 4.6 上的粗点线的斜率可以表示高空槽向下游传播的速度(相速),可以看到高空槽脊的移动速度甚慢,大约 5～7 个经度/天,而南北风中心连线的斜率表示 Rossby 波能量向下游传播的速度(即群速度,粗实线)可达 25～30 个经度/天。由于天气系统的移速远远低于 Rossby 波列下游能量传播速度,这使得下游的槽脊在上游天气系统到来之前就开始强烈发展。利用 Hovmöller 图分析 Rossby 波列下游能量传播效应,气象变量可以选择位势高度,也可以是经向风(图 4.6)等,这两个变量描绘的特征基本一致,但后者一般更清晰。研究表明,在急流波导中有天气尺度的波包自西向东传播,存在波的"下游效应",因而,气象变量的分析层次最好选在高空急流的中心高度(如 200 hPa),某一纬度带的平均选在水平急流轴上,且随着季节变化进行调整。

4.2.4　阻塞高压和切断低压

在西风带中长波槽脊的发展演变过程中,在槽不断向南加深时,高空冷槽与北方冷空气的联系会被暖空气切断,在槽的南边形成一个孤立的闭合冷性低压中心,叫切断低压。在脊不断北伸时,其南部与南方暖空气的联系会被冷空气所切断,在脊的北边出现闭合环流,形成暖高压中心,叫作阻塞高压。阻塞高压与切断低压经常是同时出现,人们常常把阻塞高压出现后的大范围环流形势称为阻塞形势。阻塞形势的基本特征是有阻塞高压存在并且形势稳定。它是一个富有特征的经向环流。它的建立、崩溃、后退常常伴随着一次大范围(甚至是整个半球范围)环流形式的强烈转变。它的长久维持常会使大范围地区的天气反常,如某一地区持续干旱或阴雨。冬半年寒潮暴发与阻塞形势建立、崩溃和不连续后退有紧密的联系。据统计,在影响我国的大部分寒潮天气过程中,乌拉尔山地区都有高压脊活动,而有阻塞高压活动的约占一半以上。乌拉尔山阻塞形势崩溃与寒潮暴发有密切关系。所以冬半年阻塞形势的建立、维持、后退和崩溃过程的研究是预报寒潮天气的关键问题之一。

在实际天气分析中,一般只将具备以下几个条件的高空高压称为阻塞高压:

① 中高纬度(一般在50°N以北)高空有闭合暖高压中心存在,表明南来的强盛暖空气被孤立于北方高空。

② 暖高至少要维持3天以上,但它维持时期内,一般呈准静止状态,有时可以向西倒退,偶尔即使向东移动时,其速度也不超过7～8经度/天。

③ 在阻塞高压区域内,西风急流主流显著减弱,同时急流自高压西侧分为南、北两支,绕过高压后再会合起来,其分支点与会合点间的范围一般大于40～50个经度。阻塞高压是高空深厚的暖性高压系统,在它的东、西两侧盛行南北气流,其南侧有明显的偏东风,暖高凌驾于地面变性冷高之上,地面图上高压的东、西两侧都有气旋活动,常以西侧更为活跃。

阻塞高压的出现有其特定的地区和时间,最常出现在大西洋、欧洲及北美西部阿拉斯加地区,而且大西洋上空比太平洋上空出现得更多些。在亚洲地区,阻塞高压经常出现在乌拉尔山及鄂霍次克海地区,在欧洲,一般可维持到20天左右,至少也在5天以上;在亚洲平均则为8天,最短为3～5天。一年中,亚洲以5月、6月、7月三个月出现最多,以3月、11月为最少。欧洲则不同,最多出现在11月、3月、4月、5月,最少则在1月、7月,较亚洲约超前两个月。纬度方面,以在55°—59°N纬度带内出现得最多,而在40°—50°N纬度带内出现得最少。这表明在出现最多的时间内,出现最多的地区具有强盛的暖气流。

阻塞高压与切断低压经常同时出现,但是也有并不相伴出现的情况。它们出现的形式虽然不同,而结构则相类似,都是对流层中、上部(700 hPa等压面以上)大气长波的波幅不断增大后的产物,它们在300 hPa上表现得最清楚。在地面图上往往有一个冷性高压与它对应。但在适当条件下,高空气旋性涡度不断向下输送,也会导致地面图上出现较弱的气旋性环流。这与地面锢囚气旋自下向上发展,而在高空出现一个冷性气旋中心有本质上的区别。但是在切断低压东南侧地面上可能有锋面气旋波动发生,因此一般说,切断低压的云雨天气区多出现在东南方。我国最常见的切断低压是东北冷涡,它一年四季都可能出现,而以春末、夏初活动最频繁。它的天气特点是造成低温和不稳定性的雷阵雨天气。东北冷涡的西部,因为常有冷空气不断补充南下,在地面图上常表现为一条条副冷锋向南移动,有利于冷涡的西、西南、南至东南部发生雷阵雨天气,而且类似的天气可以连续几天地重复出现。

切断低压的形成过程,从形式上看有两种情况:一种与阻塞高压相伴出现,前面已讨论过,这里不再赘述;另一种是西风槽切断,不伴有阻塞高压。这里仅对后一种形成过程作一介绍。切断低压形成之前等温线振幅比等高线大,而且等温线位相落后于等高线(图 4.7a),槽前和槽内有明显的冷平流,槽后有很强的暖平流,在对流层中、上部这种冷暖平流的分布有利于槽脊的发展(图 4.7b)。槽加深以后,冷舌逐渐赶上气压槽,二者近于重合,并逐渐形成闭合冷低中心。与此同时,槽后高压脊也增强并向东伸,与槽东北侧的暖空气逐渐连接起来(图 4.7c),使槽内冷空气与北方冷空气主体脱离而孤立起来,并可继续发展加深形成一个完全被暖空气所包围的冷性大涡旋(图 4.7d)。切断低压的北部就形成一支平直的高空锋区和强西风带。

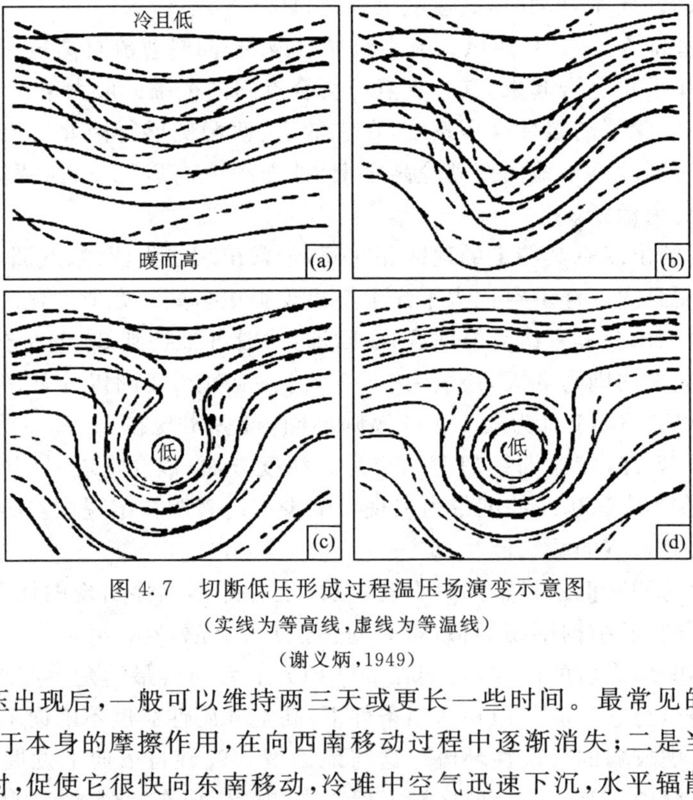

图 4.7　切断低压形成过程温压场演变示意图

(实线为等高线,虚线为等温线)

(谢义炳,1949)

切断低压出现后,一般可以维持两三天或更长一些时间。最常见的消失过程有两种:一是由于本身的摩擦作用,在向西南移动过程中逐渐消失;二是当北方有新的冷空气南下时,促使它很快向东南移动,冷堆中空气迅速下沉,水平辐散而气柱下沉增温很快,气旋性涡度逐渐减弱而使切断低压消失。

图 4.8 为切断低压与阻塞高压的铅直剖面图。图中右半部清楚地表示切断低压的冷空气堆结构特征,冷堆与外围暖空气间存在锋区,在切断低压上空对流层顶下降

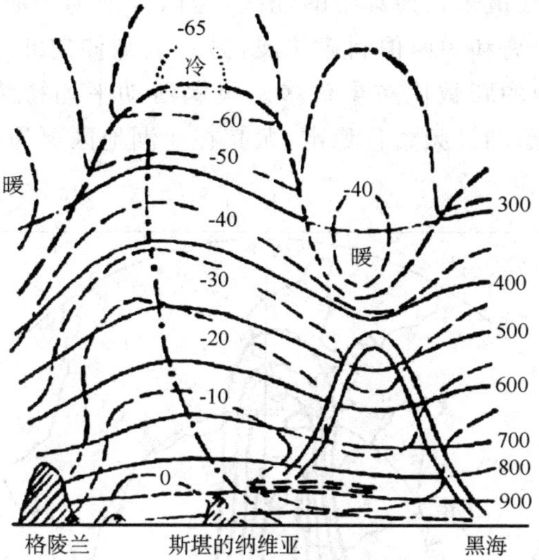

图 4.8 切断低压与阻塞高压垂直结构示意图

(粗断线为对流层顶,细实线为等压线,虚线为等温线,点虚线为高压轴线,粗实线为锋区)

(Berggren *et al.*, 1949)

达最低,呈一漏斗状。阻塞高压则相反,对流层顶很高,但温度低。阻塞高压是个高空深厚的暖高压系统,高压轴线自下而上向西北倾斜,至高层轴线直立。这个暖高压凌驾在近地面大规模变性冷高之上。

4.3 寒潮天气系统和天气过程

4.3.1 寒潮天气系统

引起寒潮的天气系统通称为寒潮天气系统,一般包括极涡、极地高压、寒潮地面高压和寒潮冷锋。下面分别进行讨论。

(1)极涡

一般来说,影响我国的冷空气最终都可追溯到北冰洋及其附近地区。这里在冬季极夜期间强烈辐射冷却形成了大规模极寒冷的空气团。它在地面图上表现为很浅薄的冷高压,由于海陆热力性质巨大差异,冬季这个浅薄的高压与西伯利亚和加拿大的冷高压联成一个统一的系统。这个冷性高压是浅薄系统,到了 700 hPa 高度上已经变为低压,而到了 500 hPa 高度则变为一个绕极区的气旋式涡旋,称为极涡。故人们常把极涡作为大规模极寒冷空气的象征。因此,它也就成为冬半年主要天气过程——寒潮天气过程的重要成员之一。

极涡中心出现频数最多且最集中的地区，是以极地为中心向亚洲北部新地岛以东的喀拉海、泰梅尔半岛和中西伯利亚伸展，另一端则伸向北美洲的加拿大东部(如图 4.9 所示)。西半球的频数比东半球多。极涡活动平均持续天数超过 5 天，以北美—大西洋和亚洲区活动最频繁且稳定，尤其在亚洲地区更为稳定，最长的活动过程达 35 天。

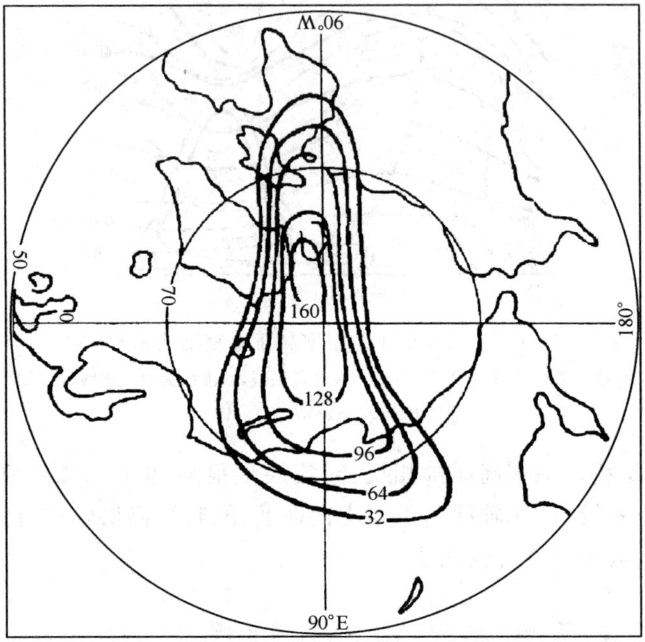

图 4.9　1962—1971 年冬半年 100 hPa 极涡中心频数分布

(朱乾根 等，2007)

极涡的移动路径主要有三种类型：①经向性运动。极涡中心从一个半球经极地移到另一半球。其中，由西半球经极地向西伯利亚移动的极涡主要集中在前冬，而向相反方向移动则大多发生在后冬；②纬向性移动。大多发生在欧亚大陆的高纬地区，西半球也有，但移到格陵兰高原附近立即终止；③转游性运动。主要在极区的亚洲部分和喀拉海—新地岛一带，转游的方向大部分是向西的，过一段时间(一般在 2 周以上)活动后，又转回原来的出现地附近。

根据极涡中心的分布特点，按 100 hPa 的环流分为四种类型：①绕极型。北半球只有一个极涡中心，位于 80°N 以北的极点附近的环流称为绕极型；②偏心型。在北半球也只有一个极涡，但中心位于 80°N 以南，整个半球呈不对称的单波型，有位于西伯利亚东部到阿拉斯加暖脊，欧亚大陆高纬度为一个椭圆型冷涡；③偶极型。极涡分裂为两个中心，中心分别位于亚洲北部和加拿大，整个北半球高纬环流呈典型双波绕极；④多极型。北半球有三个或三个以上极涡中心，整个半球形成三波绕极分布，波槽的位置与冬季平均大槽的位置接近。这四种极涡型在冬半年各月分布的频率并不相同，绕极型在10月份占绝对优势，频率占50%，11—12月偶极型频率占40%～50%，到1—2月偶极型频率接近60%，其平均持续也最长，可达11.8天。

亚洲高纬上空稳定维持一个强大的极涡时，对我国的寒潮天气过程有很好的指示意义。根据历史天气图的普查，发现所有中等以上强度的大范围持续低温大多出现在北半球对流层中、上部，极涡发生断裂分为两个中心，即形成偶极型环流的情况下。亚洲一侧的极涡中心南压到西伯利亚北部，冷空气从西伯利亚源源南下，造成我国大范围持续低温。如果欧亚大陆极涡是两个极涡中心，且靠近我国的较强，伴随我国大范围持续低温是强的；若两个极涡中心强度相当接近，我国的持续低温是中等偏强；反之，若亚洲极涡中心是较弱者或极涡分裂为三个中心，则持续低温偏弱。

极涡的大小常用极涡面积来表示。一般把500 hPa最大西风轴线附近的等高线为极涡南界，这一特征等高线以北所包围的面积称为极涡面积。根据球面积公式计算极涡面积如下：

$$S=\int_{\lambda_1}^{\lambda_2}\int_{0}^{\frac{\pi}{2}}R^2\cos\varphi\mathrm{d}\varphi\mathrm{d}\lambda=R^2(1-\sin\varphi)(\lambda_2-\lambda_1) \tag{4.4}$$

式中，S为λ_2～λ_1经度范围内的极涡面积，φ为极涡南界纬度，R为地球半径。一般来说，在寒潮中期过程的初始阶段，两大洋高压脊向极区发展，造成极涡分裂或涡偏心，极涡中心南掉至亚欧大陆北部。随后两大洋脊相向移动，在巴伦支海和鄂霍次克海附近分别有高压脊发展，亚洲地区的极涡加强南压，形成“倒Ω流型”，标志着寒潮过程从初始进入酝酿阶段。第二阶段从寒潮暴发前10日至暴发后1日，极涡面积从2.43×10^7 km^{2}下降至2.26×10^7 km^2，表明寒潮在东移南下影响过程中，极涡面积减小。其主要原因是冷空气分裂南下，冷涡主体向极地收缩，“倒Ω流型”逐渐破坏。在寒潮暴发后，极涡面积有所上升。对寒潮过程的极涡面积演变分析表明，在寒潮暴发前10日前后，大多数极涡面积指数均达一个高值，这与东亚“倒Ω流型”的建立有关，是极地冷空气南下堆积酝酿的重要标志。

(2) 极地高压

天气实践分析表明，导致极涡分裂呈偶极型，常常是由中、高纬度的阻塞高压进入极地并维持所致，而当极地高压向南衰退与西风带上发展的长波脊叠加时，我国将有寒潮天气过程暴发。

极地高压的定义是满足以下条件的高压系统：①500 hPa图上有完整的反气旋环流，能分析出不少于一根闭合等高线；②有相当范围的单独的暖中心与位势高度场配合；③暖性高压主体在70°N以北；④高压维持在3天以上。极地高压是一个深厚的暖性高压，由于极地高压形成，使极圈的温度场变成南冷北暖。极地高压是中、高纬度的阻塞高压进入极地而形成的，所以它建立的过程与中、高纬阻塞形势的建立过程很类似。主要是在两个大洋的中、高纬度地区有明显的温度脊落后于高度脊的斜压结构，特别是较低纬度温度脊向北的极区发展，导致高度场的脊经向发展；或是由于高纬地区经向环流发展，脊后的长波槽也同时向东南加深而切断形成一个闭合的冷低压，低压前部偏东气流增强，使脊向西北方向伸展，导致极地高压形成。

(3)寒潮地面高压

以往比较普遍地把寒潮全过程中的冷锋后地面高压称为冷高压，把高压路径就当作冷空气路径，有研究表明，寒潮地面高压多数属于热力不对称的系统，高压的前部有强冷平流；后部则为暖平流，中心区温度平流趋近于零，它是热力和动力共同作用形成的。但也有少数过程高压始终为冷性。

西伯利亚地面冷高压是我国寒潮天气过程的直接影响系统，它的中心强度和高压前部的气压梯度是预报寒潮冷空气强度和大风等灾害性天气的重要参考指标。

从 1951—2006 年全国性寒潮过程的地面冷高压强度的统计结果来看，不同寒潮过程的冷高压强度变化较大，最强可达 1074 hPa 以上(1987 年 11 月 25 日)，最弱只有 1034 hPa (1967 年 9 月 28 日)，相差近 40 hPa。87 次寒潮过程平均强度达 1055 hPa，其中超过 1045 hPa 的有 70 次，占总数的 80%。线性趋势分析显示，虽然寒潮发生频次的年代际变化明显，但冷高压强度无明显年际变化。寒潮过程冷高压强度的月际统计结果表明，其有明显季节变化，隆冬最强，12 月和 1 月平均冷高压强度都超过 1060 hPa；过渡季节强度最弱，其中 9 月平均仅有 1036 hPa，4 月稍强，为 1044 hPa。

定义地面冷高压中心与 30°N，115°E 格点(武汉附近) 的气压差值为寒潮冷高压梯度，以表征冷高压的相对强度。统计表明，寒潮过程中地面冷高压梯度最大达 60 hPa，出现在 1987 年 11 月 25 日的过程，1967 年 9 月 28 日寒潮过程最小，为 22 hPa。冷高压越强则梯度越大，引发的寒潮天气越剧烈，两者相关系数为 0.75。与冷高压强度不同，冷高压梯度的季节变化不明显。冷高压梯度 9 月为 24 hPa，明显偏小，其他各月差别不大，最大梯度 47 hPa 出现在 2 月(康志明 等，2010)。

冬半年强冷高压主要在 45°—65°N，70°—130°E 范围内活动，其中在阿尔泰山和贝加尔湖西南方的萨彦岭分别有两个中心，揭示了多数冷高压都在这一带增强暴发南下。冷高压活动中心均与山脉相对应，说明冷高压加强与地形作用密切相关。

(4)寒潮冷锋

在寒潮地面高压的前缘都有一条强度较强的冷锋作为寒潮的前锋，冷锋随高度向冷空气一侧倾斜，在高空等压面上对应有很强的锋区，锋区结构上宽下窄，在 300 hPa及以下各等压面上均有明显的冷槽和锋区。冷锋的移动方向与寒潮地面高压的路径有密切关系；与锋前的气压系统和地形也有关；与引导冷空气南下寒潮冷锋后的垂直于锋的高空气流分量有关。这种气流常称为引导气流，引导气流的经向度又取决于与冷空气活动有关的高空槽，常称为引导槽和该槽后的脊。引导槽后的脊也发展，引导槽加深，锋后气流经向度加大，有利于寒潮冷锋南下。

4.3.2 寒潮中期天气过程

天气预报的时效一般分为长期、中期和短期三种，其中1～3天为短期，3天以上至10天左右为中期，10天以上为长期。中长期天气预报思路一般都是建立在对大型天气系统和天气形势演变的分析和预报基础上的。

寒潮是大范围的强冷空气在一定环流形势下向南暴发的现象，是一种大型天气过程。在其整个生命史中，往往与半球范围的超长波、长波活动有密切关系。它又在这些不同尺度系统的相互作用中，表现出阶段性的特点，构成了寒潮的中期天气过程。

根据20世纪80年代我国的研究，认为寒潮中期过程有三大类，其中主要的一类是倒Ω流型；另一类是极涡偏心型；还有一类是大型槽脊东移型。据统计，全国性寒潮70％～80％属于倒Ω流型，这种流型的演变特点可分为三个阶段。

① 初始阶段：在两个大洋北部有脊向极地发展，作为整个过程的开始。常常是太平洋东部的阿拉斯加暖性高压脊已经存在，尔后大西洋暖脊向西欧、向极地发展时，阿拉斯加暖脊也向西、向极地发展（有时两脊在极地打通），极涡分裂为二，分别移到东、西两个半球（或极涡偏于东半球）。从东半球天气形势看，两个大洋的脊挟持一个大极涡，形成倒大“Ω”流型（如图4.10）。

② 酝酿阶段：大倒Ω流型向亚洲地区收缩，乌拉尔山和鄂霍次克海建立暖性高压脊，亚洲极涡加强并南压，形成了东亚地区的倒Ω流型。极涡底部有一支强西风，伴随着一支强锋区，锋区上常有长波发展或横槽缓慢南压，形成了强冷空气酝酿形势。

③ 暴发阶段：中纬度长波急速发展，或横槽转竖，或横槽南压，引导冷空气侵袭我国。最后东亚大槽加深并重建，过程结束。在寒潮暴发过程中，当有南支槽配合时，寒潮冷锋在长江流域或以南锋生，将会造成严重的天气过程和持续低温阴雨天气。

整个寒潮中期天气过程，由两个大洋暖高压脊发展—寒潮暴发—东亚大槽重建，一般为期大约2～3周。

以上所说的是全国性寒潮中倒Ω流型的典型模式，畸变的情况也是常见的。如东半球极涡位置、强度不是固定不变的，挟持极涡的暖高压脊也不一定非在乌拉尔山和鄂霍次克海地区不可，有时可能是欧洲暖脊，甚至是西伯利亚脊和北太平洋中部暖

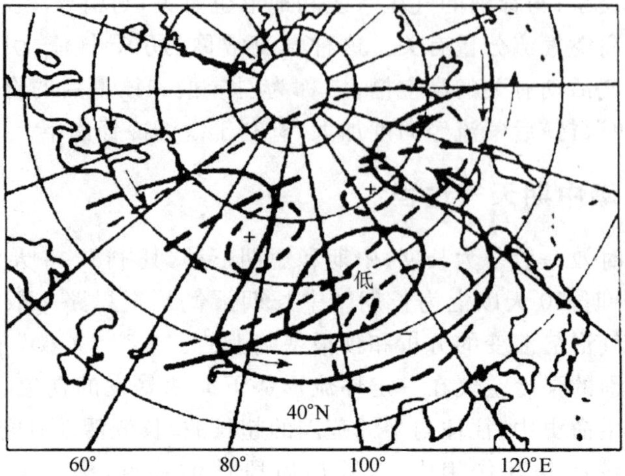

图 4.10　东亚倒 Ω 流型寒潮中期天气过程的示意图

(细线为等高线,粗线为槽脊线,虚线为等变高线;+、-为正负变高中心;

粗矢线和空心矢线分别为冷暖平流;细矢线为脊线移动方向)

(朱乾根 等,2007)

脊。极涡有时也可能有 2～3 个低压中心,酿成寒潮的只是其中之一。演变情况也很复杂,常有极涡更替,但从整体来看是很相似的。

极涡偏心类型,初始阶段表现为大洋北部暖脊已发展,极涡已偏心于东半球。酝酿阶段则表现为两个大洋暖脊再次强烈发展,并迅速向东亚收缩,乌拉尔山的暖脊已移到西西伯利亚上空,亚洲极涡强度较强。暴发阶段则表现为西西伯利亚上空暖脊发展东移,脊前偏北气流加强引导强冷空气向南大举暴发。

东亚倒 Ω 流型的建立主要是乌拉尔山和鄂霍次克海两个地区有高压脊向极区发展,并在北冰洋形成反气旋打通而形成。预报员常把乌拉尔山的高压脊作为预报寒潮和强冷空气的关键系统。

同样道理,鄂霍次克海高压脊的发展,追溯其源都同阿拉斯加的高压脊有关,可以分为阿拉斯加高压脊西退到鄂霍次克海发展而成和由阿拉斯加脊分裂出闭合高压(极地高压),极地高压西移到东西伯利亚、鄂霍次克海与该地区的弱脊合并,而形成强大的鄂霍次克海的高压脊。综上所述,寒潮中期预报的关键系统应是两个大洋上的暖性高压脊。

4.3.3　寒潮的中短期天气过程

为了正确预报寒潮,早在 20 世纪 50 年代初我国就已经进行寒潮天气过程类型的研究,通过各型寒潮的基本特征介绍,可以加深对寒潮天气过程中环流演变特征和短期影响系统活动规律的认识。根据多年的实践和研究,目前,比较普遍把我国的寒潮的中短期的天气形势归纳为三个基本类型，即小槽发展型、横槽型和低槽东移型。

(1)小槽发展型

小槽发展型亦称为脊前不稳定小槽东移发展型。这是由于小槽在东移过程中逐渐发展成为大槽，从而造成寒潮的过程。

一个小槽能否发展，是不是不稳定，可以从高度场和温度场上的特征来分析。如果槽前等高线有疏散，即槽线上有正涡度平流，则有利于小槽发展。如果温度槽落后于高度槽约1/4波长，槽线上有冷平流，也有利于小槽发展。如果在这个小槽后边的小脊，暖舌(温度脊)落后于高度脊，或脊线附近的等高线呈疏散，即脊线上有暖平流和负涡度平流，则有利于脊发展，从而使小槽后的偏北风加大，冷平流加强，将更促进小槽发展。

小槽发展向南加深，同时小脊向北发展加强，它们边发展边随着基本气流向东移动。一般当高压脊到达乌拉尔山以东地区，小槽也将发展为位于巴尔喀什湖的较大的槽。这时如果另有一片暖平流区与乌拉尔山以东地区的高压后部暖平流叠加，高压脊便将更加发展。当东移发展的槽越过萨彦岭处于下坡地形的贝加尔湖地区时，槽后的脊由于在东移过程中与东部迎面移来的暖平流正变高叠加后发展很强，使脊前的西北气流加强，冷平流也大大加强。脊前的地面冷高压中心增强到1052 hPa以上，冷高压前沿的冷锋移到中蒙边境至新疆一线。与此同时，原来停留在日本海的东亚大槽明显减弱东移。根据上下游效应原理可以预期，小槽即将发展成大槽。接着东亚大槽便完成了一次更替，随后寒潮对我国的影响也告结束。

从上面所说的小槽发展过程可以看出，实质是一个通过不稳定的小槽小脊发展，把从大西洋到东西伯利亚的大倒Ω流型，演变为东亚倒Ω流型的过程。这个过程历时约5～6天。从预报角度看，当大Ω流型出现之后，要注意分析小脊小槽的温压场结构是否能获发展，有时小脊的发展比小槽的发展更显著，所以也有预报员把这种演变过程称为里海中亚长脊及脊前不稳定小槽发展过程。该类寒潮的强冷空气一般取西北东南路径侵袭我国。

图4.11所示的就是一次小槽东移发展型的寒潮天气过程。由图中可以看出，一个欧洲小槽在东移过程中逐渐加强，最后导致东亚大槽的重建。

(2)低槽东移(或称为西来槽)型

欧亚大陆基本气流为纬向气流，在纬向的基本气流中，槽、脊自西向东移动稍有发展，脊槽的振幅比较大，冷空气源地在欧洲，冷中心强度约为－40℃。它长途跋涉来我国，由于气团变性使冷空气强度较弱，有时难以达到寒潮强度，但是在以下三种情况下亦可能达到寒潮程度。

① 低槽东移过程中，有新鲜冷空气与贝加尔北部残留的冷空气合并使冷空气强度加强，槽后冷平流强度增强，地面的寒潮高压中心强度常因两股冷空气合并而加强

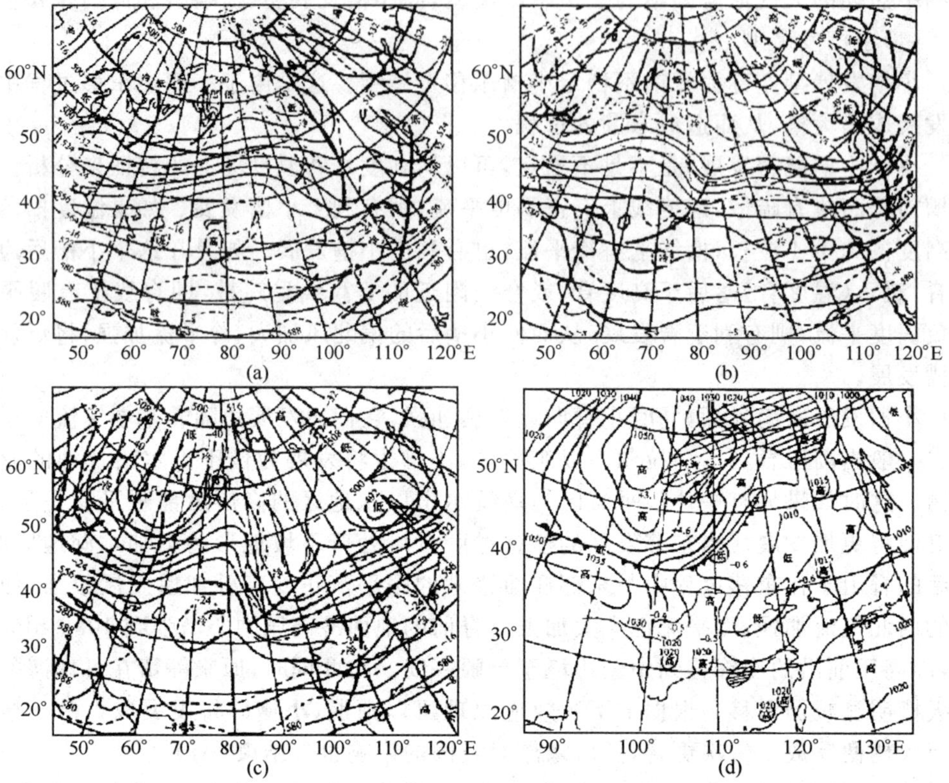

图 4.11 一次小槽东移发展型寒潮天气过程的实例

(a) 1963 年 12 月 19 日 20 时 500 hPa 图;(b) 12 月 21 日 20 时 500 hPa 图;

(c)12 月 22 日 20 时 500 hPa 图;(d)12 月 22 日 20 时地面天气图

10 hPa 以上。

② 低槽东移到乌拉尔山以东时,从黑海到里海有明显的暖平流,在暖平流的作用下,里海附近高压脊向北发展,脊前西北气流加强,促使新鲜冷空气从新地岛加速南下与原低槽中的冷空气合并。合并后在 500 hPa 上冷中心变为－44℃,冷平流明显加强,地面高压也加强。

③ 此型寒潮发生,大多数与地面气旋的发展有关,蒙古气旋、东北低压强烈发展又向东北移去,有利于冷空气主力向东偏北移去。黄河气旋及江淮气旋发展将导致冷空气南下而暴发寒潮。

图 4.12 所示的就是一次西来低槽东移型的寒潮天气过程。由图中可以看出,一个高空西来低槽在东移过程中加强,相对应的地面冷高压增强南压。最后高空西来低槽东移入海,导致东亚大槽的重建。

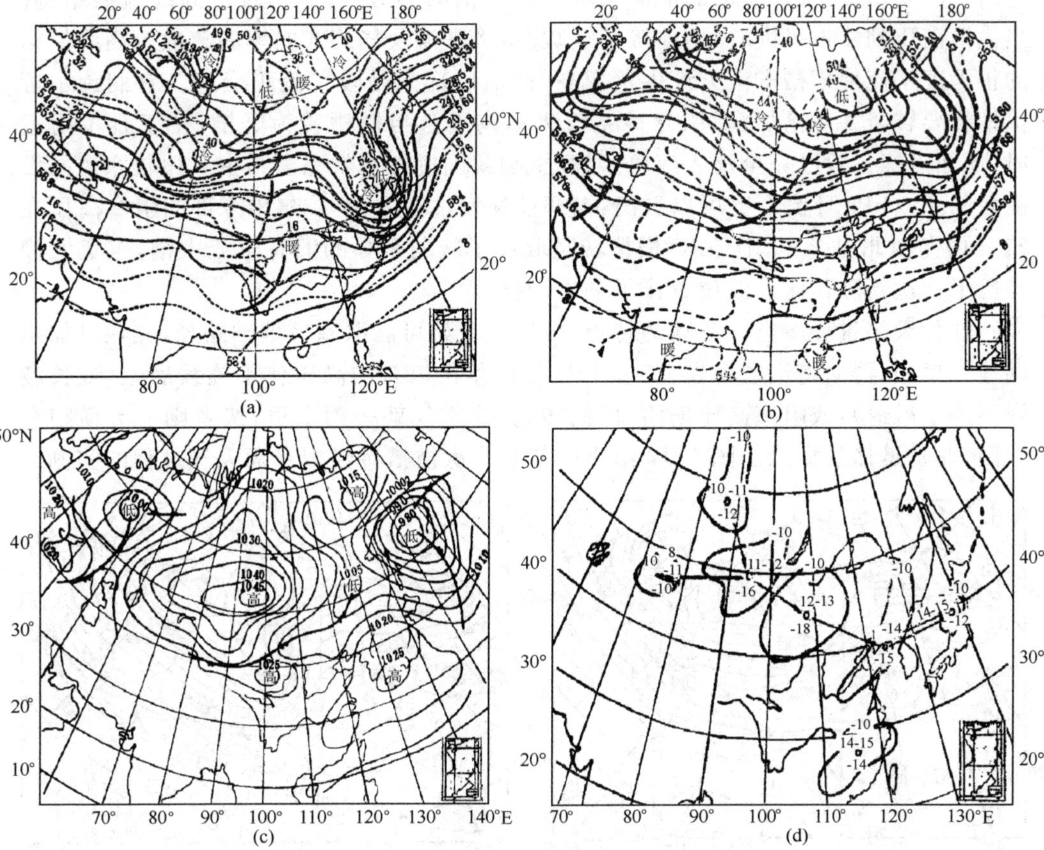

图 4.12 一次低槽东移型寒潮天气过程的实例

(a) 1970 年 11 月 11 日 08 时 500 hPa 图；(b) 11 月 12 日 08 时 500 hPa 图；

(c) 11 月 12 日 08 时地面天气图；(d) 11 月 10—15 日地面 $-\Delta T_{24}$ 中心演变图

(3)横槽型

东亚倒 Ω 流型建立时，极涡向西伸出一个东—西走向槽，槽前后是偏北风(340°—20°)与偏西风(300°—250°)的切变。极涡中的冷中心约为 −44℃，温度平流不明显。冷空气向南暴发的过程主要有横槽转竖、低层变形场作用以及横槽旋转南下等三种不同情况。下面分别进行讨论。

① 横槽转竖。亚洲东部为一横槽，乌拉尔山或以东及贝加尔湖地区为东北西南向的长波脊，经常有一个阻塞高压，当脊后有暖平流北上时，暖平流促使高压脊继续加强或阻塞稳定维持，脊前的偏北气流也随之加强，不断引导冷空气在贝加尔湖附近的横槽内聚积，汇成一股极寒冷的冷空气。随着锋区南压，锋区中有小槽东传，若又

有南支波动东传,便在横槽的前面出现了阶梯槽的形势,有利出现等高线疏散结构。当横槽南压到蒙古境内时,槽前等高线疏散,冷平流及气旋式曲率的疏散等高线结构的正涡度平流使横槽东南方产生负变高,横槽后部又是暖平流正变高。它们预示着横槽将要转竖并向南加深,引导冷空气大举南下。当横槽转为竖槽,位于日本附近时,地面冷锋一般已完全进入南海,寒潮影响我国过程也就完全结束。比较寒潮暴发前后的500 hPa环流形势可以看出:在寒潮暴发过程中,乌拉尔山东部的阻塞高压在24 h内向西北退了20个经度,横槽转竖取代了减弱东移的旧有东亚大槽,东亚大槽经历了一次新陈代谢长波位置作了一次调整。

这种天气过程冷空气活动的特点:冷空气开始可能取超极地轴路径,先在贝加尔湖地区聚积,再向南迅猛暴发。500 hPa乌拉尔山以东的高压作不连续后退(或长波脊不连续后退),或阻塞高压崩溃,横槽转竖,冷空气就一泻千里,快者则一天横扫全中国,非常迅速且猛烈。图4.13给出的就是一次横槽转竖型寒潮天气过程的实例。

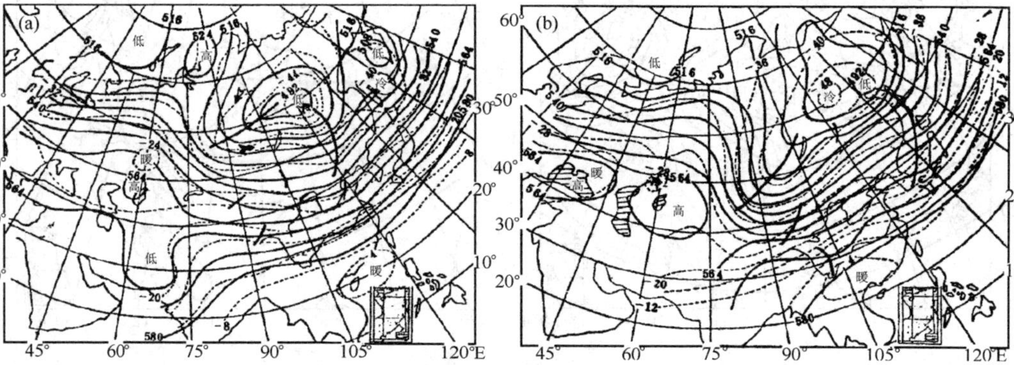

图 4.13 一次横槽转竖型寒潮天气过程的实例

(a) 1972年12月9日08时500 hPa图;(b) 12月10日08时500 hPa图

预报这类寒潮的关键是预报横槽何时转竖。一般来说,横槽转竖前常有以下几点特征:

(i)温压场结构方面。如果横槽的温压场配置使槽线或槽后有冷平流或无平流,则横槽稳定。如果冷舌或冷中心超前于横槽(注意有时可能在500 hPa上表现不明显,而在700 hPa或850 hPa上更要清楚些),负变高也移到槽前,横槽后面转为暖平流并有明显正变高,变高梯度指向东南或南,则横槽转竖或南压。横槽前面出现阶梯槽,等高线明显地疏散,一般预示着横槽即将转竖或南压("南压"指的是幅度较大的连续南移)。

(ii)风场转变方面。如横槽后面的东北风逆转为北风或西北风,横槽将转竖,偏西北风愈大对横槽转竖或南压愈有利。

(iii)阻塞高压是否崩溃或不连续后退方面。如阻塞高压崩溃,则横槽转竖或南压;在阻塞高压不连续后退的过程之中,横槽也会转竖或南压。

(iv)上下游的长波调整也可使横槽转竖或南压。

② 低层变形场作用。当东亚出现倒Ω流型后,极涡被乌拉尔山高压脊和鄂霍次克海暖高所挟持并缓慢南压到贝加尔湖地区,极涡的南边锋区位于45°N附近,且比较平直,在平直的西风带中不断有小波动东传,小波动快速东传时引导小股冷空气南下,使锋区南压,造成持续时间比较长的持续降温,但每日降温幅度小,与横槽转竖型截然不同。但是,如果北支槽与南支槽或高原槽同位相叠加,低空变形场有锋生,也会使冷空气加速向南暴发,形成寒潮。

在这类寒潮向我国暴发的全过程中,500 hPa上空中纬度地区环流一直维持得较为平直,一个个低槽向东移动时就往北收缩,消失于日本海北部的锋区入口区中,并没有引导冷空气南下的低槽发展起来。但是由于中纬度锋区已在40°N附近,其中低槽一个个东移,就会在低空变形场中锋生,并有冷空气在低层加速南下。概括地说,这类寒潮天气过程的特点是:中纬度锋区中低槽一个个东移并引导小股冷空气南下,而且由东、西两路汇合锋生,使冷空气加速南下。

③ 横槽旋转南下。极地高压沿西伯利亚北部不断西移到泰梅尔半岛南下,与原来在乌拉尔山地区的高压脊逐渐合并,被极地高压切断的极涡在东半球的贝加尔湖附近形成一个极为寒冷的低涡,图4.13a中在500 hPa上气温为−48℃,而地面图上最低气温达−55℃,极涡向西伸出一个横槽。但是这种横槽只不过是绕极涡中心旋转的暂时表现。这种类型的形势常常是冷空气很明显,看起来将有强冷空气南下造成寒潮,而其结果又常常寒潮“拐弯”,仅仅影响我国北部地区,难以形成全国性寒潮。然而在特定条件下也能造成全国性寒潮,如1972年12月9—12日这次天气过程就引起了一次全国范围内的寒潮天气。那是由于从亚洲北部旋转下来的低槽与高原槽叠加而造成的。当时在华北、东北及东南沿海普遍出现六级以上的大风,沿海不少测站出现20 m/s以上的大风,与大风相联系的是在我国北方有大范围的风沙和吹雪天气。这次寒潮降温也很剧烈,例如多伦县24 h降温达22℃,个别地方还伴有雨雪。

概括地说,当极涡西侧的长波脊稳定维持时,极涡向西伸出的横槽在长波脊前绕低压中心(或两个低压中心的连线)旋转。新槽(或西边的低压)南下,旧槽(或东边的低压)北缩。所以一般旋转低槽带下来的冷空气只能影响我国北方,而只有在南支槽或高原槽接应的情况下,才能造成全国性寒潮天气。

(4)各类寒潮天气过程的特点比较

首先来看各类寒潮天气过程的共同点。从前面个例分析看来,寒潮天气过程实质上是强冷空气向南侵袭我国的过程。冷空气积聚是寒潮暴发的必要条件。冷空气在高空图上表现为一个冷中心(或冷舌)。强冷空气的冷中心在隆冬季节(12月至翌年 2 月)在 700 hPa 图上为－36℃或更低,在 500 hPa 图上为－40℃或更低;10—11 月和 3—5 月冷中心在 700 hPa 图上为－28～－32℃。相应地在地面图上有冷高压活动,隆冬季节蒙古高压中心强度可达 1060 hPa 以上。冷高压前沿有一条寒潮冷锋,冷锋所到之处若没有特殊地形(如盆地、高山的下坡处),则在相同的辐射条件下一般都要引起温度剧降、气压急升及偏北大风。所以每次寒潮都会引起一次大范围热量的南北交换。

其次再来看各类寒潮天气过程的不同点。主要表现在以下四个方面:

① 冷空气源地不同。有的来自欧亚大陆北面的寒冷海洋(白海、巴伦支海、喀拉海、新西伯利亚海),有的则来自欧亚大陆。

② 路径不同。冷空气从国外移到我国来时,路径可分为四条:(i)西北路径,冷空气自新地岛以西的白海、巴伦支海经西部西伯利亚、蒙古进入我国;(ii) 北方路径,冷空气自新地岛以东喀拉海或新西伯利亚海进入亚洲北部,自北向南经蒙古进入我国;(iii) 西方路径,冷空气在 50°N 以南欧亚大陆自西而东经我国新疆、蒙古影响我国东部;(iv) 东北路径,冷空气自鄂霍次克海或西伯利亚东部向西南影响我国东北。以上前三条路径较常见,而最后一条路径次数较少,强度一般也不大。

③ 冷高压南下形式不同。表现在:(i) 完整的冷高压有规律地向东移动来。(ii) 冷高压分裂南下。冬半年冷高压经常是以其母体中心留在蒙古,而从中分裂出一个高压南下,再东移入海。(iii) 冷高压补充南下。有时从高压母体中分裂南下了一个高压中心后,不久还可从高压母体中再分裂出一个高压中心南下,高压前有明显的副冷锋;后一个分裂南下的冷高压就称为补充南下的冷高压。(iv) 冷空气扩散南下。冷空气逐渐向南扩展南下,因它与前面冷空气的性质差异不大,故无明显副冷锋。当冷空气活动不强时很容易出现这种情况。

④ 促使寒潮暴发的流场不同。表现在:小槽发展型的寒潮暴发时的流场,多数是在乌拉尔山地区有反气旋或高压脊发展,脊前有一不稳定小槽不断地发展东移,最后变为东亚大槽,槽后西北气流引导寒潮暴发。“横槽转竖型”主要是乌拉尔山附近的阻塞高压崩溃或不连续后退过程中,横槽转竖,引导寒潮暴发。“低槽东移型”是由于暖脊东移至中亚发展,而冷槽过了阿尔泰山、萨彦岭仍加深东移,引导冷空气侵入我国。以上三种类型寒潮天气过程都与北半球长波调整、东亚大槽破坏重建联系在一起的。“变形场锋生型”与“低槽旋转型”则是在欧亚大陆环流形势维持稳定少变的前提下,前者是借一个个小槽快速东移使锋区缓慢南下,导致冷空气向南暴发,低空变形场锋生又使冷空气加速南下,旋转的低槽与南支槽同位相地叠加,引起我国上空经向环流加强,引导北方强冷空气深入南方,造成全国性寒潮。

4.4 寒潮天气的预报

寒潮是强冷空气的暴发，它经历了北方冷空气堆积和向南方暴发这样两个阶段。而南下冷空气的不同路径和不同强度又会直接影响寒潮天气的强度和影响范围。所以作寒潮天气预报应包括：寒潮的强冷空气堆积预报；寒潮的暴发预报；寒潮的路径与强度预报和寒潮天气预报。

4.4.1 寒潮的强冷空气堆积预报

强冷空气在西伯利亚和蒙古地区堆积是寒潮暴发的必要条件。如冷空气不够冷，即使环流形势有利，南下的冷空气也不易达到寒潮的强度。一般根据各层天气图上冷中心（或冷舌）及地面图上冷高压的配合情况，可以判断有无强冷空气堆积。例如在西伯利亚或蒙古地区上空 500 hPa 上有一中心强度为－48℃的冷中心，相应位置上 700 hPa 的冷中心为－36℃，地面图上又有一个强冷高压与之配合，这就说明已有强冷空气堆积了。但是，有时冷空气堆开始阶段表现并不明显，以后可能发展为强冷空气堆。要预报初始时表现为弱小的冷空气以后是否会堆积成为强冷空气，可以从下述四个方面着手：

① 与冷舌相配合的小槽是否属于不稳定小槽。若小槽将获较大发展，而且槽后的高压脊也将在乌拉尔山附近有较大发展，则脊前偏北气流加强，引导北冰洋或沿海冷空气在西伯利亚堆积。如高空冷中心扩大或变冷并向南扩展，则地面冷高压也会加强。

② 冷空气在东移过程中有无来自不同方向的新冷空气补充或合并加强。

③ 高空的极涡是否分裂南下到亚洲北部。如两个高压脊伸向极地，使极涡分裂南下，就会伴随着强冷空气向南堆积。当 100 hPa 极涡分裂为两个且较强的一个中心在亚洲北部时，如 500 hPa 或 300 hPa 图上也有一次极涡切断过程，则我国将出现持久的低温天气。

④ 冷舌中，有无产生绝热上升冷却的环流条件，若有正涡度平流，辐散有利上升产生绝热冷却，冷舌增强。

4.4.2 寒潮暴发的预报

当具备了强冷空气堆积的必要条件以后，寒潮暴发的预报就成为关键问题。上面介绍的三大类寒潮天气过程，是从寒潮暴发时的流场来划分的，它只能作为认识寒潮天气过程的一种方法，仅供作寒潮预报参考。实际工作中遇到的每一次寒潮天气过程不可能与上述三大类完全相同，所以不可生搬硬套。从三大类不同的寒潮天气过程可以概括地说明，寒潮暴发时有两种不同环流系统。一种是不稳定的短波槽脊在移动过程中获得发展，变为长波，经向环流加强，引导冷空气南下；另一种是中高纬上空已经有稳定的准静止长波系统，由于上游有“赶槽”侵入稳定的长波系统内，使准静止长波遭受破坏，或与南支槽叠加使经向度加大，促使冷空气南下。

(1)槽脊的发展预报

① 地转涡度平流和相对涡度平流对槽脊发展的影响。根据天气系统预报的运动学方法的原理可知，当槽(脊)线两侧变压(高)或涡度平流的大小不同，而在槽(脊)线上变压(高)或变涡度为零时，槽(脊)线只会移动，不会发展。但当在槽(脊)线上有负(正)变压或正(负)变涡时，槽(脊)就会加深(加强)；相反，当在槽(脊)线上有正(负)变压或负(正)变涡时，槽(脊)就会填塞(减弱)。

造成变涡的主要因子是涡度平流，包括地转涡度平流、相对涡度平流和热成风涡度平流。在准地转假设下可得下列高空(平均层)形势预报基本方程：

$$\frac{\partial \bar{\zeta}_g}{\partial t} \approx -\mathbf{V}_g \cdot \nabla(\zeta_g + f) - 0.6\mathbf{V}_T \cdot \nabla \zeta_T = A_\zeta + A_f + A_{\zeta_T} \tag{4.5}$$

式中，A_f，A_ζ 和 A_{ζ_T} 分别为地转涡度平流、相对涡度平流和热成风涡度平流。地转涡度平流的表达式为：

$$A_f = -\mathbf{V}_g \cdot \nabla f = -v\frac{\partial f}{\partial y} = -v\beta \tag{4.6}$$

可见，对于一个南北走向的槽脊，在槽(脊)线上的地转涡度平流为零。地转涡度平流仅有可使槽(脊)产生移动的作用；而对东西走向的横槽(脊)，槽(脊)前后南北向气流符号相同，对槽脊的移动无明显作用；而在槽(脊)线上为偏北气流时，有正的地球涡度平流使槽加深(脊减弱)；反之，在槽(脊)线上为偏南气流时槽将减弱(脊加强)。

对于短波而言，相对涡度平流比地转涡度平流大得多，所以相对涡度平流对短波的发生、发展的作用也比地转涡度平流大得多。在准地转假设条件下，相对涡度平流用下式表示：

$$A_\zeta = -\frac{(9.8)^2}{f^2}\frac{\partial H}{\partial n}\left[K_s\frac{\partial^2 H}{\partial s\partial n} + \frac{\partial H}{\partial n}\frac{\partial K_s}{\partial s} - \frac{\partial}{\partial s}\left(\frac{\partial^2 H}{\partial n^2}\right)\right] \tag{4.7}$$

式中，H 为位势高度，K_s 为流线曲率，s，n 分别表示流线的切向和法向。在槽中$K_s>0$，槽线前后若等高线沿气流方向疏散，即$\frac{\partial^2 H}{\partial s\partial n}>0$，则槽线上有正涡度平流，槽将加深；反之，若槽线前后等高线沿气流方向汇合，则槽线上有负涡度平流，槽将减弱。在脊中 $K_s<0$，脊线前后等高线沿气流方向呈疏散，即$\frac{\partial^2 H}{\partial s\partial n}>0$，则脊线上有负涡度平流，脊将加强；反之，若脊线前后等高线沿气流方向汇合，脊线上有正涡度平流，脊将减弱。在槽(脊)线上$\frac{\partial K_s}{\partial s}=0$，所以曲率项$\frac{\partial H}{\partial n}\frac{\partial K_s}{\partial s}$对槽(脊)的发展没有贡献。等高线疏密沿气流方向的变化，除在个别特殊情况下，此项不甚重要，对槽脊的发展贡献很小。

② 冷、暖平流随高度变化对槽脊发展的影响。位势倾向方程指出，暖平流随高度减弱时，等压面高度将升高，冷平流随高度减弱时，等压面高度将下降，在 500 hPa 等压面上的低槽中，若下层有冷平流，冷平流随高度减弱，有利低槽加深；反之，若冷平流随高度增强，则有利低槽减弱。在高压脊中，若下层有暖平流，而且暖平流随高度减弱，则有利高压脊发展；反之，若高压脊中有冷平流随高度减弱，或暖平流随高度增强都将使高压脊减弱。这些规则也同样可以从分析平均层上的热成风涡度平流 A_{ζ_T} 来得到。当温度槽落后于高度槽时，槽线上有正热成风涡度平流，使槽线上有正变涡。槽就加深。而当温度脊落后于高度脊时，脊线上有负热成风涡度平流，使脊线上有负变涡，脊就加强。

③ 从低槽与其他系统的关系来研究低槽的发展。可以从以下几个方面着手：(i)低槽发展与否，与槽后的高压脊发展密切相关，所以有许多气象台把预报寒潮暴发的着眼点放在与冷空气相联系低槽后部的高压脊。当脊的后部有强的暖平流或是有不同方向的暖平流加压区相叠加于脊附近时，都会使高压脊发展。脊前偏北气流加大，影响低槽的温压场发生变化，槽后冷平流加强，有利于低槽发展。(ii)低槽发展与否跟南、北两支波动是否同位相地叠加有关。与寒潮冷空气相伴随的低槽，一般是北支波动中的一个低槽。当北支低槽在东移过程中，若有南支波动同位相地叠加，则将使低槽加深。根据我国预报员的经验，南支西风若于青藏高原至孟加拉湾为一个高压脊，东南沿海为一南支低槽，则有利于寒潮向南暴发并造成大风和降温天气；相反，若南支西风波动位相与北支正好相反，孟加拉湾为低槽，东南沿海为高压脊，黄河以南为西南气流控制，则这种形势就不利于冷空气南下。若西南气流强盛，则造成大范围连续阴雨、雪天气。例如，1975 年深秋西南气流特强，于是就造成持久连阴雨天气，而气温也比常年偏高。(iii)影响低槽发展的上下游效应：上(下)游效应是指上(下)游的形势或天气系统发生变化后对下(上)游天气系统的影响。例如，东亚大槽减弱东移，预示着上游有低槽加深东移，取代原来减弱东移的大槽，就是下游效应的一例。所以，预报一个低槽是否发展还应考虑上下游效应。(iv) 两个低涡打转，当前面一个低涡已移到东北地区或日本海附近，后面一个冷低涡还在贝加尔湖的西北方。两个低涡相对作反时针旋转，前者东移北缩，后者南下并带来一次冷空气。这种情况下的冷空气一般只能影响华北、东北，如没有南支波动同位相地叠加，很少能影响长江以南地区。

(2)脊的崩溃问题

当寒冷空气堆积不甚明显时，作寒潮预报应着重考虑有无不稳定槽、脊的发展。槽脊发展后就会引起寒冷空气堆积和加强并向南侵袭。但当寒冷空气在北方堆积得已很明显,而相应的环流形势是稳定长波系统(即大槽、大脊或阻塞系统)时,则预报寒潮的着眼点主要应放在长波槽的移动及长波脊的破坏与东移上。当乌拉尔山的长波脊受上游“赶槽”东移的影响,使得长波脊后部的暖平流区东移并由冷平流区代替,也就是说,乌拉尔山的长波脊前及其下游的槽后出现暖平流,而乌拉尔山长波脊的后部转为冷平流,于是乌拉尔山长波脊减弱东移。它的下游长波槽也东移,我国广大地区将处于脊前西北气流的控制之下,原来堆积在槽后脊前的寒冷空气就会随着长波槽的东移,或南压或向南暴发。

(3)预报寒潮暴发的其他经验

① 高低空配合。多数寒潮暴发与北半球长波调整相联系,所以寒潮暴发预报主要应抓 500 hPa 等压面图上环流形势的预报。但是,有时仅仅着眼于 500 hPa 环流形势预报也会使预报失败或预报时效过短。例如 1969 年 1 月 26—31 日的一次危害较大的寒潮天气过程中,500 hPa 的环流形势一直是较平直的西风并多小波动,并没有明显的低槽发展东移,而仅是短波槽东移时低空出现变形场的锋生,并有冷空气在低空变形场后部的偏北气流引导下加速南下。

② 在贝加尔湖的锢囚气旋填塞之后,如果在蒙古国有气旋发生发展,但不久又趋于减弱,而如在东海或日本海又有气旋强烈发展起来,那么这就成为寒潮迅速南侵的预兆。

③ 东北低压或江淮气旋的发展有利于冷空气加强南下,但要注意低压发展的地理位置和它的发展阶段。只有在我国东北境内发展的低压才能促使冷空气南下。但是东北低压若过分发展或者路径偏于黑龙江北部,则东北低压的发展还可能引导冷空气主力向东,反而不利它的南侵。如果气旋在蒙古已充分发展,移入东北地区将变为衰老气旋,这对冷空气南下也不起引导作用。

④ 西北地区及长江流域一带,如果地面有倒槽强烈发展,往往是冷空气侵入这些地方的前兆。江南地区出现大幅度的气温正距平回暖效应,是南方寒潮形成前兆。

⑤ 700 hPa 图上有西南低涡东移,并引起了江淮气旋发生且有所发展时,北方也将有冷空气南侵,而且能影响长江以南地区,这常是春季寒潮的征兆。

(4)西风指数与寒潮

分别对高、中、低纬度的西风指数进行分析得出,约在寒潮暴发前 10 天与东亚倒 Ω 流型相对应的东亚基本气流的西风指数具有以下三个特点:①60°—70°N 有≥4 m/s的东风;②低纬度强西风减弱或消失,中纬度出现强西风区;③$-\frac{\partial u}{\partial y}$有最大值,同时也具备了正压不稳定的必要条件$\left(\beta-\frac{\partial^2 u}{\partial y^2}=0\right)$,西风急流先北跃后南退,呈大幅度摆动。以上三条如果只具备其中之一,则是一般冷空气。

(5)长波脊前偏北急流带与寒潮暴发

长波脊前偏北急流的位置和它南伸到什么程度，就大致可以确定冷源及所在地点和强度，偏北急流还与地面高压中心强度和移动路径密切相关，当冷高压中心进入偏北急流带中，它的中心强度会迅速增强并南移；有时冷高中心虽处在偏西急流带中，只要急流带发生顺转为偏北急流带时，地面高压中心强度也会增强。根据新疆维吾尔自治区气象局统计，可能造成新疆寒潮天气的长波脊前偏北急流的强度必须是在10个经距内至少有4条等高线(即位势梯度为120 gpm/10经距以上)，偏北风急流的长度在12个纬距以上。脊若偏西偏北则偏北风急流的长度必须在20个纬距左右。如果说北方的寒潮与500 hPa高度上长波脊前的偏北急流密切相关，那么南方的寒潮与低层偏北风强风带的建立与南下，导致冷锋迅速增强(锋生)的关系更为密切。南方寒潮冷锋通常都有一个"先弱后强"的发展过程，因此追溯其冷空气的源地并无多大意义，主要应着眼于冷锋南下过程中锋生条件，低层(850 hPa)偏北强风带的建立与南下，是冷锋锋生的主要条件。

(6)锋生与南方寒潮

根据南方寒潮研究得知，江南或岭南区域性寒潮的环流特征纬向型约占一半，尤其是春季纬向环流更占优势。纬向环流条件下，冷空气活动在我国北方地区未达到寒潮程度，但它在南下过程中有一个明显的加强过程。或是冷锋在南下过程中逐渐增强称为"南下锋生"，占锋生次数的67%；或是两条冷锋接踵南下，最后在江南地区合并加强，称为"补充南下"；或是北方冷空气以扩散的形式南下，促使长江中下游原有锋面锋生，称为"江南锋生"，出现次数最少，仅占10%。

尽管南方寒潮冷锋形成有上述三种不同形式，但其共同点都是在低层(850 hPa或700 hPa)要建立一个北风的强风带，寒潮前的回暖也是相当重要的作用。强北风带的建立主要有以下两种形式：

① 850 hPa图上，我国北方的高压脊南伸或一个正变高从我国西北向东南移，强北风带出现在脊前正变高区的前方，或在我国东部有倒槽或低压发展，建立"西高东低"天气形势。

② 500 hPa图上，中亚或新疆有高压脊发展，与它们相联系在25°—40°N地区有小槽发展，槽前的下层等压面上有低压发展，槽后偏北气流引导低层高压南下，使40°N以南地区低层(850 hPa或700 hPa)构成"西高东低"形势。强北风带就出现于850 hPa等压面图上正、负变高区之间。

应当指出，新疆暖脊的脊前若形成一支西北急流，常常引导冷空气从110°E以东地区南下，造成35°N以南广大地区的回流天气，是南方阴雨、大雪的有利形势，尤其当有南支槽配合，一方面南支槽槽前偏南气流输送暖湿空气，使锋前地区回暖，有利于加大降温幅度，另一方面南支槽造成降水，有利于锋后低温持续，有利冷锋锋区增强。

总之,江南锋生或南下锋生过程都应着眼于低层辐合流场的建立和锋区两侧温度的非平流变化和平流变化。

4.4.3 寒潮的强度和路径预报

寒潮暴发南下时将具有的强度及将影响的地区(包括南下时所取的路径),是寒潮预报的重要内容。

(1)寒潮强度的含义

实际工作中常从以下三个方面来说明寒潮的强度:

① 地面图上冷高压的强度。它包括冷高压的中心数值高低、范围大小及等压线密集的程度,但以中心数值高低为主。

② 高空图上冷中心的数值,高空锋区强度,冷区范围和冷平流强度。

③ 地面图上冷锋强度(温度水平梯度大小),冷锋后降温程度,冷锋后变压中心强度。锋面附近其他气象要素和天气现象也可以间接说明寒潮强度,如锋后偏北风越强,一般则意味寒潮越强。

(2)寒潮路径的含义

寒潮路径一般是以地面图上冷高压中心、高空图上冷中心(如改为厚度中心,则更好些)、地面图上冷锋、冷锋后 24 h 正变压、负变温的移动路径等来表示。日常工作中经常使用的是地面冷高压,24 h 正变压和高空 24 h 负变温这三项中心的移动路径。

所以寒潮强度与路径的预报,实质上是地面图上寒潮冷高压的强度与移动预报、高空图上引导寒潮南下的槽的强度与移动预报、寒潮冷锋的强度与移动的预报。

(3)寒潮冷高压强度与移动预报

① 作冷高压强度与移动的动态图。把连续几张天气图上寒潮冷高压中心的位置点在一张天气图上,并标上日期与强度,按时间顺序把各冷高压中心用线连起来,即为动态图。根据动态图用外推法可大致确定未来冷高压中心的强度与位置。但应用外推法时,必须周密分析情况,多方考虑,再进行合理外推。

② 应用引导气流规则。冷高压移动方向与地面高压中心上空 500 hPa 或 700 hPa气流方向较为一致,移动速度与该高度上的风速也成一定的比例。一般而言,地面系统中心移速为 500 hPa 地转风速的 0.5～0.7 倍;为 700 hPa 地转风速的 0.8～1.0 倍,在风速小时系数较大,而在风速大时系数较小。而且在使用引导气流规则时,除了必须注意引导气流本身的变化和按照将来变化的方向及速度预报地面系统的移动外,还必须注意地形对地面气压系统的影响。例如,地面冷高在从新疆南下时由于阿尔泰山和天山山脉的阻挡作用,其路径会发生较大的偏左现象。又如,冷

高母体移到蒙古境内后，如再要南下，则往往以分裂出一个较小的高压或伸出一个脊的形式向东南下来，而母体则仍停留在蒙古，位置少变。此外，还应注意引导气流规则用于浅薄系统，则效果较好，而当地面系统逐渐加深后，使用的效果就较差。

③ 变压的应用。实际工作中常常用过去 3 h 以来或过去 24 h 以来气压变化的趋势来外推未来短时间内冷高压的移动与强度变化。

(i)从两个不同方向移来的地面正变压中心(ΔP_{24})合并时，冷高压将显著增强。此外，地面 24 h 正变压($+\Delta P_{24}$)常常向着 24 h 前的负变压中心移动，所以现在的负变压中心，往往会变成未来冷空气主力将侵袭的地方。

(ii)根据中央气象台的统计，当 24 h 变压正负中心之差达到 40～50 hPa 时，则可能有达到寒潮强度的冷空气活动。

④ 涡度平流与热成风涡度平流的应用。在地面冷高压上空若 500 hPa 面上有负涡度平流，并有负热成风涡度平流出现，则这种形势有利于冷高压发展。当寒潮冷空气处于堆积阶段时，若地面和高空温压场配置是地面冷高压处于高空槽后脊前，同时高空暖舌又落后于高空高压脊，而地面冷高压也处于暖舌和冷舌之间，则高压容易发展。而当冷高压南下变性，温压场结构趋向对称时，则地面高压上空的涡度平流和热成风涡度平流均为零，这时高压强度变化与否，就取决于热力因子、地面摩擦和地形影响。

⑤ 非绝热因素。冷气团南下时非绝热作用使它变性增暖，地面减压，故将使冷高压减弱。冬季当地面冷高压从冷大陆移到暖洋面时，强度迅速减弱。相反，夏季冷高压从较暖大陆移到冷海时高压加强。

4.4.4 寒潮天气

寒潮天气复杂多端，在不同季节和不同地区的寒潮天气也不尽相同。

冬季，寒潮天气最突出的表现是大风和温度剧降。其他天气如沙尘暴、降水、霜冻、冻雨等是否出现，则视地区和天气形势而定。春秋季的寒潮一般带来大风和降温天气，由它引起的终霜、初霜和霜冻对农业生产威胁很大。春季，寒潮在北方常带来扬沙和沙尘暴，使能见度很差。在长江流域以南常常伴有雨雪，有时还会出现雷暴与冰雹等灾害性天气。

寒潮天气预报的着眼点：

(1)寒潮的强度

一般情况是：寒潮强度越大，则风越大，降温越猛。中央气象台利用两个站的气压差来预报北京附近的大风，如伊尔库茨克与北京气压差 5 hPa，则报一级风；乌兰巴托与北京气压差 4 hPa，报一级风；呼和浩特与北京气压差 2 hPa，报一级风，即当呼和浩特的气压比北京高 12 hPa 时，就可预报北京将出现 6 级偏北大风。

(2)冷空气的路径及其对本地天气的影响

对于每一个地区而言,其影响路径可以概括为以下四条,如路径不同,则带来的天气就有差异。现以华北为例说明之。

① 从西来的。冷空气来自新疆,经河西走廊、山西、河北东去,且锋上有高空槽与它配合,则锋前后云系多,常有降水;锋前多偏东风或偏南风,锋后为西西北或偏西风。锋过后不久,天气转晴。这条路径的冷空气很少能达到寒潮的强度。

② 从西北来的。冷空气经蒙古、内蒙古至山西、河北,锋前有偏西南风,锋后多西北或北北西风。这类寒潮天气主要是大风、降温和风后的霜冻。云雨天气并不严重,天气较晴好。侵入华北的寒潮,主要取这条路径。

③ 从北来的。起先高空环流比较平直,寒潮主力是东移,在中蒙边界及东北境内形成强的东西向冷锋。冷锋逐渐南压后,华北的风向一般偏北,有的地区刮东北风,有时天气较坏。这条路径,降温也较厉害。

④ 从东北来的。冷空气主力自东北平原经渤海入河北东部、山东西部,使这一带发生偏东大风。若在850 hPa、700 hPa图上渤海、黄海、华北东部均吹偏东风,而冷空气又较深厚时,冷空气还可能越过太行山以影响山西,并带来降水天气。这是华北冬季主要的降雪天气形势之一,常称为华北的回流天气。

复习与思考

(1) 什么是寒潮? 什么是全国类寒潮?

(2) 中国寒潮频次的时空分布有何特点?

(3) 影响我国的冷空气的源地及路径主要有哪些? 它们的影响各有何不同?

(4) 北极环流有何特点? 若极地为暖性反气旋(或暖脊)持久控制时,对中国寒潮有何影响?

(5) 什么是纬向型环流? 什么是经向型环流?

(6) 什么是西风指数和指数循环?

(7) 什么是长波和短波?

(8) 什么是长波的热力结构? 它有何特点?

(9) 长波移速取决于哪些因子?

(10) 什么是临界纬向风速和静止波长?

(11) 什么是长波调整?

(12) 什么是上下游效应? 什么是波群速? 什么是 Hovmöller 图?

(13) 什么是阻塞高压和切断低压? 它们是如何形成和消失的?

(14) 阻塞高压和切断低压的三维结构有何特点?

(15) 什么是寒潮天气系统? 它们一般包括哪些系统?

(16) 影响我国的寒潮中期过程主要有哪些流型？其中的倒Ω流型有什么特点？

(17) 影响我国的寒潮中短期过程的天气形势有哪些基本类型？它们分别有哪些特点？

(18) 横槽转竖前常有哪些特征？

(19) 作寒潮预报一般应包括哪些基本方面？

(20) 地转涡度平流和相对涡度平流对槽脊发展有何影响？

(21) 冷、暖平流随高度变化对槽、脊发展有何影响？

(22) 锋生与南方寒潮有何关系？

(23) 寒潮天气预报应着眼哪些方面？

(24) 发布寒潮大风降温消息以及寒潮警报的具体标准有哪些？

参考文献

白歧风，尤莉，1993. 内蒙古寒潮的统计分析[J]. 内蒙古气象(2):4-9.

陈文，2002. El Niño 和 La Niña 事件对东亚冬、夏季风循环的影响[J]. 大气科学，**26**(5):595-610.

陈豫英，陈楠，马金仁，等，2010. 近 48 a 宁夏寒潮的变化特征及可能影响的成因初步分析[J]. 自然资源学报，**25**(6):939-951.

邓先瑞，1977. 寒潮[M]. 北京：商务印书馆.

丁一汇，1990. 东亚冬季风的统计研究[J]. 热带气象，**6**(2):119-128.

丁一汇，1991. 高等天气学[M]. 北京：气象出版社.

丁一汇，2008. 气候变暖条件下我国南方 2008 年 1 月罕见低温雨雪冰冻灾害的原因[R]//中国科协防灾减灾学术报告特邀报告文集. 北京.

丁一汇，温市耕，李运锦，1991. 冬季西伯利亚高压动力结构的研究[J]. 气象学报，**49**(4):430-439.

丁一汇，蒙晓，1994. 一次东亚寒潮暴发后冷涌发展的研究[J]. 气象学报，**52**(4):442-451.

丁一汇，王守荣，2001. 中国西北地区气候与生态环境概论[M]. 北京：气象出版社.

丁一汇，王遵娅，何金海，等，2004. 近 50 年来中国气候变化特征的再分析[J]. 气象学报，**62**(2):228-236.

丁一汇，马晓青，2007. 2004/2005 年冬季强寒潮事件的等熵位涡分析[J]. 气象学报，**65**(5):695-707.

丁一汇，王遵娅，宋亚芳，等，2008. 中国南方 2008 年 1 月罕见低温雨雪冰冻灾害发的原因及其与气候变暖的关系[J]. 气象学报，**66**(5):808-825.

高辉，陈丽娟，贾小龙，等，2008. 2008 年 1 月我国大范围低温雨雪冰冻灾害分析. Ⅱ：成因分析[J]. 气象，**34**(4):101-106.

龚道溢，王绍武，1999. 西伯利亚高压的长期变化及全球变暖可能影响的研究[J]. 地理学报，**54**(2):125-133.

郭其蕴，1994. 东亚冬季风的变化与中国气温异常的关系[J]. 应用气象学报，**5**(2):218-225.

何溪澄，丁一汇，何金海，2008. 东亚冬季风对 ENSO 事件的响应特征[J]. 大气科学，**32**(2)：335-344.

何溪澄，李巧萍，丁一汇，等，2007. ENSO 暖冷事件下东亚冬季风的区域气候模拟[J]. 气象学报，**65**(1)：18-28.

何溪澄，2007. ENSO 事件对东亚季风影响的研究[D]. 南京：南京信息工程大学.

康志明，金荣花，鲍媛媛，2010. 1951—2006 年期间我国寒潮活动特征分析[J]. 高原气象，**29**(2)：420-428.

李峰，矫梅燕，丁一汇，等，2006. 北极区近 30 年环流的变化及对中国强冷事件的影响[J]. 高原气象，**25**(2)：209-219.

李宪之，1955. 东亚寒潮侵袭的研究[M]//中国近代科学论著选刊. 气象学(1919—1949). 北京：科学出版社.

林爱兰，吴尚森，1998. 近 40 多年广东省的寒潮活动[J]. 热带气象学报，**14**(4)：337-343.

刘传凤，1990. 我国寒潮气候评价[J]. 气象，**16**(12)：40-43.

马晓青，丁一汇，徐海明，2008. 2004/2005 年冬季强寒潮事件与大气低频波动关系的研究[J]. 大气科学，**32**(2)：380-394.

毛旭，张涛，2017. 2017 年 2 月大气环流和天气分析[J]. 气象，**43**(5)：634-640.

穆明权，李崇银，1999. 东亚冬季风年际变化的 ENSO 信息. Ⅰ：观测资料分析[J]. 大气科学，**23**(3)：276-285.

钱维宏，张玮玮，2007. 我国近 46 年来的寒潮时空变化与冬季增暖[J]. 大气科学，**31**(6)：1266-1278.

仇永炎，王为德，1983. 寒潮中期预报研究进展[J]. 气象科技，**11**(3)：9-15.

仇永炎，刘景秀，1985. 寒潮中期预报研究成果简介[J]. 气象学报，**43**(2)：253.

任金声，王秀文，王洁颖，1992. 冬半年冷空气过程中期预报业务系统[J]. 气象，**18**(1)：33-37.

施能，1996. 东亚冬、夏季风百年强度指数及其气候变化[J]. 南京气象学院学报，**19**(2)：168-176.

寿绍文，励申申，王善华，等，2006. 天气学分析[M]. 2 版. 北京：气象出版社.

寿绍文，2009. 天气学[M]. 北京：气象出版社.

陶诗言，1957. 东亚冬季冷空气活动的研究[M]//中央气象局. 短期预报手册.

陶诗言，卫捷，2008. 2008 年 1 月我国南方严重冰雪灾害过程分析[J]. 气候与环境研究，**13**(4)：337-350.

陶诗言，卫捷，梁丰，等，2010. Rossby 波的下游效应引发我国高影响天气的分析[J]. 气象，**36**(7)：81-93.

陶亦为，代刊，董全，2017. 2016 年 1 月寒潮天气过程极端性分析及集合预报检验[J]. 气象，**43**(10)：1176-1185.

王东海，柳崇健，刘英. 等，2008. 2008 年 1 月中国南方低温雨雪冰冻天气特征及其天气动力学成因的初步分析[J]. 气象学报，**66**(3)：405-422.

王凌，高歌，张强，等，2008. 2008 年 1 月我国大范围低温雨雪冰冻灾害分析. Ⅰ：气候特征与影响评估[J]. 气象，**34**(4)：95-100.

王明洁，周永吉，邹立尧，2000. 黑龙江省寒潮天气及预报[J]. 黑龙江气象，(3)：29-32.

王绍武，2008. 中国冷冬的气候特征[J]. 气候变化研究进展，**4**(2)：68-72.

王遵娅，丁一汇，2006. 近53年中国寒潮的变化特征及其可能原因[J]. 大气科学，**30**(6)：1068-1076.

王遵娅，张强，陈峪，等，2008. 2008年初我国低温雨雪冰冻灾害的气候特征[J]. 气候变化研究进展，**4**(2)：63-67.

温克刚，2008. 中国气象灾害大典·综合卷[M]. 北京：气象出版社.

谢安，卢莹，陈受钧，1992. 冬季风暴发前西伯利亚高压的发展[J]. 大气科学，**16**(6)：677-685.

徐羹慧，1985. 寒潮中期预报方案[J]. 气象，**11**(2)：6-10.

杨贵名，孔期，毛冬艳，等，2008. 2008年初"低温雨雪冰冻"灾害天气的持续性原因分析[J]. 气象学报，**66**(5)：837-850.

杨莲梅，史玉光，汤浩，2010. 新疆北部冬季降水异常成因[J]. 应用气象学报，**21**(4)：491-499.

姚正兰，2000. 遵义市寒潮天气过程统计分析[J]. 贵州气象，**24**(1)：10-13.

余鹤书，李晓东，张芬馥，等，1986. 寒潮中期过程的天气统计特征及其预报模型[J]. 气象，**12**(10)：33-36.

张淮，史久恩，1957. 东亚的反气旋活动[J]. 气象学报，**28**(3)：167-173.

张家诚，林之光，1985. 中国之气候[M]. 上海：上海科学技术出版社.

张培忠，陈光明，1999. 影响中国寒潮冷高压的统计研究[J]. 气象学报，**57**(4)：493-501.

章基嘉，彭永清，王鼎良，1982. 球谐函数展开在寒潮中期预报上的应用[J]. 南京气象学院学报，**5**(1)：9-14.

郑国光，2008. 一次历史罕见的低温雨雪冰冻灾害[J]. 气象知识(1)：427.

郑婧，许爱华，许彬，2008. 2008年江西省冻雨和暴雪过程对比分析[J]. 气象与减灾研究，**31**(2)：29-35.

朱乾根，林锦瑞，寿绍文，等，2007. 天气学原理和方法[M]. 4版. 北京：气象出版社.

BERGGREN R, BOLIN B, ROSSBY C G, 1949. An aerological study of zonal motion, its perturbations and break-down[J]. *Tellus*, **1**(2): 14-37.

CHAN J C, LI C Y, 2004. The East Asia winter monsoon[J]. *East Asian Monsoon*. Chang C P, Ed. Singapore: World Scientific, 54-106.

CHANG E K M, 1999. Characteristics of wavepackets in the upper troposphere. Part II: Seasonal and hemispheric variations[J]. *J. Atmos. Sci.*, **56**: 1729-1747.

CHANG E K M, YU D B, 1999. Characteristics of wavepackets in the upper troposphere. Part I: Northern Hemisphere Winter[J]. *J. Atmos. Sci.*, **56**: 1708-1728.

CHEN TSING CHANG, WAN RU HUANG, JINHO YOON, 2004. Interannual variation of the East Asian cold surge activity[J]. *J Climate*, **17**(2): 401-413.

CHEN WEN, GRAF H F, HUANG RONGHUI, 2000. The interannual variability of East Asian winter monsoon and its relation to the summer monsoon[J]. *Advances in Atmospheric Sciences*, **17**(1): 48-60.

CRESSMAN G P, 1948. On the forecasting of longwaves in the upper westerlies[J]. *J. Atmos. Sci.*, **5**: 44-57.

DING YIHUI, KRISHNAMURTI T N, 1987. Heat budget of the Siberian high and the winter monsoon[J]. *Mon. Wea. Rev.*, **115**:2428-2449.

DING YIHUI, 1990. Build up, air mass transformation and propagation of Siberian high and its relations to cold surge in East Asia[J]. *Meteor. Atoms. Phys.*, **44**:281-292.

HOVMÖLLER E, 1949. The trough and ridge diagram[J]. *Tellus*, **1**:62-66.

HSIEH YI-PING, 1949. An investigation of a selected American cold vortex[D]. University of Chicago, Department of Meteorology.

KALNAY E, KANAMITSU M, KISTLER R, *et al*, 1996. The NCAR/NCEP 402 year reanalysis project[J]. *Bull. Amer. Meteor. Soc.*, **77**:437-471.

LIM H, CHANG C P, 1981. A theory for midlatitude forcing of tropical motions during winter monsoons[J]. *J. Atmos. Sci.*, **38**:2377-2392.

QIU YONGYAN, WANG WEIDE, 1983. Advances on the project for medium range forecast of cold wave[J]. *Meteorological Science and Technology* (in Chinese), **3**:9-15.

ROSSBY C G, 1949. On a mechanism for the release of potential energy in the atmosphere[J]. *J. Atmos. Sci.*, **6**:163-180.

ROSSBY C G, 1945. On the propagation of frequencies and energy in certain types of oceanic and atmospheric waves[J]. *J. Atmos. Sci.*, **2**:187-204.

第5章 暴　　雨

我国是一个多暴雨的国家。随着夏季风的开始，南方的暖湿空气与北方冷空气频繁交绥，我国各地便会陆续发生暴雨。如果又受到台风或热带辐合带(ITCZ)等热带系统的直接或间接影响时，更会产生特别严重的暴雨。暴雨是一种重要的降水资源，但也是严重的灾害天气。它能引起洪涝以及山洪、泥石流等地质灾害和其他各种次生灾害，不仅对生产建设、社会经济、生态环境造成极大的危害，而且对人民的生命财产也带来巨大的威胁。因此，无论工农业生产、交通运输、水利建设、防洪抗涝以及生命财产和日常生活的气象保障等都需要及时准确的暴雨预报。本章主要介绍我国暴雨的概况、影响我国大范围降水的环流形势和天气过程，以及形成暴雨的各种尺度天气系统，并讨论暴雨形成的物理过程及其诊断和预报方法等。

5.1 概况

5.1.1 暴雨的定义和类型

暴雨是一种强降水现象。所谓“强降水”，是指降水强度或降水率(即单位时间的降水量)较大，或过程总降水量较大的降水现象。通常以 12 h 或 24 h 降水量 R_{12} 和 R_{24} 的大小表示降水率。并按它们的大小把降水分为不同等级。历史上有不同的降水等级划分标准。近年来由中华人民共和国国家质量监督检验检疫总局、中国国家标准化管理委员会发布的《降水量等级》标准(GB/T 28592—2012)，规定了降水量等级划分的原则和等级。该标准适用于降水监测、预报、预警、服务等业务和科研工作，以及其他行业与降水相关的领域。按照该标准，降水量可分为 7 个等级。其中，以 24 h 降雨量为例，当 R_{24} 达到和超过 50 mm 的降水称为暴雨。它进一步又可细分为 3 个量级，即：暴雨(R_{24} 为 50～99.9 mm)、大暴雨(R_{24} 为 100～249.9 mm)、特大暴雨(R_{24} 为≥250 mm)。见表 5.1。

上述关于暴雨的定义是最通用的定义。不过，由于我国各地气候差异较大，降雨量差异较大，所以在某些研究工作中关于暴雨的标准也可以有所不同。例如在华南低纬多雨地区，暴雨标准也可为 $R_{24}\geqslant 80$ mm，而 R_{24} 为 50～79 mm 的降雨则仍称为大雨；$R_{24}\geqslant 200$ mm 及 $R_{24}\geqslant 400$ mm 分别称为大暴雨和特大暴雨。相反，如新疆、青

表 5.1　不同时段的降雨量等级划分表　单位为 mm

等级	时段降雨量	
	12 h 降雨量 R_{12}	24 h 降雨量 R_{24}
微量降雨(零星小雨)	＜0.1	＜0.1
小雨	0.1～4.9	0.1～9.9
中雨	5.0～14.9	10.0～24.9
大雨	15.0～29.9	25.0～49.9
暴雨	30.0～69.9	50.0～99.9
大暴雨	70.0～139.9	100.0～249.9
特大暴雨	≥140.0	≥250.0

海、甘肃西北部等一些少雨地方，$R_{24}\geqslant 25$ mm，就可称为暴雨了。

为了得到适用于不同地区的统一的暴雨标准，有人以各地年总降水量的气候平均值 $\overline{R}$ 的 $1/n$ (n 一般可取为 15～18)，作为该地暴雨的标准。即当 $R_{24}\geqslant \overline{R}/n$ 时，便称为暴雨。但是这种标准对特别少雨干旱的地区还是不太适合的，因为这些地方年总降水量的气候平均值很小，但偶尔可能发生一次降水，其降水量却可为常年总降水量的若干倍，使气候平均值缺乏代表性。

以上各种降水和暴雨的定义，都是按日或 24 h 降水量大小给定的。但是有时也要用 12 h、6 h、1 h 降水量等来确切地描述降水的强度及性质或类别。因为一般来说在暴雨日中，每小时的降水量的变率是很大的。降水强度可以小至0.1 mm/h以下，大至 50 mm/h 以上，真正的强降水只集中在短暂的时段中。通常降水强度在 10～20 mm/h 以上的强降水，只要持续几小时便可达到暴雨标准，有时甚至只要不到一小时就可达到甚至远远超过暴雨标准。例如，1978 年 5 月 27 日 6—11 时，广东阳江县的一次特大暴雨 6 h 降水量达 619 mm，其间最大的 1 h 降水量达 175 mm。根据南京地区初夏降水的观测资料，我国的暴雨及各级降水所对应的每小时降水强度大致相当于表 5.1 所列的数值(章淹 等，1990)。

暴雨通常可以按区域的大小和历时长短以及形成原因等分成各种不同的类别。

按暴雨区域的大小，可以将暴雨分成局地暴雨和大范围暴雨两大类。大多数暴雨都是局地现象，出现的范围很小，往往只有方圆几十千米或更小，一般称它们为局地暴雨。有的暴雨范围较大，可达几个平方纬距或更大。而且由于雨区在不断移动，因而影响范围会更大。例如，1963 年河北特大暴雨过程，降水量≥200 mm 的面积超过 10 万 km^2，这种大范围的暴雨称为大范围暴雨。

按暴雨历时的长短，可以将暴雨分成短时或短历时暴雨和连续性或长期连续性暴雨等类别。根据实际观测资料，大多数暴雨日的实际降水时间往往只有6～12 h或更短，而强对流降水则通常只有1～2 h。在干旱或半干旱地区，多数暴雨过程都只历时不到12 h。但有的暴雨过程可以连续整日，甚至多日。例如，1963年8月1—7日，河北的暴雨连续7天，过程总降水量达2051 mm，其中有的测站3天降水量就超过1000 mm。有的暴雨过程更可连续二三十天以至更长。例如，1991年5—7月，发生的江淮地区的持续性特大暴雨（简称"91暴雨"），历时50余天。不过这类暴雨多半都是由若干次接连发生的暴雨和降水过程组成的，各次降水过程之间常有若干天的间断时间，所以并非完全连续的。根据上述实际情况，在实际工作中常常将暴雨进一步细分为四类，即：将历时1～2 h的暴雨称为急骤暴雨或短时暴雨；历时24 h以内的暴雨称为短历时暴雨；连续两天以上的暴雨称为连续性暴雨；连续20天以上的大范围暴雨称为长期连续性暴雨或长期间断性暴雨。例如，"91暴雨"就可称其为江淮地区长期连续性特大暴雨过程。以上四类暴雨都可能造成严重灾害。像"91暴雨"这样的区域性长期连续性特大暴雨过程，往往造成大范围严重洪涝灾害，而局地短时急骤暴雨则可以造成局地严重灾害。例如，2010年8月7日，甘肃南部的舟曲县发生短时局地暴雨，40 min降水量达90 mm，结果引起严重的山洪泥石流，使1364人不幸遇难。2011年6月23日16:30前后，北京市区发生短时局地暴雨（降水率约为54 mm/h），造成非常严重的城市内涝灾害。

除了以上分类，一般还可以按暴雨系统的运动情况将暴雨分成停滞性和移动性两类。顾名思义，两者的差别在于前者暴雨区没有明显位移，而后者暴雨区位移明显；此外，还可以按产生暴雨的主要影响系统来分类。例如，台风暴雨、冷（暖）锋暴雨、静止锋暴雨、气旋暴雨、西南涡暴雨、冷涡暴雨等；还可以按暴雨出现的地区、时间或季节分类。例如，华南暴雨、江淮暴雨、华北暴雨、东北暴雨、西北暴雨和西南暴雨、华南前汛期暴雨、华南后汛期暴雨、江淮梅雨暴雨等。将暴雨进行各种不同的分类，有助于从不同角度对各类暴雨的发生发展机制和分析预报方法进行深入研究。

5.1.2 我国暴雨的特点

我国暴雨出现的情况很不相同，具有十分明显的地域性、季节性和阶段性等特点。具体来说，就是各地的暴雨出现时间先后不同，大范围雨带的位移有四个阶段。

首先来看在南岭以南的华南地区（包括广东、广西、福建、台湾等地）。全年均可能发生暴雨，但以4—11月暴雨日较多。华南地区的暴雨期开始早、结束迟，是我国暴雨期较长的地区。其中，5—6月为降水高峰期，降水量约占全年降水量的

40%,一般称其为华南前汛期,也是我国夏季风雨带北上的第一个阶段。6月中旬至7月中旬相对少雨,称为华南雨季中断期。7月中旬以后至8月、9月又是暴雨较多期,称为华南后汛期。华南前汛期降水主要是受到北方冷空气南下和东南季风北进共同影响的结果;华南后汛期降水则主要是受到台风及热带扰动影响的结果。

华南地区的影响系统有来自低纬、高纬、大陆、海洋、高原等地区的大尺度系统,也有尺度较小的海陆风、海风锋、山谷风等中尺度系统,情况常常十分复杂。与中国北方地区相比,华南地区的水汽丰富,温湿条件都有利于暴雨的发生发展,所以暴雨日较多,24 h降水量50 mm以上的暴雨年平均约4~8次,24 h降水量100 mm以上的暴雨年平均约2次。其中,台湾是我国降水最丰沛的地区,暴雨的强度和频次均较大。在台湾山地,24 h降水量50 mm以上的暴雨年平均达16次以上,24 h降水量100 mm以上的暴雨年平均达4~6次以上。在台风影响下,台湾曾发生过多次24 h降水量超过1000 mm的特大暴雨。例如,台湾新寮地区曾于1967年10月17日发生过24 h降水量达1672 mm及两日降水量达2259 mm的特大暴雨,成为迄今我国24 h降水量及两日降水量最高纪录。

接着来看长江中下游至淮河以南一带。这也是我国一个暴雨期较长的地区。大约在6月中旬前后,雨区已移到长江中下游至淮河以南一带。从西风带高空槽后南下的冷空气与副热带高压西部北上的暖湿空气不断在此交绥,常使雨带维持到7月上旬前后。这个持续的降水期一般称为江淮梅雨期。正常的梅雨期一般雨量丰沛,可占全年降水量的60%~80%。但梅雨降水量的年际变化很大,有的年份雨量很少甚至基本无雨,称为“空梅”;而有的年份雨量很多,雨期也很长,称为“丰梅”。长江中下游至淮河以南一带的暴雨除了梅雨暴雨外,还常常有受台风等热带系统影响引起的暴雨。

南岭以北及长江以南的湘南、赣南、浙南等地的降水区,有时与华南降水区相接,而有时则与江淮降水区相连。因此这个地区和时段具有华南降水区和降水时段与江淮降水区和降水时段之间的过渡地区及过渡时段的特征。所以一般认为这是我国季风雨带北上的第二个阶段。而江淮梅雨期则为我国季风雨带北上的第三个阶段。

长江上游及我国西南地区与长江中下游地区不同,无明显的梅雨天气。雨季一般始于4—6月,并往往由北向南推移。雨季一般结束于9—11月,往往也是由北至南先后结束。由于高原地形的作用,雨期一般很长,特别是个别地方,例如四川雅安等地,年降水日数可达240~250天之多,年平均24 h降水量超过50 mm的暴雨日可达8次以上,所以素有“雅安天漏”之称。

再来看华北地区。降水多发生在7月下旬至8月上旬(俗称“七下八上”),这是我国季风雨带北上的第四个阶段,也是最后一个阶段。这些地区的降水可以是局地的或成片的，可以是由冷暖空气交绥引起的，也可以是由台风倒槽等热带系统影响引起的。一般来说，我国季风性年雨带的北推，只到辽东半岛一带，往往到不了东北较北的地区。东北地区的暴雨通常是另一种更广义的季风性降水。这种降水一般发生在夏季，特别是在来自中、低纬地区的暖湿气流十分旺盛，或副热带高压强烈北挺，或有台风及中小尺度系统影响的情况下。这种暴雨一般以短期暴雨为主，不像梅雨暴雨那样连续。

最后再看一下西北和西南地区暴雨的情况。这两个地区的暴雨和上述各地区相比较均有其明显特点。

西北地区是我国年雨量最少的地区，按全国统一的暴雨绝对标准而言，西北地区也是全国年暴雨次数或暴雨日数最少的地区。日（或 24 h）降水量 R_{24} 达到和超过 50 mm 的暴雨日数在甘肃西部、青海和新疆大部地区平均 10 年 1 次；在甘肃东部、宁夏、陕北地区平均 10 年 5～10 次，每年不足 1 次；陕南最多，约每年 2 次。一般来说，海拔越高，频次越少，降水越弱。西北地区雨量虽少，但是因土质疏松，降水很易成灾。一般来说，一次降水的降水量达到年降水量的 1/20，便可造成泥石流等严重地质灾害。如果以此作为相对暴雨标准，则西北地区却是全国暴雨最多的地区之一。正因为如此，暴雨给西北地区带来的危害也是巨大的。这种暴雨一般都是短历时的，但是出现时间主要集中在夏季。林纾等（2008）利用该地区 109 个站 44 年（1961—2004 年）的日降水资料，研究了该地区暴雨的气候特征指出，西北地区平均每年约有 40 站次的暴雨发生，年暴雨发生站次最多年与最少年之间可相差近 4 倍。发生频次最少的地方主要集中在西北地区中西部的新疆、青海、甘肃的河西及甘南高原和陇中北部等地，占总站数的 35.2%；最多的地方在陇东南和陕西大部分地区，占总站数的 31.4%；其他地方占总站数的 33.4%。西北地区 4—11 月均可发生暴雨，但主要发生在主汛的 7 月、8 月，占全年的 72.5%，6—9 月的暴雨占全年的 93.1%。西北地区区域性暴雨平均每年发生4.7 场。第一场区域性暴雨平均日期为 7 月 2 日，最早可发生在 4 月初，最迟发生在 9 月下旬；最后一场区域性暴雨平均结束日期在 8 月 31 日，最早结束于 6 月中旬，最迟结束在 10 月中旬。春季区域性暴雨占暴雨总站数的 30%～40%，大多数为局地性暴雨；而在夏季和秋季，区域性暴雨占暴雨总站数的56%～70%，即夏秋季局地性暴雨的比重稍小，三分之二的暴雨是区域性暴雨。

我国西南地区（包括西藏高原东部、云贵高原和四川盆地），盛行西南季风，由于受地理位置、地形和海拔高度的影响，降水量的地区分布很不均匀，总的特点是降水量南多北少，迎风坡较多，背风坡和盆地较少。在西南部的雅鲁藏布江一布拉马普德拉河谷（简称雅一布河谷）地区，有来自孟加拉湾的偏南气流携带着丰富的水汽向北面的高山坡上爬升，结果便产生大量降水，年雨量达 3000 mm 以上，成为西南地区第一多雨区，也是全国年降水量高值区之一。云南南部和西南部的迎风坡年雨量在

1200～2500 mm,是本地区第二个多雨区。贵州南部和云南东部,年降水量达1200～1600 mm,四川盆地西部边缘的迎风坡,年降水量达1200 mm以上,这两个地区分别为本区的第三和第四多雨区。云南、四川西部高原和西藏高原,地势较高,水汽较少,降水量较少,年降水量仅在500 mm以下。西南地区产生暴雨的主要天气系统为500 hPa的低槽、700 hPa的低涡、切变线以及地面的冷锋。大多数暴雨则均由低涡及低槽类系统所造成。本区暴雨的水汽主要来源于孟加拉湾和南海北部湾一带。当高空槽东移至本区上空时,本区850 hPa和700 hPa等压面上伴有湿舌生成,则极易产生大暴雨。暴雨中心一般都出现在山脉的迎风坡上,而且强降水中心轴线的走向一般与山脉走向一致。

综上关于各地区的暴雨情况表明,我国各地的暴雨差别很大。概要地说,在我国东部地区有三个季节性大雨带,或称为东亚夏季风雨带,分别位于南岭以南的华南地区、长江中下游地区以及华北和东北地区。它们的维持期分别为20～34候(4月6日至6月19日)、35～39候(6月20日至7月14日)和40～44候(7月15日至8月8日),对应着华南前汛期雨季、江淮梅雨期和北方(华北及东北)雨季。这三个雨带在自南向北的移动过程中,具有明显的跳跃性。相反,我国西部的雨区是自北向南推进的,而且并未形成阶段性的大雨带。西部雨带在约44候以后减弱,最后在高原东部及川东和甘、陕南部一带减弱和消失。东西部雨带的推进形势看似以黄河及长江上游一带为圆心作逆时针旋转(图5.1)。鉴于暴雨的时空差别很大,所以在作暴雨分析和预报时必须充分考虑各地暴雨的时空分布特点。

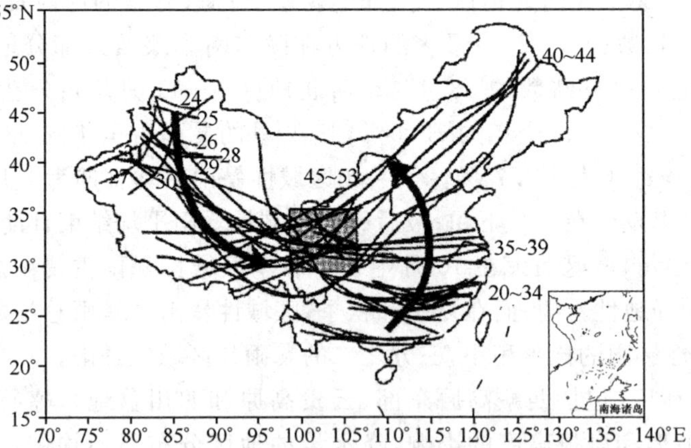

图5.1 我国主雨季雨带的推进形势图(单位:候)

(图中细实线表示逐候雨量大值区大致位置;粗黑箭头表示雨带的推进方向;方框表示我国东西部雨带以此为中心作逆时针旋转)

(王遵娅 等,2008)

5.2 大范围降水的环流特征

降水是由于大气中的水汽经过抬升、绝热冷却以及凝结和云滴增长等复杂的云微物理过程而形成的。而从降水形成的宏观机制来分析,则某一地区降水的形成,首先当然必须具备水汽条件。不仅要求本地水汽丰富,而且还要求有水汽由源地不断输送到降水地区。其次则是要求在降水地区有气流辐合上升,使水汽在上升中绝热冷却凝结成云致雨,这就是垂直运动的条件。所以,水汽条件和垂直运动条件是形成降水的两个最基本的天气学条件。而这些条件都是在一定的大范围环流形势和天气系统背景下达到的。

下面主要对我国大范围暴雨的主要环流型以及主要区域性暴雨,包括华南前汛期暴雨、江淮梅雨期暴雨、北方(华北及东北)雨季暴雨的环流特征分别进行讨论。

5.2.1 我国大范围暴雨的主要环流型

我国的大范围暴雨通常是在低纬和中高纬环流共同影响下形成的。所以对我国大范围暴雨有影响的大尺度环流系统包括三个纬度带,即:西风带、副热带和热带。其中,西风带主要以长波系统或阻塞系统为主;副热带系统以副热带高压为主;热带系统则以赤道辐合带(ITCZ)和台风为主。

我国大范围暴雨的大形势通常可分为稳定经向型、稳定纬向型、中低纬相互作用型及过渡型等四类。

(1)稳定经向型

特点是西风带为经向环流,稳定少动;副热带高压也较稳定,但位置偏北,暴雨区呈南北向分布,周围均由高压包围,青藏高压与贝加尔湖高压大致连成一线,日本海高压与青藏高压之间为南北向的低压带和切变线,有利于西南涡沿切变线北上。冷空气由青藏高压和贝加尔湖高压的脊前南下流入低槽,日本海高压南侧的低空偏东风急流和副热带高压西侧的低空偏东风急流有利于水汽输送,有利于形成从西南向北伸展的南北向的雨带(图 5.2a)。

(2)稳定纬向型

特点是西风带 35°～55°N 盛行纬向环流,多短波槽活动,副高常呈带状,位置稳定少变。在这种形势下,通常在乌拉尔和雅库茨克附近各有一个强高压脊或阻塞高压,在西伯利亚是一个宽广的低压槽,形成两脊一槽的形势。从槽中分裂出来的冷空气进入北疆,再向东南方向输送,经河西走廊或柴达木盆地到长江流域,这是连续性暴雨的冷空气来源。西北槽是携带冷空气南下的主要天气系统。与此同时,由于副热带高压西伸,并且位置稳定,这类西北槽在东移过程中逐渐蜕变一条东西向的切变线,稳定在长江流域。在一次连续性暴雨过程中,往往有好几次这种西北槽南下的过程(图 5.2b)。

(3)中低纬相互作用型

特点是中纬度长波位于我国东部,经向度大;赤道辐合带(ITCZ)向北推进,其中有热带低压或台风生成,并与中纬度波动发生作用;长波增幅后使冷空气南侵,在西南、华南及华东一带与热带系统或季风气流相互作用,产生持续性大暴雨(图 5.2c)。

(4)过渡型

特点是副热带高压位置不稳定,常有明显进退。西风带系统移动性明显,降水时间相对较短,暴雨强度较小。

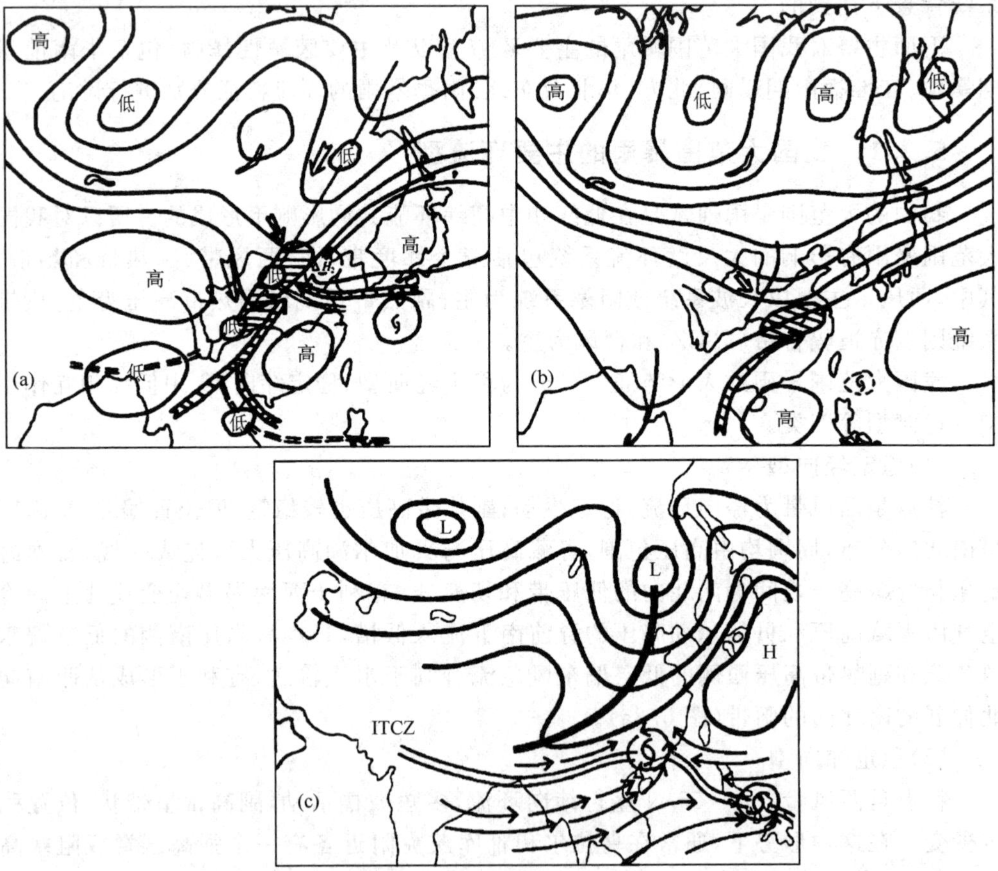

图 5.2 (a)经向型持续性大暴雨的环流型;(b)纬向型持续性大暴雨的环流型;(c)中低纬相互作用暴雨型

(实线表示 500 hPa 等高线,粗实线为槽线,箭头线表示气流,双线表示 ITCZ)

(陶诗言,1980)

5.2.2 华南前汛期暴雨

(1)华南前汛期环流特征

4—6月为华南前汛期，这一时期的降水主要发生在副热带高压北侧的西风带中。4月初降水量开始缓慢增大，5月中旬雨量迅速增大进入华南前汛期盛期。5月中旬前大雨带位于华南北部，主要是北方冷空气侵入形成的锋面降水，5月中旬后受东亚季风影响，大雨带移至华南沿海，降水量增大，雨量主要降落于冷锋前部的暖区之中。

华南前汛期每年平均有19场暴雨，6月最多，占52.2%，4月最少，占12.4%。暴雨一般持续1～3天，持续时间越长降水强度越大。广东省暴雨持续天数和强度均比广西、福建大，特别是在广东沿海地区，平均2～4天的暴雨量可达800～1000 mm。华南前汛期的夜雨现象也非常明显，一般从23时到清晨5时降水量最大。

华南前汛期降水是在一定的中高纬和低纬环流背景下生成的，每次降水过程在500 hPa上中高纬和低纬几乎都有低槽活动，二者结合可产生较强的降水，但具体环流特征又是不一样的，根据500 hPa流场可以分为三种类型：

① 两脊一槽型。此型的特征是乌拉尔山以东的西伯利亚西部和亚洲东岸的中高纬地区为高压脊，贝加尔湖地区为低槽(图5.3a)。沿着乌拉尔山以东的高压脊前不断有冷空气自北冰洋南下，使贝加尔湖切断低压发生一次又一次的替换，在长波槽替换过程中，原来的长波槽蜕变为短波槽，引导冷空气南下。这时副热带高压西环的平均脊位于15°N以南。南支槽与副热带高压的稳定维持把大量暖湿空气输送到华南地区上空，与北方频繁南下的冷空气相交绥，为华南暴雨提供了有利的环流条件。

1977年5月27日至6月1日，华南出现了一次暴雨过程，广东省海丰和陆丰地区出现了历史上罕见的特大暴雨，最大过程降水量达1461 mm，24 h最大雨量达884 mm。其环流特征是在中高纬出现了少见的波长很短、振幅很大的两脊一槽形势，持续引导冷空气南下。同时，印度季风低压发展，引起一次强烈的西南季风暴发，大大加强了低空西南气流的作用。正是在这样极其有利的环流背景下，导致了这场特大暴雨。

② 两槽一脊型。本型特征是中亚地区为脊，乌拉山以东的西伯利亚西部和亚洲东岸为低槽。亚洲东岸的低槽底可南伸到25°N以南地区，槽后冷空气可直驱南下，从东路侵入华南地区。副热带高压脊稳定在15°—20°N，我国华南沿海一带西南季风活跃，西南低空急流活动频繁。例如，1978年6月5—8日，华南沿海出现了一场大暴雨，暴雨中心的陆丰县白石门水库附近，过程总雨量达677 mm，24 h最大雨量达401.2 mm。其500 hPa环流型即属两槽一脊型(图5.3b)。

③ 多波型。本型特征是中高纬环流呈多波状，振幅较小，在欧亚大陆范围内，高纬地区至少有2个以上的低压中心；与低压中心相对应的移动性低槽活动相当频繁；

与此同时,南支波动也较频繁。北方冷槽带来的冷空气和南支波动带来的暖湿空气在115°E附近的华南地区相遇,造成暴雨。1967—1976年10年间前汛期35次连续暴雨过程中,本型占40%(图5.3c)。

除了以上三种基本环流型以外,丁一汇等(2009)根据南海季风试验的结果,还补充了一种,称为季风暴发型(图5.3d)。其特征是高空流型为两脊一槽,即乌拉尔山以东的西伯利亚西部及亚洲东岸的中高纬地区为高压脊,贝加尔湖地区为低槽。在这种形势下,冷空气沿着乌拉尔山以东和西伯利亚西部高压脊前的西北气流不断自北冰洋南下,使贝加尔湖地区的低压一次次地替换,并使原来的长波槽蜕变为短波槽,引导冷空气南下。与此同时,副热带高压西环的平均脊位于15°N以南。孟加拉湾低压十分明显。由于南支槽与副热带高压的稳定维持把大量的暖湿空气输送到华

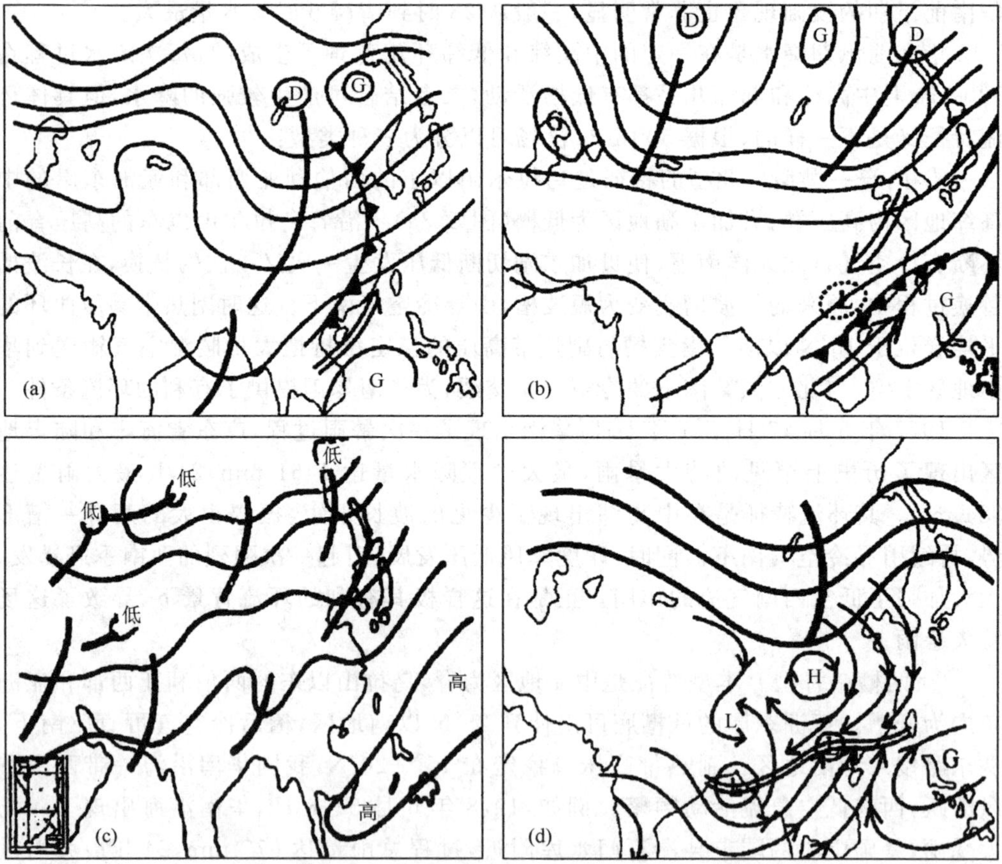

图5.3 华南前汛期暴雨500 hPa环流型

(a)两脊一槽型;(b) 两槽一脊型;(c)多波型;(d)季风暴发型

(陶诗言,1980;丁一汇 等,2009)

南上空，与北方频繁南下的冷空气不断交绥，因此为华南地区的暴雨提供了有利的环流条件。这种流型下，由于环流经向度发展明显，冷暖空气相互作用强烈，常常可以产生很强的暴雨。1977 年 5 月 27 日至 6 月 1 日，广东海陆丰地区的暴雨（总雨量 1461 mm，24 h 雨量 884 mm）就是发生在这种形势之下的。

尽管各型的具体环流特征有所不同，但进入华南前汛期的盛期时，环流具有共同特征，即，副热带高空西风急流北跳稳定在 30°N 以北，副热带高压脊稳定在 18°N 附近或其以南地区，华南上空为平直西风带，低层常存在南、北两条低空急流。在这种形势下，北方不断有冷空气南下与活跃的东亚季风气流交绥于华南地区。与此同时，南亚高压进入中南半岛，使得华南高空维持辐散的西北气流，为前汛期暴雨提供了有利的高空辐散条件。

(2)华南前汛期的锋前暖区暴雨

锋前暖区暴雨是华南前汛期暴雨的一个重要特色。1977—1979 年，华南前汛期暴雨试验期间共观测到 12 个暴雨过程，其中就有 11 个暴雨过程的部分或大部分为锋前暖区暴雨。就降水量中心看，暖区降水量一般比锋面降水大 3～5 倍，但是暖区暴雨的面积却要比锋面降水小，约占过程降水面积的 1/3～1/4，即暖区暴雨的局地性较强。

由于锋前暖区受潮湿不稳定的西南季风气流所控制，只要在边界层内存在使不稳定能量释放的触发机制，就会在上述环流背景下产生暴雨。这些触发机制大致可分为以下三类：

① 边界层内侵入的浅薄冷空气。在一定的大尺度环流背景下，北方南下的冷空气受武夷山脉和南岭山脉的阻挡，850 hPa 上的冷锋锋区停滞于 25°N 附近。但在边界层内有浅薄的冷空气沿河谷向南侵入暖区，促使暖区内暖湿空气抬升，不稳定能量释放产生暴雨，暴雨区一直与此浅薄的冷空气前锋相对应。图 5.4 是 1979 年 5 月 14 日 08 时的经向垂直剖面图。从图中可以清楚地看到，850 hPa 上的锋区尚在桂林以北，边界层内的冷空气已侵入到沿海阳江地区，主要雨区与边界层内冷空气前锋相配置，位于梧州与阳江之间。边界层内锋区坡度很小，850～950 hPa 间的坡度约为 1/300～1/400，比一般的准静止锋坡度（约 1/250）要小得多。而且边界层内锋区宽度很宽，南北宽度达 300 km 多，因而锋区很弱，在地面图上难以发现。但在阳江与海口之间仍可见到偏东风与西南风的切变。从宏观上看，似乎雨区发生于锋前暖区中。由于冷空气主要沿河谷南下或从东部海上回流而来，所以暴雨区范围较小。

由于浅薄冷空气从边界层内南下时并不改变边界层上部暖湿空气的环境条件，而边界层内的水汽通量辐合又是产生暴雨尤其是特大暴雨的主要水汽来源，因此边界层内浅薄冷空气的侵入，不仅触发了对流的发展，而且有利于边界层水汽向暴雨区输送，增加降水量。一旦冷空气侵入到接近 850 hPa 高度，降水立即停止，这是因为冷空气加厚，不仅破坏了位势不稳定层结，而且也破坏了低层的水汽供应，形成了不

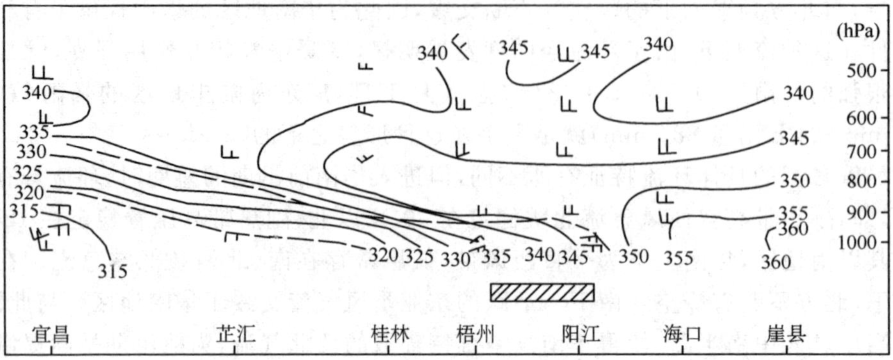

图 5.4　1979 年 5 月 14 日 08 时崖县至宜昌空间剖面

(实线为 θ_{se}(K)线,虚线为锋区上下界,阴影区为主要雨区位置)

(朱乾根 等,2007)

利于降水的条件。

② 地形对暖区暴雨的作用。暖区暴雨发生于低层吹偏南风的形势下,如果山脉走向与低层盛行偏南风垂直时,暖湿空气被迫抬升,就会形成对流,使降水加大产生暴雨。由于对流单体形成后,又随对流层中层风向下游动,所以有时暴雨并不在迎风坡而降落在中层风下游的其他有利地区。1978 年 5 月 26 日广西的蒙山暴雨就是一例。该时 300～900 m 低层吹东南风,风向与大瑶山山脉的走向(东北—西南向)垂直,在大瑶山东南坡形成对流云,但由于该时高层 1500 m 以上吹西南风,结果主要降水中心却落在东北方的蒙山上,蒙山并不位于大瑶山的山坡上,而是离开大瑶山主体的一座小山。

华南地区单纯地形动力抬升产生的暴雨并不多。在一定天气形势下,多数暴雨尤其大暴雨经常是在动力抬升与喇叭口地形收缩作用相结合的情形下产生的。上面所讲的蒙山暴雨除大瑶山动力抬升作用外,和这里的喇叭口地形也有一定的关系。

③ 海陆分布对暖区暴雨的作用。华南地处低纬,濒临太平洋和南海,当东亚西南季风加强时,有利于将海上的水汽向陆地输送,从而产生较强的降水。广东沿海暴雨发生之前,经常有地面假相当位温 θ_{se} 的剧增,分析表明,这就是由于边界层内偏南气流加大(有时达到边界层急流的强度),暖湿气流向北涌进所造成的。

另一方面,华南沿海海陆风效应显著。在某些特殊的海岸地区可以形成辐合中心,从而使降水加强产生局地暴雨,并可产生沿海降水的日变化。计算证明,4—6 月由于陆风所形成的辐合中心正好与沿海的暴雨中心相吻合,这就说明,陆风可以使降水加强产生暴雨,并可形成夜雨。海风所形成的辐合中心都在内陆,从而产生内陆的白天的暴雨。有时来自雷州半岛东西两侧的海风可以在雷州半岛和内陆地区形成辐合线,形成典型的海风辐合带及强的对流雨带。

5.2.3　江淮梅雨暴雨

每年夏初，在湖北宜昌以东28°—34°N的江淮流域常会出现连阴雨天气，雨量很大。由于这一时期正是江南梅子黄熟季节，故称“梅雨”。又因这时空气湿度很大，百物极易获潮霉烂，因而又有“霉雨”之称。国际上常将中国东部整个地区的夏季降水泛称为梅雨(Plum rains)，在国内，则通常将梅雨特指为江淮梅雨。

梅雨是我国自古就有的概念。早在1000多年前唐代大诗人柳宗元就写过关于梅雨的诗句：“梅实迎时雨，苍茫值晚春。”古书《庚溪诗话》中更有关于梅雨的明确记载：“江南五月梅熟时，霖雨连间，谓之黄梅雨。”明代李时珍在《本草纲目》中也有记述：“梅雨或作霉雨，言其沾衣及物，皆出黑霉也。”指出梅雨给人们的日常生活带来的影响。梅雨期是江淮流域乃至全国大部防汛抗洪的关键时期。

根据1954—1983年共30年梅雨期的平均降水量分析，大于200 mm的区域包括鄂、皖、苏等省和湘、赣、浙三省的北部以及豫南，大约是受梅雨所影响的地区。该地区梅雨期雨量约占年雨量的14%～20%，而梅雨期降水日数仅占年降水日数的9%～11%。多年梅雨期平均雨量≥250 mm的地区包括皖、鄂、赣北和江苏长江沿岸，占年降水量的25%～30%，大于300 mm的雨量中心，分别位于长江中下游4个山区，即鄂西山区、大别山山区、皖南山区和两湖之间的九岭山区。由此可见，梅雨降水对受梅雨影响的地区影响极大，直接影响水资源的多少以及旱涝灾害的发生，从而影响农业收成的丰歉。

下面主要讨论江淮梅雨的气候特征和环流特征。

(1)江淮梅雨的气候特征

梅雨天气的主要特征是：长江中下游多阴雨天气，雨量充沛，相对湿度很大，日照时间短，降水一般为连续性，但常间有阵雨或雷雨，有时可达暴雨程度。梅雨结束以后，主要雨带北跃到黄河流域，长江流域的雨量显著减小，相对湿度降低，晴天增多，温度升高，天气酷热，进入盛夏季节。

梅雨的年际变化很大，每年梅雨的起讫时间、长度、降水量及地区分布等相差很大。按梅雨出现时间的早晚可将梅雨分为典型梅雨、早梅雨(迎梅雨)、晚梅雨等类别。按梅雨雨量的多少和地区分布不同可将梅雨分为区域丰梅、枯梅及雨带等类别。

所谓典型梅雨，一般出现于6月中旬到7月上旬，出梅以后，天气即进入盛夏。典型梅雨长约20～24天。在1985—1963年中，有7年没有出现梅雨，即空梅，又有两年梅雨期长达两个月之久。入梅日期大多在6月6—15日，最早和最晚可相差40天。出梅日期大多在7月6—10日，但最早和最晚可差46天。一般来说，梅雨期愈长，降水量愈多。

所谓早梅雨是出现于5月份的梅雨，平均开始日期为5月15日，梅雨天数平均为 14 天,它的主要天气特征与典型梅雨相同,不同的是梅雨期较早,出梅后主要雨带不是北跃而是南退,以后雨带如再次北跃,就会出现典型梅雨。因而在一年中可能出现两段梅雨,称为“二度梅”。

所谓丰梅和枯梅是按梅雨雨量的多少和地区分布不同来划分的。一般可将梅雨分为区域丰梅(全区降水正距平)、枯梅(全区降水负距平)及雨带三类。据上述 30 年的资料统计,三类梅雨分别占总数的 30%、20%和 50%。区域丰(枯)梅类可进一步分为全区丰(枯)梅或是淮河丰(枯)梅两类。雨带类根据雨带位置不同又可分为江枯淮多型,南枯江淮局地多雨型,南多北少型等类型。

每年梅雨的起讫时间、长度、降水量等相差很大。例如,1954 年梅雨期长达 40 天,超过平均数半个月之久,因此造成 1954 年长江中下游的洪水。而 1958 年主要雨带从华南一下就北跃至华北,未在长江流域停滞,因而 1958 年为空梅,1959—1961 年梅雨期也极短,因而造成 1958—1961 年长江中下游地区连续几年的严重干旱。1991 年长江中下游和淮河流域出现了大范围、持久性暴雨,导致了这一带洪水泛滥。该年江淮梅雨从 5 月 19 日就已开始,结束于 7 月 13 日。这段时间江淮一带总降雨量一般在 500 mm 以上(图 5.5),江苏省的里下河和沿江地区、安徽省的江淮地区、湖北省的东北部和河南省的东南部达 700～1200 mm,比常年同期偏多 1～3 倍。从

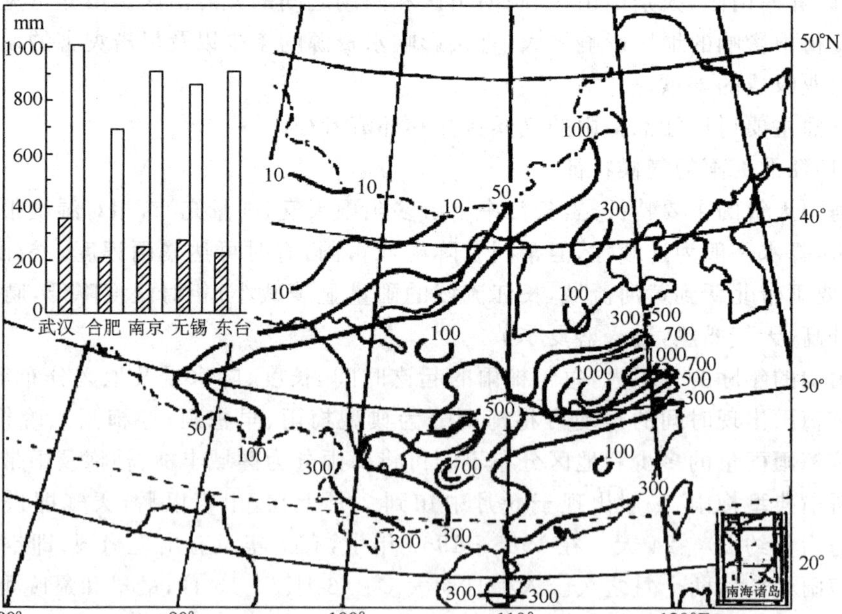

图 5.5 1991 年 5 月 19 日至 7 月 13 日降水量(单位:mm)

(左上图为同期长江上游 5 个代表站的降水量与常年平均降水量(斜线区)的比较)

(丁一汇,1992)

梅雨区所选5个站的雨量与常年平均雨量进行比较可见，该年江淮梅雨的雨量远远超过常年的平均雨量(图5.5)。江苏省兴化市梅雨期间总降雨量达1294 mm，比常年全年降水总量还多278 mm。梅雨期间的主要降雨大致可分为三个阶段，称为"三度梅"，而且雨量是一段比一段强。第一阶段从5月19—26日，为早梅雨，大部地区降雨50～150 mm，河南、安徽等省的部分地区达150～300 mm。第二阶段是6月2—20日，总雨量普遍有130～410 mm。第三阶段是6月29日至7月13日，总降雨量普遍有300～500 mm，部分地区达500～800 mm。

由于梅雨的起讫时间的迟早、持续长度的长短、降水量的大小等年际差别很大，在分析时，有时认识也可能不太一致，即使对同一年份的梅雨也常常会引起不同的看法。例如，对2009年的梅雨就有几种不同的说法：根据降水量资料分析，2009年夏季江淮地区有两段主要的降水集中期，即6月底至7月初和7月下旬至8月初。而根据降水量距平分析可见，在6月11日至7月10日期间降水量明显偏少(图5.6a)，而7月23日至8月1日降水量明显偏多(图5.6b)。基于上述情况，一般认为2009年夏季江淮地区，在正常梅雨期间(6月中旬至7月上旬)降水量偏少，所以2009年是梅雨异常年，但有人认为是"空梅"，有人认为是"晚梅或短梅"，有人则认为是"二度梅"等。

综上所述，可以看出"梅雨"基本上是一个气候概念，对于每年的实际天气而言，可能与气候一致，这属于"正常"情况，但也常常会不一致，这属于所谓的"不正常"或"异常"情况。"早梅""晚梅""短梅""长梅""空梅""丰梅""二度梅""几度梅"等名称就是从不同角度对"异常"的具体描述。通过对它们特殊的形成机制的深入研究，可以使我们掌握梅雨的规律。

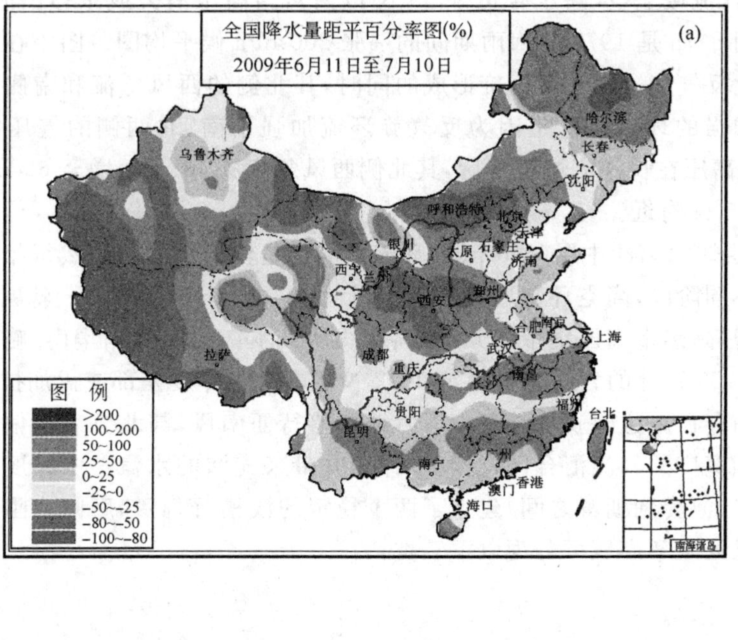

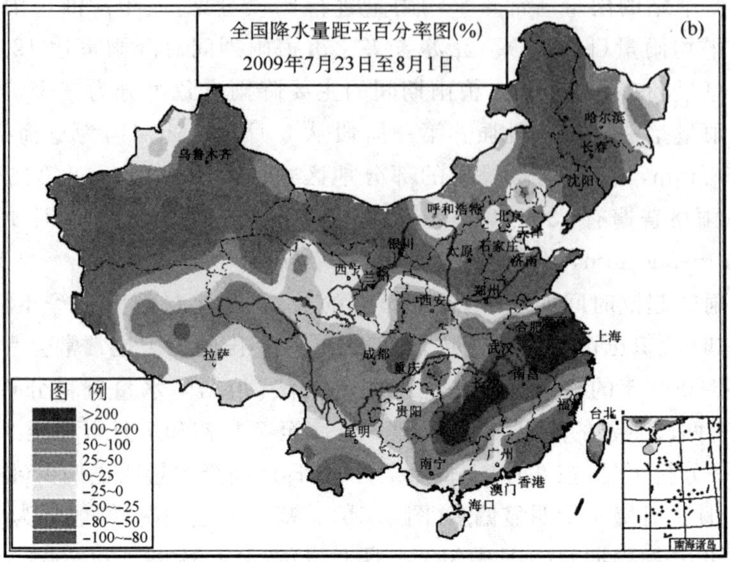

图 5.6　2009 年 6 月 11 日至 7 月 10 日(a)及 7 月 23 日至 8 月 1 日(b)降水距平百分率

(国家气候中心)

(2)江淮梅雨的环流特征

首先介绍典型梅雨的环流特征。

① 高层。梅雨期开始时,高层(100 hPa 或 200 hPa)的南亚高压从高原向东移动,位于长江流域上空(高压脊位于 30°N 以南),当高压消失或东移出海时,梅雨即告结束。图 5.7a 是 1973 年梅雨期间的一张 200 hPa 候平均图。图中在江淮上空维持一个暖性反气旋。在此反气旋形成的同时,其北侧的西风急流和南侧的东风急流也有明显加强的现象。这是因为反气旋环流加强了南、北两侧的气压梯度。例如 1973 年,当高压在长江流域稳定后,其北侧西风急流从 40 m/s 增至 60 m/s 左右,并向南移到 35°N 附近。

② 中层。梅雨期中层(500 hPa)环流形势也是较稳定的。虽然每年梅雨期或同一梅雨的不同阶段,高空环流形势有所不同,但基本情况是一致的。就副热带地区来说,西太平洋副热带高压呈带状分布,其脊线从日本南部至我国华南,略呈东北—西南走向,在 120°E 处的脊线位置稳定在 22°N 左右。在印度东部或孟加拉湾一带有一稳定低压槽存在。这样就使长江中下游地区盛行西南风,与北方来的偏西气流之间构成一范围宽广的气流汇合区,有利于锋生并带来充沛的水汽。中纬度巴尔喀什湖及东亚东岸(河套到朝鲜之间)建立了两个稳定的浅槽,而高纬度则为阻塞高压活动的地区。此处阻塞高压可分为以下三类:

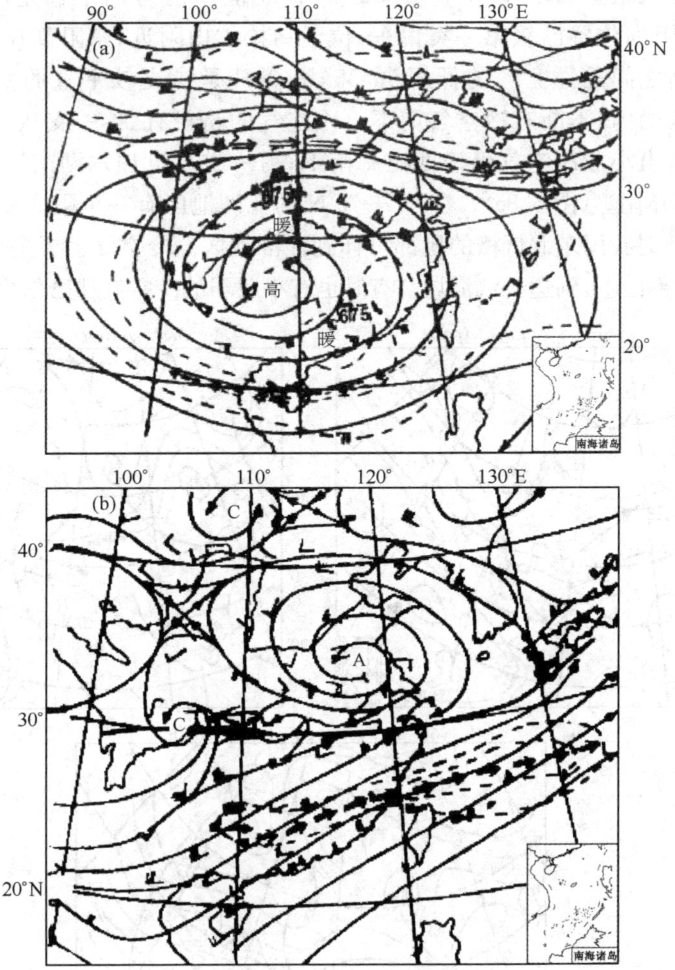

图 5.7 (a)1973 年 6 月 21—25 日 08 时 200 hPa 候平均图(虚线为 200 hPa 和 500 hPa 的高度差);(b)1973 年 6 月 22 日 08 时 850 hPa 流场图(虚线为等风速线;粗实线为切变线或辐合线,双箭头线为低空急流轴)(朱乾根 等,2007)

第一类是三阻型(图 5.8a)。在 50°—70°N 的高纬地区,常有三个稳定的阻塞高压或高压脊。东阻高位于亚洲东部勒拿河、雅库茨克一带;西阻高位于欧洲东部;中阻高位于贝加尔湖西北方。在这些阻高南部亚洲范围 35°—45°N 间是一个平直强西风带,且有锋区配合,其上不断有短波槽生成东移,但不发展。冷空气路径有两支:一支从巴尔喀什湖冷槽内分裂出来,随短波槽东移,经我国新疆和河西走廊南下;另一支从贝加尔湖南下。

第二类是双阻型(图 5.8b)。在 50°—70°N 范围内有两个稳定阻塞高压(高压脊)维持。西阻高位置已较第一类偏东,位于乌拉尔山附近,东阻高在雅库茨克附近,在这两个阻高之间是一宽广的低压槽,35°—40°N 是一支较平直的西风。在贝加尔湖西面的大低槽内,不断有冷空气南下。冷空气的路径有二:一支从巴尔喀什湖附近的低槽中分裂出小股冷空气经河西走廊南下;另一支从贝加尔湖南下。

第三类是单阻型(图 5.8c)。在 50°—70°N 的亚洲地区有一个阻塞高压,其位置在贝加尔湖北方,此时我国东北低槽的尾部可伸到江淮地区。冷空气主要是从贝加尔湖以东沿东北低压后部南下,到达长江流域。有时也有小股弱的冷空气从巴尔喀什湖移来。

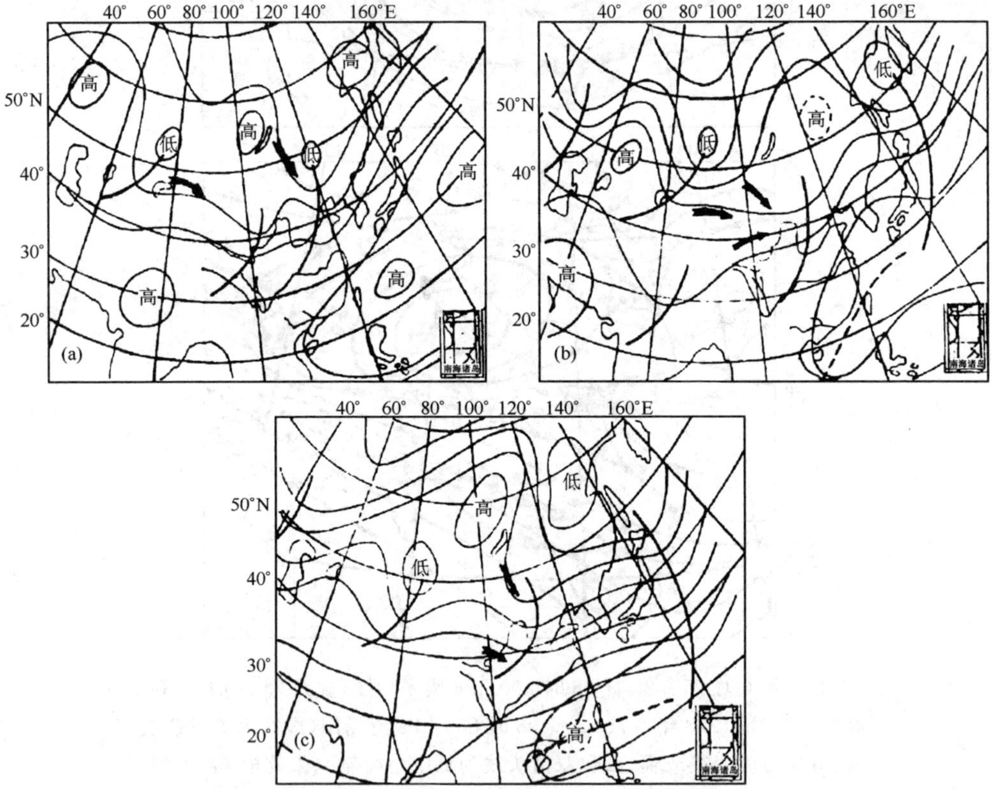

图 5.8 梅雨期 500 hPa 形势示意图

(a)三阻型;(b) 双阻型;(c) 单阻型

(朱乾根 等,2007)

在梅雨期间,上述三类 500 hPa 西风带环流型是互相转换的,不过在多数年份,梅雨的中期和后期容易出现第二类,即一般所称的“标准型”。

③ 低层。整个梅雨期间的降水天气过程,是在中层大范围纬向气流中配合一次次短波活动所造成的,其过程大致有以下两种:

第一种:在地面图上,在江淮流域有静止锋停滞,在 850 hPa 或 700 hPa 上,则为江淮切变线,切变线之南并有一与之近乎平行的低空西南风急流,雨带主要位于低空急流和 700 hPa 切变线之间。如在 500 hPa 平直西风带上有较弱的低槽东移,则在低空常有西南低涡与之配合沿切变线东移,而在地面上,则会引起静止锋波动,产生江淮气旋。这种气旋是不发展的,一次次气旋活动,即产生一次次暴雨过程。图 5.7b 即为 1973 年梅雨期间的一张 850 hPa 图。图中切变线上有两个低涡活动,而切变线南侧则有明显的大于 20 m/s 的低空急流。

第二种:当中纬西风带上有较强的低槽东移时,静止锋波动带能发展为完好的锋面气旋,并向东北方向移动。气旋后部有较强的冷空气推动静止锋南下,使它转变为冷锋。气旋和冷锋降水之后,江淮地区天气暂时转晴。如果整个大形势没有变化,则下一个低槽冷锋活动又重新构成梅雨形势。

综合上述三层环流形势,概括为图 5.9。在低层是东北风或西北风与西南风形成的辐合上升区,中层是无辐散层,高层是辐散层,该处南、北两支气流对辐散气流起着加速作用。

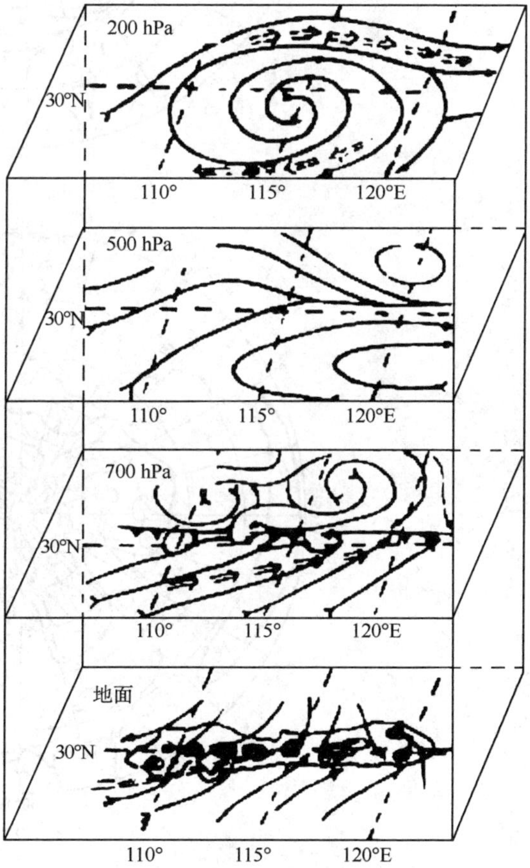

图 5.9 梅雨期各层环流概略图

(朱乾根 等,2007)

图 5.10 为 1991 年江淮流域梅雨的 6 月份环流特征。由图可见,在 500 hPa 上,45°N 以北的高纬地区高度场为明显的经向型。极涡比常年强,北美大槽、欧洲西岸槽、北美大陆北部高压脊和乌拉尔高压脊异常发展,其高度距平均达正负 80 gpm 以上。对于欧亚地区来说,西伯利亚东部雅库茨克一带的高压脊虽然相对较弱,但其高度距平也达 40 gpm 以上。贝加尔湖西侧的大槽也很明显。槽北部的高度距平达负 80 gpm 以下。上述持续稳定存在的高纬环流形势,为保证该年江淮梅雨持续稳定维持提供了所需的冷空气供应。冷空气从乌拉尔高压脊前部不断向南输送,最后进入江淮地区。30°—45°N 地带为平直西风气流,其上有短波槽不断东移,每移过一

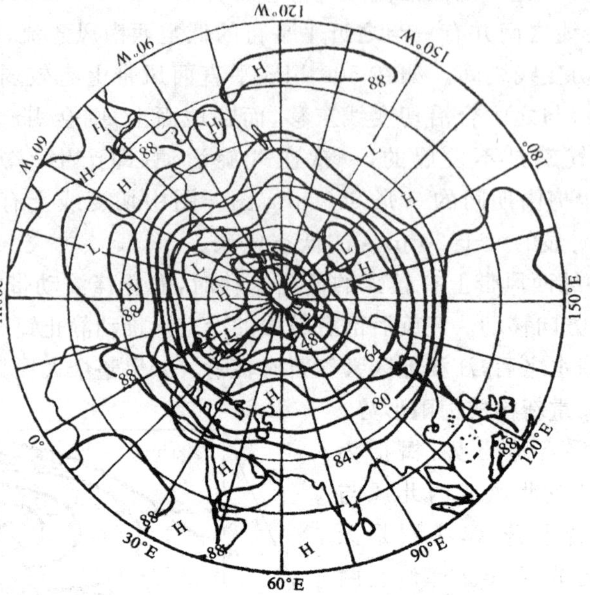

(a)

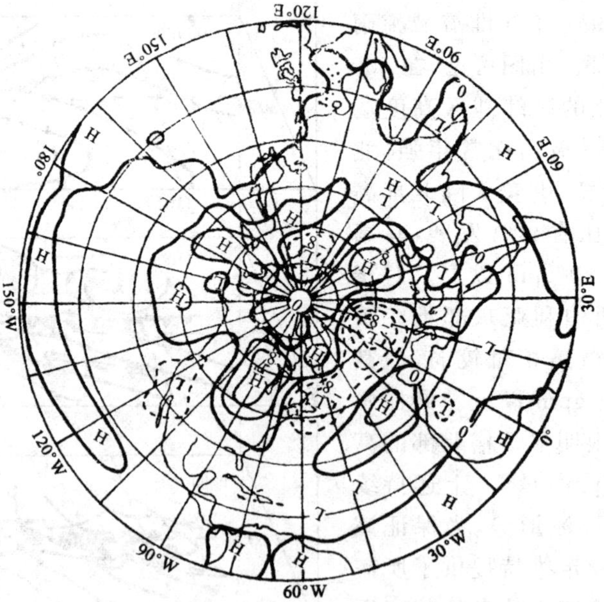

(b)

图 5.10　1991 年 6 月北半球 500 hPa 月平均的位势高度场(a)和距平场(b),

(朱乾根 等,2007)

次短波槽，江淮地区就发生一次暴雨过程。在副热带地区，北半球副热带高压比常年偏强，其中西北太平洋副热带高压偏强已持续了5个月，且位置明显偏西。东亚副热带高压脊线位于22°N附近。在这种环流形势下，副热带高压西侧的暖湿气流与北方冷空气交绥于江淮地区，形成持续时间长、范围广的特大暴雨。从以上中层环流形势看，1991年6月的江淮梅雨是一次典型的双阻型梅雨形势。

梅雨期间，在地面图上，在江淮流域的静止锋一般称为梅雨锋。梅雨锋结构与华南前汛期的华南静止锋或冷锋结构有很大不同，这种差异主要表现在梅雨锋上的水平温度梯度比华南锋面上的小得多，但湿度梯度仍然较大。此外，梅雨锋上的积云对流也较华南锋面强。这种结构变化主要是锋面北侧大陆的增暖较锋前快，锋前低层增温大于高层所造成的。由于这种增暖的不均匀性，遂使锋上经向水平温度梯度减弱，并使锋前暖湿空气的不稳定层结增强，产生强的积云对流。

有时，锋面尚未推进到江淮地区时，这种温度变化已经开始，因而在华北时锋面温度梯度已经减弱，强对流发展。有时，锋面推进到江淮地区时，这种变化过程尚未开始，因而梅雨锋上也可出现较强的温度梯度。

造成水平温度变化不均匀的原因有：①30°N以北的地区受变性的高压控制，有较强的下沉气流，下沉绝热增温远远抵消了冷平流降温，因而北方上空温度升高比南方快。②由于北方上空气流下沉天气晴朗，陆地吸收较强的太阳辐射热并使地面温度升得很高，再通过感热输送使低层大气温度也升得很高。

一般来说，梅雨锋的主要特征是湿度对比，温度梯度时有时无，当大陆升温较晚时，梅雨锋上也可有较强的温度对比；当大陆升温较早时，梅雨锋的温度对比不明显。

梅雨锋上虽然没有强的温度梯度，但它常与江淮切变线相对应，其上有西南涡不断形成和东移，可产生强烈的降水。同时，在切变线之南，副热带高压的北侧存在西南风低空急流，更有利于暴雨的产生。

5.2.4 华北与东北雨季暴雨

(1)气候概况

7月中旬至8月下旬雨带移至华北和东北地区形成本地区的雨季。华北与东北雨季降水特点与华南和江淮地区有显著不同，具有自己的特点，概括起来有下列几点：

① 降水强度大，持续时间短。华北、东北地处中纬地区，夏季暖湿空气北上，同时冷空气活动也很频繁，冷暖空气激烈交绥的结果造成了很强的暴雨。暴雨日雨量常在100 mm以上，200 mm以上的也很多见，个别地区的日降雨量甚至达400～500 mm。以过程降水量计，一场暴雨达500 mm以上的也不少见。例如，根据对河北省1959年以来23次大暴雨的调查，有10次都出现500 mm的暴雨点，我国暴雨的许多极值纪录都出现在这个地区(图5.11)。山西省曾出现5 min 53.1 mm的降

水量,这种极强的雨量是国内罕见的。1975 年 8 月 7 日,河南林庄出现 24 h 1060 mm 的降水量,5—7 日 3 天共降 1605 mm,均创国内大陆上的最高纪录。1963 年 8 月 2—8 日,河北省獐么降水量 2051 mm,亦为我国大陆 7 天降水量的最高纪录。1977 年 8 月 1—2 日,内蒙古与陕西接壤的毛乌素沙漠中的木多才当降水量达 1400 mm,为我国沙漠暴雨中的极值。

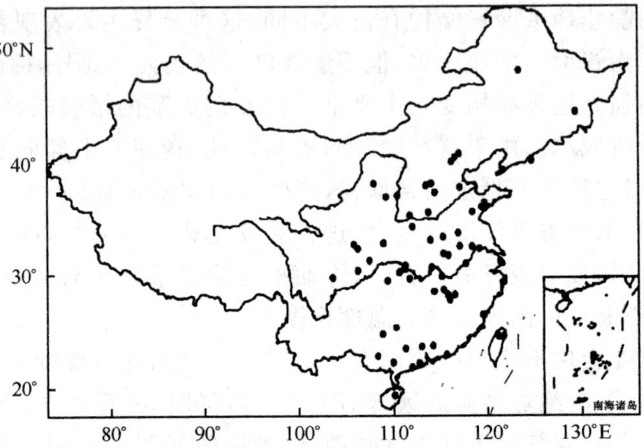

图 5.11 1931—2006 年 24 h 降水大于 200 mm 降水点的分布

(陶诗言,1979;宋亚芳,2007;丁一汇 等,2009)

另一方面,华北、东北降水持续时间比华南、江淮要短得多,一般都在 1～3 天,最多也只 10 天。降水的过程性较清楚,过程结束天气转晴朗,不像华南和江淮阴雨连续,湿度大日照少。

② 降水的局地性强,年际变化大。每年华北、东北雨季的强降水区覆盖面积比华南、江淮地区要小得多。在华南和江淮地区一次强降水过程的暴雨面积东西可长达 1000 km 以上,南北也有 200～300 km的宽度,其中可有几个暴雨中心。而在华北、东北则长宽只有 200～300 km,且每年降落的地区多不相同,对于一个地区来讲,降水量的年际变化很大。例如,1963 年 8 月,河北省的特大暴雨(简称"63・8"暴雨)仅降落在太行山东麓的一个狭长地带内。1975 年 8 月,河南省伏牛山特大暴雨(简称"75・8"暴雨)主要降落在伏牛山的迎风面,超过 400 mm 的降水面积约为 1.9 万 km^2。1958 年 7 月中旬,黄河中游暴雨(简称"58・7"暴雨)集中出现在三门峡到花园口黄河干流区及伊、洛、沁河流域的狭窄地区。1977 年 8 月,毛乌素沙漠暴雨(简称"77・8"暴雨)500 mm 以上的雨区范围仅为 900 km^2。每次特大暴雨降落的地区都不相同,年际差异大。再以北京为例,1959 年夏季总降水量达 1169.9 mm,但在 1965 年夏天仅降 184.6 mm,相差约 6 倍。

③ 降水时段集中。华北地区的降水80%～90%出现在6—8月，而又主要集中在雨季，其中又以7月下半月和8月上半月最集中。“63·8”“75·8”“77·8”等特大暴雨皆发生在8月上旬，“58·7”暴雨出现在7月14—19日。东北地区暴雨多集中在7月中旬至8月中旬，几乎集中了全年降水量的60%。

④ 暴雨与地形关系密切。华北暴雨主要出现在山脉的迎风面和山区。燕山南麓、太行山东麓和南部、伏牛山东麓以及沂蒙山区都是暴雨最多的地区，而在太行山以西、燕山以北以及河北东部地区暴雨出现较小，这反映了地形的影响。根据华北地区平均年暴雨日数分布图，年暴雨日数为一天的等值线分布约与500 m地形等高线分布一致，即从辽宁西部、河北北部、沿太行山东坡到吕梁山、渭北高原一带，在此线以东暴雨日数增多，燕山南麓北京遵化一带，太行山东麓和南部、沂蒙山区东南、泰山地区等是多暴雨地区。往西往北暴雨日数减少。在内蒙古西部基本上无暴雨。整个看来，暴雨有从南向北减少的趋势。根据河北省190个大暴雨(日降水量≥100 mm)中心分布统计表明，山脉迎风坡占60.4%，平原地区占34.2%，高原及山脉背风区只占5.4%。由此可见，地形对华北暴雨十分重要。东北地区的暴雨分布也是这样，特大暴雨多分布在平原向山区过渡的大小兴安岭和长白山一带。

(2)北方暴雨的环流特征

根据1958—1976年华北地区33次暴雨过程的分析，华北暴雨主要发生在东高西低或两高对峙的环流形势下。如图5.12a所示，巴尔喀什湖一带为一长波槽，当东部长波槽位于100°—110°E时，对华北暴雨最有利，这时华北暴雨位于长波槽前。长波槽偏东时，华北位于高空西北气流下方，只能出现局地降水，很少出现区域性暴雨。长波槽下游高压脊或副热带高压位置的稳定性是决定降水持续时间的重要条件。当高压脊稳定于120°—140°E时，可形成明显的下游阻挡形势，使上游低槽移速减慢或趋于停滞。如果在下游中高纬长波脊与南面副热带高压脊同相叠加时，可进一步加强下游高压的稳定性，有利于降区域性的暴雨。

当下游有阻塞形势维持，同时在贝加尔湖一带有长波脊发展时，可形成三高并存的环流形势，如图5.12b所示，这时日本海高压、青海高压、贝加尔湖高压同时存在，从东北至河套为深厚的低槽或切变线；南方的西南气流或低空急流不断把南方暖湿空气向华北输送；西南涡向东北方移动，进入长波槽中，在华北停滞；日本海副热带高压南侧的东南气流将太平洋上的水汽向雨区输送。这是造成华北持续性大暴雨的一种环流形势。“63·8”“58·7”等特大暴雨就是出现在这种形势下。

另一种对华北暴雨有利的形势如图5.12c所示。这是在北面形成高压坝的条件下北上台风深入内陆受阻停滞或切断冷涡稳定少动造成暴雨的形势。不少大暴雨和持续性大暴雨都是由这种形势造成的，如“75·8”暴雨和1966年8月暴雨等。

东北地区暴雨的环流特征是500 hPa上位于110°—120°E的长波槽与位于30°N

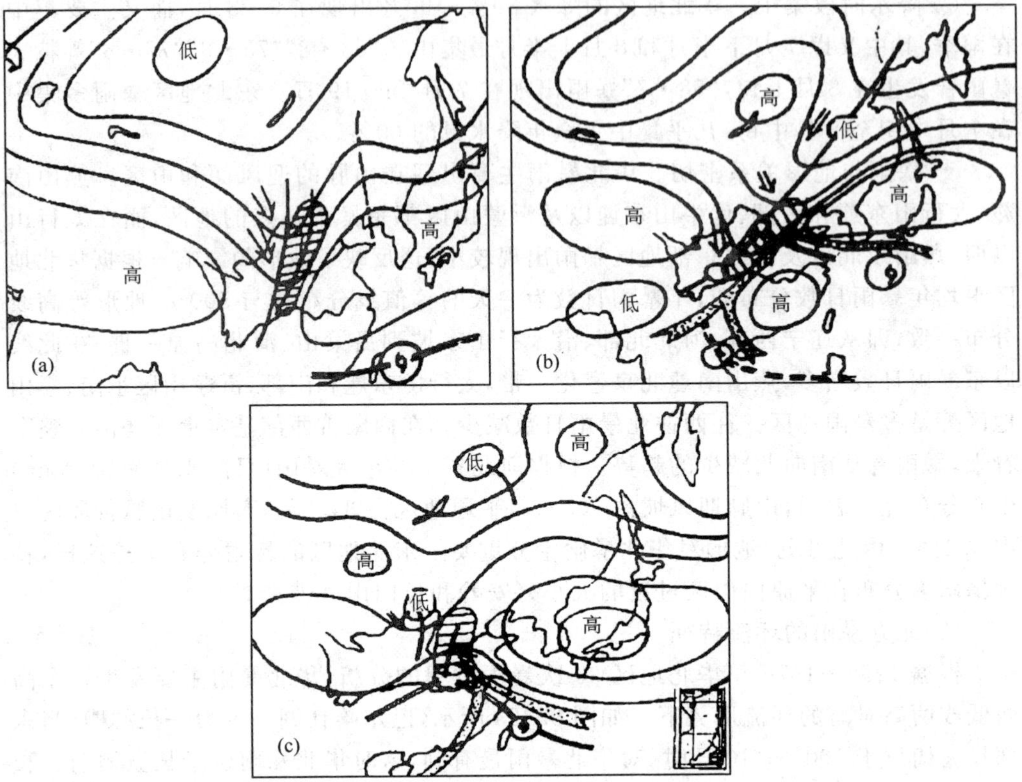

图 5.12 华北雨季暴雨的三种基本环流型(朱乾根 等,2007)

(a)东高西低或两高对峙的形势;(b)三高并存的形势;(c)在北面形成高压坝的条件下北上台风深入内陆受阻停滞或切断冷涡稳定少动造成暴雨的形势

(实线表示 500 hPa 等高线,粗实线为槽线,空箭头表示冷空气,黑箭头表示暖湿空气,双线表示热带辐合带,阴影区表示暴雨区)

以北的副热带高压脊相结合,且中低层存在西南风急流,在急流北端产生暖锋式切变。在这种形势下,地面气旋(黄河气旋或江淮气旋)活动频繁,当它移入东北时,常产生暴雨。这类暴雨占总数的 76%。当有台风北上进入长波槽前时,常产生特大暴雨。由于产生东北暴雨的长波槽与产生华北暴雨的长波槽是同一低槽,因而这两个地区的降水同时发生,属于同一雨季。

此外,高空冷涡也是华北和东北地区夏季降水和暴雨的重要环流形势(见 3.3.4 节)。

(3)日本海高压——产生北方特大暴雨的关键系统

在形成华北暴雨的环流系统中,日本海高压是一关键系统。在上述的华北特大暴雨过程中,日本海高压稳定高压脊西伸,形成西低东阻的形势,暴雨连续降落在同一地区,形成特大暴雨。日本海高压一般可维持 3～5 天,长者可达 7～10 天。它对暴雨的产生起着两个作用:一是阻挡低槽的东移,并和槽后青海高压脊对峙形成南北向切变线,使西南涡在此停滞;二是日本海高压南侧的东或东南气流可向华北地区输送水汽。如果热带辐合带北移并有台风生成时,则偏东气流可增强和维持。日本海高压的形成有不同的方式。一种是由大陆高压东移经过河套、华北地区到达海上,稳定后形成日本海高压;另一种是北方高压脊与伸入到日本海的西太平洋副热带高压脊合并而成。副热带高压的北移或西伸也可形成日本海高压。当日本海以东有低槽发展时,日本海高压更易维持和稳定,并可西伸。日本海高压的崩溃与周围环流形势调整或变化有密切关系。例如,台风可以破坏高压,北部西风槽发展和东移可使日本海高压南退或东撤,与西太平洋副热带高压合并。日本海高压还可以经渤海、黄海进入到大陆上。

日本海高压具有副热带高压的性质,在这样高的纬度(40°N 附近)能稳定维持这样的高压与整个行星风系的季节北移有关,每年夏季行星尺度系统——副热带高压北移于 7 月下半月和 8 月上半月达到最北的位置。因此,华北特大暴雨均发生在这个时期。

5.3　不同尺度天气系统对暴雨的作用

天气系统具有不同的时空尺度,它们可以被划分为行星尺度、天气尺度、次天气尺度和中小尺度等。不同尺度的天气系统对暴雨过程的形成具有不同的作用,下面分别加以讨论。

5.3.1　行星尺度天气系统对暴雨的作用

从上述各个地区的大范围降水的环流特征可以看出,大范围持续性降水的环流特征大致可以分为两种类型:一是稳定纬向型,如华南前汛期降水、江淮梅雨和长江中下游春季连阴雨等;另一是稳定经向型,如华北与东北雨季降水。其共同特征是行星尺度系统稳定。行星尺度系统本身并不直接产生降水,而是制约影响天气尺度系统在一固定地带活动,从而产生持续性降水。此外,它还能将南海、孟加拉湾和太平洋的水汽不断向暴雨区输送。因此,行星尺度天气系统的变动,大致决定了雨带发生的地点、强度和持续时间。下面介绍影响我国降水的几种行星尺度系统及其具体作用。

(1)西风带长波槽

影响我国降水的行星尺度系统之一是西风带长波槽,主要包括:巴尔喀什湖大槽、贝加尔湖大槽、太平洋中部大槽以及青藏高原西部低槽等。

巴尔喀什湖大槽是影响华北暴雨的重要行星尺度天气系统,当其稳定存在时,槽中不断分裂小槽东移,冷空气多从西路或西北路经新疆和河西地区侵入我国河套、川陕、华北一带,引起这些地区的暴雨。

贝加尔湖大槽底部的西风气流比较平直,在其上不断有小槽活动,造成降水。当它稳定存在时,容易形成稳定纬向型暴雨。

太平洋中部大槽位于太平洋中部,当大槽发展和加深时,可使其西部的副热带高压环流中心稳定,从而对其上游的西风槽起阻挡作用。当此槽不连续后退时,更可迫使西侧副热带高压环流中心西进,建立日本海高压,造成经向型暴雨。

青藏高原西部低槽是副热带锋区上的低槽,它可与乌拉尔山大槽或贝加尔湖大槽结合。当此槽建立时,在其上有分裂的槽东移,按其位置不同表现为西北槽、高原槽或南支槽,是直接影响降水的短波系统。

(2)阻塞高压

影响我国降水的另一种行星尺度系统是阻塞高压。主要有乌拉尔山阻塞高压、雅库茨克-鄂霍次克海阻塞高压和贝加尔湖阻塞高压。

乌拉尔山阻塞高压的建立,对整个下游形势的稳定起着十分重要的作用。这个高压脊前常有冷空气南下,使其东侧低槽加深,分裂小槽东移,影响我国降水。同时,贝加尔湖则为大低槽区,中纬度为平直西风气流,有利于稳定纬向型暴雨的形成。

雅库茨克-鄂霍次克海阻塞高压的建立对我国暴雨有重要影响,尤其对我国梅雨影响更大。它常与乌拉尔山阻塞高压或贝加尔湖大槽同时建立,构成稳定纬向型的暴雨。由于它稳定少变,使其上游环流形势也稳定无大变化。同时西风急流分为两支,一支从它的北缘绕过,另一支从它的南方绕过,其上不断有小槽东移,引导冷空气南下与南方暖湿空气交绥于江淮地区。另外,在阻塞高压的西南方和东南方有低涡切断,直接造成北方降水。

贝加尔湖阻塞高压建立时,易形成稳定经向型的暴雨。它常由雅库茨克高压不连续后退或乌拉尔高压东移发展而成。当它与青藏高压相连,形成一南北向的高压带时,将使环流经向度加大,并在这个高压带与海上副热带高压之间构成一狭长低压带,造成北方经向型暴雨。

(3)副热带高压

副热带高压呈东西带状时,副热带流型多呈纬向型,造成东—西向的暴雨。副热带高压呈块状时,副热带流型多呈经向型,造成南—北向或东北—西南向的暴雨。后者常发生于副热带高压位置偏北的时候。西太平洋副热带高压脊西北侧的西南气流是向暴雨区输送水汽的重要通道,而其南侧的东风带是热带降水系统活跃的地区,因此它的位置变动对我国主要雨带的分布有密切关系。

(4)热带环流

热带系统除直接造成暴雨外,它与中纬系统的相互作用,对我国夏季西风带的降水有密切的关系。热带系统与中纬度系统相互作用而产生的暴雨大致可分为三种类型。

① 在副热带流型经向度较大时，热带气旋北上，合并于西风槽中，或者中、低纬系统叠加在一起（如高层西风槽与低层东风波叠加），就造成暴雨。实际上华北与东北最强烈的暴雨，往往是由北上的热带系统（如由台风变性成温带气旋等）所造成的。

② 整个热带辐合带北移，海上辐合带中有台风发展。在台风与副热带高压之间维持强的低空偏东风急流，有利于水汽不断向大陆输送，或者台风直接移入大陆，保证暴雨区的充分水汽供应（参见图 5.12c）。

③ 热带辐合带稳定于南海一带，副热带高压脊线位于 20°—25°N，有利于江淮梅雨的稳定维持。当辐合带断裂时，热带季风云团向北涌进，可以直接加强江淮流域的梅雨。

5.3.2 天气尺度系统及其对暴雨的作用

(1)影响我国降水的天气尺度或次天气尺度系统

影响我国降水的天气尺度或次天气尺度系统有高空低槽、地面气旋以及各种锋面、低空“切变线”、低空“低涡”、高空冷涡和低空急流等。在这些系统的有利结合下可以形成各种强降水。特别是其中的低空“切变线”、低空“低涡”、高空冷涡和低空急流等系统都是大多数强降水过程中的重要角色。

例如，据湖北省中心气象台统计，在夏半年，由于江淮切变线产生的暴雨，占全部暴雨日数的 41%，就整个江淮地区统计，有暴雨的切变线过程占全部切变线过程的 76%，6 月、7 月更甚，占 90% 以上。这就是说，大多数江淮切变线过程都能带来暴雨。一个切变线过程有时还会带来连续 5～7 天的暴雨过程。江淮切变线的降水多位于地面锋线的北部、700 hPa 切变线以南的地区。这是因为 700 hPa 切变线以南的偏南气流一方面可将南方的水汽不断输送过来，另一方面这股气流沿着锋面向上滑升，使水汽冷却凝结成雨。因此，如风速偏南分量愈大，而锋面坡度愈陡，则上升运动愈强，而降水量愈大。但这种大范围的上升运动，仅能造成连续性大片降水，降水量并不大。冬半年锋面坡度较小，水汽供应也较少，大气较稳定，因而多连续性降水，雨区较宽而雨量较小。夏半年则不同，由于锋面坡度陡、水汽供应多，大气又不稳定，切变线上常出现雷阵雨，降水区窄而降水量大（注：北半球夏半年是指春分，即 3 月 21 日前后，至秋分，即 9 月 23 日前后的时期。冬半年是指秋分至次年春分的时期）。

切变线上降水分布并不均匀，只有在辐合较大、水汽供应较充分的地区，才有较大的暴雨。而切变线上辐合不同的原因，主要是西南涡沿切变线东移所造成的。因此，江淮切变线上产生的暴雨与西南涡是分不开的。

低空低涡是影响我国降水，尤其是暴雨的重要天气系统，多存在于离地面 2～3 km 的低空，如生成于四川的西南涡，生成于青海高原的西北涡，生成于西藏地区的高原涡等。这些涡形成于青藏高原及其附近地区，与高原的作用是分不开的，它们东移后，对我国东部广大地区的降水都有影响。以西南涡为例，当西南涡发展东移时，雨区也不断扩大和东移,降水强度逐渐增强。一般到了两湖盆地,降水量便大大增加,往往形成暴雨。同时,西南涡的东移和发展,往往引起地面锋面气旋的发生发展,而大风、低云、恶劣能见度等也随之出现。

低空急流与暴雨的关系也十分密切。据统计,在江淮梅雨期有70%以上的天数出现低空急流,其中79%的低空急流伴有暴雨,反之83%的暴雨伴有低空急流。有低空急流无暴雨或有暴雨无低空急流只占少数。其他地区的统计结果大致相同。绝大部分暴雨发生在低空急流的左侧200 km以内,其中多数又降落在低空急流中心的左前方。由于每天只有两次高空观测,很难确定低空急流与暴雨发生的先后。比如说,某日08—20时出现暴雨,而与其相联系的低空急流出现在20时,很难说暴雨发生在前,很可能暴雨与低空急流是同时生成的。但从上述低空急流形成的机制可以推知,在低空急流形成的初期风速不大时,或超地转未出现时,暴雨尚未生成,这时就先有低空急流以后才生成暴雨。据统计,在江淮地区25次低空急流的增强中,前24 h降雨增大者有18次,后24 h降雨增大者有7次。说明低空急流与暴雨之间有正反馈作用。简单地说,低空急流与暴雨的相互作用,就是经向垂直环流与暴雨的相互作用。当高空急流入口区右侧产生经向垂直反环流后,低层西南涡东移,在西南涡与副热带高压之间产生弱的低空急流。垂直反环流低层的偏南气流将低空急流南侧的潮湿不稳定空气主要从急流之下的边界层内向北输送,在低空急流北侧生成暴雨。暴雨的生成又加强了垂直反环流及低空急流。如此循环二者皆得到加强。随着南支槽和西南涡的东移,暴雨和低空急流一起向东发展或延伸。一般认为,暴雨之所以降在低空急流中心的左前方是急流所在层次的水汽在那里强烈辐合上升所造成的。实际上暴雨区内的水汽供应主要是边界层内的水汽通量辐合所造成的,是由低空急流之下的偏南气流所支持的。由于西南涡的右前方为降压最大区,边界层内辐合上升运动强,又吹偏南风,有利于南方的潮湿空气在这里上升凝结降落为暴雨。低涡中心的南方气压梯度最大,常是低空急流中心所在。西南涡的右前方也就是急流中心的左前方,大多数暴雨在这里生成。

(2)天气尺度系统对暴雨的作用

天气尺度系统的上升运动强度通常还不能产生暴雨,暴雨主要是在中小尺度系统中下降的。天气尺度系统对暴雨的作用主要表现在下列几方面。

① 制约和影响形成暴雨的中尺度系统的活动。天气尺度系统可以提供中尺度系统形成的基本条件。例如,由于上下层气流的平流差异,可以形成大范围的不稳定区。这是中小尺度系统形成的必要条件之一。而天气尺度的上升运动又是促成不稳定能量释放的触发条件。只有在不稳定能量释放时,对流活动和中尺度系统才得以形成。当中小尺度系统生成后,一般沿对流层中层(700 hPa或500 hPa)的气流移动,因此天气尺度系统的气流,可以制约中小尺度系统的移动,并能将其排列成带状,使其有组织地向前传播。

② 供应暴雨区的水汽。一般来说，形成暴雨必须要有比较丰富的水汽条件，仅靠本地的水汽供应是远不够的。因此在暴雨区周围必须有一个较大尺度的水汽通量辐合场。如果要使暴雨继续维持，则还需更强的大尺度水汽通量辐合以补充外区水汽的减少。而这种较强的水汽通量辐合场，一般出现在天气尺度的系统中。

暴雨区水汽辐合主要集中于低层，一般 900 hPa 附近最大，向上向下减少。600 hPa以上已转为辐散，地面附近也有浅薄的辐散层。其中 850 hPa 以下的边界层内水汽通量辐合量通常约占整层辐合总量的 56%。在总的水平水汽辐合中又以与低空急流相垂直方向的横向辐合为主，横向辐合占总辐合量的 79.3%，横向辐合也集中于边界层内，且为偏南风水汽输送所造成。对于 950 hPa 面上的散度实例计算表明，辐合区与暴雨区常有很好的对应关系，二者几乎重叠。由此也可看出边界层水汽通量辐合对暴雨产生的重要作用。

(3)对暴雨作用的天气尺度系统的活动特点

当天气尺度系统强烈发展或停滞摆动时，则易造成较强而持续的暴雨。例如 1975 年 7 月 29 日，一个发展的黄河气旋，在唐山地区普遍降下 200 mm 以上的特大暴雨，最大暴雨中心在柏各庄，达 531 mm。1963 年 8 月上旬，西南低涡在河北省停滞，造成“63.8”特大暴雨。各种天气尺度系统的叠加也会使降水量加大，例如造成 1975 年 8 月初河南特大暴雨的天气系统，除登陆的台风外，还有西风槽、东风扰动、低空东风急流、中空偏南急流、冷暖锋等。8 月 6 日晚的暴雨是由图 5.13a 及图 5.13b 中所示的各种系统叠加所造成的。高空槽与台风叠加，构成“南涡北槽”形势，是一种较普遍的暴雨形势。西南涡与北部西风槽的叠加，也常常造成暴雨加强。台风东北象限的低层与高空槽前的高层辐散叠加有利于上升运动的维持和加强。此外，在中空偏南急流之西侧、低空偏南急流之左侧也是有利于上升运动发展之处，且低空急流保证了水汽的充分供应，给暴雨的形成提供了条件。所以，在上述几个系统叠加之处就能形成暴雨。在稳定的环流形势下(一般多为纬向型)，天气尺度系统沿同一路径移动，因而在此路径上的地区，往往受若干个天气尺度系统的重复作用，接连出现几次暴雨，形成连续性特大暴雨。例如 1954 年 6—7 月，江淮流域处于稳定的纬向型下，在西风带上接连有 11 个小槽东移(所对应的低层为低涡气旋)，从而形成了江淮流域长达 2 个月的持续大暴雨。有时若干个不同的天气尺度系统在同一地区经过，也能造成持续性暴雨。

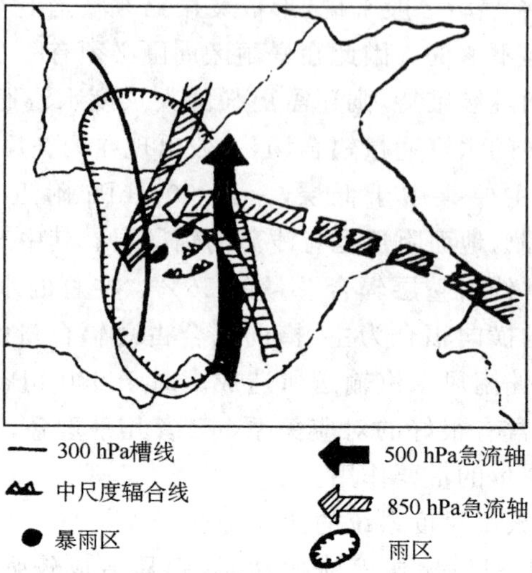

(a)1975 年 8 月 6 日 20 时天气系统的配置

(丁一汇 等,1978)

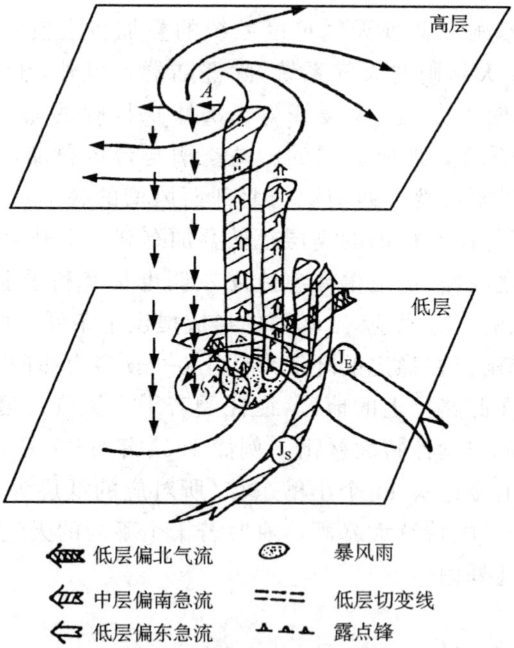

(b)"75·8"暴雨发生发展的天气学模型

(陶诗言 等,1980)

图 5.13　1975 年 8 月初河南特大暴雨天气系统

5.3.3 暴雨中尺度系统

(1)中尺度雨团和雨带

在每小时降水量图上，每小时雨量大于 5 mm 的等雨量线所包围的，直径（或长度）约为几十至上百千米的降水区或降水带称为中尺度雨团或中尺度雨带。一条中尺度雨带上可能包含若干小的雨团。在同一时刻的降水量图上往往同时有几个（条）雨团（带）存在。在一个地区，一次暴雨天气过程的总降水量并非仅由一个单一雨团（带）的影响所形成，而是由于在此过程期间有多个中尺度雨团（带）不断生成和移过的结果。例如，从 1972 年 6 月 20—23 日发生于安徽省的一次暴雨过程的总降水量分布图（图 5.14a）看来，有两条比较明显的降水轴，一条沿长江北岸，一条沿淮河南岸，两轴在江苏六合附近汇合。图 5.14b 是从每小时降水量图上以 0.4 纬度间距的网格对雨团中心在各网格中出现的次数进行统计而得出的雨团中心频数分布图。根据图 5.14b 可以发现，这是由于在此期间共有 22 个每小时雨量大于 5 mm 的中尺度雨团沿这两个轴线移动所造成的。

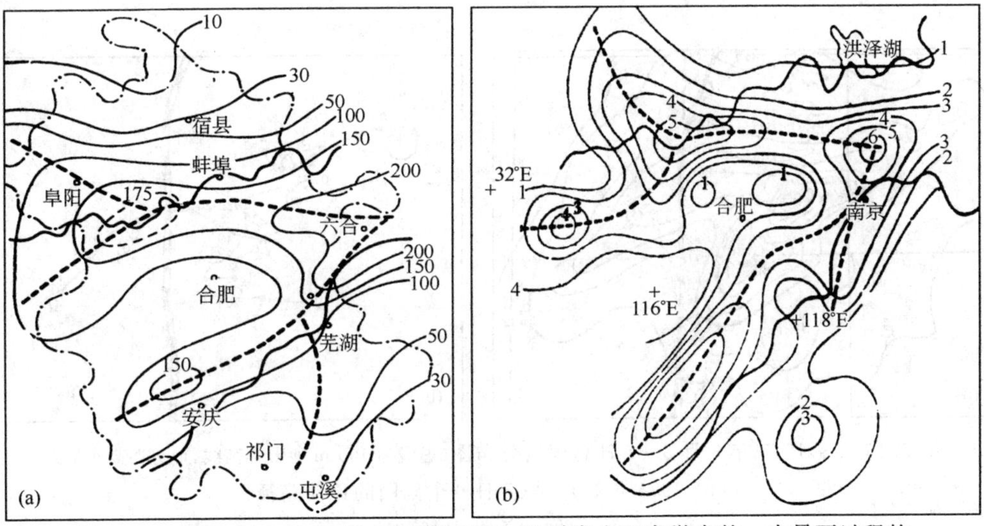

图 5.14 1972 年 6 月 20 日 08 时至 23 日 08 时发生于安徽省的一次暴雨过程的总降水量和雨团中心频数分布图

(a)总降水量分布图；(b)雨团中心频数

（细实线为雨团中心分布等值线，间隔为一次；粗虚线为雨团中心分布最大轴线）

（朱乾根 等，2007）

比较图 5.14a 及图 5.14b 可以发现，总雨量的最大轴线也就是雨团活动最多的轴线。三个雨量中心是由 5～6 个雨团在该地活动所造成的，六合地区雨量最大，这正是因为它是两条轴线交汇之处。两个来向不同的雨团在这里汇集,因而雨团活动最为频繁,造成了强暴雨中心。这些雨团的直径仅为数十千米到 100 km,平均生命只有几小时。它们生成之后,一般沿高空 500 hPa 气流由西向东运动。据同次过程统计,冷锋后部的雨团移速最快,约为 54 km/h;气旋波顶的雨团移速次之,为 42 km/h,气旋暖区中的雨团移速较慢,约为 36 km/h。中尺度雨团是由 10 km 左右的降水单体所组成的,并伴有$10^{-4}\ s^{-1}$的低空辐合。这就是说,中尺度雨团是由中尺度扰动将小尺度的积云对流组织而成的。

又例如,在河南“75·8”暴雨期间(8 月 5—7 日),在驻马店一漯河一线以西的暴雨中心附近地区(图 5.15a),共有 21 个中尺度雨团(大于 10 mm/h 的强降水区)活动,其中 8 月 5 日 4 个、8 月 6 日 8 个、8 月 7 日 9 个。这些雨团多产生于中尺度辐合区附近或特殊的地形条件下(如水库附近等)。雨团分静止性和移动性两种,移动性雨团的路径与 500 hPa 或 700 hPa 气流较一致。图 5.15b 是 8 月 7 日最强暴雨时期 6 个雨团移动路径图。⑥⑦⑨号雨团是静止的,④⑤⑧号是移动性的。④号和⑤号雨团都向板桥水库运动,并且在合并后,造成了当天晚上该处的强烈暴雨。这种合并现象是“75·8”暴雨时降水增强的重要原因。

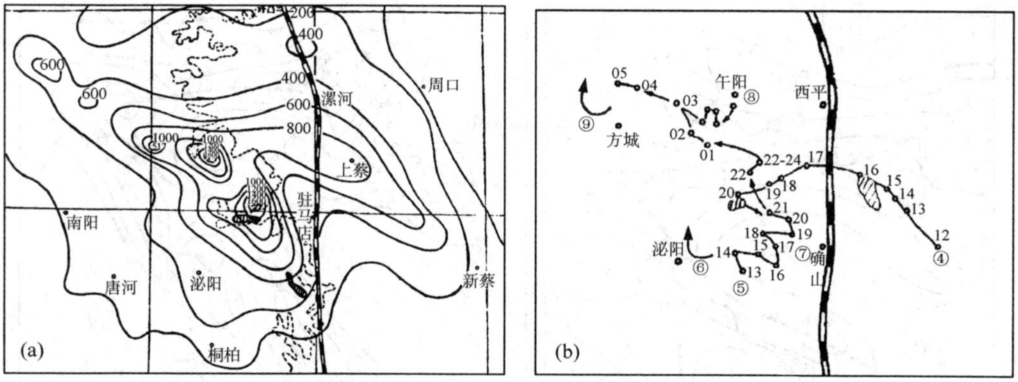

图 5.15 (a)1975 年 8 月 5—7 日总雨量分布图(虚线为 100 m 地形等高线,地势西高东低);(b) 1975 年 8 月 5—7 日 6 个雨团的移动路径

(陶诗言 等,1980)

(2)中尺度流场系统

一般来说中尺度雨团(带)通常与中尺度云团(带)、中尺度雷达回波团(带)等有一定的配合关系。而在流场上它们则可能与中尺度环流系统,如中尺度低压(或负变压中心)、中尺度气旋、中尺度气旋性辐合中心、中尺度辐合线和中尺度切变线等中尺度系统有密切联系。

以 1963 年 8 月河北特大暴雨(简称“63·8”暴雨)过程为例,根据中尺度分析可以看到，有中尺度辐合中心、中尺度切变线、中尺度辐合线等中尺度系统在暴雨发生发展过程中起着重要作用。分析表明，在暴雨期间 8 月 4 日 14 时的地面图（图 5.16a）上存在两个中尺度辐合中心。南面一个位于河南的安阳附近，是从南面移来的，以后向北东北方向移动并使降水加强。北面一个辐合中心位于邢台，是在当地由风速辐合线发展而成的。与之相应有一个 40 mm/h 以上的暴雨中心，6 h 以后，这个辐合中心就地消失，而雨区减弱北上。在“63·8”暴雨期间，地面上就有两种中尺度切变线。一种是偏北风与偏东风之间的切变线，称为冷性切变线（图 5.16b）。它自西向东移动，6 日 20 时移到石家庄以东 50 km 处。当切变线过境时，风向由偏东转偏北，随后

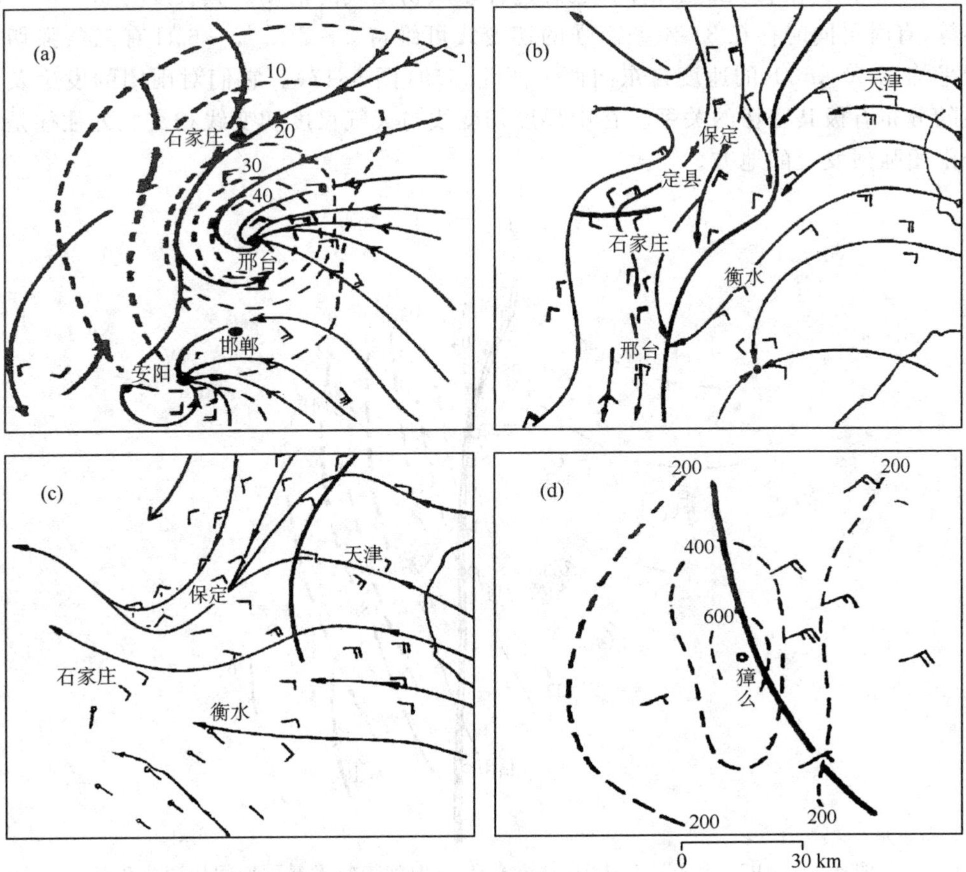

图 5.16　1963 年 8 月河北特大暴雨过程

(a) 1963 年 8 月 4 日 14 时的地面中尺度分析图；(b) 1963 年 8 月 6 日 20 时的地面流线（细箭头线）和冷性切变线（粗线）；(c) 1963 年 8 月 7 日 20 时的地面流线（细箭头线）和东风切变线（粗线）；(d) 1963 年 8 月 4 日獐么附近地区的地面辐合线（粗线）及其后的等 24 h 雨量线（虚线）

（游景炎，1965）

风速逐渐加大,降水强度增强。另一种切变线是由北东北(或东北)风与东南风之间构成的切变线,称为东风切变线(图 5.16c)。这种切变线是在东风带内产生的,并自东向西移动。每次出现后,雨量就有一次跃增。东风切变线引起的雨量很大(40 mm/h)。冷性切变线引起的雨强要小一些(20 mm/h),降水时间也较短促。在辐合线前方风速小,后方风速大,在辐合线上,有较强的风速辐合。1963 年 8 月 4 日河北獐么附近的一条东北风辐合线,走向大致与太行山平行(图 5.16d)。辐合线后面东北风风速为 8～10 m/s,前方只有 2 m/s。由于太行山的阻挡,辐合线经常在这里停滞不动,造成其后 24 h 的雨量达 600 mm 以上,而獐么的雨量更大,达 865 mm。

"75・8"河南特大暴雨期间,也有这种东风切变线的活动。其长度为 60～200 km 不等,有时可同时存在 3～4 条。强的切变线可维持 5～7 h。5—6 日有三条强切变线平均以 30 km/h 的速度自东向西—西北移动(图 5.17)。它们对雨团的发生及暴雨的分布有极其密切的关系。在中尺度切变线与天气尺度切变线相交之处往往是一个雨团强烈发展的地方。

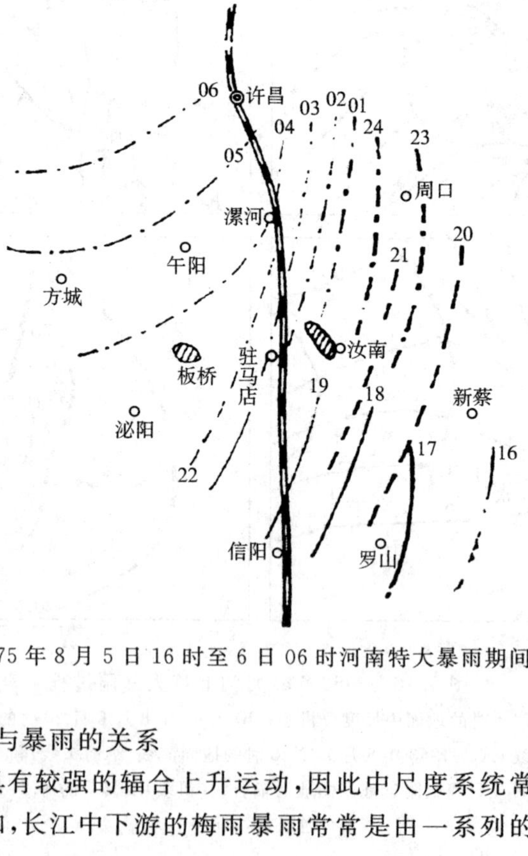

图 5.17 1975 年 8 月 5 日 16 时至 6 日 06 时河南特大暴雨期间切变线动态

(3)中尺度系统与暴雨的关系

中尺度系统中具有较强的辐合上升运动,因此中尺度系统常常是暴雨的直接制造者和携带者。例如,长江中下游的梅雨暴雨常常是由一系列的中尺度涡旋扰动造成的。下面我们通过对 2003 年 7 月 5 日江淮暴雨过程的分析来说明。

2003 年 7 月，江淮地区出现了一系列暴雨，造成了严重的大范围洪涝，7 月 4—5 日的暴雨过程是其中的一次过程。这是一次高层冷空气和低层中尺度低涡与地面静止锋共同影响造成的较为典型的梅雨锋暴雨。这次过程中，强降水地区主要集中在安徽东南部，江苏中部、南部，江淮地区多个测站 7 月 4 日 20 时至 5 日 20 时的 24 h 降水量在 200 mm 以上，其中安徽滁县的 24 h 降水量为 357 mm，江苏南京为 195 mm，镇江为 280 mm。降水强度大，范围小，具有明显的中尺度特征(图 5.18)。

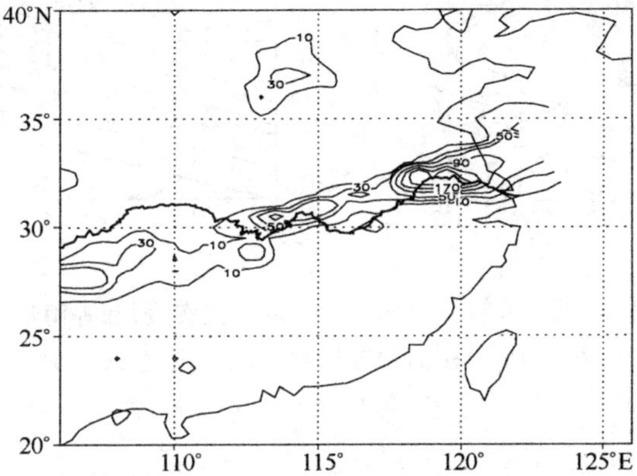

图 5.18 2003 年 7 月 4—5 日江淮地区的暴雨过程降水量分布图

(廖胜石 等，2007)

利用 2003 年 7 月 4—5 日每 6 h 的 NCEP 再分析资料(水平分辨率1°×1°)和同时间的探空、地面资料，采用由 PSU/NCAR 共同开发的第五代中尺度非静力数值预报模式 MM5V3 对这次暴雨过程进行模拟。利用模式输出的高时空分辨率的资料对暴雨及其系统的发展演变进行诊断研究。

分析地面气压场和各层水平流线图表明，5 日 05 时之前，地面气压场上有弱中低压生成，但低空 850 hPa，950 hPa 上均无明显的涡旋。05 时之后，低空均为低涡，地面的中低压加强。当低涡发展到成熟阶段(08 时)时，地面的低压已加深为有闭合等值线的中尺度低压，950 hPa 到 650 hPa 均为中尺度低涡，各层低涡中心几乎与雨团中心相重，它们的中心轴基本成竖直状态。而在 300 hPa 上则对应为中尺度辐散区 (图 5.19)。图 5.20 是随着雨团中心一起移动的中尺度系统的涡度、垂直速度、散度的高度—时间剖面图，以及降水强度时间变化曲线图。由图可见，暴雨的降水强度随着中尺度系统的气旋性涡度、垂直上升速度和低空辐合的增强而增强，相反亦然。当低空气旋性涡度、垂直上升速度和低空辐合达最强时降水最强。清楚地表明了中尺度系统与暴雨的密切关系。

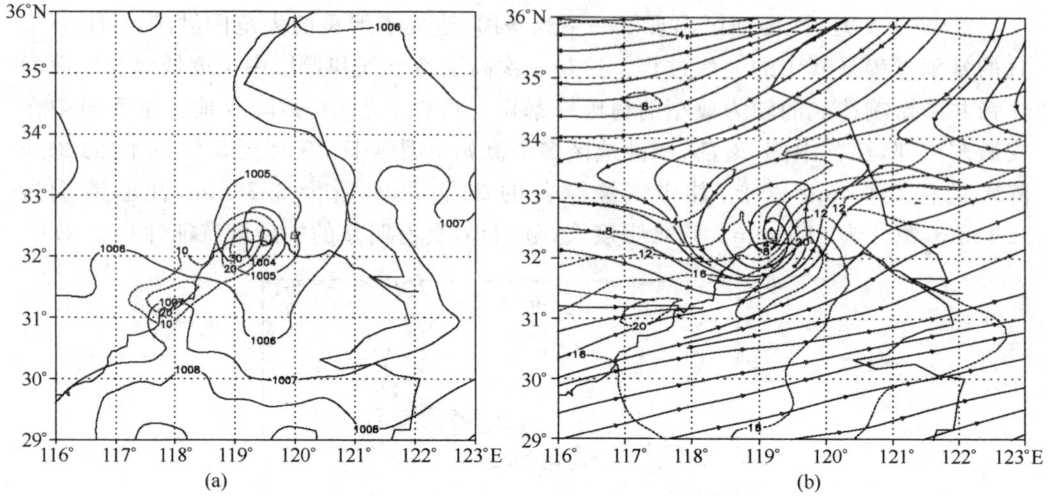

图 5.19　2003 年 7 月 5 日 05 时的地面等压线(实线)和等雨量线(虚线)(a);
850 hPa 等压面的流线和等风速线(虚线)(b)
(廖胜石 等,2007)

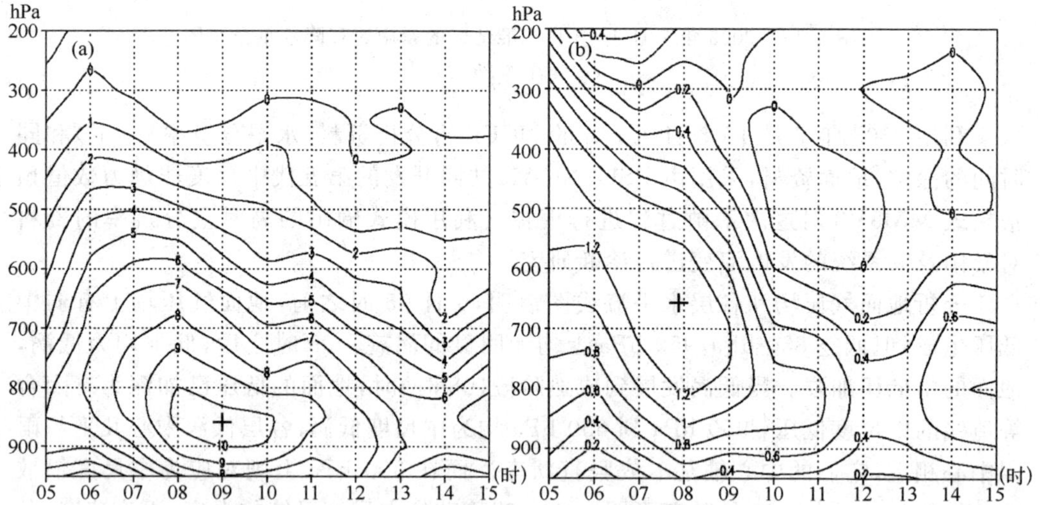

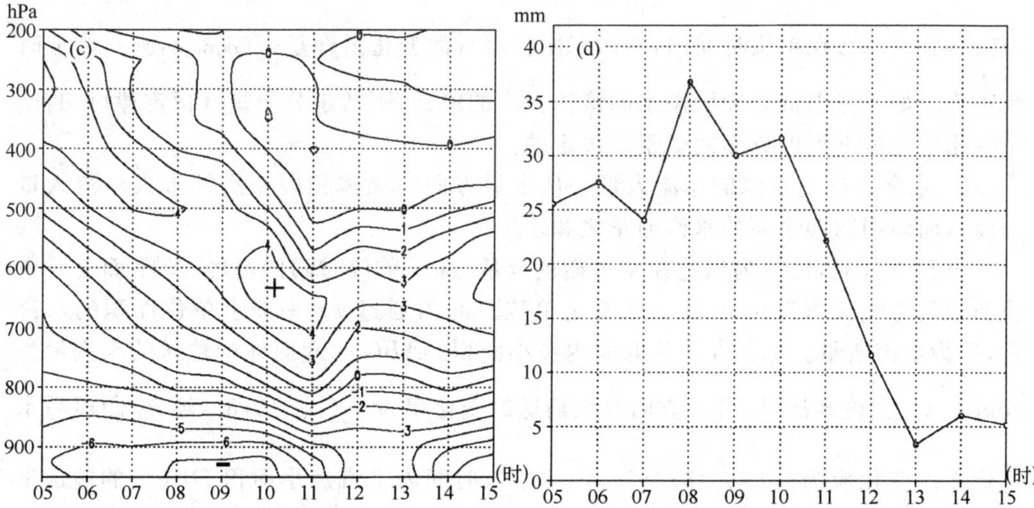

图 5.20　随着雨团中心一起移动，雨团中心的涡度(a)（单位：$10^{-4}\,s^{-1}$）、垂直速度(b)（单位：m/s）和散度(c)（单位：$10^{-4}\,s^{-1}$）的高度—时间剖面图，以及降水强度时间变化曲线(d)（单位：mm）

（廖胜石 等，2007）

5.4　暴雨的诊断分析

5.4.1　水汽方程和降水率

暴雨是强降水现象。为了定量估算降水强度和降水量，我们首先来推导水汽方程和降水率（即单位时间单位面积上的可降水量）公式，并由此而了解水汽和垂直运动对降水的关系，以及暴雨形成的条件。然后再对水汽条件和垂直运动条件进行具体分析。

(1)水汽方程

水汽方程是表示水汽输送和变化的基本方程。在图 5.21 中，设 $OABCDEFG$ 是空间一固定的矩形六面体，其体积为 $\delta x\delta y\delta z$。在这个体积内的湿空气质量为 $\rho\delta x\delta y\delta z$（$\rho$ 为湿空气的密度）。设 q 为湿空气的比湿，则在该体积中所含水汽质量应为

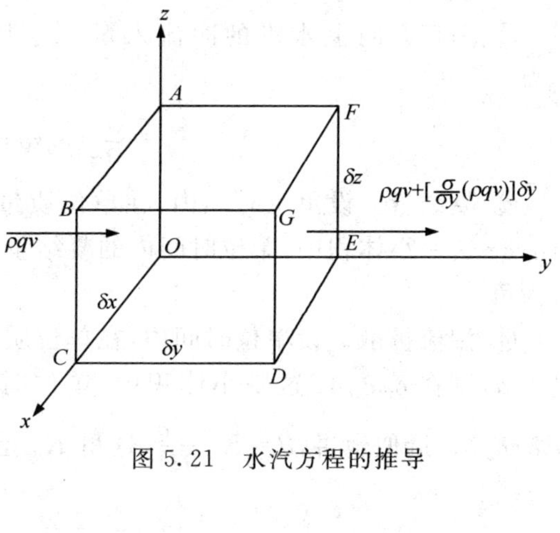

图 5.21　水汽方程的推导

$\rho q\delta x\delta y\delta z$。那么在单位时间内,该体积所含水汽的变化量即是$\frac{\partial}{\partial t}(\rho q\delta x\delta y\delta z)$,增加时为正值。如不考虑液态和固态水向该体积内的输送,则从水分质量守恒定律可知,这个变化量是由下列四方面的因素所决定的。

① 水平方向上水汽的净流入量。从水平方向向该体积内流进的水汽净流入量为该六面体周围四个面的水汽通量之和。

先看 y 方向,设 v 为风速在 y 方向的分量,则在单位时间内流经 xz 平面上一单位面积的空气体积为 v,于是 ρqv 就是单位时间内通过 xz 平面上单位面积的水汽量,称为水汽通量。那么在单位时间内经小面积 $OABC$ 向六面体中输送的水汽量为 $\rho qv\delta x\delta z$。上述水汽量,沿 y 方向水汽输送的变化率为$\frac{\partial}{\partial y}(\rho qv)\delta x\delta z$,经 δy 距离后水汽输送的变化应为$\frac{\partial}{\partial y}(\rho qv)\delta x\delta y\delta z$,因此单位时间内水汽经小面积 $DEFG$ 的输送量可写成$\left[\rho qv\delta x\delta z+\frac{\partial}{\partial y}(\rho qv)\delta x\delta y\delta z\right]$。在 y 方向上流出流进的差额,即水汽净流入量为:

$$\rho qv\delta x\delta z-\left[\rho qv\delta x\delta z+\frac{\partial}{\partial y}(\rho qv)\delta x\delta y\delta z\right]=-\frac{\partial}{\partial y}(\rho qv)\delta x\delta y\delta z$$

同理可得在 x 方向水汽的净流入量为:

$$-\frac{\partial}{\partial x}(\rho qu)\delta x\delta y\delta z$$

因此,在水平方向水汽的净流入量为:

$$-\left[\frac{\partial}{\partial x}(\rho qu)+\frac{\partial}{\partial y}(\rho qv)\right]\delta x\delta y\delta z$$

上式中$\frac{\partial}{\partial x}(\rho qu)+\frac{\partial}{\partial y}(\rho qv)$称为水汽通量的水平散度,简称为水汽通量散度。

② 垂直方向上水汽的净流入量。与上相同,可得垂直方向上水汽的净流入量为:

$$-\frac{\partial}{\partial z}(\rho qw)\delta x\delta y\delta z$$

③ 凝结量。设单位时间内,在单位质量空气中的凝结量(或凝结率)是 c,则在 $\delta x\delta y\delta z$ 这一小体积中,单位时间内的凝结量就是 $\rho c\delta x\delta y\delta z$,此值凝结时为正,蒸发时为负。

④ 湍流扩散。设单位时间内,在单位质量空气中由湍流扩散而引起的水汽输送量为 d,则在 $\delta x\delta y\delta z$ 这一小体积中,单位时间内湍流扩散所引起的水汽输送量为 $\rho d\delta x\delta y\delta z$,近似地讲,$d=K_q\frac{\partial^2 q}{\partial z^2}$,这里 K_q 是水汽的湍流扩散系数(详见动力气象学

边界层理论)。最后可以建立下面的等式：

$$\frac{\partial}{\partial t}(\rho q\delta x\delta y\delta z)=-\frac{\partial}{\partial x}(\rho qu)\delta x\delta y\delta z-\frac{\partial}{\partial y}(\rho qv)\delta x\delta y\delta z-\frac{\partial}{\partial z}(\rho qw)\delta x\delta y\delta z-\rho c\delta x\delta y\delta z+\rho K_q\frac{\partial^2 q}{\partial z^2}\delta x\delta y\delta z$$

上式两边除以 $\delta x\delta y\delta z$ 后，便得水汽方程：

$$\frac{\partial(\rho q)}{\partial t}=-\frac{\partial}{\partial x}(\rho qu)-\frac{\partial}{\partial y}(\rho qv)-\frac{\partial}{\partial z}(\rho qw)-\rho c+\rho K_q\frac{\partial^2 q}{\partial z^2} \tag{5.1}$$

如果将(5.1)式中的偏微商分项完成，则得：

$$q\frac{\partial\rho}{\partial t}+\rho\frac{\partial q}{\partial t}=-qu\frac{\partial\rho}{\partial x}-qv\frac{\partial\rho}{\partial y}-qw\frac{\partial\rho}{\partial z}-q\rho\frac{\partial u}{\partial x}-q\rho\frac{\partial v}{\partial y}-q\rho\frac{\partial w}{\partial z}-\rho u\frac{\partial q}{\partial x}-\rho v\frac{\partial q}{\partial y}-\rho w\frac{\partial q}{\partial z}-\rho c+\rho K_q\frac{\partial^2 q}{\partial z^2}$$

即

$$q\frac{\mathrm{d}\rho}{\mathrm{d}t}+q\rho\,\mathrm{div}\mathbf{V}+\rho\frac{\mathrm{d}q}{\mathrm{d}t}=-\rho c+\rho K_q\frac{\partial^2 q}{\partial z^2}$$

以连续方程$\frac{\mathrm{d}\rho}{\mathrm{d}t}+\rho\,\mathrm{div}\mathbf{V}=0$ 代入，则得：

$$\frac{\mathrm{d}q}{\mathrm{d}t}=-c+K_q\frac{\partial^2 q}{\partial z^2} \tag{5.2}$$

这是水汽方程的另一形式。此式说明，一个运动的单位质量湿空气块，其比湿的变化等于凝结率及湍流扩散率之和。如果没有凝结或蒸发，且湍流扩散也很小，可以略去不计，就得：

$$\frac{\mathrm{d}q}{\mathrm{d}t}=0$$

这表示空气质块的比湿保持不变。

(2)降水率

在水汽方程(5.2)式中，若不考虑湍流扩散的影响，则有：

$$-c=\frac{\mathrm{d}q}{\mathrm{d}t}$$

则单位体积湿空气的凝结率为：

$$\rho c=-\rho\frac{\mathrm{d}q}{\mathrm{d}t}$$

考虑一底面积为单位面积，厚度为 $\mathrm{d}z$ 的气柱，其体积为 $\mathrm{d}z$，在此体积内的水汽凝结率为：

$$\rho c\,\mathrm{d}z=-\rho\frac{\mathrm{d}q}{\mathrm{d}t}\mathrm{d}z$$

假设所有凝结出来的水分,都作为降水在瞬时之内下降至地面,那么$-\rho\frac{dq}{dt}dz$就是这个厚度为 dz 的一小块空气在单位时间内对地面降水的贡献。

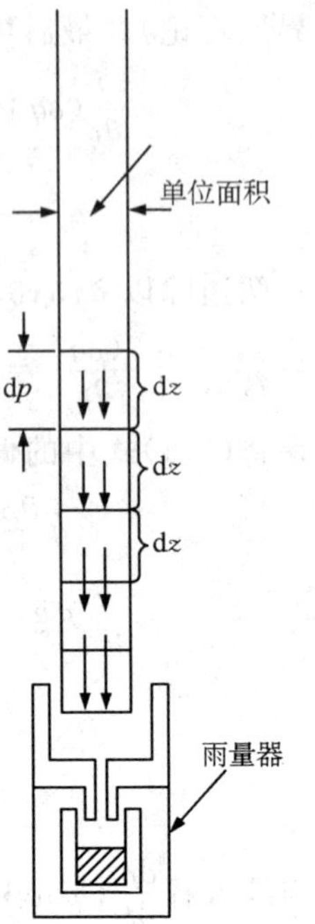

图 5.22 降水率的推导

设 I 是单位时间内降落在地面单位面积上的总降水量,称为降水率或降水强度。如图 5.22 所示,它就是从地面到大气层顶的气柱内各个厚度 dz 对地面降水贡献的总和。用积分式来表示,则为:

$$I=-\int_0^{\infty}\rho\frac{dq}{dt}dz \tag{5.3}$$

当湿空气未达饱和时,空气中的水滴可以蒸发,而$\frac{dq}{dt}>0$,这时没有降水。如代入上式中,则降水率成为负号,这是不合理的。故在上式中规定$\frac{dq}{dt}\leqslant 0$,而且湿空气必须饱和,即 $q=q_s$(饱和比湿)。于是上式可写成:

$$I=-\int_0^{\infty}\rho\frac{dq_s}{dt}dz \tag{5.4}$$

或以静力学方程代入,得:

$$I=-\frac{1}{g}\int_0^{p_0}\frac{dq_s}{dt}dp \tag{5.5}$$

这就是单位时间内的总降水量(即降水强度或降水率)的表达式。如欲求某一时段 $t_1\sim t_2$ 内的总降水量 W,则将上式对时间积分,得:

$$W=-\frac{1}{g}\int_{t_1}^{t_2}\int_0^{p_0}\frac{dq_s}{dt}dp\,dt$$

(3)凝结函数

为了便于计算降水率,需要将(5.5)式进行变换。因为 $q_s=0.622\frac{E}{p}$(E 为饱和水汽压),两边取对数求导,得:

$$\frac{1}{q_s}\frac{dq_s}{dt}=\frac{1}{E}\frac{dE}{dt}-\frac{1}{p}\frac{dp}{dt}$$

或

$$\frac{1}{q_s}\frac{dq_s}{dt}=\frac{1}{E}\frac{dE}{dt}-\frac{\omega}{p} \tag{5.6}$$

式中,$\omega=\frac{dp}{dt}$是 p 坐标中的垂直速度。

将克劳修斯—克拉珀龙方程:

$$\frac{1}{E}\frac{\mathrm{d}E}{\mathrm{d}t}=\frac{L}{R_wT^2}\frac{\mathrm{d}T}{\mathrm{d}t} \tag{5.7}$$

代入(5.6)式，得：

$$\frac{1}{q_s}\frac{\mathrm{d}q_s}{\mathrm{d}t}=\frac{L}{R_wT^2}\frac{\mathrm{d}T}{\mathrm{d}t}-\frac{\omega}{p} \tag{5.8}$$

式中：L 为蒸发（或凝结）潜热，其值约为 597 K/g；R_w 为水汽的气体常数，为 460 $\mathrm{m^2/(s^2 \cdot K)}$。

假设空气块除了凝结放热以外，再无其他热量交换，即过程是湿绝热的，那么单位时间内，单位质量空气块的凝结量是 $-\frac{\mathrm{d}q_s}{\mathrm{d}t}$。它所放出的潜热 $-L\frac{\mathrm{d}q_s}{\mathrm{d}t}$，用以提高空气块的温度以及使空气块对外做功，即按热力学第一定律有：

$$-L\frac{\mathrm{d}q_s}{\mathrm{d}t}=c_p\frac{\mathrm{d}T}{\mathrm{d}t}-\frac{RT}{p}\omega \tag{5.9}$$

把(5.8)式与(5.9)式联立，消去 $\frac{\mathrm{d}T}{\mathrm{d}t}$，就得到：

$$\frac{\mathrm{d}q_s}{\mathrm{d}t}=\frac{q_sT}{p}\left(\frac{LR-c_pR_wT}{c_pR_wT^2+q_sL}\right)\omega \tag{5.10}$$

令等式右边 ω 的系数为 F，称为凝结函数，即：

$$F=\frac{q_sT}{p}\left(\frac{LR-c_pR_wT}{c_pR_wT^2+q_sL}\right)$$

则

$$\frac{\mathrm{d}q_s}{\mathrm{d}t}=F\omega \tag{5.11}$$

由于 $LR-c_pR_wT=2500\ \mathrm{J/g}\times 287\ \mathrm{m^2/(s^2\cdot K)}-1.0\ \mathrm{J/(g\cdot K)}\times 460\ \mathrm{m^2/(s^2\cdot K)}\times 300\ \mathrm{K}>0$，因而 F 恒大于零。于是当 $\omega<0$ 时，$\frac{\mathrm{d}q_s}{\mathrm{d}t}<0$，即有上升运动时就有水汽凝结，且凝结值与上升速度和 F 值之乘积成正比。

因为 $q_s=0.622\frac{E}{p}$，而 $E(t)=6.11\times 10^{\frac{7.5t}{273.3+t}}$，其中 t 是摄氏温度，$\frac{E}{p}$ 完全可以由当时的温压场决定，只要知道各层的 T,P,ω 诸值，就可从(5.11)式算出 $\frac{\mathrm{d}q_s}{\mathrm{d}t}$，也就可知道凝结率。

当空气未饱和时（$q<q_s$）或虽已饱和而存在下沉运动时，不可能有凝结发生，故(5.11)式可写为：

$$\frac{\mathrm{d}q_s}{\mathrm{d}t}=\delta F\omega \tag{5.12}$$

式中，当 $q\geqslant q_s$，且 $\omega<0$ 时，$\delta=1$；当 $q<q_s$，或 $\omega\geqslant 0$ 时，$\delta=0$。将上式代入(5.5)式中，

得：

$$I=-\int_{0}^{p_0}\omega\frac{\delta F}{g}\mathrm{d}p \tag{5.13}$$

而预报时段 $t_1\sim t_2$ 内的降水量就是：

$$W=-\int_{t_1}^{t_2}\int_{0}^{p_0}\omega\frac{\delta F}{g}\mathrm{d}p\mathrm{d}t \tag{5.14}$$

只要知道这一时段内的 ω 及温压场，就可算出总降水量。但必须注意，如要计算未来时段内的降水量，必须用未来时段内的 ω，F 来计算，因此必须先预报未来时段内的 P，T 和 ω，然后才能进行计算。

由以上分析可以看到，降水的形成需要具有水汽条件和垂直运动条件。从(5.14)式更可以看出，暴雨的形成则需要具有丰富的水汽和较强的垂直运动，而且要求它们持续较长的时间。这就是对暴雨过程进行诊断分析的基本思路。不过应该强调指出，暴雨的形成通常不仅需要系统性的垂直运动，而且要求有对流运动，而对流的形成则要求有不稳定能量。下面分别讨论水汽条件和垂直运动条件的诊断方法。对不稳定能量将在第 6 章(强对流天气)中加以讨论。

5.4.2 水汽条件的诊断分析

(1)水汽含量

由降水率公式可知，一地降水的强度除决定于垂直速度外，还决定于该地上空整个大气的水汽含量和饱和程度。这就需要分析以下几个湿度项目。

① 各层比湿或露点。因为 $q=0.622\dfrac{e}{p}$，而 $E(t)=6.11\times10^{\frac{7.5t}{273.3+t}}$，而且当 $t=T_d$ 时，$E(T_d)=e$，因此在等压面上比湿 q 正比于水汽压 e，也就与 T_d 成直接的函数关系。在各等压面上 q 与 T_d 的互换值可由查算表查得。因此在一等压面上的等 T_d 线即为等 q 线，分析等压面上的 q 或 T_d 的分布，就等于分析了湿度场的分布。

② 各层饱和程度。在各层等压面上分析等$(T-T_d)$线，用以表示空气的饱和程度。通常以$(T-T_d)\leqslant2$℃的区域作为饱和区，并可取$(T-T_d)\leqslant4\sim5$℃作为湿区。在垂直剖面图上，还常使用相对湿度($f=\dfrac{e}{E}\times100\%$)的分布来表示空气的饱和程度，取 $f\geqslant90\%$作为饱和区。

③ 湿层厚度。湿层，指饱和层。湿层越厚，降水越强。所以常在单站探空曲线及剖面图中分析湿层厚度作为降水预报的指标。

(2)可降水量

将一单位面积地区上空整层大气的水汽全部凝结并降至地面的降水量称为该地区的大气可降水量(precipitable water vapor，简称 PWV)。可用下式表示：

$$\mathrm{PWV}=\int_0^{\infty}\rho q\mathrm{d}z$$

用静力方程代入，则得：

$$\mathrm{PWV}=\frac{1}{g}\int_0^{\infty}q\mathrm{d}p$$

由于大气中高层水汽含量很少，绝大部分集中于中低对流层，其中 85%～90% 集中于 500 hPa 以下，所以在计算可降水量时，其积分限从地面取至 300 hPa 或 400 hPa 即可。一地区可降水量的大小表示了该地区整层大气的水汽含量。一般来说，南方可降水量大于北方，海洋大于陆地。

一地区较大的降水，其量远远超过该地区的可降水量。例如中纬度夏季，一块积雨云的水汽全部凝结下降至地面也只有 10～20 mm 的降水。即使在热带海洋气团或季风气团中，其可降水量最多也只有 50～60 mm，何况一地区上整层大气的水汽含量并不能完全凝结下降，而一次暴雨却往往一天就可达 100～200 mm。因此，某地区要下一场较大的降水，就必须要有足够的水汽从源地不断向该地区供应。特别是在降暴雨时更需要有潮湿空气的不断输送。

(3)水汽通量

源地的水汽，主要是通过大规模的水平气流被输送到降水区的。其输送量的大小用水汽通量表示。设 $\mathbf{V}$ 为全风速，我们在垂直于风向的平面内取一单位面积，则在单位时间内，通过此单位面积输送的水汽量可表示为 $\rho q\mathbf{V}$，此即为水汽水平通量。其在 x 方向的分量为 ρqu，y 方向的分量为 ρqv。通过垂直于风向的底边为单位长度、高为整层大气柱的面积上的总的水汽通量则为：

$$\int_0^{\infty}\rho q\mathbf{V}\mathrm{d}z \text{ 或 } \frac{1}{g}\int_0^{p_0}q\mathbf{V}\mathrm{d}p$$

为了计算上的方便，一般常用后一种形式。因此，对于底边为单位长度、高为单位百帕的水汽通量可表示为 $\frac{1}{g}q\mathbf{V}$。因为低层水汽含量大，所以低层的水汽输送量也大。

(4)水汽通量散度

当水汽由源地输送到某地区时，必须有水汽在该地区水平辐合，才能上升冷却凝结成雨。所谓水汽水平辐合就是水平输送进该地区的水汽，大于水平输送出该地区的水汽，反之即为水汽的水平辐散。

在单位体积内，水汽水平辐合的大小可用水平水汽通量散度来表示，为：

$$-\nabla\cdot(\rho q\mathbf{V})=-\left[\frac{\partial}{\partial x}(\rho qu)+\frac{\partial}{\partial y}(\rho qv)\right]$$

设在单位面积的整层大气柱中水汽的水平辐合量为 $-D$，那么此量的表达式为：

$$-D=-\int_0^{\infty}\nabla\cdot(\rho q\mathbf{V})\mathrm{d}z$$

在 p 坐标中可写为：

$$-D=-\frac{1}{g}\int_0^{p_0}\nabla\cdot(q\boldsymbol{V})\mathrm{d}p \tag{5.15}$$

式中，$\frac{1}{g}\nabla\cdot(q\boldsymbol{V})$表示厚度为单位百帕、水平为单位面积的体积内水平水汽通量散度。以(5.1)式代入(5.15)式得：

$$-D=\int_0^{\infty}\rho c\,\mathrm{d}z+\int_0^{\infty}\frac{\partial(\rho q)}{\partial t}\mathrm{d}z+\int_0^{\infty}\frac{\partial(\rho q w)}{\partial z}\mathrm{d}z-\int_0^{\infty}\rho K_q\frac{\partial^2 q}{\partial z^2}\mathrm{d}z$$

若不考虑地形和地面摩擦的影响，且认为地面和大气层顶的垂直速度为零，则上式右端第三、四项为零。又因在降水地区，水汽的局地变化量比降水量要小得多，故上式右端第二项也可略去。于是为：

$$-D=\int_0^{\infty}\rho c\,\mathrm{d}z=I$$

或

$$I=-D \tag{5.16}$$

由此可见，整层水汽水平辐合的大小，近似地等于降水率。在计算某一指定区域的降水量时经常应用上式。因为：

$$\frac{1}{g}\nabla\cdot(q\boldsymbol{V})=\frac{1}{g}\boldsymbol{V}\cdot\nabla q+\frac{q}{g}\nabla\cdot\boldsymbol{V} \tag{5.17}$$

可见水汽通量散度是由两部分所组成，一部分为水汽平流(右端第一项)，其意义与温度平流相似，当风由比湿高的地区吹向比湿低的地区时，此项小于零，称为湿平流，对水汽通量辐合有正的贡献。反之，当风由比湿低的地区吹向比湿高的地区时，此项大于零，称为干平流，对水汽通量辐合有负的贡献；另一部分为风的散度(右端第二项)。实际计算中表明，在降水区中，水汽通量辐合主要由风的辐合所造成，特别是在低层空气里水平辐合最为重要，而水汽平流项对水汽通量辐合的贡献较小。

(5)水汽的局地变化

从(5.17)式可看出，水汽通量的水平辐合，虽主要决定于右端第二项的空气水平辐合，但仍然需有较大的湿度，二者结合起来才能造成较大的水汽通量的水平辐合。因此在讨论一地区的降水量时，必须讨论该地区大气柱中水汽含量的变化，即水汽的局地变化。

将(5.2)式展开，得到：

$$\frac{\partial q}{\partial t}=-\boldsymbol{V}\cdot\nabla q-w\frac{\partial q}{\partial z}-c+K_q\frac{\partial^2 q}{\partial z^2} \tag{5.18}$$

由上式看出，某地区水汽的变化(局地变化)取决于以下四项：

① 比湿平流。由于低层的湿度对降水的贡献最为重要，所以在预报工作中，一

般分析 850 hPa 或 700 hPa 面上的等比湿线(或等露点线)和风场来判断比湿平流的符号和大小。湿平流引起局地比湿增加,干平流引起局地比湿减少。从实际分析可知,某地区在降水(特别是暴雨)前,其低层的比湿有明显的增加,而这种增加又主要是由水汽平流所引起的。因此,分析低层的水汽平流是降水预报中的一个重要内容。

② 比湿垂直输送。当垂直方向上比湿分布不均匀时,由于垂直运动而引起的水汽垂直输送,会导致比湿的局地变化。因为一般来说,低层湿度大于高层,所以某层的上升运动将使局地比湿增加,下沉运动将使局地比湿减小。在降水地区高层水汽往往突然增加,这主要是由于上升运动所造成的。

③ 凝结、蒸发。凝结时局地比湿减少,蒸发时局地比湿增加。在已发生降水的地区,常常是湿舌或湿中心区,水汽平流很弱。但这时水汽凝结项却起主要作用,与垂直输送项配合,上升的水汽凝结成雨。一般在降水开始以后,比湿的局地变化较小。

④ 湍流扩散。湍流扩散在垂直方向主要使水面和下垫面蒸发的水汽向上输送到高层大气中去。在水平方向使湿舌或湿中心的比湿减少,使干舌或干中心的比湿增加。此项在孤立的对流云中较为重要,一般在大型降水中则不考虑。

总之,分析水汽条件主要是分析大气中的水汽含量及其变化、水汽通量和水汽平流等。水汽通量辐合主要决定于空气的水平辐合,因而决定于垂直运动的条件。水汽条件还影响到大气的静力稳定度。

5.4.3 垂直运动条件的诊断分析

大气垂直运动是造成大气中的水汽凝结和产生降水过程的必要条件之一。大气的不稳定能量也须在一定的上升运动条件下,才能释放出来,从而形成对流性天气。垂直运动又会造成水汽、热量、动量、涡度等物理量的垂直输送,从而对天气系统的发展有很大的影响。而且大气中的能量转换主要是通过垂直运动才得以实现的,因此垂直运动常被作为天气系统生成和发展的一个重要指标。所以分析垂直运动有重要意义。

与水平风速相比,垂直速度是一个小量。对于典型的天气尺度系统来讲,其垂直速度的量级仅为几厘米/秒,对于中尺度系统而言,一般情况下也只有几十厘米/秒的量级。而目前探测仪器的探测精度为 1 m/s 左右。因此,垂直速度不是直接观测得到的物理量,它是通过间接计算而得到的。计算垂直速度的方法很多,从物理上可以分为热力学方法、运动学方法和动力学方法三类。常用的有个别变化法(又称绝热法)、运动学法、地转涡度求解法、通过降水量反算法、求解 ω 方程等。这些垂直运动的诊断分析方法主要是通过分析水平风场和温压场来进行的。各种方法都各有优缺点,下面仅对几种最常用的方法,包括利用连续方程和利用 ω 方程进行诊断的方法作简要介绍。

(1)用连续方程诊断垂直运动

p 坐标中的连续方程为：

$$\frac{\partial \omega}{\partial p}=-\left(\frac{\partial u}{\partial x}+\frac{\partial v}{\partial y}\right)$$

将上式由地面(p_0)到某层(p)积分得：

$$\omega_p=\omega_{p_0}+\int_p^{p_0}\left(\frac{\partial u}{\partial x}+\frac{\partial v}{\partial y}\right)\mathrm{d}p \tag{5.19}$$

式中，ω_{p_0} 是地面垂直速度，下面将要进一步讨论。如果地面平坦且摩擦较小时，可以认为 $\omega_{p_0}\approx 0$，而(5.19)式可简化为：

$$\omega_p=\int_p^{p_0}\left(\frac{\partial u}{\partial x}+\frac{\partial v}{\partial y}\right)\mathrm{d}p \tag{5.20}$$

上式的意义是 p 层的垂直速度，由 p 层以下整层的水平散度之和所决定。当水平散度之和为辐合时，p 层有上升运动($\omega_p<0$)；反之，有下沉运动。因此，可以根据(5.20)式用大气低层风场的水平散度大致估计对流层中层的垂直运动，一般大气中层垂直运动较高层低层大，与降水的关系密切。

若对连续方程由大气层顶($p=0$)到 p 层积分则得：

$$\omega_p=\omega_0-\int_0^{p}\left(\frac{\partial u}{\partial x}+\frac{\partial v}{\partial y}\right)\mathrm{d}p$$

因为在大气层顶 $\omega_0=0$，所以上式可以写成：

$$\omega_p=-\int_0^{p}\left(\frac{\partial u}{\partial x}+\frac{\partial v}{\partial y}\right)\mathrm{d}p \tag{5.21}$$

其意义是 p 层的垂直速度也可由 p 层以上的水平散度之和来决定。当水平散度之和为辐散时，p 层有上升运动($\omega_p<0$)，这种作用，称为“抽气”作用；反之，当水平散度之和为辐合时，p 层有下沉运动。因此，也可以根据(5.21)式用大气高层风场的水平散度大致估计对流层中层的垂直运动。下面分述高低层散度的诊断分析。

① 低层散度的诊断

(i)通常可用 850 hPa(或 700 hPa)图上的风向风速来诊断辐合上升运动的强度及降水。图 5.23(a)～(g)分别是风速辐合(图 5.23a)、风向辐合(图 5.23b)及可能产生的降水分布形式；风向切变(图 5.23c)、冷锋式辐合与切变相结合(图 5.23d)、暖锋式辐合与切变相结合(图 5.23e)所造成的辐合及可能产生的降水分布形式；风向风速辐合(图 5.23f)、风向辐合与风速切变相结合(图 5.23g)所造成的辐合及可能产生的降水分布形式。这些分布型可在日常预报中参考使用。

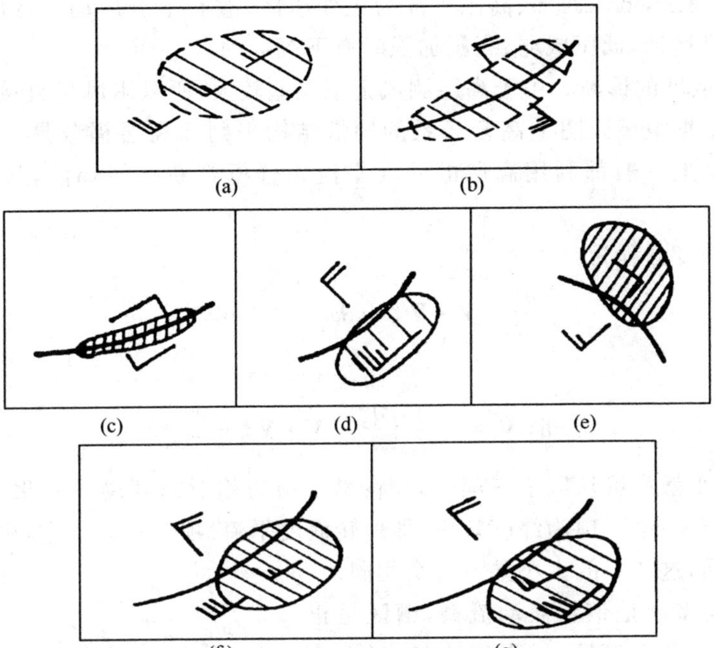

图 5.23 气流辐合及可能产生的降水分布形式(阴影区为降水区)

(a)风速辐合;(b) 风向辐合;(c) 风向切变;(d) 冷锋式辐合与切变;

(e) 暖锋式辐合与切变;(f) 风向风速辐合;(g) 风向辐合与风速切变

(ii)由天气学原理可知,流场散度主要是非地转风所造成的。在地面风速较小,水平运动方程中的平流项可以略去,非地转风散度主要是由变压风所形成的。按变压风 $\boldsymbol{D}_1$ 的表达式:

$$\boldsymbol{D}_1 = -\frac{g}{f^2}\nabla\frac{\partial z}{\partial t}$$

两边取散度,得:

$$\mathrm{div}\,\boldsymbol{D}_1 = -\frac{g}{f^2}\nabla^2\frac{\partial z}{\partial t}$$

或写为:

$$\mathrm{div}\,\mathbf{V} = -\frac{g}{f^2}\nabla^2\frac{\partial z}{\partial t}$$

于是我们就可以用地面图上的变压(一般用 Δp_3)或低层等压面图上的变高分布来诊断散度,从而诊断垂直运动。在正变压中心有辐散下沉运动,负变压中心有辐合上升运动,中心数值越大,越显著。

西风带低层系统一般是向东移动的,故在低压东部、高压西部为负变压区,因而有上升运动;反之,低压西部、高压东部为正变压区,故有下沉运动。低压加深、高压减弱时有上升运动,低压减弱、高压加强时有下沉运动。

② 高层散度的诊断。由于高层测风记录误差较大,所以用风场直接分析判断散度有困难。根据卫星云图上高云云系的辐散结构来判断高层辐散是一个较好的方法。在天气图上一般都利用高层的涡度平流来分析判断高层辐散,从而估计垂直运动。

简化的涡度方程为:

$$\frac{\partial \zeta}{\partial t}+\mathbf{V}\cdot\nabla\zeta+\beta v=-f_0\,\mathrm{div}\mathbf{V}$$

改写为:

$$\mathrm{div}\,\mathbf{V}=-\frac{1}{f_0}\left(\frac{\partial \zeta}{\partial t}+\mathbf{V}\cdot\nabla\zeta+\beta v\right) \tag{5.22}$$

上式说明,水平散度可从以下三项来判断:第一项为相对涡度局地变化项;第二项为相对涡度平流项;第三项为纬度效应(即地转涡度平流)项。在大气中,由于层次和系统的尺度不同,这几项的大小并不完全相同。

由于高层多半是带状波动流型,槽区是正涡度区,脊区是负涡度区,等涡度线与流线(或等高线)的交角很大(图 5.24),且高层风速较低层大得多,因而相对涡度平流项较涡度局地变化项大。且由于与降水相联系的高空槽脊主要是短波,因而相对涡度平流项较 βv 项也大。因此按(5.22)式高层散度主要决定于相对涡度平流。(5.22)式可简化为:

$$\mathrm{div}\mathbf{V}=-\frac{1}{f_0}\mathbf{V}\cdot\nabla\zeta \tag{5.23}$$

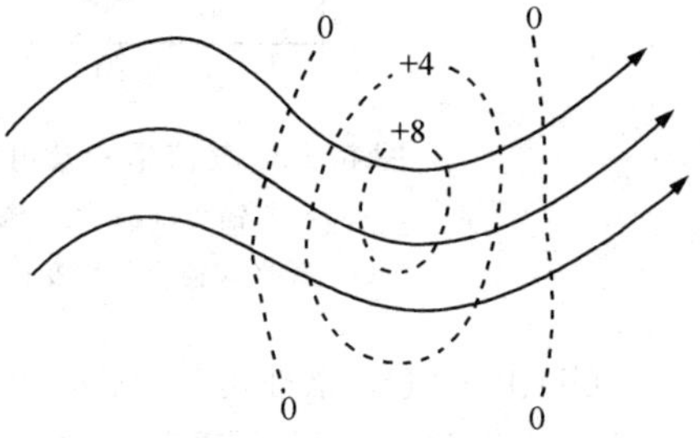

图 5.24 涡度平流与散度

(虚线为等涡度线,实线为流线)

由图 5.24 可见,槽前有正的相对涡度平流,因而槽前有辐散上升运动;槽后有负的相对涡度平流,因而槽后有辐合下沉运动。

当高空槽位于高空急流轴上时,相对涡度平流更强,因而在这里有强的垂直运动。为了分析高层散度,最好用 200 hPa 或 300 hPa 图。

(2)用 ω 方程诊断垂直运动

① 热成风对相对涡度平流的作用。准地转 ω 方程可表示为:

$$\left(\sigma\nabla^2+f^2\frac{\partial^2}{\partial p^2}\right)\omega=f\frac{\partial}{\partial p}[\mathbf{V}_g\cdot\nabla(f+\zeta_g)]-\nabla^2\left(\mathbf{V}_g\cdot\nabla\frac{\partial\varphi}{\partial p}\right)-\frac{R}{c_p p}\nabla^2\frac{\mathrm{d}Q}{\mathrm{d}t}$$

或写为:

$$A^2\omega = f\frac{\partial}{\partial p}[\mathbf{V}_g \cdot \nabla(f+\zeta_g)] - \nabla^2\left(\mathbf{V}_g \cdot \nabla\frac{\partial\varphi}{\partial p}\right) - \frac{R}{c_p p}\nabla^2\frac{\mathrm{d}Q}{\mathrm{d}t} \tag{5.24}$$

上式右端第二和第一两项分别为温度平流的拉普拉斯与涡度平流随高度的变化对垂直运动的贡献。在日常分析中，如两项符号相反时，便很难决定其总的效果。另外，涡度平流随高度的变化，有时也很难判断其符号，为此需要将上式进行变换。因为第二项：

$$\begin{aligned}
&-\nabla^2\left[\mathbf{V}_g \cdot \nabla\frac{\partial\varphi}{\partial p}\right] = -\frac{\partial^2}{\partial x^2}\left[\mathbf{V}_g \cdot \nabla\frac{\partial\varphi}{\partial p}\right] - \frac{\partial^2}{\partial y^2}\left[\mathbf{V}_g \cdot \nabla\frac{\partial\varphi}{\partial p}\right]\\
&= -\left[\frac{\partial}{\partial x}\left(\frac{\partial\mathbf{V}_g}{\partial x} \cdot \nabla\frac{\partial\varphi}{\partial p} + \mathbf{V}_g \cdot \nabla\frac{\partial}{\partial x}\frac{\partial\varphi}{\partial p}\right)\right] - \left[\frac{\partial}{\partial y}\left(\frac{\partial\mathbf{V}_g}{\partial y} \cdot \nabla\frac{\partial\varphi}{\partial p} + \mathbf{V}_g \cdot \nabla\frac{\partial}{\partial y}\frac{\partial\varphi}{\partial p}\right)\right]\\
&= -\left(\frac{\partial^2\mathbf{V}_g}{\partial x^2} + \frac{\partial^2\mathbf{V}_g}{\partial y^2}\right) \cdot \nabla\frac{\partial\varphi}{\partial p} - 2\left(\frac{\partial\mathbf{V}_g}{\partial x} \cdot \nabla\frac{\partial}{\partial x}\frac{\partial\varphi}{\partial p} + \frac{\partial\mathbf{V}_g}{\partial y} \cdot \nabla\frac{\partial}{\partial y}\frac{\partial\varphi}{\partial p}\right) -\\
&\quad \mathbf{V}_g \cdot \nabla\left(\frac{\partial^2}{\partial x^2} + \frac{\partial^2}{\partial y^2}\right) \cdot \frac{\partial\varphi}{\partial p}\\
&= -(\nabla^2\mathbf{V}_g) \cdot \nabla\frac{\partial\varphi}{\partial p} - 2\left(\frac{\partial\mathbf{V}_g}{\partial x} \cdot \nabla\frac{\partial}{\partial x}\frac{\partial\varphi}{\partial p} + \frac{\partial\mathbf{V}_g}{\partial y} \cdot \nabla\frac{\partial}{\partial y}\frac{\partial\varphi}{\partial p}\right) - \mathbf{V}_g \cdot \nabla\nabla^2\frac{\partial\varphi}{\partial p}
\end{aligned}$$

将此式代入(5.24)式，并考虑$-\mathbf{V}_g \cdot \nabla\nabla^2\frac{\partial\varphi}{\partial p} = -f\mathbf{V}_g \cdot \nabla\frac{\partial\zeta_g}{\partial p}$，得(5.24)式右端第一、二项对垂直运动的总贡献$(-A^2\omega)_{1-2}$为：

$$(-A^2\omega)_{1-2} = 2f\frac{\partial\mathbf{V}_g}{\partial p} \cdot \nabla(\zeta_g + f) - 2\left(\frac{\partial\mathbf{V}_g}{\partial x} \cdot \nabla\frac{\partial}{\partial x}\frac{\partial\varphi}{\partial p} + \frac{\partial\mathbf{V}_g}{\partial y} \cdot \nabla\frac{\partial}{\partial y}\frac{\partial\varphi}{\partial p}\right) \tag{5.25}$$

据统计，在 400～600 hPa 上式右端第一项量级比其他项大得多，故可简化为：

$$(-A^2\omega)_{1-2} = 2f\frac{\partial\mathbf{V}_g}{\partial p} \cdot \nabla(\zeta_g + f)$$

或

$$(-A^2\omega)_{1-2} \propto -2f\mathbf{V}_T \cdot \nabla(\zeta_g + f) \tag{5.26}$$

上式表明，热成风对绝对涡度的平流是决定垂直运动的主要因子。在短波系统中此式还可简化为：

$$(-A^2\omega)_{1-2} \propto -2f\mathbf{V}_T \cdot \nabla\zeta_g \tag{5.27}$$

因此，仅仅利用某一层等压面的温压场资料，即可判断垂直运动。当热成风对相对涡度平流为正($-\mathbf{V}_T \cdot \nabla\zeta_g > 0$)时，有上升运动($\omega < 0$)；反之，有下沉运动。如图 5.25a 所示，图中虚线为等温线，实线为等高线，点划线为等 ζ_g 线。在高空槽前，有暖平流和正的涡度平流，二者皆对上升运动有贡献。所以总的效果显然亦为上升运动。在高空槽后为冷平流及负涡度平流，二者皆对下沉运动有贡献，其总的效果也很明显，是下沉运动。按热成风对相对涡度平流的作用，槽前为正，有上升运动，槽后为

负,有下沉运动,与上述结果是一致的。但在图 5.25b 中,高空槽前为冷平流,对下沉运动有贡献,而正涡度平流对上升运动有贡献,其对垂直运动的总效果就不明显。同理,槽后的总效果也不明显。如按热成风对相对涡度平流,则槽前为正,明确表明为上升运动。槽后为负,表明为下沉运动。

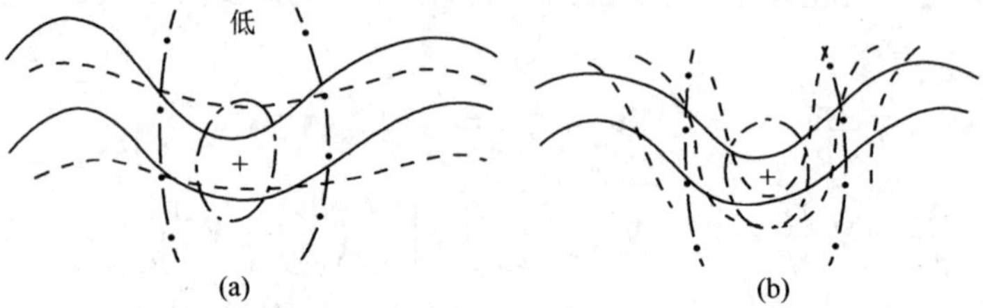

图 5.25 (a)涡度平流和冷暖平流对垂直运动贡献一致
(b)涡度平流和冷暖平流对垂直运动贡献相反

在日常分析预报中,如不分析等涡度线,可根据等高线的形势大致估计涡度的分布,从而按(5.27)式判断垂直运动。

② 非绝热加热对垂直运动的贡献。(5.24)式右端第三项,为非绝热加热项对垂直运动的贡献,可写为:

$$(-A^2\omega)_3 = \frac{R}{c_p} \cdot \frac{1}{p} \nabla^2 \frac{\mathrm{d}Q}{\mathrm{d}t}$$

设

$$\frac{\mathrm{d}Q}{\mathrm{d}t} = \left(\frac{\mathrm{d}Q}{\mathrm{d}t}\right)_a \sin\left(\frac{2\pi}{L_x}x\right)\sin\left(\frac{2\pi}{L_y}y\right)\sin\left(\frac{\pi}{p_0}p\right)$$

$$\omega = \omega_a \sin\left(\frac{2\pi}{L_x}x\right)\sin\left(\frac{2\pi}{L_y}y\right)\sin\left(\frac{\pi}{p_0}p\right)$$

并代入上式,则得:

$$\omega_a = -\frac{B^2}{A^2}\frac{R}{c_pT}\left(\frac{\mathrm{d}Q}{\mathrm{d}t}\right)_a$$

上式中 $B^2 = \left(\frac{2\pi}{L_x}\right)^2 + \left(\frac{2\pi}{L_y}\right)^2$;$\left(\frac{\mathrm{d}Q}{\mathrm{d}t}\right)_a$ 为最大加热率,ω_a 为最大上升速度。

在非绝热加热作用中,以凝结潜热释放为主,而下垫面的感热加热在某些情况下也较重要。湿空气在上升运动中膨胀冷却,达到饱和后就有水汽凝结并释放潜热,使空气增温,从而产生更强的垂直运动。由此可见,释放出的凝结潜热所引起的垂直上升运动,必须在其他原因造成了上升运动基础上才能产生。因此,人们常把凝结潜热引起的上升运动称为降水对于上升运动的反馈作用。根据实际资料的分析,一般认为在满足下列三条件的地区才可能有潜热释放:

(i)摩擦层中有水汽通量的净辐合;

(ii)有其他原因造成的上升运动；

(iii)空气近于饱和，例如规定 $T-T_d \leqslant 4℃$。

在数值预报中，称$\frac{\mathrm{d}Q}{\mathrm{d}t}$为加热函数。在静力稳定的大气中（$\frac{\partial \theta_{se}}{\partial p}<0$），如果大气近于饱和且伴有上升运动，凝结潜热释放的加热函数可表示为：

$$\frac{\mathrm{d}Q}{\mathrm{d}t}=-L\frac{\mathrm{d}q_s}{\mathrm{d}t} \tag{5.28}$$

式中，L 为凝结潜热，可见加热函数即是凝结率与凝结潜热之积，近似地可以写成：

$$\frac{\mathrm{d}Q}{\mathrm{d}t}=-L\omega\frac{\partial q_s}{\partial p} \tag{5.29}$$

在中纬度大尺度运动系统中稳定的条件一般都能满足，因此可以用上式来估计加热函数，从而又可估计垂直运动。从(5.29)式也可看出，加热函数本身与垂直运动相关，垂直上升运动造成了凝结加热，而加热又促进了上升运动的发展。

当大气为条件性不稳定$\frac{\partial \theta_{se}}{\partial p}>0$时，空气浮力将加速空气块的垂直运动。这种情况一般都发生在中小尺度的对流系统中。发生这种情况时，要把中小尺度的凝结潜热加热，用大尺度的量表示出来，以便在大尺度的网格上进行计算。常用某些大尺度的参数来表示加热函数，称为加热函数参数化或称为对流参数化。

(3)用 $\boldsymbol{Q}$ 矢量分析诊断垂直运动

用 ω 方程可以诊断垂直运动，但是 ω 方程右边包含垂直导数值，这使定量计算时，至少需要两层的观测资料，给定性诊断也带来不便。此外，大气中的垂直运动可以认为是由绝对涡度的差动平流和温度平流的拉普拉斯的强迫产生的。当这两项的符号相反时，很难定性地判断垂直运动的方向，并且这两项之间还存在部分抵消效应，如果分别计算两项强迫的垂直运动时，会得出不正确的结果。所以这种形式的方程在定量计算和定性应用上有一定的困难。

为了克服经典的 ω 方程的缺点，Hoskins 等(1978)推导得到了一个用 $\boldsymbol{Q}$ 矢量表示的准地转 ω 方程：

$$\nabla^2(\sigma\omega)+f^2\frac{\partial^2\omega}{\partial p^2}=-2\nabla\cdot\boldsymbol{Q} \tag{5.30}$$

(5.30)式中的 $\boldsymbol{Q}$ 是一个矢量，称为 $\boldsymbol{Q}$ 矢量。(5.30)式的意义是：在 f 平面上准地转的垂直运动仅由 $\boldsymbol{Q}$ 矢量的散度决定。$\boldsymbol{Q}$ 矢量的定义为随水平地转速度运动的位温梯度的变化率。Hoskins 等(1978)的这一发展可称为"$\boldsymbol{Q}$ 矢量分析方法"。用 $\boldsymbol{Q}$ 矢量散度表示 ω 的大小及分布，能避免直接求解 ω 方程的大量计算，只需一层等压面资料即可计算，这在定量计算上比惯用的方程简便，而且方程右端只有一个强迫项，避免了在经典的 ω 方程两强迫项之间可能存在的符号相反等问题。

在标准坐标系中,$\boldsymbol{Q}$ 矢量可以分解成 x 和 y 两个分量:

$$\boldsymbol{Q}=Q_x\boldsymbol{i}+Q_y\boldsymbol{j} \tag{5.31}$$

其中:

$$Q_x=-\frac{\partial \boldsymbol{V}_g}{\partial x}\cdot\nabla\left(-\frac{\partial \Phi}{\partial p}\right),Q_y=-\frac{\partial \boldsymbol{V}_g}{\partial y}\cdot\nabla\left(-\frac{\partial \Phi}{\partial p}\right) \tag{5.32}$$

Q_x 和 Q_y 两个分量可以表达成以下各种形式:

(i)地转风场形式

利用热成风关系,可将(5.32)式改写为:

$$\begin{cases} Q_x=-\dfrac{\partial \boldsymbol{V}_g}{\partial x}\cdot\left(-f\dfrac{\partial v_g}{\partial p},f\dfrac{\partial u_g}{\partial p}\right)=f\left(\dfrac{\partial u_g}{\partial x}\dfrac{\partial v_g}{\partial p}-\dfrac{\partial v_g}{\partial x}\dfrac{\partial u_g}{\partial p}\right) \\ Q_y=-\dfrac{\partial \boldsymbol{V}_g}{\partial y}\cdot\left(-f\dfrac{\partial v_g}{\partial p},f\dfrac{\partial u_g}{\partial p}\right)=f\left(\dfrac{\partial u_g}{\partial y}\dfrac{\partial v_g}{\partial p}-\dfrac{\partial v_g}{\partial y}\dfrac{\partial u_g}{\partial p}\right) \end{cases} \tag{5.33}$$

(ii) 地转风与温度场形式

由(5.32)式可得:

$$\begin{cases} Q_x=-\dfrac{R}{p}\dfrac{\partial \boldsymbol{V}_g}{\partial x}\cdot\nabla T=-\dfrac{R}{p}\left(\dfrac{\partial u_g}{\partial x}\dfrac{\partial T}{\partial x}+\dfrac{\partial v_g}{\partial x}\dfrac{\partial T}{\partial y}\right) \\ Q_y=-\dfrac{R}{p}\dfrac{\partial \boldsymbol{V}_g}{\partial y}\cdot\nabla T=-\dfrac{R}{p}\left(\dfrac{\partial u_g}{\partial y}\dfrac{\partial T}{\partial x}+\dfrac{\partial v_g}{\partial y}\dfrac{\partial T}{\partial y}\right) \end{cases} \tag{5.34}$$

(iii) 地转风与比容场形式

由 $p=\rho RT$ 和 $\alpha=\dfrac{1}{\rho}$,则 $\alpha=\dfrac{RT}{p}$,将其代入 (5.34)式可得:

$$\begin{cases} Q_x=-\dfrac{\partial \boldsymbol{V}_g}{\partial x}\cdot\nabla\alpha=-\left(\dfrac{\partial u_g}{\partial x}\dfrac{\partial \alpha}{\partial x}+\dfrac{\partial v_g}{\partial x}\dfrac{\partial \alpha}{\partial y}\right) \\ Q_y=-\dfrac{\partial \boldsymbol{V}_g}{\partial y}\cdot\nabla\alpha=-\left(\dfrac{\partial u_g}{\partial y}\dfrac{\partial \alpha}{\partial x}+\dfrac{\partial v_g}{\partial y}\dfrac{\partial \alpha}{\partial y}\right) \end{cases} \tag{5.35}$$

(iv)地转风与位温场形式

由位温定义 $\theta=T\left(\dfrac{p_0}{p}\right)^{\frac{R}{C_p}}$ 可得:$\dfrac{RT}{p}=\dfrac{R}{p}\left(\dfrac{p}{p_0}\right)^{\frac{R}{C_p}}\cdot\theta=h\theta$,其中 $h=\dfrac{R}{p}\left(\dfrac{p}{p_0}\right)^{\frac{R}{C_p}}$,代入(5.35)式可得:

$$\begin{cases} Q_x=-h\dfrac{\partial \boldsymbol{V}_g}{\partial x}\cdot\nabla\theta=-h\left(\dfrac{\partial u_g}{\partial x}\dfrac{\partial \theta}{\partial x}+\dfrac{\partial v_g}{\partial x}\dfrac{\partial \theta}{\partial y}\right) \\ Q_y=-h\dfrac{\partial \boldsymbol{V}_g}{\partial y}\cdot\nabla\theta=-h\left(\dfrac{\partial u_g}{\partial y}\dfrac{\partial \theta}{\partial x}+\dfrac{\partial v_g}{\partial y}\dfrac{\partial \theta}{\partial y}\right) \end{cases} \tag{5.36}$$

由于(5.30)式左端项与 $-\omega$ 成正比,于是有:

$$\omega\propto\nabla\cdot\boldsymbol{Q} \tag{5.37}$$

根据(5.37)式可得出:$\boldsymbol{Q}$ 矢量辐散区 $\nabla\cdot\boldsymbol{Q}>0$,$\omega>0$,有下沉运动;$\boldsymbol{Q}$ 矢量辐合区

$\nabla \cdot Q<0,\omega<0$,有上升运动。

综上所述,用Q矢量散度来判断垂直运动简单明了。尤其是用地转风与温度场或位温场形式的Q矢量来计算,只要用一层等压面的资料即可算出该层的垂直运动。这是准地转Q矢量诊断垂直运动的优点。

Q矢量不仅能用来诊断垂直环流,而且由于它决定了流场和温度场热成风的个别变化,亦即决定了水平温度的个别变化,因而还可用来判断锋生、锋消。准地转的锋生函数可近似表示成:

$$\frac{d_g}{dt}(\nabla T)^2=\frac{2p}{R}Q\cdot\nabla T \tag{5.38}$$

上式可以用来定性判断有利锋生还是有利锋消。当Q与∇T交角小于90°(同号)(图5.26a),$Q\cdot\nabla T>0$,即Q指向暖空气时,将增大原有的温度梯度,因而有利于锋生。当Q与∇T同向时,最有利于锋生。当Q与∇T交角大于90°(即反号)(图5.26b),$Q\cdot\nabla T<0$,即Q指向冷空气时,将减少原有的温度梯度,因而有利于锋消。当Q与∇T反向时,最有利于锋消。

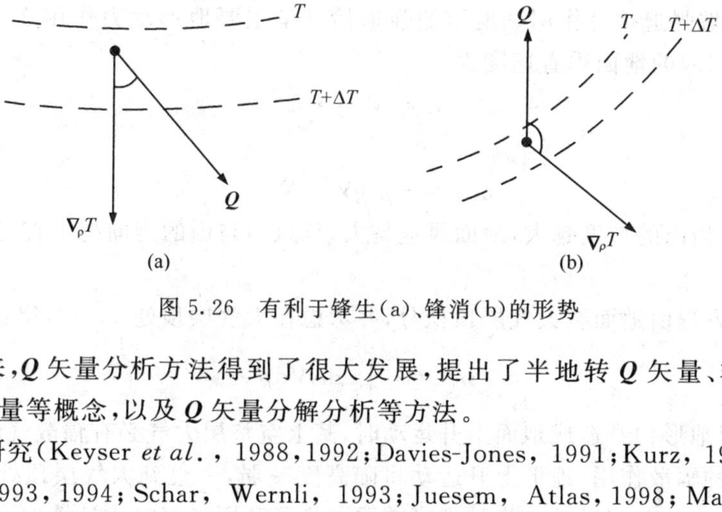

图5.26 有利于锋生(a)、锋消(b)的形势

近年来,Q矢量分析方法得到了很大发展,提出了半地转Q矢量、非地转Q矢量、湿Q矢量等概念,以及Q矢量分解分析等方法。

许多研究(Keyser *et al.*, 1988,1992;Davies-Jones, 1991;Kurz, 1992;Barnes, Colman, 1993,1994;Schar, Wernli, 1993;Juesem, Atlas,1998;Martin,1999a, 1999b,2006,2007;Morgan,1999;Donnadille *et al.*, 2001;Yue *et al.*, 2003;Pyle *et al.*, 2004;Thomas, Martin, 2007;岳彩军 等,2007;岳彩军,2008;梁琳琳 等,2008)表明,Q矢量分解(Partitioning)更具有对实际天气系统诊断分析的应用价值,是一个非常有效的诊断分析工具,能分离出具有气象意义的过程和结构,而这些仅靠"总"的Q矢量是无法揭示的。通常情况下,将Q矢量分解在以等位温线为参照线的自然坐标系中(简称为PT分解)。也有另外一种分解方法,即将Q矢量分解在以等高线为参照线的自然坐标系中(简称为PG分解)。无论哪种分解方法,分解后的各Q矢量分量与“总”的 Q 矢量具有相同的诊断特性。在实际研究工作中,究竟采用何种分解方法,取决于研究分析的目的。同时需要特别强调的是,应用 Q 矢量 PT 或 PG 分解时,要认真考虑到分解所得的各 Q 矢量分量应具有明确的物理意义,这样分解工作才有意义。

5.4.4 地形和摩擦对降水的影响

在一定的条件下,地形对降水会产生显著的作用,主要包括动力作用和云物理作用。下面分别进行讨论。

(1)地形的动力作用

地形对降水有很密切的关系,在同样的天气形势下,由于迎风坡的强迫抬升作用,在迎风坡的降水量常常要比其他地区大。例如,1963 年 8 月上旬河北发生特大暴雨时,由于低层盛行偏东风因而在太行山的东坡(迎风坡)上降雨量最大。在邢台地区和保定地区迎风坡的半山腰,地形坡度最大的地方,过程总降雨量最大,均达到 1000 mm以上。地形的动力作用不仅有地形迎风坡强迫抬升作用,还有地形辐合和背风坡的背风波等作用,都会使降水增强,下面分别加以讨论。

① 迎风坡强迫抬升作用。地形的强迫抬升是主要地形动力作用之一。由地形强迫抬升而引起的地面垂直速度为:

$$\omega_0 = \mathbf{V}_0 \cdot \nabla h$$

或

$$\omega_{p_0} = -\rho_0 g \mathbf{V}_0 \cdot \nabla z_0 \tag{5.39}$$

由上式可见,当山的坡度越大,地面风速越大,且风向与山的走向越垂直时,地面垂直运动越强。

将连续方程由地面至大气层顶积分,并考虑在大气层顶处 $\omega_0=0$,得:

$$\omega_{p_0} = -\int_0^{p_0} \mathrm{div}\mathbf{V}\mathrm{d}p \tag{5.40}$$

此式表示,当地形抬升造成地面上升运动时,其上空整层大气必有辐散气流以进行补偿。由于这种辐散作用,地形上升运动将随高度减弱,一直到大气层顶处减弱到零。同样,地形造成的下沉运动也将随高度减弱。为了利用(5.40)式计算地形降水率,就必须了解地形上升运动随高度的分布。其处理方法较多,一般由 ω 方程而得。当不考虑涡度平流、温度平流和非绝热加热时,则 ω 方程可写为:

$$\nabla^2\omega + \frac{f^2}{\sigma}\frac{\partial^2\omega}{\partial p^2} = 0 \tag{5.41}$$

上下边界条件为:

$$\omega_0 = 0,\ \omega_{p_0} = -\rho_0 g \mathbf{V}_0 \cdot \nabla z_0$$

取地转近似,得:

$$\omega_{p_0} = -k\frac{g}{f}\nabla p_0 \cdot \nabla z_0$$

如地形坡度与地面风为已知，则可由给出的边界条件 ω_{p_0} 求得上式 ω 的解。

为了求出 ω 的解析解，以波长 L 的周期函数表示：

$$\omega_{p_0} = D(L)e^{i\frac{2\pi}{L}(x+y)}$$

式中 $D(L)$ 为波长等于 L 的波的振幅。又设

$$\omega = \Gamma(p)\omega_{p_0}$$

式中 $\Gamma(p)$ 为地形垂直速度 ω 随高度增加的衰减系数。将上两式代入(5.41)中，得：

$$\frac{\mathrm{d}^2\Gamma}{\mathrm{d}p^2} - 2\mu^2\Gamma = 0 \tag{5.42}$$

边界条件为：

$$(\Gamma)_{p=0} = \Gamma_0 = 0,(\Gamma)_{p=p_0} = \Gamma_{p_0} = 1$$

(5.42)式中 $\mu^2 = \left(\frac{2\pi}{L}\right)^2\frac{\sigma}{f^2}$，$\sigma = -\frac{T}{\theta}\frac{\partial\theta}{\partial p}$，设为常数。(5.42)为二阶线性常微分方程。在上述边界条件下，其解为：

$$\Gamma(p) = \frac{\mathrm{sh}\left(\sqrt{2}\,\frac{2\pi}{L}\sqrt{\frac{\sigma}{f^2}}p\right)}{\mathrm{sh}\left(\sqrt{2}\,\frac{2\pi}{L}\sqrt{\frac{\sigma}{f^2}}p_0\right)} \tag{5.43}$$

从此式可知，地形垂直速度随 p 的增大而呈指数增大，即随高度而呈指数减小。同时，L 越小而 σ 越大，则 $\Gamma(p)$ 也越大，即地形尺度越小而稳定度越大，则地形垂直运动随高度衰减越快。

地形抬升的垂直速度伸展高度虽然很小，但由于低层湿度大，因此它所造成的降水量有时却是不可忽视的。例如对7209号台风的计算表明，在台风登陆前，台风暴雨主要是地形作用形成，而在台风登陆后，则是由系统作用与地形作用相结合所造成。

② 地形辐合作用。地形的动力作用还表现在地形使系统性的风向发生改变，从而在某些地方产生地形辐合或辐散，因而影响垂直运动和降水。例如，当盛行风朝着喇叭口地形灌进时，由于地形的收缩，常常引起辐合上升运动的加强和降水量的增大。所谓喇叭口地形即是三面环山、一面开口的谷地。上面所讲的1963年8月上旬河北省的大暴雨，太行山东侧的獐么站日降水量达到865 mm之多，除了地形抬升作用外，喇叭口地形的收缩作用也是很显著的。从河南省板桥水库附近地形略图上看，这是一个典型的喇叭口地形(图5.27)。1975年8月7日晚，低层吹偏东风，遂平站为东北风8 m/s。潮湿空气向喇叭口灌进，当晚在板桥附近即出现了特大暴雨中心。

喇叭口内上升运动的加强，尚无公式可供计算，大约与喇叭口入口处的宽度和喇叭口内部的宽度的比值成正比。如图5.27中沙河店附近喇叭口宽度与板桥水库处

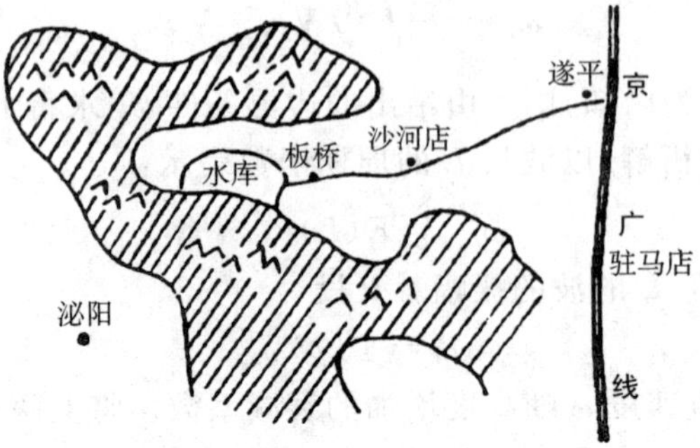

图 5.27 板桥水库地形与降水

宽度之比约为 1.5∶1,那么在板桥水库附近的上升速度将比仅按地形抬升所算的上升速度大 50%。

③ 背风波对降水的影响。在山脉的背风面,在一定的天气条件下,可以产生背风波。在背风波的上升气流处,气块抬升,不稳定能量释放,可以造成对流。

背风波的形成对降水有明显的影响。李冀等(1978)曾对太行山地区的背风波进行过数值试验。图 5.28 给出了他们试验结果的一个例子。图 5.28a 为流线图,图中左下方的阴影部分为太行山在垂直剖面上的形状,它的东坡较陡,西坡较缓。由图可见,流线的波脊位于山顶,并随高度向西倾斜,而波谷位于山脚上空即是背风波。图 5.28b 把垂直运动(ω)与 24 h 降水量分布作比较。上面的一条曲线表示2~5 km 的

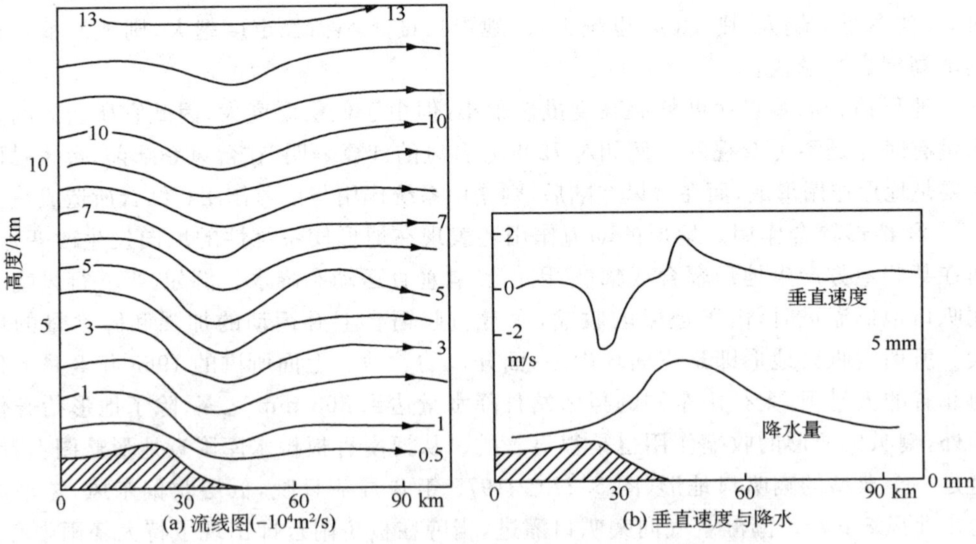

图 5.28 1975 年 10 月 14 日太行山东侧背风波的数值试验

(李冀 等,1978)

平均 ω,可见在背风坡有一强上升气流带,其值可达 2 m/s。下面的一条曲线为观测到的降水量在南北方向(沿山脉方向)的平均值。比较两条曲线可以明显地看出,降水区位于背风波的上升气流区,且最大降水与 ω 的波脊相吻合。这个例子说明,大尺度气流在山脉作用下,可以产生背风波,而背风波又与降水和强对流天气有着密切的关系。很多地方都有背风面的降水量和冰雹天气多于迎风面的现象,这些都可能与背风波的作用相联系。上述数值试验还指出,当山脉上空有稳定层存在和西风槽东移时,有利于背风波的形成。这些特征都可以通过数值预报结果看出,因此有可能从数值预报结果去推断背风波的产生和存在。

背风波形成的有利条件是在山顶高度附近有逆温层存在,而且大气有较强的风速垂直切变。常用的判据之一斯科勒参数随高度减小$\left(\text{即}\dfrac{\partial l^2}{\partial z}<0\text{,其中 } l^2\approx\beta g/U^2 \text{ 为斯科勒参数,}\beta=\dfrac{g}{\theta}\dfrac{\partial\theta}{\partial z}\text{为稳定度,}g\text{ 为重力加速度,}U\text{ 为风速}\right)$,或里查森数 $Ri<1$。

(2)地形的云物理作用

地形对降水的影响,除了以上所讲的加强动力上升运动,从而增加凝结量或触发不稳定能量释放,使降水加强外,还表现为地形可以改变降水形成的云雾物理过程,使得已经凝结的水分,高效率地下降为雨,从而增加降水量。地形对降水形成的云雾物理过程的改变方式是复杂的,从现有的研究成果来看,可能有下面 4 种。

① 对流层中部层状云和低云的相互作用。当山区上空原先就存在系统性的对流层中部层状云时,由于地形抬升作用在山坡上又会形成低云。这时如有雨滴从上空的云层中落下来而进入低空的云层中时,这些雨滴捕捉了低空云层中的云滴,使地面降水强度加大。据估计,由于这种过程而增加的地面降水量,大约为 1 mm/h。图 5.29a 是这种过程的示意图,这种过程的降水主要是层状云的连续性降水,原降水量就不大,增加的降水也不大。

② 对流层中部层状云和积雨云的相互作用。当山区原先就存在系统性的对流层中部层状云时,如果低层不稳定,由于地形的动力抬升而释放了不稳定能量,就会产生穿透中部层状云的积雨云。如有冰粒从积雨云上部的卷云砧中落进中部层状云里面,那么因为这种冰粒与层状云里的云滴(雪粒)性质不同,滴谱也不同,而它们的合并过程又很强,就会造成强降水。有时在低层还有云存在,三层云共同起作用,便高效率地造成大量降水。图 5.29b 是这种过程的示意图。

③ 积雨云和低空层状云的相互作用。由于地形影响在山区形成低层的水平辐合场,在水平辐合场中有层积云生成,当外部的积雨云移入山区进入这种水平辐合场时,一方面积雨云会有所发展,另一方面由于积雨云受层积云所包围,层积云内有水滴不断并入积雨云中,这些水滴大部分是层积云内不能作为雨滴降落下来的小水滴,

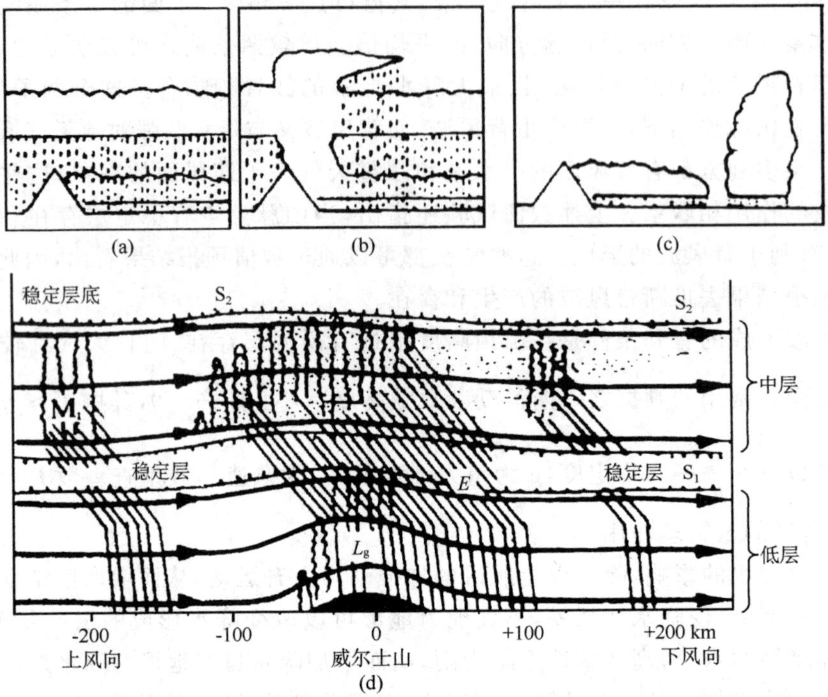

图 5.29 地形对降水形成的云雾物理过程影响的几种方式

(Browning *et al*. 1974)

但因原来积雨云内部的水滴团与从四周层积云收集来的水滴团性质不同,滴谱也不同。这两类水滴团合并在一起,就增强了胶性不稳定性,增强了水滴的合并过程,从而增强了地面降水。在某些地区积雨云的降水效率急剧增大,可能就是上述过程所造成的。图 5.29c 示意地表示了这种过程。

④ 对流层中部不稳定与低云的相互作用。从图 5.29d 可见,当在山区上空存在两层稳定层时,在山脉的上风方,由于山脉的作用,在两稳定层之间,对流层中层出现位势不稳定能量释放,在对流层中部的云层中有降水形成。而在低空由于地形抬升作用,在山脉的迎风面上形成低云。从上面云层中落下来的降水,在低层云中高效率地捕捉水滴,变成大雨滴落到地面,增加了降水量。

(3)摩擦作用

在近地面层中,由于摩擦作用,风由高压吹向低压时,在气旋性涡度的地区便会出现摩擦辐合,并有上升运动形成;而在反气旋性涡度的地区,则出现辐散下沉运动。这种由于摩擦作用而形成的垂直运动,在摩擦层顶部达到最强,其数值为:

$$\omega_f = \frac{-g\rho_0 C_D}{f}\zeta_g \tag{5.44}$$

所以,在正涡度($\zeta_g>0$)地区,有上升运动($\omega_f<0$);在负涡度($\zeta_g<0$)地区,有下沉运动($\omega>0$)。涡度绝对值愈大,垂直运动愈强。对于$\zeta_g \sim 10^{-5}\ s^{-1}$,$f \sim 10^{-4}\ s^{-1}$和摩擦层厚度为1 km的典型的天气尺度系统来说,上式所得出的垂直速度数量级为每秒零点几厘米。这个数值对降水率的贡献是不大的。但是在某些情形下摩擦对于降水仍有较大的影响。例如在海岸线附近,由于海陆摩擦的差别,沿海岸造成了辐合带,于是在海岸附近有强的降水带形成(图5.30)。

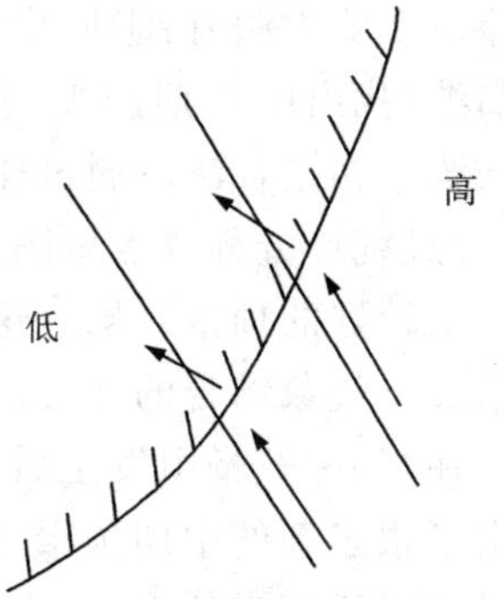

图5.30 海岸线附近的摩擦辐合

摩擦对于降水的重要贡献主要是提供了降水的水汽来源。计算表明,在暴雨区上空,高层的水汽辐合通量是微不足道的,主要是靠700 hPa以下的水汽辐合通量来供给水汽。低层辐合的水汽直接在低层凝结成雨的仅占一半,其余一半则通过700 hPa面向上输送到高层而后凝结成雨。因此,摩擦辐合有利于将雨区四周摩擦层中的水汽集中地向高层输送,从而使降水加强。例如台风登陆后,由于摩擦影响,中心强度虽然迅速减弱,但由于系统仍有一定的强度,摩擦辐合上升运动较大,所以在系统减弱的同时,仍可发生较大的降水。

5.5 暴雨的预报

暴雨是中尺度系统直接影响下的产物,但是也有其大尺度大气环流和天气系统的背景,从这个意义上讲,暴雨也是一种多尺度天气现象。因此,暴雨的预报可以有长期、中期、短期、甚短期和临近预报等不同时效。一般把11天以上至一个月左右的预报称为长期预报,4~10天的预报称为中期预报,1~3天的预报称为短期预报,0~12 h的预报称为甚短期预报(Very Short Range Forecasting,简称VSRF),有时也称其为"短时预报",而把0~2 h的预报称为"临近预报"(Nowcasting)。从方法来说,则有天气学方法、统计预报方法和数值预报方法以及它们相互结合的综合方法等类别。这里我们主要对基本的天气预报方法和比较常用的暴雨中长期预报和短期预报方法作一简要介绍,而关于暴雨的短时和临近预报方法则将在下一章中结合强对流天气的短时和临近预报加以介绍。

5.5.1 暴雨中长期预报方法概述

由于暴雨一般是由中尺度系统的直接影响而产生的现象,而中尺度系统所具有的特征时空尺度仅有几小时至十几小时和几十千米至几百千米,因而要作出暴雨的中长期预报具有很大的难度。然而由于气象服务的需要,气象工作者们经过长期的探索,也建立了不少有一定预报效果的暴雨中长期预报方法。

早在20世纪50—60年代,我国气象工作者就开始进行暴雨中长期预报的研究试验。主要方法有:①环流分型法。通过探讨暴雨过程前期的环流形势特征,加以分型归纳,找出中长期演变规律和先兆特征。预报未来出现强降水的可能性。②成因一统计相结合法。通过探索制约暴雨形成因子,采用物理因子与统计相结合的方法,做成统计方程或点聚图来做预报。这种方法只要能找到较好的影响因子,常常可以得到较好的预报效果。这种方法也可以通过用气象因子来直接预报洪水,成为一种水文一气象结合的方法。

在"75·8"暴雨发生后,气象服务要加强暴雨中期预报的要求日益增多。因此又提出了很多新的中期预报方法。主要有:①中期历程预报法。一些主要降水系统如台风、冷锋、西南低涡、高空冷涡、东北低压、黄河气旋、低空急流等,出现后都有一定的生命历程和演变过程,它们在3~7天期间内的演变规律已在一定程度上被人们有所认识,因此可以预报其未来的发展及其对下游地区天气变化和降水的影响。例如,当冷锋进入我国西北边境后,对于长江流域及其以南地区来说,还有几天时间才能受其影响,正好可以进行中期预报。根据系统的强弱和移速变化等情况以及当地的气象条件就可以作出天气变化的中期预报。②波谱分析法。实际大气的运动是很多不同波长的大气波动叠加的结果。长、中、短期天气变化是由超长波、长波和短波系统影响造成的。波谱分析法主要就是通过考虑大气中各种不同波动的变化特征,计算出反映波动特征的各种波动参数,进行波谱分解而作出天气预报的一种方法。③在成因一统计相结合法的思路基础上,提出了"两线法""急流参变数预报方程"和"大气物理参变数中期预报法"等方法(章淹 等,1990)。

5.5.2 用长波下游效应原理分析预报暴雨过程

在上一章中已经说道,当上游高空槽发展时,在下游地区会触发新的波动生成。这种现象被称为Rossby波的下游效应,根据上游系统的变化可以预报下游天气系统的发展。陶诗言等(2010)根据Rossby波下游效应的原理和Hovmöller图分析方法,不仅分析研究了冬春季寒潮过程,而且也对我国近几年和历史上出现的著名的多次深槽型暴雨及台风暴雨进行了深入的分析研究,结果表明,欧亚高空急流中Rossby波能量频散而产生的下游发展效应,对东亚高空槽的形成与发展、登陆台风的路径与长生命史有重要的影响。其强调指出,Rossby波列的下游发展效应和气旋强烈斜压发展过程是这些暴雨天气的制造者。他们认为,如果沿急流传播的Rossby波能量使110°E附近形成深厚的低压系统或使原有西风槽发展加深,天气尺度强迫产生强上升运动则非常有利于中国东部出现暴雨过程。而当欧亚中高纬Rossby波活动的下游效应导致在40°N附近东亚地区对流层中、高层形成闭合高压,同时有西太平洋台风或热带风暴登陆中国，受大尺度环流场引导气流的影响，台风往往取西行或西北行路径。如果同时来自海上的季风涌强烈，将延长台风环流系统的生命史，产生大范围致洪暴雨。目前业务上使用的全球数值预报模式对 Rossby 波列的下游发展效应有一定的中期预报能力，因此，他们提出在日常业务预报中要关注亚洲高空急流中 Rossby 波能量传播过程中大形势的突变与调整。并认为 Hovmöller 图分析方法，是可应用于日常业务预报的分析 Rossby 波列下游效应的简便有效的工具。

下面来看他们具体分析的很多暴雨过程个例中的两次过程：2006 年 7 月中旬的台风暴雨和河南“75 · 8”特大暴雨。

首先是 2006 年 7 月中旬的台风暴雨。由于受 0604 号热带风暴“碧利斯”的影响，2006 年 7 月 13—18 日，在浙江、福建、广东、广西、江西、湖南等地出现了致洪暴雨，造成 800 余人死亡。2006 年 04 号强热带风暴“碧利斯”于 7 月 14 日 12 时 50 分(北京时，下同)在福建霞浦县登陆。接着转偏西行，14 日 16 时在闽侯县境内减弱为热带风暴，15 日 01 时进入江西，16 时减弱为热带低压。此后，其强度虽继续减弱，但仍维持低压环流，同时转为西偏南移动，15 日晚上进入湖南省南部，后又进入广西北部，18 日消失在云南省东部。台风“碧利斯”登陆前后及在沿途都造成了强降水(图 5.31)。7 月 13—18 日，浙江南部、福建东部、广东东部以及江西和湖南两省的南部地区总降水量达 200～400 mm。浙江、福建等六省遭受了严重的洪涝、滑坡和泥石流灾害，因灾死亡 637 人，失踪 210 人。台风“碧利斯”登陆后维持时间长达 120 h，出现了罕见的长生命史，正是长久不消的台风低压环流酿成了巨大暴雨灾害。2006 年

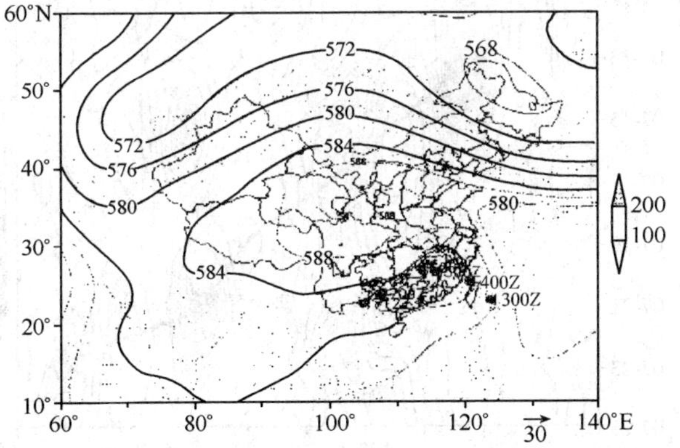

图 5.31 2006 年 7 月 13—18 日的平均环流：200 hPa 的强风速带(矢量线大于 30 m · s^{-1})；500 hPa 位势高度(等值线，单位：dagpm)；850 hPa 风场(风标线为风速大于 8 m · s^{-1})；累积降水量(阴影区)以及逐日 08 时(北京时)台风位置

(陶诗言 等，2010)

7 月 13—18 日平均的 500 hPa 位势高度场上，40°N 附近东亚地区高压脊强烈发展，出现了闭合高压；同时，亚洲夏季风活跃，对流活动强。高压南侧的偏东风与西南暖湿气流汇合形成一条东西走向的水汽辐合带，使得热带风暴“碧利斯”登陆后，沿着这条辐合带自东向西移动，在南方六省产生大范围致洪暴雨。黄海副高南落西伸与大陆高压合并加强，高压南侧东北风的牵引作用是“碧利斯”路径西偏南的主要原因。陶诗言等指出，亚洲急流上的准静止 Rossby 波的活动可以调整西太平洋副高西伸北跳(南撤东退)。

以下从 Rossby 波的能量频散角度探讨大陆高压加强和西太平洋副高西伸的动力机制。

图 5.32 是 2006 年 7 月 11—25 日沿 35°—45°N 200 hPa 平均高度距平 Hovmöller 图。7 月 10—12 日经度 0°上出现负距平中心，13—14 日在 40°E 有正距平中心，15—16 日 80°E 处有负距平中心(中亚地区出现低温天气)，17—18 日 110°E 有正距平中心(我国中部出现高温酷暑)，在 18—19 日 150°E 有负距平中心(韩、日等国出现暴雨)，到了 7 月下旬初，美国中西部出现热浪天气与 120°W 发展加强的高压脊有关。同样，Rossby 波的能量向下游传播的群速度，远远快于图上各个高空槽和脊向下游传播的速度。我国中部的高压脊从 15 日开始加强并于 17—18 日达到鼎盛，使得副高西伸，在台风低压环流的北侧筑成“高压坝”，引导其西行并加强了与西南季风的辐合气流。

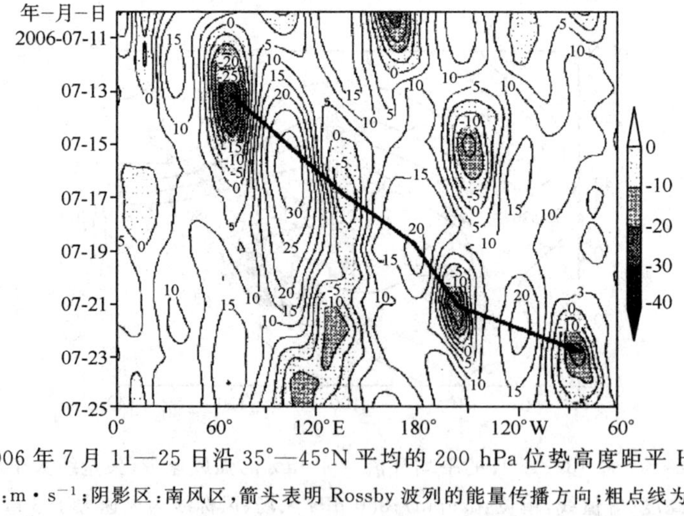

图 5.32 2006 年 7 月 11—25 日沿 35°—45°N 平均的 200 hPa 位势高度距平 Hovmöller 图

(单位：m・s^{-1}；阴影区：南风区，箭头表明 Rossby 波列的能量传播方向；粗点线为槽线)

(陶诗言 等，2010)

其次再来看河南“75・8”特大暴雨。这是一次我国历史上著名的特大暴雨。1975 年 8 月 5—7 日，受 7503 号台风深入内陆的影响，河南省中部与淮河上游地区普降暴雨。3天最大降雨量为1605.3 mm，24 h降雨量为1060.3 mm，6 h降雨量为830.1 mm。以上雨量均超过我国大陆历次暴雨纪录，其中林庄6 h雨量为世界最高纪录。

1975年8月4日，7503号台风穿越台湾岛后在福建晋江登陆，此后，这个登陆台风经江西到湖南，在常德附近突然转向北渡长江直入中原腹地。7—8日台风在河南省驻马店附近停滞2天，以后向西移动并消失。陶诗言等在《中国之暴雨》一书中分析7503号台风停滞的原因时指出，8月4日前后由于北半球西风带大形势的调整，使得在台风的北部高空建立一个高压坝。事实上，西风带大形势的调整和高压坝的建立也与Rossby波列下游发展效应有关。从图5.33中可以看到，7月底有个低压扰动在大西洋东部(15°W)发展，激发了一列Rossby波列向下游传播，一直到了150°E附近的西太平洋地区。8月3—4日75°E高空槽的强烈发展，致使东亚大气环流发生了调整：4日以前中国中部为弱低压槽控制(图5.33a)，依此形势7503号台风的路径可能是北上，对中原腹地的影响较小。而由于5—9日大陆上空高空反气旋发展强盛，在35°N以北、120°E以西为一经向度大的高压脊，该高压与副热带高压在我国东北、华北一带在经向方向相叠加组成“高压坝”。7503号台风在“高压坝”南侧偏东气流引导下，其减弱的低压环流一直深入内陆。8月7—9日，由于台风停滞在伏牛山脉与桐柏山脉之间的大弧形地带，这里有大量三面环山的马蹄形山谷和两山夹峙的峡谷。南来气流在这里发生剧烈的上升运动，造成历史罕见的特大暴雨(图5.33b)。

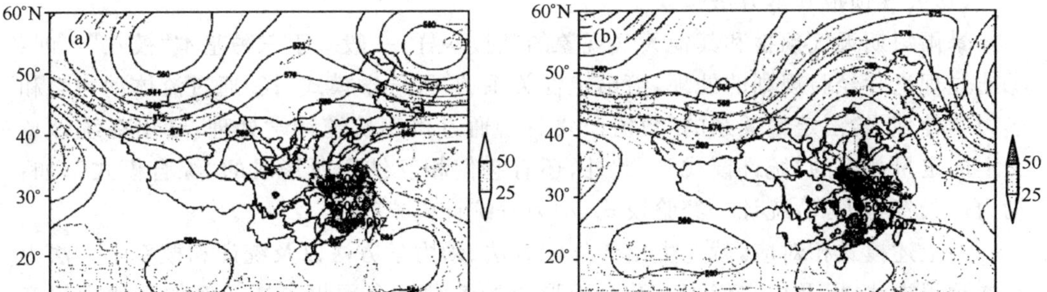

图5.33　1975年8月4日(a)和8日(b)的环流

(图注说明同图5.32)

(陶诗言 等，2010)

陶诗言等(2010)通过对很多暴雨过程的个例分析，发现深槽的形成与发展、登陆台风的路径与长生命史均受到了上游准静止Rossby波列能量频散的影响。因此分析Rossby波列能量频散对提高暴雨天气的中期预报能力非常必要。通过分析，可以得到以下主要结论:①Rossby 波列的下游发展效应是中国严重洪涝灾害的重要制造者;②Hovmöller 图是分析 Rossby 波列下游发展效应的一个简单、直观和有效的工具;③亚洲急流区 Rossby 波的能量传播过程,是东亚高空槽发展加深的重要动力机制。正如 Hoskins 等所指出的,副热带急流类似一条波导,使正压 Rossby 波能量沿急流传播。华北地区处在欧亚大陆副热带西风急流下方,如果沿急流传播的准静止 Rossby 波能量使 110°E 附近形成深厚的低压槽或使原有西风槽发展加强,提供由天气尺度强迫产生的强上升运动,则非常有利于华北出现暴雨过程。1949 年以后,华北地区夏季的几场著名的历史大洪水均由于 Rossby 波列的下游发展效应引起;④西太平洋台风或热带风暴登陆中国后,其低压环流深入内陆时,可造成持续性强暴雨并产生严重洪涝灾害。当欧亚中高纬 Rossby 波活动的下游效应导致在 40°N 附近东亚地区对流层高层和中层高压脊强烈发展出现了闭合高压时,有西太平洋台风或热带风暴登陆中国,受大尺度环流场引导气流的影响,台风往往取西行或西北行路径,如果在同时来自海上的季风涌强烈,这个条件将延长其环流系统的生命史,使得台风产生大范围致洪暴雨;⑤对于暴雨的中期预报,关键是抓住亚洲高空急流中 Rossby 波能量传播过程中大形势的突变与调整。中期数值预报模式对此有一定的预报能力,这为我们提高此类暴雨的中期预报水平开辟了新的途径。因此,在暴雨的预报业务中,应密切监测 Rossby 波的下游效应。

5.5.3 暴雨的短期预报

(1)天气预报基本方法概述

暴雨短期天气预报和其他天气现象的预报一样,一般基于三种基本“模式”。即:①通过理论和经验规则的处理,给出定性关系的“天气学模式”;②通过流体动力学和热力学处理,给出定量关系的“数值模式”;③通过概率及统计学处理,给出在统计意义上的定量关系的“统计模式”。此外,还有它们相互结合所形成的“综合模式”,如:动力—天气学模式,统计—经验模式,动力—统计模式等。

与上述模式相对应,就产生出天气学方法、动力学方法以及统计和概率学方法等基本预报方法,以及由它们相互结合而形成的各种综合预报方法。例如数值预报产品的统计释用法(PP 法或 MOS 法),数值模式预报(M)、天气学经验预报(E)以及诊断天气分析(D)三者相结合的分析预报方法(MED 法),数值产品进行再分析诊断的方法,专家系统方法,以及所谓“成分法”(或称“配料法”)等方法。利用这些方法就可以对暴雨发生的地区、量值及时间进行预报。下面我们对它们作简要介绍。

(2)天气学方法

天气学方法是最普遍使用的天气预报方法。简单来说,这种方法的基本工具就是天气图,通过天气图分析,总结出一个描述大气扰动和局地环流现象之间关系的概念模式,根据这个概念模式的结构及运行机制去推测现实大气中所发生的天气现象的变化。具有代表性的例子是锋面气旋模式以及罗斯贝波的概念。运用这些概念模式,我们便可以推论各种天气的分布和演变(图 5.34)。

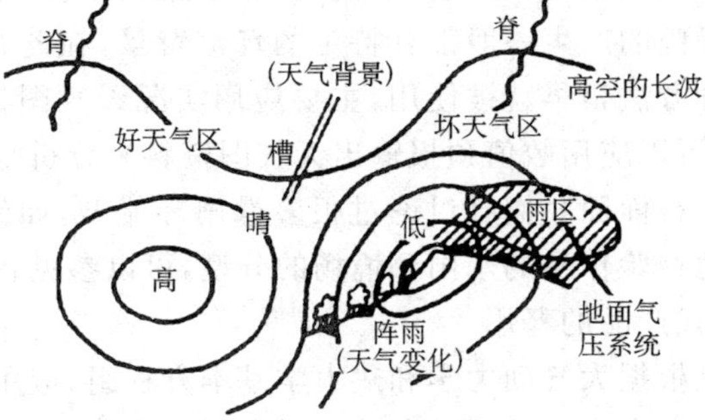

图 5.34 天气背景与天气变化

随着天气学研究的深入,各种气象现象的物理图像被不断更新,关于这些现象的知识也不断更新,吸收了这种新概念、新知识,天气学方法便不断得到改进,形成很多新方法。这里简要介绍两种较常用的方法:综合叠套法和环境场分型的预报方法。

① 综合叠套法。在作暴雨的落区预报时,常用综合叠套法,或称围区法。就是将各种有利因子都叠加在一起,暴雨出现在这些因子所共同包围的范围内的可能性应该最大。这是常用的天气学方法之一。这种方法的关键是要选好暴雨的有利因子。图 5.35 所示的是一个例子。暴雨常发生在水汽通量辐合区、300 hPa 与 500 hPa

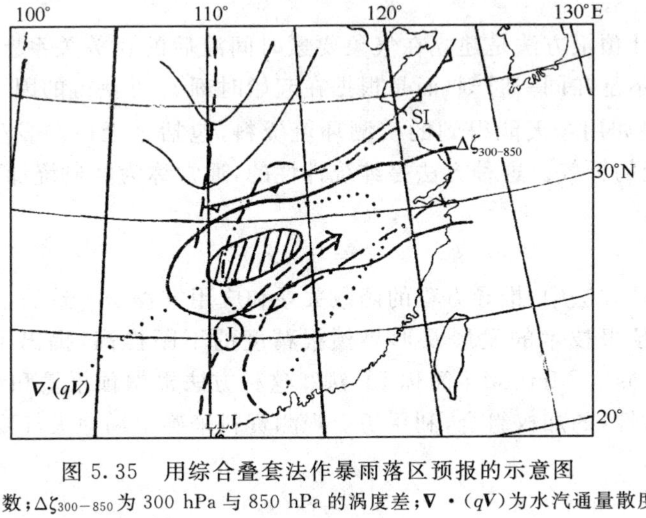

图 5.35 用综合叠套法作暴雨落区预报的示意图

(图中 SI 表示沙氏指数;$\Delta\zeta_{300-850}$ 为 300 hPa 与 850 hPa 的涡度差;$\nabla\cdot(q\boldsymbol{V})$为水汽通量散度,$J$ 表示低空急流)

(章淹 等,1990)

涡度差大值区、沙瓦特指数负值区内,以及低空急流左侧。将这些因子综合叠加在一起,就可以看到包含了所有这些因子的地区,便是最有可能发生暴雨的地区。

② 环境场分型的预报方法。在天气图分析基础上,将历史上的暴雨过程的典型天气形势背景加以归纳总结,划分成若干类型,用于暴雨预报,这种方法称为环境场分型的预报方法。暴雨的产生一般都有特定的环流背景,在此背景下有利于提供产生暴雨的条件。这种方法很早就被使用,主要应用实况天气图资料。近年随着业务数值预报的发展,就可以应用数值预报输出天气图资料来分析是否符合暴雨天气型,从而作出暴雨预报。在前面我们已讨论过很多暴雨环流型,如经向型、纬向型等,各地台站都有根据当地经验作出的暴雨环境场的分型,可以参见各地的天气预报总结。

(3)数值预报模式产品的释用

数值天气预报是根据大气动力学和热力学基本方程组,应用数值积分方法,对未来的天气形势和气象要素作出预报的方法。随着数值模式的不断改进,数值预报正确率不断得到提高。一般来说,数值天气预报已能相当准确地报出 3 天以内的高空形势,准确率已达到 90%。但是,对气象要素的预报,如降水等气象要素的预报一般采用数值天气预报与统计预报相结合的方法来做。

具体来说,应用数值天气预报与统计天气预报相结合的动力—统计预报方法,就是首先通过求解流体力学—热力学方程组来作出数值预报,然后将数值预报模式的输出利用统计方法进行加工,最后作出局地天气预报。这种做法也叫作数值预报产品的"释用"(interpretation)。目前数值预报产品的释用技术已经得到很大的发展。最常用的动力—统计预报方法有完全预报方法(PP 法)和模式输出统计方法(MOS 法)等。

早期的统计预报方法是建立在气象要素时间滞后的相关关系上的,也就是预报因子和预报量不是在同一时刻,而是根据在起始时刻 t_0 可获得的因子矢量 $\boldsymbol{x}_0$,预报 t 时刻的量 $\hat{y}_t$,例如用今天能得到的实测环流资料,包括今天以前发生的若干环流变化,来预测明天的天气。这种方法是纯统计性的,通常称为经典统计预报方法。其函数关系式如下:

$$\hat{y}_t = f_1(\boldsymbol{x}_0) \tag{5.45}$$

在经典统计方法中,推导方程的函数关系和应用方程是一致的。

随着数值预报技术的发展及形势预报精度的不断提高,提出了完全预报方法(Perfect Prognostic Method),简称 PP 法。这种方法根据预报量和预报因子的同时性(或近于同时性)的加权组合,利用历史观测资料来确定局地天气要素,其推导方程的函数关系为:

$$\hat{y}_0 = f_2(\boldsymbol{x}_0) \tag{5.46}$$

式中,$\hat{y}_0$ 表示 t_0 时刻的预报量;$\boldsymbol{x}_0$ 的含义与(5.45)式相同。为了用导出的方程制作预报，用模拟实测环流的数值预报模式的输出结果 $\hat{\boldsymbol{x}}_t$ 代入(5.46)式而求得 $\hat{y}_t$：

$$\hat{y}_t = f_2(\hat{\boldsymbol{x}}_t) \tag{5.47}$$

PP 法的基础是假定模式输出与实测值是完全一致的。但实际上，数值预报结果相对于实况是有误差的，因此用模式输出作统计预报也必定相应地会产生误差。不过每当数值预报得到改进，完全预报方法的准确性也会随之得到提高。

为了克服(5.47)式中用 $\hat{\boldsymbol{x}}_t$ 取代(5.46)式中 $\boldsymbol{x}_0$ 所带来的误差，Glathn 和 Lowry (1972)提出了 MOS(Model Output Statistics)法。具体做法是从数值预报模式的归档资料中选取预报因子向量 $\hat{\boldsymbol{x}}_t$，求出预报量 $\hat{y}_t$ 的同时性或近于同时性的如下式所示的预报关系：

$$\hat{y}_t = f_3(\hat{\boldsymbol{x}}_t) \tag{5.48}$$

在应用时，就把数值预报输出结果代入相应的形如(5.48)式的预报关系中。

以上所说的经典统计预报方法以及 PP 法和 MOS 法等三种统计预报方法的关系和区别可以用图 5.36 示意。

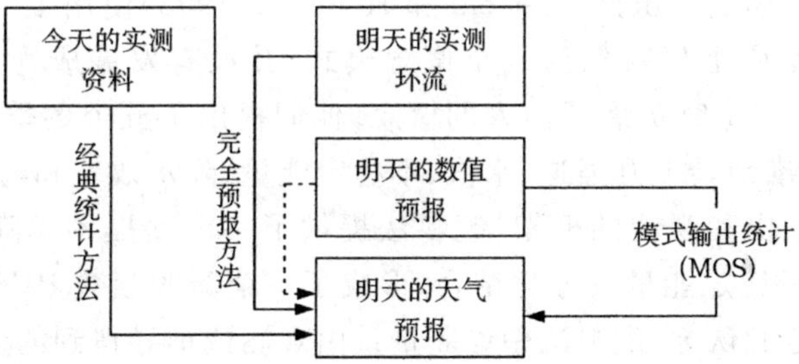

图 5.36　三种统计方法的示意图

就方法学而论，经典统计方法与数值模式无关，而依赖于预报量和预报因子的滞后的统计关系。完全预报法和 MOS 法都依赖于数值模式，并把滞后的统计关系推进到同时或近于同时的统计关系，从而使统计关系的精确性得到提高。因此一般来说，PP 法和 MOS 法都比经典统计预报法优越。PP 法和 MOS 法的区别在于前者是根据长期的历史观测资料来导出预报关系式的，与数值模式无关，这种预报关系式比较稳定，不受数值模式变动的影响。在应用预报关系式作预报时，只要数值预报的精度得到提高，完全预报的准确率也就得到提高。MOS 法是利用数值预报产品来建立预报关系式的，因此预报关系式依赖于数值模式，往往由于数值模式的更替，人们只能得到年限较短的统计资料，因此统计预报关系的稳定性一般不如完全预报方法。但是 MOS 法有其明显的优点，现在这种预报系统能自动地与局地天气匹配，并考虑了数值模式的偏差和不精确性，而且还包括了许多不易为完全预报方法采用的因子，如垂直速度、边界层风和温度等。由于 MOS 法具有上述优点，所以近年来 MOS 法比 PP 法的应用更为广泛。

(4)配料法

配料法也称“成分法”(Ingredients-based methodology),也是一种数值预报产品释用方法。具体来说,就是通过分析造成天气的基本成分,并把它们进行适当组合,来作出各种天气预报的方法。

Doswell 等(1996)为了预报与洪水相关的降水提出了成分原则。造成洪水的强降水的前提是有持续的高降水率和湿空气迅速上升。以此为前提,假设瞬间降水是与垂直速度和水汽成比例的,因此便可得到降水率 R,$R=Ewq$,其中 E 是降水效率,w 为上升速度,q 是混合比。E 作为比例常数,被定义为作为降水降落的水汽质量和流入云里的水汽质量的比率。

Nietfeld 和 Kennedy(1998)改进了 Doswell 等的方法,用于冬季降雪量预报。他们认为,预报降雪的三个成分是空气温度、降雪率、降雪持续时间。降雪率 $R=Ewq$,q 为混合比,降水效率(E)描述了空气的饱和程度,上升速度(w)由天气尺度和次天气尺度上升机制来诊断。虽然 Nietfeld 和 Kennedy(1998)使用了“成分”这个术语,可是他们的方法本质上仍被作为一个概念模式,并没有发展成为业务使用。到了 2001 年 Wetzel 等的研究扩展了前人的概念,他们提出了五个冬季降水事件的基本物理成分的框架:准地转上升强迫、水汽、不稳定能量、降水效率和温度。通过建立一个数值预报模式输出和观测的框架,配料法提供了一个预报冬季降水的体系方法。动力强迫成分与不稳定能量成分相结合,形成了一个新的参数 PVQ,作为强降水潜势的一个指示。他们认为,配料法中诊断量是由观测或推导得到的量,能被用来估计一个成分的存在和强度。各个成分和诊断量的选择是有机动性的,随着时间空间的变化,成分和诊断量的选择也是不同的。而且,给定诊断量的量级范围,只是一个潜势的指示,并不代表严格的临界值。依据成分法的原则,就可以通过对相关天气过程的成因分析,来建立预报的思路和方法。

(5)群指数法

造成暴雨的因子很多,有时可以将它们适当加以组合,变成一个综合的指数,称为群指数,这样使用起来就比较简便,而且对暴雨会有较好的指示性,因此通常具有比单个因子更加明显的预报效果。

为了将群指数组合得合理,一般应考虑以下原则:①参加组合群指数的每个参变量必须具有明确的物理意义;②要评估各分量的量级大小,并根据其作用大小,进行加权处理;③从预报考虑,应主要选择上游方向的,并在适当距离内的物理量。

作为一个例子,这里介绍一个浙江省气象台提出的用群指数 Q 作浙江省暴雨预报的方法。群指数 Q 的定义如下:

$$Q = h \cdot \zeta - h \cdot D + J_{sw} - \frac{3SI}{1 + (T - T_d)_{850}} \tag{5.49}$$

其中，

$$h \cdot \zeta = V_{AS} + V_{BS} + V_{CS}$$
$$h \cdot D = V_{AN} + V_{BN} + V_{C_nN}$$

设 A,B,C 分别代表南京、长沙和福州三站，并构成近似的正三角形△ABC（图5.37）。V_{AS}，V_{BS}，V_{CS} 分别为三站的风速在平行于对边的方向（S 方向）的分量；V_{AN}，V_{BN}，V_{C_nN} 分别为三站的风速在垂直于对边的方向（N 方向）的分量。J_{Sw} 为长沙的风在西南东北方向上的投影值。指向东北为正，指向西南为负。当 $J_{Sw}<0$ 时，令 $J_{Sw}=0$。SI 为沙氏指数，$(T-T_d)_{850}$ 为 850 hPa 的温度和露点的差值。试验表明，$Q=12$ 可视为临界值。当 $Q\geqslant 12$ 时浙江省未来 24 h 有大到暴雨发生的可能性较大。将 Q 指数与流场形势相结合会得到更好的预报效果。

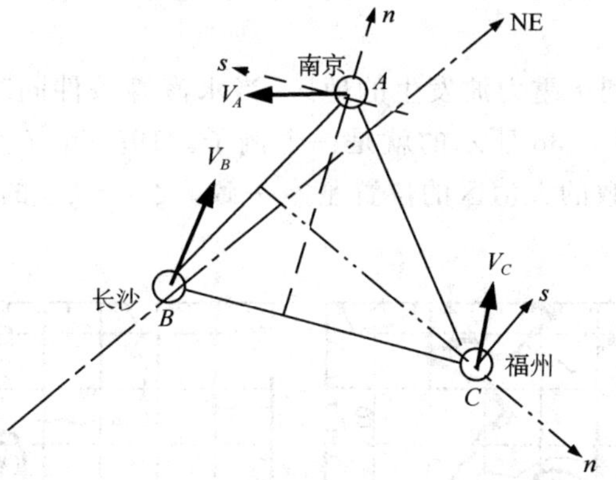

图 5.37 南京、长沙和福州三站构成的近似正三角形△ABC 示意图

(6)诊断一预报法

暴雨的形成与很多因子有关，例如暴雨与地转偏差（偏差风）、重力波、大气不稳定性、不稳定能量等都有密切关系。这些因子都要通过诊断分析才能知道它们正确的时空分布和演变情况。因此，通过诊断分析可以有助于作出正确的预报。这里仅以重力波和位涡诊断为例来说明。

① 重力波的诊断和应用。重力波常常可以起到触发机制的作用，使大气不稳定能量得以释放，造成对流，从而有利于形成暴雨。判断重力波产生的判据很多，例如 $Ri<1$ 时易发生重力波；高低层涡度差（可用 200 hPa 与 850 hPa 的涡度差值 $\zeta_{200}-\zeta_{850}$ 表示）较大时，易发生重力波；斯科勒参数随高度减小$\left(\frac{\partial l^2}{\partial z}<0\right.$，其中 $l^2 \approx \frac{\beta g}{U^2}$ 为斯科勒参数，β, g, U 分别为稳定度、重力加速度、水平风速$\left.\right)$；罗斯贝数（$Ro= U/fL$，其

中,U,f,L 分别为风速、地转参数、水平尺度)较大,以及 NBE 较大等地区均为易发生重力波的地区。这里,NBE 称为非线性平衡方程,它可以表达为:

$$\mathrm{NBE} = 2J(u,v) - \beta u + f\zeta - \nabla^2 \Phi \tag{5.50}$$

(5.50)式是通过对散度方程的尺度分析,去掉了所有包含散度、垂直速度和水平速度中的散度成分的项而得到的。在(5.50)式中,Φ 为重力位势,∇^2 为二维拉普拉斯算子,u,v 为水平风速分量,J 为雅各比算子;f 为地转参数,ζ 为相对涡度。四项均可通过模式输出的高空风场和高度场资料进行计算。Zhang 等(2000)的分析与计算表明,当 NBE 的量级与(5.50)式右端三项相比较小时,非线性平衡假设成立,即流场处于准平衡状态;当 NBE 的量级与右边三项的量级相同或者较大时,流场处于非平衡状态。这时,质量场(气压)与动量场(速度)重新向平衡态调整,从而产生重力波。(5.50)式可用于分析模式输出场中非平衡流的量级。在前人的研究中,波动形成的区域就是 NBE 的极值区。高空急流出口区域,非线性平衡方程右端四项的和有明显的非零值。

一般来说,在有利于重力波发生的地区,当水汽等条件同时具备时,也是有利于暴雨发生的地区。图 5.38 所示的就是一个例子。1991 年 7 月 6 日 08—20 时江淮流域的暴雨区与 Ro 数的大值区的位置基本一致。$\zeta_{200} - \zeta_{850}$ 的大值区也常常与暴雨区一致。

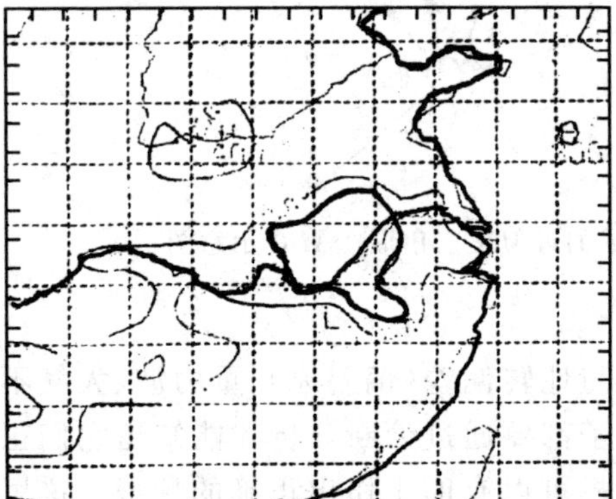

(a)

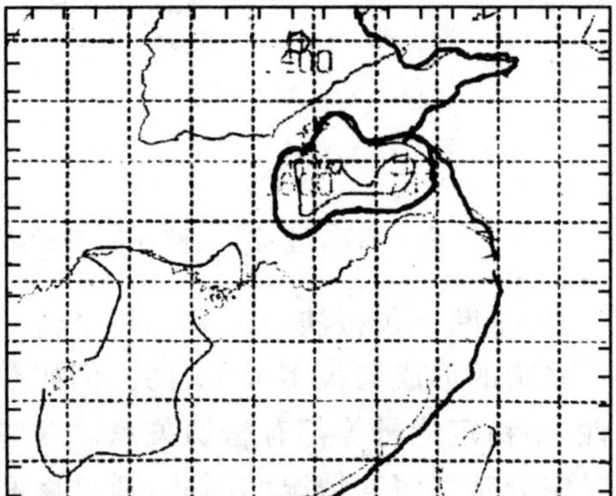

(b)

图 5.38　1991 年 7 月 6 日江淮流域的 Ro 数的大值区

(a)08 时;(b)20 时

(粗实线范围为 Ro 大值区)

重力波的产生与大气的非地转偏差和风速垂直切变密切相关。一般来说,在急流附近风速垂直切变最大,所以在高空槽前和脊后以及高空急流出口区附近地区是有利于重力波发生的地区(图 5.39)。

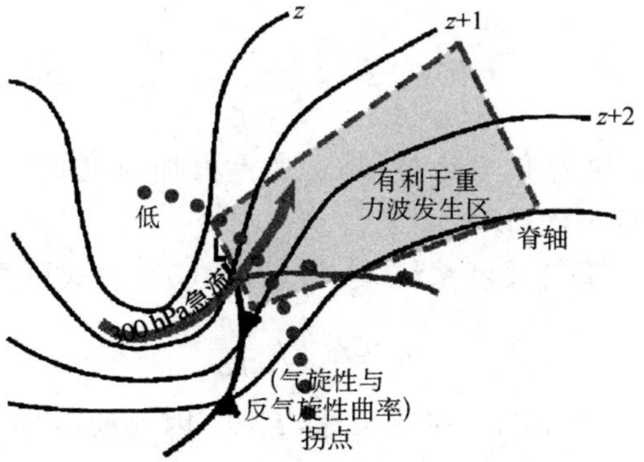

图 5.39 有利于重力波发生的地区示意图
(细实线为 500 hPa 高度,粗线箭头为 300 hPa 急流)(Uccellini *et al.*,1987)

② 位涡的诊断和应用。位涡等物理量的诊断在暴雨诊断和分析中也有非常广泛的应用。

位涡是“位势涡度(Potential Vorticity)”的简称,通常写为 PV。早在 20 世纪 40 年代初,Rossby 就提出了位涡的概念,他指出,在正压条件下,绝对涡度的垂直分量 ζ_a 与气柱的高度 h 之比值为一常数,即:

$$\zeta_a/h = 常数 \tag{5.51}$$

这里,ζ_a/h 即为“位涡”最简单的表达形式,它表明位涡是一个既与大气的涡度有关,又与大气的厚度或高度有关的物理量。在天气学中常用 $\zeta_a/h=$常数,即位涡守恒的理论来解释低压(槽)上山时减弱,下山时加强的现象,这是位涡理论应用中最为人们熟悉的例子之一。

与 Rossby 同一时期,Ertel 也提出了一个位涡的表达式:

$$q = \alpha \boldsymbol{\zeta}_a \cdot \nabla \theta \tag{5.52}$$

式中,θ 为位温;$\alpha(=\rho^{-1})$ 为比容;$\boldsymbol{\zeta}_a$ 为绝对涡度矢量;q 称为 Ertel 位涡,或称为广义位涡。Rossby 提出的位涡只是 Ertel 位涡的一个特例。广义位涡在绝热、无摩擦的干空气中具有严格的守恒性(即 $\mathrm{d}q/\mathrm{d}t=0$)。由(5.52)式可见,$q$ 是绝对涡度矢量与位温梯度矢量的点乘积。在静力平衡条件下,q 可以简化为绝对涡度垂直分量与静力稳定度的乘积:

$$q = (\zeta_\theta + f)\left(-g\frac{\partial \theta}{\partial p}\right) \tag{5.53}$$

式中,ζ_θ 为等熵面涡度垂直分量,f 是地转涡度的垂直分量,$\left(\frac{\partial \theta}{\partial p}\right)$为静力稳定度,$g$ 为重力加速度。(5.53)式也可写为:

$$\mathrm{PV} = \sigma^{-1}\zeta_{a\theta} \tag{5.54}$$

其中,

$$\sigma = -g^{-1}\partial p/\partial\theta > 0 \tag{5.55}$$

$$\zeta_{a\theta} = f + \zeta_\theta \tag{5.56}$$

σ 为在 $xy\theta$ 空间中的气块密度;θ 为位温;g 为重力加速度;$\zeta_{a\theta}$ 为等熵绝对涡度,在等熵面上的位涡称为等熵位涡(IPV)。

对于典型的中纬度天气尺度系统,$\zeta < f$,因此(5.53)式可简化为:

$$q \approx -gf\frac{\partial\theta}{\partial p} \tag{5.57}$$

同时,$\partial\theta/\partial p \approx -10\ \mathrm{K}/100\ \mathrm{hPa}$。在北半球,$f>0$,因此通常 q 为正值,而且可以由下式估算其数量级:

$$q = -(10\ \mathrm{m/s^2})(10^{-4}/\mathrm{s})\left(-\frac{10\ \mathrm{K}}{10\ \mathrm{kPa}}\right)\frac{1\ \mathrm{kPa}}{10^3\ \mathrm{kg\cdot m/(s^2\cdot m^2)}}$$
$$= 10^{-6}\mathrm{m^2\cdot K\cdot s^{-1}\cdot kg^{-1}} = 1\ \mathrm{PVU} \tag{5.58}$$

PVU 为“位涡单位”。

由(5.57)式可见,位涡大小与 f 和 $\left(\frac{\partial\theta}{\partial p}\right)$ 的大小成比例,而后二者又与纬度和高度相关,因此位涡的分布一般呈现由低纬向高纬和由低层向高层增大的现象。在对流层中位涡一般小于 1.5 PVU,在对流层顶附近位涡突然增大至 4 PVU,在平流层中位涡随高度迅速增大,通常称为“高位涡库”;在对流层低层赤道附近位涡近于 0 PVU,中纬地区约 0.3 PVU,在对流层高层中纬度地区位涡典型值为 1.0 PVU。PV=2 PVU 的等值线通常代表来自低纬地区对流层的低位涡大气与来自高纬地区对流层高层及平流层的高位涡大气之间的边界。在副热带急流以北地区,PV=2 PVU的等位涡面接近于实际大气的对流层顶,一般称之为“动力对流层顶”。

如上所说,位涡是绝对涡度与位温梯度的乘积。其中,位温是一个描述空气的热力状态的物理量,而涡度则是一个描述大气旋转性(包括旋转方向和强度)的物理量,因而位涡便是一个既包含热力因子又包含动力因子的综合的物理量。

位涡具有守恒性和可反演性两个重要特性,Hoskins 等(1985)利用位涡守恒性和可反演性的原理,提出了位涡思想(PV thinking)的理论。包含下列要点:

(i)大气结构看成是由高空位涡异常和低层位温异常相叠加而组成的;(ii)围绕高空正、负位涡异常区,分别有气旋性和反气旋性环流出现;而近地面层的正、负温度异常区,也分别有气旋性和反气旋性环流相对应(图 5.40)。上、下层位涡和温度异常所诱生的风场之和便构成了总风场;(iii)在绝热、无摩擦假定下等熵面上位涡平流引起位涡的局地变化;(iv)位涡和温度异常所诱生的风场改变了等熵位涡的分布;(v)等熵位涡的分布又与新诱生的风场相联系。位涡和温度异常与诱生的风场的连续相互作用,造成“自我发展”(self development)过程,这种过程将一直延续到高低层异常区的轴线在同一垂直线上为止。利用等熵位涡思想可以很好地解释地面气旋的发展过程。

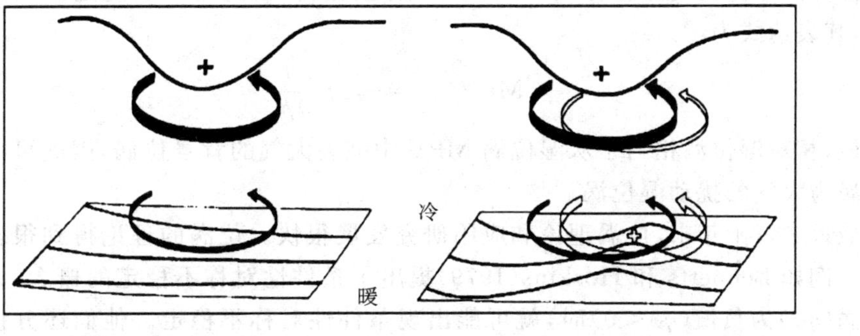

图 5.40 高空正位涡异常叠加在低空锋区之上所引起的气旋发生发展的过程示意图

（左图表示高空正位涡异常引起的环流叠加在低空平直锋区上；右图表示地面锋区扰动产生温度扰动又引起环流并向上伸展。图中高空正位涡异常区用＋号及下降的对流层顶表示；地面显示的是等位温线，箭头线表示环流）（Hoskins *et al*. 1985）

在考虑降水特别是暴雨的生成机制时，必须考虑水汽的作用，从而出现了湿位涡概念。对潮湿大气，以相当位温 θ_e 代替位温 θ，则可得湿位涡（MPV）的表达式：

$$\mathrm{MPV} = a\boldsymbol{\zeta}_a \cdot \boldsymbol{\nabla}\theta_e \tag{5.59}$$

同样可给出湿位涡在等压坐标和等熵坐标中的简化表达式，分别为：

$$\mathrm{MPV} = -g(f\boldsymbol{k} + \boldsymbol{\nabla}_p \times \boldsymbol{V}) \cdot \boldsymbol{\nabla}_p \theta_e = -g\zeta_p \frac{\partial \theta_e}{\partial p} - g\boldsymbol{k} \times \frac{\partial \boldsymbol{V}}{\partial p} \cdot \boldsymbol{\nabla}_p \theta_e \tag{5.60}$$

$$\mathrm{MPV} = -g\zeta_\theta \frac{\partial \theta_e}{\partial p} \tag{5.61}$$

式中，ζ_p 和 ζ_θ 为 $\boldsymbol{\zeta}_a$ 在垂直方向的投影。如果不计非绝热加热和摩擦效应，湿位涡同样具有守恒性。湿位涡这一物理量不仅表征了大气动力、热力属性，而且考虑了水汽的作用，所以对湿位涡进行诊断，可以寻求各热力和动力及水汽条件与降水的关系，从而揭示降水发生发展的物理机制。近年来湿位涡概念得到广泛的应用。

在(5.60)式右边有两项，由此可见，湿位涡可以分解为 MPV1 和 MPV2 两项，即：MPV＝MPV1＋MPV2。其中，$\mathrm{MPV1} = -g(\zeta + f)\dfrac{\partial \theta_e}{\partial p}$，表示惯性稳定性$(\zeta + f)$和对流稳定性$\left(\dfrac{\partial \theta_e}{\partial p}\right)$的作用。当惯性稳定$(\zeta + f > 0)$和对流稳定$\left(\dfrac{\partial \theta_e}{\partial p} < 0\right)$时，$\mathrm{MPV1} > 0$。$\mathrm{MPV2} = g\left(\dfrac{\partial v}{\partial p}\dfrac{\partial \theta_e}{\partial x} - \dfrac{\partial u}{\partial p}\dfrac{\partial \theta_e}{\partial y}\right)$，包含了湿斜压性$(\boldsymbol{\nabla}_p \theta_e)$和水平风垂直切变的贡献。为更好地反映湿位涡与降水的关系，类似于相对涡度、牵连涡度的概念，也

可以提出相对湿位涡和牵连湿位涡的概念。相对湿位涡的表达式为：

$$(\mathrm{MPV})_{\mathrm{re}} = -g\zeta\frac{\partial\theta_e}{\partial p} + g\left(\frac{\partial v}{\partial p}\frac{\partial\theta_e}{\partial x} - \frac{\partial u}{\partial p}\frac{\partial\theta_e}{\partial y}\right) \tag{5.62}$$

牵连湿位涡即为大气静止时($u=0, v=0$)的湿位涡，因此也可以说是大气的背景湿位涡，其表达式为：

$$(\mathrm{MPV})_{\mathrm{am}} = -gf\frac{\partial\theta_e}{\partial p} \tag{5.63}$$

很明显，相对湿位涡相当于从湿位涡 MPV 中减去大气的背景位涡，因此可以称相对湿位涡为大气的扰动湿位涡。

最近二三十年来，位涡理论和应用研究发展很快。位涡的理论得到很多方面的应用。例如 Bennetts 和 Hoskins(1979)提出了条件性对称不稳定的概念，并提出当湿位涡(q_{W})为负值($q_{\mathrm{W}}<0$)时，就可能出现条件性对称不稳定。他们还分析了有利于形成对称不稳定的天气形势。在绝热、无摩擦情况下，湿位涡(q_{W})的倾向方程可简化为

$$\frac{\mathrm{d}q_{\mathrm{W}}}{\mathrm{d}t} \approx f(g^2/\theta_0^2)\boldsymbol{k}\cdot(\nabla\theta_{\mathrm{W}}\times\nabla\theta) \tag{5.64}$$

由(5.64)式可知，当 $f(g^2/\theta_0^2)\boldsymbol{k}\cdot(\nabla\theta_{\mathrm{W}}\times\nabla\theta)<0$ 时，$\frac{\mathrm{d}q_{\mathrm{W}}}{\mathrm{d}t}<0$。这说明当沿热成风方向湿度增大时，有利于形成条件性对称不稳定。同时 Bennetts 和 Hoskins 指出，在初始为静(重)力稳定、惯性稳定(即 MPV1>0)的情况下，但当 MPV2<0 时，可能出现对称不稳定，说明湿斜压性和水平风垂直切变对形成对称不稳定的重要作用。

对称不稳定理论可以很好地解释锋面中尺度雨带的发生和发展的原因。同时也可以很好地解释为什么在大气层结位势稳定的情况下，有时也会发生暴雨。有很多实例表明，有时虽然大气层结是位势稳定的，但却也会发生暴雨。例如，1983 年 6 月 13 日，安徽阜阳地区发生 170 mm/12 h 的大暴雨，2003 年 10 月 11 日，河北沧州等地区发生了 110.5 mm/24 h 暴雨，但是当天的各种稳定度参数都表明大气层结是稳定的，只有湿位涡小于零，表明大气是对称不稳定的，具有倾斜对流不稳定能量。

Hoskins 等(1985)论证了对流层的上部或平流层的位涡扰动下传，可以引起对流层下部及地面的气旋发展。高低层的位涡和温度扰动，以及它们诱发的环流共同作用的结果，便造成了低涡或气旋的发生和发展。吴国雄等(1995)在湿位涡方程的基础上，证得绝热无摩擦的饱和大气具有湿位涡守恒的特性，并由此去研究湿斜压过程中涡旋垂直涡度的发展，提出倾斜涡度发展(SVD)理论，在暴雨等强天气研究中得到广泛应用。

干侵入(dry intrusion)指的是来自平流层下层和对流层中上层的以低相对湿度

和高位涡表征的干燥下沉气流，它们可以与对流层低层暖湿空气相互作用。这种现象也称为高层高位涡侵入或对流层顶折叠。根据位涡守恒原理，来自高层稳定环境的高位涡气流到达低层不稳定环境后其涡度增大，于是便会促进气旋的发生和发展，有利于引起暴雨或强对流天气的形成。

高守亭等(2007)还将位涡的定义广义化，引入了对流涡度矢量(CVV)和湿涡度矢量(MVV)这样两个新概念：

$$\mathrm{CVV} = (\boldsymbol{\zeta}_a \times \boldsymbol{\nabla}\theta_e)/\rho \tag{5.65}$$

$$\mathrm{MVV} = (\boldsymbol{\zeta}_a \times \boldsymbol{\nabla} q_v)/\rho \tag{5.66}$$

式中，$\boldsymbol{\zeta}_a$ 为绝对涡度矢量；θ_e 为相当位温；q_v 为比湿；ρ 为密度。他们指出，CVV 和 MVV 的垂直分量与热带对流密切相关，并且能把热带对流的中尺度动力过程和热力过程与云微物理过程密切联系起来。因此提出了一种很有应用潜力的诊断分析方法。

自 20 世纪 80 年代以来，在我国，很多人将位涡(PV)作为一个诊断量用于对暴雨等天气系统的诊断。例如王永中和杨大升(1984)研究了暴雨与低层流场位涡的关系问题，发现暴雨区基本上和高值位涡区相重合或者靠得很近，并且二者的发展过程也比较一致。刘还珠和张绍晴(1996)通过一个强降水个例分析了湿位涡与锋面强降水天气的关系，指出可利用对流层低层湿位涡的符号与数值来判断强降水的落区。侯定臣(1991)分析了夏季江淮气旋活动的等熵面位涡图和位涡垂直廓线，探讨了夏季江淮气旋发生发展的可能机制，提出夏季江淮地区气旋波活动的一个概念模式，即从高原一带东移的对流层中层弱的扰动在有利条件下引起江淮地区较强降水，中层潜热释放导致气旋性环流向下延伸，最终可在地面静止锋上形成波动。并指出，来自中高纬平流层下部的高位涡空气沿等熵面向南方下滑，是典型温带气旋区别于夏季江淮气旋的主要特征。陆尔和丁一汇(1994)应用位涡分析讨论了 1991 年江淮特大暴雨冷空气活动的特征，指出南下的冷空气在江淮一带被来自低纬西南暖气流和东南暖气流所切断，形成高位涡冷空气中心，它与两支暖气流相互作用，维持梅雨锋，从而形成持续暴雨。吴海英和寿绍文(2002)研究了在 1991 年 7 月 5—6 日的江淮暴雨过程中位涡扰动与气旋发展的关系，通过对等压面位涡的垂直结构演变的分析发现，高层位涡的下传，促进了对流层低层及地面的气旋发展(图 5.41)。寿绍文等(1995)和王淑云等(2005)分析了在层结对流性稳定条件下产生的暴雨过程，根据对称不稳定机制解释了暴雨的成因。由于暴雨和强对流天气的发生需要具备水汽、不稳定能量和动力抬升等条件，而从上面介绍的理论和应用实例可见，通过位涡分析可以全面地反映这些条件，因此，位涡理论在暴雨和强对流等天气的诊断分析和预报中常常得到广泛的应用。

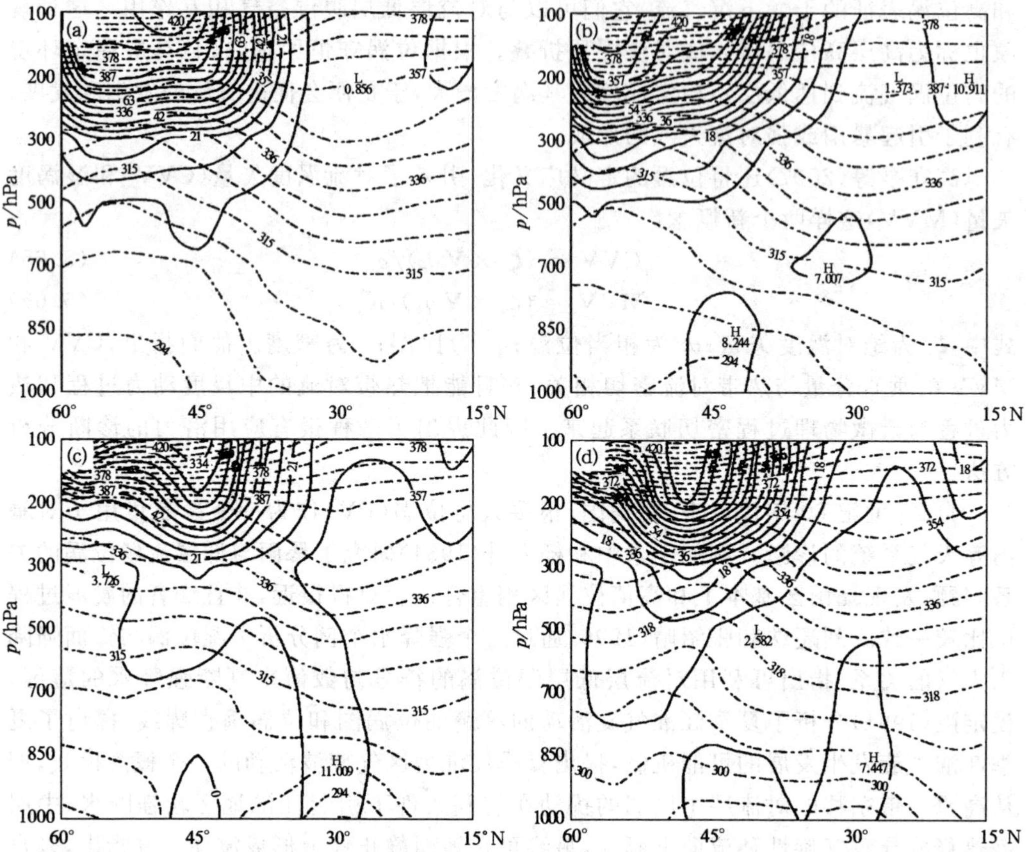

图 5.41 1991 年 7 月 5—6 日位涡分布的垂直剖面图

[图(a)—(d)中的时间分别为 5 日 08 时、5 日 20 时、6 日 08 时、6 日 20 时;剖面所沿的经度分别为 100°E,103°E,112°E,117°E,皆为地面气旋中心所在经度;实线为等位涡线,单位 0.1 PVU,虚线为等相当位温线,图(c)中的位涡柱所在下方正是地面气旋和暴雨强烈发展的地区;强降水发生在 30°N 附近](吴海英 等,2002)

(7)MDCRE 法

在实际天气预报业务工作中,通常把数值预报与诊断分析结合起来,即利用数值预报产品再作诊断分析。这样就使得诊断分析更具有预报意义。在实际天气预报业务工作中,也通常要仔细分析卫星云图资料(包括可见光、红外、水汽云图等)和雷达回波及多普勒风场资料等,并把它们与天气图资料结合起来。这种把数值预报模式(M)与诊断分析(D)、卫星资料(C)、雷达资料(R)和天气学预报经验(E)相结合的方法称为 MDCRE 法。很多重要天气系统,如高空槽脊及涡旋、高空急流、地面气旋、暖(冷)输送带、干侵入、副热带高压、热带辐合带、台风、东风波以及各种中尺度天气系统等都在卫星云图资料和雷达回波上有十分清晰的反映。将各种资料结合起来,就可以更加准确地认识天气系统及其演变规律。

(8)专家系统的应用

专家系统是一个具有大量专门知识与经验的计算机程序系统，它应用人工智能技术，根据人类专家所提供的某一专门领域的知识及经验进行推理和判断，并模拟人类专家作决定的过程，来解决那些需要专家才能作出决定的复杂问题。使用专家系统的目的主要是使计算机在各个领域中起人类专家的作用。

一般的专家系统通常由以下五个部分构成：①知识库；②数据库；③推理机；④解释部分；⑤知识获取部分。

知识库是用于存储某一学科领域知识的存储器。它包括两类知识：一类是事实。这是广泛共有的知识，也就是见于书本的知识或常识；另一类是试探性的知识。这是在某个学科领域中的专家们经历多年的工作实践而掌握的知识，它的确实性和完整性取决于专家的工作。一个专家系统性能的高低取决于知识库的可用性、确实性以及完善性。因此，知识库的设计与建造是专家系统中的一个关键性工作。

数据库是用于存储该领域内初始证据和推理过程中得到的各种中间信息，也就是存放用户回答的事实，已知的事实和由推理而得的事实，即关于该系统当前所要处理的对象的一些事实的存储器。在气象专家系统中，数据库中存放的是当前的高空及地面气象要素、天气图实况信息、传真图的数值预报信息以及推理过程中所得到的中间结果等。

推理机是一组程序，用来控制和协调整个系统。它根据当前输入的数据，利用知识库中的知识，按一定的推理策略去解决当前的问题。因为专家系统是模拟人类专家进行工作的，所以设计推理机时，应使其推理过程和人类专家的推理过程相类似，最好是完全一致。

解释部分是一组和程序，负责对推理给出必要的解释，使用户易于了解 推理过程以及便于向系统学习及维护系统。系统应该回答哪种问题，必须在解释部分事先设计好。不同的系统有不同的解释部分。例如大风预报系统，需回答："为什么明天有大风""大风变化的趋势将如何"等一类的问题。

知识获取部分也称为学习功能或学习机制。它主要为修改和扩充知识库中原有的知识提供手段。在专家系统中修改或增删原有知识有三种方式：一种是由系统自动总结归纳经验、自动修改知识的全自动方式；另一种是由系统发现错误知识或需要新增加的知识，然后由人去修改的半自动方式；再一种是由专家去发现所需要增删和修改的知识，并进行增删和修改的人工方式。

以上讨论了专家系统的五个组成部分及其功能和工作方式。简单说来，专家系统的工作方式为"运用知识，进行推理"。因此一般来说，知识库和推理机是专家系统的核心部分。

近年来,专家系统在暴雨预报等领域中已得到广泛应用。随着计算机科学技术的进步与人工智能理论的发展以及气象科研的深入,气象预报专家系统已能应用多种气象知识(如专家经验、天气图分析和预报、数值预报以及卫星和雷达资料等),模拟专家的预报思路进行推理,对天气过程作出综合判断,得到定量化的结论。

复习与思考

(1) 按预报时效的长短,天气预报可划分为哪些类别?

(2) 天气预报有哪些基本的方法?

(3) 经典统计预报方法、完全预报方法(PP 法)和模式输出统计方法(MOS 法)三者有何区别?

(4) 什么是配料法?

(5) 什么是专家系统?

(6) 形成暴雨需要具备哪些条件?怎样用总降水量计算公式(5.14)说明形成暴雨的条件?

(7) 水汽方程中各项的物理意义是什么?

(8) 什么是降水率或降水强度?

(9) 常用的表示某地上空大气的水汽含量及饱和程度的物理量有哪些?它们的定义是什么?

(10) 表示水汽输送和汇合的物理量有哪些?它们的定义是什么?

(11) 整层水汽水平辐合的大小与降水率的大小有什么关系?

(12) 为什么说分析低层空气的水平辐合对降水分析很重要?

(13) 某地区水汽的变化(局地变化)取决于哪些因子?

(14) 怎样利用连续方程原理定性地诊断垂直运动?

(15) 怎样通过变压场的分析来分析垂直运动和降水区的分布?

(16) 地形对形成降水的动力作用表现在哪些方面?

(17) 地形对降水形成的云雾物理过程影响有哪些方式?

(18) 摩擦作用对降水有什么影响?

(19) 沿海岸的辐合带和强降水带是怎样造成的?

(20) 造成我国大范围持续性降水的环流特征大致可以分为哪两种类型?它们各有什么特点?

(21) 影响我国大范围持续性降水的天气尺度系统常见的有哪些?

(22) 长波下游效应对我国暴雨过程发生发展有何影响?

(23) 天气尺度系统对暴雨的作用主要表现在哪些方面?

(24) 中尺度系统对暴雨的作用主要表现在哪些方面?

参考文献

毕慕莹,丁一汇, 1992. 1980年夏季华北干旱时期东亚阻塞形势的位涡分析[J]. 应用气象学报, **3**(2):145-156.

蔡芗宁,周庆亮,钟青,等, 2007. 边界层参数化对"雅安天漏"降水数值模拟的影响[J]. 气象, **33**(5):12-19.

陈红,卫捷,孙建华,等, 2007. 2006年夏季主要天气系统及环流特征分析[J]. 气候与环境研究, **12**(1):8-16.

陈艳,寿绍文,宿海良, 2005. CAPE等环境参数在华北罕见秋季大暴雨中的应用[J]. 气象, **31**(10):56-61.

陈艳,宿海良,寿绍文, 2006. 华北秋季大暴雨的天气分析与数值模拟[J]. 气象, **32**(5):87-93.

戴廷仁,寿绍文,陈艳秋,等, 2006. 辽宁地区一次暴雨过程成因的位涡诊断分析[J]. 自然灾害学报, **15**(3):31-36.

丁一汇,蔡则怡,李吉顺, 1978. 1975年8月上旬河南特大暴雨的研究[J]. 大气科学, **2**(4):276-289.

丁一汇,李崇银,何金海,等, 2004. 南海季风试验与东亚夏季风[J]. 气象学报, **62**(5):561-586.

丁一汇,刘芸芸, 2008. 亚洲—太平洋季风区的遥相关研究[J]. 气象学报, **66**(5):670-682.

丁一汇,柳俊杰,孙颖,等, 2007. 东亚梅雨系统的天气-气候学研究[J]. 大气科学, **31**(6):1082-1101.

丁治英,张兴强,寿绍文, 2002. 南亚高压与偏北风急流出口区的暴雨生成机制[J]. 应用气象学报, **13**(6):671-679.

高守亭,崔春光, 2007. 广义湿位涡理论及其应用研究[J]. 暴雨灾害, **26**(1):3-8.

郭艳君,孙安健, 2004. 我国西北地区夏季旱涝气候特征研究[J]. 自然灾害学报, **13**(5):97-102.

何金海,吴志伟,江志红,等, 2006. 东北冷涡的"气候效应"及其对梅雨的影响[J]. 科学通报, **51**(23):2903-2809.

侯定臣, 1991. 夏季江淮气旋的Ertel位涡诊断分析[J]. 气象学报, **49**(2):141-149.

黄山江,王谦谦,刘星燕, 2004. 西北地区春季和夏季降水异常特征分析[J]. 南京气象学院学报, **27**(3):336-346.

金荣花, 2009. 2009年非典型梅雨特征及其大尺度环流条件分析[C]//第六届全国灾害性天气预报技术研讨会报告. 北京.

来小芳,张艳玲,陆汉城,等, 2007. "配料法"用于长江下游暴雨预报[J]. 南京气象学院学报, **30**(4):556-560.

李柏,寿绍文,励申申,等, 1996. 梅雨锋生次级环流对暴雨的作用[J]. 气象科学, **16**(4):314-321.

李耀辉,李栋梁,赵庆云, 2002. 中国西北地区秋季降水异常的特征分析[J]. 高原气象, **20**(2):158-164.

李耀辉,寿绍文, 1999. 旋转风螺旋度及其在暴雨演变过程中的作用[J]. 南京气象学院学报, **22**(1):95-102.

李耀辉,寿绍文, 2000. 一次江淮暴雨的 MPV 及对称不稳定研究[J]. 气象科学,**20**(2):171-178.

励申申,寿绍文,潘宁, 1996. 1991 年梅雨锋暴雨与锋生环流的诊断分析[J]. 南京气象学院学报,**19**(3):364-369.

励申申,寿绍文, 2000. 赤道东太平洋海温与我国江淮流域夏季旱涝的成因分析[J]. 应用气象学报,**11**(3):331-338.

梁萍,丁一汇,何金海,等, 2010. 江淮区域梅雨的划分指标研究[J]. 大气科学,**34**(2):418-428.

梁萍,丁一汇, 2008. 上海百余年梅雨的气候变化特征[J]. 高原气象(增):76-83.

梁萍,何金海. 2008. 江淮梅雨气候变化研究进展[J]. 高原气象(增):8-15.

廖胜石,寿绍文, 2007. 一次江淮暴雨中中尺度低涡的数值模拟及分析[J]. 南京气象学院学报,**27**(6):753-759.

林纾,陆登荣,王毅荣,等, 2008. 1960 年代以来西北地区暴雨气候变化特征[J]. 自然灾害学报,**17**(3):16-21.

刘还珠,张绍晴, 1996. 湿位涡与锋面强降水天气的三维结构[J]. 应用气象学报,**7**(3):275-284.

刘小宁, 1999. 我国暴雨极端事件的气候变化特征[J]. 灾害学,**14**(1):54-59.

刘芸芸,丁一汇, 2008. 印度夏季风的暴发与中国长江流域梅雨的遥相关[J]. 中国科学 D 辑,**38**(6):763-775.

刘宗秀,廉毅,高枞亭,等, 2002. 东北冷涡持续活动时期的北半球 500 hPa 环流特征分析[J]. 大气科学,**26**(3):361-372.

陆尔,丁一汇,李月洪, 1994. 1991 年江淮特大暴雨的位涡分析与冷空气活动[J]. 应用气象学报,**5**(3):19-27.

陆尔,丁一汇, 1996. 1991 年江淮特大暴雨与东亚大气低频振荡[J]. 气象学报,**54**(6):730-736.

毛文书,王谦谦,李国平, 2008. 江淮梅雨异常的大气环流特征[J]. 高原气象,**27**(6):1267-1275.

牛若芸,金荣花, 2009. 2008 年梅雨异常大尺度环流成因分析[J]. 高原气象,**28**(6):1326-1334.

乔全明,罗坚,范红军, 1995. 夏季中国东部区域性暴雨的统计分析[J]. 气象科学,**15**(2):55-64.

秦云鹏,1986. 我国西北地区的暴雨特征[J]. 铁道学报,**8**(9):66-72.

覃丽,寿绍文,刘泽军,等, 2007. 一次"北涡南槽"型广西强降水过程的数值模拟与诊断分析[J]. 热带气象学报,**23**(1):27-34.

任余龙,寿绍文,李耀辉, 2007. 西北区东部一次大暴雨过程的湿位涡诊断与数值模拟[J]. 高原气象,**26**(2):344-352.

寿绍文,励申申,布尼玛,等, 1992. 1979 年季风试验期的降水量场及低频振荡[J]. 南京气象学院学报,**15**(2):45-53.

寿绍文,王祖锋, 1998. 1991 年 7 月上旬贵州地区暴雨过程物理机制的诊断研究[J]. 气象科学,**18**(3):231-237.

寿绍文,励申申,王信, 1990. 暴雨低涡结构、成因及移动的初步探讨[J]. 南京气象学院学报,**13**(4):535-539.

寿绍文,励申申,张诚忠,等, 2001. 梅雨锋中尺度切变线雨带的动力结构分析[J]. 气象学报,**59**(4):405-413.

寿绍文，励申申，林开平，等，1994. 一次江淮暴雨过程的中-β尺度分析[J]. 应用气象学报，**5**(3)：257-265.

寿绍文，1988. 中尺度降水系统的环境条件[J]. 南京气象学院学报，**11**(4)：404-414.

寿绍文，励申申，彭广，等，1993. 条件性对称不稳定与梅雨锋暴雨[J]. 南京气象学院学报，**16**(3)：364-367.

寿绍文，励申申，寿亦萱，等，2009. 中尺度大气动力学[M]. 北京：高等教育出版社.

寿绍文，田生春，毕慕莹，等，1984. 雨暴结构的合成中分析[J]. 科学通报，(6)：368-370.

水利电力部，1983. 中国年最大10分钟、1小时、6小时、24小时点雨量等值线图[M]. 北京：水利电力出版社.

苏俊辉，徐愫莲，2003. 2002年6月9日汉中区域性暴雨过程分析[J]. 气象，**29**(4)：53-56.

孙颖，丁一汇，2002. 1997年东亚夏季风异常活动在汛期降水中的作用[J]. 应用气象学报，**13**(3)：277-287.

陶诗言，等，1980. 中国之暴雨[M]. 北京：科学出版社.

陶诗言，卫捷，梁丰，等，2010. Rossby波的下游效应引发我国高影响天气的分析[J]. 气象，**36**(7)：81-93.

陶诗言，卫捷，2006. 再论夏季西太平洋副高的西伸北跳[J]. 应用气象学报，**17**(5)：513-525.

陶诗言，卫捷，2007. 夏季中国南方流域性致洪暴雨与季风涌的关系[J]. 气象，**33**(3)：10-18.

陶诗言，张小玲，张顺利，2003. 长江流域梅雨锋暴雨灾害研究[M]. 北京：气象出版社.

王川，杜川利，寿绍文，2005. ***Q***矢量理论在青藏高原东侧大暴雨过程中的诊断应用[J]. 高原气象，**24**(2)：261-267.

王川，寿绍文，2003. 一次青藏高原东侧大暴雨过程的诊断分析[J]. 气象，**29**(7)：7-12.

王德瀚，1981. 雨季划分及雨带变动的研究[J]. 气象学报，**39**(2)：252-260.

王宏，寿绍文，王万筠，等，2009. 一次局地暴雨过程的湿位涡诊断分析[J]. 自然灾害学报，**18**(3)：129-134.

王健，寿绍文，陈力强，等，2005. "03. 8"辽宁地区暴雨过程成因的诊断分析[J]. 气象，**31**(4)：18-22.

王龙学，寿绍文，杨金虎，2006. 长江中下游地区汛期暴雨频次的时空分布特征[J]. 长江流域资源与环境，**15**(4)：541-545.

王淑云，寿绍文，刘艳钗，2005. 2003年10月河北省沧州秋季暴雨成因分析[J]. 气象，**31**(4)：69-72.

王巍巍，张艳玲，寿绍文，2007. 一次局地大暴雨过程的数值模拟和诊断分析[J]. 南京气象学院学报，**30**(3)：412-416.

王颖，寿绍文，周军，2007. 水汽螺旋度及其在一次江淮暴雨分析中的应用[J]. 南京气象学院学报，**30**(1)：101-106.

王永中，杨大升，1984. 暴雨和低层流场的位涡[J]. 大气科学，**8**(4)：411-417.

王遵娅，丁一汇，2008. 夏季长江中下游旱涝年季节内振荡气候特征[J]. 应用气象学报，**19**(6)：710-715.

王遵娅，2007. 中国夏季降水的气候变率及其可能机制研究[D]. 北京：中国科学院研究生院.
魏凤英，1999. 现代气候统计诊断预测技术[M]. 北京：气象出版社.
吴国雄，蔡雅萍，唐晓菁，1995. 湿位涡和倾斜涡度发展[J]. 气象学报，**53**(4)：387-404.
吴海英，寿绍文，2002. 位涡扰动与气旋的发展[J]. 南京气象学院学报，**25**(4)：510-517.
徐桂玉，杨修群，2002. 我国南方暴雨一些气候特征的统计分析[J]. 气候与环境研究，**7**(4)：447-456.
徐群，1965. 近八十年长江中、下游的梅雨[J]. 气象学报，**35**：507-518.
许金镜，林新彬，温珍治，等，2004. 福建暴雨频数的变化特征[J]. 台湾海峡，**23**(4)：514-520.
阎凤霞，寿绍文，张艳玲，等，2005. 一次江淮暴雨过程中干空气侵入的诊断分析[J]. 南京气象学院学报，**28**(1)：117-124.
姚学祥，王秀文，李月安，2004. 非典型梅雨与典型梅雨对比分析[J]. 气象，**30**(11)：38-42.
游景炎，1965. 暴雨带内的中尺度系统[J]. 气象学报，**35**(3)：293-304.
于淑秋，林学椿，徐祥德，2003. 我国西北地区近50年降水和温度的变化[J]. 气候与环境研究，**8**(1)：9-18.
袁佳双，寿绍文，2001. 1998年华南大暴雨冷空气活动的位涡场分析[J]. 南京气象学院学报，**24**(1)：92-98.
岳彩军，寿亦萱，姚秀萍，2005. 中国 *Q* 矢量分析方法的应用与研究. [J] 高原气象，**24**(3)：162-167.
曾欣欣，钮学新，杜惠良，2004. 浙江省暴雨的天气气候分析[J]. 科技通报，**20**(5)：397-401.
张家宝，1984. 新疆降水概论[M]. 北京：气象出版社.
张建海，沈锦栋，江丽俐，2009. 2008年浙江梅汛期暴雨的大尺度环流特征及其梅雨锋结构分析[J]. 高原气象，**28**(5)：1075-1084.
张庆云，陶诗言，张顺利，2003. 夏季长江流域暴雨洪涝灾害的天气气候条件[J]. 大气科学，**27**(6)：1018-1030.
张文，寿绍文，杨金虎，2007. 长江中下游地区汛期极端降水量的异常特征分析[J]. 气象，**33**(3)：61-67.
张小玲，陶诗言，张顺利，2004. 梅雨锋上的三类暴雨[J]. 大气科学，**28**(2)：187-205.
章淹，等，1990. 暴雨预报[M]. 北京：气象出版社.
赵亮，丁一汇，2009. 东亚夏季风时期冷空气活动的位涡分析[J]. 大气科学，**33**(2)：359-374.
郑仙照，寿绍文，杨宇红，等，2005. 2002年8月闽东一次暴雨天气过程的可能物理成因和数值试验[J]. 台湾海峡，**24**(4)：433-439.
郑仙照，苏银兰，杨宇红，2006. 闽东一次暴雨过程的数值模拟和诊断分析[J]. 气象科学，**26**(4)：370-375.
郑仙照，寿绍文，沈新勇，2006. 一次暴雨天气过程的物理量分析[J]. 气象，**32**(1)：102-106.
周鸣盛，1994. 盛夏中国北方的超强区域性持续暴雨[J]. 气象，**20**(7)：3-8.
周鸣盛，1993. 我国北方50次区域性特大暴雨的环流分析[J]. 气象，**19**(7)：14-18.
朱乾根，林锦瑞，寿绍文，等，2005. 天气学原理和方法[M]. 3版. 北京：气象出版社.
朱晶，寿绍文，2006. 渤海对辽东半岛大暴雨影响的数值试验[J]. 海洋学报(中文版)，**28**(6)：

12-20.

竺可桢，1934. 东南季风与中国之雨量[J]. 地理学报，**1**：1-27.

BENNETTS D A, HOSKINS B J, 1979. Conditional symmetric instability—A possible explanation for frontal rainbands[J]. *Quart. J. Roy. Meteor. Soc.*, **105**:945-962.

BROWNING K A, *et al*, 1974. Structure and mechanisms of precipitation and effect of orography in a wintertime warm-sector[J]. *Q. J. R. Meteor. Soc.*, **100**:309-330.

DOSWELL C A, 1984. Mesoscale aspect of marginal severe weather event[C]. 10th Conf. on Weather Forecasting and Analysis, 131-137.

DOSWELL C A, *et al*, 1996. Flash flood forecasting : an integradients-based methodology[J]. *Wea. Forecasting*, **11**:560-581.

GLAHN H, LOWRY D, 1972. The Use of Model Output Statistics (MOS) in Objective Weather Forecasting[J]. *Journal of Meteorology*, **11**: 1203-1211.

HOSKINS B J, KAROLY D J, 1981. The steady linear response of a spherical atmosphere thermal and orographic forcing[J]. *J Atmos Sci*, **38**:1179-1196.

HOSKINS B J, MCLNTYRE M E, ROBERTSON A W, 1985. On the use and significance of isentropic potential vorticity maps[J]. *Quart. J. Roy. Meteor. Soc.*, **111**:877-946.

HOSKINS B J, AMBRIZZI T, 1993. Rossby wave propagation on a realistic longitudinally varying flow[J]. *J. Atmos. Sci.*, **50**:1661-1671.

LI YAOHUI, SHOU SHAOWEN, *et al*, 2002. Isentropic potential vorticity analysis on the mesoscale cyclone development in a torrential rain process[J]. *Acta Meteorological Sinica*, (1): 79-89.

SHOU SHAOWEN, *et al*, 1991. Diagnosis of kinetic energy balance of a decaying onland typhoon [J]. *Advances in Atmospheric Sciences*, (4):100-109.

SHOU SHAOWEN, *et al*, 1999. Study on moist potential vorticity and symmetric instability during a heavy rain event occurred in the Jiang-Huai valleys[J]. *Advances in Atmospheric Sciences*, (2).

SI D, DING Y H, LIU Y J, 2009. Decadal northward shift of the Meiyu belt and the possible cause [J]. *Chinese Sci Bull*, doi:10. 1007/s11434-009-0385-y.

TAO S Y, CHEN L X, 1987. A review of recent research on the East Asian summer monsoon in China[M]//Monsoon Meteorology. Oxford University Press, 61-92.

UCCELLINI L M, KOCH S E, 1987. The synoptic setting and possible energy source for mesoscale wave disturlance[M]. *Mon. Wea. Rev.*, **115**:721-729.

WANG B, FAN Z, 1999. Choice of South Asian summer monsoon indices[J]. *Bull. Amer. Meteor. Soc.*, **80**:629-638.

WANG B, WU R, LAU K M, 2001. Interannual variability of Asian summer monsoon: Contrast between the Indian and western North Pacific-East Asian monsoons[J]. *J. Climate*, **14**: 4073-4090.

WANG B, XU X H, 1997. Northern hemisphere summer monsoon singularities and climatological intraseasonal oscillation[J]. *J. Climate*, **10**:1071-1085.

WU B Y, ZHANG R H, DING Y H, *et al*, 2008. Distinct modes of the East Asian summer monsoon[J]. *J. Climate*, **21**(5):1122-1138.

WU Z, HUANG N E, 2009. Ensemble empirical mode decomposition: A noise-assisted data analysis method[J]. *Adv. Adapt. Data Anal.*, **1**(1):1-41.

YUE CAIJUN, SHOU YIXUAN, YAO X P, *et al*, 2005. Application and Research of Q-vector analysis Method in China[J]. *Plateau Meteorology*, **24**(3):450-455.

ZHANG F, KOCH S E, 2000. Numerical simulation of a gravity wave event observed during CCOPE. Part 2: Wave generation by an orographic density current[J]. *Monthly Weather Review*, **128**:2777-2796.

ZHANG F, KOCH S E, DAVIS C A, *et al*, 2000. A survey of unbalanced flow diagnostics and their application[J]. *Advances in Atmospheric Sciences*, **17**:165-183.

第6章 强对流天气

从春末夏初开始，我国各地都会经常发生雷暴、雷暴大风(飑)、冰雹、龙卷等强对流天气现象，一般将它们统称为强对流天气。它们具有很强的破坏力，对人民生命财产以及生产建设、交通运输、飞行安全等都会造成严重威胁，所以做好强对流天气的预报，具有十分重要的意义。强对流天气是由中小尺度系统造成的，一般具有范围小、发展快等特点，所以在预报工作中，除了应用常规天气图方法外，还要应用中尺度天气分析、中尺度数值预报以及雷达、卫星探测分析等工具和方法。本章将介绍中国的强对流天气概况，强对流系统的结构及成因，中尺度天气分析、甚短期预报及临近预报的基本知识和方法。

6.1 概况

强对流天气是由大气中的强烈对流运动造成的。所谓“对流”，一般是指大气中在热力和动力作用下产生的强垂直环流。雷暴、暴雨、台风等现象都与大气强的对流运动有关，但它们之间在天气性质、系统结构、形成原因等很多方面都存在明显差异，因此通常都把它们加以区别研究。习惯上一般主要只把与“强雷暴”天气有关的天气称之为强对流天气。

“雷暴”一词指的是由积雨云引起的强烈放电现象，同时也是指产生这种强天气现象的天气系统。通常有一般(或普通)雷暴和强雷暴之分。一般雷暴的典型天气表现主要是雷电、阵雨、阵风、小雹等，而强雷暴则常伴有强降水(指降水率很大的降水现象)、灾害性大风、大冰雹、强龙卷等严重的灾害性天气现象。强雷暴并无统一的定量标准，比较普遍常用的定义是指伴有瞬时风速 25 m/s(10 级)以上的大风，或直径 2.0 cm 以上的冰雹，或有强度为 F2 级或以上的龙卷等现象之一的雷暴。强雷暴系统通常也称为强对流系统或强对流风暴，或称为中尺度对流风暴或中尺度对流系统(简称 MCS)。

强对流天气是世界上很多国家和地区都会发生的一种严重灾害天气。图 6.1 和图 6.2 分别表示全世界中尺度对流复合体(简称 MCC，它是一种巨大的 MCS)中心和雷电现象的地理分布情况。由图可见，非洲中西部、北美中部和南美中东部等地区都是 MCC 和雷电最多发地区。美国中西部则是全世界龙卷最多发的地区，平均

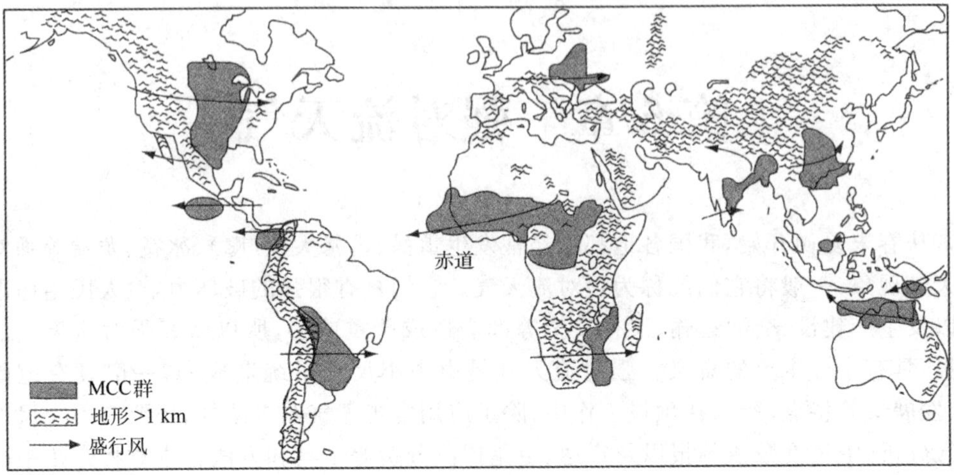

图 6.1 MCC 活动中心、地形及中层盛行气流的关系

(Laing *et al.*, 2000)

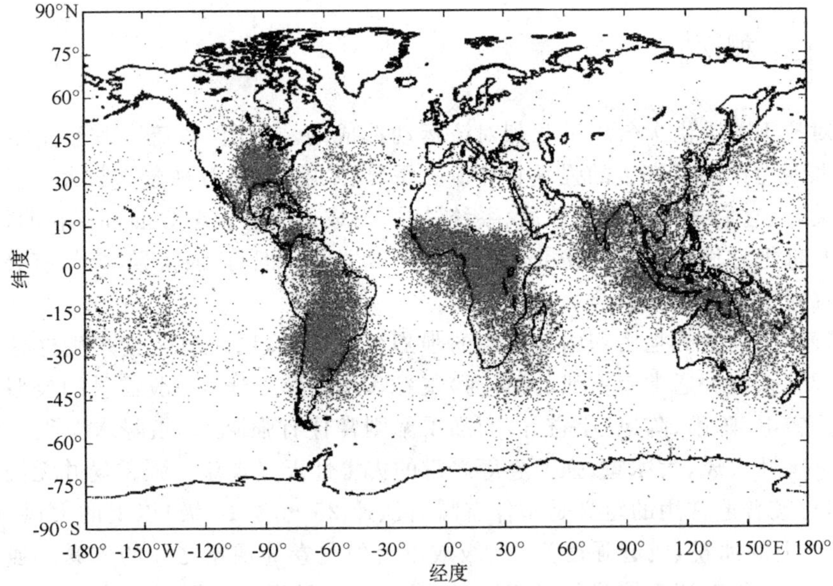

图 6.2 全世界 1996—2000 年大雷电事件的地理分布

(Williams, 2005)

每年约有 800～1000 次龙卷风报告,有时甚至多达 2000 次左右。亚洲东部,包括我国也是世界上强对流天气多发的国家和地区之一,不过比起北美中部等地区来说,次数相对少些,强度也较弱些。

我国的雷暴活动多发区主要集中在华南、西南以及青藏高原东部地区。年雷暴日数在70天以上，其中江南、西南东部、西藏、华北北部地区、西北部分地区，年雷暴日数在40～70天。东北、华北、江淮、黄淮、江汉、西北东部及内蒙古中部和东部的雷暴活动较少，为20～40天。西北地区大部、内蒙古西北部更少，不足20天(见图6.3a)。图6.3(b)是1995—2005年11年平均总雷电频率的地区分布图。由图可见，雷暴日多的地区，一般来说雷电频率也较高，但是有的地区，如青藏高原地区，虽然雷暴日较多，但雷电频率却并不高。

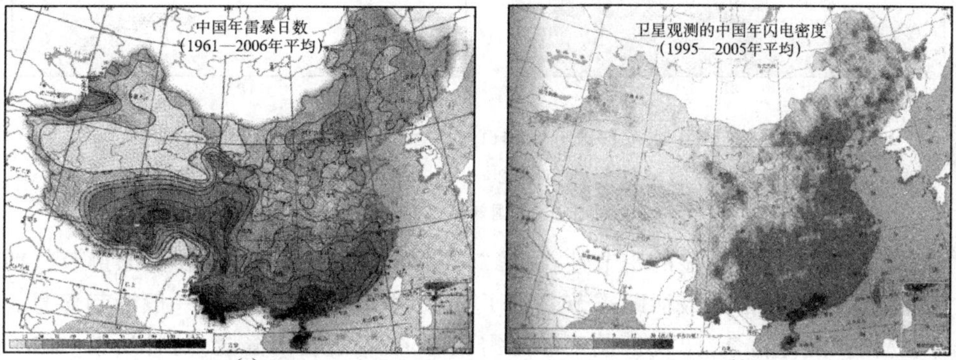

(a) (b)

图6.3 中国年雷暴日数分布图(1961—2006年平均)(a)和卫星观测的中国年闪电密度(1995—2005年11年平均总雷电频率)的地区分布图(b)
(引自中国气象局)

我国冰雹的地理分布特点是山地多于平原，内陆多于沿海。青藏高原为冰雹高发区，年冰雹日数一般有3～15天，云贵高原、华北中北部至东北地区及新疆西部和北部山区为相对多雹区，有1～3天，秦岭至黄河下游及其以南大部地区、四川盆地、新疆南部为冰雹少发区，在1天以下(见图6.4a)。由图6.4(b)可见，我国的大冰雹分布很广，包括皖、苏北、冀、晋、陕、鲁、豫、鄂、湘南、赣北、浙北、甘肃、宁夏、青海东部、新疆天山南北坡、川北、重庆、贵州和云南及东北、内蒙古等部分地区都有发生。冰雹日的分布与雷暴日的分布比较一致，但是冰雹日的分布与闪电频率分布及强雹事件的分布并不一致。例如，青藏高原虽为冰雹高发区，但闪电和大冰雹却并不多。我国的龙卷风比起美国来远远较少，但也常有发生，而且地区分布很广，北至东北和内蒙古，南至广东、广西及海南省，都有过龙卷风报告，东部沿海苏皖一带龙卷风报告相对较多。根据国家气候中心统计，1991—2020年期间全国各省(区、市)年平均龙卷发生个数≥4的省有江苏、广东；个数为2～3.9的有安徽、湖北；个数为1～1.9的有东北三省、内蒙古、天津、山东、河南、浙江、上海、江西、湖南、广西、台湾、海南等省

(区、市);其余各省(区、市)的发生个数均为<1。

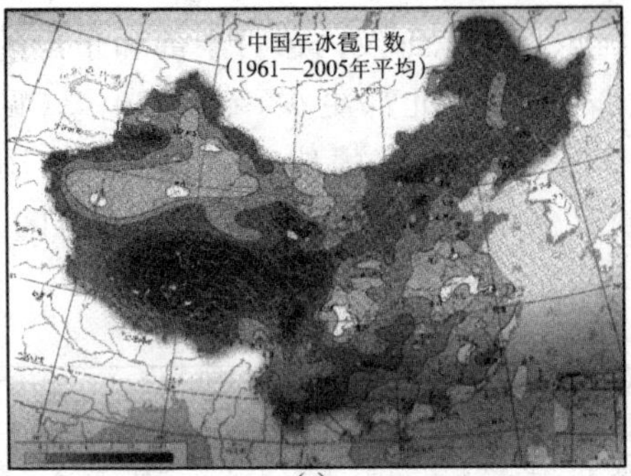

(a)

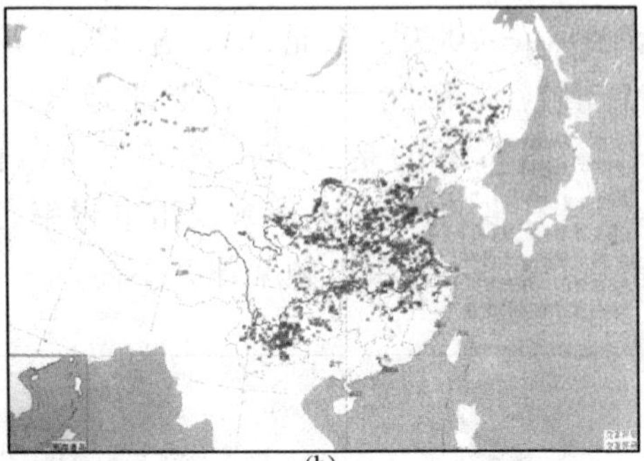
(b)

图 6.4 中国年冰雹日数分布图(1961—2005 年平均,中国气象局)(a)和
中国主要强冰雹事件的分布图(2003—2006 年 11 年平均总雷电频率)(b)
(江亓军根据《中国气象灾害年鉴》绘制)

强对流天气有很明显的季节性,民谚"惊蛰闻雷"说明雷暴一般在惊蛰节气前后开始发生。夏季是雷暴最活跃季节。到了秋、冬季节,雷暴活动则一般渐趋停息。但有时也会有"隆冬雷暴"出现。甚至一边雪花纷飞,一边雷声隆隆,这种所谓"雪中雷"的奇景也常有发生。冰雹在各地发生季节不尽相同,一般南方各地(闽、粤、桂、琼、台)多在 3—4 月;赣、浙、苏、沪多在 3—8 月;湘、贵、云、新疆为 4—5 月,秦岭、淮河为 4—8 月;华北为 5—9 月。多数地区冰雹主要产生在 5—9 月份,这段时期正是大田作物和经济作物的主要生长季节,一旦遭遇冰雹的袭击就会造成毁灭性的灾害。冰雹多发生在每日的 12—20 时,以 14—16 时最多,而在上午和夜间发生的相对较少,但湘西、鄂西及四川等地的冰雹倒是夜间较多发。在一年之中,冰雹日数的多少一般与雷雨日数呈正相关关系,雷雨日数多,冰雹日数就多。而一般而言,雷雨日数多,年降水量就多,庄稼长势便好,故有"雹打丰收年" 一说。此外,麦熟季节也正是冰雹多发季节,所以又有"麦熟一晌,龙口夺粮" 之说。

强对流天气一般影响范围较小,持续时间较短,但有时也会发生大范围的强雷暴天气过程,其影响范围可达数十县到数省,持续时间可达 1 天左右。例如,1962 年 6 月 8 日,在山东、江苏、安徽等省范围内有二三十个县下了大冰雹。又如 1974 年 6 月 17 日,在北起山东半岛,经山东、江苏、安徽等省,南至浙北、赣北及鄂东等广大地区上,自北向南先后发生了 8～12 级大风或冰雹等严重天气。2009 年 6 月 3 日,一次强对流天气过程中,河南、江苏、安徽等省的部分地区均受到严重影响。国外的例子,如 1974 年 4 月 3 日晚至 4 日,有 100 多个龙卷袭击了美国的 12 个州及加拿大部分地区。2011 年 4 月 27 日,在美国亚拉巴马州也遭受了一次严重的龙卷灾害。

6.2 强对流系统的结构及天气成因

常见的强对流系统可以按其组织形态分成孤立对流系统、带状对流系统和中尺度对流复合体(简称MCC)等类型。它们分别是指范围相对较小的,或形成带状的,或范围很大结构复杂的中尺度对流系统。其中,孤立对流系统又可以进一步分成一般(普通)雷暴、多单体(multi-cell)风暴和超级单体(super-cell)风暴等不同类别;带状对流系统则有飑线和中尺度雨带等类别。下面分别介绍各类对流系统的结构特征以及与它们相伴的天气的成因。

6.2.1 一般雷暴的结构及天气成因

(1)一般雷暴的结构

产生雷暴的积雨云叫作雷暴云。一个雷暴云叫作一个雷暴单体,其水平尺度约十几千米。多个雷暴单体成群成带地聚集在一起叫作雷暴群或雷暴带。它们的水平尺度有时可达数十至数百千米。每个雷暴单体的生命史大致可分为发展、成熟和消散三个阶段。每个阶段约持续十几分钟至半小时左右。在不同的阶段中雷暴云的结构有不同的特征(图6.5)。

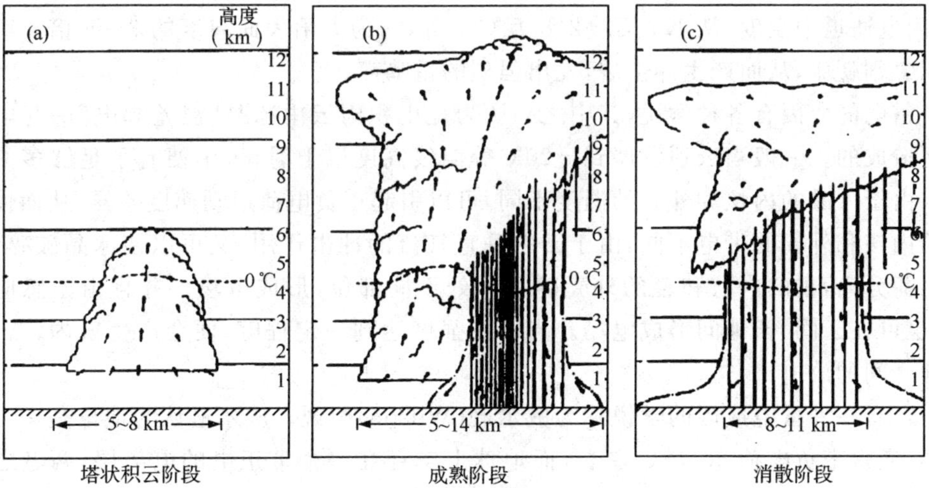

图 6.5 一般雷暴结构的模型

(Doswell,1984)

发展阶段或称积云阶段,其主要特征是上升气流贯穿于整个云体;云内温度高于环境温度;云体主要部分的温度均高于0℃,所以云内物质大部分均为水滴(云滴或雨滴)。成熟阶段的特征是开始产生降水,并且由于降水物的拖曳作用而产生了下沉气流。但在下沉气流的上方,上升气流仍贯穿云体。云中上升气流速度的垂直分布呈抛物线状,即为上、下层小,中层最大。对于一般雷暴云,最大上升速度基本上在15 m/s以下。若雷暴云体是移动的,则垂直气流呈不对称分布。沿系统移动方向看,云体前部为上升区,后部为下沉区。在成熟阶段,云中物态复杂。一般来说,0℃等温线至−20℃等温线之间的区域主要由过冷水滴、雪花及冰晶组成,而冰晶是从−10℃附近开始出现并随高度逐渐增多的。到了冻结高度,由于过冷水大量冻结而释放潜热(80 cal①/g),使云顶突然向上发展。云顶到达对流层顶附近后向水平方向铺展,于是形成了云砧。消散阶段的特征是上升气流范围缩小,下沉气流逐渐占据了云体的主要部分。

(2)一般雷暴天气的成因

发生雷暴时,通常出现雷电、阵雨、阵风等天气现象以及压、温、湿等气象要素的变化。这些现象主要发生在雷暴云的成熟阶段。下面来分别讨论它们的成因。

① 雷电。雷电是自然界伴有闪电和雷鸣的强烈放电现象,一般产生于对流发展旺盛的积雨云中。闪电是一条电流通道,电流约为3万~30万A;电压约为1亿~10亿V;功率可达1000万W以上。闪电的长度可达数千米至数百千米。放电过程中,闪电通道中温度,从1.7万~2.8万℃不等,约为太阳表面温度的3~5倍。空气体积急剧膨胀,从而产生冲击波,发出强烈的雷鸣声。

雷电的成因有各种学说,其中之一认为是由积雨云中冰晶“温差起电”等起电作用所造成的。一般当云顶发展到−20℃等温线高度以上时,云中便有了足够多的冰晶。由于冰晶的内核和外壳的温度不同,可以引起正负电荷运动速度差异,从而使冰晶的内核和外壳的带电不同,由于云中垂直气流的冲击作用,又可以使冰晶破碎,造成电荷分离,重的内核和轻的外壳碎片分处不同部位,形成电场。并且由于感应作用,也可在云间、云地间形成电场。当电场强度达到一定程度,便会产生云内、云间、云地之间的放电。

还有一种雷电成因的学说称为威尔逊(Wilson)假说。威尔逊认为地球是一个电容器,通常带负电荷50万C左右,而地球上空存在一个带正电的电离层,两者之间形成一个已充电的电容器,它们之间的电压为300 kV左右,并且场强为上正下负。云中的降水物,包括大颗粒的雨滴、冰雹(称为水成物),在地球静电场的作用下被极

① 1 cal=4.18 J。

化，负电荷在上，正电荷在下，水成物在重力作用下落下的速度比云滴和冰晶（这二者称为云粒子）要大，因此极化水成物在下落过程中要与云粒子发生碰撞。碰撞的结果是其中一部分云粒子被水成物所捕获，增大了水成物的体积，另一部分未被捕获的被反弹回去。而反弹回去的云粒子带走水成物前端的部分正电荷，使水成物带上负电荷。由于水成物下降的速度快，而云粒子下降的速度慢，因此带正、负两种电荷的微粒逐渐分离（这叫重力分离作用），如果遇到上升气流，云粒子不断上升，分离的作用更加明显。最后形成带正电的云粒子在云的上部，而带负电的水成物在云的下部。于是便在云间、云地间形成电场，从而导致云内、云间、云地之间的放电。这些理论都强调云中冰粒的作用，要求云中有足够多的冰晶，也就意味着云顶要达到足够的高度，即能够发展到－20℃等温线高度以上。所以，第一次听到雷鸣时表明云顶已达－20℃等温线高度附近。一般来说，云中放电强度及频繁程度与雷暴云的高度、强度有关。随着云顶增高，闪电、雷鸣便愈益频繁。因此，反过来雷电现象也可用以判断雷暴强度。

② 阵雨。在雷暴云中上升气流最强区附近，一般有一大水滴累积区，当水滴累积量超过上升气流承托能力时，便开始降雨。由于累积区中的水倾盆而下，因而造成阵雨或暴雨。阵雨持续时间为几分钟到 1 h 不等，视雷暴云的强弱及含水量多少而定。雷暴群和雷暴带形成的降水区也呈片状或带状。由于雷暴群（带）中，每个单体强弱不一，所以降水量分布很不均匀。而且因雷暴云常常跳跃（间隔）式地传播，因此降水量也有跳跃（间隔）式分布的情况。

③ 阵风。在积云阶段，地面风一般很弱。低空有向云区的辐合，促使上升气流发展。到了雷暴云的成熟阶段，云中产生的下沉气流冲到地面附近时，向四周散开，因而造成阵风。一般来说，阵风发生前，风力较弱，风向不定，但多偏南风。阵风发生时，风向常呈气旋式旋转，然后又呈反气旋式旋转。移动缓慢的雷暴，云下的流出气流几乎是径向（即向四面八方铺开）的。然而多数情况下，在雷暴移向的下风方的风速要大于上风方。

④ 压、温、湿的变化。由于下沉气流中水滴的蒸发，使下沉气流几乎保持饱和状态，所以下沉空气由上层至下层是按湿绝热增温的。上层冷空气虽然在下沉过程中会变暖些，但升温率小，到地面时，仍比四周地面空气要冷。因此在雷暴云下形成一个近乎饱和的冷空气堆，因其密度较大所以气压较高，这个高压叫“雷暴高压”（图 6.6）。当雷暴云向前移动时，云下的雷暴高压也随之向前移动，当它移过测站时，就使该站发生气温下降、气压涌升、相对湿度上升、露点或绝对湿度下降等气象要素的显著变化。其变化幅度取决于雷暴云的强度和测站相对于雷暴云的位置，雷暴中心经过地区变化明显，边缘地区则变化较小。

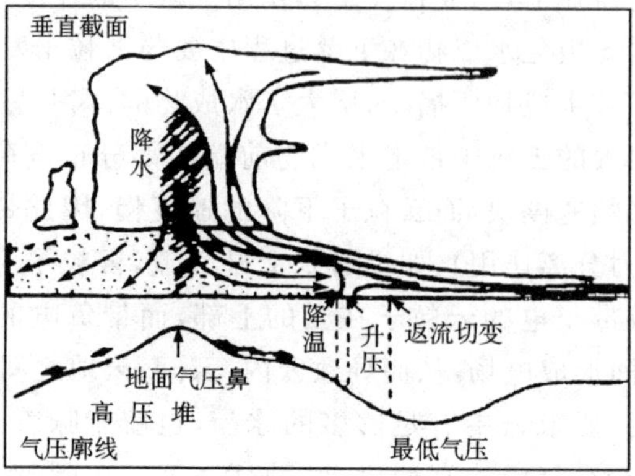

图 6.6 在弱的垂直风切变环境中的孤立雷暴模型

(Fujita,1963)

6.2.2 孤立强雷暴系统的结构

上面说过,强雷暴主要指那些伴有强降水、灾害性大风、冰雹、龙卷等严重灾害性天气现象的雷暴系统。以严重降雹为主的强雷暴,有时也叫作"雹暴";以强烈阵风为主的强雷暴,有时称为"飑暴";而以产生龙卷为特征的强雷暴,通常也叫作"龙卷暴"。强雷暴系统既具有与一般雷暴相同的特征,又具有其本身独有的特征。强雷暴与一般雷暴的主要区别表现在系统中垂直气流的强度(前者一般比后者强得多),以及垂直气流的有组织程度和不对称性。在强雷暴中,当其发展到一定阶段时,会出现一个可以维持数小时之久的、近乎稳定的、较大较强的,以及高度有组织和不对称的垂直环流。

上面也说过,对流系统有孤立对流系统、带状对流系统和中尺度对流复合体等类型。其中孤立强对流系统又有多单体风暴和超级单体风暴等类别。带状强对流系统和强中尺度对流复合体则有飑线和 MCC 等类别。下面分别介绍它们处于稳定状态时的结构特征。

(1)多单体风暴

由许多处于不同发展阶段的雷暴单体组成的,但有一个统一的垂直环流的风暴(这一点区别于多单体的一般"雷暴群")叫作"多单体风暴"。例如,图 6.7 所表示的就是一个多单体风暴的垂直剖面图。图中最外围的波纹线表示云的轮廓,实线表示雷达回波区,阴影区为反射率最强区域,箭头线表示相对气流流线。$n+1$,n,$n-1$,$n-2$表示四个对流单体,它们处于不同发展阶段,$n+1$ 是初生单体,n 是发展阶段的单体,$n-1$ 和 $n-2$ 分别处于成熟和消亡阶段的单体。虽然云内包含着多个单体，但整个风暴都是一个整体。其前部有一支上升气流，后部则有一支下沉气流。

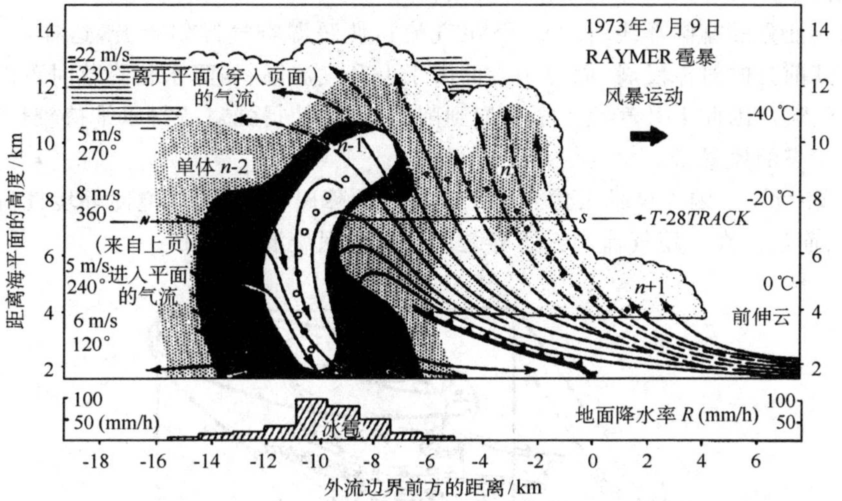

图 6.7　沿多单体风暴移向通过一系列单体的垂直剖面图

(Browning *et al.*, 1976)

(2)超级单体风暴

所谓超级单体型风暴即具有单个特大垂直环流的巨大强风暴云。这类风暴云是所有对流风暴云中最壮观和最强烈的一类风暴云。它的结构有以下特征：

① 风暴云顶。这种巨大的风暴云在其几小时的生命期中，一直维持很高的云顶(最高可达18 km 以上)而升降幅度很小。最高云塔顶(称为“上冲云突”)一般出现在风暴云柱的后沿附近。

② 云内气流。云内垂直气流基本分为两部分。前部为上升区，后部为下沉区。上升气流是来自低层的暖湿气流，它是由于风暴云底部的流出气流与其外围的流入气流辐合而造成的。由于云底下沉气流呈楔状，把它前方的暖湿空气抬升起来，所以上升气流通常呈倾斜状，一般称其为“斜升气流”。上面所说的最高云塔顶位于风暴云柱后沿的特征正是云中上升气流呈倾斜状的一个间接证据。暖湿的上升气流通常是由风暴云(移向)的右前侧输入风暴云内部的。在风暴云的右前侧，地面一般为气旋性涡度，所以上升气流是呈螺旋状的(见图 6.8，图中带箭头的细实线表示上升气流，带箭头的虚线表示下沉气流，扁空心箭头表示云体外围的环境气流)。

下沉气流是由三种作用综合造成的。第一种是降水物的拖曳作用；第二种是在中层云外围绕流的干冷气流被卷入后，在云体前部逐渐下沉；第三种是在中层从云后部直接进入云中的干空气,降水物通过这种干空气时强烈蒸发冷却,因而形成很冷的下沉气流。这三种作用综合的结果,便产生一支来自右后方中层的下沉气流。它在近地面辐散并在与其前方的暖湿空气交界处,形成“阵风前沿线”(如图 6.8 中地面层虚箭头线前方的宽圆环线所示)。下沉气流迫使暖湿空气倾斜抬升,这样,一方面不断促使其前方的对流发展,而另一方面由于上升气流倾斜,降水物降落时可以很快脱离上升气流。因此上升气流不至于遭到削弱,从而使得强对流得以维持较长时间,形成稳定状态的风暴云。

③ 环境风。因为风暴云像一个十分高大的障碍物,因此它迫使环境气流分成两股,绕云而过。在环境气流与云边界之间会发生涡旋混合作用。

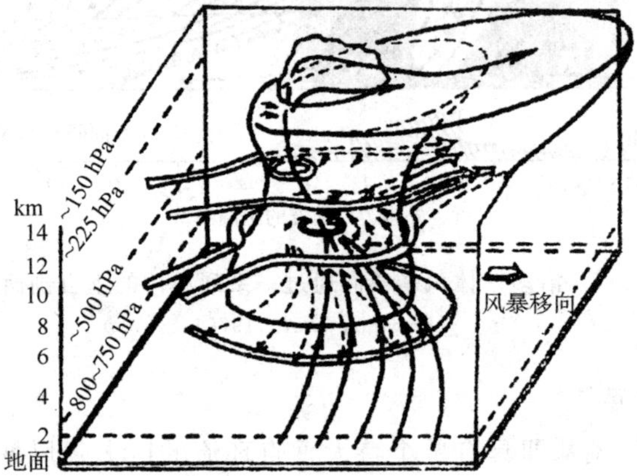

图 6.8 强风暴云的内部与环境气流模型图

(Chisholm *et al.*, 1973)

④ 雷达回波特征。超级单体风暴在雷达 PPI(平面位置显示器)和 RHI(距离一高度显示器)上分别表现出钩状回波、无(或弱)回波区、前伸悬垂体回波以及回波墙等特征。当水平入流气流从风暴云右前侧的中尺度气旋处进入云中后,便螺旋式上升穿过云体到达上层,然后变成一支流出气流与高空水平气流合并运行。在雷达 PPI 上的钩状回波就是中尺度气旋的表现;从云底到中层(最强上升气流高度附近)的范围内,因有强上升气流持续流入,其中凝结的新鲜云滴还来不及增长以前就被带走,所以在风暴云的右前方便形成了一个只有小云滴而没有(或很少有)大水滴的地区,有时也可能是无云的空穴。在雷达的 RHI(距离一高度显示器)照片上便呈现为一个无(或弱)回波区(简称 WER),有时弱回波区明显地向上突起,这种形态的弱回波区称为有界弱回波区(简称 BWER)。它从风暴云右翼伸展到风暴云内并在云中向上突入一段距离,一般也称其为“穹窿”。穹窿上部(即最大上升气流高度以上的地方)的下

风方,有大量的降水物累积于此(即水滴或小冰雹累积区)。在雷达 RHI 照片上呈现"前伸悬垂体回波"。而在上风方一侧,因有强烈的降水,因此形成几千米高的柱状强回波及"墙"(即强回波柱与弱回波区之间雷达反射率水平梯度很大的地区)。在雷达 PPI 照片上,穹窿位于钩状回波和主要雷暴云回波之间的凹入区(图 6.9)。

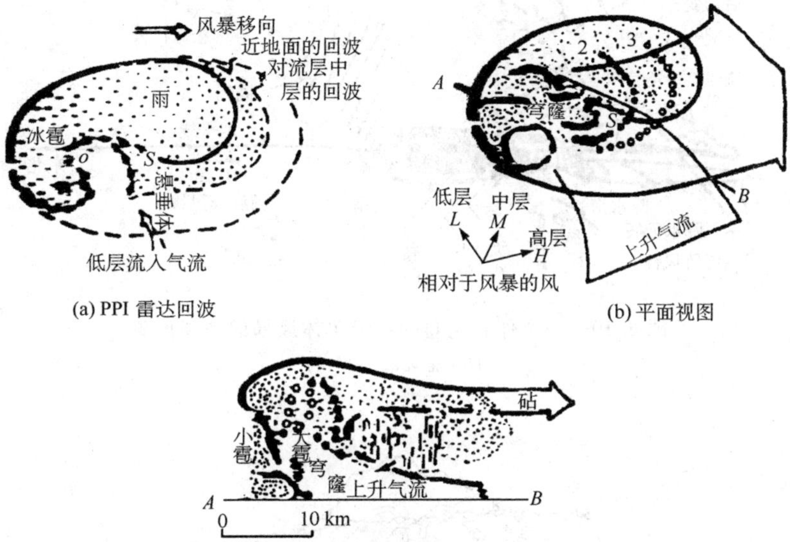

(a) PPI 雷达回波　　(b) 平面视图

(c)垂直剖面

图 6.9　稳定阶段的强风暴的平面视图和沿 AB 线的垂直剖面图(空心小圆点为降水质点的轨迹)(Browning *et al.*,1976)

⑤ 风暴的运动方向。一般偏向于对流云中层的风的右侧,所以这类风暴也叫作"右移强风暴",或简称其为 SR 风暴。但是有的强风暴也可以是左移的。

超级单体风暴可以按有无龙卷分成龙卷风暴和非龙卷风暴两类。它们的主要区别在于前者的云内具有很强的旋转性,而后者的旋转性相对较弱。图 6.10 和图 6.11 分别表示一个伴有龙卷的超级单体风暴的外观形象和风暴内部的涡旋运动的示意图。

超级单体风暴也可以按其降水的情况分成经典的(CL)、强降水(HP)和弱降水(LP)超级单体风暴三种类别(图 6.12)。其主要区别之一是风暴云底部的侧翼云线的结构。三种超级单体风暴的侧翼云线结构有明显的不同。经典的超级单体风暴只有一侧有侧翼云线,强降水超级单体风暴两侧都有侧翼云线,而弱降水超级单体风暴没有典型的侧翼云线结构。在强降水(HP)型超级单体风暴中,沿着两条侧翼云线都有低层气流向风暴内流入,造成很强的辐合上升运动,这可能是它们能产生强降水的重要原因之一。

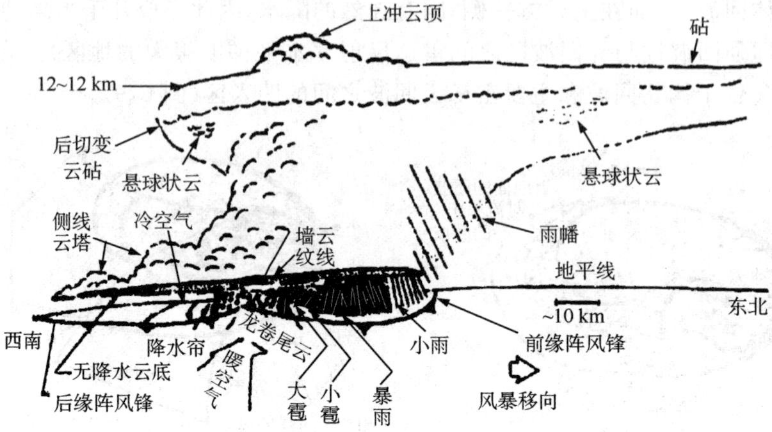

图 6.10　一个伴有龙卷的超级单体风暴的外观形象

(Houze *et al.*,2014)

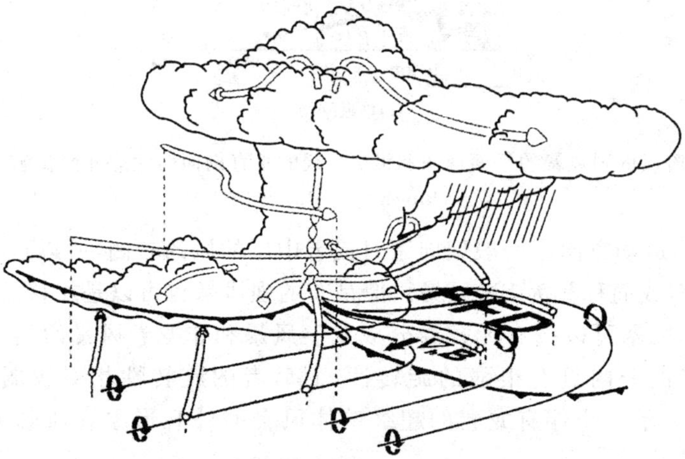

图 6.11　龙卷风暴内部涡旋运动的示意图

(图中符号:FFD—前翼下沉气流;$\nabla_h B$—浮力水平梯度)

(Klemp,1983)

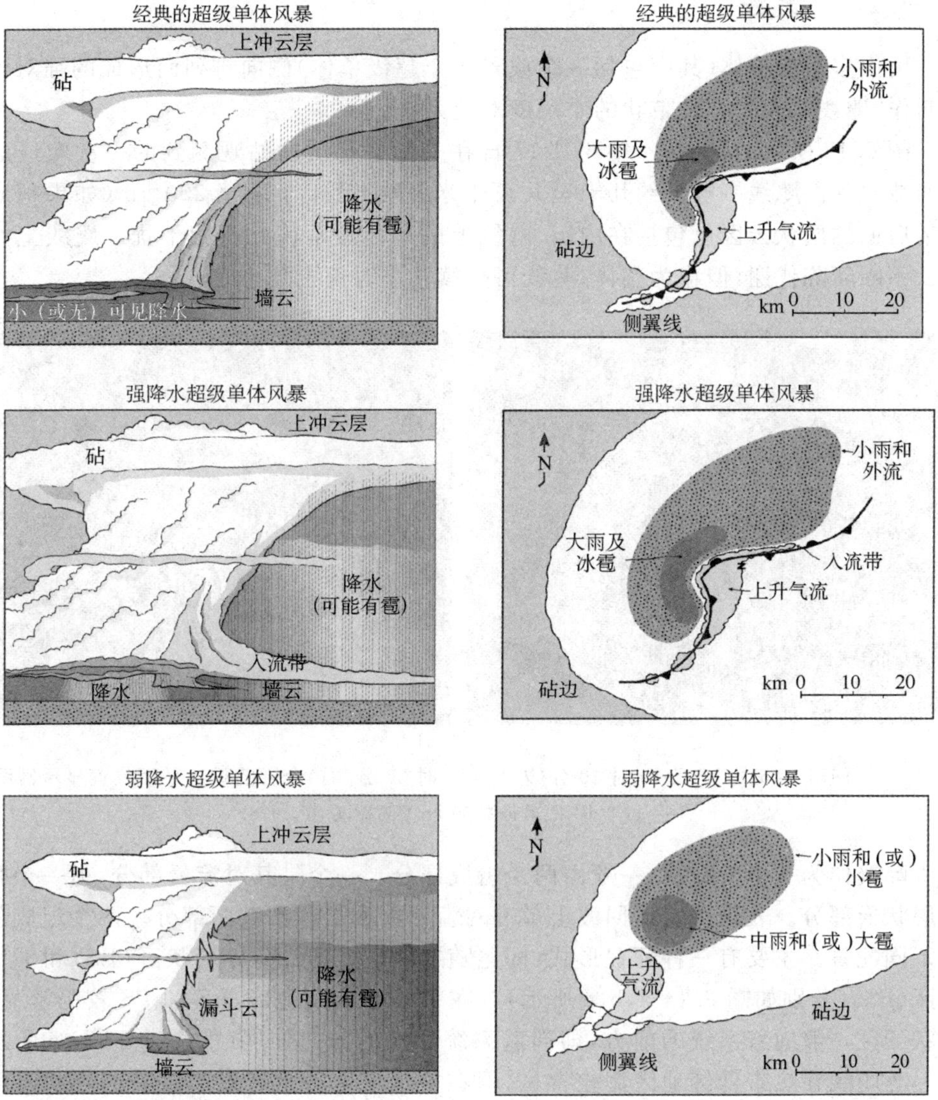

图 6.12　三类超级单体风暴的立体视图(左)及低层雷达 PPI 回波及降水分布图(右)

(上:经典的超级单体风暴;中:强降水超级单体风暴;下:弱降水超级单体风暴)

(Moller,1994)

6.2.3 飑线

由许多雷暴单体(其中包括一个或若干个超级单体)侧向排列而形成的强对流云带叫作“飑线”,它是一种带状的中尺度对流系统。

图 6.13 所示的是 1974 年 6 月 17 日在安徽合肥雷达站观测到的一次飑线的雷达回波照片。飑线一般长约几十至几百千米,宽约几十千米至 200 km(如果把对流云带后面的层状云区也包括在内)。飑线上的单体常常彼此不相干扰。飑线上的对流云不断新陈代谢,但作为整体,飑线可持续几小时至十几小时。

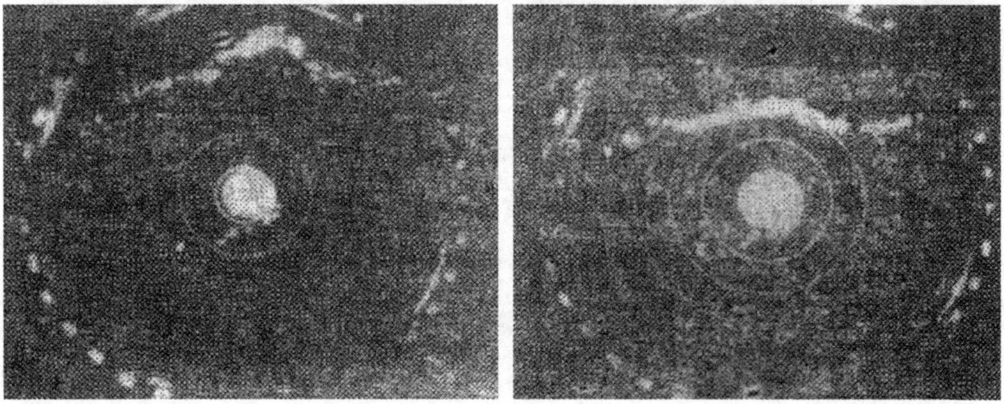

图 6.13 1974 年 6 月 17 日 15 时 30 分(左)及 16 时 50 分(右)合肥的雷达平面位置显示器图片(θ=1, 0 dB,距离每圈 50 km)(寿绍文 等,1978)

飑线作为一个“系统”,一般由两个组成部分。一个是其对流云部分,另一个则是其层状云部分。表现在雷达回波上就有对流回波和层状回波两部分。两个组成部分有不同配置。主要有三种配置形式:即尾随层状区(TS)、前导层状区(LS)和平行层状区(PS)(分别如图 6.14 a,b,c 所示)。在中纬度温带地区,LS 和 PS 较为常见,其层状云区一般向着系统的前方,即向着系统移动的方向伸展(如图 6.14 b,c 所示)。另一类飑线在热带低纬地区比较常见,但在中纬度地区也有发生。它的层状云区一般向着系统的后方,即向着系统移动的相反方向伸展,成为尾随层状云区(如图 6.14 a 所示)。图 6.15 和 6.16 分别为具有前导层状区结构的飑线系统的三维形态及系统内主要气流特征的示意图。从图中可以看到,在这种飑线系统中有两支主要气流,一支为由前方低层流入,上升到高层后向前方流出,另一支则是向后方低层流出的下沉气流。图 6.17 和 6.18 分别为具有尾随层状区结构的飑线系统的三维形态及系统内主要气流特征的示意图。由图中可以看到,在这种飑线系统中有两支主要气流,一支为由前向后流的上升气流,另一支则是由后部流入系统的下沉气流。

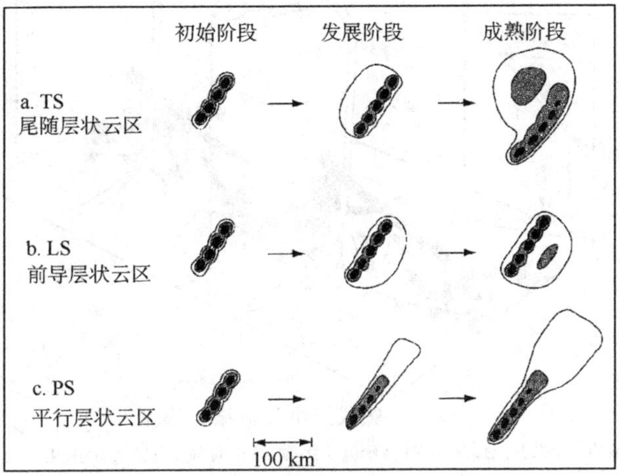

图 6.14　三种形式的飑线及其生命史
（阴影区为对流区，白色区为层状区）
（Parker *et al.*，2004）

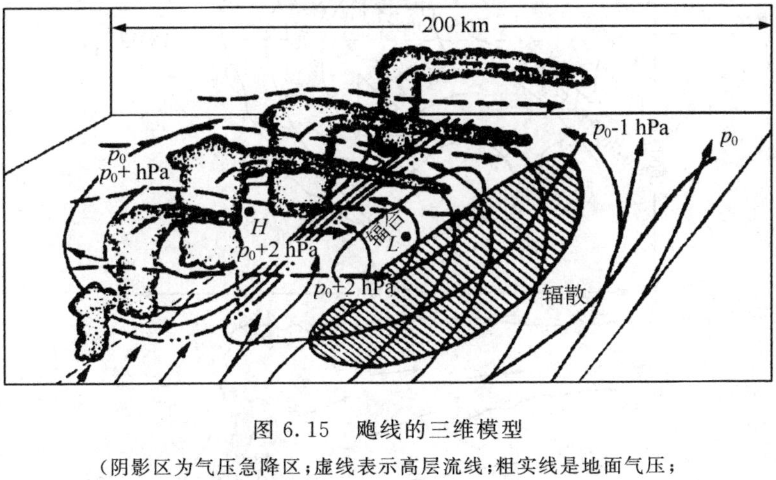

图 6.15　飑线的三维模型
（阴影区为气压急降区；虚线表示高层流线；粗实线是地面气压；
粗实流线是地面流线；点划线表示地面飑锋）
（Kessler *et al.*，1987）

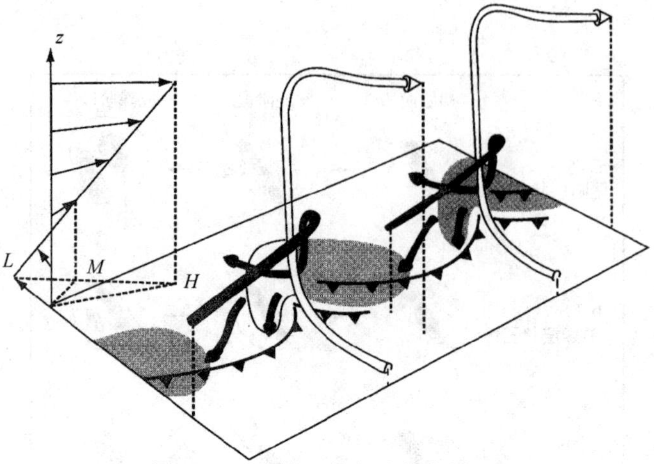

图 6.16 飑线三维气流结构模型

(图左边表示风垂直廓线,L,M,H 分别表示低、中、高层相对风;阴影表示由雨区形成的雷达回波;锯齿线表示阵风锋)(Rotunno *et al.*,1988)

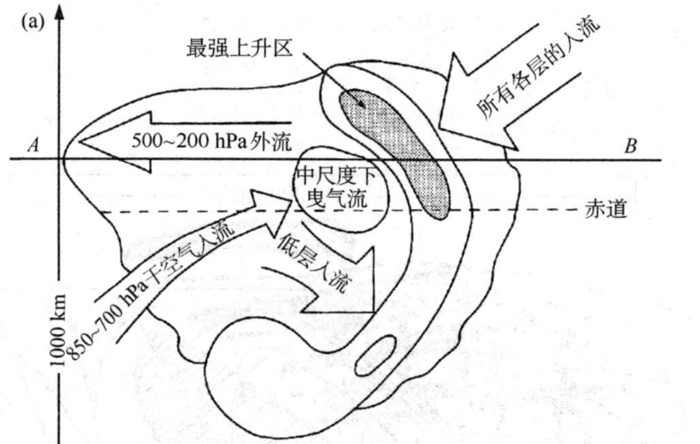

图 6.17 一个与发生在西热带太平洋上的大型中尺度对流系统相似的云团的概念模型(a)平面图和沿着 AB 线的分区的垂直剖面图(b)

(注意在 B 点的入流层的深度)(Moncrieff *et al.*,1997)

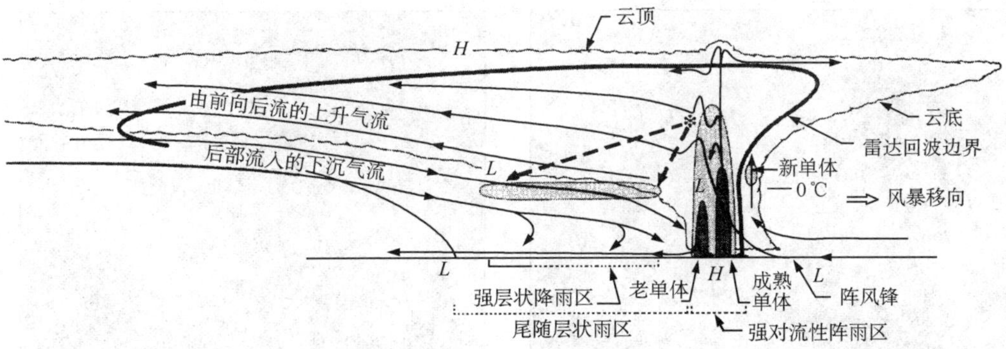

图 6.18　带有尾随层状降水区的中尺度对流线的雷达回波结构以及在垂直于对流线（并且一般与其运动平行）位置上的垂直剖面图

（中等和浓阴影分别表示中等和强的雷达反射率；*H* 和 *L* 分别表示正的和负的压力摄动；点划线箭头表示通过融化层的冰粒的散落轨迹）(Houze *et al.*，2014)

6.2.4　中尺度对流复合体(MCC)

(1)MCC 的定义

广义地说，由若干对流单体或孤立对流系统及其衍生的层状云系所组成的对流系统都是“中尺度对流复合体”，但是这里要讨论的是一种具有特定意义的中尺度对流复合体(简称 MCC)。

MCC 是 20 世纪 80 年代初从增强显示卫星云图分析中识别出来的一种中尺度对流系统。它是由很多较小的对流系统，如塔状积云、对流群(线)或 β 中尺度的飑线等组合起来的一种对流复合体。它的最突出的特征是有一个范围很广、持续很久、近于圆形的砧状云罩。为了能应用日常的高空、地面资料识别这类系统，Maddox (1981)对成熟阶段的 MCC 的物理特征作了如下的规定：

① 大小和范围。(i)红外温度达－32℃或以下的云罩面积在 10^5 km^2 或以上；(ii)红外温度达－53℃或以下的内部冷云区面积在 5×10^4 km^2 或以上。

② 开始时刻。从(i)、(ii)两个条件最初满足时起算。

③ 持续期。满足(i)、(ii)两条件的时期。这个时期必须持续 6 h 以上。

④ 最大范围。红外温度达－32℃或更低的冷云罩尺度达最大时的范围。

⑤ 形状。冷云罩达最大范围时，偏心率(短轴/长轴)达 0.7 或更大。

⑥ 结束时刻。(i)、(ii)两条件不再满足之时刻。

从以上的规定中可见，MCC 是一种生命期长达 6 h 以上，水平尺度大至上千千米的近于圆形的巨大云团。它的内部红外温度很低，表明它的云塔很高，经常可达十余千米以上(图 6.19，图 6.20)。

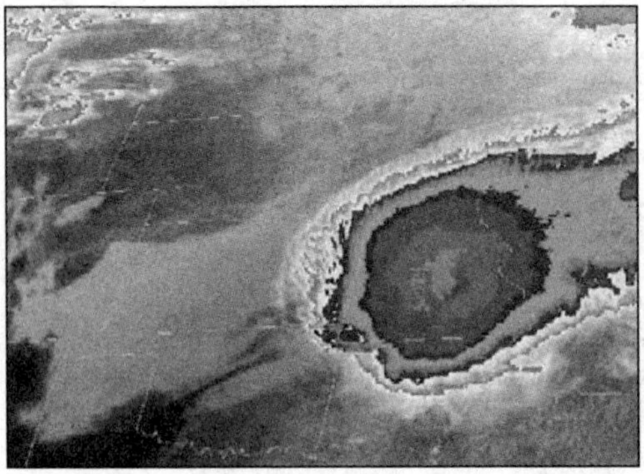

图 6.19　一个发生在美国中部地区上空的 MCC (Houze, 2004)

图 6.20　一个发生在长江中下游地区上空的 MCC

(2)MCC 的生命史

MCC 的形成有一个过程,其生命史一般包括四个发展阶段:

① 发生阶段。在这一阶段表现为一些零散的对流系统在具有有利于对流发生的条件(例如层结条件性不稳定、低层有辐合上升运动、有地形的热力和动力抬升作用等)的地区中开始发展。

② 发展阶段。在这一阶段,各个对流系统的雷暴外流和飑锋逐渐汇合起来,形成了较强的中高压和冷空气外流边界线,迫使暖湿空气流入系统。由于外流边界和暖湿入流的相互作用,使系统前部的辐合加强,因此出现最强对流单体,并形成平均的中尺度上升气流。于是对流云团开始形成并逐渐加大。

③ 成熟阶段。在这一阶段,中尺度上升运动发展旺盛,高层有辐散,低层有辐合,并有大面积降水产生。这一阶段在卫星云图上的形态,具有上面所说的由 Maddox 规定的各种条件。

④ 消亡阶段。在这一阶段,MCC 下方的冷空气丘变得很强,迫使辐合区远离对流区,暖湿入流被切断,强对流单体不再发展。MCC 逐渐失去中尺度有组织的结构。在红外云图上云系开始变得分散和零乱。但还可以看到有一片近于连续的云砧。

从上面讨论的 MCC 的连续演变过程表明,MCC 在其成熟阶段以前主要是强对流的发展阶段,而在成熟阶段以后则过渡到一个层状的减弱阶段。

(3)MCC 的结构

观测表明,MCC 内部包含复杂的结构而且具有明显的多变性。图 6.21 是一个表示 MCC 内部复杂结构及其多变性的一个例子。图中给出了 2 h 间隔的 MCC 的红外云图轮廓及雷达回波的综合分析。图中粗线为 −32℃ 和 −53℃ 等值线,黑影区为与较强对流有关的中尺度积云群或积云线区。其 2 h 前的运动用矢线表示,在图 6.21 (e)和(f)中的浅阴影区是较弱的层状回波区。

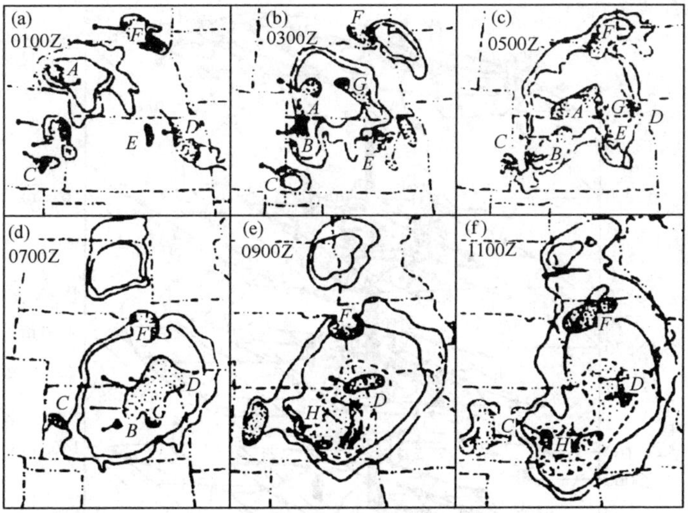

图 6.21 1977 年 8 月 4 日 01—11GMT MCC 的 2 h 间隔的红外卫星云图和中尺度雷达回波综合分析

（实线为−32℃和−53℃红外等温线；阴影区为 β 中尺度雷暴或相对较强的对流线；箭头为前 2 h 雷暴的移动向量；图(e)和(f)中虚线内浅阴影区表示弱的层状回波）(Cotton,1983)

不过虽然 MCC 内部结构复杂多变，但是一些研究表明，成熟阶段的 MCC 具有相对稳定的中尺度的统一环流。Maddox(1981)应用合成分析方法，分析得到成熟的 MCC 的结构有如下特点(见图 6.22)。

① 在对流层下半部(尤其是 700 hPa 附近)，有从四面八方进入系统的相对入流。

② 在对流层中层，相对气流很弱，因为系统几乎是随对流层中层气流移动的。在对流层上层，相对气流向系统周围辐散，下风方的辐散比上风方更强。

③ 最强的 β 中尺度对流元(MBE)通常出现在系统的右后象限，有时呈线状，排列方向平行于系统移向。

④ 还有大面积的轻微降水和阵雨，通常出现在强对流区的左边，在平均中尺度上升区内。

⑤ MCC 出现在强暖平流区及低空偏南气流最大值鼻部明显的辐合区中。

⑥ 系统在浅边界层中是一个冷核，贯穿于对流层中层大部分的则是暖核。然后在对流层上层又是冷核。

⑦ 在边界层中热力结构产生一个中尺度高压，其上则有中尺度低压，到对流层上层，又有中尺度高压盖在系统之上。中低压起了增强进入系统的入流作用。而高层的中高压则加强了系统北部边缘的高度梯度，并加强了反气旋性弯曲的外流急流。

(4)关于 MCC 定义的讨论

自从 Maddox 给出 MCC 定义之后，不少研究者对其定义中的有些标准提出了讨论和修改。如 Augustine 等(1988)认为很少有红外温度≤−52℃的冷云盖面积达

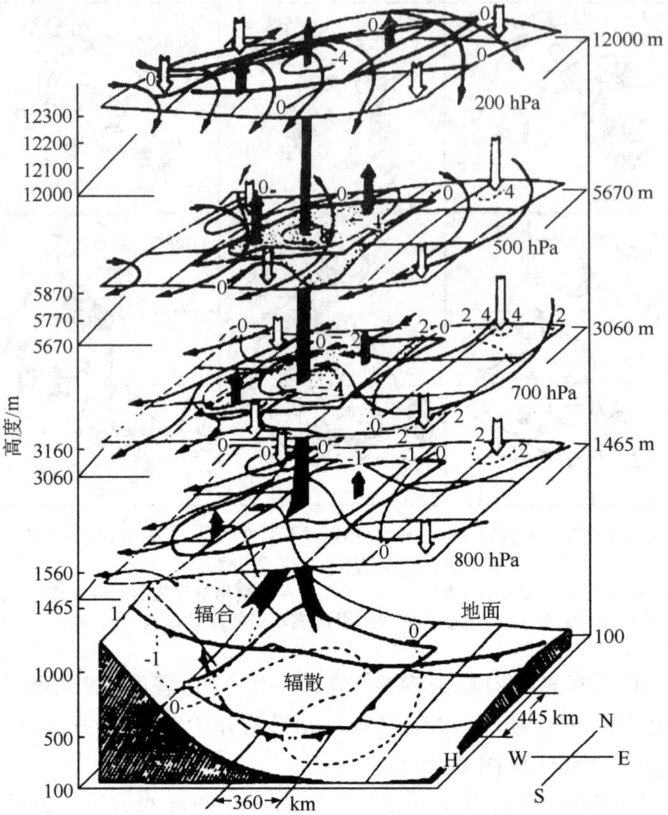

图 6.22 成熟 MCC 及其附近的环境的示意图

(细箭头线为流线;黑箭头为上升运动;空心箭头为下沉运动;垂直尺度作了很大夸张)

(Maddox,1980)

到了 Maddox(1980)的标准,而红外温度≤-32℃的冷云面积达不到标准的情况,因此可以去掉红外温度≤-32℃的冷云罩面积的限制。Cotton 等(1989)将红外温度≤-52℃的冷云盖面积超过 50 000 km^2 修改为红外温度≤-54℃的冷云盖面积超过 50 000 km^2。Miller 等(1991)没有考虑红外温度≤-32℃的冷云罩面积,同时还用红外温度≤-56℃的冷云罩面积代替 Maddox 标准中红外温度≤-52℃的冷云罩面积标准。项续康等(1995)将 Maddox(1980)标准中的偏心率改为≥0.6。Jirak(2003)把红外云图上云顶亮温(TBB)≤-52℃且展现出持续、密合结构的云系称之为 MCS。把其中偏心率≥0.7 的定义为 MCC,而把 0.2≤偏心率<0.7 的称为 PECS(持续拉长对流系统)。Jirak(2003)按以上分类,统计和分析了美国 1996—1998 年 4—8 月的全部 MCS,发现 PECS 发生次数远比 MCC 多,造成的降水也很强。可见它们非常活跃,也非常重要。

6.2.5　强雷暴天气的成因

强雷暴发生时会出现飑、冰雹、龙卷等强烈天气现象中的一种或几种。下面分别说明每种天气现象的成因和特征。

(1)飑

强雷暴云中的低温而高速的下沉气流造成了近地面层很强的雷暴高压和辐散流场，而且在雷暴高压冷空气堆与其前方的暖空气之间形成一个陡峭的分界面(图 6.23)。因此当强雷暴云来临的瞬间，风向突变，风力猛增，由静风突然加强到大风以上(8～12 级)的强风。与此同时，气压涌升，形成明显的“雷暴鼻”，气温急降，相对湿度也大幅度上升。一般把具有上述气象要素激烈变化特征的、随强雷暴云来临而突然发作的强烈阵风叫作“飑”。1974 年 6 月 17 日，在南京发生的飑是一个十分典型的例子。这一天当强雷暴云侵袭时，南京出现 12 级以上(最大瞬时风速为 38.8 m/s)的大风，10 min 内气温下降 11℃，相对湿度上升 29%，1 h 内气压涌升 8.7 hPa(图 6.24)。此外，还有两个与常见的飑的情况稍有特殊的现象，即雷暴鼻呈双峰状以及相对湿度急升后又猛降(降至 70%以下)。这些现象一般是特别强烈的雷暴引起的。

图 6.23　藤田哲也(Fujita，1963)早期的飑线雷暴模式

(2)冰雹

冰雹是一种直径大于 5 mm 的固体降水物。它是以雹胚(直径约0.2～0.3 mm)为核心，在雹云中碰冻过冷水滴长大而成的。大雹块有明、暗(乳色)交替的多层结

构,一般有四五层,最多的有 28～30 层。

冰雹是冰雹云的产物,冰雹云多数是上列几类强风暴云中的任一种。较弱的雹云也可能是其他类型的风暴云,如对称型风暴云等。但较强的雹灾多半是由超级单体风暴云造成的。不同类型的雹云有不同的特点,其成雹的机制也有所不同。但一般来说,多数雹云都有以下五个方面的共同特点:

① 斜升气流强度较大,最大上升速度一般在 15 m/s 以上。这样大的上升速度能承托住直径 15～20 mm 的雹粒。一般来说,可能降落的最大雹块直径与最大上升速度大小成正比。同时由于上升气流较强,云体外观一般比较高大。

② 最大上升速度及水分累积区的高度一般在温度零度层以上,因此水分累积区中的水滴都是过冷水滴。这个过冷水滴累积区就成了产生冰雹的主要源地,称为“雹源”或“冰雹生长区”。

③ 水分累积区的含水量较为丰富,一般都不小于 15～20 g/m^3,累积区厚度不小于 1.5～2.0 km。雹胚在过冷水含量丰富的环境中,与过冷水碰冻的机会较多,所以增长较快,这种增长方式叫作“湿生长”。相反,在过冷水含量贫乏的环境中,与过冷水碰冻的机会较少,所以增长很慢,这种增长方式叫作“干生长”。雹云中要求过冷水含量丰富就是因为在这种情况下,才有利于雹胚湿生长。

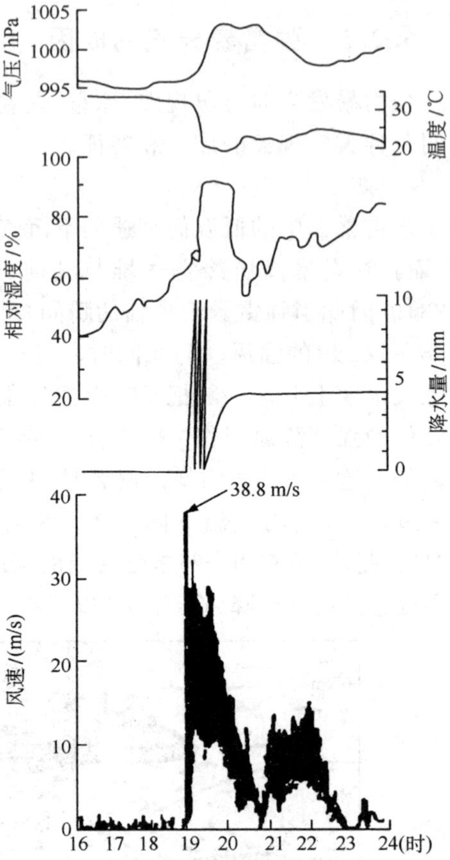

图 6.24　1974 年 6 月 17 日南京各气象要素的变化

(寿绍文 等,1978)

④ 有适宜于形成“雹胚”的环境。雹胚可以是尘埃或云中的小冰晶等,但它们很小,增长成大雹需要很长的时间。而大的过冷水冻滴颗粒较大,能较快地增长成雹块。因此大的过冷水冻滴是主要的雹胚。不同类型的风暴云,产生雹胚的方式和条件有所不同。对于超级单体风暴来说,因为其水分累积区上部的云内温度较低,而且在强上升气流的边沿部分,即弱回波区与悬垂体回波交界处,上升气流较弱,水分丰富,小冰晶在此处缓慢上升时容易增长成为较大的雹胚。因此这个部位通常是超级单体中提供雹胚的主要源地。这个部位也叫作“胚胎帘”。在多单体风暴云中,雹胚

一般形成于前伸云(或称为陆架云)中(图 6.7),因为那里的上升运动较弱,有利于云滴碰并增长。

⑤ 云内 0℃层的高度适当,不太高也不太低。按经验,一般认为以 600 hPa(或 4 km)上下为宜。这是因为在这种条件下,既保证云体可以发展得较高,有利于冰雹生成,同时当雹块长大后下落时也不至于因暖层较厚而被融化成雨滴。

不同类型的冰雹云,其成雹过程也不完全相同。在一般超级单体雹云中冰雹的生长大致经历这样的过程:首先雹胚进入斜升气流之中,斜升气流把小冰粒带到中、高层,穿过过冷水累积区,然后由砧状流出气流将小雹粒撒向前方,大的抛得近些,小的抛得远些。通过这种"分选"作用,大小雹粒在不同部位徐徐下落,重新进入斜升气流,又开始第二次升降。如此循环数次,小雹粒反复通过过冷水累积区,因此很快长大(形成冰雹一般只需 4～10 min)。当最强上升气流不能承托雹粒时便降雹。大雹一般降落在回波"墙"附近或"阵风前沿线"附近的后方。而小雹则可能降落在离"阵风前沿线"较远的后方或前方(图 6.25)。

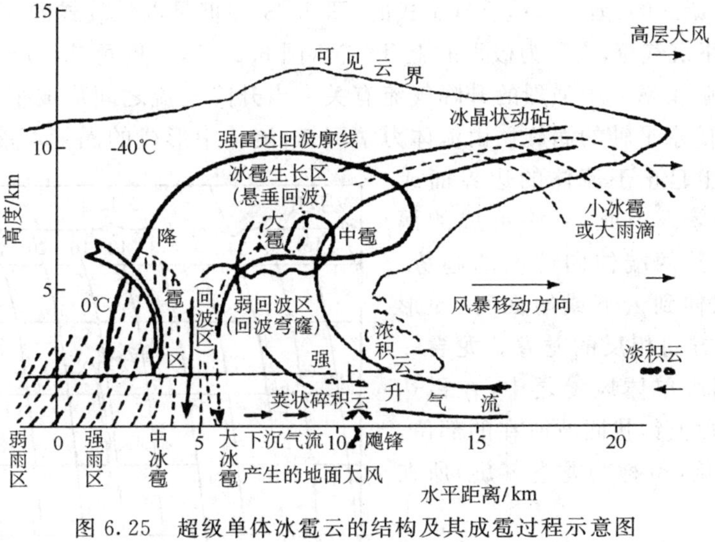

图 6.25　超级单体冰雹云的结构及其成雹过程示意图

(3)龙卷

龙卷是一种在强烈不稳定天气条件下,由空气强烈对流运动产生的强烈的小尺度大气涡旋,其外观表现为从对流云底延伸至地面的漏斗状云柱(图 6.26),它是一种强烈的旋转气流,伴有强烈的旋风,风力很大,中心极端风速可达 100～200 m/s。其中心气压很低(图 6.27),中心与外围之间气压梯度可达 2 hPa/m。它是一种具有极大的破坏力的灾害性天气系统。龙卷漏斗云轴一般是垂直的,但当风速垂直切变较大时,也有曲折或倾斜的。龙卷有时成对地出现,这时,两个龙卷的旋转方向正好相

图 6.26　龙卷的外观

反,一个是气旋式的,另一个是反气旋式的(图 6.28a),但是以气旋式的龙卷较为常见。龙卷中心为下沉气流,周围为极强的上升气流(图 6.28b),速度可达 50 m/s 以上。龙卷的形成与强雷暴云中强烈的升降气流有关。当升降气流之间形成很强切变时,就会发生强烈的水平轴的涡旋。由流体力学可知,流体中形成的涡管不能在流体内部中断,而只能起止于流体的边界面或形成闭合涡管。因此,云中形成的涡管通常有将其两端伸向地面的趋势。当它的两端伸到云下或地面时,便形成两个旋转方向相反的龙卷。龙卷一般发生在超级单体风暴之中,在雷达 PPI 回波照片上钩状回波所在的部位,即中尺度气旋(也称为龙卷气旋)所在之处。

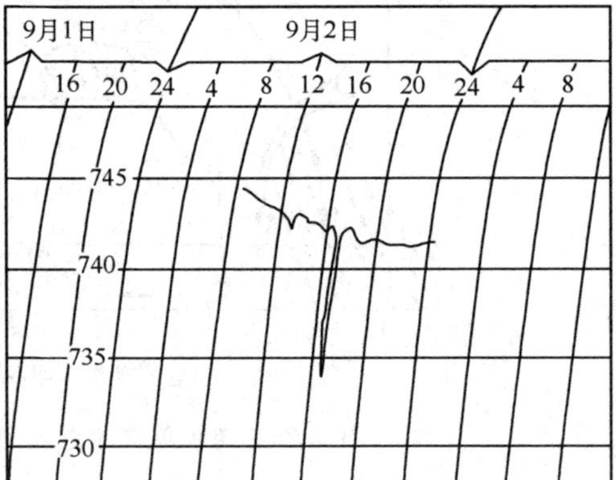

图 6.27　一次龙卷经过时的气压变化曲线
(测站距龙卷风中心 50～100 m)

藤田哲也(T. T. Fujita)根据龙卷的风速大小及破坏力和影响范围把龙卷的强度划分成 6 个等级,称为 F 等级和 EF 等级(改进的 F 等级)。EF 等级是目前国际上广泛使用的龙卷强度分级标准,中国国家标准《龙卷风强度等级》(GB/T 40243—2021)规定的龙卷的分级标准,与 EF 等级相对应,分为弱、中、强、超强四级。EF0～EF5 级中,EF0 为弱龙卷,EF1～EF4 分别为中-强龙卷,EF5 级为超强龙卷,具体标准如表 6.1 所列。据统计,各级龙卷的出现比例不同,如表 6.1 所列，大部分龙卷的强度小于 EF2，而 EF3、EF4 仅各占 3.4%和 0.7%，EF5 的出现比例则不到 0.1%，出现次数很少，但破坏力极大。我国发生的龙卷多数强度等级较低，但强度等级较高的龙卷也常有发生。例如 2016 年 6 月 23 日 14 时 20 分至 15 时由一个庞大的超级单体产生的龙卷袭击了江苏盐城市阜宁县，导致重大人员伤亡和财产损失，98 人死亡，846 人受伤，大量基础设施被毁。强龙卷还伴有冰雹、直线型雷暴大风和强降水。据事后灾情调查，确定此次龙卷路径长约 34.5 km，路径平均宽度约 2 km，最宽处约 4.1 km，最强灾害等级为 EF4。另外，如 2016 年 6 月 5 日发生在海南文昌地区的一次龙卷，以及 2019 年 7 月 3 日发生在辽宁开原地区的一次龙卷的强度都分别达到 EF3 和 EF4 等级。

观测事实表明，产生龙卷的雷暴云比别的雷暴云更高、更强。龙卷出现的概率和强度随着雷暴云的高度、强度而增大。一般认为，阵雨、雷电、冰雹、强飑、龙卷风这几种对流性天气现象所要求的积雨云的高度和强度，大致上是依次一个比一个地更大。这个事实也是我们预报各种对流性天气的基础。

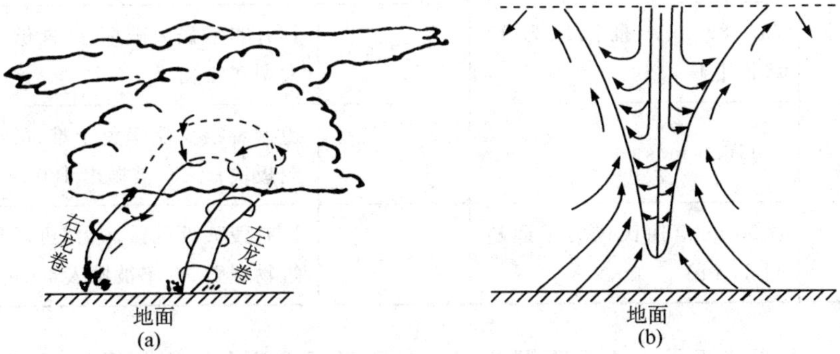

图 6.28　左、右龙卷(a)及龙卷中的气流分布(b)示意图

表 6.1　龙卷强度 F/EF 等级的划分

F/EF 等级	最大风速(m/s)/蒲福氏风级	发生比例	损失程度
F0	< 32.6 m/s		轻——树枝折断；烟囱损坏
EF0	29～38 m/s(蒲氏风力 11～13 级)	53.5%	只会造成轻微破坏，例如打翻小型建筑物或树木
F1	33～50 m/s		中等——小树折断；移动车辆推出路面

续表

F/EF 等级	最大风速(m/s)/蒲福氏风级	发生比例	损失程度
EF1	39～49 m/s(蒲氏风力 13～15 级)	31.6%	可能导致房屋和车辆受损，树木被连根拔起
F2	50.5～70.1 m/s		可观——大树拔起，房顶掀起
EF2	50～60 m/s(蒲氏风力 15～17 级)	10.7%	具有显著破坏力，可以摧毁建筑物的墙壁，将车辆抛离地面
F3	70.6～90.6 m/s		强——车翻转，屋墙内倒
EF3	61～73 m/s(17 级或 17 级以上)	3.4%	具有严重破坏力，能够完全摧毁建筑物的大部分结构
F4	92.5～116.2 m/s		毁灭性——房屋毁坏，车在地上打滚
EF4	73～89 m/s(蒲氏风力 17 级以上)	0.7%	具有非常强大破坏性，能够彻底摧毁大型建筑物
F5	>116.6 m/s		遭遇者很少能幸免于难；房子变成水泥板块；汽车被抛出 100 m 开外
EF5	>90 m/s(蒲氏风力远远超过 17 级)	<0.1%	具有毁灭性的破坏力，可以将整个建筑物摧毁，汽车被抛入空中

龙卷并非最小涡旋。在龙卷漏斗下有时还可形成几个更小的涡旋，称为“吸管涡旋”(图 6.29)。它们触地时便在地面上划出螺旋状的痕迹，被龙卷风暴破坏的散落物通常也呈螺旋状的分布。图 6.30 描绘了各种尺度涡旋的相互关系：在一个大尺度气旋中，可能发生几个中尺度气旋(龙卷气旋)；在一个中尺度气旋中，可能发生几个小尺度气旋(龙卷)；在一个小尺度气旋(龙卷)中，可能发生几个微尺度气旋(吸管涡旋)。

(4)下击暴流

当对流风暴发展成熟时，会产生很强的冷性下沉气流，到达地面时便形成风速达 17.9 m/s(8 级)以上的灾害性大风，Fujita 等把这种局地强烈下沉外流气流，称为下击暴流(downburst)。下击暴流对航空来说是一种危险天气。当飞机起飞或降落时，如果遭遇下击暴流就可能造成灾难性事故。

下击暴流的下沉气流通常伴随旋转，到达地面附近时，形成直线风水平辐散。触地后，还会向上卷扬起来，产生滚轴状的水平涡旋并将沙尘卷起(图 6.31)。下击暴

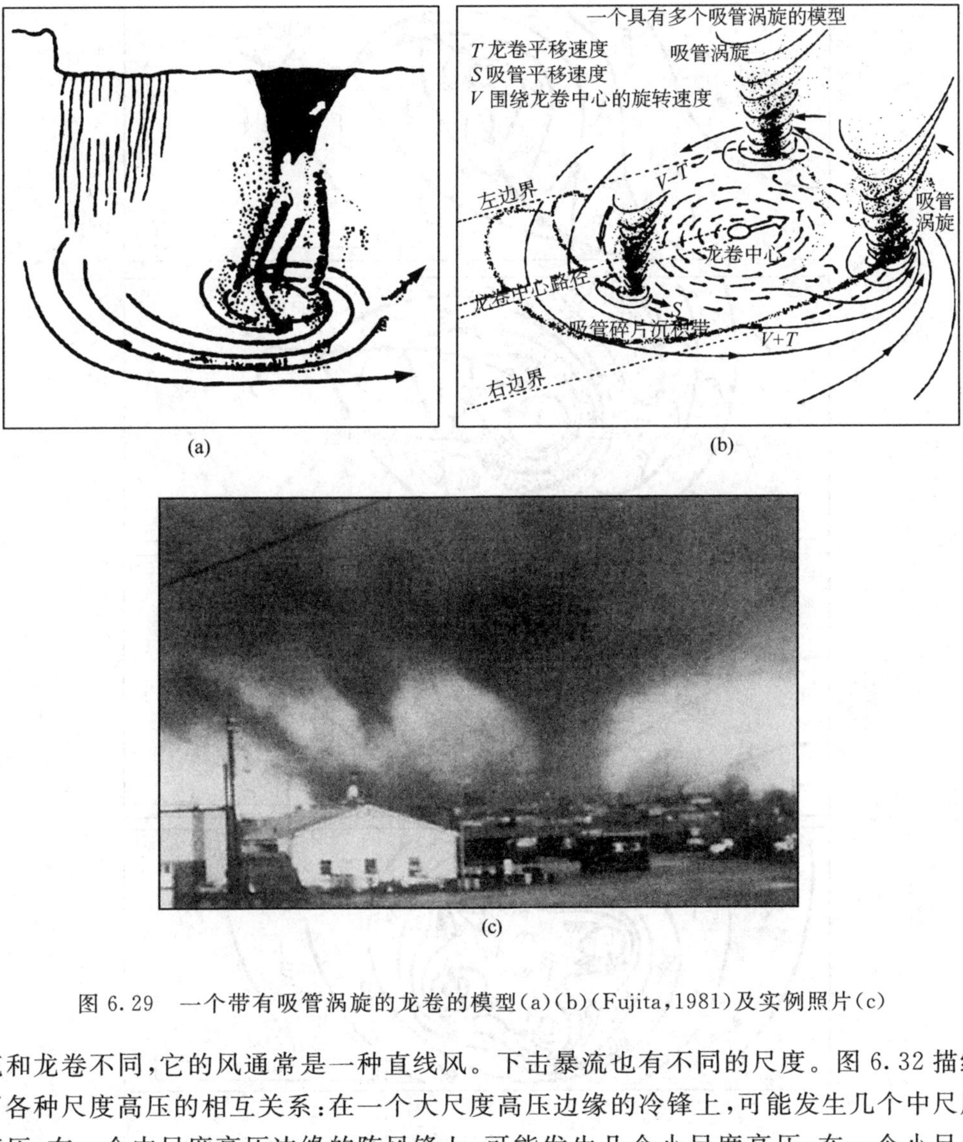

图 6.29　一个带有吸管涡旋的龙卷的模型(a)(b)(Fujita,1981)及实例照片(c)

流和龙卷不同,它的风通常是一种直线风。下击暴流也有不同的尺度。图 6.32 描绘了各种尺度高压的相互关系:在一个大尺度高压边缘的冷锋上,可能发生几个中尺度高压;在一个中尺度高压边缘的阵风锋上,可能发生几个小尺度高压;在一个小尺度高压边缘的下击暴流锋上,可能发生几个微尺度高压。在每个微尺度高压(暴流带)前沿会形成暴流带前锋。

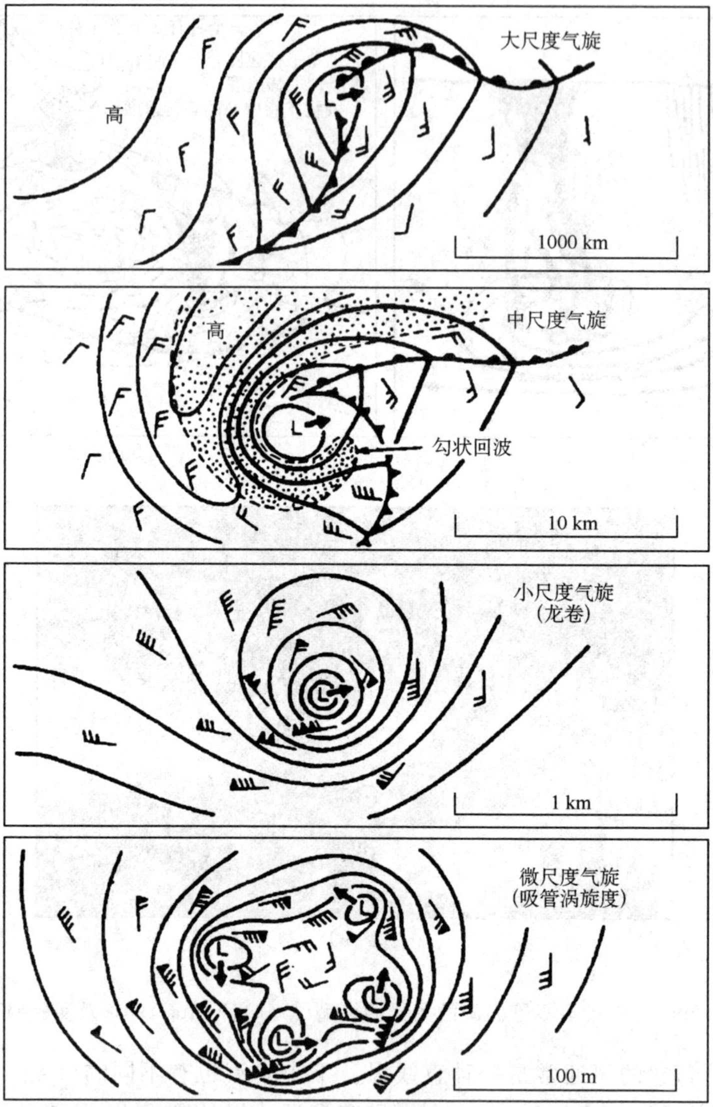

图 6.30 大、中、小、微尺度气旋的相互关系

(Fujita,1981)

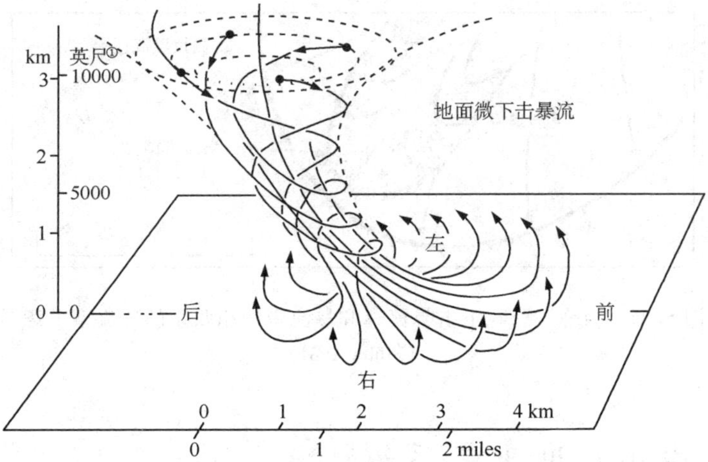

图 6.31 一个微下击暴流的三维结构图

(Fujita,1981)

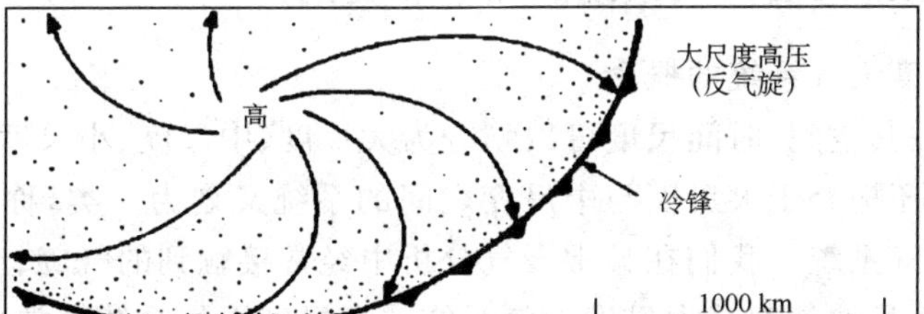

① 1 英尺=30.48 cm。

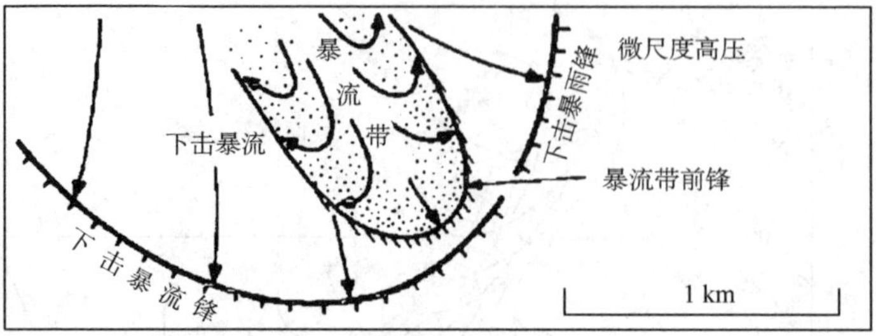

图 6.32 与锋、飑锋、下击暴流锋和暴流带锋相联系的气流型示意图
(Fujita,1981)

6.3 中小尺度天气系统

6.3.1 中小尺度天气系统的概念和类别

(1)中小尺度天气系统的概念

天气系统按其空间、时间尺度可以划分为大尺度、中尺度、小尺度三类天气系统。此外,人们通常还把介于大尺度与中尺度之间的系统又划为一类,称为中间尺度(或次天气尺度)天气系统。我们在日常天气分析中经常接触到的气旋、反气旋、锋面、台风、高空槽(脊)、长波等都是大尺度天气系统。大尺度天气系统通常也称为天气尺度系统。它们的水平尺度一般都在几百至几千千米,生命期常达一天至几天。大气中还有一类空间尺度较小、生命期较短的天气系统叫作"中、小尺度天气系统"。中尺度系统(简称中系统)的水平范围大约在十几千米至二三百千米,生命期约为 1 h 至十几小时。小尺度系统(简称小系统)的水平范围只有几十米至十几千米,生命期只有几分钟至 1 h。关于天气系统的尺度划分方法很多,自 20 世纪 70 年代中期以来,比较普遍地采用 Orlanski(1975)提出的尺度划分方案。按他的方案,水平尺度在 2 km 以下的系统称为小尺度系统,2～2000 km 的称为中尺度系统,2000 km 以上的系统称为大尺度系统。小尺度系统进一步分成三个等级:2～20 m 为 γ 小尺度,20～200 m 为 β 小尺度,200～2000 m 为 α 小尺度;中尺度系统又可分为三个等级:2～20 km 称为 γ 中尺度,20～200 km 称为 β 中尺度,200～2000 km 称为 α 中尺度(相当于中间尺度或次天气尺度系统)。大尺度系统则可分为 2 个等级:2000～10 000 km 称为 β 大尺度(也叫作天气尺度),10 000 km 以上称为 α 大尺度(也叫作行星尺度)。由上可见,中尺度系统的跨度为 2～2000 km,所以小至一个普通雷暴单体,大至一个热带风暴或台风都属于中尺度系统的范畴。不过我们通常所说的"典型中系统",主要是指 β 中

系统。

(2)中小尺度天气系统的类别

在实际大气中存在着各种各样的中尺度大气环流系统，它们的结构、性质、成因等各不相同。可以从不同角度来对中尺度大气系统进行分类。

按中尺度大气系统形成机制分类，一般可将常见的中尺度大气系统分为五种类型：①由地形机械强迫引起的中尺度环流，例如山脉波、背风波、下坡风、尾流环流等；②由地形热力强迫引起的中尺度环流，例如海陆风、热岛环流、山谷风等；③由自由大气稳定振荡引起的中尺度环流，例如，重力波、开尔文一亥姆霍兹波等；④由大气斜压性驱动的环流，例如高、低空急流、锋面横向次级环流等；⑤由非绝热加热驱动的环流，例如局地强风暴、中尺度对流复合体、飑线、中尺度锋面雨带、龙卷、台风、垂直或倾斜对流等。

按中小尺度大气系统在气象要素场(气压、温度、湿度、风、降水量等)上的分布特征分类，则便有中小尺度高压(脊)、低压(槽)，以及中小尺度气旋、反气旋、波动气流、湿舌、锋、切变线、辐合线、气压涌升线、阵风前沿线、不连续线、不稳定线、中尺度雨带、雨团等名称。

按卫星、雷达特征，又有 α 或 β 中尺度云团(带)或回波团(带)等名称。

一般把具有旺盛对流运动的中尺度系统称为中尺度对流系统。关于中尺度对流系统的类型、结构和天气已在上一节中作了简要介绍和讨论，这里不再重复。在本节中我们将进一步讨论与中尺度对流系统紧密联系的中尺度气压场和流场系统。其中主要讨论飑中系统和中尺度低压(气旋)系统这两类中尺度系统。此外也将简要介绍锋面附近的中尺度雨带等系统。

6.3.2 飑中系统

(1)飑中系统的特征

在气象要素场上和飑现象相紧密联系的中尺度系统统称为飑中系统，它包括雷暴高压、飑线、飑线前低压和尾流低压等。它们经常出现在强风暴天气过程中。例如，1974 年 6 月 17 日的特大风暴过程中，就有飑中系统。

下面我们就以这次天气过程为例，来说明飑中系统的结构特征和发生、发展的过程。从中尺度天气图上可见，该日 08 时以前，山东半岛有一冷锋前的中尺度暖性低压，并有风向切变，08 时前后在切变线东段发生雷暴，随之出现雷暴高压。此后该雷暴高压不断向南推移并加强。20 时前后达到最强盛(图 6.33)，然后很快趋于减弱。雷暴高压(脊)是一个中尺度的冷性高压(脊)，高压内有强烈辐散，其前部压、温、湿水平梯度很大，等值线密集，这个地带叫作“飑线”或“飑锋”。它是第一节中所说的飑线风暴云带(回波带)的前沿线，从要素场来看，它也具有“阵风前沿线”(阵风锋)、“风向切变线”“气压涌升线”“气象要素不连续线”或“不稳定(不安定)线”等特征。不过这些名称本身只反映某种气象要素场的特点。飑线沿线天气非常猛烈,沿线会同时发生“飑”的现象,暴雨、冰雹、龙卷等激烈天气也都出现在飑线附近或雷暴高压的前半部。

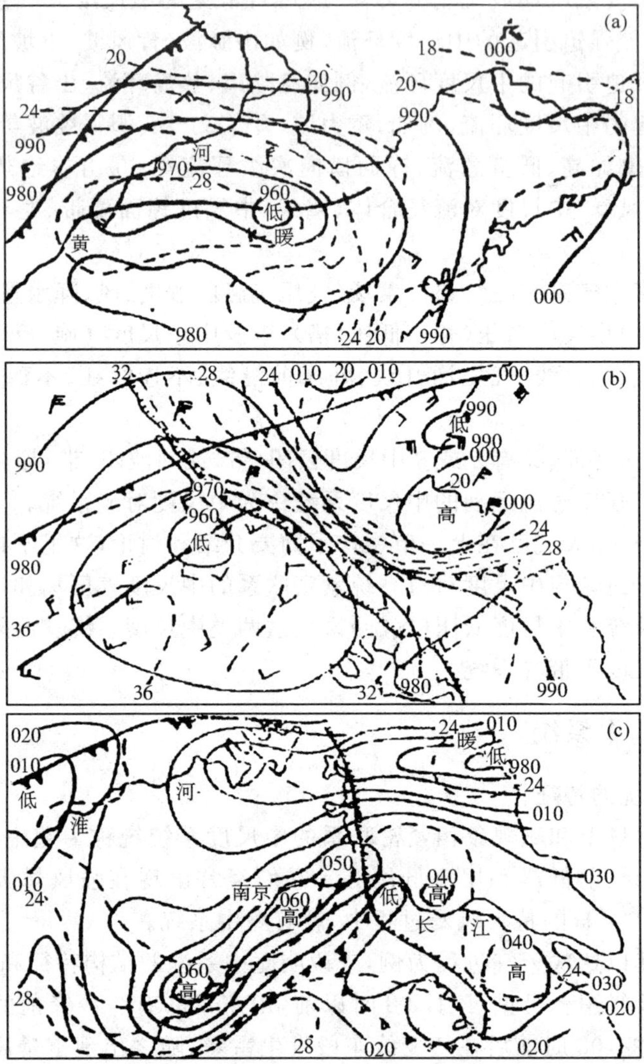

图 6.33 1974 年 6 月 17 日 08 时(a)、14 时(b)、20 时(c)的中尺度地面天气图

(寿绍文 等,1978)

(2)飑中系统的背景和生命史

飑中系统可以发生在冷锋前或暖锋后的暖气团中，也可以发生在冷锋后或暖锋前的冷气团中，或发生在冷(暖)锋上。飑中系统的生命史大致可分四个阶段。

① 初始阶段。范围较小的中高压开始出现。

② 发展阶段。中高压水平尺度增大，其前缘形成明显的飑线。

③ 成熟阶段。阵雨达最大强度，或出现其他激烈天气。中高压后头出现中低压(一般称其为“尾流低压”)，有时中高压前头也会出现中低压(叫作“飑线前低压”)。

④ 消散阶段。中高压减弱，阵雨分散，最后中高压减弱，中低压填塞(图 6.34)。

处在不同发展阶段的飑中系统影响测站时，测站的气压自记曲线上的“雷暴鼻”(也叫作“高压泡”)会出现不同的形式，如图 6.35 所示。

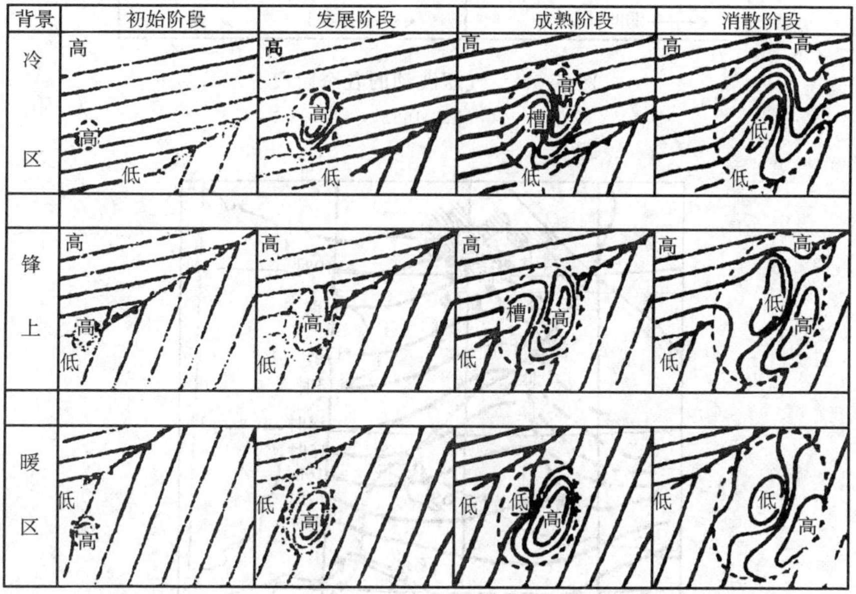

图 6.34　发生在不同基本气压场上的飑中系统的各个阶段的特征

(锋面符号不是表示静止锋，而是表示它可以是冷锋、暖锋或静止锋)

(Fujita，1963)

(3)飑中系统的移动

飑中系统生成后，会有规律地向前移动(图 6.36)，飑线上单体移动的方向基本上与 850～500 hPa 的平均风向一致，有时略偏右。另外，飑线还有向着最不稳定地区移动的趋向。飑线的移速取决于大尺度天气形势及有关要素分布和中尺度雷暴高压的强度以及地形的影响。一般在高空风速较大、雷暴高压很强以及没有大河、大湖及山脉阻挡的平坦陆地上,飑线移动较快。

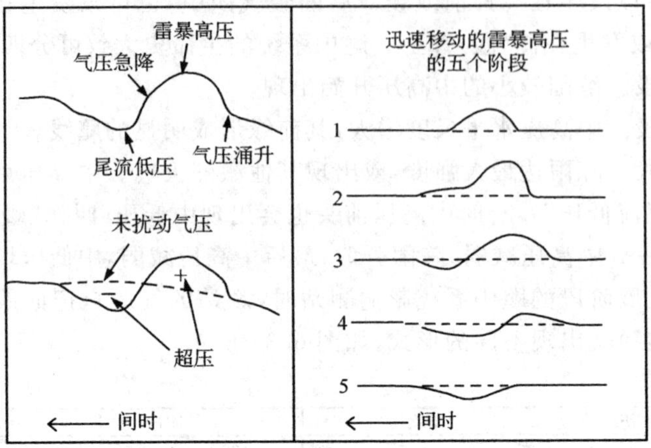

图 6.35 气压波动的各个阶段

(Fujita,1963)

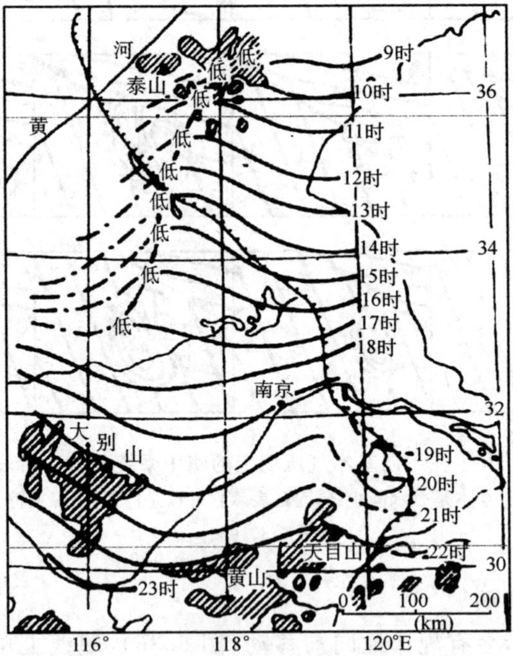

图 6.36 1974 年 6 月 17 日的飑线动态图

(寿绍文 等,1978)

(4)飑线和锋面的区别

图 6.37 是飑线的垂直剖面，飑线处在风暴云下冷空气的前沿，具有类似于冷锋的空间结构。由地面图和空间剖面图可见，飑线和锋面酷似，它们都是冷暖空气的分界面，乍一看飑线就像一条冷锋，但它和冷锋还是有明显的区别。首先，锋面是气团的分界面，而飑线则是在同一气团中形成和传播的中系统；其次，从要素变化的激烈程度来看，飑线比锋面更为剧烈；再次，飑线是中尺度系统，其长度一般只有几百千米，生命期约十几小时，而锋面是大尺度系统，其长度可延伸达千余千米，生命期可达几天。因此，飑线既与锋面相像，但又不全像，故有“假(伪)冷锋”之称。

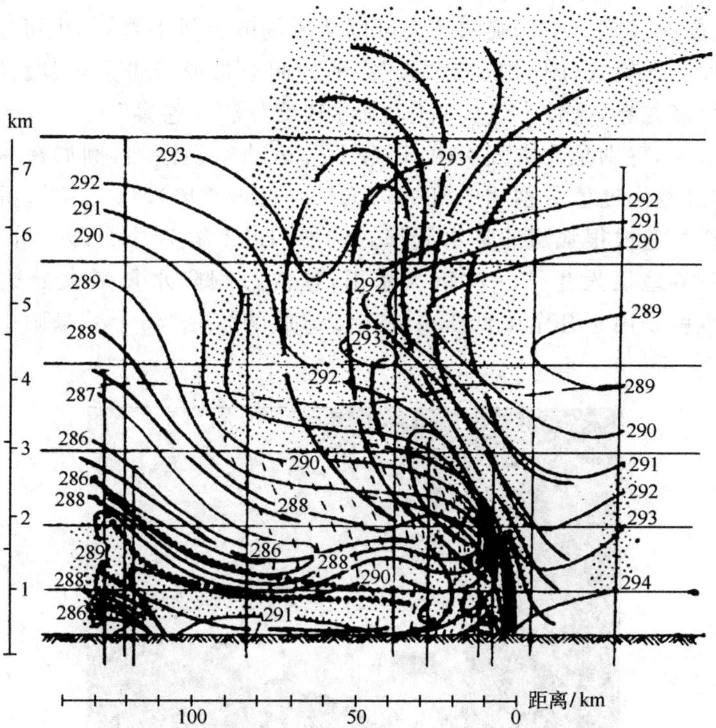

图 6.37　飑线的垂直剖面

(剖面沿与飑线相正交的方向；矢线表示流线；细实线为 θw 等值线；点线表示稳定层的上下界，稳定层上部为相对干区；阴影区表示云区)

(Newton *et al.*, 1959)

6.3.3 中尺度低压系统及中层对流涡旋

(1)中尺度低压和气旋

在中尺度天气图上，可以分析出一些水平尺度为几十千米至二三百千米的小型低压，这些低压叫作中尺度低压系统。中尺度低压系统主要有两类：一类叫“中低压”，另一类叫“中气旋”。这两种中系统在气压场上都是低压，其主要区别是在风场上前者没有明显的气旋式环流，而后者则有闭合的气旋式环流。中低压往往是由局地增热而造成的，一般出现在山脉的向阳坡上。锋前暖区中常常由于局地增热、摩擦辐合等作用而造成中尺度低压。当中低压加强，并在其中产生围绕中心的气旋式环流时，就发展成中气旋。中气旋的环流可以从风场的分析中看到，也可以从雷达和航空或卫星照片上螺旋式(图 6.38)或“人”字形的回波带或云带上得到反映，有的中气旋中会产生很多龙卷，这种中气旋叫作“龙卷气旋”或“龙卷巢”。

在中低压内，特别是在中气旋内，辐合上升运动特别强烈，例如在一次中气旋的中心附近，散度及涡度值分别达 $-280\times10^{-5}\ s^{-1}$ 及 $+340\times10^{-5}\ s^{-1}$，所以在中低压或中气旋中往往造成很强烈的降水天气。例如，1972 年 7 月 1 日 8 时至 3 日，安徽省的淮北到滁县地区发生了一次特大暴雨，这次过程降水量最大处达 596.9 mm。这次暴雨过程就是由十几个中低压系统连续造成的。在“63・8”暴雨中也有中气旋的频繁活动。

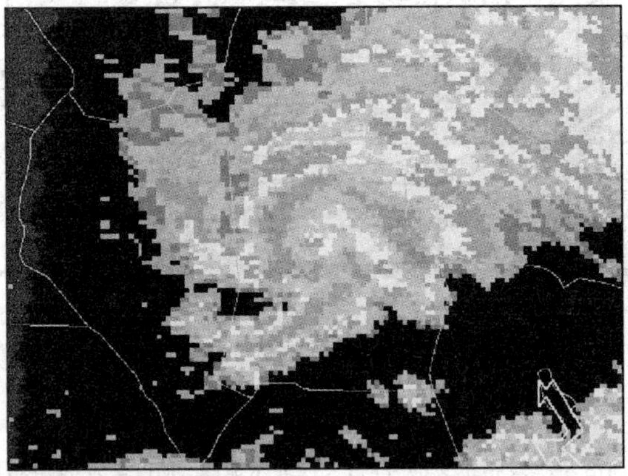

图 6.38　一个发生在龙卷性超级单体中的飓风状的中尺度气旋雷达回波图

(2)中尺度对流涡旋(MCV)

在前面的讨论中已提到过，在 MCC 或飑线系统层状云区对流层中层会形成一个中尺度气旋性涡旋，一般称为中层气旋性涡旋或中尺度对流涡旋(MCV)。这些在中尺度对流系统(MCS)的层状区域内产生的中尺度涡旋的生成最初是在热带 MCS 中受到关注的。然而,以后的研究表明,它在中纬度的 MCS 中更加显著。在天气分析、卫星和雷达分析以及数值模拟研究中都指出,中层中尺度对流涡旋一般发生在 MCC 或飑线系统的成熟和后续阶段中。通过在可见光卫星图像中老的 MCS 残余的中层云斑中识别出 MCV 的螺旋带状结构。结合探空资料,可以发现较弱的气流,较弱的垂直切变,较弱的背景相对涡度以及较强的湿度梯度有利于 MCV 的形成。

MCV 一般形成在中尺度对流系统层状区的最大辐合高度上。在低层可能具有一种类似于大尺度锋面气旋的特性。中层有以正位势涡度异常(亦即 MCV)为特征的暖核涡旋,高层则有负位势涡度异常,MCV 处于一个冷堆之上(图 6.39)。冷堆可能由与 MCS 有关的降水物蒸发及融化所形成。通过涡度收支分析表明,中层涡旋可能由环境涡度的输入以及由 MCS 本身的涡度扰动所造成。经历一个不均衡对流的阶段之后,MCV 暖核涡旋可能达到一种准平衡状态。因而,在一些情况下,MCS 可以预期有长生命期涡旋的发展,反过来,这种涡旋又可以支持新的 MCS 发展。由于 MCV 可能推动新的对流,从而可以延长 MCS 的总生命期。

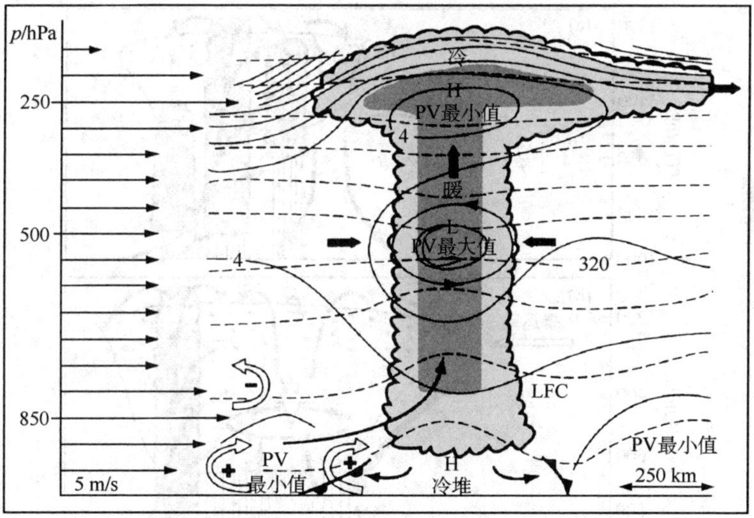

图 6.39　一个与 MCS 有关的中尺度暖核涡旋的结构和再发展机制示意图

(Fritsch *et al.*,1994)

中层涡旋 MCV 通常为暖核涡旋,但有的研究认为,MCV 有时为冷核涡旋。通过多普勒雷达资料分析,表明在中纬度 MCS 中的气旋性涡旋包含两个互相缠绕的气流:北侧有一个上升的暖气流,而南侧有一个下沉的冷气流。这说明,中层涡旋并不总是可以分类为单纯的暖核或冷核的。一些研究聚焦在环流的冷支流上,而有的研究则强调了涡旋的饱和暖支流。然而,三维分析显示,非饱和下沉后部入流事实上是气旋式地围绕涡旋中心流动的,并且是与围绕涡旋中心流动的暖的饱和空气缠绕在一起的。

图 6.39 中,沿着纵坐标的细箭头表示环境风分布,带有正号或负号的空心箭头表示由冷堆和环境的垂直风切变制造的垂直于横截面的涡度分量。粗实线箭头表示由涡强度分布产生的上升气流轴。锋面符号表示出流的边界。虚线为等位势温度线(间隔5 K),而实线是等位势涡度线(间隔 2×10^{-7} $m^2/(K^{-1}\cdot s\cdot kg)$)。系统以大约为5～8 m/s 的速度,从左向右传播,并且正在被低空急流中的高相当位温的空气赶超。超越涡旋的等熵面的上升空气,到达它的自由对流高度(LFC),并且因此而启动深对流。阴影指示云区。

图 6.40 是具有前导对流线和尾随层状区的中尺度对流系统的结构示意图。由图 6.40 可见,在尾随层状区的中下部也有一个中尺度涡旋,这个涡旋一般产生在对流系统的成熟阶段。

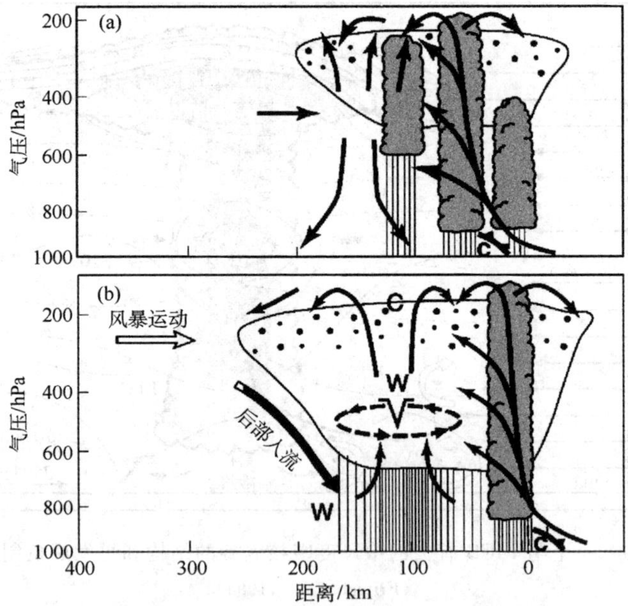

图 6.40 具有前导对流线(阴影)和尾随层状雨区(轮廓线)以及相联系的中尺度涡旋的中尺度对流系统(MCS)的结构示意图

(a)初始阶段;(b) 中尺度涡旋产生阶段

(实箭头代表中尺度环流;阴影箭头指示后部入流;W 和 C 分别表示正负温度距平区;V 和虚箭头表示中层中尺度涡旋)(Chen *et al.*,1993)

6.3.4　锋面附近的中尺度雨带

20 世纪 60、70 年代以来，通过降水量场和雷达回波的分析发现，在锋面气旋附近存在中尺度雨带。可以将它们粗分为 U 型、L 型和 D 型三类。出现在对流层中上层的浅层对流称为 U 型，出现在对流层低层的浅层对流称为 L 型，而从低层一直伸展到高层的深厚对流则称为 D 型。其中 U 型可进一步细分为暖锋雨带、锋前冷涌雨带（暖区雨带）和冷锋雨带。它们分别为出现在气旋的暖锋上、暖区中和冷锋上的中尺度雨带（图 6.41）。它们宽约几十千米，长约几百千米，属于 β 中尺度范畴。它们可能由很多较小的对流单体组成。

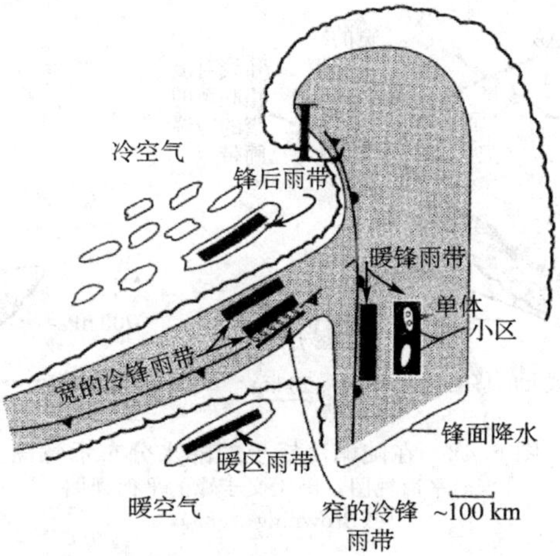

图 6.41　与成熟的温带气旋相联系的 U 型中尺度雨带
（包括暖锋雨带，暖区雨带，冷锋雨带（宽的及窄的），锋前和锋后雨带等）
（Houze，2014）

关于中尺度 U 型雨带的生成一般可以用条件性对称不稳定机制来解释。所谓对称不稳定是指轴对称运动的不稳定性。当轴对称运动随时间增强时称为对称不稳定，相反当轴对称运动随时间减弱时则称为对称稳定。所谓条件性对称不稳定是指对干空气为对称稳定的，而对饱和湿空气为对称不稳定的情况。可以把中尺度 U 型雨带看作是以雨带走向为对称轴的轴对称环流增强，即条件性对称不稳定发展的结果。条件性对称不稳定有很多种判据，主要有湿里查森数 $(Ri)_W<1$，湿位涡 $q_W<0$，以及 $S<0$（其中，$S=\frac{\zeta_a}{f}-\frac{1}{R_i}$，$\zeta_a$ 为绝对涡度，f 为地转参数，Ri 为里查森数）等。

L 型中尺度雨带可细分为暖区小雨带（包括横向和纵向的小雨带）和窄的冷锋雨带（线元）两类。除了暖区小雨带外，还有一类 L 型雨带，即狭窄的冷锋雨带。这类雨带以非常狭窄的线对流的形式出现，它们在雷达回波图上表现为一条狭窄的强回波带。线对流常常破碎成一系列的线元,每个长约十几千米至几十千米。从天气现象看,它们表现为狭窄的暴雨带,并常常伴有小冰雹,有时伴有龙卷。这些小雨带一般只有 3 km 左右宽,并有明显的边界。它们是浅薄系统,主要位于 700 hPa 以下(图 6.42)。由于它们常常嵌在深厚的层状降水区中,因此不易在卫星云图上察觉。只有当它们处在层状降水区边缘时才能见到。线元和裂缝通过时天气表现非常不同,前者引起强风暴雨,气象要素急剧变化;但后者一般只能引起轻微降水,气象要素的变化也较平缓。线对流元两侧风速切变很大,有时这种切变气流能在线对流的很长部位上保持稳定。但是,线对流有时会卷曲起来,因而可以观测到轮廓分明的涡旋(图 6.43)。在这种小涡旋处有时便会造成龙卷等强烈天气的发生。线对流元两侧分别

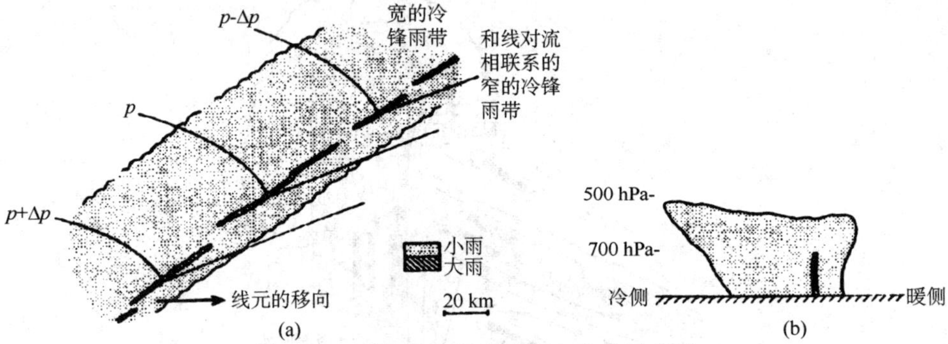

图 6.42 在陡峭冷锋上的降水分布示意图

(a)平面视图;(b)正交于锋的平面视图

(Browning,1983)

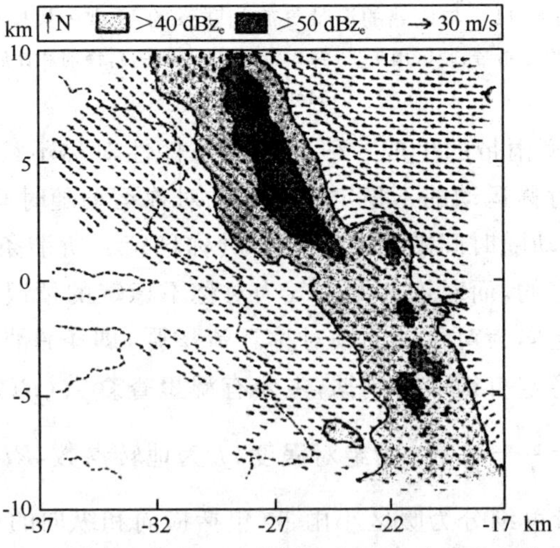

图 6.43 指示相对于线元运动的低空急流以及显示在线元之一的北端位置上的一个涡旋的平面截面

(点区代表与线元内的强降水相联系的强雷达回波区)(Carbone,1982)

为低空急流和锋后偏北气流(图 6.44)，所以有很大的风速切变。有时这种切变气流能在线对流的很长部位上保持稳定。它造成冷锋附近的狭窄的强对流带，即线对流(图 6.45)。有时则使水平切变破坏和涡度集中，造成小涡旋。造成这种现象的机制称为亥姆霍兹不稳定。这种不稳定一般发生在风速切变较大、满足条件 $Ri \leqslant 0.25$ 的情况下容易发生。

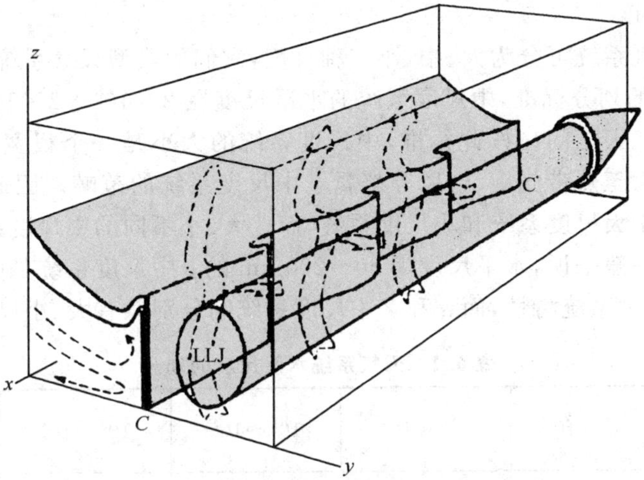

图 6.44　与沿低空急流左侧的线对流相联系的气流示意图

(CC 表示卷绕的冷性流出气流的前沿线；LLJ 表示低空急流)

(Browning, 1970)

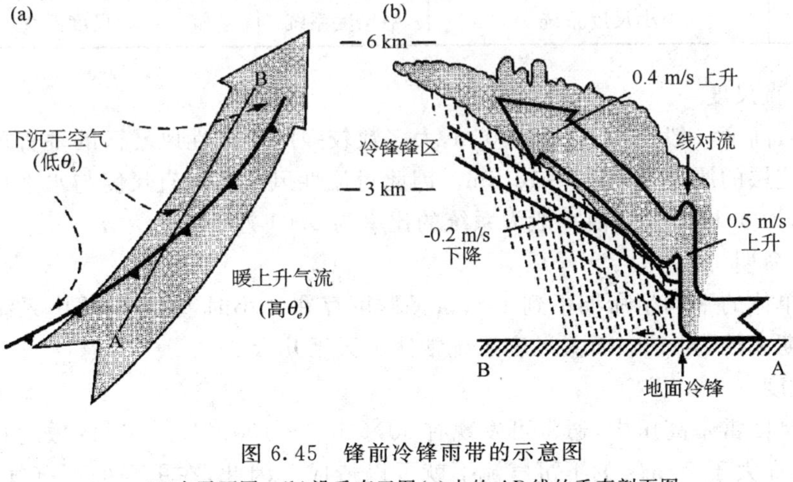

图 6.45　锋前冷锋雨带的示意图

(a)水平面图；(b)沿垂直于图(a)中的 AB 线的垂直剖面图

(虚线表示降水；虚箭头线表示干冷气流；宽箭头表示流入和穿过云区的暖湿气流)

(Browning, 1970)

6.3.5 中小尺度扰动的特征

上面介绍了各种中小尺度天气系统。已经指出它们和大尺度天气系统不论在空间、时间尺度或是在各种气象参数的量级上都存在显著的差别。现将中小系统的特征归纳为几个方面与大系统的特征作一比较。

(1)水平尺度

传统上天气系统可分为大、中、小三种尺度,它们的典型天气系统如表 6.2 所示。但按 Orlanski 的划分标准,中尺度系统的水平尺度在 $2\times10^0\sim2\times10^3$ km,时间尺度在几十分钟至几天之间。按此标准,中尺度系统的大小是一个很宽的范围,小至积云、雷暴单体,大至热带气旋、台风等都属于中尺度系统的范畴。因此中尺度系统的性质不仅区别于大尺度系统和小尺度系统,而且大、小不同的中尺度系统之间也具有性质的差别。一般来说,水平尺度为 20～200 km 的 β 中尺度系统是中尺度系统的核心,具有典型的中系统特性,而 α 和 γ 中尺度系统则分别兼有大、小尺度系统的特性。

表 6.2 天气系统水平尺度的划分

水平尺度/km	$10^{-1}\sim10^0$	$10^0\sim10^1$	$10^1\sim10^2$	$10^2\sim10^3$	$10^3\sim10^4$
天气系统	尘卷 龙卷	积云 雷暴单体	中低压 中气旋 (龙卷气旋) 飑中系统	台风 气旋 反气旋 锋面	长波 阻塞系统
尺度划分	小尺度系统		中尺度系统	大尺度系统	

(2)垂直尺度

积雨云高度一般在 4000～5000 m,大多数较强的对流性风暴云的垂直尺度都达到整个对流层的厚度,即为 7～18 km。因此对流性风暴的垂直尺度与水平尺度的比率很大,约为 0.1～1.0。而一般大系统的比率为 0.01 左右。

(3)生命期

雷暴单体的平均生命期不到 1 h,雷暴群可存在几小时,较强的飑中系统等中系统的生命期大约为 12 h,而大尺度系统常达一天至几天。

(4)散度

在中尺度雷暴高压中,通常可发现有 $50\times10^{-5}\sim100\times10^{-5}\ s^{-1}$ 的散度。这样大小的散度,在大于 2 m/s 的下沉气流下就可以造成。因此,在更强的下沉气流下,散度可以高达 $1000\times10^{-5}\ s^{-1}$。在龙卷气旋内,还发现有几倍于 $10^{-2}\ s^{-1}$ 的散度。

(5)涡度

在中高压和中气旋中,涡度和散度的大小比率近似等于 1。

(6)垂直速度

在雷暴云的上升气流中,10 m/s 的上升速度是常见的。特强的上升气流可达 60 m/s以上。雷暴云的下沉气流强度可达同等量级。大尺度系统中垂直速度仅为每秒几厘米。由于降水率与垂直速度成正比,因此在水汽条件相同的情况下,中小尺度系统对产生强降水的贡献更直接。特别是中尺度系统,既有较强的垂直速度,又有较长的生命期,因此中尺度系统对产生暴雨的贡献更直接。

(7)气压梯度

沿着一条和飑中系统相联系的气压涌升线可以发现有 1～3 hPa/km 的气压梯度。在气压涌升线后头,地面风通常是垂直于等压线方向的。

(8)地转偏向力

由于尘卷及部分小龙卷的直径极小,因此地转偏向力对其影响很小,它的旋转运动主要取决于离心力和气压梯度力的平衡。所以,它们的旋转可以是气旋式的,也可以是反气旋式的。但是对较大的中系统,就要考虑到地转偏向力的影响。在北半球观测到的最大的反气旋式中低压的直径仅仅只有 16 km 左右。由于对中小尺度系统而言,地转偏向力作用较小,不遵守地转风规则,所以通常应用于大尺度系统的分析规则,不适用于中小尺度系统的分析。

(9)非静力平衡

在旺盛的对流云内,空气不符合静力平衡的假定。浮力可以使气块产生很大的垂直加速度。

6.3.6　中尺度天气分析方法

分析研究中尺度天气系统的方法叫作中尺度天气分析(简称中分析)方法。由于中小尺度天气系统范围小、变化快,因此对它们的分析方法和对大尺度系统的分析方法不同,工具也有所不同。下面对中分析方法作一简要介绍。

(1)资料来源及处理方法

①中尺度系统的地面观测网。中系统的生命期一般为几小时至十几小时,活动范围为几百千米,系统本身的空间尺度为几十千米至二三百千米。因此“捕捉”中系统的观测网测站间距不能太大,两次观测之间的时间间隔也不能太长。否则中系统往往会成为“漏网之鱼”。一般可取测站间距为 10～30 km,观测时间间隔为 1 h 左右。同时应布置数量上足够而质量上较为精密的自记仪器(如风、压、温、湿等自记仪)。最好布置比较密集的自动气象站网,进行时、空连续观测。另外观测网的范围要有相当面积,范围太小了不行,因为那样可能把中系统发展、演变过程中的一部分

或甚至全部漏掉。中系统的观测网一般要有大约六七百千米以上的范围。观测网可以采取大网套小网的方式,即在大尺度观测网中布置中尺度观测网,再在中尺度观测网中布置若干个小尺度观测网。

②中分析所用的资料及其处理。如同大尺度天气分析一样,中分析也要对各种气象要素(如气压、气温、湿度、风、云、降水等)进行分析。但是,作中分析时要求对各种气象要素进行更为细致的分析,这是因为中系统引起的气象要素变量(扰动量)是不大的,例如气压变化只有零点几到几个百帕。这就首先要求资料本身是正确可靠的,否则就会造成虚假的中小系统或把实际存在的中小系统漏掉。为了使资料正确,必须对资料进行一定的处理。对气压和温度资料误差订正的最简便的方法是以海拔高度测量准确、仪器设备精良及观测质量较高的台站观测记录为基准,通过历史资料来求得各站的误差,然后加以订正。在作降水量分析时,要充分利用不同来源(包括气象或水文台站)的雨量资料。但这些资料往往规格不齐,有的是 24 h 雨量,有的是 6 h 或 1 h 雨量。在分析每小时降水量或系统降水量时要用间接推算的方法来对所有测站求得这些资料。这里介绍常用的推算方法。

(i)每小时降水量的求法:首先将凡有每小时降水量记录的测站,求出其每小时降水量(R_1)占 24 h 总降水量(R_{24})的百分率 $r(r=R_1/R_{24})$;其次,用百分率 r 值填图,分析等百分率线,从图上用内插法求出其他各站的每小时降水量占 24 h 总降水量的百分率;再次,由各站各时的百分率 r 及 24 h 总降水量 R_{24},间接推算各站各时的降水量 $R(R=R_{24}\times r)$。用类似的方法还可求出每 10 min 降水量等。

(ii)系统降水量的求法:系统降水量的求法与求每小时降水量的方法也相类似。其具体步骤是,首先根据实际资料累计得出各站的过程总雨量为 $R_1',R_2',R_3',\cdots$;其次,根据有降水起讫时间观测的台站的资料给出这些站的由某一系统造成的降水量为 $R_1,R_2,R_3,\cdots$;再次,算出该系统降水量与过程降水量的比率:

$$r_1=\frac{R}{R_1'},\ r_2=\frac{R}{R_2'},\ r_3=\frac{R}{R_3'},\ \cdots$$

然后,分析百分率分布图,内插求得各站的百分率;最后,设某站的百分率(由内插读得)为 r_0,则在该站由于该系统所形成的雨量 R_0 便为:

$$R_0=R_0'\times r_0$$

式中 R_0' 为该站过程总雨量。

(2)地面中尺度天气图的分析

①地面中分析的基本项目和基本原则。地面中尺度天气分析的基本图包括气压分布图(根据风和气压分析)、温度分布图、降水量图、云和对流性天气分布图、总能量分布图等。

在作中分析时,有三条基本原则。第一条是保持每小时图上天气形势的合理的历史连贯性(对于演变较快的系统则尚需用每 10 分钟或每 30 分钟图来表现其历史连贯性);第二条是注意各种图的配合,即各种气象要素之间的合理关系;第三条是纯粹的局地性现象可以光滑掉。

② 气象要素的时间—空间转换。气象要素只有通过自记仪器才能进行完全连续的观测和记录,许多重要的中小尺度扰动(如雷暴高压、中尺度低压、龙卷等)都只有自记仪器才能正确地对其进行记录。作中分析时,可以利用气象要素在自记曲线上反映的变化来了解气象要素的空间梯度。将气象要素的时间变化转换成空间分布的方法叫作"时间—空间转换"(简称"时空转换")。由于一般台站网的观测难以做到在空间上完全连续的观测,因此要了解中系统的正确的空间结构常常必须应用"时空转换"的方法。

(i)时空转换的原理:设系统的移动速度为 $\boldsymbol{C}$,则对某气象要素 A 应用:

$$\frac{\delta A}{\delta t}=\frac{\partial A}{\partial t}+\boldsymbol{C}\cdot\nabla A$$

若系统本身变化缓慢,则

$$\frac{\delta A}{\delta t}\approx 0,\ \frac{\partial A}{\partial t}=-\boldsymbol{C}\cdot\nabla A=C\frac{\partial A}{\partial S}$$

式中$\frac{\partial A}{\partial S}$为气象要素沿系统移动方向的变化率。由上式可知,若已知系统移向、移速,则可将单站要素的时间变化转换成空间分布(图 6.46)。其中$\frac{\partial A}{\partial t}$可由要素自记曲线求得。

(ii)时空转换的操作方法:具体进行时空转换时,可采取以下步骤:先作出间隔 1 h 的气压涌升点等时线(设为 t_{-1},t_0,t_{+1},如图 6.47 所示);量出等时线间的距离。如图 6.47 中 t_{-1} 至 t_0 为 S_1(单位:km),t_0 至 t_{+1} 为 S_2(单位:km)。于是可知,在 t_{-1} 至 t_0 的时段中,系统移速为 S_1(单位:km/h),在 t_0 至 t_{+1} 的时段中,系统移速为 S_2(单位:km/h),假定系统沿垂直于等时线的方向移动。则通过甲、乙、丙三站各作等时线的垂线,成为时间轴,方向与系统移向相反。此时,时间轴上$\overline{t_{-1}t_0}$的长度相当于在 t_{-1}到 t_0 时段内,系统移过的空间距离 S_1;而$\overline{t_0t_{+1}}$的长度则相当于系统在 t_0 到 t_{+1} 时段内移过的距离 S_2。这样一来,如果在系统移动过程中系统内要素 A 的分布不变,则某站 t_{-1}时刻自记记录上的 A 值(A_{t-1})就是 t_0 时刻该站前方 S_1 距离处的 A 值;而该站 t_{+1}时刻的 A 值(A_{t+1}),就是 t_0 时刻该站后方 S_2 处的 A 值(图 6.47);将各站自记曲线(经海平面订正)上的 t_{-1}到 t_{+1}时段内每隔一刻钟的读数填写在时间轴上,就得到要素 A 的空间分布。然后就可进行等值线分析。

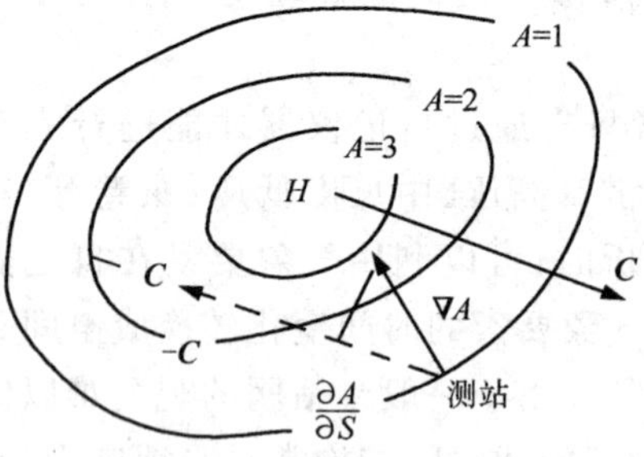

图 6.46 系统与测站的相对运动

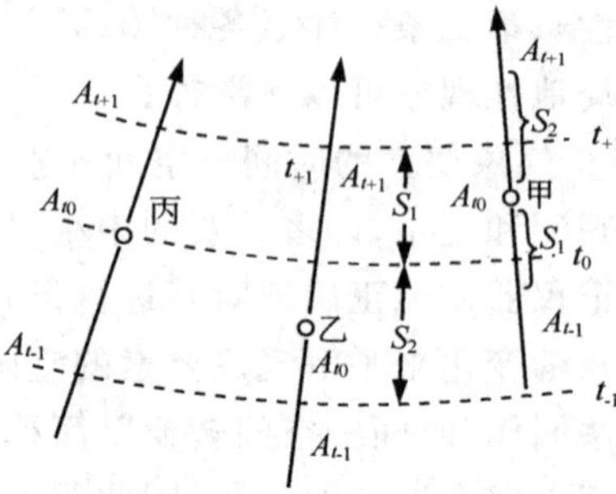

图 6.47 t_0 时刻的时空转换

③ 地面风压场的分析。将记录(经订正的海平面气压)以及用时空转换方法而作出的空间气压分布一起填在中尺度天气图上后,配合风的记录即可进行地面气压场分析。

在分析等压线时,要特别重视气压梯度,对某些有特别强或特别弱的气压梯度的地带可以用点线标出。关于历史连续性较好的高、低压(脊、槽)及气压跳跃线等系统要仔细地加以分析。

地面图上的风记录,并不全是海平面上的风记录。因风的记录一般未经高度订正,又因地形也有影响,而且中小尺度风压场并不遵循地转风规则,所以不可能要求它们与海平面气压场上的梯度完全适应。一般在海拔相差不太大、地形不太复杂的平原地区可以分析等风向线、流线、切变线等。也可以利用测风资料用流线图法来计算地面散度、涡度。

最后,类似于大尺度天气图,将等压线、等温线、天气区、锋面、飑线等内容综合地绘在一张天气图上,便构成了综合的地面中分析图。

6.4 影响对流性天气的因子

6.4.1 大气不稳定性与对流性天气形成的条件

(1)条件性不稳定

雷暴等对流性天气是积雨云的产物。积雨云和一般云一样,都是由水汽上升凝结而成的。所不同的是,积雨云发展迅速,云体高大。因此它们要求有更丰富的水汽和迅速增强起来的强烈上升运动。那么,在大气层中空气为什么会产生这种垂直加速运动的呢?解释这个问题的最简单的理论是“气块浮升”理论。

考虑一个小气块,其气压、温度、密度和垂直速度分别为 p,T,ρ,w,而其环境的气压、温度、密度和垂直速度分别为 $\overline{p}$,$\overline{T}$,$\overline{\rho}$,$\overline{w}$。假定气块与其环境之间没有热量、水分及动量的交换，环境空气处于静力平衡状态，即符合静力学方程：

$$0 = -\frac{\partial \overline{p}}{\partial z} - \overline{\rho} g \tag{6.1}$$

若小气块有垂直加速度$\frac{\mathrm{d}w}{\mathrm{d}t}$,则其垂直方向的运动方程为：

$$\frac{\mathrm{d}w}{\mathrm{d}t} = -\frac{1}{\rho}\frac{\partial p}{\partial z} - g \tag{6.2}$$

假定气块符合准静态条件($p \approx \overline{p}$),则气块的气压垂直梯度决定于周围大气的气压垂直梯度，所以：

$$\frac{\partial p}{\partial z} = \frac{\partial \overline{p}}{\partial z} = -\rho g \tag{6.3}$$

因此，由(6.1)(6.2)式并引入状态方程 $p=\rho RT$ 和 $\overline{p}=\rho\overline{RT}$ 后，得：

$$\frac{\mathrm{d}w}{\mathrm{d}t} = -g\frac{\rho - \overline{\rho}}{\overline{\rho}} = g\frac{T-\overline{T}}{\overline{T}} = g\frac{\Delta T}{\overline{T}} \tag{6.4}$$

式中，$\Delta T = T - \overline{T}$ 为气块与环境的温度差；$g\frac{\Delta T}{\overline{T}}$即气块所受的合力。合力的大小及正负取决于气块和环境之间温差的大小和正负。$T > \overline{T}$ 时，合力 $g\frac{\Delta T}{\overline{T}} > 0$,气块获得上升加速度。

设环境与气块的温度是分别按下列关系随高度而变化的：

$$\overline{T} = \overline{T}_0 + \gamma \mathrm{d}z \tag{6.5}$$

$$T = T_0 + \gamma' \mathrm{d}z \tag{6.6}$$

式中，$\overline{T}_0$ 与 T_0 分别为环境与气块起始高度上的温度；$\gamma = -\frac{\partial \overline{T}}{\partial z}$为环境的垂直温度递减率；$\gamma' = -\frac{\partial T}{\partial z}$为气块绝热运动时的温度垂直递减率，而且：

$$\gamma' = \begin{cases} \gamma_s & \text{(湿绝热递减率;如果气块为饱和湿空气)} \\ \gamma_d, & \text{(干绝热递减率} \approx 1℃/100\ \text{m;如果气块为干空气或未饱和湿空气)} \end{cases}$$

假设在起始高度上气块的温度与环境温度相等，即 $T_0 = \overline{T}_0$,则由(6.4)式得：

$$\frac{\mathrm{d}w}{\mathrm{d}t} = \frac{g}{T}(\gamma - \gamma')\mathrm{d}z \tag{6.7}$$

由此可见，气块是否获得上升加速度，取决于 T 是否大于 $\overline{T}$,也就是取决于大气层结的 γ 是否大于 γ'。当 $\gamma\begin{cases} > \gamma' \\ = \gamma' \\ < \gamma' \end{cases}$时，则对应地有$\frac{\mathrm{d}w}{\mathrm{d}t}\begin{cases} > 0 \\ = 0 \\ < 0 \end{cases}$,因此，当气层具有不同的垂直

温度递减率时,气层可能促进或抑制,或者既不促进也不抑制气块做垂直运动。能促进气块垂直运动的气层($\gamma>\gamma'$)叫作不稳定层结;抑制气块垂直运动的气层($\gamma<\gamma'$)叫作稳定层结;既不促进也不抑制气块垂直运动的气层($\gamma=\gamma'$)叫作中性层结。根据位温与温度的关系式:

$$\theta = T\left(\frac{1000}{P}\right)^{\frac{AR_d}{c_{pd}}} \tag{6.8}$$

两边取对数并求对 z(高度)的偏导数,得

$$\frac{1}{\theta}\frac{\partial\theta}{\partial z} = \frac{1}{T}\frac{\partial T}{\partial z} - \frac{AR_d}{c_{pd}}\frac{1}{P}\frac{\partial P}{\partial z} \tag{6.9}$$

用静力方程$\frac{\partial P}{\partial z}=-\rho g$ 及干空气状态方程 $P=\rho R_d T$ 代入上式,得:

$$\frac{1}{\theta}\frac{\partial\theta}{\partial z} = \frac{1}{T}\left(\frac{\partial T}{\partial z} + \frac{Ag}{c_{pd}}\right) \tag{6.10}$$

因为$\frac{Ag}{c_{pd}}=\gamma_d$,$\frac{\partial T}{\partial z}=-\gamma$,故有:

$$\frac{\partial\theta}{\partial z} \approx \frac{\theta}{T}(\gamma_d - \gamma) \tag{6.11}$$

对湿空气而言,位温 θ 可用假湿球位温 θ_{sw} 或假相当位温 θ_{se} 来代替,从而得到和(6.11)式相似的关系式。根据(6.7)、(6.11)式还可得到气层静力稳定度的判据(表6.3)。其中,$\gamma>\gamma_d(>\gamma_s)$叫绝对不稳定,$\gamma<\gamma_s(<\gamma_d)$叫绝对稳定,$\gamma_d>\gamma>\gamma_s$ 叫条件性不稳定,即空气未饱和时,是稳定的,饱和以后则是不稳定的。这种条件性不稳定状态在实际大气中最为常见。

表 6.3　气块法稳定度判据

气块类型	稳定性		
	不稳定	中性	稳定
干空气或未饱和湿空气	$\gamma>\gamma_d$ 或$\frac{\partial\theta}{\partial z}<0$	$\gamma=\gamma_d$ 或$\frac{\partial\theta}{\partial z}=0$	$\gamma<\gamma_d$ 或$\frac{\partial\theta}{\partial z}>0$
饱和湿空气	$\gamma>\gamma_s$ 或$\frac{\partial\theta_{sw}}{\partial z}<0$ $\frac{\partial\theta_{se}}{\partial z}<0$	$\gamma=\gamma_s$ 或$\frac{\partial\theta_{sw}}{\partial z}=0$ $\frac{\partial\theta_{se}}{\partial z}=0$	$\gamma<\gamma_s$ 或$\frac{\partial\theta_{sw}}{\partial z}>0$ $\frac{\partial\theta_{se}}{\partial z}>0$

在实际大气中，气块中水汽一般是不饱和的。如有一种力量使不饱和气块抬升，开始是干绝热上升，到饱和后开始凝结。凝结开始的高度称为抬升凝结高度。气块如再上升，则为湿绝热上升。T-ln$P$ 图上这种气块温度升降的曲线叫作"状态曲线"，而大气实际温度分布曲线叫作"层结曲线"（图 6.48）。在抬升凝结高度以上，状态曲线与层结曲线的第一个交点（F）叫自由对流高度，它表示从这一点开始，气块可以不依靠外力，而只用浮力便能自由上升。状态曲线与层结曲线的第二个交点（B）叫作对流上限。

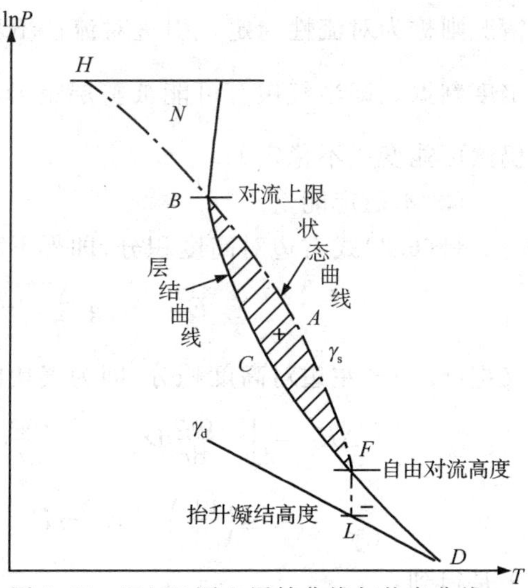

图 6.48　T-ln$P$ 图上层结曲线与状态曲线

（2）对流性不稳定

气块理论考虑气块在气层中浮升时气层本身是静止的。然而实际大气中常会发生整层空气被抬升的情况。气层被抬升后，它本身的 γ 会发生变化。设气层下湿而上干，则原来为稳定的，甚至绝对稳定的气层（$\gamma<\gamma_s$）经抬升后，也会变成不稳定气层。这个演变过程可用图 6.49 来说明。AB 为气层的原始层结，是绝对稳定的，$A'B'$为其露点分布，上干下湿。设气层被抬升时，其截面积不发生任何变化。由于质量守恒原理，其顶、底之间的气压差也不发生变化。整层抬升后，A、B 两点都沿干绝热线上升。因 A 点湿度大，比 B 点先达到饱和。当 A 点上升到其凝结高度 C 时，开始饱和，此时 B 达到 C'点，但还未饱和。如继续被抬升，A 点将沿湿绝热线上升，而 B 点仍沿干绝热线上升。直到 B 点达到其凝结高度 E 点，整层达到饱和状态，此时底部 A 已移到 D 点。DE 为气层被足够的外力整层抬升到饱和状态时的温度垂直分布曲线，其温度递减率大于湿绝热温度递减率，因而是不稳定的。由图可以看出，气层顶部 B 点的假湿球位温 θ_{sw} 或假相当位温 θ_{se} 小于其底部 A 点的假湿球位温或假相当位温。这种 θ_{sw} 或 θ_{se} 随高度减小（$\frac{\partial\theta_{se}}{\partial z}<0$，或$\frac{\partial\theta_{sw}}{\partial z}<0$）的情况，称为对流性不稳定。相反，$\frac{\partial\theta_{sw}}{\partial z}>0$ 或$\frac{\partial\theta_{se}}{\partial z}>0$ 的

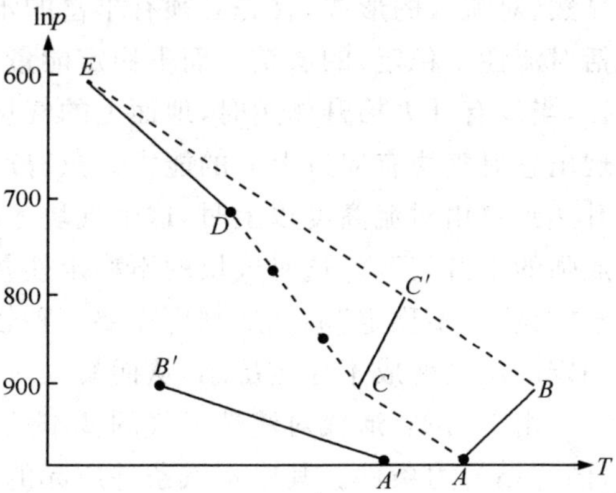

图 6.49　对流性不稳定

情况则称为对流性稳定。引进对流性不稳定的概念之后，补充和改进了气块法的稳定度判据。即当气层有可能被整层抬升时，即使$\gamma<\gamma_s$，只要$\frac{\partial\theta_{sw}}{\partial z}<0$或$\frac{\partial\theta_{se}}{\partial z}<0$，气层仍然可能变成不稳定的。

(3)不稳定能量

将(6.4)式右边对高度积分，即得不稳定能量E：

$$E=\int_{z_0}^{z} g\frac{\Delta T}{\overline{T}}\mathrm{d}z=-\int_{p_0}^{p} R\cdot\Delta T_{\mathrm{d}}\ln p \tag{6.12}$$

又把(6.4)式左边对高度积分，即为气块的动能E_k的增量ΔE_k：

$$\begin{aligned}\Delta E_k &= \int_{z_0}^{z}\frac{\mathrm{d}w}{\mathrm{d}t}\mathrm{d}z=\int_{z_0}^{z}\frac{\mathrm{d}w}{\mathrm{d}t}w\,\mathrm{d}t=\int_{w_0}^{w}w\mathrm{d}w=\frac{1}{2}(w^2-w_0^2)\\ &=\Delta\left(\frac{w^2}{2}\right)=E_k-E_{k_0}\end{aligned} \tag{6.13}$$

于是得到：

$$E=\Delta E_k \tag{6.14}$$

这就是说，在不计摩擦的情况下，气层的不稳定能量等于单位质量气块由z_0上升到z时动能的增量。因此，气块做加速垂直运动的动能是由不稳定能量转化而来的。这部分可以转变成对流运动动能的能量也称为“对流有效位能”(通常写为CAPE)。不稳定能量越大，气块上升速度越大，而对流性天气越强。图6.48中$FABCF$所包的面积A_+代表正不稳定能量大小，而在A_+的下方，$FLDF$所包的面积A_-代表负不稳定能量的大小。$A_+>A_-$时称为真潜不稳定，$A_+<A_-$时则称为假潜不稳定。前者有利于对流性天气发生，A_+越大，越有利于强对流性天气发生。

(4)对流性天气形成的条件

通过以上分析，下面我们就可以进一步讨论形成对流性天气的天气学条件。很显然，对流云的形成，首先必须有丰富的水汽和水汽供应，同时还必须具有不稳定(包括对流性不稳定)的层结。而不稳定能量是一种潜在的能量，例如图6.48所示的那样，当没有外力抬升作用时，地面上的气块将不会自动地上升，因而气层也不可能表现出它对气块有促进上升的能力。只有产生了某种触发(抬升)作用，使气块强迫抬升达到自由对流高度以上时，这个气块才能靠着浮力的支持自动地加速上升，从而形成强的上升气流。这时气块的不稳定能量已释放出来，转化成上升气块的动能。对于“对流性不稳定”的气层则更需要一种较强的抬升力，使气层整层抬升起来，把原来稳定的层结变成不稳定层结，从而暴发对流。

由上可见，形成对流性天气的基本条件有三个，即：①水汽条件；②不稳定层结条件；③抬升力条件。其中水汽条件所起的作用不仅是提供成云致雨的原料，而且它的垂直分布和温度的垂直分布，都是影响大气稳定度的重要因子。

在这里，水汽和不稳定层结这两个条件可以认为是发生对流性天气的内因，而抬升条件则是外因。外因是变化的条件，内因是变化的根据，外因通过内因而起作用。因此，这三个条件是有机地联系在一起的。对流性天气的分析和预报也就是以这三个条件为根据所作出的分析和预报。下面将进一步讨论大气中在什么情况下会具备以上三个条件的问题。由于水汽条件可以合并在不稳定层结条件中一起讨论，所以我们主要讨论两个问题，即：气层是怎样趋于不稳定化的，有哪些因子会造成垂直运动，从而可能促使不稳定能量释放，造成对流性天气。

6.4.2　大气稳定度的局地变化

我们先来讨论一下引起大气稳定度局地变化的原因。取$\frac{\partial\theta_{se}}{\partial p}$表示稳定度，则

$$\frac{\partial\theta_{se}}{\partial p}\begin{cases}>0 & \text{对流性不稳定}\\ =0 & \text{中性}\\ <0 & \text{对流性稳定}\end{cases}$$

因为在干、湿绝热过程中 θ_{se} 是保守的，所以：

$$\frac{\mathrm{d}\theta_{se}}{\mathrm{d}t}=0$$

或

$$\frac{\partial\theta_{se}}{\partial t}=-\mathbf{V}\cdot\nabla_h\theta_{se}-\omega\frac{\partial\theta_{se}}{\partial p}$$

将上式对 p 求偏导数，则可得：

$$\frac{\partial}{\partial t}\left(\frac{\partial\theta_{se}}{\partial p}\right)=\frac{\partial}{\partial p}(-\mathbf{V}\cdot\nabla_h\theta_{se})-\frac{\partial\omega}{\partial p}\frac{\partial\theta_{se}}{\partial p}-\omega\frac{\partial^2\theta_{se}}{\partial p^2}\tag{6.15}$$

上式说明对流不稳定性的局地变化是由三项因子决定的。

① 对流不稳定性的垂直输送（右第三项：$-\omega\frac{\partial^2\theta_{se}}{\partial p^2}$）。从整层大气来看，一般低层对流不稳定性总是大于高层，所以当有上升运动时，将使低层不稳定性向上输送，使对流不稳定性层次增厚。当有下沉运动时，将使高层对流稳定性向下输送，使对流不稳定性层次减小。对于局部地区和某一层大气，则需视具体情况而定。

② 散度对对流不稳定性的影响（右第二项：$-\frac{\partial\omega}{\partial p}\frac{\partial\theta_{se}}{\partial p}$）。因为$-\frac{\partial\omega}{\partial p}=\mathrm{div}_h\mathbf{V}$，故$-\frac{\partial\omega}{\partial p}\frac{\partial\theta_{se}}{\partial p}=\mathrm{div}_h\mathbf{V}\frac{\partial\theta_{se}}{\partial p}$。在原来对流性不稳定的气层中（$\frac{\partial\theta_{se}}{\partial p}>0$），如果有空气辐合（$\mathrm{div}_h\mathbf{V}<0$），那么，对流不稳定性减弱（$\frac{\partial}{\partial t}\left(\frac{\partial\theta_{se}}{\partial p}\right)<0$）。反之，如果有空气辐散时，对流不稳定性增强。

③ θ_{se}平流($-\mathbf{V}\cdot\nabla\theta_{se}$)随高度的变化[右第一项:$\frac{\partial}{\partial p}(-\mathbf{V}\cdot\nabla\theta_{se})$]。当高层的$-\mathbf{V}\cdot\nabla\theta_{se}$ 小于低层的$-\mathbf{V}\cdot\nabla\theta_{se}$时,则$\frac{\partial}{\partial p}(-\mathbf{V}\cdot\nabla\theta_{se})>0$,即对流不稳定性增强。反之,对流不稳定性减弱。这一项通常是引起对流不稳性局地变化三项中的最重要的一项。θ_{se}是温度、湿度及气压的函数。

在未饱和空气情况下

$$\theta_{se} = T\left(\frac{1000}{P}\right)^{\frac{AR_d}{c_{pd}}}\exp\left(\frac{Lq}{c_{pd}T_k}\right) \tag{6.16}$$

在饱和空气情况下

$$\theta_{se} = T\left(\frac{1000}{P}\right)^{\frac{AR_d}{c_{pd}}}\exp\left(\frac{Lq}{c_{pd}T}\right) \tag{6.17}$$

在此两式中,L 为凝结潜热,T_k 为凝结高度上的温度,$T_k=T_k(q,T)$,从上式可见,在等压面上 θ_{se}随温度 T 和比湿 q 而变化。因此,(6.15)式右边第一项也就是温度平流及湿度平流随高度的变化所引起的对流性不稳定度的变化。

下面我们来推导对流性不稳定度的局地变化与等压面上的温度变化以及湿度变化的关系式,推导时注意:在等压面上 $T_k=T_k(q,T)$。

根据(6.16)、(6.17)式在某一等压面上,θ_{se}的局地变化为

$$\left(\frac{\partial\theta_{se}}{\partial t}\right)_{\text{未饱和}} = \frac{\theta_{se}}{T}\left[\frac{\partial T}{\partial t}\left(1-\frac{LqT}{c_{pd}T_k^2}\frac{\partial T_k}{\partial T}\right)+\frac{LqT}{c_{pd}T_k}\frac{\partial q}{\partial t}\left(1-\frac{q}{T_k}\frac{\partial T_k}{\partial q}\right)\right] \tag{6.18}$$

$$\left(\frac{\partial\theta_{se}}{\partial t}\right)_{\text{饱和}} = \frac{\theta_{se}}{T}\left[\frac{\partial T}{\partial t}\left(1-\frac{Lq}{c_{pd}T}\right)+\frac{L}{c_{pd}}\frac{\partial q}{\partial t}\right] \tag{6.19}$$

为了简便起见,我们只考虑 700 hPa 及 850 hPa 两个等压面的情况。用实测资料计算结果表明,对 700 hPa 和 850 hPa 附近的空气来说:

$$\frac{T}{T_k}\approx 1,\quad \frac{LqT}{c_{pd}T_k^2}\approx\frac{Lq}{c_{pd}T}$$

而且,$\frac{Lq}{c_{pd}T_k}$(或$\frac{Lq}{c_{pd}T}$),$\frac{q}{T_k}\frac{\partial T_k}{\partial q}$ 以及$\frac{\partial T_k}{\partial T}$这几项都很小,因此,(6.18)、(6.19)式可以近似地写成相同的形式:

$$\frac{\partial\theta_{se}}{\partial t} = \frac{\theta_{se}}{T}\left(\frac{\partial T}{\partial t}+\frac{L}{c_{pdk}}\frac{\partial q}{\partial t}\right)=M\left(\frac{\partial T}{\partial t}+2.5\frac{\partial q}{\partial t}\right) \tag{6.20}$$

上式中 $L=597$ cal/g,$c_{pd}=0.24$ cal/(g·℃),比湿 q 的单位为 g/kg,$M=\frac{\theta_{se}}{T}$又根据实际资料估计,700 hPa 的 M 和 850 hPa 的 M 相差不大(其数值均在 1.2~1.3),所以可以认为 $M_{700}\approx M_{850}$。现在我们取 $I=\Delta\theta_{se}=\theta_{se700}-\theta_{se850}$ 表示稳定度,因此稳定度的局地变化可写为:

$$\frac{\partial I}{\partial t}=\frac{\partial \Delta\theta_{se}}{\partial t}=\frac{\partial(\theta_{se700}-\theta_{se850})}{\partial t}=\frac{\partial\theta_{se700}}{\partial t}-\frac{\partial\theta_{se850}}{\partial t}$$
$$=M\left[\left(\frac{\partial T}{\partial t}\right)_{700}+2.5\left(\frac{\partial q}{\partial t}\right)_{700}\right]-M\left[\left(\frac{\partial T}{\partial t}\right)_{850}+2.5\left(\frac{\partial q}{\partial t}\right)_{850}\right]$$
$$=M\left\{\left[\left(\frac{\partial T}{\partial t}\right)_{700}-\left(\frac{\partial T}{\partial t}\right)_{850}\right]+2.5\left[\left(\frac{\partial q}{\partial t}\right)_{700}-\left(\frac{\partial q}{\partial t}\right)_{850}\right]\right\}$$
$$=M\{\widetilde{I}_T+2.5\widetilde{I}_q\} \tag{6.21}$$

式中，$\widetilde{I}_T$ 及 $\widetilde{I}_q$ 分别表示 700 hPa 与 850 hPa 的温度局地变化之差及比湿局地变化之差。

$\frac{\partial I}{\partial t}>0$，表示稳定度增加，气层变得越来越稳定；反之，$\frac{\partial I}{\partial t}<0$，表示气层稳定度减小，气层变得越来越不稳定。由(6.21)式可见，稳定度的局地变化，由上、下两层等压面的温度和湿度的局地变化所决定的。

在通常的天气学尺度的条件下，温度局地变化取决于温度平流、垂直运动及非绝热因子引起的温度变化。即：

$$\frac{\partial T}{\partial t}=-\mathbf{V}\cdot\nabla_h T-w(\gamma_d-\gamma)+\frac{1}{c_p}\frac{\mathrm{d}Q}{\mathrm{d}t} \tag{6.22}$$

式中，Q 表示热量。对流发生以前，主要考虑式中的平流项和非绝热项。在实际大气中，主要表现为冷暖平流及下垫面对低层空气的加热或冷却作用。

在高层为冷平流低层为暖平流或低层暖(冷)平流比高层暖(冷)平流强(弱)的情况下，由于平流引起的 $\widetilde{I}_T<0$，即气层趋于不稳定。若与上述情况相反，则气层趋于稳定。

此外，日射作用使低层空气被下垫面烘热或当冷空气移到暖的下垫面上时，低层空气就受热增温。这两种情况下，由于高层$\frac{\partial T}{\partial t}=0$，低层$\frac{\partial T}{\partial t}>0$，所以 $\widetilde{I}_T<0$，因此同样使气层变得不稳定。

在通常情况下，湿度的局地变化取决于水汽平流和垂直交换，即：

$$\frac{\partial q}{\partial t}=-\mathbf{V}\cdot\nabla_h q-w\frac{\partial q}{\partial z} \tag{6.23}$$

当低层有湿空气平流，高层有干空气平流，就可能造成对流性不稳定层结。

在实际工作中，通常用天气图判断各层温度平流及湿度平流，然后决定稳定度的变化和估计雷暴等对流性天气发生的可能性。下列几种情况在实际预报中都比较重视。

① 在高层冷中心或冷温度槽与低层暖中心或暖温度脊可能叠置的区域，会形成大片雷暴区。例如华中、华东地区发现，在 850 hPa 面上为从南向北扩展的温度脊而

500 hPa 上有从北向南扩展的温度槽等，则在上层温度槽与低层温度脊重叠的地区，会形成范围广阔的大片雷暴区。

② 当冷锋越山时，若山后低层为暖空气控制，则由于山后低层暖空气之上有冷平流叠置，使不稳定度大为增强，因而常在山后造成大片雷暴区，例如夏季冷锋越过太行山时，其东部就会出现这种情形。

③ 在高层高空槽已东移，冷空气已入侵，而中层以下仍有浅薄的热低压接近，或有西南气流，或有显著的暖平流等情况时，就容易使不稳定性加强，造成对流性天气。例如，华北、东北一带有高空冷涡存在时，常会出现这种形势。

④ 当低层有湿舌而其上层覆盖着一干气层时，或在高层干平流与低层湿平流相叠置的区域，会使对流性不稳定增强。

在实际工作中，预报单站稳定度的变化主要应用高空风分析图。根据高空风分析图可以分析冷暖平流的垂直分布。风随高度顺时针变化为暖平流，逆时针变化为冷平流。根据冷、暖平流的垂直分布就可以判断稳定度的变化趋势。例如 1962 年 6 月 8 日 08 时徐州的高空风分析图(图 6.50)表明，高层有冷平流，低层有暖平流，因此可以预报当地层结趋于不稳定。

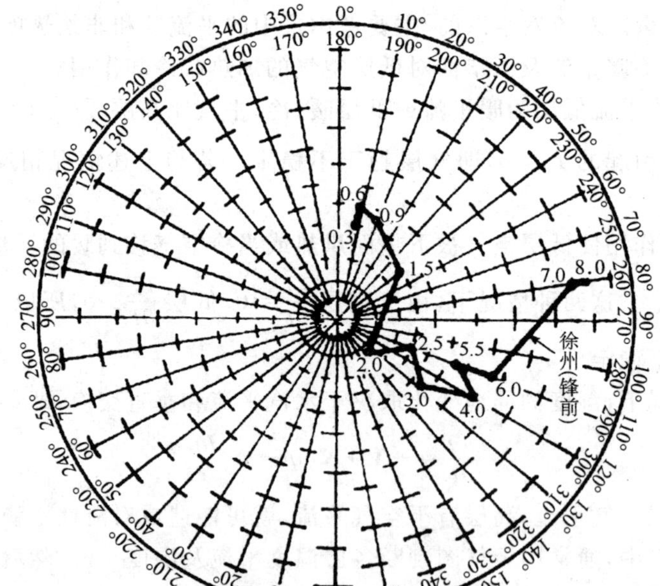

图 6.50 1962 年 6 月 8 日 08 时徐州高空风分析图

6.4.3　对流天气的触发机制

上面说过，不稳定能量是一种潜在的能量，只有产生了某种触发（抬升）作用，才能使不稳定能量释放出来，转化成上升气块的动能。现在讨论几种比较常见的对流性天气的触发机制。

(1)天气系统造成的系统性上升运动

多数雷暴或冰雹的形成都与系统性辐合及抬升运动相联系。在对流层中，大尺度上升运动虽只有 1～10 cm/s 的量级，但持续作用时间长了就会产生可观的抬升作用。例如，5 cm/s 的上升气流持续作用 6～12 h，就可以使空气抬升 1～2 km，这样强的抬升可把一般的低层逆温消除掉。

锋面的抬升及槽线、切变线、低压、低涡等天气系统造成的辐合上升运动都是较强的系统性上升运动。绝大多数雷暴等对流性天气都产生在这些天气系统中。在作预报时，必须注意天气系统的强度和天气系统中各部位的上升运动的强弱，以及天气系统离本站的距离及其未来的动态。借助这些分析，就可预报对流性天气发生的时间、强度、影响范围等。

在水汽及稳定度条件满足的情况下，有时只要有低层的辐合就能触发不稳定能量释放，造成对流性天气。因此，在夏季作对流性天气预报时，要特别注意分析低层的辐合流场。除了上述系统性辐合运动以外，低空流场中风向或风速的辐合线、负变高或负变压中心区都可产生抬升作用。

(2)地形的作用

山地迎风坡的抬升作用也很大。因此，山地是雷暴的重要源地。一般来说，山区的雷暴、冰雹天气比平原地区要多。所以在有山脉的地区，应经常考虑到山脉对气流的抬升作用。抬升力的大小与风向、风速有关。风速越大，风向越垂直于山脊，或者山坡越陡，则地形抬升作用引起的空气上升运动越强。在实际预报工作中，为了准确估计山脉的抬升作用，必须注意山脉的走向及风向、风速。

此外，有时气流过山时，往往会产生背风波。这种波动可以影响到较高的高度。背风波引起的上升运动，往往会促使河谷地区发生新的对流云，见图 6.51。图中箭头表示从消散的雷雨云中流出的气流，它们可能增强风暴前面的波的振幅，引起在盆地上新的雷雨云单体的形成。虚线箭头表示上升气球的路线。它的波动形状表明背风波的存在。

地形的作用是多方面的。除了上面所说的山地迎风坡的抬升作用、背风坡的背风波引起的上升运动作用以外，还有由地形热力作用引起的山谷风效应等的作用。

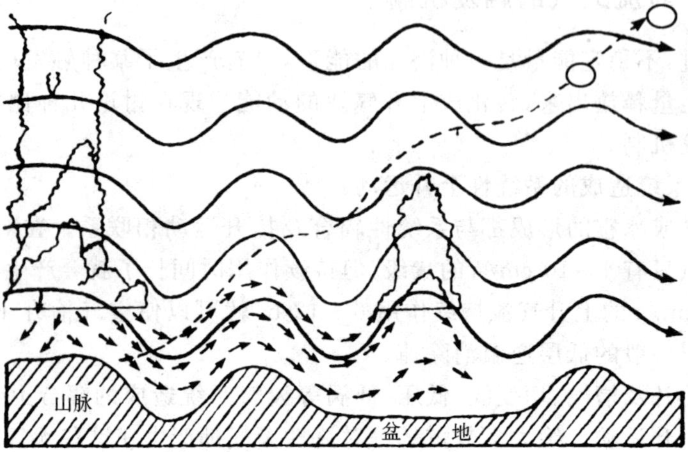

图 6.51 背风波的剖面图

(Fujita,1963)

(3)局地热力抬升作用

夏季午后陆地表面受日射而强烈加热,常常在近地层形成绝对不稳定的层结,使对流容易发展。由这种热力抬升作用为主所造成的雷暴,称为“热雷暴”,也叫作“气团雷暴”。热力作用的强弱取决于局地加热的程度,即最高温度的高低。由于地表受热不均,造成局地温差,常常形成小型的垂直环流。这种上升运动也可起到触发机制的作用。例如夏季,湖泊与陆地交错分布的地区以及沿江、沿湖地带,因为白天水面日射增温弱,陆地日射增温强,因此水陆温差使得陆上空气上升,水上空气下沉。又因白天陆岸上层结一般要比水面层结不稳定,所以在白天陆岸比水面容易发生对流。在飞机上午后往往可以看到湖泊周围的陆地上对流云密布,而湖面上都是晴空。夏季,上午在大雾笼罩的地区,由于雾区与其四周地区所受的日射不均,往往产生很大的温差。这种情况下,在卫星云图上常常可以看到,当午后雾消时,雾区四周会发生雷暴。

热力抬升作用通常比系统性上升运动要弱,往往只能造成强度不大的热雷暴和对流云。单纯热力抬升造成的雷暴不多。热力抬升作用通常是在天气系统较弱的情况下,才需要加以考虑。

(4)雷暴外流的作用

雷暴成熟阶段,由于降水的拖曳作用,便会产生下沉气流。这种下沉气流到达地面附近时便变成水平气流,并主要向着雷暴移动方向推进,并且将其头部卷曲起来(图 6.52),形成上升运动。它可以有新的对流发生发展。

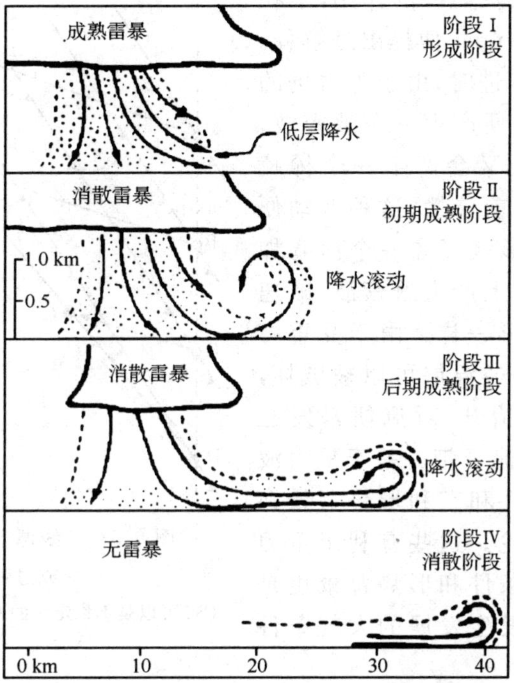

图 6.52 雷暴飑锋 4 阶段与低层行进的降水

(Wakimoto,1982)

(5)线形扰动和线发生源

飑线和中尺度雨带是一种线状对流系统,其线状形态的形成可能与先前有线形大气扰动的存在有关。当一条线形扰动(例如锋)接近一个不稳定区,并且移速快于不稳定区时,在它与不稳定区边界(强对流的"线发生源")交割处,就可能发生雷暴,当雷暴移速大于冷锋时,就会在锋前形成飑线(图 6.53)。

大气中可以触发线状对流系统的机制除锋以外,还有海风锋、干线、重力波、地形抬升、热力抬升、低空急流、老的雷暴外流(弧状云线)、中小尺度系统以及大气对称不稳定性等。其中干线又称为露点锋,是一种常见的线状对流触发机制。干线是水平方向上湿度的不连续线。其一侧空气干而暖,另一侧空气冷而湿。横截干线,露点水平梯度可达 5℃/km 以上。干线的冷湿一侧的上方通常有盖帽逆温层(也叫作干暖盖),它起了贮存不稳定能量的作用。观测表明,干线附近常不断发生积云带,并向外传播,这表明它是一种对流的扰源。干线之所以成为扰源与它两侧辐射状况有关。当高空有急流存在时,白天由于动量下传,使低层干区一侧风速增大,因而使干锋附近形成辐合区,这个辐合上升区使干暖盖抬升,从而使对流暴发。

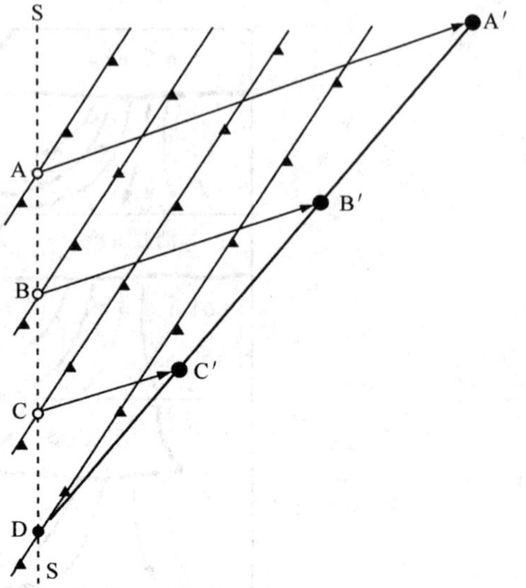

图 6.53 “线源 SS”与锋前飑线的形成过程示意图
(SS 可以是不稳定舌的西边界)(Newton,1963)

关于重力波对触发飑线的作用,早在20世纪50年代初 Tepper 便提出过解释。他认为当锋面加速推进时,由于重力场的作用,锋面逆温层上便产生一个致密波,随后当锋面减速时,又会产生一个稀疏波,然后沿逆温层向前传播,这种波动便是重力波。这种情形就好像一个活塞加速推进时,可在液面上产生致密波,减速时产生稀疏波的情形一样。由于受重力波上升运动的影响,逆温层可以被破坏,潮湿不稳定空气被抬升,对流便暴发起来,于是便形成锋对流云带。关于重力波发生发展的有利条件和有利形势背景在上一章中已有过讨论。这些有利于重力波发生发展的大气条件和形势背景也是有利于强对流天气发生发展的大气条件和形势背景。

近年来,很多人都注意到由于大气的对称不稳定性而产生的滚轴状环流,也可能是一种飑线和中尺度雨带等线状对流带的触发机制。当对称不稳定时,可使倾斜对流加速,并造成具有水平轴的滚轴状环流,因而可以触发出对流带来。一般来说,这种对称不稳定性最易发生在绝对涡度小、风速垂直切变强以及静力稳定度弱的条件下。前面已提到,对称不稳定度判据之一为 S 指数,Emanuel(1982)根据实例分析指出,强飑线正好位于对流层大部分都为小值或负值 S 的区域内。这说明对称不稳定确是有利于形成飑线的一种机制。

6.4.4 强雷暴发生发展的有利条件

现在来讨论常常有利于强雷暴发生的一些因子。

(1)盖帽逆温层

逆温层是稳定层结,一般起到阻碍对流发展的作用。但它也有有利于强对流发展的一面。逆温层对发生强对流有利的作用主要是贮藏不稳定能量。有时在低空湿层上部存在一个逆温层,这个逆温层像一顶帽子阻碍了热量及水汽的垂直交换,一般称为盖帽逆温层(或称干暖盖)。由于有盖帽逆温层的存在,就使低层变得更暖更湿,高层相对地变得更冷更干,因此不稳定能量就大量积累起来。一旦冲击力破坏了逆温,严重的对流性天气就往往发生。1974 年 6 月 17 日我国东部地区发生的强风暴就是一个例子。这一天上午在山东半岛至长江沿岸地区存在一个大范围的逆温层,使不稳定能量得以大量积累,造成了一个大范围的不稳定区。随后因冷空气的冲击,终于暴发了强对流,并使强对流不断地发展,造成了一次大范围的强风暴天气过程。

(2)前倾槽

在前倾槽之后与地面冷锋之间的区域,因为高空槽后有干冷平流,而低层冷锋前又有暖湿平流,因此不稳定度就加强起来。所以在上述区域内容易产生比较强烈的对流性天气。例如,1962年6月8日在鲁南、皖北及苏北地区发生的一次雷暴、冰雹过程中,雷暴主要发生在700 hPa槽线与地面锋之间及附近的地区,而冰雹则主要发生在前倾槽与地面锋之间的地区(图6.54)。

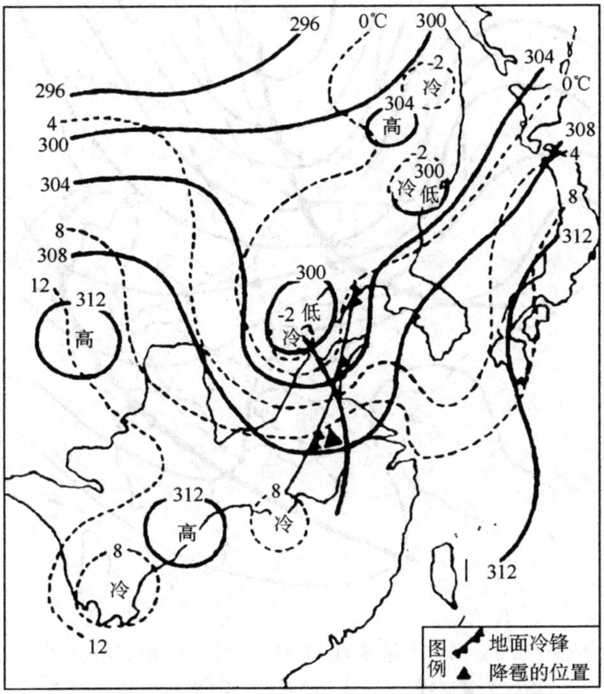

图6.54 1962年6月8日20时700 hPa槽线与地面锋的位置及天气的分布图

(寿绍文 等,1997)

(3)低层辐合、高层辐散

一般如果在低层辐合流场上空又有辐散流场叠置时,那么抬升力更强,常会造成严重的对流性天气。中尺度天气分析表明,强雷暴天气往往是由地面中尺度低压发展以及高层辐散加强所引起的。在 500 hPa 槽前有正涡度平流(如在“阶梯槽”、疏散槽槽前的情形下),低层有暖舌,地面为高温区,山区摩擦辐合作用较强的地区容易发生中低压。当中低压生成后,如果高空还有加强的辐散场,则垂直上升运动便会加强,强烈的对流性天气便可能在中低压内发展起来。1974 年 6 月 17 日我国东部地区发生的特大风暴就是在阶梯槽形势下发展起来的(图 6.55)。这一天,我国东部沿海地区,高空为一辐散场,低层处在冷锋前部。山东北部有一中尺度低压。由于垂直运动发展,结果在中低压内切变线东段出现雷暴,然后雷暴区向南逐渐移动,造成了一次大范围的强雷暴天气过程。

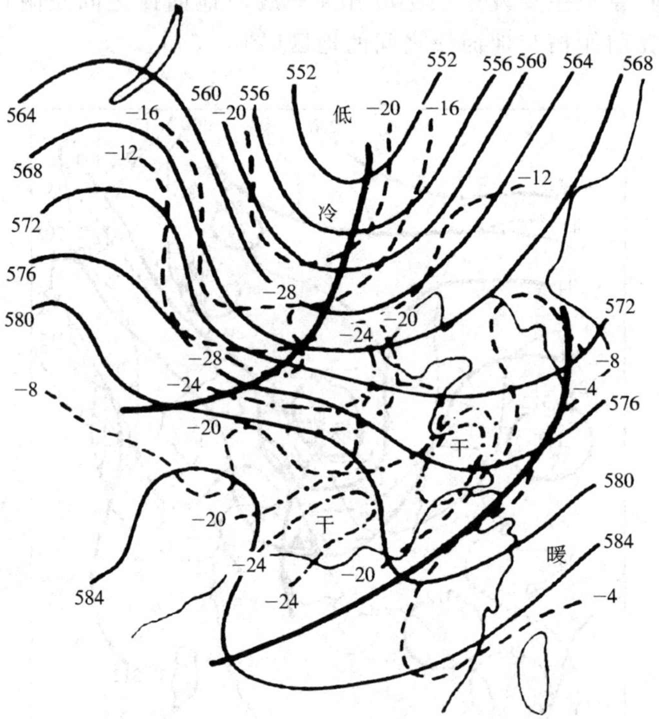

图 6.55 1974 年 6 月 17 日 08 时 500 hPa 形势图
(虚线为等温线,点划线为等露点线)(寿绍文 等,1979)

(4)高、低空急流

很多人都注意到,强大的冰雹云的发展常与较大的风速垂直切变有密切的关系。强的风速垂直切变一般出现在有高空急流通过的地区。有人做过全球范围的强雷暴分布的气候分析,发现在中纬地区,强雷暴及冰雹与 500 hPa 急流轴的月平均位置联系得十分紧密。

除了高空急流以外，低空西南风急流对形成冰雹和其他强雷暴天气也是有利的。目前通常讲的低空急流有两种，一种是位于 850 hPa 附近的强西南风带，另一种是高度约为离地面 600～800 m 的强西南风带。此外，有人把 700 hPa 至600 hPa 附近的急流也包括在低空急流中。这几种低空急流对于对流性天气的发展都是有利的。它们的作用主要是造成低层很强的暖湿空气的平流，加强层结的不稳定度，而且可以加强低层的扰动，有利于触发不稳定能量的释放。在这种地区如同时有高空急流通过，则往往会发生严重的对流性天气(图 6.56)。在美国，龙卷大暴发常常发生在由地面干线、地面暖锋及高空急流右侧所围的三角形，以及高低空急流上下交叉地区的形势背景下（图 6.57)。

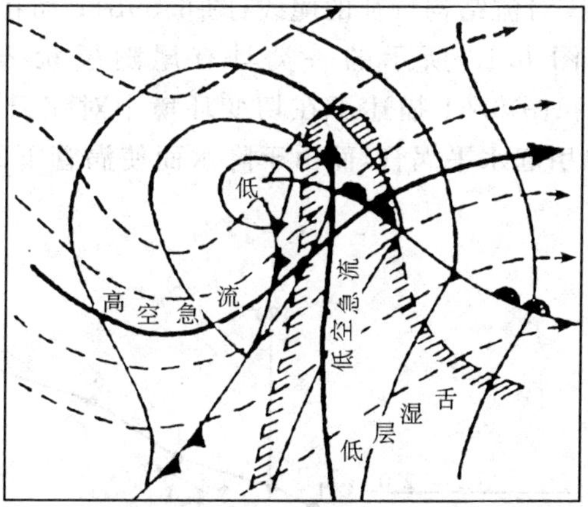

图 6.56　一个有利于暴发强对流天气的形势图

(实细线为海平面等压线；虚线为高层流线；阴影区为低层湿舌)(Kessler,1987)

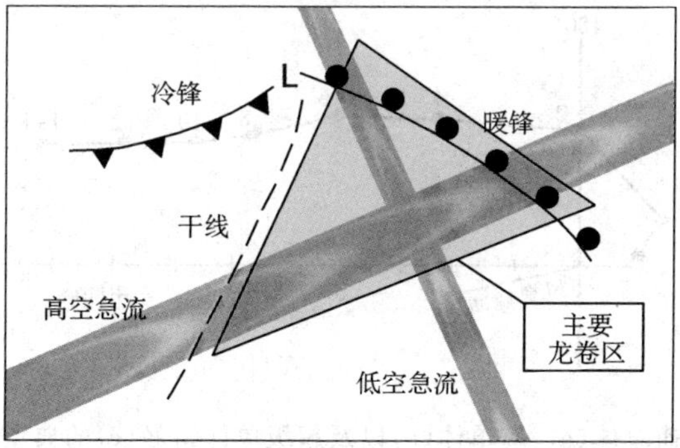

图 6.57　与龙卷风暴大暴发相联系的典型天气条件的概念模型

（三角形区表示龙卷风可能发生的地区）(Hamill *et al.*,2005)

(5)风垂直切变

风的垂直切变,包括风速的垂直切变和风向的垂直切变,都会对强对流天气的发生发展产生显著的影响。一般来说,风垂直切变最大的地方都是在高空或低空急流附近。所以风的垂直切变,对强对流天气的发生发展的影响与高低空急流对强对流天气的发生发展的影响是一致的。

风垂直切变的影响是多方面的,它可以影响对流系统的强度、类别、结构、分裂等方面。图 6.58a 表示在弱切变环境中一般发生普通单体;在中等切变环境中一般发生多单体风暴(图 6.58b);在强切变环境中一般发生超级单体雷暴(图 6.58c)。图 6.59a 表示在深切变环境中一般发生如图 6.15 和图 6.16 所示的一类具有前伸云砧结构特征的飑线;在浅切变环境中一般发生如图 6.45 所示的一类具有类似于与低空急流有关的 L 型线对流结构特征的飑线(图 6.59b);而在急流状切变环境中一般发生如图 6.17 和图 6.18 所示的一类具有尾随层状云区结构特征的飑线(图 6.59c)。图 6.60 和图 6.61 描述了在切变环境中对流云分裂的过程。由图可见,风的垂直切变可以引起水平涡管,而由于降水而使涡管下凹,最后便变成两个对流系统。

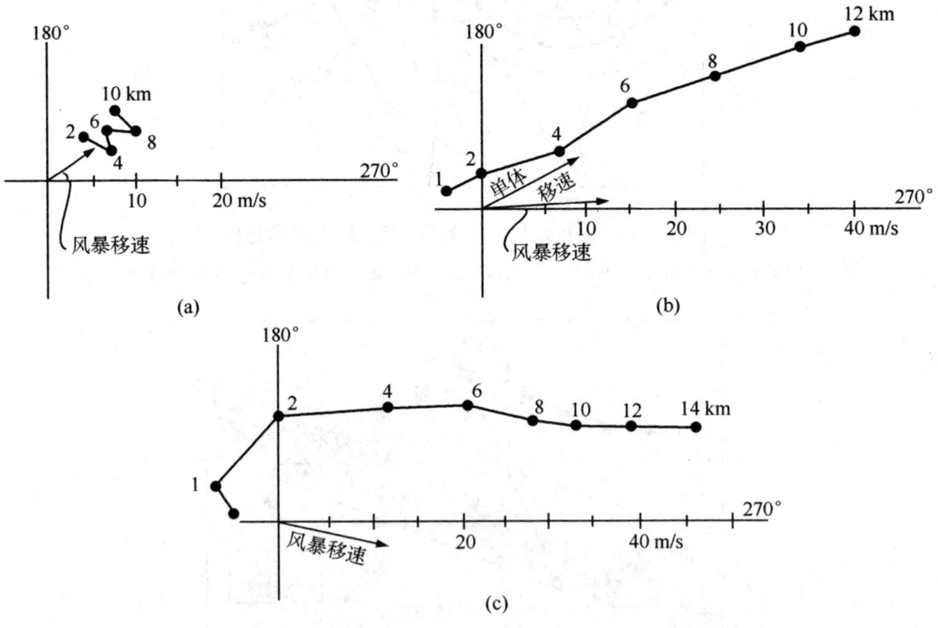

图 6.58 普通单体(a)、多单体(b)以及超级单体雷暴(c)的典型高空风分析图

(Chisholm *et al.*, 1973)

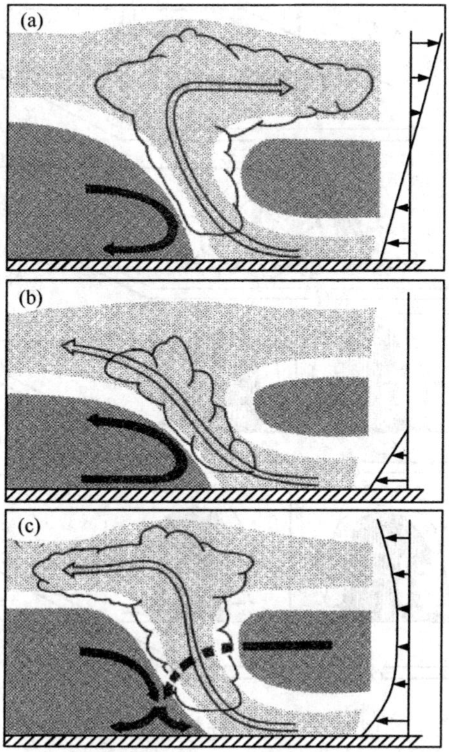

图 6.59 由个例分析得到的三类飑线的结构模型图

(a)深切变型(Ludlam,Newton,1963);(b) 浅切变型(Carbone,1982);

(c)急流状切变型 (Zipser,1977)

(浅色和深色阴影区分别表示相当位温 θ_e 的高值和低值区)

6.4.5 雷暴云的移动规律

以上主要讨论了预报雷暴等对流性天气发生、发展的物理基础。下面再来讨论当雷暴云或强雷暴云产生以后移动的规律。这种规律也就是我们预报雷暴或强雷暴活动的物理基础。

(1)雷暴云的平移和传播

雷暴云或强雷暴云产生以后,有两种作用使它产生移动。一种作用是大范围水平气流使云体不断平移,移向接近于云体中层高度上大范围水平气流的方向。另一种作用是在云体外围不断地形成新的雷暴单体而老云逐渐消散下去,因此使人们产生云体似乎在整体移动的感觉。这种云体新陈代谢的现象叫作雷暴的传播。雷暴的

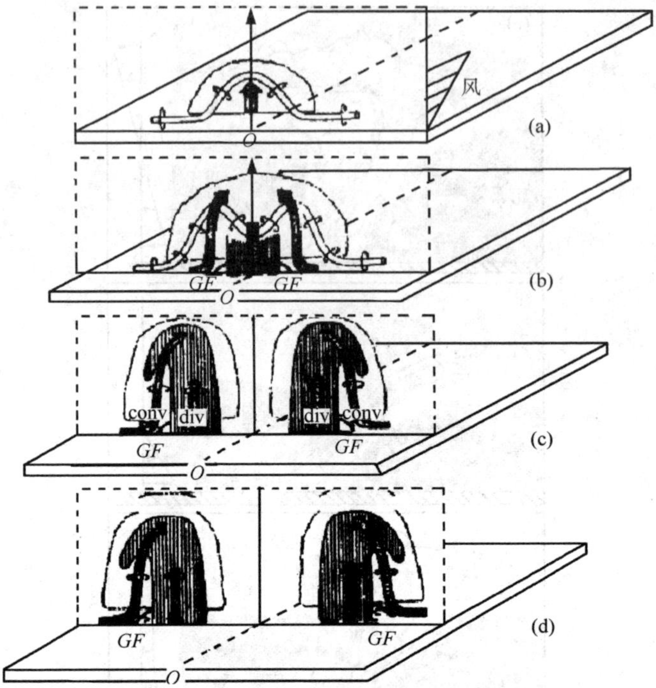

图 6.60　雷暴分裂过程示意图

(O 点位于地面初始雷暴的中心,雷暴分裂后,各自随时间远离 O 点;GF 表示阵风锋;div 和 conv 分别表示辐散和辐合;阴影区为降水区)(Houze *et al*.,1982)

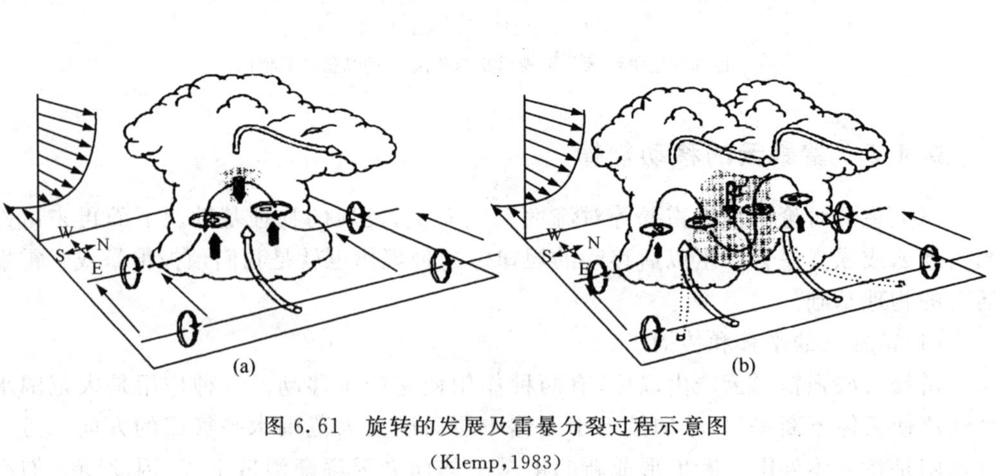

图 6.61　旋转的发展及雷暴分裂过程示意图

(Klemp,1983)

传播，一般又有两种情况，一种是在原来云体前部增生新云，而后部又在消散，结果看起来是云在前进(图 6.62)。另一种情况是由于原来云体的下沉气流冲击其前方的暖湿不稳定气层，在距离云体较远的前方，迅速发展新生的云体，原来云体则迅速瓦解，于是新云体取代原来云体继续前进(图 6.63a,b)。雷暴云或强雷暴云的移动往往是以上两种情况综合的结果。

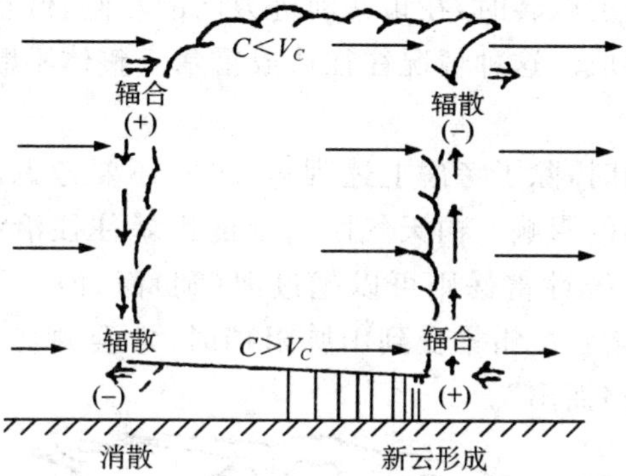

图 6.62　风速随高度增大时有利于雷暴向前传播

(Newton,1963)

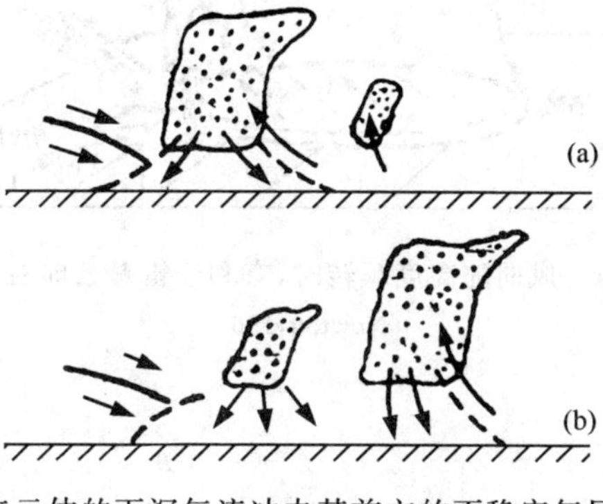

图 6.63　原来云体的下沉气流冲击其前方的不稳定气层使新云发展

(2)风速、风向垂直切变与雷暴云的传播方向

雷暴云的传播方向受高空风速垂直切变及风向垂直切变的影响很大。当风速随高度增大时，假定云内风速上下一致，这样就会在云的前部低空产生辐合，高空产生辐散(图 6.62)。于是有利于在云的前部有上升运动发展，因而有新的雷暴单体产生。而在云的后部则相反，有利于下沉运动发展，使原来的雷暴单体消散。总的效果是使人们看到有云体向前方传播。

风向垂直切变也可以影响云体的传播方向。当低层为南风，高层为西风(即风向

随高度顺转)时,雷暴云一般向其前进方向(对流层中层风向的右侧)传播。对于这种现象可以作如下的解释:

用 $\boldsymbol{V}_1$,$\boldsymbol{V}_2$ 分别代表低层和高层的风向量(图 6.64)。在云中由于湍流混合作用,风向近似为 $\boldsymbol{V}_1$ 及 $\boldsymbol{V}_2$ 的合成方向 $\boldsymbol{V}$,于是在高层,周围空气相对于云的运动方向应为 $\boldsymbol{V}_2-\boldsymbol{V}$ 的方向,而低层则为 $\boldsymbol{V}_1-\boldsymbol{V}$ 的方向。而 $\boldsymbol{V}$ 的方向又可以近似地看作是云体前进的方向。当风向随高度顺转时,在雷暴前进方向的右侧,低空有辐合,高空有辐散,有利于新的雷暴单体形成。这种情况往往造成雷暴云整体不断地向原来运动方向的右侧偏移(图 6.65)。

在预报雷暴云移动时,除了考虑上述因素以外,还要考虑江、河、湖、海及山脉等地理条件对雷暴云移动的影响。白天气团内部的雷暴往往沿河岸移动,很少超过河(湖)面。锋面雷暴等系统性雷暴则可以越过河(湖)面,但是强度要削弱,夜间则相反,越过水面时强度要增强。雷暴受到山脉阻挡时,常会顺着山脉移动,有时就在山区里打转并从山口"夺路而出"。

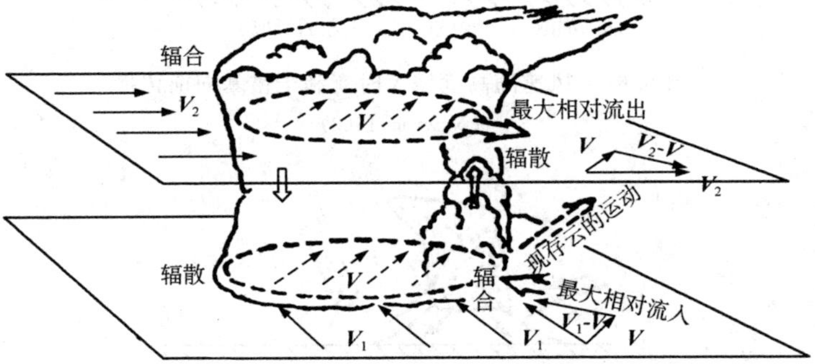

图 6.64 风向随高度顺转时,有利于雷暴云向右侧传播

(Newton,1963)

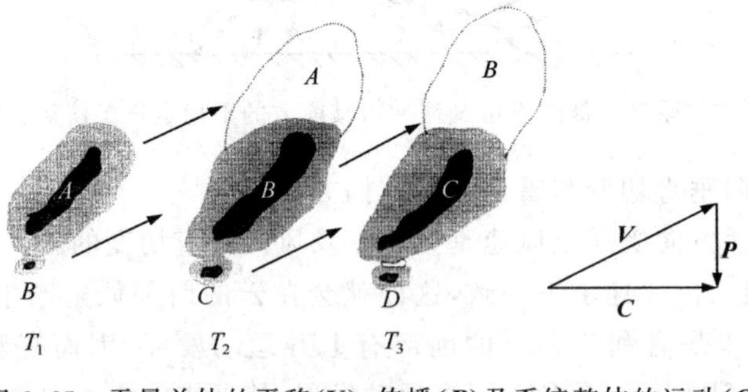

图 6.65 雷暴单体的平移($\boldsymbol{V}$)、传播($\boldsymbol{P}$)及系统整体的运动($\boldsymbol{C}$)

(Marwitz,1972)

6.5　对流性天气的预报

6.5.1　对流性天气的短期预报

(1)雷暴天气短期预报的思路和着眼点

由前面的讨论我们已经知道,雷暴天气是由水汽条件、不稳定层结条件和抬升力条件三方面条件综合作用而造成的。以上三方面条件之间的相互联系,可以举 1962 年 6 月 8 日鲁南、皖北、苏北地区的雷雨和冰雹天气过程为例来加以说明。发生这次过程前,当天 08 时在 500 hPa 上,120°E 附近有一深槽,华北为一冷涡,槽后有冷空气南下,负变温区南伸到江淮地区。在 850 hPa 上,江淮地区为正变温区,长江中游为一湿区,槽前的西南气流使水汽不断地向江淮地区输送。在地面图上,有一条冷锋逐渐南移,至 20 时影响江淮地区(图 6.54)。在探空曲线上,徐州、阜阳等地的大气层结为对流性不稳定。在这样的形势下,使江淮地区的湿度和不稳定度不断加大。最后终于在冷锋的冲击下,出现了对流性天气。与此对比,当天上午北京地区虽然也有锋面过境,但因层结稳定,却未发生雷暴天气。而阜阳等地层结不稳定条件虽然早在 08 时便已具备,但直到下午锋面过境前后才发生对流性天气。这说明,以上条件在造成对流性天气的作用中缺一不可。由此可见,进行雷暴预报时,必须对这三个条件综合分析和预报。

(2)系统性雷暴的预报

形成雷暴的三条件是在一定的大尺度(天气尺度)天气形势下,逐步酝酿具备起来的。有利于提供这些条件的大尺度天气形势,即有利于产生雷暴的大尺度天气形势。下面分别介绍各种形势下的系统性雷暴特点和预报经验。

① 锋面雷暴的预报。锋面雷暴是我国夏季主要的雷暴类别之一。据上海气象台统计,6—8 月有60%～70%的雷暴形成在锋面上,而石家庄有 80%以上的雷暴是锋面雷暴。冷锋、暖锋、静止锋上都可产生雷暴。其中以冷锋雷暴出现最多,强度也较强。暖锋雷暴较少。静止锋雷暴常和切变线相联系。下面先介绍有关冷锋雷暴的预报经验。

(i)在冷锋前暖湿空气活跃(例如有正变温、增湿、南风较大、暖空气不稳定等)的情况下,当冷锋过境时一般有雷暴形成。

(ii)冷锋雷暴与太平洋高压的强弱、进退有密切关系。在太平洋高压位于日本海或朝鲜南部一带,且脊线伸向华北平原的情形下,当冷锋过境时华北常见雷暴。各地经验都指出,当太平洋高压东撤或减弱时,在冷锋逼近的地方可形成雷暴;而当太平洋高压西进或加强时(例如当其南侧有台风西移或在海上转向北上时),则冷锋东移受阻,有时甚至锋消,不利于雷暴的生成。

(iii)冷锋雷暴的发生与锋面上空的形势有关。据上海气象台统计,在暖季当有与 850 hPa 和 700 hPa 上明显的高空槽(或切变线)相配合的冷锋过境时,有 90%的可能性会产生雷暴。但必须是在地面锋与 700 hPa 槽线靠近(指二者距离不大于2~3 个纬距)时才有可能,而当二者重合或槽线超前于地面锋(前倾槽)时则更有利于发生较强烈的雷暴。

(iv)如果锋面附近,高层为冷平流,低层为暖平流,且平流较强,则锋面过境时绝大多数会产生雷暴。

(v)高空锋区的强弱,与锋面上是否产生雷暴及它的强度有很大关系。与比较强的对流层锋区相对应的锋段上出现雷暴的机会较多,强度较强。较强的高空锋区一般都有高空急流相配合。因此,与高空急流相对应的锋段上出现雷暴的机会较多,强度较强。

(vi)在 850 hPa 上锋面所在区域内画出等露点线或等比湿线后,如果湿舌的轴线沿地面锋线伸展,则有利于雷暴生成。

至于冷锋雷暴出现的位置则有以下预报经验:

(i)华北的经验指出,锋面雷暴往往产生在沿锋线伸展的等露点线湿舌控制的范围内,或偏于湿舌尖端的部位上。湿舌越窄,产生的雷暴也越强。

(ii)24 h 露点变量(ΔT_{d24})正值区,有利于产生雷暴。

(iii)同一条冷锋的不同地段,由于温、压、湿场配置不同而产生雷暴的可能性及其强度也不同。在锋后冷平流较强(即冷空气主要冲击力所在处)而锋前空气又是暖而湿的锋段,有利于雷暴的形成。在锋后冷平流较弱而锋前空气又是暖而干的锋段就不利于雷暴的形成。

(iv)在后倾槽的情况下,锋面雷暴一般发生在锋面前后(槽前)。在前倾槽的情况下,雷暴发生在槽后、锋前的区域内,在这种情况下,还常常可能发生冰雹。

冷锋雷暴出现的时间主要决定于锋面的移速。冷锋雷暴一般生成于冷锋过境前后 2~3 h 之内。当高空为前倾槽时,雷暴出现在冷锋过境之前;而当高空为后倾槽时,雷暴出现于冷锋过境之后。因此,冷锋雷暴出现时间的预报,主要考虑锋面的移速以及地面锋与高空槽的配置情形。而冷锋的移速则决定于引导气流速度的大小、锋后冷高压的强度、锋前暖高压或变性高压的阻挡作用和地形影响。

冷锋雷暴持续的时间决定于冷锋的移速、强度及 700 hPa 槽线配置和槽的移速。当冷锋移速较快或强度较强时,冷锋雷暴持续时间一般较短;反之则较长。在后倾槽的情况下,700 hPa 槽线过境时,一般雷暴已经结束。

在我国南方地区静止锋上也有雷暴产生。出现雷暴的静止锋常位于西南地区伸向沿海一带的倒槽中,其上空有小槽或低涡东移;在 850 hPa 和 700 hPa 上,有锋区或切变线，西南气流较强，暖湿平流显著；在 500 hPa 上，有时是西南气流，有时是伴有冷舌的小槽；这时雷暴一般发生在静止锋两侧，在地面或高空气旋性弯曲比较明显的地方，当暖空气很不稳定、静止锋后有新的冷空气补充时，静止锋就南移。锋面附近，有时也会产生冰雹。例如昆明静止锋附近就有这种情况。

暖锋雷暴比较少见，一般只是在 850 hPa 和 700 hPa 上有低槽或切变线，而且空气暖湿、对流性不稳定层次又较厚时，才有利于产生雷暴。静止锋或暖锋上的雷暴多数是分散的，而且在后半夜出现的机会较多。这是因为后半夜云顶辐射降温较大，使云层变得不稳定，从而加强了对流发展的缘故。有时白天也会产生雷暴或冰雹，那是在低层暖平流或日射增温使低层升温比较剧烈，大大超过高层升温的情况下，在气层变得很不稳定，再加上暖锋切变的辐合上升时所产生的。

② 高空槽、切变线雷暴的预报。高空槽、切变线也是经常造成雷暴的天气系统。高空槽或切变线是否能够造成雷暴，要看槽线或切变线前后的气流分布和它们的冷暖性质。

所谓槽线前后的气流分布情况，主要以槽线两侧的风向交角及风速的大小来表征。一般来说，风向交角愈接近或小于 90°及槽后风速较大，槽线上的辐合上升运动也较强，这样的槽就有利于产生雷暴天气。高空槽的温度场结构的性质也和雷暴的形成有很大关系。冷性的高空槽由于槽线前后暖舌及冷槽明显，冷暖平流较强，因此对形成雷暴有利。暖性的高空槽由于其槽线前后都为暖空气所占据，垂直运动得不到发展，因此对雷暴形成不利。切变线也有与上述槽线相类似的情况。

高空槽雷暴发生的时间主要取决于槽线离本站的距离。例如，郑州气象台统计了脊后槽前雷暴生成时间和 850 hPa 槽距的关系，如表 6.4 所列。

表 6.4　脊后槽前雷暴生成时间与 850 hPa 槽线距离的关系

08 时 850 hPa 槽线(切变线)距郑州的距离	郑州雷暴出现时间
＜1 个纬距	未来 12～14 h 以内
1～2 个纬距	未来 15～18 h 以内
3～4 个纬距	未来 19～24 h 以内
＞4 个纬距	当天无雷暴

③ 冷涡雷暴的预报。夏季在东北和华北地区常常出现冷涡雷暴，其特点是变化较快(短时间内就可由晴天变为雷暴天气)，持续时间较长(常可持续 3～6 天)，危害性较大(有时伴有大风、冰雹)。作冷涡雷暴预报时一般有以下经验：

(i)冷涡雷暴主要出现在冷涡的南部及东南部位，而以出现在东南部位的最为常见。这是因为当冷涡发展南移时，其东南部与太平洋高压靠近的缘故。在冷涡的东南部及副热带高压西北部有很强的气流辐合，加上副热带高压西北部又有较强的暖湿平流时,冷涡的东南部就经常产生大片雷暴。在冷涡的东北和西北部位也可产生雷暴,但较少。

(ii)冷涡雷暴一般是与地面冷锋或高空小横槽相伴出现和活动的。因此,要注意高空横槽和地面冷锋的位置和动向。因为当冷涡后部暖高脊很强,且向东北方向伸展时,小横槽就带着一股股冷空气沿涡后偏北气流南下,加强了低涡的辐合上升运动,促使不稳定能量释放,因此冷涡后部的小横槽(旋转槽)对冷涡雷暴的产生和持续出现起着重要作用。当冷涡中心稳定少动时,这种反映冷空气不断补充的高空小横槽一次次转竖,就造成了冷涡雷暴的连续出现。

(iii)当冷涡稳定少动时,气层由于其稳定度的日变化而每到午后或傍晚就会变得不稳定,因而可有雷暴出现。

(iv)根据东北气象工作人员的经验,冷涡雷暴产生在 $T_{500}-T_{850}$ 值最大的区域或在其前方。

(v)在冷涡控制区域,在低层 850 hPa 有较明显的暖湿平流,高层有冷平流的区域,往往有强雷暴或冰雹出现。

我国西南地区经常出现西南涡。东移的西南涡往往在其东部和东南部和湿舌相交处发生雷暴。西南涡东移过程中,地面还可能出现气旋波,长江中下游因而常常产生雷暴。

④ 副热带高压西北部雷暴的预报。在对流层低层,副热带高压西北部空气比较暖湿,常常储存大量的不稳定能量。在有外来系统侵入或没有外来系统侵入的情况下,都有发生雷暴的可能。当天气系统很弱,等压线十分稀疏时,有时可以由于地形造成的小范围风场辐合,而引起孤立分散的雷暴。当副热带高压明显东退时,也可引起不稳定能量释放而造成雷暴。当副热带高压西北部有锋面、低压、高空槽、切变线、低涡等系统影响时,在副热带高压西北部会出现较广的雷暴区。

在副热带高压西北部还经常出现低空急流。上节中已经指出,低空急流对雷暴、冰雹等对流性天气的发生也有很大影响。

除上述地面锋、高空槽(切变线)、低涡以及副热带高压等系统外,还有其他产生雷暴的系统,例如台风倒槽、东风波等,可参见有关章节,这里不再详细叙述。

⑤ 强对流发生区的预报。雷暴等对流性天气往往是在各种天气系统和有利因子综合作用下的产物。在这种情况下如何来决定对流性天气发生的地区呢?这里介绍一种在天气图上确定对流性天气发生区的方法,可供参考。根据预报工作经验,江苏省大片强雷暴区的活动与以下四个因子关系较为密切:(i)700 hPa 的槽线或切变线;(ii)地面锋;(iii)850 hPa 副热带高压西北部偏南风的最大风速轴线;(iv)850 hPa 湿舌。

根据统计指出,对流性天气区出现在:(i)700 hPa 槽线或切变线暖区方向 2~5

个纬距；(ii)地面锋前 1～3 个纬距；(iii)低空急流轴左右 1.5 个纬距；(iv)850 hPa 的湿舌内部。这四项因子共同存在的区域(图 6.66 中的阴影区)就是强对流性天气最可能发生的区域。这样就可以用这种方法在 08 时预报未来 24 h 内强对流性天气的发生地区。这种把有利因子共同作用的地区围起来的方法叫"围区法"，是决定对流天气发生区的常用方法。图 6.57 中的龙卷风暴大暴发区也是用这种方法来决定的。

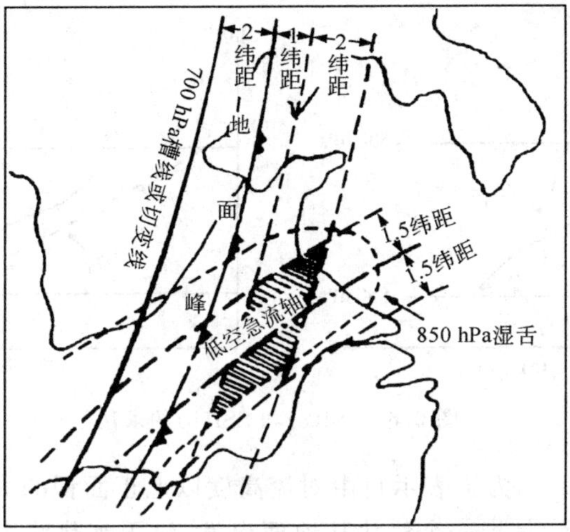

图 6.66　强对流天气(飑线)发生区的预报

(3)稳定度指标的应用

如前所述，大气层结的稳定度可以用 $\gamma=\left(-\frac{\partial T}{\partial z}\right), \frac{\partial \theta}{\partial z}, \frac{\partial \theta_{se}}{\partial z}, \frac{\partial \theta_{sw}}{\partial z}$ 以及正不稳定能量面积 A_+ 等物理量的大小来表示，而在实际预报工作中，常常应用一些容易查算的指标来表示稳定度的大小。如用两等压面的温度及 θ_{se} 的差值(即 $\Delta T=T_{500}-T_{850}$ 及 $\Delta\theta_{se}=\theta_{se700}-\theta_{se850}$ 或 $\Delta\theta_{se}=\theta_{se500}-\theta_{se850}$)来表示两等压面之间气层的不稳定度，负值越大，表示气层越不稳定。也可用两个等温面间的厚度(如 −20℃层的高度 H_{-20} 与 0 ℃层的高度 H_0 的差距 $\Delta H=H_{-20}-H_0$)来表示这一层的稳定度，ΔH 越小，表示气层越不稳定。此外，还经常采用下列指标来表示稳定度的大小。

① 沙瓦特指数(简称沙氏指数)(SI)。小块空气由 850 hPa 开始，干绝热地上升到抬升凝结高度(LCL)，然后再按湿绝热递减率上升到 500 hPa，在 500 hPa 上的大气实际温度(T_{500})与该上升气块到达 500 hPa 时的温度(T_s)的差值，即为 SI($SI=T_{500}-T_s$)(图 6.67a)。如 SI>0，表示气层较稳定，如 SI<0，表示气层不稳定，负值越大，气层越不稳定。注意：若在 850 hPa 与 500 hPa 之间存在锋面或逆温层时，则 SI 无意义。

② 简化沙氏指数(SSI)。将 850 hPa 上的小气块按干绝热递减率上升到 500 hPa,500 hPa 上大气的实际温度 T_{500} 与该上升气块的温度 T_s' 的差值即为 SSI ($SSI=T_{500}-T_s'$),求法见图 6.67b。因为在一般情况下,$\gamma \leqslant \gamma_d$,所以在一般情况下,SSI≥0。SSI 的正值越小,表示气层越不稳定。将 SSI 与 SI 相比,可见求 SSI 时忽略了气块的凝结过程,即认为气块一直到 500 hPa 都是未饱和的,所以它是 SI 的简化。

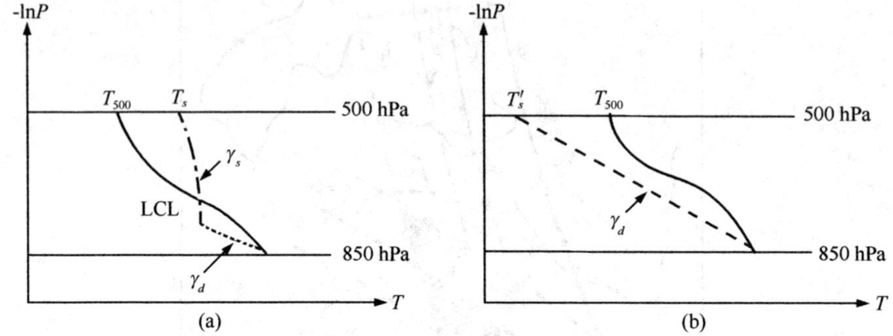

图 6.67 SI(a)和 SSI(b)的求法

③ 抬升指标(LI)。为了表示自由对流高度以上正面积的大小,常采用抬升指标(LI)。所谓抬升指标,是指一个气块从地面出发,沿干绝热线上升至抬升凝结高度,再沿湿绝热线上升至自由对流高度,直到 500 hPa 处所示的温度与 500 hPa 环境温度之间的差。例如,当 500 hPa 的气块温度为−6℃,500 hPa 环境温度为−10℃时,LI 为−4℃。LI 为负时,表示不稳定,负值越大,不稳定能量面积也越大,暴发对流的可能性也越大。抬升指标比沙氏指数能更好地反映行星边界层大气的温湿特征对稳定度的影响。

④ 总指数(TT)。850 hPa 的温度和露点之和减去 2 倍的 500 hPa 温度,即 $TT=T_{850}+T_{d850}-2T_{500}$。TT 越大,表示越不稳定。有时也将 TT 分解成 VT 和 CT 两部分,即 TT=VT+CT,其中 $VT=T_{850}-T_{500}$,$CT=T_{d850}-T_{500}$。

在实际工作中常常根据历史资料的统计分析,得出各种稳定度指标与对流天气的对应关系。例如根据国外资料,SI 与对流性天气有下列对应关系:

SI≥+3℃	发生雷暴的可能性很小或没有
0℃≤SI<+3℃	有发生阵雨的可能性
−3℃≤SI<0℃	有发生雷暴的可能性
−6℃≤SI<−3℃	有发生强雷暴的可能性
SI<−6℃	有发生严重对流性天气(如龙卷风)的危险

LI 与对流性天气有下列对应关系：

$$\begin{cases}-3℃\leqslant LI<0℃ & 有发生一般雷暴的可能性\\ -5℃\leqslant LI<-3℃ & 不稳定，有发生强雷暴天气的可能性\\ LI<-5℃ & 很不稳定，有发生严重强雷暴天气的可能性\end{cases}$$

TT 与对流性天气有下列对应关系：

$$\begin{cases}TT<45 & 无雷暴活动\\ 45\leqslant TT<50 & 有较小的强雷暴潜势\\ 50\leqslant TT<55 & 有中等的强雷暴潜势\\ 55\leqslant TT & 有强的强雷暴潜势\end{cases}$$

(4)应用温度-对数压力(T-ln$P$)图预报雷暴

T-ln$P$ 图是一种预报雷暴的重要工具，将它与天气图配合使用，可以取得较好的效果。用 T-ln$P$ 图预报雷暴可分以下两个步骤：

① 用 07 时探空资料做出探空曲线，分析大气层结稳定状况，求算特征高度(抬升凝结高度、自由对流高度、对流上限等)，并计算稳定度指标(不稳定能量面积、SI、LI 等)。

② 用天气图、单站高空风分析图来判断 07 时的层结曲线、稳定度演变趋势。估计当天下午本站层结稳定状况，配合天气系统分析判断当天有无雷暴发生的可能。若预计可能发生对流云，而且对流上限(云顶)可达到－20℃等温线高度以上，则预报可能发生雷暴。

在前面章节中已介绍过应用天气图及单站高空风分析图来预报稳定度演变趋势及预报系统性雷暴的方法。现在主要讨论热雷暴的预报方法。

在系统较弱的情况下或在一个气团内部，由于午后地表受日射增热而使层结变为不稳定，往往容易发展"热雷暴"。热雷暴的预报主要从分析探空曲线和预报最高温度入手。

首先，求出对流温度 T_g。在 T-ln$P$ 图上点出早晨 07 时层结曲线及露点曲线。在层结不稳定(有较大的正不稳定能量面积)的情况下，通过地面露点(T_d)沿等饱和比湿线上升与层结曲线相交于 C 点(即对流凝结高度)，再过 C 点沿干绝热线下降到地面，所对应的温度即为对流温度 T_g(图 6.68)。在有非近地面逆温层存在的情况下，T_g 的求法有所不同。一般说来，首先求出通过逆温层(或等温层)上限的湿绝热线和通过地面露点的等饱和比湿线的交点 H'，然后再通过 H' 作干绝热线与 P_0(地面气压)等压线的交点的温度即为 T_g(图 6.69)。

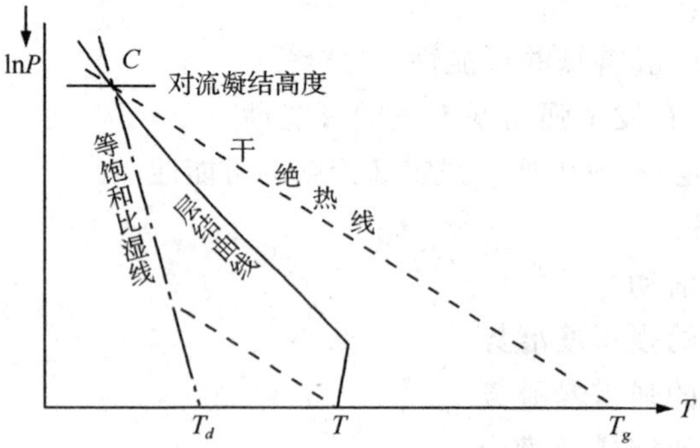

图 6.68　对流温度(T_g)的求法

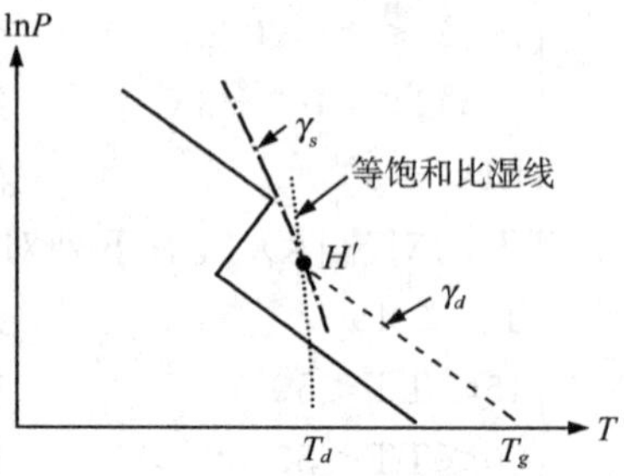

图 6.69　在有逆温层存在的情况下,T_g 的求法

其次,估计下午的最高温度 T_M。根据前一天的最高温度,并考虑天气条件的变化,估计当天下午可能出现的最高温度 T_M,若 $T_M > T_g$,则当天下午有发生热雷暴的可能。这是因为当地面气温大于 T_g 时,低层空气就可以无阻碍地上升到 C 点。假设地面露点不变,则上升气块到 C 点时,就达到饱和,假如 C 点以上 $\gamma > \gamma_s$,则 C 点也就是这时的自由对流高度,只要 C 点以上有较大的正不稳定能量面积,就可能发展热雷暴。

(5)能量天气学方法的应用

大气可以看作是一个包含各种形式能量的闭合系统。根据能量守恒定律,一个孤立系统的能量不会自生自灭,而只能从一种形式转换成另一种形式。各种天气的发生、发展和消亡的过程都伴随着大气能量的转换过程。因此,进行能量分析有助于认识大气运动的内在规律,从而为天气预报提供一定的规则和线索。近年来,能量分析已逐渐成为我国气象台站较常用的辅助天气分析工具之一,在对流性天气预报中有较好的效果。

① 大气中的能量。单位质量的空气块主要包含以下几种能量:

(i)动能

$$E_k = \frac{1}{2}V^2 \tag{6.24}$$

式中,V 为风速;u,v,w 为风矢量在 x,y,z 方向的分量,而 $V^2 = u^2 + v^2 + w^2$。

(ii)位能

$$E_p = gZ \tag{6.25}$$

式中,Z 为气块距海平面的高度;g 为重力加速度。

(iii)感(显)热能

$$E_T = c_pT = (c_v + R)T \tag{6.26}$$

式中,c_p 为定压比热容;T 为温度(K);c_v 为定容比热容;c_vT 即单位质量气块的内能;R 为气体常数。

(iv)水汽相变潜热能

$$E_e = Lq \tag{6.27}$$

式中,q 为空气比湿;L 为凝结潜热,$L=(597.3-0.566t)$ cal/g≈600 cal/g,t 为摄氏温度(℃)。

② 总能量和总温度。单位质量气块的动能、位能、感热能和潜热能的总和称为该气块的总能量:

$$E_t = c_p T + Lq + AgZ + \frac{A}{2}V^2 \tag{6.28}$$

式中,$A=2.389\times10^{-8}$ cal/erg($1\ \text{erg}=10^{-7}$ J),为功热当量。单位质量空气的总能量也叫作总比能。

为了能用观测资料简捷地计算总能量,以 c_p 除(6.28)式的各项,得:

$$\left.\begin{aligned} \frac{E_t}{c_p} &= T + \frac{L}{c_p}q + \frac{AgZ}{c_p} + \frac{A}{2c_p}V^2 \\ T_t &= T + \frac{L}{c_p}q + \gamma_d Z + \frac{A}{2c_p}V^2 \end{aligned}\right\} \tag{6.29}$$

式中,$T_t=\dfrac{E_t}{c_p}$称为总(比能)温度,单位为 K。总温度反映总能量的大小,并具有准保守性。

③ 总温度的计算。将各项常数代入(6.29)式中,得:

$$T_t = T + 2.5q + 10Z + 5\times10^{-4}V^2 \tag{6.30}$$

式中,T_t 及 T 的单位为 K 或℃,q 的单位为 g/kg,Z 的单位为 10^3 gpm,V 的单位为 m/s。当风速小于 30 m/s 时,动能项数值小于 0.5℃(参见表 6.5)。

表 6.5　动能项数值($5\times10^{-4}V^2$)

V/(m/s)	14	20	25	28	32	35	38	40	42	45	64	78	89	100
$5\times10^{-4}V^2$/℃	0.1	0.2	0.3	0.4	0.5	0.6	0.7	0.8	0.9	1.0	2.0	3.0	4.0	5.0

因动能项一般比其他项小,故常略去。略去动能项后,T_t 可近似地写成:

$$T_t \approx T_\sigma = T + 2.5q + 10Z \tag{6.31}$$

式中,T_σ 称作湿静力总温度,但因 $T_t\approx T_\sigma$,故仍可将 T_σ 称作总温度。(6.31)式是计算 T_t 的基本公式,其中 T 项即为观测到的温度,位能项按每 100 m 为 1 ℃直接读出摄氏度数。

④ 饱和总温度。在气压和温度不变的条件下,假定空气达到饱和时(即 $T=T_d$ 时)的总温度,称之为饱和总温度 T_s,其表达式为:

$$T_s = T + 2.5q_s + 10Z \tag{6.32}$$

式中,T_s 的单位为 K 或℃,$q_s(T)$为与温度 T 相应的饱和比湿,单位为 g/kg,其余单位与(6.30)式相同。一般来讲,T_s 是假定物理量,但在对流性天气的分析和预报中很有用处。例如在判断图 6.70 中 H_0 处的空气块,当其受到外力抬升到 H 高度后能否自由对流时,就用到饱和总温度这个概念。设 $H > H_C$,H_C 为空气块的凝结高度。按(6.29)式,略去动能项,则有:

$$T_{t,H_0} = T'_{t,H} = T_H' + \gamma_d H + \frac{L}{c_p}q_s(T_H') \tag{6.33}$$

$$T_{s,H} = T_H + \gamma_d H + \frac{L}{c_p}q_s(T_H) \tag{6.34}$$

(6.33)、(6.34)式中 $q_s(T_H)$及 $q_s(T_H')$分别为与温度 T_H 及 T_H' 相对应的饱和比湿,而 T_H 为 H 高度上周围环境空气的温度,T_H' 为 H_0 处空气块绝热上升到 H 处的温度,T_{t,H_0} 和 $T'_{t,H}$ 分别为空气块在 H_0 和 H 处的总温度,因 T 有准守恒性,故 $T'_{t,H_C} = T'_{t,H}$;$T_{s,H}$ 为周围环境空气的饱和总温度。由(6.33)式减(6.34)式得:

$$(T_H' - T_H) = (T_{t,H_0} - T_{s,H}) \Big/ \left(1 + \frac{L}{c_p}\frac{\partial q_s}{\partial T}\right) \tag{6.35}$$

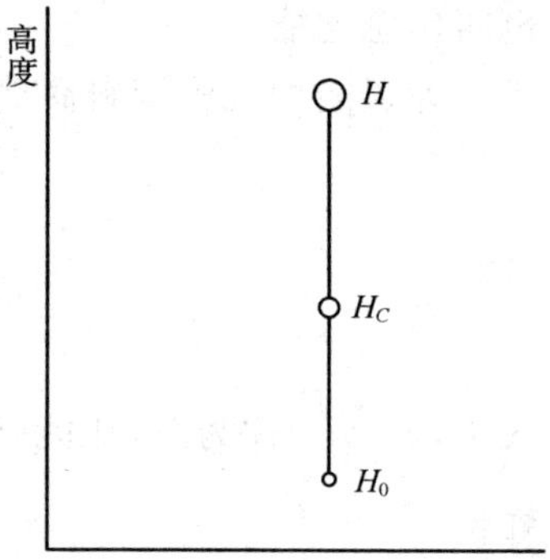

图 6.70 气块抬升凝结高度 H_C

式中,$1 + \frac{L}{c_p}\frac{\partial q_s}{\partial T}$是个恒为正值的参数。

饱和总温度 T 的查算方法与 T_t 的查算法相似,不同的是查潜热项时不用露点 T_d,而用温度 T。

⑤ 总能量的分析。目前在天气预报工作中,关于总能量的分析常用两种不同的方法。

第一种是总能量的单站分析,其要点如下:

(i)单站地面总温度的分析:计算单站地面总温度时,位能项恒为常数,故只需计算感热和潜热项。分析工具可用 T_t 的时间曲线图或 T_t 的时间剖面图或点聚图等。利用这些工具来找出天气预报指标。

(ii)大气铅直稳定度分析:探空站可以利用探空资料求出各层的 T_t,然后分析大气的铅直稳定度。在经典的大气热力学中,有各种表征局地大气铅直稳定度的判据。仿照这些判据,可得如表 6.6 所列的一些稳定度判据。中国气象科学研究院的一些同志根据在天气分析预报实践中的体会提出了一些预报指标,也一起列在表中以供参考。

表 6.6　大气铅直稳定度的几种判据

稳定度名称	稳定度判据		预报指标举例
			如 $T_{D\,500}-T_{D\,850}\leqslant 18℃$，可能有强对流天气
干静力稳定度 σ_D	$\sigma_D=-\delta T_D/\delta_p$	>0 稳定	如 $T_{t500}-T_{t850}\leqslant 0℃$，多强对流天气
潜在稳定度 σ_L	$\sigma_L=-[T(p')-T_s(p)]/\Delta p$		
条件稳定度 σ_S	$\sigma_S=-\delta T_s/\delta_p$	$=0$ 中性	如 $T_{500}-T_{t850}=0℃$，多强对流天气
对流稳定度 σ_C	$\sigma_C=-\delta T_t/\delta_p$	<0 不稳定	如 $T^{s5}_{t8}+T^{t3}_{t7}$ $\leqslant 19℃$ 多对流天气（概括率 90%）；$>19℃$ 多稳定天气（80%无降水）
位势稳定度 σ_P	$\sigma_P=\sigma_L+\sigma_C$		如 $T^{s5}_{t8}+T^{t5}_{s8}\leqslant 0$，多强对流天气

注：(a) 表中 T_D 叫作干空气总温度

$$T_D = T+\frac{g}{c_p}z+\frac{1}{2c_p}V^2$$

(b) $T^{s5}_{t8}=T_{s500}-T_{t850}$；$T^{t3}_{t7}=T_{t300}-T_{t700}$，$T^{t5}_{t8}=T_{t500}-T_{t850}$（其中下标 300、500、700、850 分别表示气压，单位为 hPa）。

(c) p 为气压，潜在稳定度 σ_L 中的 p' 取在对流层低层，且 $p'>p$，$\Delta p=p-p'$。

(iii)总能量的垂直廓线的分析：用探空记录绘制 T_D，T_t，T_S 的垂直分布廓线图(图 6.71)后，便可以根据表 6.6 中的稳定度表达式和 $T^s_t=T_S-T_t=\frac{L}{c_p}(q_s-q)$ 及 $T_t-T_D=\frac{L}{c_p}q$ 两式来综合地判定出大气层结的稳定度和潮湿度。

根据气块法理论，并根据 T 的准守恒性质 $\left(\frac{\mathrm{d}T_t}{\mathrm{d}t}=0\right)$，令气块从行星边界层(根据经验，北京地区把此层取在 900 hPa 附近)上升，则气块的过程曲线就是由 T_{t900} 决定的铅直线(图 6.71 中的虚线)。过程曲线和 T_t 廓线的最高交点称为上升气块的能量平衡高度 P_c。一般来说，P_c 愈高，对流强度愈大。举例来说，如 $P_c\leqslant 300$ hPa 时，就易出现强雹暴、龙卷风或局地暴雨等激烈天气。

过程曲线和 T_t 廓线的首次相交点即图 6.71 中的 * 点，是该上升气块的自由对流高度。自由对流高度以上出现正超能，即$[T_{t900}-T(p)_s]>0$，表示此气块比环境还暖，可以继续上升，也就是说，大气是潜在不稳定的。正超能区面积(图中竖细线区)的大小，表示了潜在不稳定能量的多少。过程曲线和 T_t 廓线包围的正面积(图中的横细线区)的大小，可看作对流不稳定能量大小的度量。二者之和，可看作是位势不稳定能量的度量。

(iv)总能量垂直廓线的类型：按照总能量垂直廓线的特征，可将它们分成若干类型，各类廓线对本地区未来 12～36 h 内的天气性质和强度有一定的预兆意义。

(a)强对流型　能量平衡高度很高($P_c \leqslant 300$ hPa)，整层空气比较潮湿(T_D 和 T_t 廓线间隔大)，饱和能差小(T_t 和 T_S 廓线接近)，对流不稳定能量很大。符合这种条件的，如图 6.71a 所示的个例。当日中午就在北京地区东北部发生了罕见的特大暴雨，而在西部还出现了冰雹。

(b) 中对流型　400 hPa$>P_c>$300 hPa，潮湿度较大，饱和能差小，有较大的对流不稳定能量，例如图 6.71b 所示。北京当日出现了以中—大雨为主的雷雨天气。

(c) 弱对流型　490 hPa$\geqslant P_c \geqslant$400 hPa，只有很小的对流不稳定能量，空气比较干燥，饱和能差较大，例如图 6.71c 所示。当时低层稳定层深厚，到次日才有小—中雷阵雨。

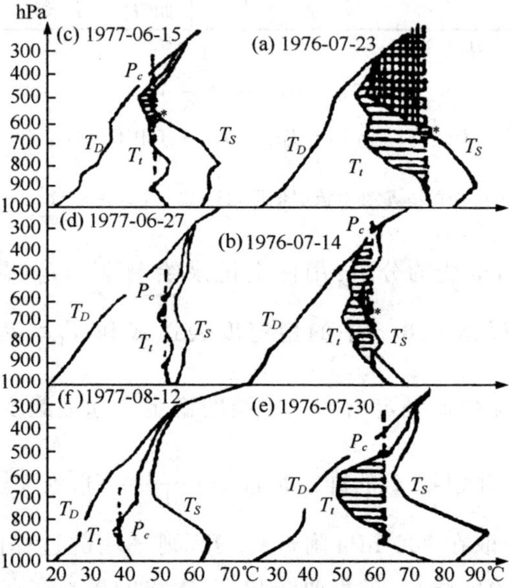

图 6.71　北京某日 08 时的总温度(T_t)、饱和总温度(T_S)以及干空气总温度(T_D)的廓线

(d) 中性层结型　在相当深厚的层次内能量分布均匀，T_t 或 T_S 铅直变化小，饱和能差也小。这种情况往往表示空气绝热上升运动剧烈，对流天气正在发生，例如图 6.71d 所示。观测时本站正在下雨，以后 6 h 雨量达 36 mm。

(e) 假对流型　近地面能量高，对流层下部位势不稳定度很大，容易误认为是有利于对流天气发展的，但实际上，由于对流层上部位势稳定度大，且 $P_c \geqslant$490 hPa，又不存在潜在不稳定能量，饱和能差很大，因此层结结构属于抑制对流发展的稳定型，故称其为“假对流型”，例如图 6.71e 所示。当时 P_c=510 hPa，这天天气虽很闷热，但并未发生雷雨。此型低层多为辐合区，高温、高湿、高能；中层则为高压脊或小高压控制，空气下沉，十分干热，故 T_t 很小而 T_S 很大。副热带高压控制区的能量层结多为假对流型。

(f) 对流稳定型　除了行星边界层外，T_t 随高度升高而增加，空气很干燥。在极地干冷空气初临时，本地空气属于此种类型，饱和能差较大。然后低层空气逐渐变性，从而有中性或位势不稳定层结出现。在此型空气控制下，短期内无对流天气，例如图 6.71f 所示，结果在 24 h 内天气晴好。

关于总能量分析的第二种方法是总能量形势图的分析，其要点如下：

首先，利用常规天气图上的温度、露点、高度资料，查算出各站的 T_t，然后绘制等 T_t 线，即得总能量形势图。总能量形势图包括地面(区域)总能量形势图和高空总能量形势图。

在总能量形势图上，可以看到各种能量系统，其中主要为高(低)能区、高(低)能舌及能量锋区等。

高(低)能区由闭合等 T_t 线围成的、中心 T_t 值大(小)于周围 T_t 值的区域。而高(低)能舌由高(低)能区向外伸出的狭长部分，或由一组未闭合的向能量较低(高)一方伸出的等 T_t 线组成的系统。

需要指出：不能将高能舌称为高能脊。因为，若将等能面的空间形状表示出来的话，则高能舌处的等能面一般是呈向下伸的槽谷状，而不是脊状。同理，低能舌也不能称为低能槽。这里说的等能面，即 T_t 数值处处相等的空间曲面。

能量锋区是指等 T_t 线特别密集的地带。至于密集的程度，可因地区、季节而不同，并无统一的标准。

能量锋区是性质不同的两种气团相对运动时在交界面上形成的。高层能量锋区相当于高空锋区。在对流层低层，能量锋也就是干线或露点锋。一些强烈的对流性天气往往和能量锋区相联系。

(6)雷暴大风(飑)的预报

雷暴发生时，并非每次都伴有大风。例如，北京地区每年总要发生四五十次雷暴，但伴有较强风力的雷暴每年平均不过十来次。雷暴大风有很明显的季节性和日分布特征。仍以北京为例，雷暴大风一般出现在 4 月中旬至 9 月中旬，以 6 月、7 月、8 月为最多，在一天中，则主要发生在 13—24 时，即午后至上半夜，并以 15—21 时为最多，一般来说，强雷暴才会引起大风。

上干、下湿的对流性不稳定气层即在 T-$\ln P$ 图上温度层结曲线与露点曲线(图 6.72)下部紧靠、上部分离，呈喇叭状配置时，就有利于形成雷暴大风。而在天气图上，在不稳定区，如 $\Delta\theta_{se700-850}$ 的负值中心，最易发生雷暴大风。例如 1974 年 6 月 17 日的大风区正是在 $\Delta\theta_{se}$ 的负值中心区(图 6.73)。高层降温、降湿，低层增温、增湿对造成不稳定区起了很重要的作用。

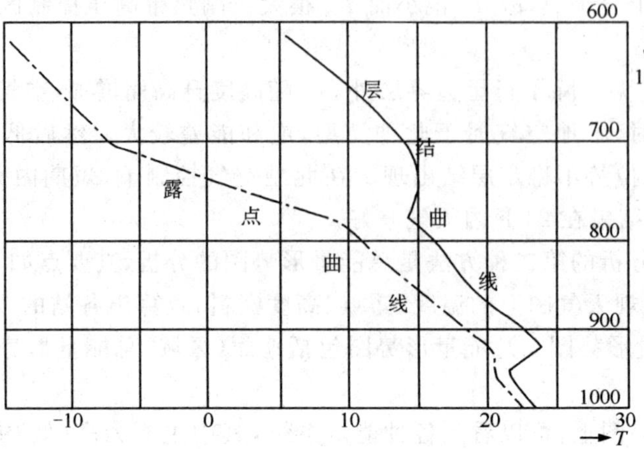

图 6.72　1974 年 6 月 17 日 08 时南京探空曲线

(寿绍文 等,1978)

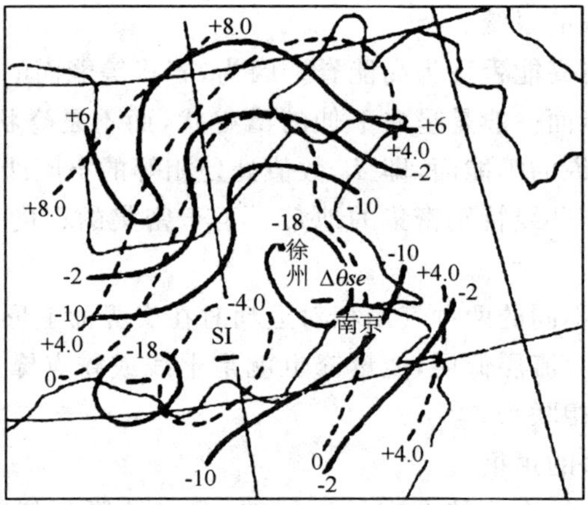

图 6.73　1974 年 6 月 17 日 08 时 SI(虚线)及 $\Delta\theta_{se}$(实线)分布图

(寿绍文 等,1978)

在实际工作中,当预报有可能发生雷暴时,一般常用 T-ln$P$ 图来进一步判断有无雷暴大风发生的可能。方法是采用下列经验公式来计算可能产生的风速 V:

$$V \approx 2 \times (T_g - T_c) \quad (\text{单位:m/s}) \tag{6.36}$$

式中,T_g 为对流温度;T_c 为 08 时由层结曲线或状态曲线上的 0℃层湿绝热下降到地面时的温度。若 V 很大,则可预报将有大风。这个经验公式的理论根据是,认为雷暴大风是由于雷暴云中下沉的冷空气强烈辐散而造成的。下沉气流所造成的近地面层的冷堆与其周围空气温差愈大,雷暴大风的风力便愈强。在假定有雷暴发生的前提下,

T_g 可表示下沉气流周围的空气温度，T_c 则可表示云中下沉空气到达地面时的温度，而 $(T_g - T_c)$ 就表示下沉气流与周围空气的温差。所以，$(T_g - T_c)$ 愈大，风力愈大。

雷暴大风的风力大小还可以用风指数（WI）来预估。风指数（WI）的表达式如下：

$$WI = 5\left[H_M R_Q (\Gamma^2 - 30 + Q_L - 2Q_M)\right]^{0.5} \tag{6.37}$$

式中，H_M 为融化层离地面的高度（AGL），以 km 为单位；$R_Q = Q_L/12$，但不能大于 1，以 g/kg 为单位；Γ 为地面与融化层之间的垂直温度递减率，以℃/km 为单位；Q_L 为近地面 1 km 层内的混合比，以 g/kg 为单位；Q_M 为融化层处的混合比，以 g/kg 为单位。WI 是无量纲数，但使用时视其为有单位：n mile/h①，或约 2 m/s。由(6.37)式算得的数值可近似视为可能出现的雷暴大风的风力大小。由(6.37)式可见，融化层离地面较高、Q_L 较大（低层潮湿）、Q_M 较小（中层干燥）等因子都有利于产生雷暴大风。

(7)冰雹天气预报

雹灾是我国主要的自然灾害之一，年年发生，危害很大。全国冰雹分布很广，除广东等少数省份冰雹较少外，其余各省、区都有不同程度的雹灾。尤其是中高纬地区内陆的山地、丘陵地区，地形复杂，天气多变，冰雹多，危害重。如甘肃等省每年有 150 万～200 万亩农田遭受雹灾。一般来说，我国冰雹地理分布的特点是：内陆多于沿海；山地多于平原；中纬多于高、低纬地区。广东是我国雷暴最多的地区之一，但冰雹却较少发生。我国地跨高、中、低纬，幅员广大，冷暖空气交绥带有明显的季节特点，因此冰雹的出现也有明显的季节性。成片的雹区集中在春、夏、秋三季，并且有规律地自南向北推移。雹区大致有三个地带：2—3 月以西南、华南和江南为主，4—6 月中旬以长江流域和淮河流域为主，6 月下旬至 9 月以西北、华北、东北地区为主。成片雹区出现在 2—9 月内，其中在 4—7 月内集中出现的约占总数的 70%。

用天气图作冰雹预报的方法，通常是根据历史个例，将过去出现的冰雹天气形势分成若干类型，分别给出预报指标。在实际工作中，就以相似法来进行冰雹天气预报。冰雹天气形势模式各省都有总结，这里只介绍中央气象台总结的每日出现 10 个以上的降雹站的大范围降雹过程的天气形势。根据中央气象台分析，这种大范围降雹过程，每次都与一定的高空形势有关，尤其是连续数日的降雹过程与高空系统的稳定密切相关。该台根据本身工作的特点，主要抓深厚的天气系统。依据 500 hPa 气压场形势，配合对流层低层的特点，将冰雹天气形势划分为四个类型：高空冷槽型、高空冷涡型、高空西北气流型和南支槽型。其中，南支槽型降雹以 2—4 月为主；冷槽型降雹以 4—6 月为主；冷涡型降雹以 5—6 月为主；而西北气流型降雹可在 4—9 月内出现。

---

① 1 n mile＝1852 m，1 n mile/h≈0.514 m/s，下同。

下面简述各型的基本特征。

① 高空冷槽型。对流层内有清楚锋区的高空冷槽,移动显著,由于上、下锋区移速不一致,可出现前倾槽和后倾槽,降雹可在锋前,也可在锋上。主要降雹机制是锋面移动促使前方暖湿空气抬升而成。此类降雹按降雹区和高空槽的相互位置,又可分为槽后和槽前降雹两个副类。

② 高空冷涡型。高空 500 hPa 有闭合低压中心,并配合有冷温度槽或冷中心。高空冷涡是一深厚的辐合系统,强的正涡度中心,有利于低层暖湿空气抬升,并且移速较慢,可以连续几天出现冰雹。据统计,雹区多出现在冷涡的东南象限、距冷涡中心 7 个纬距的范围内。影响我国降雹的冷涡中心一般在贝加尔湖和蒙古人民共和国一带生成,以后向东南方向移入我国。这种冷涡可分成东北冷涡、蒙古冷涡、西北冷涡。主要影响地区在 100°E 以东,35°N 以北(图 6.74)。

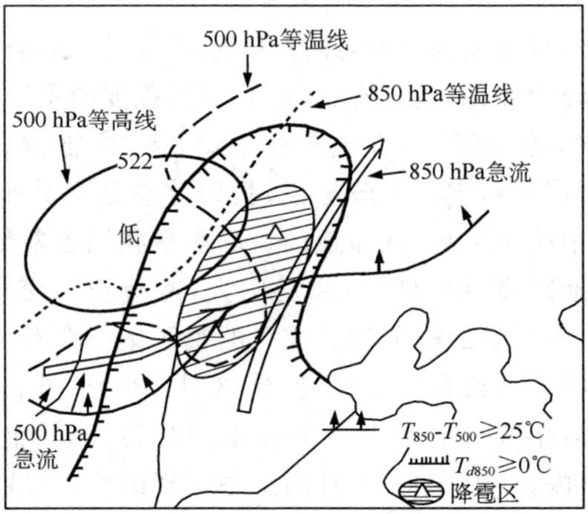

图 6.74 冷涡型降雹形势(1960 年 5 月 14 日 08 时)

③ 高空西北气流型。500 hPa 等压面上有稳定的长波槽,温度槽落后于高度槽,长波槽随高度而后倾。在槽后西北气流里不断有小股冷空气滑下来,而且风速垂直切变较强,可促使低层暖湿空气的不稳定能量释放并形成冰雹。因为长波槽稳定,所以同一地区可连续几天降雹。此型在 4—9 月都可出现。降雹地区主要在 100°E 以东,32°N 以北。

④ 南支槽型。春季,在我国长江以南广大地区上空,西北极锋急流与西南副热带急流交替出现,也就是冷、暖空气交绥频繁。欧亚环流特点为:极锋锋区退至 40°N,西西伯利亚到蒙古人民共和国为一宽广的低压区,贝加尔湖和俄罗斯滨海区为低压活动区,冷空气自西向东活动,而 500 hPa 和 300 hPa 等压面上,南支槽脊活跃。孟加拉湾出现清楚的南支槽,槽前西南气流与北进的西太平洋副热带高压西侧

的西南气流汇合，在高空形成一支强风带——副热带急流。当对流层中、低层暖区内出现辐合中心、辐合带、切变线等系统时，暖湿气流受到抬升，容易造成剧烈的对流性天气。降雹天气主要有三种形式。

(i)气团性降雹：对流层内无锋区。副热带急流输送暖湿空气，从而使对流层整层增温。低层增温快，高层增温慢，这就促使大气层结不稳定。同时低层发展强的辐合中心，造成暖湿气流上升，而高空槽前的辐散场又加强了大气的对流不稳定(图 6.75)。

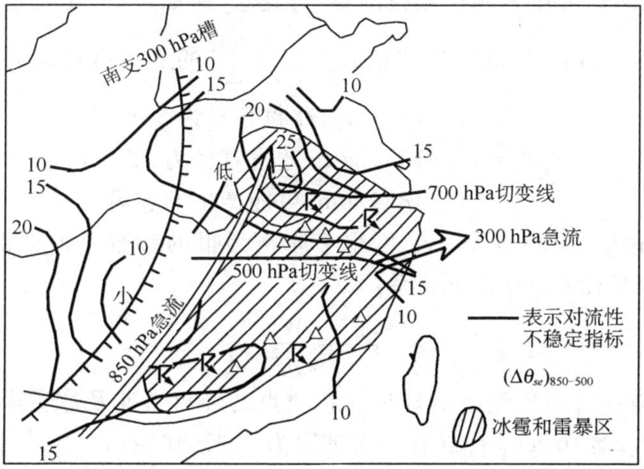

图 6.75 南支槽型降雹形势(1972 年 4 月 18 日 08 时)

(ii)锋面降雹：起先是南支槽活跃，将暖湿空气带到江南上空，大气层结处于不稳定状态。当北支西风波动伴随冷锋南下时，就使暖湿空气抬升而有雹形成。静止锋前暖区也可降雹；而在西南地区，则多为昆明静止锋上空叠加南支槽，在锋前槽后降雹。长江中、下游一带静止锋上，大多数在高空槽前辐散场诱导作用下容易生成气旋波，在波前暖区内降雹。

(iii)低空切变降雹：冷空气南下后，在地面冷高压后部上空 700 hPa 和 850 hPa 等压面上，往往有冷式气旋性切变和锋区；高空 500 hPa 上，叠加南支槽，就造成局地涡度增大，有利于垂直运动的发展。虽然大气不稳定能量较小，且 700～500 hPa 有准等温层(稳定层)，但因抬升力大，所以仍能突破稳定层而降雹。此一类型多在 2—3 月江南山地出现。

除了上述典型的冰雹天气形势外，一般来说，凡是强冷锋入侵区，正涡度较大区，对流层低层的槽、切变、低压中心等辐合系统与高空槽前辐散场叠置区，高空急流与低空急流“汇合”和交叉区，垂直风速切变较大区等，都是有利于造成冰雹的形势。除了天气形势分析外，在作冰雹预报时还应注意大气探空分析。在探空分析中首先要注意的项目之一是零度层和－20℃层的高度。一般来说，冰雹都发生在零度层和

−20℃ 层高度适宜的情况下。适宜降雹的零度层高度一般在 3～4 km 上下，这个条件在初夏或初秋最易满足，所以此时降雹较多。而盛夏期间零度层太高，此时即使云顶很高，也难以产生降雹。另外，−20℃层的高度较低时(当然也不能太低)，表明高空有冷空气进入，层结趋于不稳定，因此有利于成雹。一般−20℃层高度在 400 hPa 等压面高度附近或以下有利于成雹。一般来说，−20℃层与 0℃层之间的厚度较小，也有利于产生冰雹，因为此时中层较不稳定。

分析 $\Delta\theta_{se}/\Delta z$ 也可作为冰雹预报的参考指标。例如，有人做过统计，在产生冰雹或龙卷风的天气形势下，可能发生冰雹的直径与$\dfrac{\Delta\theta_{se}}{\Delta z}$的平均值有以下对应关系：

$$\frac{\Delta\theta_{se}}{\Delta z}=\begin{cases}-7℃/\mathrm{km}，冰雹直径为\ 3\ \mathrm{cm}\\-12℃/\mathrm{km}，冰雹直径为\ 12\ \mathrm{cm}\\-18℃/\mathrm{km}，可能产生龙卷风\end{cases}\tag{6.38}$$

另外，最大上升速度(W_m)也是一个可用于冰雹预报的参数。根据俄罗斯资料，W_m 和最大及地雹块半径 R_m 有以下关系：

$$R_m=\frac{W_m^2}{\beta^2}\tag{6.39}$$

式中，β 的大小与在重力作用下的球形冰雹质点的降落末速及冰雹半径有关，其数值一般可以取为 $2.2\times10^3\ \mathrm{cm}^{1/2}/\mathrm{s}$(有的文献取为 $2.6\times10^3\ \mathrm{cm}^{1/2}/\mathrm{s}$)。综合零度层高度 H_0 的影响，则有表 6.7 所示的关系。

表 6.7 在各种 W_m 及 H_0 值下冰雹及地时的半径(单位：cm)

H_0/km	W_m/(m/s)					
	12	15	20	25	30	35
0	0.21	0.34	0.60	0.93	1.34	1.82
1	0.16	0.31	0.57	0.93	1.34	1.81
2		0.14	0.48	0.81	1.27	1.74
3			0.29	0.72	1.19	1.68
4				0.56	1.07	1.59
5				0.16	0.96	1.49

因此，我们只要求出 W_m 和 H_0，就可以估计出冰雹的大小。在估计有较大冰雹时，则一般来说发生冰雹的可能性较大，而且冰雹强度较大。

为了求得较为符合实际情况的最大上升速度值，常常采用一些半经验的方法。下面介绍这类计算方法中的一种。

有人认为，从自由对流高度 Z_k 或 P_k 到最大上升速度出现高度（Z_m 或 P_m）之间这一气层的不稳定能量的大小与对流云能否发展有密切的关系。这一气层（Z_k-Z_m 或 P_k-P_m）叫作积极层。根据(6.12)式，积极层的不稳定能量为：

$$E_m=-R\int_{p_k}^{p_m}(T'-T)\mathrm{dln}P \tag{6.40}$$

但是，积极层的不稳定能量不能全部转化成气块上升运动的动能。有人引进了一个有效系数：

$$\eta=\frac{T_k-T_{dm}}{T_k} \tag{6.41}$$

式中，T_k 为自由对流高度（P_k）上的温度，T_{dm} 为气块从自由对流高度沿干绝热线上升到最大上升气流速度 W_m 所在高度 Z_m（或 P_m）时所具有的温度。这样(6.40)式可改写成：

$$\eta E_m=-\eta R\int_{p_k}^{p_m}(T'-T)\mathrm{dln}P \tag{6.42}$$

若这部分不稳定能量 ηE_m 转化为气块做上升运动的动能，并设气块在任意高度上的垂直速度为 W'，以及在 P_k 上，$W'|p_k=W_0'=0$，则：

$$\frac{W'\Big|_{p_m}^{2}}{2}=-\eta R\int_{p_k}^{p_m}(T'-T)\mathrm{dln}P \tag{6.43}$$

因最大上升速度 W_m' 常出现在（$T'-T$）最大值的高度上，所以(6.43)式又可以改写为：

$$\frac{W_m'^2}{2}=\eta R\,\overline{\Delta T}(\ln P_k-\ln P_m)=2.3\eta R\,\overline{\Delta T}(\lg P_k-\lg P_m) \tag{6.44}$$

粗略地取 $\overline{\Delta T}\approx\Delta T_m$，因此得：

$$W_m'\approx\sqrt{2\eta R\Delta T_m(\ln P_k-\ln P_m)} \tag{6.45}$$

式中，$\overline{\Delta T}$ 为 P_k 与 P_m 之间（$T'-T$）的平均值，ΔT_m 为最大的（$T'-T$）值。(6.44)式通常用以计算最大上升气流速度。具体计算时，各项参数的选取如图6.76所示。由于对流凝结高度也就是热对流发生时的自由对流高度，因此在上式的计算中，P_k 也可以取为对流凝结高度。

(8)龙卷的预报

龙卷在我国大陆出现的月份大多数是6—8月，出现时间绝大部分是傍晚前后，以17—19时为最多。我国西沙群岛一年四季均可发生龙卷，但以8月、9月为最多，发生时间则多出现在白天06—14时，尤以06时前后为最多，这是因为在海洋上清晨对流云发展最盛的缘故。不过西沙龙卷常常出现在浓积云底部，多半不及地。而大陆上的龙卷多半发生在强盛的积雨云下，常常及地，造成很大的破坏。

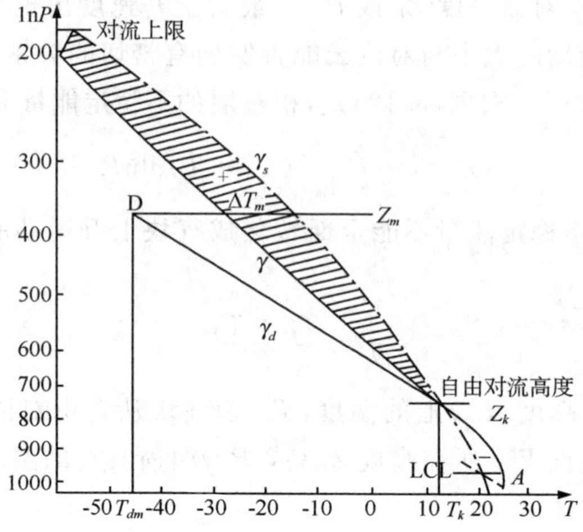

图 6.76 计算最大上升速度 W_m 的 T-ln$P$ 图

(章基嘉,1978)

龙卷的短期预报,主要依靠天气形势分析,根据历史资料总结出有利于龙卷发生的天气形势,然后用相似法进行预报。另外还要依靠使用有效的稳定度指标。

美国预报员根据 328 次龙卷资料和日常预报经验得出了一个预报参数,叫作强天气威胁指标,简称"SWEAT 指标",记作 I。它是利用 07 时探空资料和根据下列表达式求得的:

$$I = 12D + 20(T - 49) + 2f_8 + f_5 + 125(S + 0.2) \tag{6.46}$$

式中,D=850 hPa 露点(℃),若 D 是负数,此项为 0;f_8=850 hPa 风速(n mile/h),以 m/s 为单位的风速应乘以 2;f_5=500 hPa 风速(n mile/h),以 m/s 为单位的风速应乘以 2;S=sin(500 hPa 风向-850 hPa 风向);T=850 hPa 温度、露点的和减去 500 hPa 温度的两倍;若 $T<49$,则 $20(T-49)$项=0;切变项 $125(S+0.2)$在下列任一条件不具备时为 0:850 hPa 风向为 130°—250°;500 hPa 风向为 210°—310°;500 hPa风向减 850 hPa 风向为正;850 hPa 及 500 hPa 的风速至少等于 15 n mile/h。但应注意,在(6.46)式中没有任何一项为负数。

这个工作应用于过去的龙卷和强雷暴实例,得到"SWEAT 指标"值 I 与天气的关系是:发生龙卷的 I 临界值为 400,发生强雷暴的 I 临界值为 300。这里所说的强雷暴主要是指伴有风速至少在 25 m/s 以上的大风,或直径 1.9 cm 以上的冰雹的雷暴天气。

不过应用这个指标时,首先必须注意,I 值仅是潜在的强烈天气的指示,高 I 值不意味着当时出现强烈天气;其次还要注意,I 值不能应用于一般雷暴的预报。其中切变项及风速项等是专门用以区别一般雷暴和强雷暴的。最后还须指出,在我国应用这个指标时，必须根据实际情况来确定 I 的临界值。

在预报龙卷时，还常用龙卷风强度指数 F，其定义如下：

$$F = -0.145(\mathrm{LI}) + 0.136(S_6) - 1.5 \tag{6.47}$$

式中，LI 为抬升指数；S_6 为地面到 600 hPa 的风速切变量。由(6.47)式计算所得的 F 相当于由 Fujita 给出的龙卷强度指数 F(表 6.1)。因此当 F 的计算值较大时，就表示出现龙卷的可能性较大，龙卷风的强度较大。实际使用表明，预报有较高的技巧分。

在预报龙卷时，还常用风暴相对螺旋度(SRH)(Brandes，1989)，其定义为：

$$H_{s-r-T} = \int_0^h (\boldsymbol{V} - \boldsymbol{C}) \cdot \boldsymbol{\omega} \mathrm{d}z \tag{6.48}$$

式中，$\boldsymbol{V}$ 为风速；$\boldsymbol{C}$ 为风暴移速；$(\boldsymbol{V}-\boldsymbol{C})$ 为相对风暴的相对风速；h 为风暴入流气层的厚度；$\boldsymbol{\omega} = \nabla \times \boldsymbol{V}$，为三维涡度矢量，可近似取为等于涡度水平分量。风暴相对螺旋度表示相对风暴的运动将水平涡度输入风暴，转变为涡度垂直分量，从而使风暴内垂直涡度加大，即使得气流绕垂直轴的旋转加速，有利于龙卷风的产生(图 6.77)。

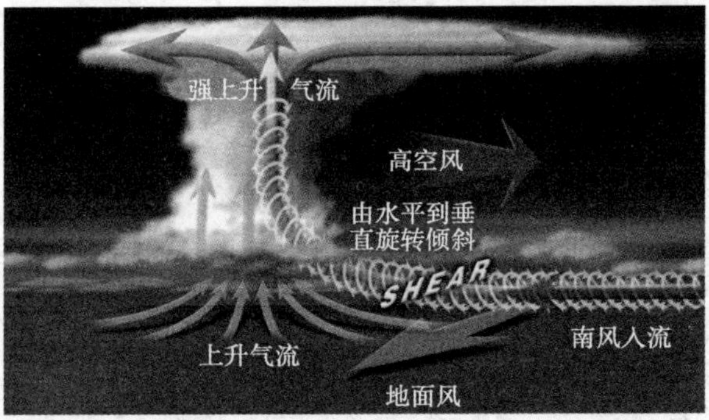

(a)

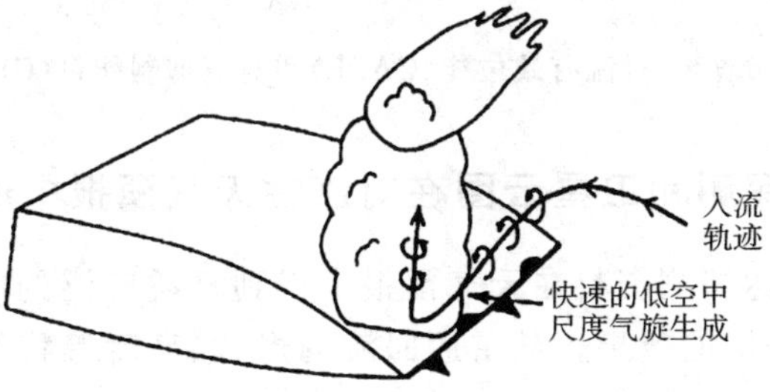

(b)

图 6.77 风暴相对螺旋度有利于风暴发展和龙卷风生成的示意图

(a)正视图；(b) 侧视图

(Markovski *et al.*，2010)

龙卷常常发生在风速垂直切变较大同时又有较大的对流有效位能(CAPE)的情况下,两者结合所形成的参数称为能量-螺旋度(EHI)(Davis,1993)。其表达式如下:

$$\mathrm{EHI} = \frac{(\mathrm{CAPE})\cdot(\mathrm{SRH})}{1.6\times 10^5} \tag{6.49}$$

CAPE 为对流有效位能:

$$\mathrm{CAPE} = \int_{\mathrm{LFC}}^{\mathrm{EL}} g\,\frac{(\theta_p - \theta_e)}{\theta_e}\mathrm{d}z \tag{6.50}$$

式中,θ_p是气块位温;θ_e是环境位温;CAPE 表示单位质量空气通过浮升气块从自由对流高度(LFC)上升到平衡高度(EL)对环境做的功。这种浮力能相当于探空分析中的正能量面积(图 6.78)。EHI 较大时,出现超级单体和龙卷的可能性较大。相反,从地面(1000 hPa)的负浮力能(相当于探空分析中的负能量面积)称为对流抑制能量(CIN)(图 6.78),当 CAPE 较大,CIN 较小时,有利于对流的发生。

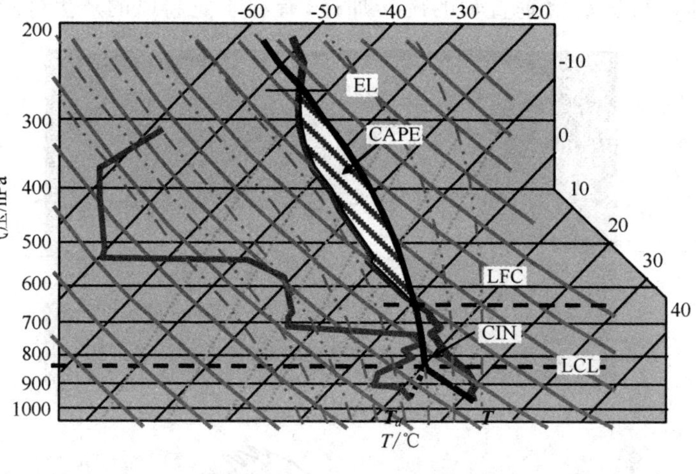

图 6.78 对流有效位能(CAPE)和对流抑制能量(CIN)

6.5.2 雷达探测和卫星云图在对流性天气预报中的应用

近年来,气象雷达探测资料在天气预报中得到日益广泛的应用。用雷达预报雷雨、冰雹、龙卷都有一定的效果。从雷达回波的形状、亮度等特征可以识别对流云或对流性天气的性质,并能判断其所在方位、距离等。一般认为,稳定性云或降水区回波比较均匀,亮度较暗,边缘不整齐,呈丝缕状。在 PPI 显示器上,雷暴回波则是明亮的,边缘整齐,由许多亮块组成。这些回波的位置、大小、形状、亮度变化较快,移动也较快。飑线回波呈长条形,它由许多回波单体排列而成。在 RHI 显示器上,可以看到雷暴云的砧状和花椰菜状结构、强雷暴云的水分累积区结构以及云高、云厚。冰雹回波与阵雨回波的主要区别在于冰雹云回波的平均高度比阵雨云回波要高好几千米，而雷达反射率方面，雹云回波核的最大值比阵雨回波核的平均值大 3 倍；此外，冰雹的出现概率随着回波核的平均最大雷达反射率及平均高度的增加而增加。PPI 显示器上的弓形回波处常常出现冰雹、大风等强烈天气(图 6.79)。RHI 显示器的有界弱回波区(BWER)常常是雹云特征之一(图 6.80)。龙卷的回波特点是在强的积雨云回波左右侧有钩形(或 6 字形)回波(图 6.81)，这种钩形回波一般是龙卷上空环流

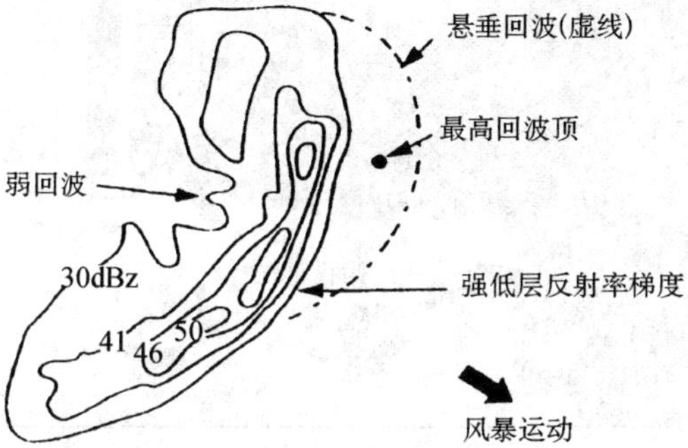

图 6.79　弓形回波的反射率特征

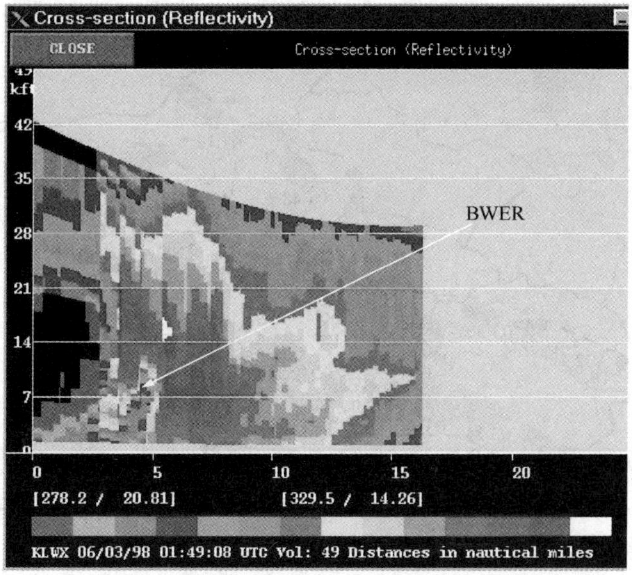

图 6.80　一次冰雹云的雷达回波垂直剖面结构

(BWER 为有界弱回波区)

的表现。另外,在本章前面几节中讲过的关于风暴云结构的回波特征也都是识别风暴性质的标志。在识别各种强烈天气的回波特征的基础上,我们就可以利用雷达来跟踪和预报这些强烈天气的活动(图 6.82)。

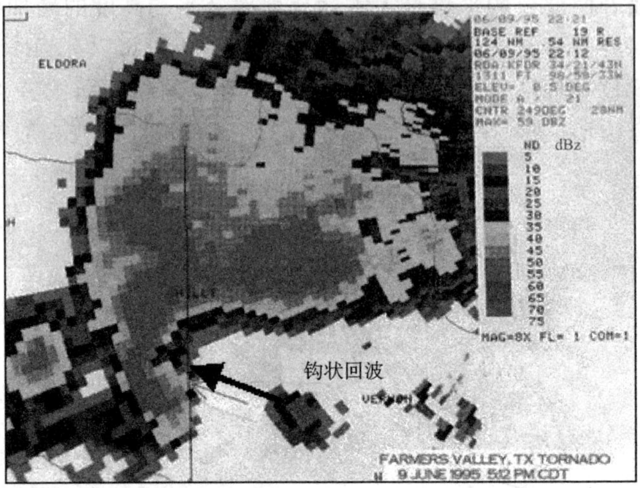

图 6.81 龙卷风暴的钩形回波

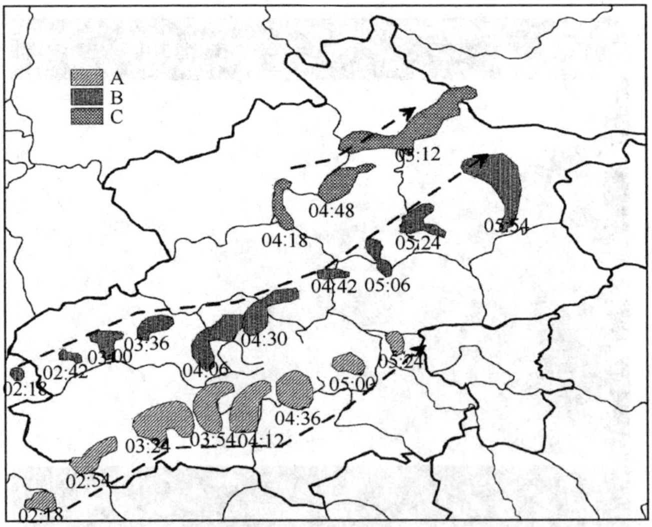

图 6.82 2008 年 9 月 7 日凌晨北京强雷暴过程 3 个对流强回波区演变示意图

(图中阴影为回波≥45 dBz 区域;箭头为移动方向;标注为时间)

(代刊 等,2010)

近年来，卫星云图也已成为日常预报和研究工作的重要资料。在卫星云图上不仅可以看出大范围的云系特征，也可以看出范围较小的对流云特征。在卫星云图上，雷暴云亮度很大，云顶羽状云砧走向与300 hPa风向一致。但对较大的飑线云系，往往看不出从个别云塔顶上飘出的条状云砧，而只是表现为一大片蘑菇状的卷云或卷层云覆盖在对流活动区顶上。一块云砧下面可能有好几个对流单体。卫星云图上的云区位置与雷达回波的位置基本上是一致的，但因云图上的云边界包括了覆盖云顶的所有卷云层，所以它比雷达回波区要大得多。

地球同步卫星可以连续拍摄云图，大大增强了云图的时间连续性。甚高分辨率云图上可以看到云体较细致的结构。应用地球同步卫星云图及甚高分辨云图资料来分析和预报雷暴、冰雹等范围较小、变化较快的对流性天气是十分有效的。

现在常用的电视云图或红外云图及可见光云图虽然一天只有两张，分辨率不太高，但也能用来预报对流性天气。例如，兰州气象台在预报甘肃地区冰雹会不会发生方面，就用卫星云图作为冰雹预报的重要辅助工具之一。他们总结了一个甘肃省多雹时期强降雹日的云图模型（图6.83）。在这个模型中包括了三个主要因素，即副热带急流云系（J），蒙古涡旋云系（$CEAB$），高原东北部（从祁连山到甘南一带）的对流细胞单体、积云线、积云团（D）。这三个因素的作用是很明显的，其中急流是多雹时期天气形势背景；高原东北部的对流细胞表示当地的不稳定性，它经常发生在西北气流中，而高空尚有冷平流的情况下；至于涡旋云系的云带尾部则是外来影响系统。所以在雹季当高空有急流存在，对流细胞发展旺盛时，若有外来影响系统，就可以预报有冰雹发生的可能。

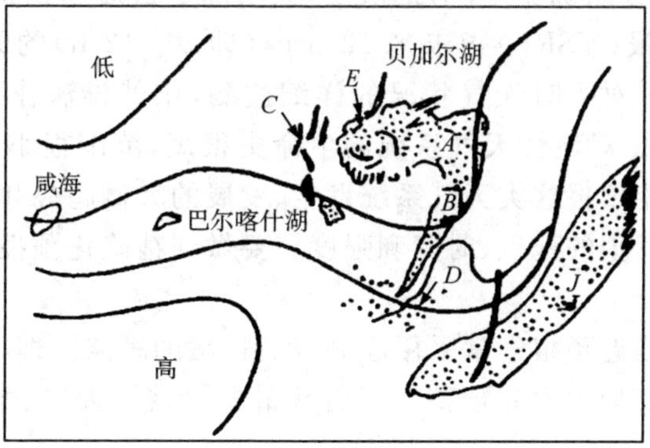

图6.83 甘肃省强降雹日云图模型

（粗实线为等高线；细实线为河流、湖泊；阴影区为云形；J为急流云带，$CEAB$为涡形云带；D为对流细胞、积云线）

6.5.3 对流性天气的甚短期预报和临近预报

大气环流是各种尺度系统的综合，较小尺度系统是在较大尺度系统的背景下产生的，强对流天气一般都是中小尺度系统直接造成的。所以对流天气的预报程序就像一个上部口径很宽，向下口径收缩的“漏斗”，意味着从大尺度逐渐递减至中小尺度的思考过程。照此程序，首先要关注大形势背景，分析未来几天内的天气，作出天气“展望”，然后进行详细的次天气尺度(即 α 中尺度)和 β 中尺度和 γ 中尺度的分析，最后作出严重天气的预报和警报(图 6.84)。

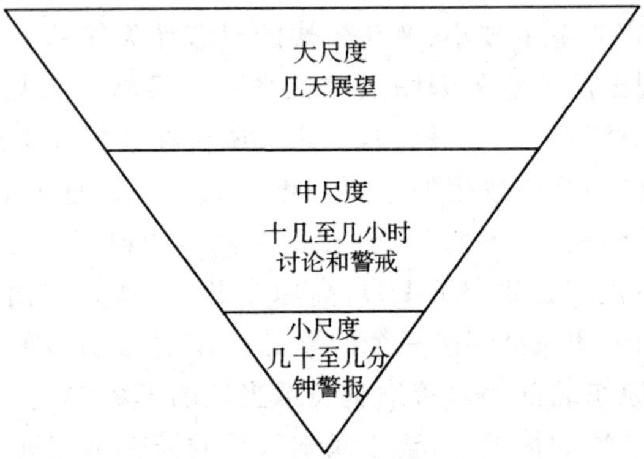

图 6.84 “天气预报漏斗”示意图

如前所述，传统的天气预报时效可以分为长期、中期、短期三种，自 20 世纪 80 年代以来，根据世界气象组织(WMO)的决定，又增加了甚短期预报和临近预报这样两种预报。甚短期预报(VSRF)指未来 12 h 内(即 0～12 h)的天气预报，临近预报(Nowcasting)指通过对当时天气状况的详细监测，用外推法作出的未来 2 h 内(即 0～2 h)的天气预报。对流性天气系统的生命史很短，范围很小，所以常规的短期天气预报方法一般只能预报这类天气系统发生、发展的大概趋势和区域，很不容易精确地预报出对流天气发生的地点、时间和强度。要做到精确化预报，只有依靠甚短期预报和临近预报。

甚短期预报和临近预报经常采用成分(配料)法的思路。即根据影响天气现象的因子来作出天气现象的预报和预警。下面就雷电、冰雹、大风、龙卷风和暴雨等现象分别加以分析。

(1)雷电

影响雷电的因子有冰粒大小、冷云深度、雷达云顶高度等。一般来说，对流云中冰粒愈多、愈大，冷云深度愈大、雷达云顶高愈高，闪电发生率愈大。闪电率跃增并达到峰值后，接着便会出现强天气(图 6.85)。此外闪电率与对流系统的结构和演变也密切相关。例如闪电洞(或称闪电环)，即闪电率比其周围显著偏低处，常常对应 BWER 所在处。飑线对应强闪电带。通过对闪电活动的监测，可以了解对流系统的活动情况(图 6.86)。

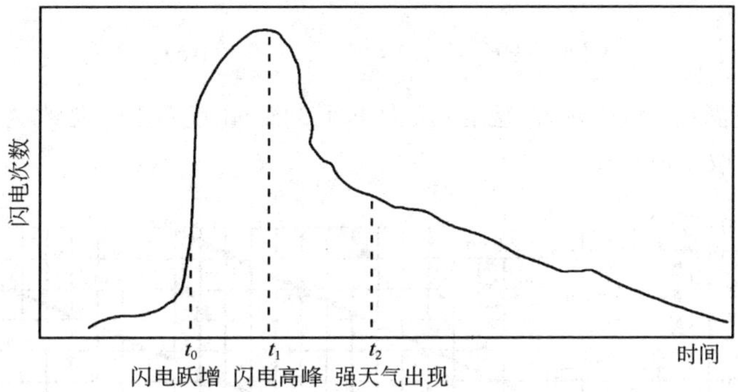

图 6.85 闪电变化与强天气的关系示意图

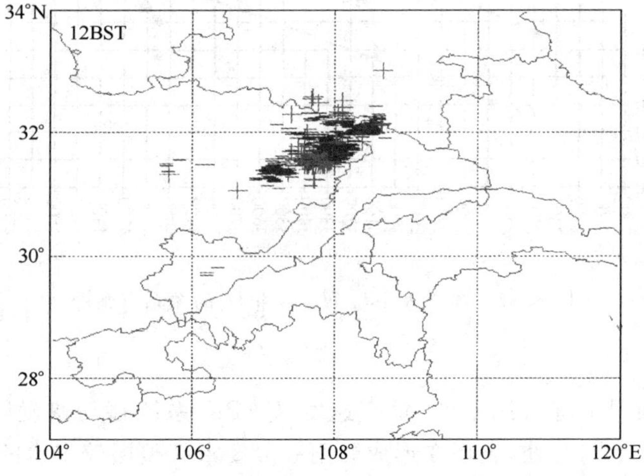

图 6.86 一次强对流天气过程中逐小时闪电活动与变化图
(图中十、一表示正、负电闪)

(2)冰雹、大风、龙卷

影响冰雹的因子有：50 dBz 以上雷达反射率出现高度($H_{50\ \mathrm{dBz}}$)、-20℃层的高度(H_{-20})、0℃层的高度(H_0)、$\Delta H(=H_{-20}-H_0)$、CAPE，ΔV_{6-0}(6000 m 上空的风速与地面风速的差值)、ΔV_{1-0}(1000 m 上空的风速与地面风速的差值)等。当 $H_{50\ \mathrm{dBz}}$很

高、H_{-20}较低、H_0适当(约 3～4 km)、ΔH 较小、$CAPE$ 较大、ΔV_{6-0}和 ΔV_{1-0}较大时,有利于产生冰雹(图 6.87)。此外,大风与风速垂直切变大小、抬升凝结高度的高度以及下沉有效位能(DCAPE)的大小等有关。当风速垂直切变较大、抬升凝结高度较低时,有利于龙卷产生。下沉有效位能较大,有利于产生大风。这里 DCAPE 的定义如下:

$$\mathrm{DCAPE} = \int_{p_i}^{p_n} R_d (T_e - T_p) \mathrm{d}\ln P \qquad (6.51)$$

式中,T_p为气块温度;T_e为环境温度;p_i为下沉起始高度气压,大致为 600 hPa,p_n为地面气压,近似取 1000 hPa。

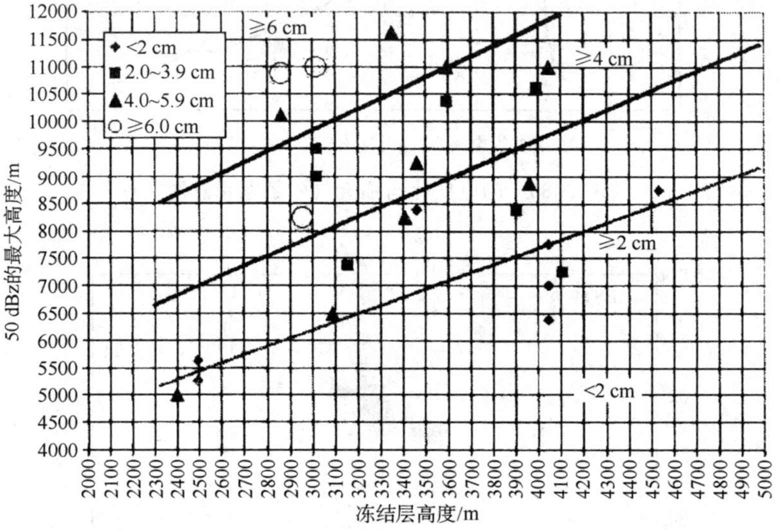

图 6.87　冰雹大小与 $H_{50\ \mathrm{dBz}}$和 H_0的关系点聚图

(3)暴雨

影响暴雨的因子有水汽条件、垂直速度、CAPE、系统移动快慢等。这些条件与强对流的因子有不同之处,表现在形成暴雨一般要求有整层较丰富的水汽,即有较深厚的湿层,还要求有较大的水汽通量和水汽通量辐合,所以低空急流常常起到重要作用。另外,暴雨系统的降水效率(即降水量与输入水汽之比)通常较大。一般来说,当暖云层厚度(即抬升凝结高度 LCL 与 0℃层高度 H_0之间的距离)较大时,降水系统的降水效率较大,有利于形成暴雨。有中等大小的 CAPE 对形成暴雨有利,但 CAPE 不能太大,否则可能有利于形成强对流天气。暴雨系统的雷达强回波顶高度一般不高。例如图 6.88 所示,一次桂林地区的暴雨系统中 50 dBz 的回波高度约为 4 km,30 dBz 的回波高度约为 7 km。

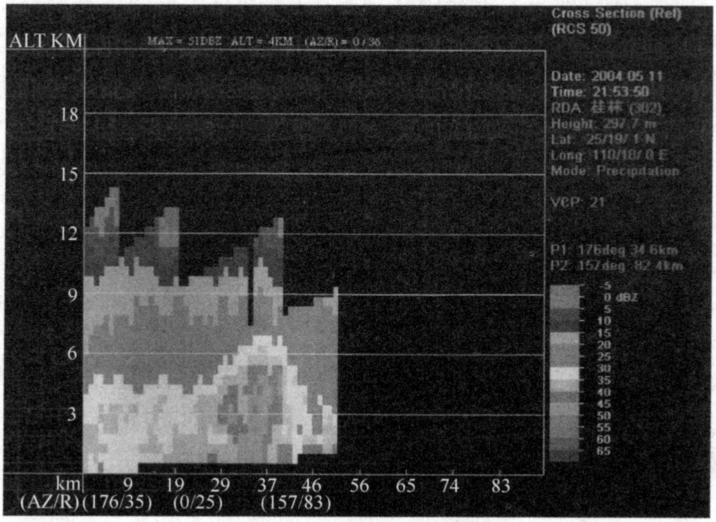

图 6.88　2004 年 5 月 12 日凌晨 05:53 桂林暴雨回波雷达反射率因子垂直剖面图

（俞小鼎 等,2006）

当降水系统移动较慢或准静止时,可使局地降水持续时间较长,容易造成局地暴雨。当降水系统排列成带,风向与带的走向近于平行时,降水系统可以一个又一个接连不断地通过同一地区,便可造成较大的总降水量,这种作用称为“列车效应”(图 6.89)。

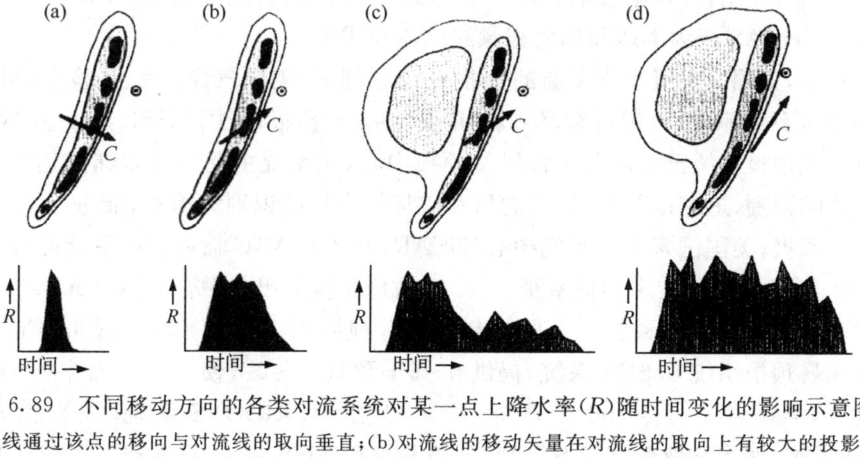

图 6.89　不同移动方向的各类对流系统对某一点上降水率(R)随时间变化的影响示意图

(a)对流线通过该点的移向与对流线的取向垂直;(b)对流线的移动矢量在对流线的取向上有较大的投影;(c)对流线后部有一个中等雨强的层状雨区,对流线的移动方向和对流线取向的夹角与(b)同;(d)与(c)类似,只是对流线的移动方向在对流线的取向上有更大的投影。等值线及阴影区指示反射率因子的大小。

(Doswell *et al*.,1996)

进行临近预报,在目前主要依靠强化观测手段,并对大量的观测资料用电子计算机进行快速处理,作出实时分析、处理和预报。这里所谓强化观测,就是要建立稠密的中尺度观测网,加强自动化观测程度,使用各种遥感遥测工具(包括自动气象站、雷达、卫星、闪电探测、GPS、风廓线雷达等)。所谓实时处理,就是使用现代化通信手段,将当时的观测资料(包括常规台站网资料、中尺度台站网资料、雷达、卫星、闪电及其他遥测资料等)迅速输入计算机,并立即处理成图形、图像或它们的组合和叠加形式,加上数值预报产品及其释用结果等都显示在荧光屏上或通过打印输出,给预报员提供最及时的、内容丰富的、直观的、容易理解的图形、图像资料作为分析预报的依据。最后将预报和预警迅速传递给用户。

由于甚短期预报和临近预报要求在极短的时间内采集、传递、分析观测资料以至制作预报、发布预报和警报,因此需要有较高的自动化技术的支持。计算机的使用是其中的关键。但人的作用仍很重要,因此这种预报系统的基本工作方式是人机对话,在这一工作方式中,以资料存取分析系统和专家预报系统用得最多。

世界各国都在发展这类强对流天气短时临近预报系统和业务系统。例如在美国有 McIDAS(人机对话资料存取系统)。这个系统于 20 世纪 70 年代初期创建,至今已经历多代。其资料获取主要通过三个天线实时摄取卫星上 VISSR 的可见光和红外图像,以及 VISSR 大气探测器(VAS)的多光谱图像和探测资料。通过专用和拨号通信线路,摄取每小时的气象实况以及气象雷达图、测风报告、国家气象中心预报产品等等。中央处理机还能通过专用通信线路与其他计算机通信。大部分卫星和常规资料被摄入该系统供实时应用,并在单独的脱机存档系统中存档供研究分析用。McIDAS 有大容量存取。McIDAS 能为本地和远程视频终端用户服务。

近年来,美国又发展了很多新的预报系统。例如,美国气象开发实验室(MDL)发展了 SCAN 预报系统,可进行雷暴和强雷暴 0～3 h 预报;美国 NSSL 开发了 WDSS-II 强对流天气预报系统已应用美国强风暴预报中心,该系统主要使用多部雷达产品进行风暴单体的识别、追踪以及冰雹、龙卷风和破坏性大风的识别和追踪,能进行 0～1 h 强对流天气预报;美国国家大气研究中心(NCAR)发展了 ANC 临近预报系统可进行 0～2 h 临近预报,还发展了专家预报系统 ANC 和数值预报输出相融合的 Niwot 系统可进行 0～6 h 格点反射率因子预报。美国联邦航空管理局和宇航局等联合起来建立了统一的航空风暴预报系统 CoSPA 系统,提供 0～6 h 预报,0～2 h 使用启发式外推预报。

此外,英国建立了 Gandolf 系统,法国建立了 SIGOONS 系统,加拿大建立了 CARDS 系统,澳大利亚建立了 STEPS 预报系统和 TIFS 系统,日本建立了 VSRF(Very Short Range Forecast)系统等,用以进行 0～6 h 的降水或雷暴或雾或风等天气的预报。美国的 Niwot、澳大利亚的 STEPS 和 TIFS、加拿大的 CARDS 系统还参加了 2008 年北京奥运会的 FDP(Forecast Demonstration Project)项目。

近年来，我国国内各级气象台站都已在不同程度地开展了短时临近预报业务。从2004年开始，逐步开展了强对流天气的短时临近预报业务，国家气象中心开展的强对流天气短时预报产品包括暴雨（6 h定量降水业务）和1天3次的强对流12 h预报指导产品（每日05时、10时、16时发布）。同时针对强对流天气的强度发布不同级别的预警信号。2009年3月，国家气象中心成立强天气预报中心，专门负责强对流天气预报，以及强对流天气预报业务发展和预报技术研发。香港天文台发展了"小涡旋"SWIRLS（Short range Warning of Intense Rain storms in Localized Systems）系统进行降水的短时临近预报。广东省气象局建立了短时临近预报系统GRAPES/SWIFT（Severe Weather Integrated Forecasting Tools）系统；湖北省气象局建立了MYNOS（长江中游短时天气预警报业务系统）临近预报系统；上海市气象局建立了NoCAWS（NowCAsting and Warning System）临近预报系统进行雷达回波和闪电活动的外推预报。北京市气象局从奥运保障出发，从2004年开始引进并建设和本地化美国NCAR的ANC短时临近预报系统（称为BJ-ANC）。该系统在2008年北京奥运会气象保障和日常业务预报中发挥了重要作用。中国气象局从2007年底开始大力建设强对流天气临近预报业务系统SWAN（The System for Severe Weather Analysis and Nowcasting）。目前SWAN1.0已经基本建设完成并全国推广，2.0版本正在开发中。SWAN1.0系统以中国气象局业务平台MICAPS3.0为基础开发完成，其主要功能包括：灾害性天气显示和报警，二维和三维雷达拼图，雷达定量估测降水，区域追踪（TREC）及回波外推预报，降水0～1 h的外推预报，每6 min风暴单体识别和30 min、60 min的外推预报等。SWAN2.0版本着重开发和引入以下模块：引入高时空分辨率的中尺度数值模式预报数据，强对流天气分类识别和预报技术，卫星资料在强对流云团快速识别和云团对流特征参数分析中的应用技术，LAPS快速融合和分析系统生成的基本要素三维分析场和云分析算法等。SWAN1.0系统在上海世博会WENS第一次演练中表现稳定，并在2009年第十一届全运会气象保障工作中发挥了重要作用。2009年，国家气象中心在强对流天气预报业务中试行了中尺度天气的综合天气图分析方法，并建立了一套中尺度天气图综合分析规范。中尺度天气的天气图综合分析主要利用探空资料和数值预报资料，分析强对流天气发生发展的环境场条件，包括地面分析和高空综合图分析。地面分析包括气压、风、温度、湿度、对流天气现象和各类边界线（锋）的分析。在高空分析中重点分析风、温度、湿度、变温和变高的分布，并将不同等压面上最能反映水汽、抬升、不稳定和垂直风切变状况的特征系统和特征线绘制成一张综合图（图6.90），以更直观的方式反映产生中尺度深厚对流系统发生发展潜势的高低空配置环境场条件。国家气象中心的业务试验表明，中尺度天气的天气图综合分析已经成为强对流天气短时和潜势预报的重要依据。国家气象中心的中尺度天气分析业务试验也推动了 MICAPS 3.0 强对流专业版的开发。MICAPS 3.0 强对流专业版中实现了对强对流天气的中尺度分析工具箱功能。使用该工具箱可方便快捷地实现强对流天气的天气分析，并可以将分析结果以数据和图形两种方式存储到文件，便于调用、显示和进行天气总结。

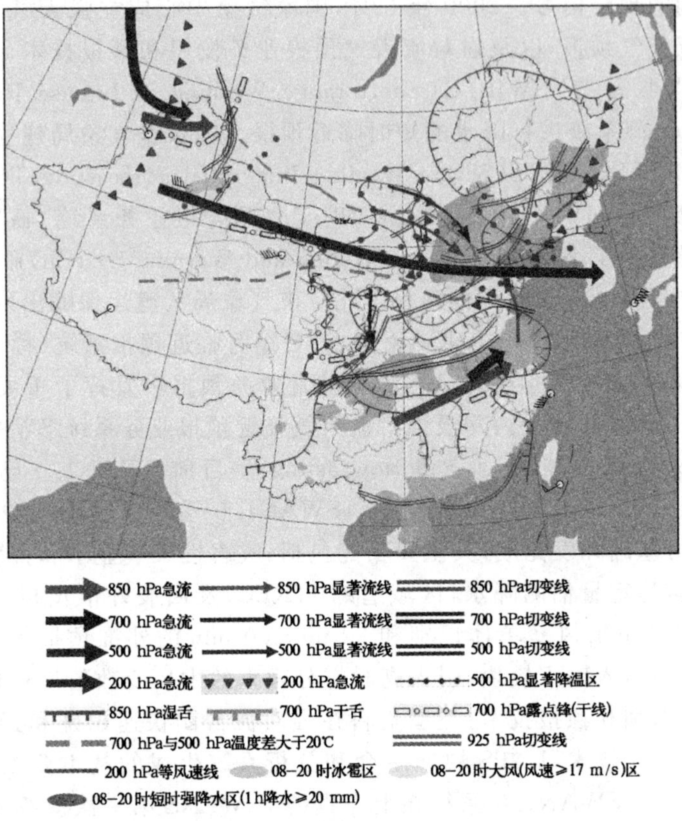

图 6.90　2009 年 7 月 23 日 08 时高空综合图(原图为彩色)

(张小玲 等,2010)

从以上讨论中我们可以看到，甚短期预报及临近预报和常规的短期、中期预报有明显的不同。表 6.8 给出了两类预报系统的比较。从中可见，甚短期预报具有以下特点：①资料时空密度大、流量大；②时效短，资料收集、预报制作和发布要求快速及时；③要求具体，预报产品需要给出具体时间、地点和天气；④大气物理过程复杂，涉及水汽的相变、对流传输、边界层效应和辐射湍流等。因此，甚短期预报对天气观测、通信传递、资料处理、分析预报、警告发布等方面与短-中期预报都有不同的要求。

表 6.8　短时和短、中期预报系统的比较（陶诗言，1986）

<table>
<tr><th>项　目</th><th>短-中期</th><th>甚短期</th></tr>
<tr><td>预报提前时间着重考虑的尺度</td><td>大于 8～12 h 天气尺度、行星波尺度</td><td>0～12 h 中、小尺度，并考虑与天气尺度相互作用</td></tr>
<tr><td>着眼的空间范围</td><td>全球、洲</td><td>区域或局地</td></tr>
<tr><td>预报的性质</td><td>一般的天气形势预报，县、区际的笼统天气预报</td><td>定点（可小到 10 km）、定时段（0～3 h）的具体天气要素预报（3～6 h 的展望预报）</td></tr>
<tr><td>站网密度</td><td>数百千米</td><td>小于 50 km</td></tr>
<tr><td>时间间隔</td><td>地面：3 h
高空：6～12 h</td><td>0.5～1.0 h 以下</td></tr>
<tr><td>资料量</td><td>约每小时10^6 比特</td><td>每小时大于10^6 比特</td></tr>
<tr><td>资料传输速度</td><td>几秒到几分钟</td><td>几分钟到几小时</td></tr>
<tr><td>分析和用于预报的时间</td><td>1 h 至几小时</td><td>1 min 至几分钟</td></tr>
<tr><td>观测资料</td><td>常规（现已有的）地面和高空台站网、卫星资料</td><td rowspan="2">需组建加密加项的地面中尺度观测网，雷达、卫星和遥感资料实况监测外推，中尺度天气概念模式，物理图像识别数值预报</td></tr>
<tr><td>预报方法</td><td>数值预报方法，统计预报方法</td></tr>
<tr><td>形成天气现象的大气物理过程的考虑</td><td>没有或粗略参数化方法表示</td><td>需仔细考虑水汽相变、云和降水、对流传输、边界层效应、辐射及中尺度湍流等物理过程</td></tr>
<tr><td>预报产品的发布</td><td>慢、被动式、公报式</td><td>及时迅速、主动传递、内容具体，警报式公众服务</td></tr>
</table>

对于对流性天气来说，常规的短-中期预报、甚短期预报和临近预报等不同时效的预报都是十分重要的。首先要依靠常规短-中期预报方法作出未来 24～72 h 以内的对流性天气发生可能性和发生地区的笼统的预报，然后便要依靠甚短期预报和临近预报作出对流性天气的定时、定点、定量（定强度）的确切的天气预报。因此，这些不同时效的预报是整个对流性天气预报系统中的组成环节。不同环节采用不同的方法，其中过程趋势预报用 MOS 法进行，对数值预报产品通过聚类分析、逐步回归、分型统计等方法得出预报结果。短期预报按 24 h、12 h 等不同时效，以大尺度概念模式为依据，以数值模式的物理条件、数值预报产品、各种物理量和指数的统计分析、诊

断分析结果为因子,通过专家系统得出预报结果。甚短期预报以中尺度概念模式为依据,以地面要素场和物理量、卫星数字云图的统计分析、诊断分析为因子,通过专家系统得到预报结果。监测以天气雷达和逐时航空报为工具,通过判别方程、地面物理量和地形作用识别雷暴强度和演变,用各种客观外推法计算雷暴的移动,从而作出临近预报。试验表明,采用这种预报系统后,其预报准确率明显高于常规的日常业务预报水平。可以期望,随着甚短期预报和临近预报系统的改进和完善,对流性天气预报的水平必将有进一步的提高。

复习与思考

(1) 什么是一般雷暴和强雷暴?

(2) 什么是绝对不稳定?

(3) 什么是绝对稳定?

(4) 什么是条件性不稳定?

(5) 什么是对流性不稳定?

(6) 什么是不稳定能量?

(7) 什么是真潜不稳定和假潜不稳定?

(8) 形成对流性天气需要具备哪些基本条件?

(9) 引起大气稳定度局地变化的原因有哪些?

(10) 对流性不稳定度的局地变化与各等压面上的温度变化以及湿度变化有什么关系?

(11) 怎样应用高空风分析图预报单站稳定度的变化?

(12) 有哪些常见的对流性天气的触发机制?

(13) 有哪些常见的有利于强雷暴发生的因子? 它们对强雷暴发生起什么作用?

(14) 什么是飑中系统?

(15) 雷暴天气短期预报的思路和着眼点是什么?

(16) 什么是沙氏指数?

(17) 什么是简化沙氏指数?

(18) 什么是抬升指标?

(19) 什么是总指数?

(20) 什么是自由对流高度?

(21) 什么是对流凝结高度?

(22) 什么是对流有效位能(CAPE)和对流抑制能量(CIN)?

(23) 什么是强天气威胁指标(SWEAT)?

(24) 什么是热雷暴? 怎样预报热雷暴?

(25) 怎样预报雷暴大风(飑)?

(26) 怎样预报冰雹?

(27) 怎样预报龙卷?

(28) 怎样应用雷达探测和卫星云图资料作对流性天气预报?

(29) 什么是甚短期预报和临近预报?

参考文献

代刊,何立富,金荣花, 2010. 加密观测资料在北京 2008 年 9 月 7 日雷暴过程分析中的综合应用[J]. 气象,**36**(7):160-167.

丁一汇, 1991. 高等天气学[M]. 北京:气象出版社.

丁一汇,等, 1980. 暴雨及强对流天气的研究[M]. 北京:科学出版社.

Kessler E 主编, 1991. 包澄澜,党人庆,朱锁凤,等译. 雷暴形态学和动力学[M]. 北京:气象出版社.

雷雨顺,吴宝俊,吴正华, 1978. 用不稳定能量理论分析和预报夏季强风暴的一种方法[J]. 大气科学,**2**(4):297-306.

李建辉, 1991. 短时预报[M]. 北京:气象出版社.

李麦村, 1978. 重力波对特大暴雨的触发作用[J]. 大气科学,**2**(3):201-209.

马禹,王旭,陶祖钰, 1997. 中国及其邻近地区中尺度对流的普查和时空分布特征[J]. 自然科学进展,**7**(6):701-706.

覃卫坚,寿绍文,王咏青,2009. 广西雷暴分布特征及灾害成因分析[J]. 自然灾害学报,**18**(2):131-138.

单兴佑,寿绍文,李德俊,等,2010. "09.3"鄂西南强对流天气的多普勒雷达特征分析[J]. 暴雨灾害,**29**(1):59-64.

寿绍文,Houze R A Jr, 1989. 一条具有宽阔尾随层状区的中纬度飑线的中尺度结构[J]. 南京气象学院学报,**12**(2):200-207.

寿绍文,陈学溶,林锦瑞,1978. 1974 年 6 月 17 日强飑线过程的成因[J]. 南京气象学院学报(创刊号),(1):16-23.

寿绍文,杜秉玉,肖稳安,等,1993. 中尺度对流系统及其预报[M]. 北京:气象出版社.

寿绍文,1981. 强对流天气前期的层结特征[J]. 南京气象学院学报,(1):1-6.

寿绍文,1982. 一个"超级单体"雹云的成因及结构[J]. 南京气象学院学报,(2):223-228.

寿绍文. 1986. 锋面中尺度降水区和中尺度对流辐合体的研究[C]//天气学的新进展. 北京:气象出版社.

寿绍文,励申申,寿亦萱,等,2009. 中尺度气象学[M]. 2 版. 北京:气象出版社.

寿绍文,励申申,寿亦萱,等,2009. 中尺度大气动力学[M]. 北京:高等教育出版社.

寿绍文,励申申,王善华,等,2006. 天气学分析[M]. 2 版. 北京:气象出版社.

寿绍文,励申申,徐建军,等,1997. 中国主要天气过程分析[M]. 北京:气象出版社.

寿绍文,励申申,1988. 一次强飑线过程的时间剖面分析[J]. 气象科学,(2):65-72.

寿绍文,1998. 中尺度对流复合体的若干特征[J]. 南京气象学院学报,**11**(3):321-327.

斯公望,1988. 暴雨和强对流环流系统[M]. 北京:气象出版社.

孙莹,寿绍文,沈新勇,等,2008. 广西地区一次强冰雹过程形成机制分析[J]. 高原气象,**27**(3):677-685.

孙莹,寿绍文,沈新勇,等,2006. 灾害天气的识别和自动预警[J]. 广西气象,**27**(4):20-23.

陶祖钰,王洪庆,王旭,等,1998. 1995 年中国的中-α 尺度对流系统[J]. 气象学报,**56**(2):166-177.

王昂生,黄美元,1978. 冰雹和防雹研究评述[J]. 大气科学,**2**(1):76-84.

王颖,郑永光,寿绍文,2009. 2007 年夏季长江流域及周边地区地闪时空分布及其天气学意义[J]. 气象,**35**(10):58-70.

项续康,江吉喜,1995. 我国南方地区的中尺度对流复合体[J]. 应用气象学报,**6**(1):9-17.

许梓秀,王鹏云,1989. 冷锋前部中尺度雨带特征及其机制分析[J]. 气象学报,**47**(2):199-206.

杨国祥,叶蓉珠,林兆丰,等,1977. 一次强飑线的中分析[J]. 大气科学,(3):206-313.

杨国祥,何齐强,陆汉城,1991. 中尺度气象学[M]. 北京:气象出版社.

俞小鼎,郑永光,2020. 中国当代强对流天气研究与业务进展[J]. 气象学报,**78**(3):391-418.

俞小鼎,姚秀萍,熊廷南,等,2006. 多普勒天气雷达原理与业务应用[M]. 北京:气象出版社.

张可苏,1988. 斜压气流的中尺度稳定性(Ⅰ)对称不稳定[J]. 气象学报,**46**(3):258-266.

张玲,张艳玲,陆汉城,等,2008. 不稳定能量参数在一次强对流天气数值模拟中的应用[J]. 南京气象学院学报,**31**(2):192-199.

张小玲,张涛,刘鑫华,等,2010. 中尺度天气的高空地面综合图分析[J]. 气象,**36**(7):143-150.

张艳玲,寿绍文,张玲,等,2009. 能量参数在南通地区强对流天气分析中的应用[J]. 气象科学,**29**(3):362-367.

章基嘉,1978. 预报冰雹的一种物理方法[J]. 南京气象学院学报(创刊号),(1):54-60.

赵瑞清,1986. 专家系统初步[M]. 北京:气象出版社.

郑永光,张小玲,周庆亮,等,2010. 强对流天气短时临近预报业务技术进展与挑战[J]. 气象,**36**(7):33-42.

中央气象台,1974. 我国的大范围冰雹及其预报[J]. 气象科技,(7):13-23.

朱乾根,林锦瑞,寿绍文,等,2007. 天气学原理和方法[M]. 4 版. 北京:气象出版社.

ANDERSON C J, RAYMOND W A, 1998. Mesoscale convective complexes and persistent elongated convective systems over the United States during 1992 and 1993[J]. *Mon. Wea. Rev.*, **126**: 578-579.

ARLENF G, LAING J, MICHAEL FRITSCH, 1993. Mesoscale convective complexes over the Indian monsoon region[J]. *Journal of Climate*, **6**(5): 911-919.

AUGUSTINE J A, HOWARD K W, 1988. Mesoscale convective complexes over the United States during 1985[J]. *Mon. Wea. Rev.*, **117**:685-700.

BADER M J, *et al*, 1995. Images in weather forecasting—A practical guide for interpreting satellite and radar imagery[M]. The Press Syndicate of the University of Cambridge.

BROWNING K A, *et al*, 1974. Structure and mechanism of precipitation and effect of orography in a wintertime warm-sector[J]. *Q. J. R. Meteor. Soc.*, **100**:309-330.

BROWNING K A, *et al*, 1976. Structure of an evolving hailstorm. Part V: Synthesis and implications for hail growth and hail suppression[J]. *Mon. Wea. Rev.*, **104**:603-610.

BROWNING K A, HARROLD T W, 1970. Air motion and precipitation growth at a cold front [J]. *Q. J. Roy. Met. Soc.*, **96**:369-389.

BROWNING K A, 1983. Mesoscale structure and mechanisms of frontal precipitation systems [M]. Mesoscale Meteorology, SMHI, Sweden.

CARBONE R E, 1982. A severe frontal rainbands, Part I, Stormwide hydrodynamic structure[J]. *J. Atmos. Sci.*, **39**:258-279.

CHEN S S, FRANK W M, 1993. A numerical study of the genesis of extratropical convective mesovortices, Part I: evolution and dynamics[J]. *J. Atmos. Sci.*, **50**: 2401-2426.

CHEN Q S, 1982. The instability of the gravity-inertia wave and its relation to low level jet and heavy rainfall[J]. *J. Meteor. Soc. Japan*, (62):730-747.

CHISHOLM A J, 1973. Marianne English, Alberta hailstorms[J]. AMS Met Monographs, **14**:36.

COTTON W R, LIN MING-SEN, MCANELLY R L. *et al*, 1989. A composite model of mesoscale convective complexes[J]. *Mon. wea. Rev.*, **117**:765-782.

COTTON W R, 1983. Upscale development of moist convective systems[M]. Mesoscale Meteorology, SMHI, Sweden.

DAVIS J M, 1993. Hourly helicity, instability, and EHI in forecasting suppercell tornadoes[C]. Preprints, 17th Conf. On Severe Local Storms, Amer. Meteor. Soc.: 107-111.

DAVIS J M, JOHNS R H, 1993. Some wind and instability parameters associated with strong and violent tornadoes: wind shear and helicity, the tornado: Its Structure, dynamics, Prediction, and Hazards[J]. *Geophysical Monograph*, *AGU*, **79**: 573-582.

DOSWELL C A, 1984. Mesoscale aspect of marginal severe weather event[C]. 10th Conf. on Weather Forcasting and Analysis, 131-137.

DOSWELL C A, *et al*, 1996. Flash flood forecasting: an ingridients-based methodology[J]. *Wea. Forecasting*, **11**:560-581.

FRITSCH J M, MURPHY J D, KAIN J S, 1994. Warm core vortex amplication over land[J]. *J. Atmos. Sci.*, **51**:1781-1806.

FUJITA T T, 1963. Analytical mesometeorology: A review, Severe Local Storms[J]. Meteor. Monograph, **5**(27):77-125.

FUJITA T T, 1981. Tornadoes and downbursts in the context of generalized planetary scales[J]. *J. Atmos. Sci.*, **38**(8):1511-1524.

FUJITA T T, 1986. Review of the history of mesoscale meteorology and forecasting[J]. *Mesoscale Meteorology and Forecasting*, A. M. S..

HAMILL T M, *et al*, 2005. The May 2003 extended tornado outbreak[J]. BAMS, 542.

HOSKINS B J, 1974. The role of potential vorticity in symmetric stability and instability[J]. *Quart. J. Roy. Meteor. Soc.*, **100**: 480-482.

HOUZE R A JR, 2014. Cloud Dynamics[M]. 2nd Edition, Academic Press.

HOUZE R A, HOBBS P V, *et al*, 1977. Organization and structure of precipitation cloud systems [J]. Advances in Geophysics, 24.

HOUZE R A JR, HOBBS P V, 1982. Organization and structure of precipitating cloud systems[J]. *Advances in Geophysics*, 24, Academic press.

HOUZE R A JR, RUTLEDGE S A, BIGGERSTAFF M I, *et al*, 1989. Interpretation of Doppler weather-radar displays in midlatitude mesoscale convective systems[J]. *Bull. Am. Meteorol. Soc.*, **70**: 608-619.

HOUZE R A JR, 2004. Mesoscale convective systems[J]. *Rev. Geophys.*, **42**(10): 43.

JIRAK I L, COTTON W R, MCAANELLY R L, *et al*, 2003. Satellite and radar survey of mesoscale convective system development[J]. *Mon. Wea. Rev.*, **131**: 2428-2449.

KESSLER E, 1987. Thunderstorm Morphology and Dynamics[M]. Uni. Of Oklahoma Press.

KLEMP J B, WEISMAN M L, 1983. The dependence of convective precipitation patterns on vertical wind shear[C]. Preprints, 21st Conference on Radar Meteorology, Edmonton Alberta, Canada, Sept. 19-23: 44-49.

LAING A G, FRITSCH J M, 2000. The large-scale environments of the global populations of mesoscale convective complexes[J]. *Mon. Wea. Rev.*, **128**: 2756-2776.

LUDLAM F H, 1963. Severe Local Storms, Meteorological Monographs, Severe Local Storms[J]. *Amer. Meteor. Soc.*: 1-30.

MADDOX R A, 1980. Mesoscale convective complexes[J]. *Bull. Amer. Meteor. Soc.*, **61**(11): 1374-1387.

MARWITZ J D, 1972a. The structure and motion of severe hailstorms. Part Ⅰ: supercell storms [J]. *J. Appl. Meteor.*, **11**: 166-179.

MARWITZ J D, 1972b. The structure and motion of severe hailstorms. Part Ⅱ: Multicell storms [J]. *J. Appl. Meteor.*, **11**: 180-188.

MARKOVSKI P, RICHARDSON Y, 2010. Mesoscale Meteorology in Midlatitude[M]. UK: Willey-Blackwell.

MILLER D, FRITSCH J M, 1991. Mesoscale convective complexes in the western Pacific region [J]. *Mon. Wea. Rev.*, **119**: 2978-2992.

MOLLER A R, DOSWELL III C A, FOSTER M P, et al, 1994. The operational recognition of supercell thunderstorm environments and storm structures[J]. *Wea. Forecasting*, **9**(3): 327-347.

MONCRIEFF M W, KLINKER E, 1997. Organized convective systems in the tropical western Pacific as a process in general circulation models: a toga coare case-study[J]. *Quart. J. Roy. Meteor. Soc.*, **123**(540): 805-827.

NEWTON C W, 1950. Structure and mechanism of the prefrontal squall line[J]. *J. Meteorol.*, **7**: 210-222.

NEWTON C W, NEWTON H R, 1959. Dynamical interactions between large convection clouds and environment with vertical shear[J]. *J. Meteor.*, **16**: 483-496.

NEWTON C W, 1963. Dynamics of severe convective storms. Severe Local Storms[J]. *Amer. Meteor. Soc.*, **5**(27): 33-58.

ORLANSKI I, 1975. A rational subdivision of scales for atmospheric processes[J]. *Bull. Amer. Meteor. Soc.*, **56**(5): 527-530.

PARKER M D, JOHNSON R H, 2004. Simulated Convective Lines with Leading Precipitation. Part I: Governing Dynamics[J]. *J. of the Atmospheric Sciences*, **61**(14): 1637-1655.

ROTUNNO R, KLEMP J B, WEISMAN M L, 1988. A theory for strong, long-lived squall lines [J]. *J. Atmos. Sci.*, **45**(3): 463-485.

ROTUNNO R, *et al*, 1988. Structure and evolution of numerically simulated squall lines[J]. *J. Atmos. Sci.*, **45**: 1990-2013. 10. 1175/1520-0469.

SANTURETTE P, GEORGIEV C G, 2005. Weather analysis and forecasting[M]. Elsevier Academic Press.

VELASCO I, FRITSCH J M, 1987. Mesoscale convective complexes in the Americas[J]. *J. Geophys Res.*, **92**: 9591-9613.

WAKIMOTO R M, 1982. The life cycle of thunderstorm gust fronts as viewed with Doppler radar and rawinsonde data[J]. *Mon. Wea. Rev.*, **110**(8): 1060-1082.

WILLIAMS E R, 2005. Lightning and climate: A review[J]. *Atmospheric Research*, **76**(1-4): 272-287.

ZIPSER E J, 1977. Mesoscale and convective-scale downdraughts as distinct components of squall-line circulation[J]. *Mon. Weather Rev.*, **105**: 1568-1589.

第7章 台　风

台风是发生在热带海洋上空的一种具有暖中心结构的强烈气旋性大气涡旋。它是大气中发生的最强烈的天气系统之一，一般伴有狂风、暴雨，巨浪和风暴潮等剧烈的天气和海洋现象，常常造成非常严重的灾害。我国是世界上受台风影响最严重的国家之一。台风灾害也是我国最严重的自然灾害之一。本章将介绍台风的定义及气候特征、台风的结构，以及台风发生、发展、移动的规律和台风天气的分析预报方法等。此外，本章还将讨论其他各种热带扰动，包括赤道辐合带、热带波动和热带涡旋（如东风波、赤道反气旋、洋中槽内的高空低涡等）以及热带云团等，它们对台风的发生发展及我国南方地区的天气都有重要影响。

7.1 台风的定义及气候特征

7.1.1 台风的定义和名称

台风是一种强烈的热带低压或热带气旋。发生在热带地区的低气压系统和气旋性环流系统一般称为热带低压（简称 TD）或热带气旋（简称 TC）。世界各国一般都按照热带气旋中心附近的最大风速对热带气旋进行分级。1989 年 1 月 1 日以前，我国采用的热带气旋等级标准分为热带低压、台风和强台风三级。具体标准是：

热带低压——最大风速 10.8～17.1 m/s（风力 6～7 级）；

台风——最大风速 17.2～32.6 m/s（风力 8～11 级）；

强台风——最大风速≥32.7 m/s（风力≥12 级）。

1989 年 1 月 1 日以后，我国实施新的热带气旋等级国家标准，与世界气象组织规定的统一标准一致，按热带气旋中心附近地面最大风速大小，由弱到强将热带气旋划分为四个等级，具体标准是：

热带低压——最大风速 10.8～17.1 m/s（风力 6～7 级）；

热带风暴——最大风速 17.2～24.4 m/s（风力 8～9 级）；

强热带风暴——最大风速 24.5～32.6 m/s（风力 10～11 级）；

台风——最大风速≥32.7 m/s（风力≥12 级）。

2006 年 6 月 15 日起，我国又实施由中国气象局主管的修订后的国家标准《热带

气旋等级》(GB/T 19201—2006),将 TC 按照底层中心附近最大平均风速大小分为6个等级:

热带低压(TD) ——最大风速 10.8～17.1 m/s(风力6～7级);

热带风暴(TS) ——最大风速 17.2～24.4 m/s(风力8～9级);

强热带风暴(STS) ——最大风速 24.5～32.6 m/s(风力10～11级);

台风(TY) ——最大风速 32.7～41.4 m/s(风力12～13级);

强台风(STY) ——最大风速 41.5～50.9 m/s(风力14～15级);

超强台风(Super TY) ——最大风速≥51.0 m/s,(风力≥16级)。

其中"最大风速"是指台风底层中心附近最大平均风速;"风力等级"根据扩大的蒲福氏风力等级表(见本书附录中的"附录A")。下文中提到的热带气旋(TC)一般是指等级达到热带风暴以上(即中心附近最大平均风速大于17.2 m/s)的热带气旋,但在引用各个不同年代的台风文献时,仍然基本沿用当时的台风定义。

台风(Typhoon)是我国和东亚及西北太平洋地区的名称,印度洋地区称其为热带风暴,而在大西洋和东北太平洋地区一般称其为飓风(Hurricane)。在大西洋地区每个飓风通常都是以特殊的名称命名的,如 Alex,Betty,Cary,Yancy 等。在2000年以前,我国是以编号的方法来命名每个台风的,即对每年发生在或进入到赤道以北、东经180°以西的太平洋和南海海域的底层近中心最大平均风力≥8级的热带气旋(即强度在热带风暴及以上)按其出现的先后顺序进行编号。例如,"9012"(1990年第12号台风)等。而从2000年起,我国和西太平洋地区国家也采用特殊名称来统一命名西北太平洋及南中国海的台风,如"悟空""麦莎"等。这些名字由国际气象组织中的台风委员会的14个成员(中国、中国香港、中国澳门、朝鲜、韩国、日本、泰国、老挝、柬埔寨、越南、马来西亚、密克罗西亚、菲律宾、美国)各提供10个名字,分为5组列表(见本书附录中的"附录B")。实际命名的工作则交由区内的日本气象厅(东京区域专业气象中心)负责。每当日本气象厅将西北太平洋或南海上的热带气旋确定为热带风暴强度时,即根据列表给予名字,并同时给予一个四位数字的编号。编号中前两位为年份,后两位为热带风暴在该年生成的顺序。例如0312,即2003年第12号热带风暴(当其达到强热带风暴强度时,称为第12号强热带风暴;当其达到台风强度时,称为第12号台风),英文名为 KROVANH,中文名为"科罗旺";0313即2003年第13号热带风暴,英文名为 DUJUAN,中文名为"杜鹃"。台风中文名字的命名,是由中国气象局与中国香港和澳门的气象部门协商后确定的。这些名称轮流使用,可以被重复使用于不同台风,但若是一个特别严重成灾的台风,则该名称便成为该台风的专用名称,不再用于其他台风。

7.1.2 台风的气候特征

(1)台风的源地和季节

台风的源地，是指经常发生台风的海区。全球台风主要发生于 8 个海区。其中北半球有北太平洋西部和东部、北大西洋西部、孟加拉湾和阿拉伯海 5 个海区，而南半球有南太平洋西部、南印度洋东部和西部 3 个海区(图 7.1)。全球每年平均可发生 62 个台风，大洋西部发生的台风比大洋东部发生的多得多。其中以西北太平洋海区为最多(占 36%以上)，而南大西洋和东南太平洋至今尚未发现过有台风生成。西北太平洋台风的源地又分三个相对集中区：菲律宾以东的洋面、关岛附近洋面和南海中部。在南海形成的台风，一般称为南海台风，对我国华南一带影响重大。

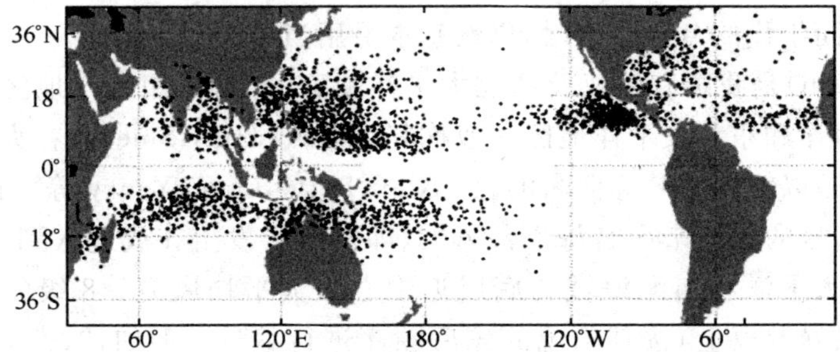

(a)

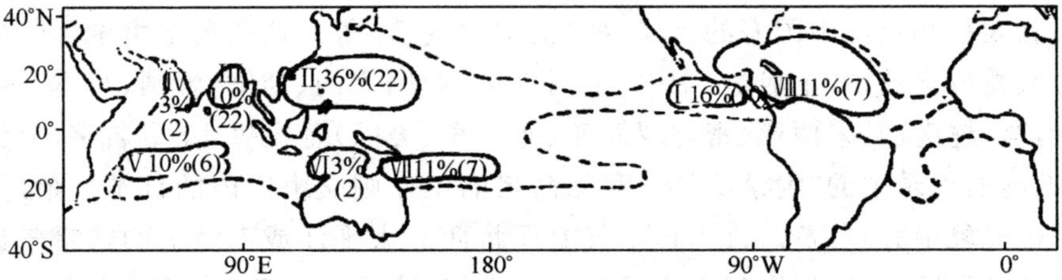

(b)

图 7.1 1971—2001 年全球台风发生事件的分布(a)及
每年平均台风发生数占全球台风总数百分率的区域分布图(b)
(虚线为海面水温=26.5℃的等温线)

台风大多数发生在南、北纬度的 5°S—20°N，尤其是在 10°—20°N 发生的台风占 65%。而在 20°以外的较高纬度发生的台风只占 13%左右，发生在5°N 以内赤道附近的台风极少，但偶尔还是有的，近赤道台风“画眉”(Vamei)就是一个例子(Chang，2003)。据多年来的卫星资料分析，台风一般是由热带云团发展而成的。这种云团在几天以前即可发现，它们形成后逐渐向西移动并发展，有的便可演变成台风。例如在北大西洋上，有人根据云图分析，认为每年约有三分之二台风的初始扰动起源于遥远的非洲大陆。这些扰动一般表现为倒V形或旋涡状云型，它们沿东风气流向西移动，到达北大西洋中部和加勒比海时，便发展成台风，有的甚至移到北太平洋东部后才发展成台风。北太平洋西部和南海台风的初始扰动位置，也常常是偏东的。

台风的发生有明显的季节性。在北半球台风集中发生在6—10月，尤以8月、9月份为最多。不过这是多年的平均情况，事实上，不同的年份可以相差很多。应当指出，在北太平洋西部地区出现的台风并不都在我国登陆，据统计，每年5—11月都有台风在我国登陆的可能，而12月至翌年4月则没有台风在我国登陆。在我国登陆的台风，平均每年有6～7个，最多有12个，最少有3个，且主要集中在7—9月，约占各月登陆台风总次数的80%。

(2)台风的大小与强度

台风是一个低压系统，其范围大小通常以低压系统最外围近似圆形的等压线所围的范围大小为准，直径一般为600～1000 km，最大的可达2000 km，最小的只有100 km左右，这种小台风在天气图上不易分析出来。一般说来，太平洋西部的台风比南海的台风要大得多。

台风的强度是以台风中心地面最大平均风速和台风中心海平面最低气压为依据的。近中心风速愈大，中心气压愈低，则台风愈强。据历史资料记载，最强的台风之一是1958年27号台风，近中心最大平均风速达110 m/s，中心气压为877 hPa。而7919号台风(Tip)的强度一度达到870 hPa，成为世界之最。登陆我国大陆最强的台风之一的0608号台风“桑美”，登陆时中心最低气压920 hPa，最大风速68 m/s，5612台风的尺度最大，7级大风半径达上千千米，中心强度923 hPa。全球登陆台风最强的是1969年登陆美国墨西哥湾的Camille飓风，登陆时的强度为910 hPa。

西北太平洋沿岸国家中，我国是受台风袭击最多的国家，在我国登陆的台风占本地区登陆的台风总次数的34%，菲律宾26%，越南18%，日本16%，朝鲜5%，俄罗斯1%。

(3)台风的生命史长短

台风的生命史，平均为1周左右，短的只有2～3天，最长可达1个月左右。例如，影响我国的7203号台风生命期长达26天，1971年大西洋的一个飓风生命期长达31天，更为长命的是1998年1月1日至2月18日的南半球Katrina-Victor-Cindy旋风，存活了49天之久。在不同季节形成的台风，生命期有所不同，一般夏、秋两季的台风生命期较长，冬、春两季的台风生命期较短。

7.2 台风的结构特性

7.2.1 台风的气压场特性

台风是一个深厚的低气压,中心气压很低。图7.2是1956年8月初在我国浙江象山登陆的强台风地面天气图。由图可见,台风周围等压线密集、气压水平梯度很大,特别在副热带高压一侧气压水平梯度更大。图7.3是该台风经过石浦时的气压自记曲线。台风中心气压低至914.5 hPa,中心气压曲线呈"漏斗"状,气压陡降后又陡升,说明气压变化剧烈,图中A、B两处时间相差仅1 h,气压相差竟达29.5 hPa,即1 h变压可达30 hPa左右。在台风外围气压向中心降低比较平缓,气压梯度较小。

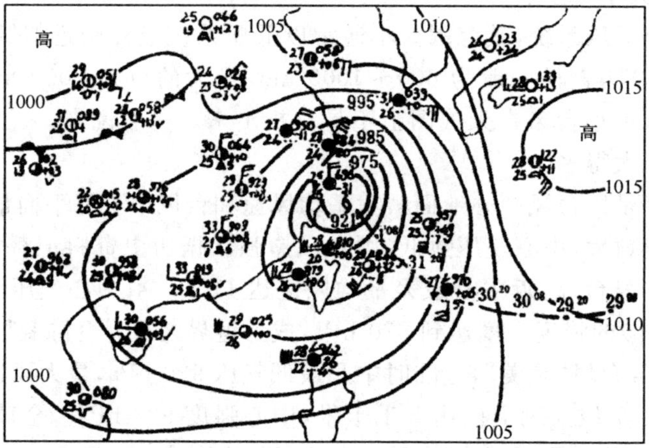

图7.2 1956年8月1日20时地面图中的台风
(北京大学地球物理系气象教研室,1976)

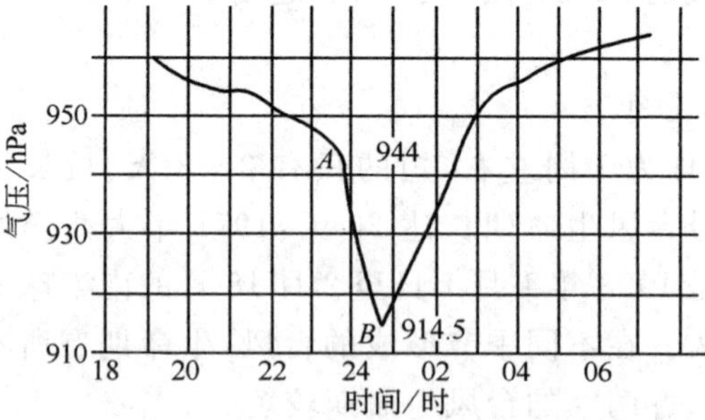

图7.3 1956年8月1日18时至2日07时石浦气压时间曲线
(北京大学地球物理系气象教研室,1976)

由于台风是暖心结构，根据静力学公式，气压梯度应随高度减少，至某一高度反向（指向外）。中心转为高气压区。资料分析表明，台风低压区可伸展到整个对流层和平流层下部，直到 27 km，甚至可能还要高些。

7.2.2 台风的流场特性

(1)低空风场的水平结构

台风内低空风场的水平结构可以分为台风大风区、台风旋涡区和台风眼区等三个不同的部分。

台风大风区，亦称台风外圈，从台风外圈向内到最大风速区外缘，其直径一般约为 400～600 km，有的可达 8～10 个纬距，外围风力可达 15 m/s，向内风速急增（图 7.4）。

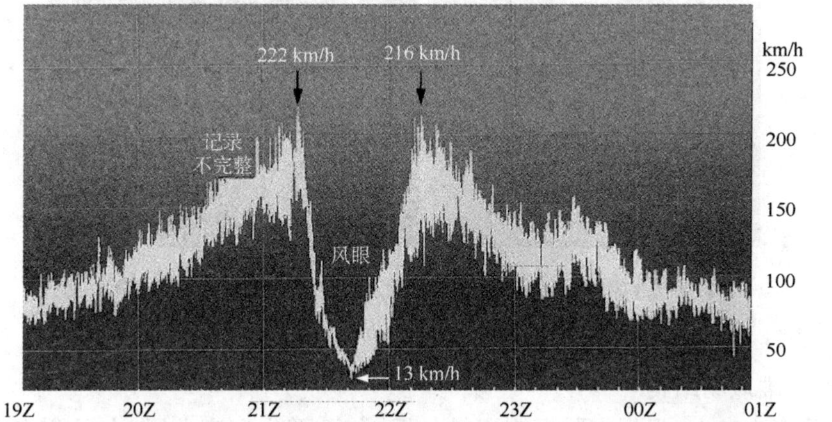

图 7.4 1970 年飓风“茜莉亚”(Celia)袭击美国得克萨斯州，在格雷戈里的风速记录显示在风眼掠过的 1 h 内风速的急剧变化
(Simpson *et al.*, 1981)

台风旋涡区，亦称台风中圈，是围绕台风眼分布着的一条最大风速带，宽度平均为 10～20 km。它与环绕台风眼的云墙重合。台风中最强烈的对流、降水都出现在这个区域里，是台风破坏力最猛烈、最集中的区域。不过最大风速的分布在各象限并不对称，一般在台风前进方向的右前方风力最为强大。

台风眼区，亦称台风内圈。在此圈内，风速迅速减小或静风。台风内圈的直径一般为 10～60 km，大多呈圆形，也有呈椭圆形或多边形的，大小和形状常常多变（图 7.5）。

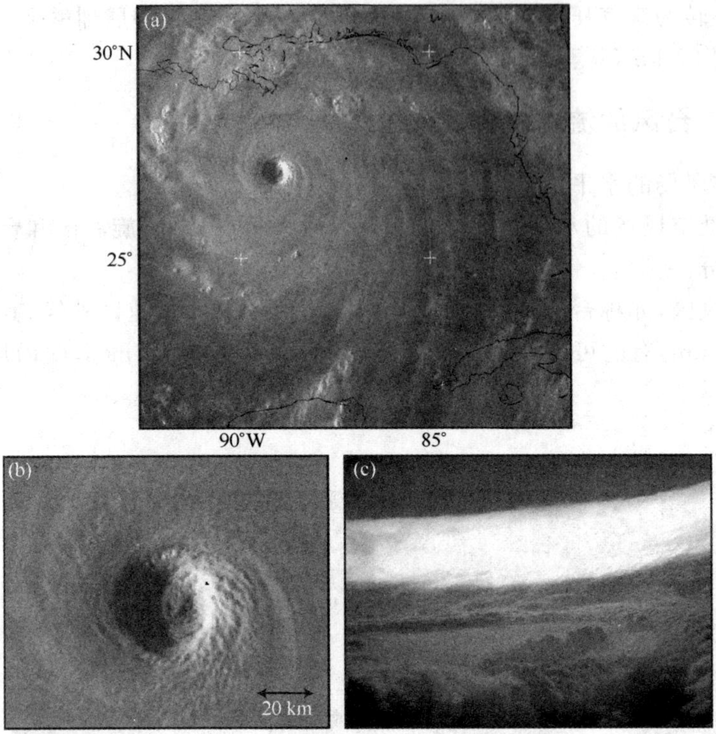

图 7.5　台风眼和眼壁云墙的卫星云图(a)及飞机航拍照片(b)(c)
(Houze,2014)

(2)三维风场结构

在垂直方向上,根据实际探测资料分析,台风可分为流入层、中层及流出层等三层。其中流入层是指从地面到大约 3 km 以下的对流层下层,特别是在 1 km 以下的行星边界层内,有显著向中心辐合的气流。中层是指从 3 km 到 7～8 km 的大气层,这里气流主要是切向的,而径向分量很小。流出层是指从中层以上到台风顶部的对流层高层,这层内气流主要是向外辐散。成熟台风的最大流出层常在 12 km 附近。

图 7.6 是成熟台风的三维风场模型,它是根据台风的探测资料分析概括出来的。作为简化,此模型假定了台风完全是对称的。图 7.6a 是台风顶部的流场,它代表台风上部流出层的流场情况。由图可见,在台风顶部气流都是从台风中心向四周流出的。从眼区到 200 km 以内,气流呈气旋性曲率,但它的水平范围比之流入层要小得多;在流入层,气流呈气旋性流入,而在这里,气流呈气旋性流出。在其外面,都是反气旋性气流流出。图的左半部代表台风有外部对流云带时的情况,右半部代表没有外部对流云带时的情形。当台风有外部对流云带时,从雷达回波上可看到有两条强

雨带，在距离台风眼壁 50～100 km 范围内是一条内雨带，而外雨带位于外部对流云中。这时，在流场上，距离台风中心 300 km 附近常有一条切变线。如台风没有外雨带，流场上就没有切变线。图 7.6b 为对应于图 7.6a 的垂直剖面图。在低空，四周空

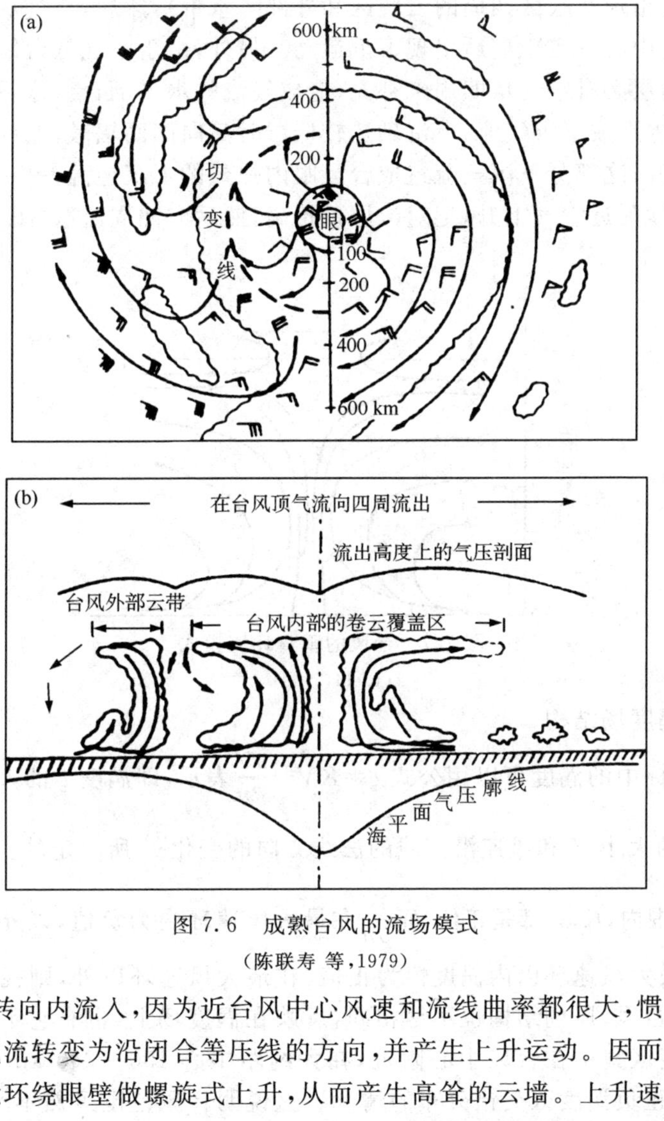

图 7.6　成熟台风的流场模式

（陈联寿 等，1979）

气以气旋式旋转向内流入，因为近台风中心风速和流线曲率都很大，惯性离心力大大增加，使流入气流转变为沿闭合等压线的方向，并产生上升运动。因而空气流到台风眼壁附近后，就环绕眼壁做螺旋式上升，从而产生高耸的云墙。上升速度在垂直方向上一般以 700～300 hPa 为最大，在水平方向上以距台风中心 100 km 到台风眼壁区为最大。上升气流的水平分布不是完全对称的，在靠副热带高压一侧，上升气流最强，但范围较小；在台风槽里，上升气流相对地弱些，但范围很广。上升气流到达一定

高度以后,惯性离心力和地转偏向力的合力大于气压梯度力(这是由于台风是暖心低压系统,气压梯度随高度减小的缘故),因而在该高度以上空气向四周流出,在距离中心一定远处后,出现下沉运动。

总起来说,台风的三维风场结构,表现在低空流入层内空气流进台风中去,产生上升运动(主要出现在眼区四周的云墙区和外部降水带),然后,空气从台风的顶部向外流出,在远离中心一定距离后出现下沉运动。另外,由于空气从台风顶部向外流出的同时,其更高层必有空气从四周来补充,造成气流的水平辐合。这一股辐合气流一方面在台风眼内形成下沉气流,下沉到达较低层时又向四面辐散,然后被眼壁外的上升气流卷夹上升;这部分下沉气流造成台风眼内强烈的下沉逆温;另一方面迫使台风眼上空对流层顶附近空气上升,把对流层顶抬高,然后向四周流散(图 7.7)。

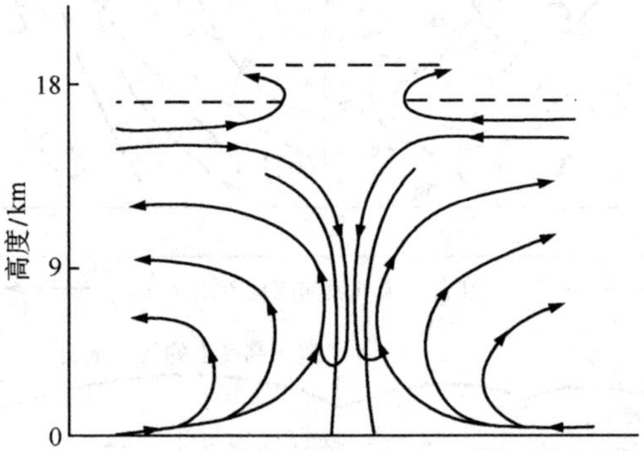

图 7.7 台风的垂直环流模式

(Riehl,1950)

(3)低层涡度场结构

在自然坐标中的涡度可以用公式 $\zeta=KV-\dfrac{\partial V}{\partial n}$ 表示,即涡度 ζ 的大小是由流线的曲率 K、风速的大小 V 和风速沿流线的法线方向的变化 $\dfrac{\partial V}{\partial n}$ 所决定的。

在台风范围内,K,V 都是正值,而 $\dfrac{\partial V}{\partial n}$ 在最大风速环内为负值,以外为正值。由此可知:台风在最大风速环以内涡度恒为正值;在最大风速环以外,则视上述两项大小而定。不同的台风,风场结构也不尽相同,反映在涡度场上,也有它不同的特点。一般来说,正涡度区集中在台风中心附近,在大约距中心 150～200 km 以外的地方出现负涡度区或正负涡度区交错分布的情况。这说明台风范围虽然不小,但最强的正涡度区只集中在距中心 150～200 km 范围内,在这以外尽管流线曲率是气旋性的,风速也很大,但并不都是正涡度区。

图 7.8 为模式中飓风 Bonnie 的轴对称平均图(辛辰,2014)。图中给出了切向风

速、径向风速、垂直速度、温度异常、位涡及惯性稳定度等参数的分布。通过这个实例可以进一步看到以上所描述的台风结构的一些基本特征。

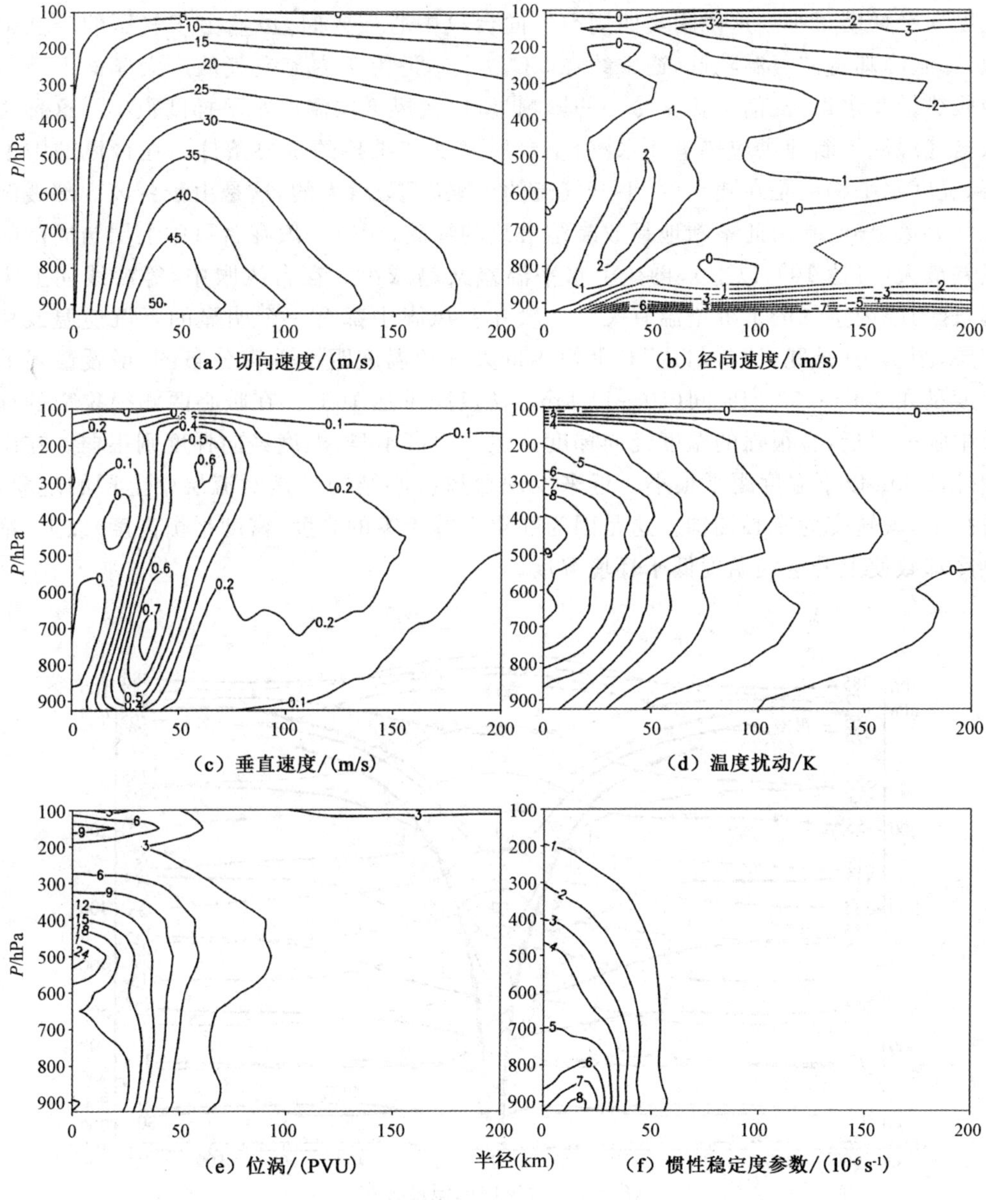

图 7.8 模式中飓风 Bonnie 的轴对称平均图

(辛辰,2014)

7.2.3 台风的温度场特性

图 7.9 是表示台风内温度场的模式，由图可见，在台风区的低层(除台风眼外)，温度水平梯度很小。这说明当四周空气向台风中心流入时，虽然由于气压的降低很快，膨胀冷却将使气温降低(通常约在 3℃以上)，但由于内流空气从广大洋面上不断吸收热量和水汽，抵消了膨胀冷却的影响，所以台风低层温度水平梯度很小。这种流入空气源源不断地供应热量和水汽，是台风发展和维持的重要条件。在台风的中上层，温度水平梯度是在随高度(上升气流的上限以下)增大的，这是由于台风内部暖湿空气大量上升，并由此不断地释放凝结潜热的缘故，所以一般在台风中上层与周围的温差最大(可达 10℃以上)，再往上水平温差又趋减小。在台风眼中，等温线向上突起，这与眼内空气的下沉增温有关。一般在台风眼中都有一个明显的下沉逆温或稳定层，图 7.10 是飓风“希尔达”对平均热带大气的温度距平垂直分布图，增暖最强的高度是在 300～250 hPa 间(10～11 km)，温度距平达 16℃。在暖心两侧很狭窄的地带中眼壁附近，有很强的温度经向梯度。但在眼区本身，温度经向梯度则很弱。在眼壁外，3 km 以下温度距平很小。近来发现台风暖心结构只是对流层中上层的现象，再往上，就转变为冷心结构。这是因为在浮力等于零的高度(密度平衡高度)以上，绝热冷却致使上升空气温度低于环境温度。

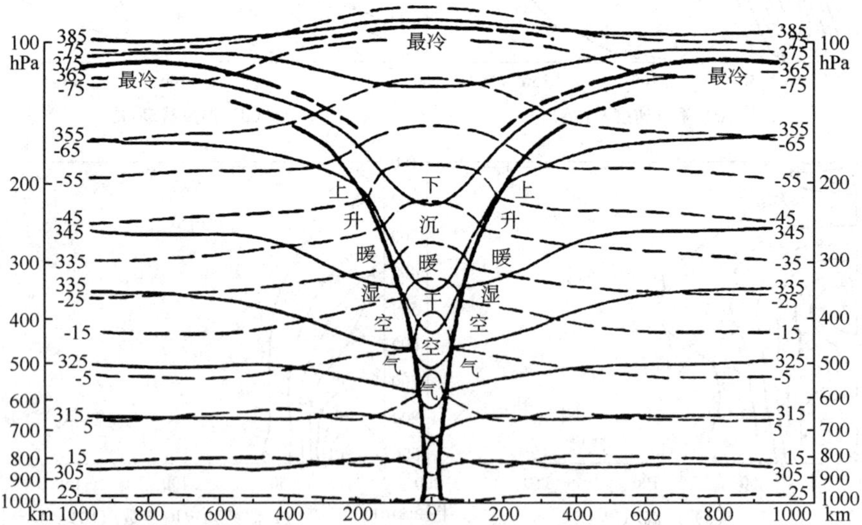

图 7.9 台风内的温度分布

(虚线为等温线，实线为台风眼壁)

(Palmen，1948)

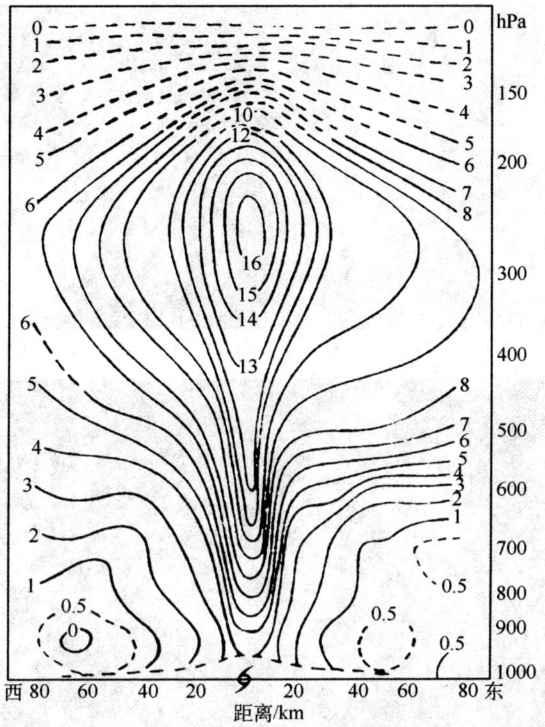

图 7.10 飓风“希尔达”对平均热带大气的温度距平(℃)垂直分布图

(Hankins *et al.*, 1968)

7.2.4 台风的云系特征

由台风的卫星云图(图 7.11a)和雷达回波图(图 7.11b)的实例分析可见,在台风中心周围有环状云带,称为基本台风眼墙(或眼壁)云带,有时还可有第二条环状云带,称为次级台风眼墙云带;还常有一条条的螺旋状云带,以及远离台风中心的远距离雨带和飑线等结构特征(图 7.12)。图 7.13 为一个成熟台风的典型垂直结构示意图,图中的中央部分为台风眼和眼壁,外围为螺旋云带。

在处于成熟阶段的台风眼区,由于有下沉气流,通常是云淡风轻的好天气,下沉气流可造成下沉逆温,当低层水汽充沛时,则可在逆温层下产生层云或层积云(图 7.14)。在靠近台风眼的周围,由于强烈的上升气流,常造成宽数十千米,高达十几千米的云墙,由于受涡旋梯度风平衡控制,台风眼壁云墙是朝外倾斜的(图 7.14)。云墙下经常出现狂风暴雨,这是台风内天气最恶劣的区域。在云墙内,因为一般情况下只有上升气流而无下沉气流(或下沉气流很弱),和一般积雨云内部常有剧烈的上升和下沉气流翻转的情况并不一样,因此,云墙内很少出现强烈的乱流扰动和雷暴现

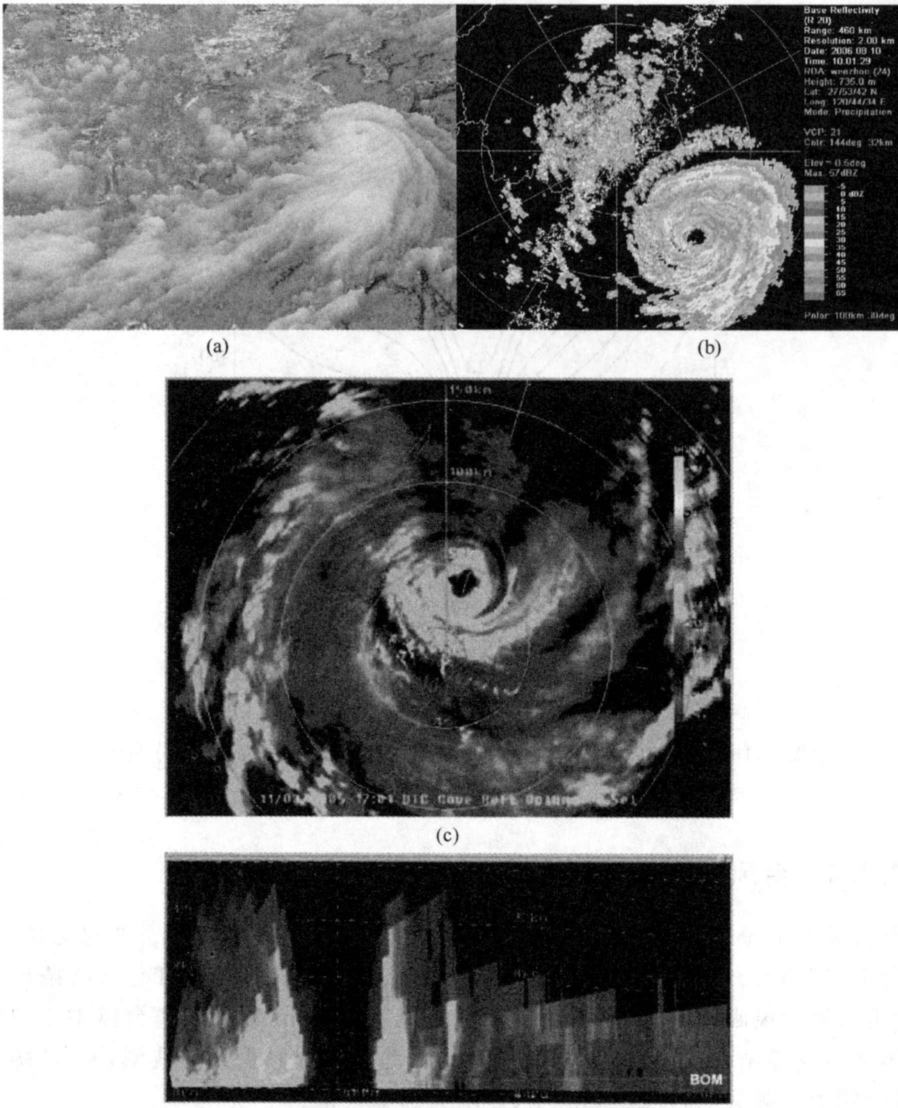

图 7.11 卫星云图(a)和雷达回波图(b)中的台风云系实例;(c)(d)为北澳大利亚热带气旋“Ingird”(2005),南半球的热带气旋环流为顺时针环流(Wang, 2010)

象。而只有在远离台风中心,处于台风外围的气旋性区域里或台风槽中,出现雷暴才较多。台风眼区云墙内的水物质包括水滴、冰晶、雪花、霰等,各温度层次中的水物质性质和成分不同(图 7.15)。产生在台风眼壁云墙中的霰质点和大雨点会相对较快

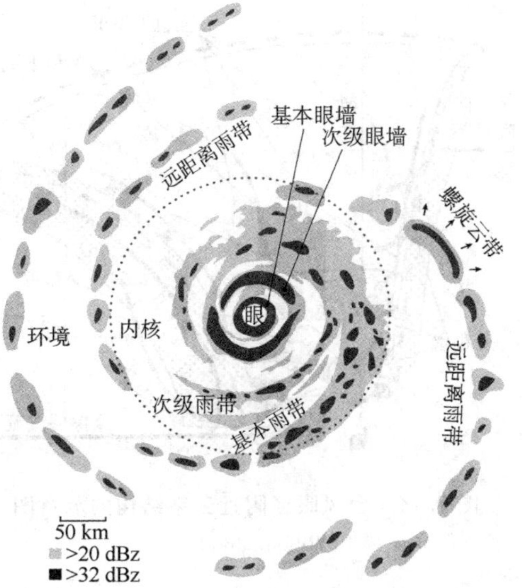

图 7.12　台风周围的云带示意图(Houze,2010)

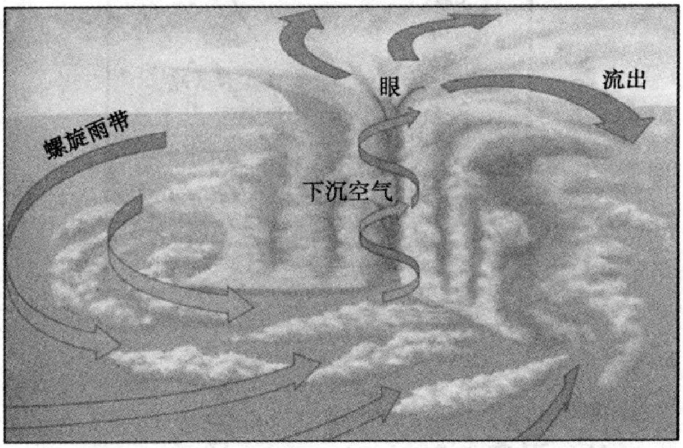

图 7.13　一个成熟台风的典型垂直结构示意图
(Simpson *et al.*, 1981)

地从云中落出，而小冰粒则会停留在高空环绕台风眼壁云墙周围，径向地朝外流出，然后下落和融化成为层状降水。

在台风基本眼壁云墙外部，有时会有第二条眼壁云墙，称为次级眼壁云墙(图 7.12)。这种结构也称为"台风双眼壁云墙"结构。图 7.16 是台风双眼壁云墙的垂直剖面结构模型图。

在台风基本眼壁云墙和次级眼壁云墙外部，有一条准静止的基本雨带，包含具有

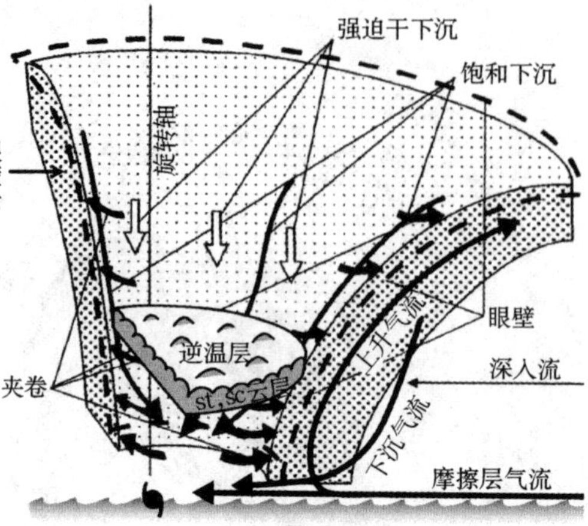

图 7.14 台风眼区附近云系结构的示意图
(Willoughby,1998)

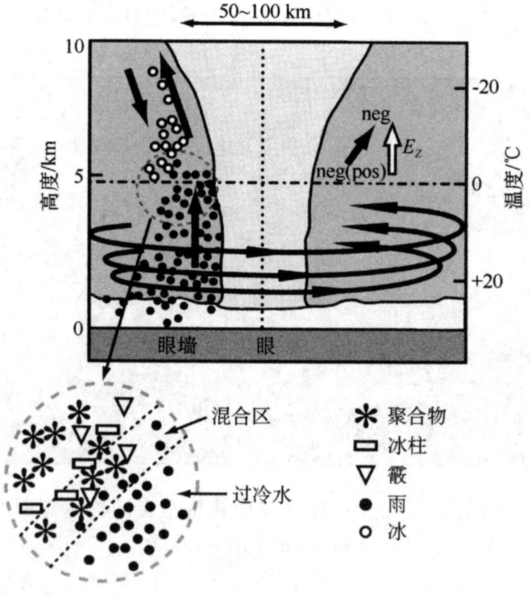

图 7.15 台风眼壁云墙中的水物质性质的示意图
(Black *et al.*,1999)

翻滚状的上升气流和下沉气流的对流单体。再向外还有瞬变的次级雨带,展现了涡旋 Rossby 波的特征。这些雨带有时可以合并到台风次级眼壁云墙中去。在台风涡旋区以外有远距离雨带,一般由类似于非热带风暴对流的积雨云组成。还有塔状的

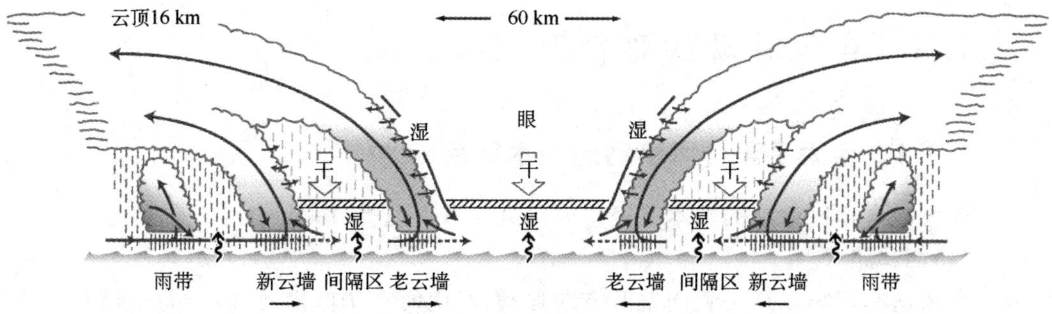

图 7.16 台风双眼壁云墙结构模型图

(Houze *et al.*,2007)

层积云和浓积云,特别是在台风前进方向上,塔状云更多。塔状的层积云和浓积云云体往往被风吹散,成为所谓的"飞云",沿海渔民称之为"猪头"云。在台风的边缘,则多为辐射状的高云和积状的中低云,偶尔也有积雨云。如台风处于发展阶段时,云系就偏于台风前进方向的一侧;如在减弱或消散阶段,则台风眼区因有上升气流出现,以致天气反而转坏,云层密布,有时且会出现降水。所以台风登陆后,一般就很少能观测到典型的台风眼云系。而在台风其他区域内,风力较小,云和降水也较微弱。此后,随着台风的继续减弱而消散,整个台风区内天气就逐渐转好。若台风由于冷空气侵入而转变为温带气旋,则台风云系也随之转变为温带气旋云系。

在卫星云图上,热带气旋发展不同阶段的云系常常具有不同的特征。在发展阶段,热带气旋的云区是一团稠密的云区,四周有一些弯曲的积云线或弯曲的中云带。这些积云线或弯曲的云带,或者是从主要的密蔽云区分离出来,或者就是主要密蔽云区的一部分。这些弯曲的云线或云带常常是不完整的。由弯曲的云线或云带所形成的云系没有一定形式,也确定不出云系的曲率中心。沿着赤道辐合带上,这团稠密的云区和其相连的积云线或云带,至少有一侧要与赤道辐合带云带相隔开。同时在主要密蔽云区的边界上,向外辐射的卷云纹线很清楚。这阶段有弯曲云线出现,虽然表明在风场上有旋转运动,但在实际风场上不一定就有闭合环流存在。在热带气旋的进一步发展时,通常具有完整而弯曲的积云线,同时有一条宽广弯曲的中、高云带。由这些弯曲的云线或云带,可以确定热带气旋的中心。云系的中心一般位于一片稠密云区的外面,但其位置要贴近这片稠密云区。有时云系中心也可以位于云区的边界上或者在云区里面距边界不到半个纬距的地方。在热带气旋的成熟阶段,这时热带气旋云系的主要特征在于云区或云线的曲率中心已经位于主要云区的里面。不过,弯曲螺旋云带或云线的完整程度可以相差很大。

7.3 台风移动的路径及预报

7.3.1 西太平洋台风移动的基本路径

西太平洋台风移动的基本路径主要可分为以下三类(图 7.17):

(1)西移路径

台风从菲律宾以东一直向偏西方向移动,经南海在华南沿海、海南岛或越南一带登陆。沿这条路径移行的台风,对我国华南沿海地区影响最大。

(2)西北移路径

台风从菲律宾以东向西北偏西方向移动,在我国台湾、福建一带登陆;或从菲律宾以东向西北方向移动,穿过琉球群岛,在浙江一带登陆,然后在我国消失。沿这条路径移行的台风对我国华东地区影响最大。

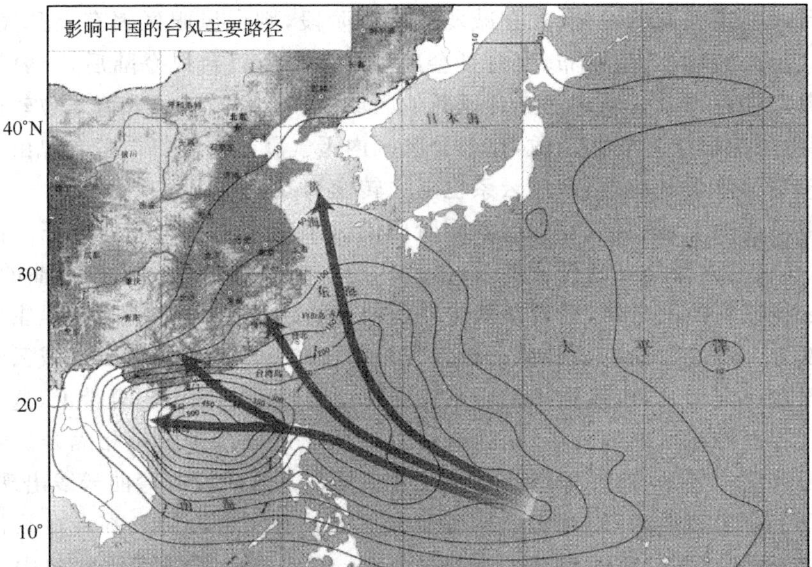

图 7.17 台风移动的路径

(图中等值线为 1951—2006 年热带气旋影响总频数)(中国气象局,2007)

(3)转向路径

台风从菲律宾以东向西北方向移动,到达我国东部海面或在我国沿海地区登陆,然后转向东北方向移去,路径呈抛物线状。这是最多见的路径。如果台风在远海转向，主要袭击日本或在海上消失；如果台风在近海转向，大多影响朝鲜，也有一小部分在北上的后期会折向西北行，在辽、鲁沿海登陆。冬季这类台风的转向点的纬度较低，对菲律宾和我国台湾一带可能有影响。

台风移动路径随季节而有所不同。夏季多为西北移路径，其他季节多为西移路径和转向路径。其中西移路径的纬度随季节有所迁移，1—4 月多在 10°N 以南，5—6 月多在 10°—15°N，7—8 月多在 15°—25°N，9—10 月南移到 15°—20°N，11—12 月多在 10°—15°N。转向路径转向点的纬度和经度亦随季节而变化，自冬至夏转向点从低纬度向高纬度迁移，盛夏达到最北，而从夏到冬转向点变为向低纬迁移。转向点的经度变化是，5—10 月向东移，11—12 月向西移。台风的移动速度平均为 20～30 km/h，台风转向时移速较慢，停滞或打转时移速最慢，台风转向后移速加快，有时可达 80 km/h 以上。

7.3.2　影响台风移动的因子

影响台风移动的因子很多，可以从分析台风所受的作用力入手来进行初步讨论。假定把台风看作一个在大尺度气压场和流场背景下的运动质点，当不考虑摩擦作用时，它主要受到气压梯度力和地转偏向力的作用。在地转平衡情况下，台风在副热带高压南部的东风气流中，由东向西移动；在副热带高压北部的西风气流中，台风则由西向东移动。大尺度流场可视为台风的“引导气流”。假定把台风视为一个做气旋性旋转并具有辐合气流的大型涡旋，则由于其南、北两侧纬度差异较大，在其北侧的东风和北风所引起的朝北和朝西的地转偏向力比在其南侧的西风和南风所引起的朝南和朝东的地转偏向力要大(图 7.18)，因此产生了指向西北方向的合力，称其为台风的内力。当台风所受的大尺度气压梯度力和地转偏向力以及本身的内力三力平衡时，台风的运动方向就会偏离大尺度基本气流(引导气流)，在东风带中台风向高压一侧偏移，而在西风带中台风则会向低压一侧偏移(图 7.19)。

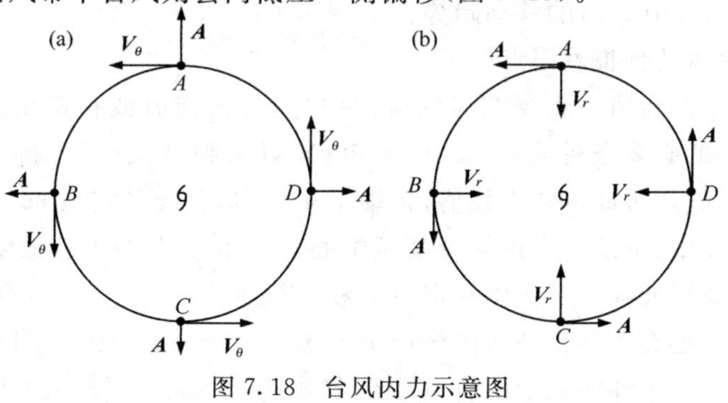

图 7.18　台风内力示意图

(图中 $\boldsymbol{V}_\theta$，$\boldsymbol{V}_r$ 以及 $\boldsymbol{A}$ 分别为台风环流的切向速度、径向(法向)速度以及地转偏向力)

图 7.19 台风在东、西风带中所受诸力的平衡

(图中 G,A,N 及 C_0 分别为气压梯度力、地转偏向力、内力及台风的移速)

7.3.3 台风移动路径的预报

台风移动主要受引导气流所操纵,台风移动路径的预报问题,在某种意义上说主要是预报台风引导气流问题。由于台风上空的引导气流及其变化决定于大型环流系统的配置及其变化,所以天气学方法主要是根据天气图分析,从环流形势入手,结合预报经验和指标,对台风移动路径作出判断。

下面分两种情形来讨论:一种是西太平洋上的台风移动路径,另一种是登陆台风的移动路径。

西太平洋台风的移动,主要受太平洋副热带高压和西风带环流的影响。因此,预报西太平洋台风的移动路径,主要着眼于太平洋副热带高压和西风带槽脊的位置及其强度变化。因台风向西移过 140°E 后的移向是我们实际预报的重点,所以我们着重讨论台风移过 140°E 后的移动趋势。

(1)西移台风的预报着眼点

所谓西移是指台风一直受东风气流的引导,进入南海或在广东或在越南登陆。因此,台风西移的必要条件是在 25°N 或 30°N 以南维持深厚的、持续的东风气流。常见的形势有,副热带高压势力强盛,长轴呈东西向,脊线稳定在 25°—30°N,在日本南部和我国长江中、下游均有副热带高压中心,500 hPa 上的中心强度在 590 dagpm 以上。副热带高压北缘有一支副热带急流和比较平直的锋区,或只有一些快速东移的小槽脊。台风处在副热带高压南缘稳定的偏东气流中,其中心与同经度的副热带高压脊线相距在 8 个纬距以上。台风因受东风气流操纵,以较快的速度向偏西方向移动,常在广东沿海或中南半岛一带登陆(图 7.20a)。

当亚洲中部(80°—100°E)发展长波槽时,东亚沿海长波槽就不能维持,多东移减弱成短波槽,其槽后的高压脊东移叠加在副热带高压上(或有暖脊并入副热带高压),使副热带高压明显加强西伸,副热带高压南面的台风就一直向西移动(图7.20b)。

当东亚沿岸副热带纬度上环流从经向型向纬向型转变时,台风路径常为西移型。如当东亚阻高沿日本海向南崩溃并入太平洋高压时,导致日本海东部长波槽的发展,使副热带高压显著加强西伸,在这种情况下,位于副热带高压西南部的台风不能转向而一直西移。

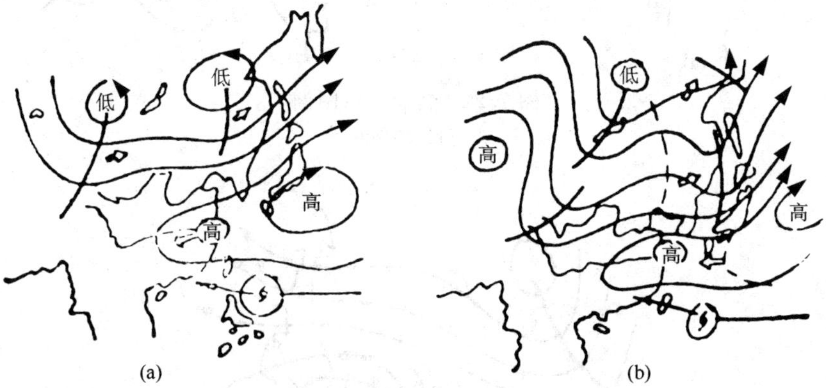

图7.20　西移台风图例

(朱乾根 等,1981)

(2)转向台风的预报着眼点

台风从东风带进入西风带时,操纵气流方向由偏东变为偏西,就促进台风转向。常见的形势为,环流是经向型的,在我国东部沿海一带为一个稳定的长波槽或为一个发展的低槽,槽底伸展并稳定在较低的纬度(40°N以南,槽后不断有冷空气补充南下),有时甚至低于副热带高压脊线所在的纬度,太平洋上副热带高压往往东退减弱,或在台风所在的经度断裂。这时台风易从副热带高压的西南缘绕过副热带高压脊线进入西风带,或从副热带高压断裂处北上进入西风带,然后在西风槽前西南气流里转向(图7.21)。

(3)西北移台风的预报着眼点

台风在稳定而深厚的东南气流操纵下,向西北方向移动,常在浙、闽地区登陆。其形势特点为:西风带在70°—90°E地区出现长波槽,我国东部沿海为长波脊控制,中心位于黄海、日本海的副热带高压正处在稳定的长波脊南侧,不断地有暖平流补充或西部有暖高东移并入,因而发展得很强(中心强度常为594～596 dagpm),副热带高压轴线呈西北—东南向,其西部脊线在35°N以北,台风所在纬度在20°N以北。这时台风受副热带高压南侧东南气流操纵,从正面登陆浙、闽一带,深入内陆而填塞(图7.22)。

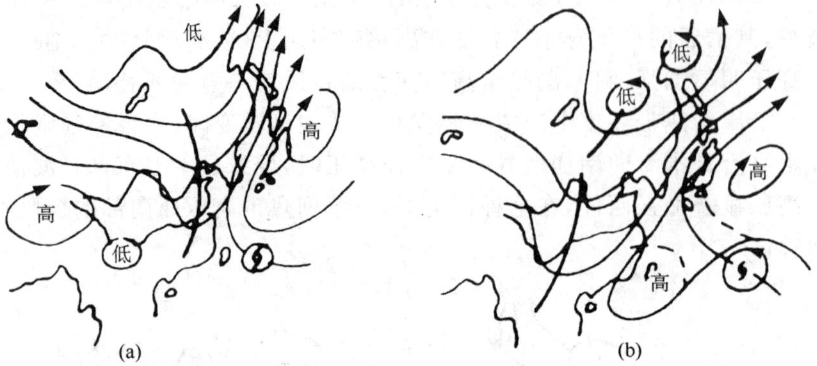

图 7.21　转向台风图例

(朱乾根 等,2007)

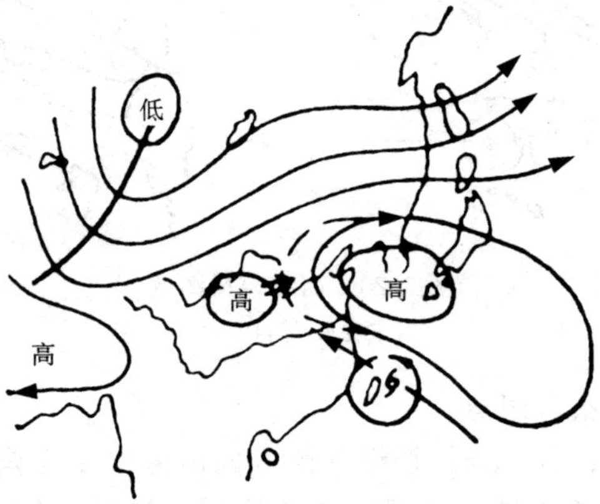

图 7.22　西北移台风图例

(朱乾根 等,1981)

在副热带高压南侧东南气流操纵下,有时台风会接连向西北方向移动。例如 2005 年第 13 号台风"泰利",8 月 27 日在太平洋生成发展后向西北方向移动,9 月 1 日上午在台湾花莲附近登陆,并迅速向西移动,下午在福建莆田平海登陆。紧随台风"泰利"之后,在"泰利"以东约 1000 km 处,2005 年第 14 号热带气旋"彩蝶"于 8 月 29 日晚上在西北太平洋上生成,很快增强为强热带风暴,并发展成超强台风。在开始时,"彩蝶"与"泰利"有一段近于重叠的路径,但后来可能受到"泰利"的影响,"彩蝶"北上转向,逐渐向日本九州岛南部一带移去(图 7.23)。

(4)台风疑难路径及其预报着眼点

台风的移动路径有时很复杂,它们有时呈蛇行状,有时打转、有时突然西折或北翘等,一般称这种为台风异常路径(图 7.24)。对于概率较大的台风正常路径,各种

图 7.23 2005 年 8 月 31 日 20:00 卫星云图上的台风“泰利”(西)和“彩蝶”(东)

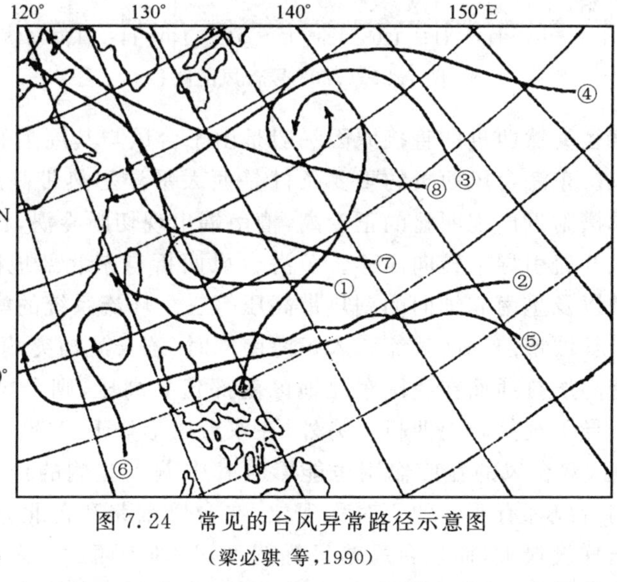

图 7.24 常见的台风异常路径示意图

(梁必骐 等,1990)

主观和客观预报方法预报台风未来 24 h 或 48 h 的位置都具有较高的正确性,但对概率较小的台风异常路径和难以预料的路径(从预报的角度讲,统称为台风疑难路径),各种预报方法的正确性常常大大下降。

这里介绍比较常见的和对我国有重要影响的台风疑难路径，主要有以下形式：

① 突然西折路径。台风沿 125°E 附近北上到东海、黄海时，在正常情况下，常在这一带向东北方向转向。但有时却突然西折，袭击辽、鲁、冀等省沿海各地。发生在 1972 年 7 月的我国编号为 7203 号台风就是一个突出例子。这次台风转战移到黄海后看似要转向往日本方向移去，但却加速北上，并突然西折，穿越渤海，登陆天津，并经过北京，移向蒙古(图 7.25)。这次台风给渤海沿海带来巨大破坏。

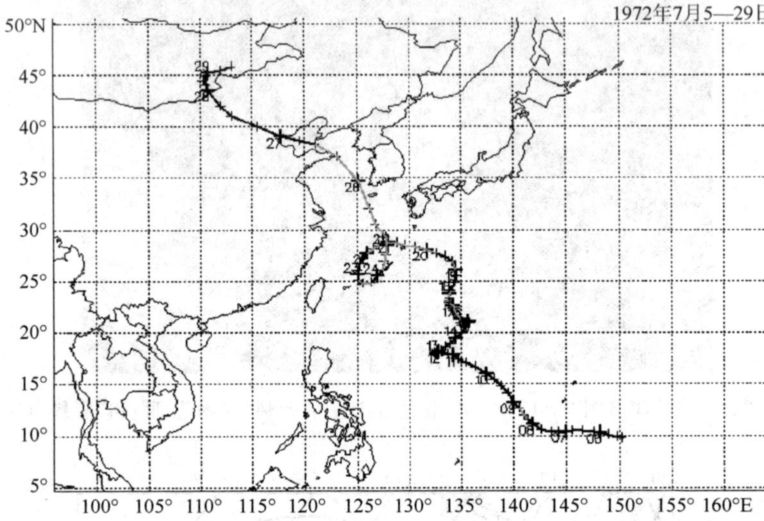

图 7.25　7203 号台风的路径

引起台风路径突然西折的直接原因一般是由于台风与其周围的环流系统与之间相互作用的结果。东海台风西折的重要条件是西太平洋副热带高压加强西伸，在北上台风北面西风槽附近出现明显的正变高，槽南端出现切断冷涡，台风在副热带高压南侧增强的东风气流引导下转向西移。黄海台风西折与东北部地区的高压、东亚沿海地区的长波槽以及呈南北轴向的副热带高压等三个环流系统的配置和变化有密切关系。当台风沿长波槽前偏南气流移入黄海南部时，若长波槽突然切断而出现冷涡，在涡槽断裂区有高压打通而在我国东北地区南部建立高压，则台风将在高压南缘偏东或东南气流引导下突然转向西折。另外，在双台风形势下，当两个台风中心移近到 12 个纬距以内时，双台风的互旋作用也能影响其中偏东北侧的台风路径出现西折。多数西折路径的台风都有明显的不对称现象，在台风东北和正北方向台风与副热带高压之间的气压梯度最大，而且台风略呈椭圆形，长轴为西北—东南向，副热带高压主体在台风的东北方，西风带距台风的距离大于 10 个纬距。这类环境场特征表明，在没有冷涡或双台风的情况下，北上台风的突然西折主要受其北侧副热带高压脊的突然增强所影响。

② 突然东折路径。夏半年在西太平洋和南海低纬度地区，台风通常是循着副热带高压南—西南侧的热带东—东南气流比较稳定地往西—西北方向移动，但在一些特殊情况下，台风在西移过程中会突然东折。

③ 北翘路径。西太平洋台风进入南海以后，正常路径是稳定西行，但有些台风在南海北部突然转向北移，正面袭击华南沿海。例如，9122 台风起初向西移动，却突然向南，然后又突然向北最后在华南沿海登陆（图 7.26）。2010 年内最强台风"鲇鱼"（Megi）的路径也有些类似。当它经过菲律宾后，似乎会一直向西移动，但却突然转向北移（图 7.27）。而有的西行台风好像要进入华南沿海，却在巴士海峡以东突然转

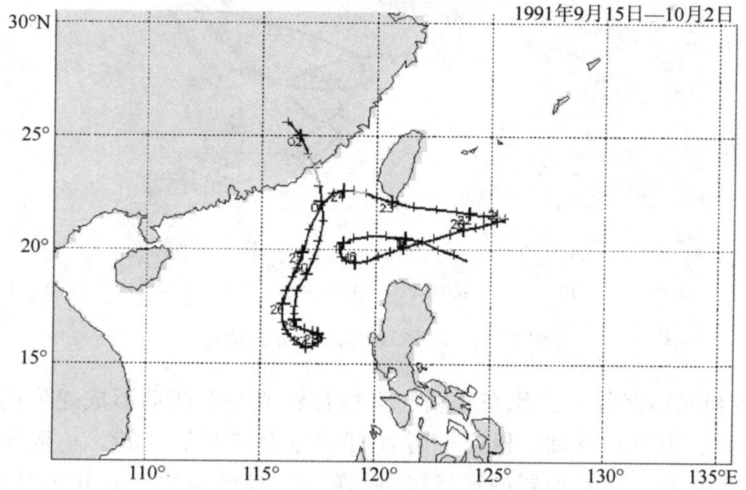

图 7.26　9122 号台风的奇异路径

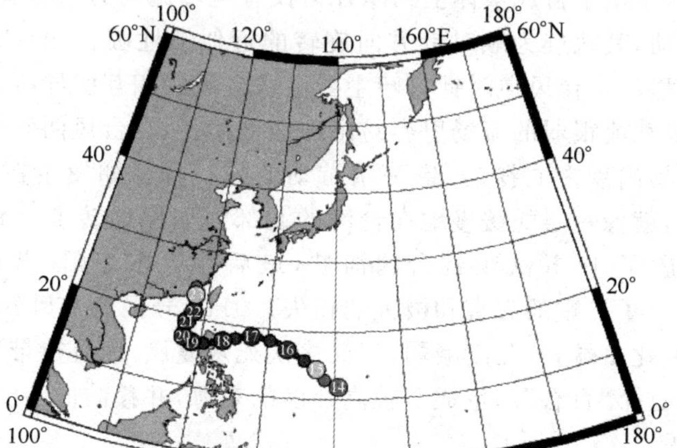

图 7.27　2010 年 10 月 14—23 日强台风"鲇鱼"（Megi）的路径

向北行。低纬度台风的这种路径北翘主要受副热带高压和热带环流系统影响。盛夏台风北翘多见于赤道反气旋或赤道缓冲带的加强。相反,有的台风看似要北上,最后却向西移去(图 7.28)。

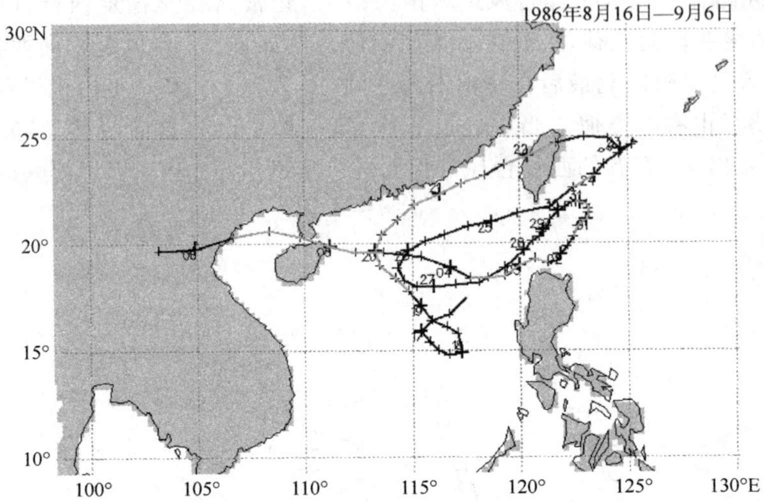

图 7.28　8613 号台风的奇异路径

④ 打转和蛇形路径。台风在移动中突然打转或左右摆动形成蛇形路径,都是常见的疑难路径。台风在移动中既有顺时针打转也有逆时针打转。一般来说,顺时针打转通常发生在基本流场很弱的环境里,而逆时针打转常发生在几种基本气流并相互作用的环境里。具体来看,台风顺时针打转主要有两种情况:(i) 大型气压梯度力与台风内力平衡,作用于台风整体上的净外力仅有地转偏向力,在地转偏向力的作用下台风做惯性运动,其轨迹为顺时针方向旋转的近似惯性圆。(ii) 环境流场强迫台风按顺时针路径移动。台风逆时针打转主要由双台风的相互引导所造成。台风在气压分布均匀、环境气流很弱的流场里容易出现摆动路径,在台风两侧基本气流相互抵消的流场里也容易出现左右摆动,像一条游动的蛇一样。如发生在 2001 年的台风“百合”生成以后,就像一条蛇缓慢地在台湾的北部海面原地转了一圈半后在台湾宜兰附近登陆,肆虐了 44 h 又窜到台湾海峡,最后在广东潮阳、惠来再次登陆(图 7.29),给当地带来了严重的灾害和极大的损失。0116 号强热带风暴“百合”,不仅路径复杂,强度也变化多端,曾几度减弱,但又多次死灰复燃,而且热带气旋一般生成于低纬,移向高纬,这个“百合”却生成于较高纬度的东海,并移向低纬度的南海,最终登陆广东,实属罕见。

⑤ 双台风回旋路径。夏季在太平洋上常常同时存在两个台风,当它们距离足够接近时,通常会绕二者之间连线的某点做逆时针回旋,并存在互相吸引的趋势。这种

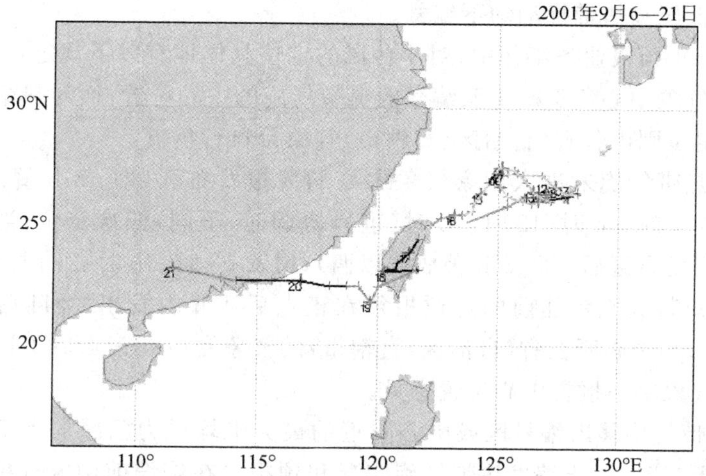

图 7.29 2001 年的台风"百合"(Nari)的奇异路径

双台风回旋常导致台风路径的异常。这就像陀螺在旋转时受到外力的影响,中心将做一气旋式圆弧运动。当这种运动正好和原运动的方向相反时,就会导致台风的停滞和打转,如果所受到的外力作用不平衡,便会左右摇摆。

⑥ 高纬正面登陆路径。这类台风生成以后一直朝西北方向移动,登陆我国山东、辽宁和朝鲜一带。这类路径很稳定,但概率很小。2011 年 8 月的 1109 号台风"梅花"的路径就是属于这种类型的一种特殊路径。这次台风沿东海、黄海北上直接影响山东半岛、辽东半岛、东北地区及朝鲜半岛。

7.3.4 热带气旋的编报及定位

正确决定台风的所在位置及移动路径对于作好台风天气的预报和警报是至关重要的。在业务工作中对影响我国的热带气旋进行编号、定位及警戒时,常划分三条界线,它们分别代表"热带气旋开始编号界线"(经度 180°以西至经度 105°以东之间的赤道以北区域),"台风登陆前 48 h 警戒线"(开始 7 次定位界线)[(34°N,132°E)—(22°N,132°E)—(15°N,125°E)—(15°N,110°E)],以及"台风登陆前 24 h 警戒线"[(34°N,127°E)—(22°N,127°E)—(15°N,110°E)]。

在实际分析预报业务工作中,对于编号具体地有以下规定:

① 180°以西、赤道以北的西北太平洋和南海海面上出现的中心附近的最大平均风力达到 8 级或 8 级以上的热带气旋,按照其出现的先后次序进行编号。近海的热带气旋,当其云系结构和环流清楚时,只要获得中心附近的最大平均风力为 7 级的报告即应编号。

② 编号用四个数码,前两个表示年份,后两个表示出现的先后次序。

③ 热带低压和热带扰动均不编号。

在实际分析预报业务工作中,对于台风的定位具体地有以下规定:

① 国家气象中心负责确定已编号的热带气旋的中心位置,而对热带低压和热带扰动的中心定位则由各省(自治区、直辖市)气象台自行负责。

② 标号热带气旋未进入国家气象中心的警报发布区(即 48 h 警戒线以东)之前,每天进行 00 时、06 时、12 时、18 时(世界协调时,下同)四次定位;当进入国家气象中心的警报发布区后(即 48 h 警戒线以西),增发 03 时、09 时、21 时三次定位。

③ 每次热带气旋登陆前的定位报须在正点后 1 h 内发出,登陆后可在正点后 1.5 h 内发出,其中心所在省(自治区、直辖市)的气象台应在正点后 1 h 15 min 内用电话向国家气象中心报告中心位置意见。

④ 当热带气旋移出编号区或中心附近的最大平均风力已减弱到 7 级或 7 级以下且无严重天气时,停止编发热带气旋实况和预报。在停编前国家气象中心应尽量与有关省气象台通气。热带气旋停编后,各级气象台站仍须加强监视。对减弱后仍位于我国岛屿、大陆上的热带低压,国家气象中心应继续编发低压中心位置资料,直至低压消失。低压中心所在省(自治区、直辖市)的气象台应在正点后 1 h 15 min 内通过电话向国家气象中心提供中心位置意见。

⑤ 国家气象中心不负责定位的时次,各省(自治区、直辖市)气象台可根据需要自行定位并通知本省(自治区、直辖市)内的有关气象台站。

⑥ 编号热带气旋的登陆地点由该热带气旋登陆省(自治区、直辖市)气象台在其登陆后 1.5 h 内通过电话向国家气象中心会商室值班员提供,并由国家气象中心协调确定。登陆点至少精确到县,如可能,尽量明确具体地点和时间。电话线路不通时,登陆省(自治区、直辖市)气象台应积极采取措施上报。国家气象中心应及时编发登陆报。

⑦ 国家卫星气象中心负责制作并提供热带气旋卫星指导报。每次热带气旋卫星指导报须在正点后 45 min 内发出,发报时次同第②条的规定。

⑧ 国家气象中心应及时向国家卫星气象中心通报热带气旋编号和停编的信息。

7.4 台风的发生和发展

7.4.1 台风发生、发展的天气气候条件

如上分析,台风发生的时、空分布很不均匀,具有显著的区域性和季节性气候特征。这说明其生成需要具备一定的天气气候条件。Gray(1998)将其归纳为 6 个主要条件,即:①海表面以下 60 m 深处的水温在 26 ℃以上;②海平面到 500 hPa 深厚

的条件性不稳定大气；③相对潮湿的中层大气；④适当的科氏力；⑤适宜的低层高相对涡度区；⑥弱的水平风速垂直切变。前3个为热力学条件，后3个为动力学条件。下面分别来说明它们的作用。

(1)热力条件

台风的发生、发展要有足够广大的海面或洋面，同时海水温度必须在26～27℃以上。这是因为暖的海面，蕴藏着较大的热量，海面蒸发亦旺盛，通过海气间的湍流输送，使扰动所在的低层大气能够获得大量暖而湿的空气。而温、湿的这种层结，使$\frac{\partial\theta_{se}}{\partial z}<0$，即气层具有条件不稳定性。当低层湿空气块从低层抬升至自由对流高度后，气块就加速上升，一直到高层都比周围空气要暖得多。因此，暖海面为积云发展以及热量和水汽的向上输送提供了十分有利的条件。而积云对流释放出大量凝结潜热，使冷心扰动转为暖心结构，也就是为形成台风提供了重要能源。

(2)动力条件

台风的生成要求有一定的适宜的低层高相对涡度区，即低层的初始扰动机制。原因是要使条件不稳定大气的不稳定能量得以释放，使其转变为发展台风的动能，必须有一个启动机制。因为在低层初始扰动中，由于摩擦辐合产生上升运动，可使气块抬升至自由对流高度以上，从而使不稳定能量释放出来，这就是低层初始扰动的作用。作为初始扰动场的常常就是下面所要讲的赤道辐合带涡旋，以及东风波等热带系统和扰动。

台风的生成还要求有一定的地转偏向力的作用。地转偏向力的作用是能使辐合气流逐渐形成为强大的逆时针旋转的水平涡旋。这种作用可以从涡度方程看出：

$$\frac{\mathrm{d}}{\mathrm{d}t}(\zeta+2\Omega\sin\varphi)=-(\zeta+2\Omega\sin\varphi)\mathrm{div}\mathbf{V} \tag{7.1}$$

在台风发生的初期，因为相对涡度$\zeta\approx0$，所以有：

$$\frac{\mathrm{d}}{\mathrm{d}t}(\zeta+2\Omega\sin\varphi)=-2\Omega\sin\varphi\mathrm{div}\mathbf{V} \tag{7.2}$$

这时，在地转参数($2\Omega\sin\varphi$)趋近于零的情况下，即使有很大的水平辐合，也会得到$\frac{\mathrm{d}\zeta}{\mathrm{d}t}\approx0$，即相对涡度随时间几乎没有增加。所以，要发展成台风必须要求$2\Omega\sin\varphi$有一定的数值。在赤道上或在赤道附近地区，由于地转参数等于零或很小，$\frac{\mathrm{d}\zeta}{\mathrm{d}t}$等于零或近于零，正涡度不能增加或者增加得极慢，因而难以形成台风。因此，扰动必须位于距赤道一定距离以外的地带，这个距离通常为5个纬度以上。但是正如前面已经讲到的，少数情况下，在赤道附近地区也会发生台风，这可能是由于有其他因子作用的结果。

台风的生成一般要求对流层风速垂直切变较小。因为如果风速垂直切变较小,则在一个水平范围不大的热带初始扰动中分散的积云、积雨云所产生的凝结潜热就会集中在一个有限的空间范围内;相反,如果对流层中的风速垂直切变很大,即高空风速很大,积云对流所产生的凝结潜热会迅速地被带离初始扰动区的上空,往各个方向平流出去,从而使一个较大的范围都略为有所增暖。这样,最多只能使大范围地区的气压普遍地略为有所降低,而不可能在一个几百千米范围内有一个猛烈的台风发生。如果对流层中风速的垂直切变很小,则对流层上下的空气相对运动很小,而由凝结释放的潜热始终加热一个有限范围内的同一气柱,因而可以很快地形成暖中心结构,保证了初始扰动的气压不断地迅速降低,最后形成台风。因此,有人认为这是一个很重要的必要条件。

上面讲到在热带条件不稳定的大气中,当低层具有天气尺度的扰动时,不稳定能量就会释放,转变为台风发展的动能。在具体过程方面,许多的理论研究都证明,首先是条件不稳定性最适合产生积云对流,而平常的条件不稳定性就不能解释天气尺度有组织的运动。观测又表明,平均热带天气甚至在行星边界层中也并不饱和。因此气块在获得正浮力之前,必须先受到相当强的强迫抬升。这样的强迫抬升只在低空辐合区中才有,因而必须把积云对流和大尺度运动看作是相互作用的。积云对流提供驱动大尺度扰动所需的热能,而大尺度扰动又产生发生积云对流所需的湿空气辐合。图 7.30 是表示这种相互作用过程的示意图。如图 7.30 所示,积云对流释放凝结潜热使对流层中、上部不断增暖,并使高层气压升高,产生辐散。高层辐散又促使低层扰动中心的气压降低,产生辐合。这种大尺度的低层辐合,又供给了积云对流发展的水汽。如此循环,从而导致扰动不断地发展而形成台风。这种积云对流和天

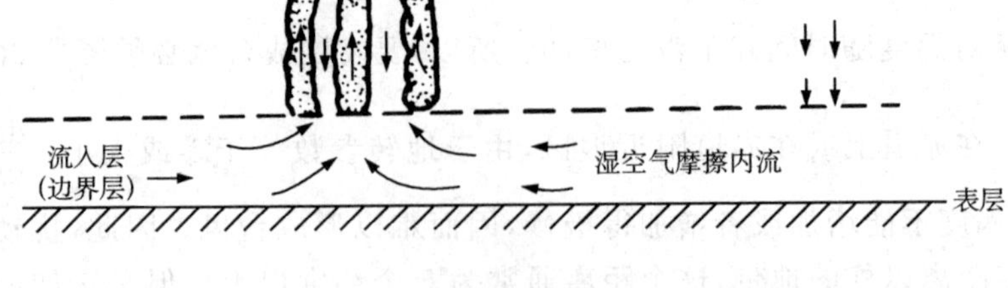

图 7.30 大尺度辐合场与积云对流相互作用示意图
(朱乾根 等,2007)

气尺度扰动二者相互作用，共同得到发展所表现的不稳定性，一般称其为第二类条件不稳定（缩写为 CISK）。之所以称作第二类条件不稳定，是为了将它与产生小尺度积云对流的条件不稳定加以区别。

7.4.2 影响台风发生、发展的扰动源

关于 TC 的发生、发展是一个十分复杂和困难的问题。虽然上面讨论了关于台风发生、发展的各种天气气候条件，但是一般来说，气候背景场对于 TC 生成的逐日预报来说意义并不很大。例如，三个热力学条件一般只随季节改变而缓慢变化，它们以及科氏力条件在全球 TC 生成源地都是长时间普遍满足的。但相对而言，TC 则很少发生。至于低层相对涡度和水平风垂直切变，它们虽然随时空变化较剧烈，对于逐日预报来说用处大得多，但涡度大、切变小只能说明 TC 生成的可能性大，而不能保证扰动一定能够发展为风暴。所以从实际的 TC 和台风的预报而言，尚需更为深入地探讨影响 TC 和台风发生发展的因子和机制问题。气象学家们对此做了大量研究，一般认为热力学条件，包括广阔的高温洋面、高低层不稳定大气和充分的水汽供应等是 TC 生成的内因，而足够大的外部扰动则是外因，它使大规模高温、高湿、高度不稳定的空气发生强烈扰动，释放大量能量，引起辐合上升形成气旋。内因的存在不足以促使 TC 形成，甚至由这种热力条件造成的热带对流性降水会在低层产生下沉气流，并在洋面上反气旋式流出，不利于气旋产生。因此，单个 TC 的形成还必须要有其他附加的外部扰动。以下仅对影响 TC 生成的某些扰动源加以简要讨论。

(1)东风波

东风波是指在副热带高压南侧东风气流中产生的自西向东移动的天气尺度波状扰动。Avila (1991)统计表明，1990 年大西洋上 14 个热带风暴中有 10 个形成于非洲东风波，超过 80%的强烈飓风形成于东风波。不过，Gray(1968)发现大部分的热带扰动和风暴发生于赤道槽区，且认为高空辐散并非 TC 生成必不可少的条件。伍荣生等(2003)也根据卫星资料证明，80%～90%的 TC 发生在热带辐合区里，只有大约 15%的 TC 发生在东风波里。

(2)热带对流层上部槽

热带对流层上部槽是指暖季形成于北太平洋中部和北大西洋中部热带地区对流层上部的低压槽，简称 TUTT(tropical upper tropospheric trough)。TUTT 多活动于大洋中部 5°—10°N 300 hPa 等压面以上的高度，由大西洋东部向西南延伸，贯穿整个大洋中部，槽中一般有气旋性涡旋。Sadler 等(1977，1978)认为，TUTT 在 TC 形成和加强过程中发挥的作用，主要有以下几个方面：①TUTT 南部的伴随副热带高压脊叠加于低层槽之上，减弱了水平风垂直切变；②TUTT中气旋单体东侧和南侧的辐散流增加了高空流出，有助于低层槽的发展；③TUTT的存在为发展中的低压

内部不断增加的对流所释放的热量建立了一个有效流出到大尺度西风带的通道。

(3)热带云团

热带云团是热带地区各类大范围云区的统称,直径从 100～1000 km 不等。云团由中尺度对流云组成,其涡度和散度的垂直分布与 TC 相似,形成了众多普遍存在的涡旋。Fritsch 等 (1994) 研究了长期维持的对流云系统,发现对流云团的层状云砧中惯性不稳定度很高,是 TC 发展的理想环境。这样热带云团中原先存在的涡旋就成了 TC 生成的重要扰动源。

(4)冷空气

李宪之(1956)很早就提出冷空气是致使台风发生的最重要的外部强迫,并解释了诸如为什么只有少数东风波可以发展为 TC 等问题。后来的一系列研究也证实了冷空气对于 TC 生成的有利作用。例如,伍荣生(2003)利用数值模拟研究发现,南半球低层冷空气的入侵,会导致边界层风场局地的辐合,有利于小涡旋的形成,并改变大气的热力学结构,导致局地不稳定,从而使小涡旋有可能进一步发展,最后形成台风。孙即霖等(2009)通过数值试验考察了南半球越赤道气流和澳大利亚冷空气活动对西北太平洋 ITCZ (赤道辐合带)和台风的影响发现,100°—165°E 向北越赤道气流与 ITCZ 的强度增强具有明显的关系; 10～15 天前 130°—140°E 与 150°—160°E 越赤道气流的加强对 145°—170°E 位置上 ITCZ 强度的增加具有指示意义。越赤道气流强度对同期 110°—140°E 经度 ITCZ 位置的变化也有影响。数值试验表明,南半球澳大利亚冷空气的活动是造成越赤道气流加强的重要原因,澳大利亚地区受较强冷空气影响时易造成 100°—160°E 经度带越赤道气流的加强,特别是 140°—165°E 的越赤道气流有利于 ITCZ 强度增加,导致西北太平洋热带气旋的发生和加强。

但是,关于这些扰动源如何发展为强 TC,为什么只有极少数的扰动源可以发展为强 TC,也就是当环境条件适宜,扰动源又存在的情况下,是什么关键因素促成了 TC 生命史中从波动发展到 TD,再演变到 TS,这就进一步牵涉到了 TC 生成理论和触发机制的问题。

7.4.3 关于 TC 生成机制的理论

TC 的生成过程一个是由初始扰动转变成具有暖心结构系统的低压过程。关于 TC 生成的物理机制有几种理论,最经典的有两种:第二类条件不稳定理论和海气相互作用理论。

第二类条件不稳定(CISK)理论机制是由 Charney 和 Eliassen 在 1964 年提出来的,他们把副热带的动力学引入热带,即积云对流所释放的凝结潜热是热带气旋的能量来源,把边界层的 Ekman 层作为 CISK 机制的一部分。辐合的 Ekman 边界层造成水汽的辐合和抬升,形成一个积云对流与气旋性扰动的正反馈作用,最后导致 TC

的生成。

Emanuel(1986)提出了海气相互作用不稳定(air-sea interaction instability,简称ASII)理论,又称为风诱发的海面热交换 (wind-induced surface heat exchange,简称 WISHE)理论。Emanuel 把热带气旋的生成过程总结为一个初始扰动转变为海洋表面焓通量和风场之间正反馈的过程。尽管在通常情况下,对流体中的下沉气流在洋面上的辐散产生反气旋式环流,海洋表面的焓将减少,但是向内的 Ekman 漂移过程足够强可以克服下沉气流的反气旋式流出,使焓通量和风场之间的正反馈建立起来,出现一个暖心结构。另外,从焓的角度也可以解释为什么观测和模拟都发现弱的风垂直切变在热带气旋的生成中是必要的,因为弱的风速垂直切变可以阻止中层的低焓大气传向低层。Emanuel 还提出另一个必要的条件是一个中尺度的整层湿中心,中尺度饱和气柱的存在会使对流体无法把低焓的空气向下传。

CISK 与 WISHE 两种理论有其不同之处。在 CISK 机制里,热带气旋内部的上升运动受大尺度对流的驱动,同时向周围大气释放对流有效位能,加热大气而形成暖中心;而 WISHE 的观点则认为热带气旋的暖中心是直接由边界层的焓通过表面通量上传的。CISK 机制中关键性的反馈发生在大尺度环流和对流之间,而 WISHE 则是发生在环流与海洋表面通量之间的。实际上 CISK 机制是假定热带大气是条件性不稳定的,这种假设忽略了热带大气在没有大尺度环流的时候,基本处于辐射一对流平衡态,大尺度环流和对流之间的相互作用是稳定的。不过,有些科学家认为,WISHE 理论可以解释 TC 生成时的机理,而当 TC 一旦生成后,其维持机制则可以用 CISK 机制来解释。

7.4.4 关于 TC 的触发机制的假说

一般来说,在有利的大尺度环境场和外部强迫存在的情况下,往往只有少数热带低压可以发展为热带风暴。Ritchie(2003)根据 30 年资料统计指出,大西洋上每年平均有 61 个热带波动,其中只有 11 个可以发展为热带低压,而仅有 5～6 个能够最终发展为命名风暴;太平洋上 1970—1975 年 7—9 月 20°—30°N 共有 33 次东风波过程,而只有 11 次形成热带低压;吴迪生等(2005)也指出,1949—2001 年在南海共有热带低压 329 个,只有 141 个发展成为被命名的热带气旋,而最终加强为台风的只有 51 个。在同样有利条件下,为什么只有少数低压可以发展为 TC 呢?对此,很多气象学家认为触发机制对 TC 的生成有重要作用,有时可能起到关键性的作用。关于 TC 的触发机制的假说很多,主要有以下各种不同的假说。

(1)越赤道气流的作用

对夏半球而言,越赤道气流是来自冬半球的冷空气,它是 TC 生成的一种扰动源,也是一种触发机制,使得夏半球已经存在的扰动或者低压,加强发展为较强 TC。

越赤道冷涌有时甚至可以弥补科氏力条件不足的不利环境,在赤道附近引起 TC 的生成(Chang,2003)。

(2)地形的作用

Farfan 等(1997)通过对天气尺度和中尺度风场的分析和数值模拟,发现当一个东风波移动到加勒比海中部、美洲中部山区的东侧,它就发展成了一个飓风的初始环流。指出由于低层东风波气流受到山地阻滞,导致山区南侧形成东风急流,它与此同时另一支来自海湾的东北急流合起来与 ITCZ 一起产生了一个闭合环流,最终发展为飓风。不过,越赤道气流和地形的作用都是使风速急增,所以触发 TC 生成的根本原因主要还是风场的作用。

(3)风涌的作用

Gray(1968,1998) 总结了 10 余年的飞机探测资料,发现 TC 初始扰动 200 km 的范围内存在高速的低层风,这种强低层风就称为风涌。风涌的产生是由于小尺度的气压和风场的不平衡造成的,它有利于水汽向初始扰动涡旋辐合输送,可以为热塔的维持提供水汽源,进而形成 TC 的暖心结构。

(4)中尺度涡旋合并的作用

中层涡旋在热带地区是普遍存在的,它们可能为 TC 的发展提供了重要的先决条件。然而,这些中层涡旋一般在高空 6 km 处最强,强度随高度降低而减小,很难向下延伸到低层,只有极少数可能最终加强为 TC。因此提出了中尺度涡旋合并的假说,认为涡旋合并有可能促使中层环流向下伸展,从而发展为 TC。Guinn 等(1993)和 Reasor 等(2005)都发现若干小尺度的涡旋在某种形势下合并会形成一个更强的涡旋,这种涡旋合并的过程不仅出现在热带气旋的形成期,也出现在发展期,说明其有利于 TC 的发生和发展。朱晓金等(2007)在南海台风的加强机制研究中,也发现中小尺度涡旋的合并或向台风中心的注入可能是对流突然暴发的一种触发机制。

(5)中层涡旋和低层季风槽的相互作用

中层涡旋和低层季风槽的相互作用是另一种涡旋合并的形式。Simpson 等(1997)研究了澳大利亚东海岸的一个热带气旋的生成和加强机制,发现在 TC 生成以前,中层存在两个中尺度涡旋,这两个涡旋合并加强后移动到了低层季风环流的中心,这样,一个强的中层小涡旋和低层一个弱的季风槽系统相互作用,其结果是季风槽环绕在中层涡旋外围,并出现一个低层的中尺度急流,即上面提到的"风涌",从而促使了热带气旋的生成。

(6)对流暴发的作用

Ritchie(1997)等研究了大西洋上的两个低压,一个发展为热带气旋,另一个热带低压没有发展。比较了两个低压扰动的背景场以及演变过程,发现前一个低压是在移到了海温超过 28 ℃的暖水区,对流突然变得活跃后才发展起来的。当两个涡旋合并后，出现了一个高 θ_e 的中尺度急流，在急流的出口区对流暴发，随后涡旋加强达到了热带风暴的强度。而另一个热带低压虽然初生时的大尺度环境是适合气旋发展的，但后来移到了低于 26 ℃冷水区，没有对流暴发，因此已有的涡旋维持了一段时间后便随即消失了。由此个例对比研究表明，风涌和涡旋合并都不足以触发气旋的生成，只有对流暴发才是根本原因。但是关于 TC 生成触发机制，目前基本上还仅限于个例的研究，是否具有普遍性有待进一步研究，所以只能说仅是一些假说。

7.4.5 西北太平洋 TC 生成机制的特点

西北太平洋（包括南海）是全球 TC 形成最活跃的区域，每年 6—12 月是 TC 集中生成的时段。Zehr（1992）利用多种观测资料对 1983—1984 年 TC 生成季节在西北太平洋上生成的 52 个 TC 进行了考查，总结出西北太平洋 TC 形成的一些特点。他认为 TC 的生成并非渐进的过程，而是清楚地分为两个阶段：在第一阶段，低层局地最大涡度迅速增加，有明显的对流最大值；在第二阶段，最低海平面气压快速降低，活跃的中尺度对流系统中出现一个中尺度涡旋环流。这些突变发生在中尺度的时空尺度上，必须达到一定的量级才能导致 TC 生成。而从大尺度的角度来看，他认为在西北太平洋上 SST 通常是足够满足 TC 生成的要求的。那些最终没能发展为 TC 的扰动，往往是由于低层涡度和辐合的不足，或者垂直风切变太大造成的。不过，在这些因素中，低层涡度和辐合相对重要，而垂直风切变这个因素，在发展的和未发展的系统之间没有大的差别。这个观点目前还存在争议，一些学者认为垂直风切变恰恰是西北太平洋上扰动是否能发展为 TC 的最重要因素。另外，在西北太平洋上一个较为突出的特点就是夏季季风槽的存在，大多数的 TC 生成都与季风槽有关。Ritchie等（1999）利用合成方法分析了 1984—1992 年（不含 1989 年）期间西北太平洋上的 TC 生成事件，识别出 5 种与 TC 生成有关的天气尺度环流形势：季风切变线，季风合流区，季风槽，东风波和罗斯贝能量频散。研究指出，超过 74％的 TC 生成事件与前 3 种环流形势有关。季风槽的存在为 TC 生成提供了有利的低层涡度和辐合条件。

我国学者关于 TC 生成也做过不少研究，很多是从气候学的角度，考查大尺度环流及大气遥相关对 TC 生成频数、位置的季度或年际变化的影响。研究结果表明，厄尔尼诺－南方涛动（ENSO）、南极涛动（AOA）、北太平洋涛动（NPO）等都对 TC 生成的频数、位置有一定的影响（李崇银，1984；王会军 等，2006，2007）。在以上研究的基础上，范可（2007）提出了一个西北太平洋台风生成频次的预报模型。该模型中加入了冬、春季北太平洋海冰面积指数和春季北太平洋涛动指数两个新预测因子。模型能够很好地拟合 1965—1999 年西北太平洋台风生成频次的年际变化，而且也较合理地预测了 2000—2006 年台风生成频次的年际变化。Wang 等（2007）利用 1997—2006 年 QuikSCAT 海表风场资料，计算分析了南海平均海面风相对涡度（RVSW）

对 TC 形成的影响。结果表明,在夏季季风期,季风槽和海岸山脉对南海北部的 RVSW 有正贡献,因此 TC 全部形成于南海北部;而在冬季,正 RVSW 分布在南海北部,TC 则全部形成于南海北部。其他还有不少天气学诊断的研究成果,不过,由于受到观测资料的限制,目前关于 TC 生成的中尺度触发机制的研究还较少。

7.4.6 台风的变性和消亡

台风的消亡有两种情况:一种是减弱消失;一种是变为温带锋面气旋。台风登陆后,由于水汽供应量减少,能量来源枯竭,同时陆地摩擦又比海洋大(特别是山区),低层空气大量涌入台风中心,以致低层辐合大大超过高层辐散,因而台风也就会迅速减弱,最后完全消失。台风的填塞大多是先从低层开始,逐步及于高层,故高层台风的消失常滞后一段时间。一般说来,台风登陆后消失的快慢,要看台风本身的强弱以及所经过的地表情况如何而定。强的台风可维持得久一些,弱的一经登陆就很快消失;经过平原消失得慢一些,经过山区则消失得快一些。在我国杭州湾以北登陆的台风,不管其强度如何,都不易立即消失,其中还有不少台风转向后重新入海,且在海上又得到加强;在浙闽一带登陆的台风一般减弱得较快,常在内陆消失;在两广一带登陆的台风,如果向北移动,那么一到南岭后也就消失了。

也有台风在海上时即行消失的。如台风没有发展成熟,强度较弱,当它北移进入副热带高压脊的薄弱部位时,常在上层先开始减弱,然后低层减弱,以致消失。又如双台风相距较近并发生相互直接打转时,两个台风就会合并成为一个台风。

如果台风登陆后,在海上还有另一台风存在,使台风北侧维持一大范围的偏东气流或低空东风急流,此东风急流使海洋上的水汽不断地向登陆台风输送,供以能量(潜热),则登陆台风减弱消失较慢,能维持较长时间。

台风向较高纬度的地区移动时,一般就会有冷空气侵入,这时,台风就不再是单一的暖气团,并且还会逐渐形成冷暖锋,变性成为温带锋面气旋(图 7.31)。

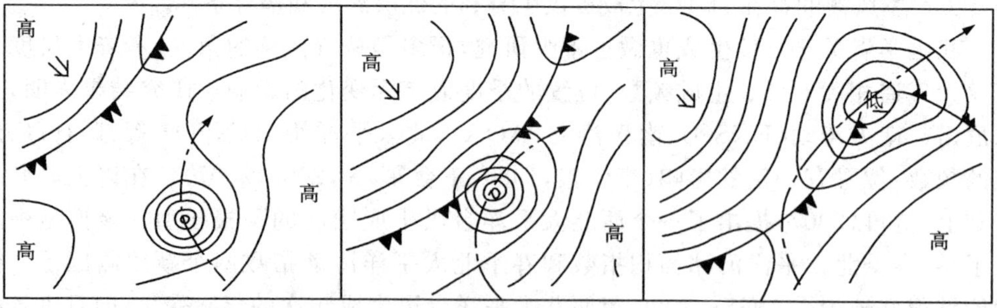

图 7.31 台风转为温带气旋过程示意图

(朱乾根 等,1981)

7.5 台风天气及其预报

7.5.1 台风暴雨

台风影响地区常常出现暴雨甚至特大暴雨。暴雨可以带来丰沛的水资源，但是也可以引发洪涝，造成极大的破坏和严重的灾害。所以台风暴雨预报是台风天气预报的重要内容之一。

一次台风过程往往可以造成大范围地区出现暴雨。通常一次台风过程能造成300～400 mm 的特大暴雨，而有的台风可以造成更为惊人的暴雨，例如1967年10月17日，中国台湾新寮受台风影响出现日降水量1672 mm，1975年8月，河南省受7503号台风和西风带系统共同作用出现总雨量相当于该地区平均年雨量两倍的特大暴雨。2009年8月，当年第8号台风"莫拉克"在台湾屏东尾寮山的日降水量达1402 mm，嘉义县总降水量超过3000 mm。我国东部沿海各省的历史最强降水大多都与台风相关。

台风暴雨主要有三种类型：①台风环流本身所造成的暴雨，它主要集中在眼壁附近的云墙、螺旋云带及辐合带中，这种降水随台风中心的移动而移动；②台风与西风带系统或热带其他系统共同作用而造成的暴雨。例如，北方冷空气南下遇台风倒槽会在台风前方形成另一个暴雨区。又如热带云团卷入台风环流时会在台风后部形成暴雨；③台风环流与地形相互作用而造成的暴雨。由于受地形影响，在山脉迎风坡暖湿空气被迫抬升而形成暴雨。如浙闽山地在台风登陆前1～2天就出现暴雨，就是台风北部的东风气流被迫抬升所造成的。有的特殊地形，例如外宽内窄的喇叭口地形会使降水显著增大。例如，上述台湾新寮暴雨和河南"75・8"暴雨都与当地喇叭口地形有关。

台风登陆后常常出现暴雨增幅而形成特大暴雨。台风环流暴雨的增幅与从低纬流入的云带有密切关系。当台风南面有明显流入云带与台风螺旋云带连接时，为台风供应大量的水汽和能量，使降水强度猛增。台风与西风带系统和热带其他系统共同作用时也会使暴雨增幅。

台风降水具有很大的阵性，这种阵性降水在1～2天内可以反复多次。这一特征，说明台风暴雨也具有中尺度的性质和结构。据卫星云图分析，在台风中心外围有明显的中尺度或中间尺度的对流云团或云带活动。这些云团的生命史一般比较短，但它们可以带来暴雨或特大暴雨。另外，从对台风倒槽暴雨的动力结构分析中发现，暴雨中心在地面天气图上对应一个冷性中尺度高压，850 hPa 上对应于一中尺度弱冷性高压，而在300 hPa上则是一个中尺度暖性高压。在暴雨区的南侧，从地面到

700 hPa 都存在一条由偏南风和偏东风形成的中尺度切变线，且各层均有辐合中心相配合。这种中尺度切变线为台风倒槽中形成暴雨提供了启动条件。在暴雨区 300 hPa 上空还存在一支中尺度的西南风强风轴，在其附近的高空辐散对于台风暴雨的维持和加强有着重要的作用。

台风暴雨的诊断和预报的着眼点与一般暴雨的诊断和预报是基本一致的。一般通过对水汽条件(包括水汽通量及水汽通量散度等)、垂直运动条件(包括 Q 矢量散度、次级环流等)以及不稳定度(包括对流有效位能、对称不稳定度等)的诊断，来决定暴雨的落区及强度等。这里仅以 0806 号台风"风神"在广东登陆造成的暴雨过程为例来说明。

由于受台风减弱后的低压环流和冷空气共同影响，2008 年 6 月 24—28 日，广东省大范围出现暴雨到大暴雨降水，过程最大雨量出现在新丰站，达 404.4 mm，强降雨主要集中在 6 月 25 日 08 时至 27 日 08 时，广东省多个城市出现严重内涝灾害。

2008 年 6 月 19 日 08 时，0806 号热带风暴"风神"生成，20 日 08 时加强为台风，23 日 11 时减弱为强热带风暴，期间其移动路径一直以西北移为主，于 6 月 25 日 05 时 30 分在深圳市葵涌镇登陆，登陆时已减弱为热带风暴，25 日 06—19 时热带风暴中心先后经过深圳、东莞、惠州、广州等地，25 日 20 时在惠州龙门减弱为热带低压，26 日 05 时中央气象台停止发布台风"风神"的位置。台风"风神"登陆时虽然只是热带风暴强度，从登陆到减弱为热带低压维持不到 21 h，但由于其后部云系发展旺盛，25 日热带风暴登陆后南部云系北抬，冷空气从台风低压环流西北侧侵入台风环流中，激发强降雨云团沿着热带低压路径西侧强烈发展，从而触发了 25—26 日广东省大范围的强降水。从卫星云图上看，台风登陆前强度减弱，没有眼和密闭云区，螺旋云带呈现明显的非对称性，北面云系很弱，西南部和南部云系强；登陆后南部云系略有松散，但其西北部不断有中尺度云团生成发展。6 月 24 日台风靠近珠江口东侧海面上，台风前部降雨不大，25 日 06 时起台风螺旋雨带开始影响深圳、珠海、中山等地。6 月 25 日 08 时至 26 日 08 时，广东省内 24 h 降水量 $R_{24}>100$ mm 及 $R_{24}>200$ mm 的降水中心在东莞、广州、佛山一带，强降雨中心沿台风路径西侧分布，呈现明显的非对称性。6 月 26 日强降雨中心东北移，降雨强度略有减弱，强降雨中心位于热带低压环流附近，$R_{24}>100$ mm 的有 4 个站，$R_{24}>200$ mm 的只出现在佛冈和新丰(李彩玲 等，2010)。

对低层 850 hPa 水汽通量散度和风矢量的分布和演变的分析表明，6 月 24 日 08 时和 20 时，台风中心仍在海上，台风环流东北部的东南暖湿气流强盛，是水汽输送的主要来源，24 日 08 时珠江口以西为水汽通量辐合区，而粤东为水汽通量辐散区；24 日 20 时，珠江口以西的水汽通量辐合区北抬，范围扩大，珠三角地区的辐合中心值增大，而粤东的辐散中心也增强；25 日凌晨台风登陆后，台风南部的西南气流北抬，为广东输送充足的水汽，25 日 08 时水汽辐合辐散中心继续加强，粤东的辐散中心值达 7×10^{-5} g/(m^2 · Pa · s)，不利于水汽的辐合上升；25 日 20 时水汽通量辐合中心北抬到清远北部和韶关一带，湖南南部也出现一辐合中心，两个中心连通在一起，从珠江口—清远—韶关出现一强的水汽辐合带。可见强的水汽辐合区与未来 24 h 强降水区相对应，而且强降水落区的趋向和水汽辐合走向一致。

对 850 hPa 垂直速度和涡度的空间分布的分析表明，它们与强降水的落区变化有很好的对应关系。25 日早晨随着热带风暴在深圳登陆，垂直速度负值中心和绝对涡度正值中心北抬，25 日 08 时珠三角和粤西为垂直速度负值区，而粤北和粤东为正值区，25 日 20 时垂直速度负中心北抬至 24°N，113°—114°E 区域，26 日 02 时垂直速度负值中心和涡度正值中心在韶关境内重合，中心强度达到最大值，以后两个中心继续东北移，但中心强度明显减弱，26 日 20 时移出广东，到达湖南南部。为了进一步分析 25 日台风暴雨落区的非对称分布，对 24 日 20 时和 25 日 08 时垂直速度和绝对涡度分别沿热带风暴中心的纬度作垂直剖面图。分析发现，垂直速度和绝对涡度在热带风暴中心东、西两侧有明显的非对称分布。24 日 20 时风暴中心所在经度西侧为垂直速度负值中心，相反在东侧却是垂直速度正值中心，正负速度位于 650 hPa 高度处，可见热带风暴西侧中低层是强烈的上升运动区。涡度正值中心位于热带风暴中心上空 800 hPa 高度处，中心值达 $35\times10^{-5}\ s^{-1}$ 以上。25 日 08 时垂直速度和绝对涡度的垂直分布仍然维持这一特点，在热带风暴西侧是强烈的辐合上升区域，且辐合层深厚。

通过对地面温度场和温度平流及风场的综合分析，可以看到南方暖湿的西南风以及来自北方的冷空气入侵对暴雨发生的作用。6 月 21—22 日，华南受副热带高压控制，从地面温度场看，22 日 14 时 $T\geqslant35$ ℃的高温区在粤西北，23 日广东省高温范围扩大，覆盖珠三角和粤西一带，此时北方冷空气前锋已经越过长江流域，24 日 08 时地面冷空气前锋到达南岭北侧，同时副热带高压减弱东退，但在粤西仍有一高温区，可见台风登陆前，珠江三角洲以及粤西一带高温高湿，积聚了大量的能量。25 日白天，冷空气自北向南影响广东省，分析 25 日 08 时 850 hPa 温度平流和风场综合图，广东省的温度平流冷中心在英德附近，达 -4×10^{-5}℃/s，此时低压中心的北侧和西北侧吹东北风，低压中心的南侧为暖湿的西南风，冷空气从低压环流西北侧侵入，进入到台风低压环流的西部和西北部，在这种形势下，0 ℃线附近是温度梯度最大的地方，也就是冷暖空气交汇的地方，台风低压中心出现西侧冷东侧暖的“半冷半暖”结构，台风就可能得到另一种能量——水平力管场斜压位能。如果不稳定性足够，即可使水平力管场斜压位能释放，使降雨增大。同时，从卫星云图动画上看，冷锋云系 25 日 08 时已东移南压至湖南、江苏、浙江一带，25 日白天逐渐和“风神”外围云系衔接起来，触发台风低压西侧和西北侧不断有云系生成发展，使该区域出现长时间的强降雨。

以上分析表明，台风登陆后由于其后部西南气流强盛，24 日夜间起珠江三角洲以及粤北为水汽通量辐合中心区，而粤东是水汽通量辐散区，同时热带风暴中心西侧有强烈的上升运动，25 日白天冷空气从低压环流西北侧侵入，进入低压环流西部和西北部，冷暖空气交汇使上升运动继续加强，触发了不稳定能量释放，促使这里的云系强烈发展，而低压环流东侧的上升运动明显偏弱，因此 25 日午后珠三角降雨更为显著，且强降雨中心沿台风路径西侧分布；而 26 日低层垂直速度负中心和涡度正中心东北移，相应 26 日白天雨区东北移至清远、韶关附近。

此外，压能场和湿焓场的特征对台风“风神”的暴雨过程也有很好的指示性。低层 850 hPa 湿焓场能很好地反映空气热能的累积状况，暴雨中心发生在湿焓密集带附近，且低层湿焓中心值剧增，预示强降雨来临，湿焓中心值越大降雨越强，湿焓中心值下降雨强减弱，湿焓密集带消失强降雨结束。

这里，湿焓是一个热力学参数，是显热能和潜热能之和，通常以 $E1$ 表示：$E1 = c_p T + Lq$，其中 c_p，L，q，T 分别为空气的定压比热、水的凝结潜热、比湿和气温。分析中用 $E1/c_p$ 代替，单位为℃。湿焓能很好地反映空气热能的累积状况，高湿焓区往往对应高温、高湿、强的能量聚集区，强降水往往发生在湿焓密集带附近。

压能是个动力学参数，通常以 E_p 表示：$E_p = gZ' + 1/2V^2$，式中 g 为重力加速度，Z' 为对平均高度的偏差($Z' = Z - \overline{Z}$)，$\overline{Z}$ 为等压面上某一平均高度值，在 300 hPa、500 hPa、700 hPa、850 hPa 的 $\overline{Z}$ 分别取 9000、5500、3000、1400 dagpm；$V^2 = u^2 + v^2$ 代表空气质量动能，分析中压能用 E_p/c_p 代替，单位为℃。由于压能考虑了部分加速度项，在低纬地区和中小尺度暴雨系统中地转关系偏差较大，而采用压能风近似比地转近似更接近于实际大气运动，即压能风更近似于实际风。当出现明显的压能偏差时就会产生强烈的辐合、辐散和垂直运动，从而利于暴雨的发生。

暴雨发生的动力学参数的作用很重要，但是热力学参数也起重要作用。在“风神”台风暴雨中，用湿焓场和压能场结合分析发现，700 hPa 强湿焓平流与此次强降雨落区有很好的对应关系，而且有提前 12～24 h 的指示作用 (李彩玲 等，2010)。

有时热带低压或热带气旋的影响也可能造成暴雨。例如，2010 年 9 月 30 日 08 时至 10 月 9 日 08 时，由于受南海热带低压和冷空气共同影响，在海南省出现一次罕见的连续性大暴雨天气过程。全省平均过程降水量达 648.3 mm，是常年同期(93.1 mm)的 6 倍，为历史同期最多值，也突破了历史以来大暴雨过程平均雨量最高纪录。大暴雨天气持续 9 天，突破海南省 1951 年有气象记录以来最长连续大暴雨天数，大暴雨影响范围波及 15 个市(县)，为历史最大范围的大暴雨过程。位于海南省东半部的海口、文昌、琼海、万宁、陵水、定安 6 个市(县)共有 77 个乡镇自动站过程雨量超过 1000 mm，其中，文昌和琼海有 7 个乡镇自动站过程雨量达 1500 mm 以上，文昌市文城镇过程雨量最大，为 1754.3 mm。另外，琼海市博鳌镇 5 日出现最大日降雨量，达到 881.8 mm。据统计，强降水造成 273.88 万人受灾，直接经济总损失 91.4 亿元。

根据海南省气象台的研究（冯文 等，2011），出现秋季特大暴雨过程时，中低纬度华南沿海地区均有弱冷空气活动，而同时在低纬度的南海上辐合带活跃，常有热带气旋活动（多为低压形式），两者缺一不可，这种作用一般发生在 9—11 月。这类暴雨发生时热带气旋的位置及移向与冷空气活动有特定的配置关系。对于这次具体过程可以分为两个阶段，第一阶段的特点是东亚槽东移减弱北收，副高相应地逐渐北抬，受其影响热带辐合带随之北抬，9 月 29 日热带辐合带北侧移至南海中北部，其北侧边缘与中低纬度的冷空气交绥于南海北部，形成低空东风急流，9 月 29 日至 10 月 3 日，该急流基本维持在 18°—20°N 附近，本区大致处于急流出口处左侧，由此引发第一阶段的持续性强降水。

当热带辐合带北抬后，来自南半球的越赤道气流受地转偏向力影响右折，与低纬东风带气流相互作用形成带状气旋波列（东风波）。其中位于菲律宾以东洋面的低压扰动受副高南侧气流牵引，缓慢西北行，进入南海后，与南海热带扰动合并，3 日加强为热带低压。该低压后期北抬，受东、西两弱脊作用，在本区徘徊少动，造成本次过程的第二阶段的大范围持续性暴雨过程。

第二阶段的降水主要受热带低压的影响。受东、西两弱脊作用，热带低压徘徊少动，造成大范围持续性暴雨过程。在此阶段大气层结具有对流层顶温度很低、整层水汽丰富近于饱和、假相当位温差动平流较大、涡度差动平流较大以及不稳定能量较大等特点。此外，还可能受到地形影响以及夜间低空急流加强、不稳定度增大和中尺度系统影响等因子的作用。

7.5.2 台风大风和风暴潮

台风风速具有很大的阵性，其瞬时极大风速和极小风速之差可达 30 m/s 以上。一个发展成熟的强台风，在它整个生命史中的最大风速，常可达到 60～70 m/s 以上。在一般情况下，相对于台风中心的风速分布是不对称的，它与周围的气压形势有关。5—9 月，台风移向的右侧与太平洋高压相邻，这里气压梯度较大，风力也较大；而 9 月以后，由于受大陆冷高压和太平洋高压的共同影响，台风的西北部和东北部风力都较大。少数台风区内，有时可产生龙卷风，如 1956 年 9 月 24 日，当台风在长江口出海时，浙江的嘉兴和上海都曾出现了龙卷风。

通常当台风接近我国并登陆时，绝大多数都已减弱，但也常常可出现 12 级以上的风力。如 1959 年 8 月 29 日，在台湾省台东登陆的台风，登陆时中心气压930 hPa，最大风速达 70～75 m/s。另外，如 1966 年 9 月 25 日，日本富士山因台风袭击而出现 91 m/s 的特大风速。

台风登陆后,因能量损耗和来源不足,会很快减弱,风速随之减小。同时风速受地形的影响也很大,一般说来,平原地区比海上小,山区又比平原小,所以沿海、平原、湖泊等地区都是台风经过时有利于出现大风的区域。我国浙闽一带山脉多为东北—西南走向,当台风经华东沿海北上,位于钱塘江以南时,一般大风范围较小,只有在沿海有强风;但一过杭州湾,大风范围就迅速扩大。正面袭击福建的台风,登陆后几小时内可有 9～10 级大风,然后风力很快减弱;而在内陆山区,只有在风向和河谷走向一致时,才出现短时大风。在台湾海峡地区,台风风速分布更有它的特殊性。当台风位于台湾东南方而台风环流本身还没有进入海峡时(特别是其西部)可先出现东北大风;台风如经巴士海峡进入南海,则在浙闽沿海一带出现向北伸展的长条状的大风区。

台风对海面状况的影响主要是造成高潮、风浪、长浪、飓浪等。台风登陆时引起的海水突然暴涨,通常称为台风暴潮(typhoon surge)。台风暴潮袭击沿海地区,可以引起洪水泛滥,使生命财产受到严重危害。台风内部气压很低,当中心气压比正常气压值低几十以至 100 hPa 时,可以引起潮位抬高数十厘米以至 1 m。此外,在沿海地区,向岸风使海水壅积亦可造成高潮。当台风引起的高潮与月球引力作用造成的海洋自然潮结合起来时,更可使沿海地区洪水泛滥。

台风大风可以造成巨大的海浪,浪的大小与风速大小及风时长短成正比。台风涡旋区内浪高可达十几米。当风浪自台风中心向四周传播时,风力减弱和风浪能量的逐渐消耗使波幅减小和周期加长,浪峰也变圆,从而渐变为长浪。强大的长浪可传播 2000 km,传播速度比台风快 2～3 倍。长浪自台风中心向四周传播,在台风行向的右前方最为激烈,浪最高,传播最远,而在台风的右后方最弱。

在台风眼附近,风向改变迅速,新发展的风浪和已有的风浪互相冲击可以形成很高的水柱。同时,因眼内气压极低,眼壁附近气压差极大,低压对海水的上吸作用使眼内海面形成半球状凸出,在 30～40 km 内海面高度可差 0.5 m。在上述因素影响下,台风在移动时会形成向前倾泻的飓浪。台风登陆时,这种飓浪可以越过海堤,淹没田野而造成严重危害。

7.5.3 台风灾害

如上所述,台风造成的危害主要是与暴雨、强风、高潮、风浪、长浪、飓浪等天气和海洋现象相关的。特别是台风暴潮,国内外专家均认为绝大多数因台风引起的特大自然灾害是都由台风暴潮造成的,当台风移近海岸时,风与气压的作用会使海水发生堆积,漫过堤坝从而导致沿海一带生命财产的重大损失。这种严重的危害是其他气象灾害所不及的。

例如,1969 年 7 月 28 日,台风在汕头地区登陆时,中心气压降至 936 hPa,且遇天文高潮期，从而引起潮水倒灌，汕山—澄海等地的大小街道全被水淹，水深 1～4 m，造成严重灾害。又如 8923 号和 9216 号台风暴潮也都造成巨大灾害。其中 1992 年 8 月 28 日至 9 月 1 日，受 9216 号强热带风暴和天文大潮的共同影响，我国东部沿海发生了 1949 年以来影响范围最广、损失非常严重的一次风暴潮灾害。潮灾先后波及福建、浙江、上海、江苏、山东、天津、河北和辽宁等省(市)。风暴潮、巨浪、大风、大雨的综合影响，使南自福建东山岛，北到辽宁省沿海的近万千米的海岸线，遭受到不同程度的袭击。受灾人口达 2000 多万，死亡 194 人，毁坏海堤 1170 km，受灾农田 193.3 万 hm^2，成灾 33.3 万 hm^2，直接经济损失 90 多亿元。

在近代中国历史上，由于风暴潮灾造成的生命财产损失最为触目惊心的台风暴潮发生在 1922 年 8 月 2 日，一次强台风暴潮袭击了汕头地区，造成特大风暴潮灾。据《潮州志》载，台风“震山撼岳，拔木发屋，加以海汐骤至，暴雨倾盆，平地水深丈余，沿海低下者且数丈，乡村多被卷入海涛中”“受灾尤烈者，如澄海之外沙，竟有全村人命财产化为乌有”。可见灾情之严重。据相关史料记载和我国著名气象学家竺可桢先生的考证，受此次风暴潮的侵袭，大约有 7 万余人丧生，更多的人无家可归、流离失所。这是 20 世纪以来我国死亡人数最多的一次风暴潮灾害。另据历史文献考证和统计，自汉代至公元 1946 年的 2000 年间，我国沿海共发生特大潮灾 576 次，一次潮灾的死亡人数少则成百上千，多则上万及至 10 万之多。在国外，也有同样情况，甚至更有甚者。例如在孟加拉湾沿岸，1970 年 11 月 13 日发生了一次震惊世界的热带气旋风暴潮灾害。这次风暴增高水位超过 6 m 的风暴潮夺去了恒河三角洲一带 30 万人的生命，溺死牲畜 50 万头，使 100 多万人无家可归。1991 年 4 月的又一次特大风暴潮，在有了热带气旋及风暴潮警报的情况下，仍然夺去了 13 万人的生命。2008 年 5 月缅甸也因热带气旋造成 10 万人死亡。1959 年 9 月 26 日，日本伊势湾顶的名古屋一带地区，遭受了日本历史上最严重的风暴潮灾害。最大风暴增高水位曾达 3.45 m，最高潮位达 5.81 m。当时，伊势湾一带沿岸水位猛增，暴潮激起千层浪，汹涌地扑向堤岸，防潮海堤短时间内即被冲毁。造成了 5180 人死亡，伤亡合计 7 万余人，受灾人口达 150 万，直接经济损失 852 亿日元。美国也是一个频繁遭受风暴潮袭击的国家，并且和我国一样，既有飓(台)风暴潮，又有温带大风暴潮。1969 年登陆美国墨西哥湾沿岸的“卡米尔”(Camille)飓风暴潮曾引起了 7.5 m 的风暴潮。

风暴潮是一种天气—海洋灾害，它是由天气系统与海洋相互作用造成的，是一种由于强烈的大气扰动，如热带气旋(台风、飓风)、温带气旋等引起的海面异常升高现象。它具有数小时至数天的周期，通常叠加在正常潮位之上，而风浪、涌浪(具有数秒的周期)叠加在前二者之上。由这三者的结合引起的沿岸海水暴涨常常酿成巨大潮灾。风暴潮的空间范围一般为几十千米至上千千米，时间尺度或周期约为数小时至 100 h，介于地震海啸和天文潮波之间。由于风暴潮的影响区域是随大气的扰动因子的移动而移动的,因此有时一次风暴潮过程往往可影响 1000～2000 km 的海岸区域,影响时间可多达数天之久。

我国海岸线长达 18 000 km,风暴潮灾害可遍布各个沿海地区,但灾害的发生频率、严重程度都大不相同。渤海、黄海沿岸由于处在高纬度地区,主要以温带风暴潮灾害为主,偶有台风暴潮灾害发生,东南沿海则主要是台风暴潮灾害。成灾率较高、灾害较严重的岸段主要集中在以下几个岸段:渤海湾至莱州湾沿岸(以温带风暴潮为主);江苏省小洋河口至浙江省中部(包括长江口、杭州湾);福建宁德至闽江口沿岸;广东汕头至珠江口;雷州半岛东岸;海南岛东北部沿海。这些地区包括天津、上海、宁波、温州、台州、福州、汕头、广州、湛江以及海口等沿海大城市,特别是几大国家开发区:滨海新区、长三角、海峡西区、珠三角等都位于风暴潮灾害严重岸段。

在我国引起 100 cm 以上风暴潮的台风平均每年 5 次(1949—2008 年),150 cm 以上的平均每年 2 次,200 cm 以上的约每年 1 次。我国有验潮记录以来的台风最高风暴潮为 575 cm(广东南渡站监测到,由 8007 号台风引发的),为世界第三大值;最高的风暴潮记录是 750 cm(由"Camille"飓风引发的),发生在美国;其次为 720 cm(由"博拉"旋风引发的),发生在孟加拉国吉大港。

风暴潮是一种很复杂的自然现象,它的预报受诸多因素的影响,有较高的技术难度。首先主要是要求有正确的气象预报,尤其是灾害性天气(台风、温带气旋、冷空气等)的正确预报。但是常规气象的预报精度有时还很难达到准确预报风暴潮的要求。例如,据统计 24 h 台风登陆点的预报精度为 120 km,对风暴潮而言,这样的预报精度是非常不够的,因为台风登陆点的右半圆风暴潮为增水,左半圆为减水,若登陆点报错,则风暴潮预报就完全错误。此外台风的强度、速度对风暴潮的影响也很大。

7.6 赤道辐合带

7.6.1 赤道辐合带及其类型

赤道辐合带(简称 ITCZ)又称热带辐合带,它是南、北半球两个副热带高压之间气压最低、气流汇合的地带,也是热带地区主要的、持久的大尺度天气系统,有时甚至可以环绕地球一圈。它的移动、变化及强弱对热带地区的长、中、短期天气变化影响极大。台风的发生和发展与赤道辐合带也有极密切的关系。

在南亚西北部的赤道辐合带,其北侧是来自西亚和阿拉伯半岛陆地上的干气流,南侧是来自印度洋西南季风的湿气流,两者温湿差异较大,因而有人认为该地区的赤道辐合带具有锋面特性,所以赤道辐合带又称赤道锋。图 7.32 是赤道辐合带的实例。

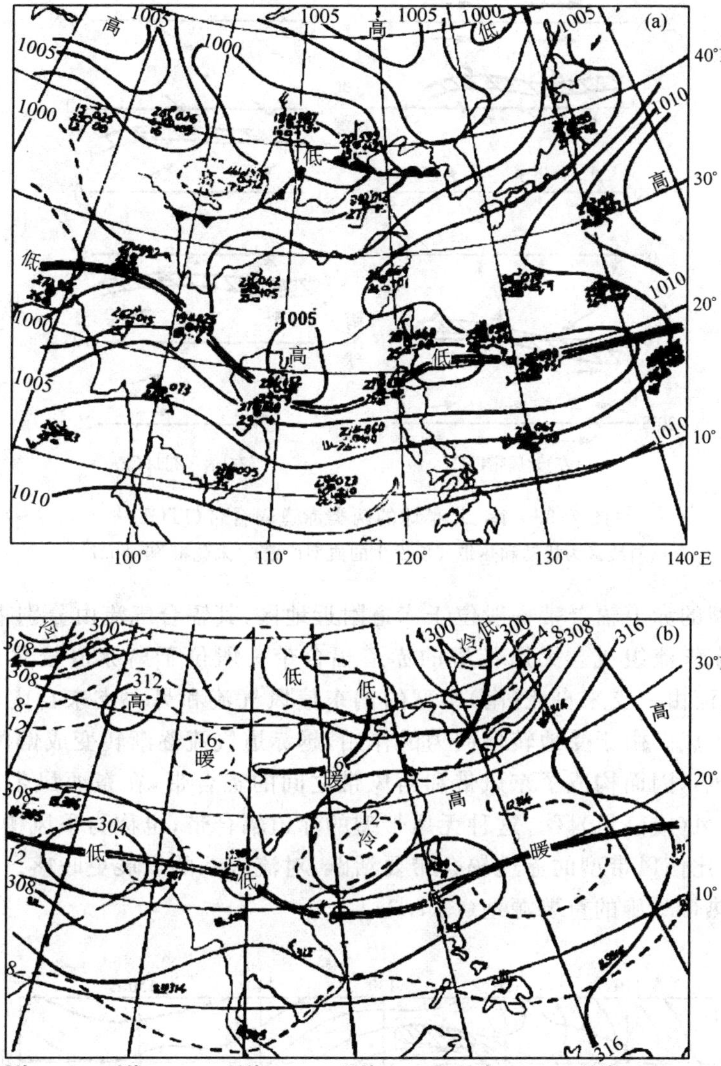

图 7.32　赤道辐合带的实例

(a)1969 年 8 月 1 日 08 时地面图;(b)1969 年 8 月 1 日 08 时 700 hPa 图

(朱乾根 等,2007)

根据天气图上气流汇合的情况,赤道辐合带可分为两种类型:一种是无风带,在辐合带中,地面基本静风,辐合带正处于东风带和西风带之间,是东、西风的过渡带;另一种是信风带,它是东北信风与东南信风交汇成一条渐近线形式的气流汇合、气压最低的地带(图 7.33)。

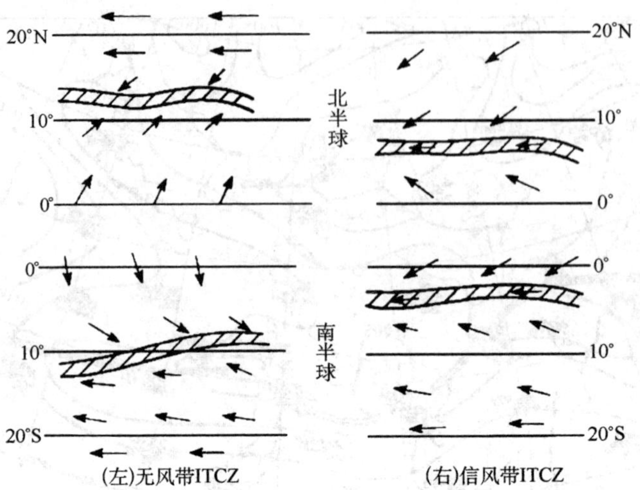

图 7.33 南、北半球的两类赤道辐合带(ITCZ)
(斜线区为扰动和热带气旋发生的典型位置)(朱乾根 等,2007)

信风带型的赤道辐合带一般位于赤道附近地区,其辐合气流由分别来自南、北半球的两支偏东气流组成。无风带型的赤道辐合带一般位于离赤道较北或较南的地区,其辐合气流由一支来自北(南)半球的偏东信风气流和另一支来自南(北)半球的越赤道气流组成。由于受地转偏向力的作用,越赤道气流逐渐转变成偏西风(有时称其为赤道西风),因而构成了东风带和西风带之间的辐合带,在东西风带之间的过渡区,表现为无风(或静风)区。这种无风带型的赤道辐合带,也称为季风槽或季风辐合带,它们通常比信风带型的赤道辐合带要活跃,对流云系的发展更旺盛。它们常常是热带云团和热带气旋的重要源地(图 7.34)。

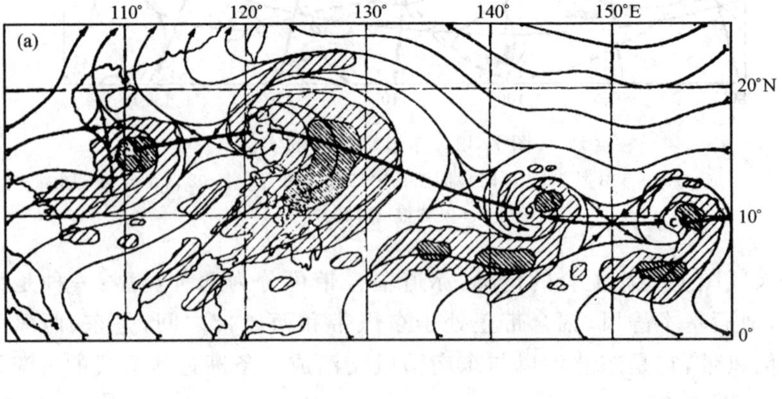

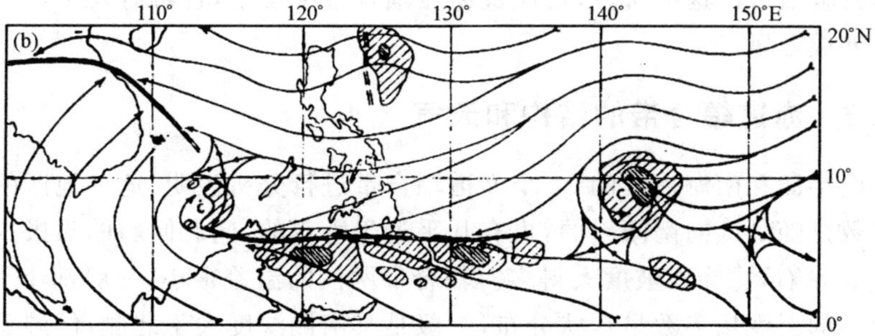

图 7.34 赤道辐合带(ITCZ) 的流场和云型

(a)季风槽;(b)信风槽

(梁必骐 等,1990)

7.6.2 赤道辐合带的季节变化和短期变化

在东亚季风区,几乎全年都有赤道辐合带的活动,一般春季较少,夏秋季较多,尤其是夏季风强盛时期,季风辐合带的活动十分频繁。在中南半岛和南海地区,有近一半出现在7—8月。在南海,10—11月赤道辐合带的出现也较多,但位置偏南,主要在南海南部活动,其出现与赤道西风有密切关系。

赤道辐合带有明显的季节性位移。北半球夏季,由于副热带高压北移和西南季风增强,赤道辐合带位置偏北,冬季则相反,辐合带位置偏南。在中南半岛经度上,赤道辐合带活动于25°N和10°S之间。7月,它的平均位置在我国南海东部,8月正好位于台湾省之南,9月在20°N左右的南海北部,10月开始南退到8°—15°N,11月在赤道和5°S之间,到12月赤道辐合带已离开北半球活动于10°S和赤道之间了。

赤道辐合带的短期变化主要表现为位置的移动,以及强度的增强和减弱。西太平洋区赤道辐合带的演变过程可分为两个不同的阶段或类型。

①不活跃阶段(或不活跃型)。当来自南半球的东南信风减弱时,西太平洋地区低层多盛行北半球副热带高压南侧的东北信风。赤道西风只在中南半岛一带,它们与东风的汇合带在南海地区。此时,赤道辐合带较弱,位置偏南,在菲律宾以东地区接近赤道,主要表现为一条弱的、不明显的来自两半球信风气流(东北与东南风)间的汇合线。云系主要是面积较小的分布散乱的信风云系。在这阶段,西太平洋地区的热带风暴和台风活动频数一般较少。

②活跃阶段(或活跃型)。当南半球冬季高压势力增强,其北侧东南气流迅速增大时,西太平洋地区出现大范围西风和南风,原来低纬地区的偏东气流撤到15°—20°N以北,辐合带北抬。由于南北半球气流的强烈相互作用,在辐合带水平切变较大的地区开始出现一些气旋性涡旋环流,产生大面积云团。在卫星云图上表现为一条东西

向连续的密蔽云带。这个阶段,台风最易在辐合带中发生,且常有几个热带扰动同时或相继发展成台风。

7.6.3 赤道辐合带的结构和天气

对中南半岛和南海地区的22个赤道辐合带进行分析表明:这一地区的赤道辐合带绝大多数是随高度向南倾斜的,也有几乎近于垂直的,向北倾斜的为极少数。平均倾斜角约3°左右,比锋面坡度大得多。辐合带两侧的温差很小,一般都小于3℃。

辐合带的湿度场多数呈舌状分布,一般是其南侧湿度大于北侧,但湿舌伸展高度往往是北侧大,最高可达300 hPa高度左右,辐合带的散度场分布,高层以辐散为主,低层以辐合为主,但并非沿辐合线都是一致的。由于辐合带低层辐合总是存在的,而且它上面常有低涡或台风形成和发展,所以辐合带上常有很活跃的天气现象出现,中南半岛、南海和华南一带的盛夏降水,常与辐合带的活动有联系。

辐合带的降水范围通常可达200～800 km宽。主要降水区一般位于辐合带两侧附近。辐合带的天气分布是不连续的。最大降水区位于辐合最强的气旋性环流区域,24 h雨量可达100 mm以上。在中南半岛南部和沿海地区雨量中心往往位于低层辐合带的南侧,24 h降水可达200 mm以上。这除了辐合带影响外,可能还与西南季风的加强和地形有关。在辐合带上有的部分并无降水,最多出现一些积状云,所以,在赤道辐合带的狭长带内,好坏天气交错存在。在卫星云图上常可看到赤道辐合带是一条狭长的近于连续的对流云带,有时云区和晴好区相间出现,有时则云区十分宽广,东西长可达几千千米。

7.6.4 赤道辐合带的短期变化

赤道辐合带的强弱和移动与副热带高压的强弱和进退、南海和孟加拉湾的天气系统、中纬度的天气系统活动等均有直接和间接的关系。下面介绍有关赤道辐合带强弱、移动预报的着眼点。

①当副热带高压增强西伸以后,如果我国西部地区无明显的大槽向东移动,中纬度为平直西风气流,则副热带高压可稳定地控制我国华中、华南一带,其南侧的偏东气流也就稳定地控制着华南沿海地区;而此时如果低纬地区的西南气流也比较强盛时,赤道辐合带便呈东—西向,控制中南半岛,维持时间一般较长。

②当中纬度地区有低槽出现,并加强东移时,则副热带高压将很快减弱东撤,低纬地区的西南气流亦很快北上,赤道辐合带便在北移过程中很快减弱消失。

③当有较强冷空气南下影响中南半岛北部和华南沿海一带时,华南沿海及中南半岛北部地区的东北风会增强,不过持续时间一般不长,它随东北气流的减弱而迅速减弱。

④孟加拉湾及南海地区同时有低压(或风暴、台风)活动时,中南半岛上赤道辐合

带也比较活跃；如果台风在华南沿海一带登陆，台风前部的偏北气流常可使赤道辐合带一度加强，随着台风或低压的西移减弱或北上消失，辐合带也很快地减弱或消失。

⑤赤道辐合带在短期内的移动很不规则，南北摆动显著。其摆动幅度最大可达400～500 km/d。最北位置可达22°—25°N，影响华南、云贵一带的天气。

⑥赤道辐合带北侧附近各站风向、风速和变高的变化，可以帮助判断赤道辐合带的移动情况，如果其风向普遍地逆转，风速增大或24 h正变高比较明显，则辐合带将开始迅速南移；反之，若风向顺转，风速减小或24 h为负变高，同时南侧有正变高，西南风加大，则辐合带将北移。

7.7 热带扰动和涡旋

在热带流场中常常出现波状形式和涡旋环流形式的天气尺度或次天气尺度的扰动。其中有的在对流层低层最强，有的在中层或高层最强，其结构和移动也各有不同特点。例如，东风波，西、中太平洋ITCZ波，非洲波以及赤道气旋、赤道反气旋、热带气旋、南海中层气旋、洋中槽内的高空冷涡等，都是各具一定结构特征和天气意义的热带波动和热带涡旋。下面主要介绍具有代表性的东风波、赤道反气旋、高空冷涡等系统的一般特征。

7.7.1 东风波

在副热带高压南侧对流层中、下层的东风气流里，常存在一个槽或气旋性曲率最大区，呈波状形式自东向西移动，这就是热带波动。因为这种波动出现，并活动在东风气流里，因此泛称为东风波。据分析，这种波动的最大振幅，有的在对流层低层，有的则在中层。其起源可能是对流层上部冷低压在中、低层的反映；亦可能是由于西风槽伸入热带而形成；还可能是赤道辐合带中的扰动伸入东风气流的结果。

(1)东风波的结构和天气

每个东风波的结构并不一样，这里首先介绍其基本模式(图7.35)。在这个模式里，波槽呈南北向；槽前吹东北风，槽后吹东南风，气流沿波槽改变方向。东风风速随高度增加而减小，因此，东风波槽两侧的辐合辐散分布在对流层低层较为明显，其分布是在槽前有低层辐散，在槽后有低层辐合，波向西移，天气产生于槽的后部。这是因为低层东风风速较大，在槽后的空气质点移速快于槽线，而槽线上相对涡度ζ最大，故槽后的空气质点随着时间的增加而涡度变大$\left(\frac{d\zeta}{dt}>0\right)$，产生辐合；而槽前空气质点随时间增加而涡度变小$\left(\frac{d\zeta}{dt}<0\right)$，必产生辐散；在高层，由于东风速度随高度增

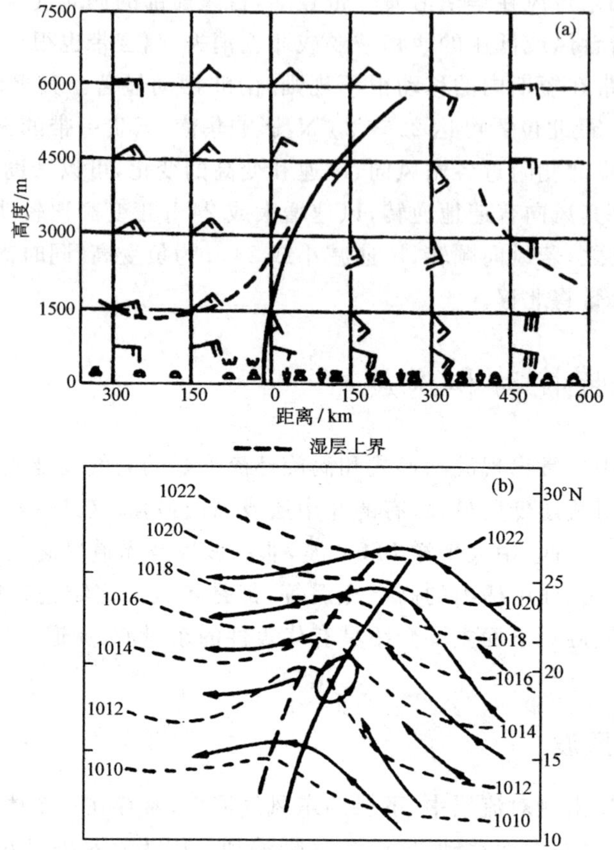

图 7.35 一个东风波模式

(a)通过波动东西向的剖面；(b) 某高度上的流线(实线)、地面等压线(虚线)及槽线

(Riehl,1954)

加而减小,必然在某一高度以上槽的移速大于空气质点的移速,结果产生与下层相反的情况,即槽后有辐散,槽前有辐合。高、低层散度场的这种配置就必然产生东风波槽前为下沉运动,槽后为上升运动区,而坏天气就产生在槽后。

波动的垂直伸展高度一般在 6～7 km,有的可达对流层顶,其最大强度出现在 700～500 hPa,波槽随高度略向东倾斜(这是由于降水蒸发使波槽东面的温度比西面稍低的缘故)。

东风波的波长一般为 1000～1500 km,但有的可达 4000～5000 km。较强的东风波在卫星云图上具有较强的涡旋状云系。地面有明显的负变压中心和天气(在紧接槽线的东侧对流强烈,云层深厚,有强烈降水与大风)相配合,发展迅速。波槽附近可分析出闭合低压,有的甚至可发展成台风。较弱的东风波,只表现为一团小范围的云系西移，在地面图上不易分析出来，在气压场、风场和天气方面均没有明显的反映。常在1～2天内消失。

1967年7月底至8月初，影响福建中部的一次较强东风波过程，就是类似于这种模式的。从7月27日以后的卫星云图上就可见到，在赤道辐合区云系中分裂出一团小的云系，进入副热带高压南侧东风气流并迅速向西移动。29日20时700 hPa图上，可以看到东风波的存在，波槽位于130°E附近（图7.36a）。波槽前后风向有明显的改变，云系主要为逗点结构，环流中心还不大明显，但雨区与云区配合比较一致，位于槽区及槽后地区。

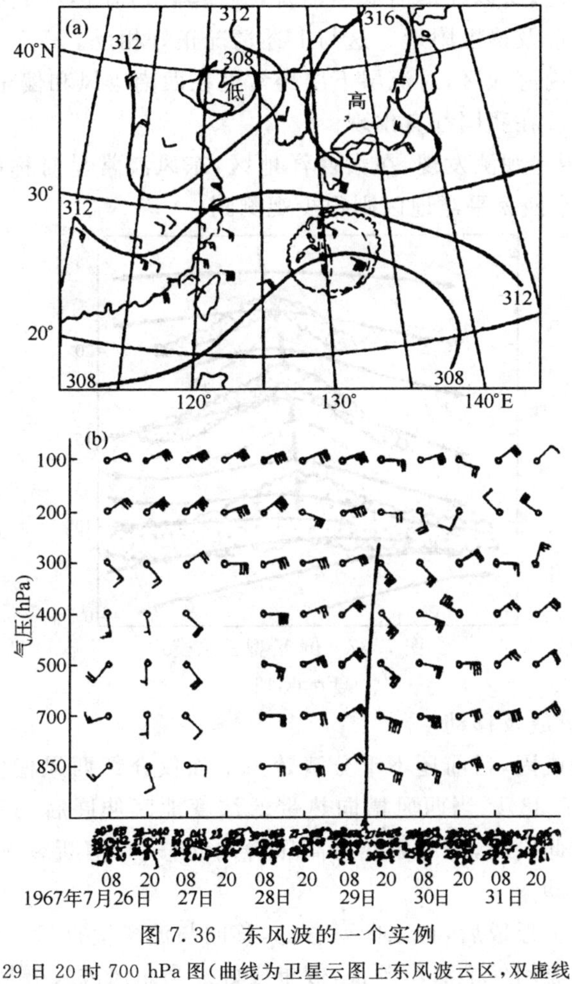

图7.36 东风波的一个实例

(a)1967年7月29日20时700 hPa图（曲线为卫星云图上东风波云区，双虚线为东风波槽线）；

(b)南大东岛1967年7月26—31日高空风时间剖面图

（朱乾根 等，2007）

从 47945 测站(南大东岛)的高空风时间剖面图(图 7.36b)上见到,东风波在 7 月 29 日 08—20 时过境,在垂直方向上伸展到 200～300 hPa 高度。槽前基本上是晴好天气,接近槽线时,降雨开始明显加强,最大降水量(6 h 降水 60 mm)就出现在槽后。从温度和露点分布可见,东风波的槽前是干冷气团,槽后为暖湿气团。波槽近于垂直,向东倾斜并不明显。

但是,盛夏季节在我国华南地区,可出现与上述模式完全不同的东风波。它出现在西南季风之上的热带东风气流中,因为西南季风可高达 5 km 左右,因此这种东风波出现在 5 km 以上直至对流层顶,而在 8～12 km 高度上为最强。因为这种东风波风速随高度是增强的,所以在槽前低层辐合,高层辐散,在槽后低层辐散,高层辐合。故坏天气产生于槽前及槽区附近。这与上述情况正好相反。

从西太平洋到南海地区,对流层下层经常处在西南季风和偏东信风交绥处,故上述两类不同的东风波在我国都有出现。

近年来,气象卫星观测发现,在大西洋地区,东风波常呈对称的倒"V"型云系的结构(图 7.37),但在西太平洋地区则很少观测到。

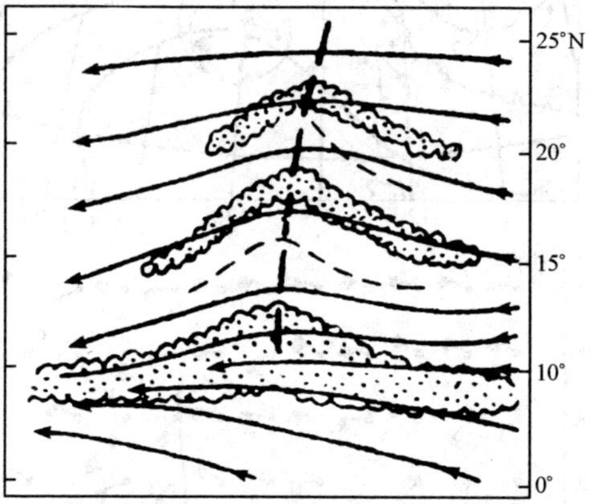

图 7.37 倒 V 型云系模式

(Frank,1970)

(2)东风波的形成及移动

关于东风波的成因,目前还不十分清楚。下面仅介绍西风槽伸入低纬地区而形成的典型情况(图 7.38)。当西风槽向热带低纬度地区伸展后,其北段东移较快,而南段东移较慢。与此同时,东部副热带高压脊向北移动,槽断裂成南北两段,其南段成为东风波向西移动。

东风波在海洋上形成后,自东向西移动,移向与波槽垂直,移速一般比较稳定,约为 20～25 km/h。故用外推法作预报,效果较好。当东风波发展加强时,移速一般会减慢。若西移过程中与西风槽接近,二者都会减速。

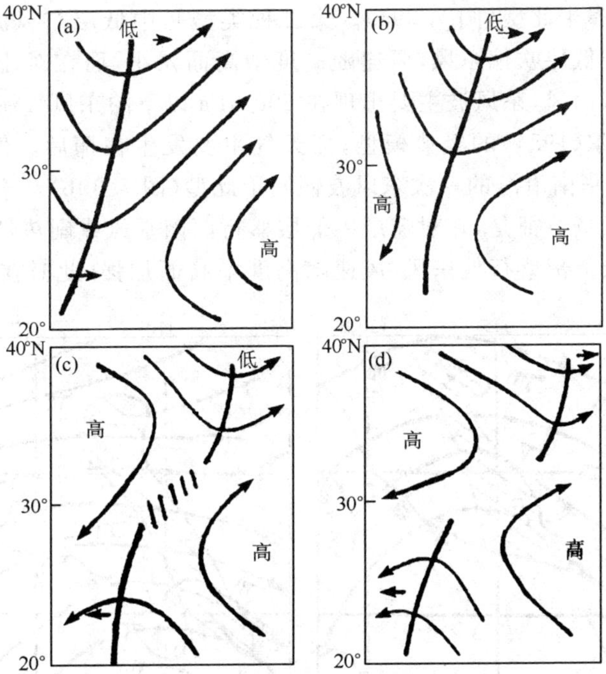

图 7.38 一种东风波形成的过程示意图

(朱乾根 等,2007)

东风波有的可发展成热带低压,有的则可发展成台风。

东风波移至大陆后,一般都会减弱消失。影响浙江一带的东风波,都有低云和降水,有时可引起暴雨。东风波从台湾移至广州一带,大约需要两天左右的时间,常引起雷阵雨天气。波槽过境后,天气转好。西太平洋上低层的东风波向西移过菲律宾后,可沿着副热带高压西南部的气流向西北转向,这时,一般在风场上已不清楚,但仍有坏天气。

南海低层如有热低压存在,东风波移到热低压上空时,可促使热低压发展成台风。东风波有时在等压面图上不太明显,掌握其活动就有一定困难。但可选择本站以东的几个测站,绘出高空风时间剖面图,如发现东风波向本站移动,可根据它与本站的距离、天气分布的特点来预报本站的天气。

影响我国的东风波,其生成演变过程和结构都是比较复杂的。梁必骐等(1983)根据10年7—9月资料的统计,把影响我国华南地区的东风波归纳成三种主要类型:第一种类型是深厚东风波。它是发生在对流层深厚而稳定的东风气流上的波动。其垂直厚度可达12 km以上,其结构与锐尔(1954)给出的经典东风波模型相反,即波轴在中低层随高度增高而向西倾斜,400 hPa以上波轴近于垂直,槽前为暖湿不稳定区,槽后为相对干冷区,云系及坏天气发生在槽前。例如1979年8月上旬影响华南的一次东风波便属于此型(图 7.39a)。第二种类型是中低层东风波,其环境风场特征是,在对流层中低层吹偏东风,风速随高度增高而减小,而在对流层上层(300 hPa以上)则盛行热带西风,东风波主要出现在500 hPa以下的东风气流上。此类东风波的结构相似于锐尔(1954)的经典模型,坏天气主要发生在槽后。例如1979年9月16—19日活动在华南沿海的一次东风波便属于此型(图 7.39b)。第三种类型是高层东风波,其环境风场特征是,在对流层中低层盛行西南季风或副热带高压西侧的偏西气流,而在对流层上部盛行偏东风,风速随高度增高而加强,此时在高层东风带上有

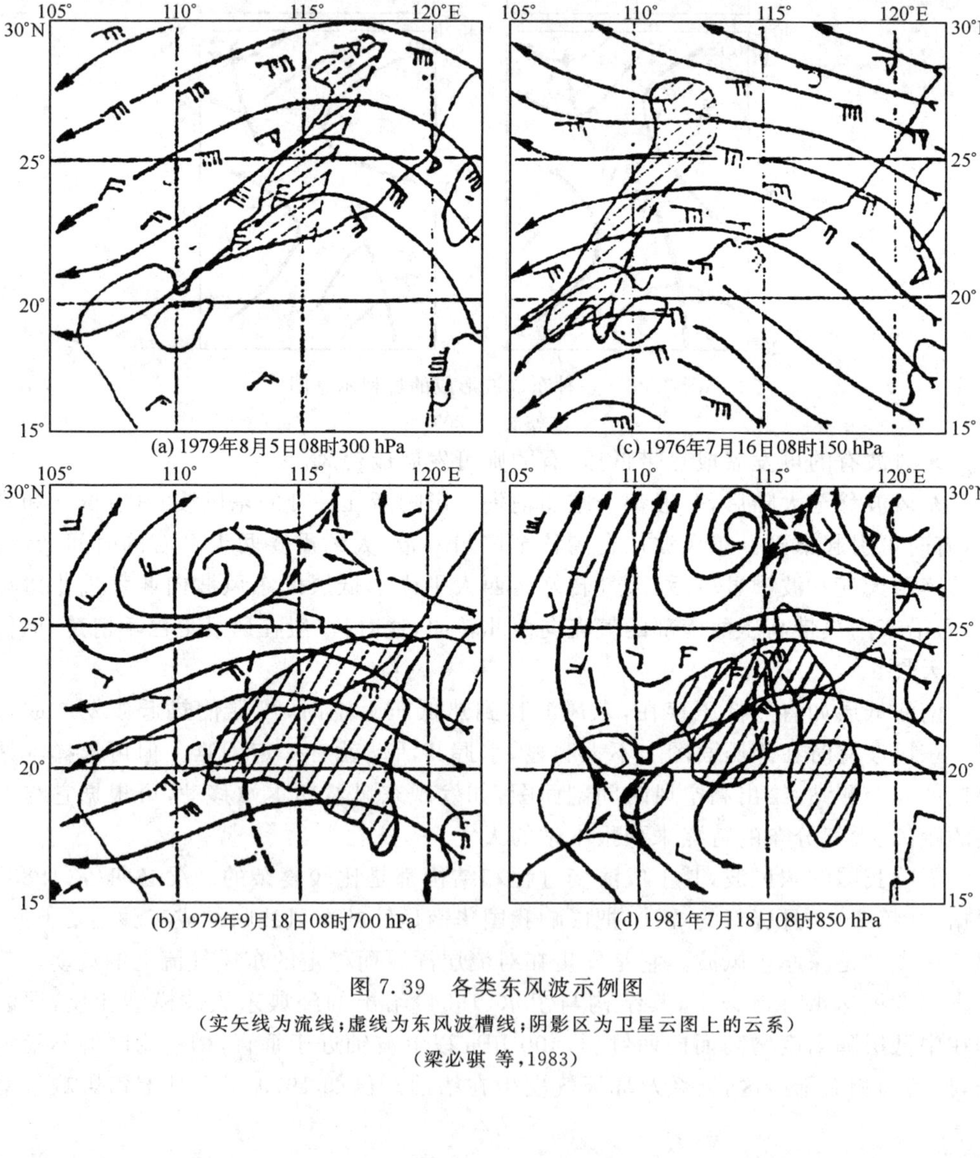

图 7.39 各类东风波示例图

(实矢线为流线;虚线为东风波槽线;阴影区为卫星云图上的云系)

(梁必骐 等,1983)

东风波产生。或者是当太平洋上空的东风波移入季风区后，低层消失，而高层仍存在很活跃的东风波。此类东风波的结构也与经典东风波模型相反，波轴向西倾斜，坏天气主要发生在槽前(图 7.39c)。此外，在深厚的东风形势下，有时东风波也仅限于出现在对流层中下层，其天气相似于第一类东风波(图 7.39d)。

7.7.2 赤道反气旋

在赤道辐合带云带的赤道一侧，常有大范围的少云或无云区，这往往是低层赤道反气旋、高压脊、气流转换的缓冲带所在。气流从南半球越过赤道在往北推进时，将发生反气旋性弯曲。如夏季，南半球的东南信风越过赤道后转为西南季风。赤道附近这一风向转变或气流的转换带，叫作赤道缓冲带。东南亚夏季的赤道辐合带就是赤道缓冲带北侧的西南季风与北半球副热带高压南侧的东北信风的辐合区。赤道缓冲带实际上是个高压脊，在适当条件下，它可发展加强，能出现闭合反气旋中心，形成赤道反气旋(即赤道高压)。Fujita 等(1969)利用同步卫星及有关资料，进行了分析总结，得出北太平洋东部赤道反气旋生命史模式，如图 7.40 所示。整个生命史分 6 个阶段。

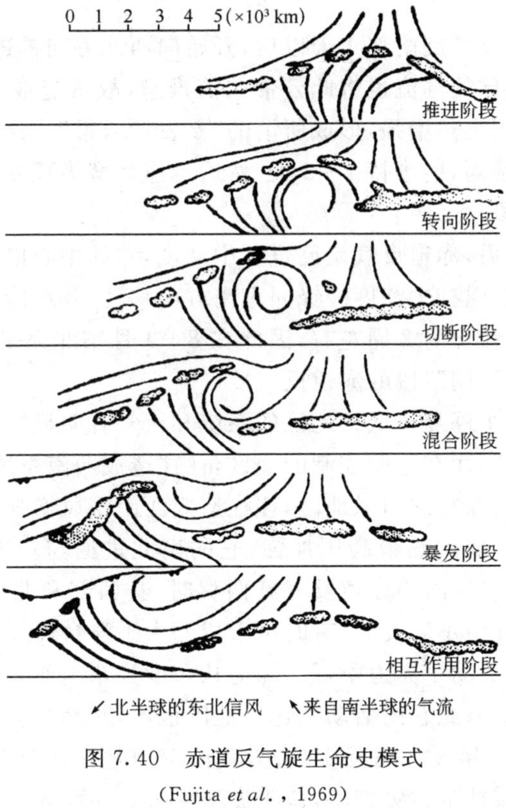

图 7.40　赤道反气旋生命史模式

(Fujita *et al.*, 1969)

(1)推进阶段

南半球的大规模气流越过赤道向北推进,使赤道辐合带云带向北凸出,弯曲云带可北进 1000 km 左右。此时,南北半球气流开始相互作用,产生较大的水平风速切变和气旋性相对涡度,从而引起热带气旋的发生、发展。

(2)转向阶段

南半球气流进入北半球后,经过 1～3 天的时间,在地转偏向力的作用下,获得反气旋性相对涡度,气流开始转向南。此时,在推进阶段形成的热带低压开始随热带云带移走。

(3)切断阶段

再经过 1 天左右的时间,闭合的反气旋环流形成,反气旋中心完全被来自南半球的气流所包围,热带云带出现断裂,并在赤道反气旋附近出现晴空区。

(4)混合阶段

随着热带云带的断裂,北半球信风进入反气旋南部,于是南北半球两支信风在赤道反气旋的边缘混合。

(5)暴发阶段

北半球信风进入反气旋南部 1 天以后,开始向西北方向推进。同时,位于赤道反气旋前沿的来自南半球的气流也将此云带向前推进,故常造成很强的气旋性涡度的辐合带,促使热带云团突然增强,形成所谓的“暴发性云带”。这种云带在风场上表现得相当清楚,可产生暴雨,能维持 1～2 天,然后迅速瓦解为孤立的小云团。

(6)相互作用阶段

暴发性云团瓦解后,赤道反气旋已进入中纬度,它的中心以南仍然维持来自南半球的强大的东南气流,阻挡中纬度冷锋向东南方向移动,并在冷锋上引起波动。

赤道反气旋的生命史为 2 周左右,因此在 8—9 月东北太平洋赤道地区,有时可以同时出现两个处在不同阶段的赤道反气旋。

赤道反气旋对北半球夏季低纬地区的系统和天气有明显影响。赤道反气旋中心附近是静风、少云天气,而在它所控制的地区,往往造成西南季风间歇,对流活动受到抑制,持续晴好天气。在它的边缘地区,往往造成西南季风增强。它还可北上与北半球副热带高压合并,造成副热带高压加强,它的南北进退与赤道辐合带的生消和移动,也有密切的联系。另外,当赤道反气旋西移时,其西部和北部的云团也一齐向西移动,有些云团在西移中不断发展,有时可形成西太平洋台风。

赤道反气旋一般活动于赤道附近。因为从印度到东南亚一带是夏季赤道辐合带活动比较偏北的地区,因此它的活动在这一地区也比较偏北,有时甚至可影响到我国南海北部。例如,1973 年 8 月底至 9 月初,我国南海地区出现过一次赤道反气旋活动。这次过程初期,缓冲带位置偏南,位于赤道附近。在西太平洋 130°E 以东赤道两侧都是偏东气流，南半球的东风在130°E以西越过赤道并折向为西南气流。然后，在缓冲带的西部，反气旋流场加强，出现闭合中心。之后中心逐步折向北行，移入我国南海，进而向北推进，直至南海北部，甚至进入我国华南地区，最后与西伸的副热带高压打通并为一体。

7.7.3 洋中槽内的高空低涡

随着气象资料的增多，可以发现在太平洋中部和大西洋中部的上空，对流层高层存在一条东北—西南向的低槽。其南、北两侧各有约呈东西向的高压脊线。这种高空槽在5—11月的每日天气图上常可清楚地见到，尤其在7—9月间发展得最好，且最持久，但在冷季则不很明显。槽线两侧有时仅有明显的风切变，有时则会发生和发展一连串冷涡自东向西移动。这种高空低涡有时能发展到地面，在有利的环境条件下能引起台风生成。

高空低涡的各层结构见图7.41所示。一般地讲，系统向下往东南方向倾斜，地面环流情况决定于高空低涡的面积、强度及发展下伸情况。有的能发展并下伸到地

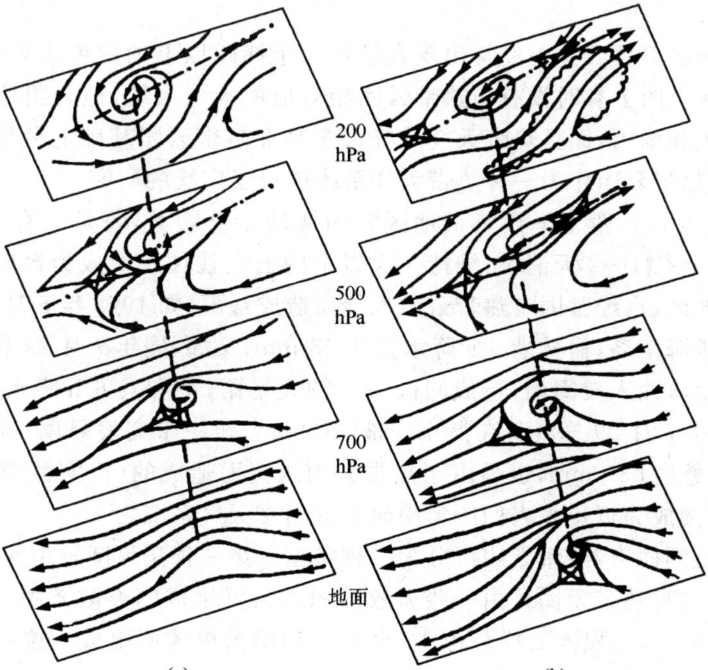

图7.41 高层低涡三维模式图

(a)发展下达到700 hPa型示意图；(b)发展下达到地面型示意图

(朱乾根 等，2007)

面,出现闭合环流,有的只到达 700 hPa,在地面上仅反映出一条诱导槽,有的地面上仅仅反映出一风速极小区而无风向改变,还有的在地面上并没有任何反映。不过低涡能发展到地面的只有在北太平洋西部出现,这是因为在东部,水面温度较低,且有强的信风逆温存在,这样就阻止了地面低涡的发展。与高空低涡相结合的云系决定于下伸强度、地理位置及系统的上下倾斜程度。典型情况是:低层辐合与主要云系位于地面系统的东半部,这就是说,因系统倾斜而位于高空系统的辐散区之下。卫星云图上观测到的低涡云型与 700 hPa 附近的系统环流配合得最好,不过有时较弱,可被大云团掩盖掉。而在发展为台风的低涡内,云系则以螺旋云型为特征。另外,应当指出,由卫星见到的云系形状因高空环流系统和对流层低层大气热力结构的不同而有很大差异,不过,主要云系几乎总是在高空槽线南侧的西风气流内。即使有时见到云系位置并不直接与高层低涡相结合,且离开槽有一个相当的距离,但它们仍是限于槽线及其南面脊线之间的西风气流内。

7.8 热带云团

在热带地区卫星云图上经常出现直径达 4 个纬距以上的白色密蔽云区,称为热带云团。在天气图上有时没有与热带云团相对应的天气系统,但云团移动所经之地却会出现大风和暴雨,而且热带天气系统大多是在热带云团基础上发展起来的。因此,人们已将热带云团作为一种热带天气系统进行了广泛的研究。

夏季(7—9 月),西太平洋热带地区云团活动十分频繁,每月约有 40 个云团生成,其中大部分在 1~2 天消失,维持 3 天以上的云团往往发展成为台风。我国南方及东南沿海地区,也经常因有热带云团入侵而造成暴雨,如 1972 年 5 月 25 日有一块积雨云团侵袭海南岛,榆林港 6 h 降水量达 38 mm;又如,同年 7 月 29 日有块大云团自台湾省东南海面入侵闽南,造成闽南一次特大暴雨,平和县 6 h 降水量达290 mm 以上。1988 年 7 月 29—30 日在浙东宁波、绍兴、台州一带突发暴雨,降水量最大地区 18 h 降水量达 533 mm,也是由于热带云团入侵而造成的(卢家麟 等,1991)。因此,热带云团便成为近年来人们所集中研究的热带天气系统之一。

从全球范围而言,热带云团可分为三种类型。第一种是尺度较小的所谓“爆玉米花状”云团。这种热带云团是由一些离散的积雨云群组成的离散云团。而一个尺度为 50 km×50 km 的积雨云群是由 10 个左右积雨云单体所组成。这一类热带云团多发生于南美大陆的热带地区和西藏高原,它有明显的日变化。第二种是一般的热带云团,常发生在热带海洋上的赤道辐合带中,尺度在 4×4 个纬距以上。这种热带云团对我国华东和华南地区有较大的影响,而且是发生热带气旋、台风和东风波的主要来源。第三种称为季风云团,发生于热带印度洋和东南亚。冬季这种云团约位于

5°—10°N。自6月中开始，随着季风的推进，这种云团就暴发性地向北发展。在10°—20°N，70°—100°E的地区，常为一两个季风云团所遮盖，这是地球上最大的云团，南北宽10个纬距以上，东西宽可达20～40个经距。到8月份，季风云团可推进到20°—30°N，在北移过程中常分裂成海洋地区的那种热带云团，但稳定后又重新结成季风云团。这种云团中常可产生季风低压，自孟加拉湾侵入印度东北部—缅甸，造成该地区的特大暴雨。对1973年6—7月有关资料的普查发现，夏季影响西南地区降水的，除了冷空气活动外，还与侵入和出现在雅鲁藏布江—布拉马普特拉河谷的季风云团密切有关。

根据对1967—1968年资料的统计，一般云团的尺度，在北太平洋热带地区，冬季最多的是275 km，夏季最多的是450 km，两云团之间通常相距分别为6～8个纬距和10～12个纬距。而西太平洋一般云团的尺度要比太平洋中部和东部的大得多。盛夏季节，西太平洋上一般云团的尺度可达12°×12°经纬距。常呈带状排列，云团间距为云团本身大小的2～3倍，向西移速平均为5～6经度/日。

有90%的云团与热带地区大尺度扰动，如赤道辐合带、东风波、台风等天气系统相联系。有许多台风、东风波等热带天气系统是由云团与环流场的扰动相配合而发展起来的。

云团内部的结构是由许多中小尺度的对流云系所组成。中型对流云系即所谓活跃的深对流云胞，尺度为10～100 km，生命史为数小时到1天。这种对流云系垂直结构可分为三层，即流入层（地面至1 km），垂直运动层（1～12 km）和流出层（12 km以上）。流入层是通过边界层气流的摩擦辐合，把水汽从边界层顶输送到垂直运动层，因而垂直运动层有大量的凝结潜热释放，流出层约为1 km厚的卷云层，气流向外辐散。

小对流云系由直径为4～10 km孤立的深对流云胞组成，生命史为30 min到数小时。其数量大大超过中型对流云系。其中包括一些直径为2～4 km的积云性细胞。

Williams和Gray(1973)对西太平洋上五类云团，即风暴前身云团（166个）、发展的云团（211个）、保守性云团（537个）、消散中的云团（208个）、发展—消散的云团（135个）进行了综合分析，并且还与晴、阴区进行了对比。图7.42是他们进行综合分析的一些结果。

图7.43a表明，西太平洋上的保守性云团和风暴发生前的云团在400 hPa以下具有$0.7\times10^{-5}\ s^{-1}$的气旋性相对涡度，在对流层上部为反气旋性涡度，而晴空区上、下均为反气旋性涡度。相应的散度廓线（图7.43b）表明，除晴空区外，都有一深厚的辐合层一直伸展到400 hPa，在对流层上部都有显著的辐散。由这种散度分布所计算出的垂直速度如图7.43c所示，云团内的上升运动在400～300 hPa气层最强。从以上特征还可进一步说明，低层的气旋性涡度和水平散度的辐合有利于形成上升气

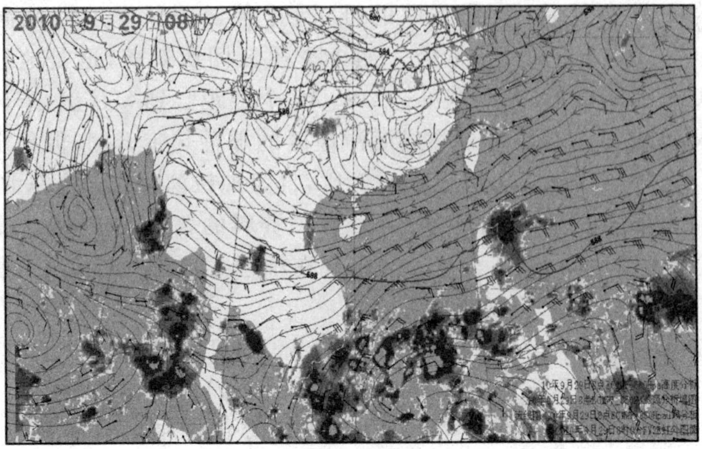

图 7.42 2010 年 9 月 29 日 08 时的卫星云图及高空流场图

(冯文 等,2011)

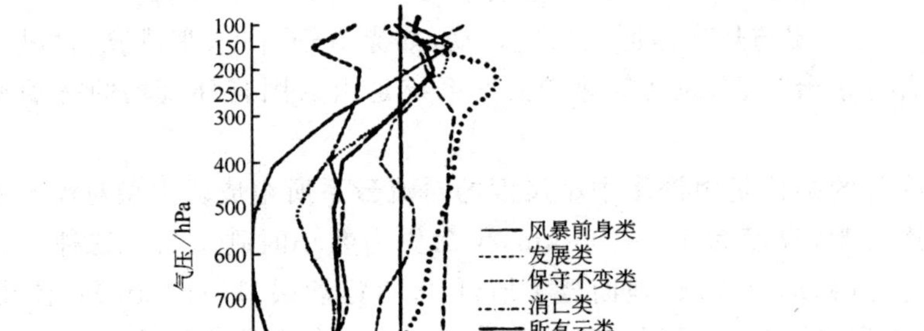

图 7.43 云团中心区 4°×4°面积平均相对涡度(10^{-6} s^{-1})(a)、平均散度(10^{-6} s^{-1}) (b)、平均垂直速度(c)(Williams *et al.*,1973)

流和向上输送水汽,凝结潜热的释放可使云团内的空气增暖,这种加热又可导致低层气压下降,有利于云团和气旋性环流的加强,以至继续出现上述过程。这种过程就是第二类条件不稳定机制。在前述特征中,还有一个值得注意的问题,即在云团内无辐散层的高度相当高,对流层中层都呈现为明显的辐合。这一现象是云团动力学的一个特征。

复习与思考

(1) 什么是热带低压、热带风暴、强热带风暴、台风、强台风和超强台风?

(2) 台风发生的源地和季节有什么特点?

(3) 全球范围内,台风主要发生于哪些海区?台风最多的海区是哪里?

(4) 台风内低空风场的水平结构可以分为哪些不同的部分?

(5) 台风内的温度场有哪些特征?

(6) 台风云系有哪些一般特征?

(7) 在热带气旋发展成为台风的过程中的各个发生、发展阶段,其云系外貌可有哪些类型的变化特征?

(8) 西太平洋台风的基本移动路径主要可分为哪些类别?它们分别会造成怎样的天气影响?

(9) 如果把台风视为一个大型流场中的运动质点,台风的运动主要受到哪些作用力的影响?

(10) 如果把台风视为一个大型流场中的涡旋,台风的运动主要受到哪些作用力的影响?

(11) 台风的内力是由什么原因产生的?

(12) 当台风处于东风带中时,若大型气压梯度力 G、内力 N、地转偏向力 A 三力处于平衡时,台风移动速度方向和速率大小应是怎样的?

(13) 当台风处于西风带中时,若大型气压梯度力 G、内力 N、地转偏向力 A 三力处于平衡时,台风移动速度方向和速率大小应是怎样的?

(14) 台风内力强弱对台风路径有何影响?

(15) 西移台风的预报着眼点是什么?

(16) 转向台风的预报着眼点是什么?

(17) 西北移台风的预报着眼点是什么?

(18) 常见的台风疑难路径有哪些?

(19) 台风疑难路径及其预报着眼点是什么?

(20) 台风发生、发展需要具备哪些必要条件?

(21) 上述台风发生、发展必要条件对台风发生、发展起什么作用?

(22) 什么是第二类条件不稳定(CISK)?

(23) 什么是海气相互作用不稳定(WISHE)?

(24) 什么原因使台风消亡?

(25) 什么是台风变性? 什么原因会引起台风变性?

(26) 台风会引起哪些灾害天气?

(27) 台风暴雨主要有哪些不同类型?

(28) 台风大风有哪些特性? 大风对海面状况的影响主要有哪些?

(29) 什么是赤道辐合带?

(30) 什么是东风波?

(31) 什么是赤道反气旋?

(32) 什么是洋中槽内的高空低涡?

(33) 什么是热带云团?

参考文献

包澄澜,1987. 台风暴雨的研究[C]//全国台风科研协作技术组,上海台风研究所. 台风会议文集(1985). 北京:气象出版社.

北京大学地球物理系气象教研室,1976. 天气分析与预报[M]. 北京:科学出版社.

蔡义勇,1992. 台风暴雨相当位涡诊断分析[J]. 气象学报,**50**(1):118-125.

陈德花,寿绍文,张玲,等,2008."碧利斯"引发强降水过程的湿位涡诊断分析[J]. 暴雨灾害,**27**(1):37-41.

陈光华,裘国庆,2005. 热带气旋强度与结构研究新进展[J]. 气象科技,**33**(1):1-6.

陈华,谈哲敏,1999. 热带气旋的螺旋度特性[J]. 热带气象学报,**15**(1):83-85.

陈联寿,丁一汇,1979. 西太平洋台风概论[M]. 北京:科学出版社.

陈联寿,罗哲贤,李英,2004. 登陆热带气旋研究的进展[J]. 气象学报,**62**(5):541-549.

陈联寿,孟智勇,2001. 我国热带气旋研究十年进展[J]. 大气科学,**25**(3):420-432.

陈联寿,2006. 热带气旋研究和业务预报技术的发展[J]. 应用气象学报,**17**(6):672-681.

陈联寿,徐祥德,罗哲贤,等,2002. 热带气旋动力学引论[M]. 北京:气象出版社.

陈瑞闪,2002. 台风[M]. 福州:福建科学技术出版社.

陈玉林,2005. 登陆我国台风研究概述[J],气象科学,**25** (3) :319-3291.

陈忠明,1993. 压能场在暴雨分析中的应用[J]. 应用气象学报,**4**(4):498-503.

程正泉,陈联寿,徐祥德,等,2006. 近10年中国台风暴雨研究进展[J]. 气象,**31**(12):3-9.

党人庆,陈久康,1996. 85-906-07-04"登陆台风特大暴雨和暴雨突然增幅的机理分析、数值试验和理论研究"专题研究成果综述[M]//85-906-07课题组. 台风科学、业务试验和天气动力学理论的研究(第四分册). 北京：气象出版社.

党人庆，2001. 近年来台风暴雨增幅的机理研究综述[C]//陈联寿等主编．全国热带气旋科学讨论会论文集．北京：气象出版社.

邓之瀛，杨美川，1998. 上海地区热带气旋暴雨突然增幅的 *Q* 矢量分析[J]. 暴雨灾害，**1**：56-65.

邓之瀛，杨美川，1997. 8506 台风暴雨突然增幅的诊断分析[J]. 大气科学研究与应用，**12**(1)：23-30.

杜晓玲，乔琪，2003. 2002 年 8 月 20 日强热带风暴的螺旋度诊断分析[J]. 贵州气象，**27**(1)：16-18.

端义宏，余晖，伍荣生，2005. 热带气旋强度变化研究进展[J]. 气象学报，**63**(5)：637-645.

范可，2007. 西北太平洋台风生成频次的新预测因子和新预测模型[J]. 中国科学(D 辑)，**37**(9)：1260-1266.

范学峰，2006. 2004-08-26 河南台风暴雨过程分析[J]. 河南气象，(2)：35-36.

范学峰，吴蓁，席世平，2007. ARER 台风远距离降水形成机制分析[J]. 气象，**33**(8)：12-16.

傅灵艳，寿绍文，黄亿，等，2009. "圣帕"台风暴雨的非地转湿 *Q* 矢量的诊断分析[J]. 气象科学，**29** (6)：727-733.

傅灵艳，岳彩军，黄亿，等，2010. 应用湿 *Q* 矢量分解方法诊断分析"圣帕"(2007)台风暴雨[J]. 热带气象学报，**26**(5)：598-605.

高留喜，丛春华，李本亮，2008. 非地转湿 *Q* 矢量在北上台风"桃芝"造成山东大暴雨中的应用[J]. 热带气象学报，**24**(5)：533-538.

高守亭，周菲凡，2006. 基于螺旋度的中尺度平衡方程及非平衡流诊断方法[J]. 大气科学，**30** (5)：854-862.

郭荣芬，鲁亚斌，李燕，等，2005. "伊布都"台风影响云南的暴雨过程分析[J]. 高原气象，**24**(5)：784-791.

郭煜，寿绍文，岳彩军，2010. "海棠"台风(2005)暴雨过程数值模拟及位涡分析[J]. 气象与减灾研究，**33**(2)：26-34.

何丽华，孔凡超，李江波，等，2007. 影响河北两次相似路径台风的湿位涡对比分析[J]. 气象，**33** (4)：65-70.

侯定臣，庄小兰，黄燕波，1997. 9012 台风暴雨过程的位涡分析[J]. 南京气象学院学报，**20**(1)：64-70.

黄文根，邓北胜，熊廷南，1997. 一次台风暴雨的初步分析[J]. 应用气象学报，**8**(2)：247-251.

黄亿，寿绍文，傅灵艳，2009. 对一次台风暴雨的位涡与湿位涡诊断分析[J]. 气象，**35**(1)：65-73.

季亮，费建芳，2009. 副热带高压对登陆台风等熵面位涡演变影响的数值模拟研究[J]. 大气科学，**33**(6)：1297-1308.

季亮，费建芳，黄小刚，2010. 副热带高压对登陆台风影响的数值模拟研究[J]. 气象学报，**68** (1)：39-47.

井喜，贺文彬，毕旭，等，2005. 远距离台风影响陕北突发性暴雨成因分析[J]. 应用气象学报，**16**(5)：655-662.

靖春悦，寿绍文，贺哲，等，2007. 台风“海棠”造成河南暴雨过程的位涡分析[J]. 气象，**33**(4)：58-64.

柯史钊，黄智慧，1993. 南海—西太平洋地区 ITCZ 气候学特征的研究[J]. 热带气象学报，**9**(1)：20-27

柯文华，杨端生，寿绍文，2009. 0601 号强台风“珍珠”路径变化的因子及降水特征[J]. 台湾海峡，**28**(1)：142-147.

赖绍钧，何芬，赵汝汀，等，2007. “龙王”(LONGWANG)台风过程湿位涡的诊断分析[J]. 气象科学，**27**(3)：266-271.

雷小途，陈联寿，2001. 斜压大气中热带气旋运动特征的动力分析[J]. 地球物理学报，**44**(4)：468-473.

李彩玲，寿绍文，陈艺芳，2010. 台风“风神”暴雨落区的诊断分析[J]. 热带气象学报，**26**(2)：250-256.

李崇银，1985. 厄尔尼诺与西太平洋台风活动[J]. 科学通报，(14)：1087-1089.

李江南，龚志鹏，王安宇，等，2004. 近十年来台风暴雨研究的若干进展与讨论[J]. 热带地理，**24**(2)：113-117.

李江南，阎敬华，魏晓琳，等，2005. 非地转强迫对 Fitow(0114)暴雨的影响[J]. 气象学报，**63**(1)：69-76.

李江南，王安宇，杨兆礼，等，2003. 台风暴雨的研究进展[J]. 热带气象学报，**19**(增刊)：152-159.

李生艳，丁治英，周能，2007. 0307 号台风“伊布都”影响广西南部暴雨的数值模拟及诊断分析[J]. 台湾海峡，**26**(2)：204-212.

李宪之，1983. 论台风[M]. 北京：气象出版社.

李宪之，1956. 台风生成综合学说[J]. 气象学报. **27**(2)：87-100.

李耀东，刘健文，高守亭，2004. 动力和能量参数在强对流天气预报中的应用研究[J]. 气象学报，**62**(4)：401-409.

李耀东，刘健文，高守亭，2005. 螺旋度在对流天气预报中的应用研究进展[J]. 气象科技，**33**(1)：7-11.

李英，陈联寿，雷小途，2006. 高空槽对 9711 号台风变性加强影响的数值研究 [J]. 气象学报，**64**(5)：553-557.

李志楠，郑新江，赵亚民，等，2000. 9608 号台风低压外围暴雨中尺度云团的发生发展[J]. 热带气象学报，**16**(4)：316-32.

励申申，寿绍文，1995. 登陆台风维持和暴雨增幅实例的能量学分析[J]. 南京气象学院学报，**18**(3)：383-388.

励申申，寿绍文，1997. 台风区和外围暴雨区的旋转风、散度风动能收支[J]. 南京气象学院学报,**20**(1):108-113.

励申申,寿绍文,王信,1994. 登陆台风动能平衡和转换的诊断[J]. 南京气象学院学报,**17**(1):27-31.

梁必骐,等,1983. 全国热带环流和系统学术会议论文集[C]. 北京:海洋出版社.

梁必骐,等,1990. 热带气象学[M]. 广州:中山大学出版社.

林毅,刘铭,刘爱鸣,等,2007. 台风"龙王"中尺度暴雨成因分析[J]. 气象,**33**(2):22-28.

刘汉华,唐伟民,赵利刚,2010. 2008年"凤凰"台风暴雨的水汽和螺旋度分析[J]. 气象科学,**30**(3):344-350.

刘还珠,1998. 台风暴雨天气预报的现状和展望[J]. 气象,**24**(7):5-9.

刘轲,孙淑清,张庆云,等,2009. 热带辐合带的季节内振荡及其与热带气旋发生阶段性的关系[J]. 大气科学,**33**(4):879-889.

卢家麟,滕卫平,斯公望,1991. 一次热带云团引起的浙东特大暴雨过程分析[J]. 应用气象学报,**2**(2):147-155.

鲁压斌,普贵明,解明恩,等,2007. 0604号强热带风暴"碧利斯"对云南的影响及维持机制[J]. 气象,**33**(11):49-57.

陆慧娟,高守亭,2004. 螺旋度及螺旋度方程的讨论[J]. 气象学报,**61**(6):684-691.

吕梅,周毅,陈中一,2000. 北方气旋和南方气旋发展的反演对比分析[J]. 解放军理工大学学报,**1**(1):94-100.

钮学新,董加斌,杜惠良,2005. 华东地区台风降水及影响降水因素的气候分析[J]. 应用气象学报,**16**(3):402-407.

钱传海,路秀娟,陈涛,2009. 引起"碧利斯"强降水的MCS数值模拟研究[J]. 气象,**35**(4):11-19.

世界气象组织技术文件(WMO/TD-No. 560),1995. 全球热带气旋预报指南[M]. 裘国庆,方维模,等译. 北京:气象出版社.

仇永炎,马德贞,林玉成,1999. 台风与西风槽相互作用与赤道辐合带的北跳[J]. 气象,**25**(2):4-10.

锐尔,1954. 热带气象学[M]. 程纯枢,译. 北京:科学出版社.

上海台风协作研究组. 1975. 华东地区24小时和48小时台风暴雨预报[C]//台风会议文集(1974). 上海:上海人民出版社,267-275.

寿绍文,2010. 位涡理论及其应用[J]. 气象,**36**(3):9-18.

束家鑫,贺忠,1992. 台风暴雨综合报告[C]//热带气旋科学讨论会文集(1990). 北京:气象出版社.

束家鑫,王志烈,1983. 我国台风研究的十年进展[C]//台风会议文集(1981). 上海:上海科学技术出版社.

苏丽欣,张晨辉,黄茂栋,2007. 环境风垂直切变与个例TC整个生命史中强度的关系[J]. 广东气象,**29**(4):30-32.

孙即霖，韦冬妮，李永平，2009. 澳大利亚冷空气活动对西北太平洋热带辐合带强度的影响[J]. 中国海洋大学学报，**39**(5)：863-869.

孙淑清，周玉淑，2007. 近年来我国暴雨中尺度动力分析研究进展[J]. 大气科学，**31**(6)：1171-1188.

陶祖钰，田佰军，黄伟，1994. 9216 号台风登陆后的不对称结构和暴雨[J]. 热带气象学报，**10**(1)：69-77.

田永祥，寿绍文，1998. 双热带气旋相互作用的研究[J]. 气象学报，**56**(5)：73-82.

王会军，范可，2006. 西北太平洋台风生成频次与南极涛动的关系[J]. 科学通报，**21**：2910-2914.

王会军，孙建奇，范可，2007. 北太平洋涛动与台风和飓风频次的关系研究[J]. 中国科学(D 辑)，**37**(7)：966-973.

王瑾，柯宗建，江吉喜，2007."麦莎"台风暴雨落区非对称分布的诊断分析[J]. 热带气象学报，**23**(6)：563-568.

王淑静，周黎明，陈高峰，1997. 解释台风暴雨落区判据的探讨[J]. 应用气象学报，**8**(2)：167-174.

王志烈，费亮，1987. 台风预报手册[M]. 北京：气象出版社.

吴迪生，赵雪，冯伟忠，等，2005. 南海灾害性土台风统计分析[J]. 热带气象学报，**21**(3)：309-314.

吴启树，沈桐立，沈新勇，2005."碧利斯"台风暴雨物理量场诊断分析[J]. 海洋预报，**22**(2)：59-66.

吴星霖，张云瑾，郭荣芬，等，2008. 湿 *Q* 矢量分析法在台风"圣帕"暴雨过程中的应用[J]. 云南大学学报(自然科学版)，**30**(2)：311-317.

吴蓁，范学峰，郑世林，等，2008. 台风外围偏东气流中的暴雨及其等熵位涡特征[J]. 高原气象，**27**(3)：584-595.

伍荣生，徐亚梅，2003. 南半球冷空气入侵与热带气旋的形成[J]. 气象学报，**61**(5)：540-547.

辛辰，2014. 强垂直风切变环境下对流单体对飓风强度的影响[D]. 南京：南京信息工程大学.

徐大红，1996. 一次特大暴雨过程的压能场、湿焓场分析[J]. 贵州气象，**20**(1)：32-34.

许爱华，叶成志，欧阳里程，等，2006."云娜"台风登陆后路径和降水的诊断分析[J]. 热带气象学报，**22**(3)：229-236.

薛根元，张建海，陈红梅，2006. 三个登陆浙江热带气旋数值试验及暴雨过程的湿位涡分析[J]. 海洋预报，**23**(3)：42-50.

薛根元，周丽峰，朱健，等，2007. 台风暴雨成因的螺旋度和 *Q* 矢量研究——影响浙闽两省的台风"海棠"案例[J]. 自然灾害学报，**16**(3)：41-48.

颜琼丹，蔡亲波，2006. 非地转湿 *Q* 矢量在台风"云娜"暴雨过程中的分析应用[J]. 热带气象学报，**22**(5)：505-509.

杨彩福，焦新龙，彭灿，2003. 热带辐合带与南海气候[J]. 海洋通报，**22**(6)：83-87.

杨帅，Kang K R，崔晓鹏，等，2008. Diagnostic analysis of the asymmetric structure of the simulated landfalling typhoon "Haitang"[J]. *Progr. Natur. Sci.*，**18**：1249-1260.

杨亚新，邱新法，2009. 西北太平洋热带气旋源地变化特征及与局地海表温度的关系[J]. 气象，

35(5)：83-90.

杨引明，郑永光，陶祖钰，2003. 上海热带低压特大暴雨分析[J]. 热带气象学报，**19**(4)：413-421.

杨宇红，林振敏，沈新勇，等，2009. "0604"台风暴雨的数值模拟与诊断研究[J]. 气象科学，**29**(1)：71-76.

杨宇红，沈新勇，林两位，等，2006. 0418号台风"艾莉"暴雨成因分析[J]. 气象，**32**(7)：81-87.

姚才，2003. 0103号台风"榴莲"强度变化特征及暴雨成因的分析[J]. 热带气象学报，**19**(增刊)：180-188.

姚秀萍，于玉斌，2000. 非地转湿 ***Q*** 矢量及其在华北特大台风暴雨中的应用[J]. 气象学报，**58**(4)：436-446.

姚秀萍，于玉斌，2001. 完全 ***Q*** 矢量的引入及其诊断分析[J]. 高原气象，**20**(2)：208-213.

尤红，王曼，曹中和，等，2008. 0604号台风"碧利斯"持久不消及造成云南暴雨成因分析[J]. 台湾海峡，**27**(2)：256-261.

于玉斌，陈联寿，杨昌贤，2008. 超强台风"桑美"(2006)近海突然增强特征及机理分析[J]. 大气科学，**32**(2)：405-416.

于玉斌，段海霞，炎利军，等，2008. 超强台风"桑美"(2006)近海急剧增强过程数值模拟试验[J]. 大气科学，**32**(6)：1365-1378.

于玉斌，杨昌贤，姚秀萍，2007. 近海热带气旋强度突变的垂直结构特征分析[J]. 大气科学，**31**(5)：876-886.

于玉斌，姚秀萍，2000. 对华北一次特大台风暴雨过程的位涡诊断分析[J]. 高原气象，**19**(1)：111-119.

余贞寿，闵锦忠，楼丽银，等，2010. 台风"凤凰"和"诺瑞丝"路径与降水分布对比分析[J]. 气象科技，**38**(1)：32-36.

余贞寿，倪东鸿，闵锦忠，2009. 超强台风"圣帕"(0709)特大暴雨过程的完全螺旋度分析[J]. 南京气象学院学报，**32** (1)：45-53.

余志豪，2002. 台风螺旋雨带——涡旋 Rossby 波[C]//大气科学发展战略——中国气象学会第25次全国会员代表大会暨学术年会论文集.

岳彩军，1999. ***Q*** 矢量及其在天气诊断分析中应用研究的进展[J]. 气象，**25**(11)：3-8.

岳彩军，曹钰，寿绍文，2010. ***Q*** 矢量研究进展[J]. 暴雨灾害. **29**(4)：297-306.

岳彩军，2009b. "海棠"台风(2005)结构对其降水影响的 ***Q*** 矢量分解研究[J]. 高原气象，**28**(6)：1348-1364.

岳彩军，寿绍文，姚秀萍，2008. 21世纪 ***Q*** 矢量在中国多种灾害性天气中应用研究的进展[J]. 热带气象学报，**24**(5)：557-563.

岳彩军，寿绍文，曾刚，等，2008. "海棠"(Haitang)台风降水非对称分布成因初步研究[J]. 高原气象，**27**(6)：1333-1342.

岳彩军，寿绍文，曾刚，等，2010. "海棠"台风(2005)雨强差异成因分析[J]. 气象科学，**30**(1)：

1-7.

岳彩军，寿亦萱，寿绍文，等，2006. 我国螺旋度的研究及应用[J]. 高原气象，**25**(4)：754-762.

岳彩军，寿亦萱，姚秀萍，等，2005. 中国 *Q* 矢量分析方法的应用与研究[J]. 高原气象，**24**(3)：450-455.

张建海，庞盛荣，2007. 不同初始场对台风 Khanun 模拟效果的影响及其暴雨过程的螺旋度分析[J]. 海洋通报，**26**(5)：27-34.

张建海，于忠凯，庞盛荣，2008. 浙江地形对台风“Khanun”影响的数值试验和机理分析[J]. 科技导报，**26**(21)：66-72.

张建海，诸晓明，王丽华，2007. 台风“Haitang”和“Matsa”引发浙江暴雨强度和分布的对比分析究[J]. 热带气象学报，**23**(2)：126-134.

张庆红，郭春蕊，2008. 热带气旋生成机制的研究进展[J]. 海洋学报，**30**(4)：3-13.

张述文，王式功，2001. 位涡及位涡反演[J]. 高原气象，**20**(4)：468-473.

张迎新，胡欣，张守保，2004. 湿位涡在“96・8”特大暴雨过程中的应用分析[J]. 气象科技，**33**(增刊)：25-28.

章淹，张义民，白建强，1995. 台风暴雨[J]. 自然灾害学报，**4**(3)：15-22.

章征茂，沈桐立，马月枝，2008.“05・8”十堰大暴雨的数值模拟与诊断分析[J]. 暴雨灾害，**27**(1)：24-31.

赵兵科，刘屹岷，梁萍，2008. 夏季梅雨期一次强江淮气旋位涡反演分析[J]. 高原气象，**27**(增刊)：158-169.

赵兵科，万日金，鲁小琴，2010. 2003 年夏季梅雨期强弱江淮气旋成因对比分析[J]. 高原气象，**29**(2)：309-320.

赵宇，吴增茂，2004a. 9711 号北上台风演变及暴雨过程的位涡诊断分析. 中国海洋大学学报，**34**(1)：13-21.

赵宇，吴增茂，刘诗军，等，2005. 由变性台风环流引发的山东特大暴雨天气的位涡场分析[J]. 热带气象学报，**21**(1)：33-43.

赵宇，杨晓霞，孙兴池，2004b. 影响山东的台风暴雨天气的湿位涡诊断分析[J]. 气象，**30**(4)：15-19.

赵玉春，李泽椿，肖子牛，等，2007. 准静止梅雨锋连续暴雨个例的位涡反演诊断[J]. 气象学报，**65**(3)：353-371.

赵玉春，王叶红，崔春光，2008. 华南前汛期一次大暴雨过程的扰动位涡反演与数值研究[J]. 暴雨灾害，**27**(3)：193-203.

郑传新，2002. 0103 号和 0104 号台风暴雨过程的螺旋度和位涡分析[J]. 广西气象，**23**(2)：6-8.

郑传新，周军，2003. 盛夏影响广西的两类台风暴雨对比分析[J]. 气象，**29**(10)：12-16.

郑峰，2006. 螺旋度应用研究综述[J]. 气象科技，**24**(2)：119-123.

郑伦伟，陈军，周毅，2006. 暴发性气旋的锋生位涡反演诊断[J]. 气象科学，**26**(2)：183-191.

郑沛群，董美莹，郝世峰，等，2008. 非地转湿 *Q* 矢量对 0505 号“海棠”台风特大暴雨过程的诊断研究[J]. 海洋预报，**25**(3)：72-80.

中国气象局,2001. 台风业务和服务规定[M].北京:气象出版社.

钟玮，陆汉城，张大林，2008. 非对称型强飓风中的准平衡流特征分析[J]. 地球物理学报，**51**(3)：657-667.

钟玮，张大林，陆汉城，等，2009. 准平衡和非平衡流对台风"百合"(2001)内中尺度深厚湿对流的影响[J]. 大气科学，**33**(4)：751-759.

周慧，夏文梅，朱国强，等，2009. 造成湖南暴雨的三个登陆热带气旋数值试验[J]. 气象科学，**29** (5)：651-656.

周嘉陵，马镜娴，陈联寿，等，2006. 多涡自组织的初步研究[J]. 气象学报，**64**(4)：464-473.

周毅，寇正，王云峰，1998a. 气旋快速发展过程中潜热释放重要性的位涡反演诊断[J]. 气象科学，**18**(4)：355-360.

周毅，寇正，王云峰，1998b. 气旋生成机制的位涡反演诊断[J]. 气象科学，**18**(2)：121-127.

周云霞，苏彦，黄莉，2010. 强台风"黑格比"后期极端暴雨的成因分析[J]. 海洋预报，**27**(4)：20-24.

朱健，罗律，2009. 超强台风"韦帕"的暴雨机制及湿位涡分析[J]. 气象科学，**29**(6)：742-748.

朱健，沈晓玲，2006. 2004 年几次台风暴雨 Q 矢量诊断的比较分析[J]. 灾害学，**21**(2)：90-94.

朱健，沈晓玲，2007."云娜"台风暴雨的 Q 矢量与螺旋度诊断分析[J]. 科技通报，**23**(1)：22-27.

朱乾根，包澄澜，1980. 压能场用于暴雨分析[J]. 气象科学，(1-2)：65-75.

朱晓金，张庆红，2007. 南海台风 LEO（1999）的加强机制研究[J]. 北京大学学报，**43**(3)：325-329.

ATALLAH E H，BOSART L F，2003. The extratropical transition and precipitation distribution of hurricane Floyd (1999)[J]. *Mon. Wea. Rev.*，**131**：1063-1081.

ATALLAH E，BOSART L F，AIYYER A R，2007. Precipitation distribution associated with landfalling tropical cyclone over the eastern United States[J]. *Mon. Wea. Rev.*，**135**：2185-2206.

AVILA L A，1991. Atlantic tropical system of 1990[J]. *Mon. Wea. Rev.*，**119**：2027-2033.

BLACK R X，DOLE R M，1993. The dynamics of large-scale cyclogenesis over the North Pacific Ocean[J]. *J. Atmos. Sci.*，**50**：421-442.

BLACK R A，HALLETT J，1999. Electrification of the hurricane[J]. *J. Atmos. Sci.*，**56**：2004-2028.

BOGNER P B，BARNES G M，FRANKLIN J L，2000. Conditional instability and shear for six hurricanes over the Atlantic ocean[J]. *Wea. Forecasting*，**15**：192-207.

BURPEE R W，1972. The origin and structure of easterly waves in the lower troposphere of North Africa[J]. *J. Atmos. Sci.*，**29**：77-90.

BUSINGER S，BAIK J J，1991. An arctic hurricane over the Bering Sea[J]. *Mon. Wea. Rev.*，**119**：2293-2322.

CHANG C P *et al*, 2003. Typhoon Vamei: An equatorial tropical cyclone formation[J]. *Geo. Res. Let.*, **30**: 1151-1154.

CHAN J C L, DUAN Y H, SHAY L K, 2001. Tropical cyclone intensity change from a simple ocean-atmosphere coupled model[J]. *J. Atmos. Sci.*, **58**: 154-172.

CHARNEY J G, 1955. The use of the primitive equations of motion in numerical predication[J]. *Tellus*, **7**: 22-26.

CHEN Y S, BRUNET G, YAU M K, 2003. Spiral bands in a simulated hurricane. Part II: Wave activity diagnostics[J]. *J. Atmos. Sci.*, **60**: 1239-1256.

CHEN Y S, YAU M K, 2001. Spiral bands in a simulated hurricane. Part I: Vortex Rossby wave verification[J]. *J. Atmos. Sci.*, **58**: 2128-2145.

DAVIS C A, 1992a. Piecewise potential vorticity inversion[J]. *J. Atmos. Sci.*, **49**: 1397-1411.

DAVIS C A, 1992b. A potential vorticity diagnosis of the importance of initial structure and condensational heating in observed extratropical cyclogenesis [J]. *Mon. Wea. Rev.*, **120**: 2409- 2428.

DAVIS C A, GRELL E D, SHAPIRO M A, 1996. The balanced dynamical nature of a rapidly intensifying oceanic cyclone[J]. *Mon. Wea. Rev.*, **124**: 3-26.

DAVIS C A, EMANUEL K, 1991. Potential vorticity diagnostics of cyclogenesis[J]. *Mon. Wea. Rev.*, **119**: 1923-1953.

DE MARIA M, 1996. The effect of vertical shear on tropical cyclone intensity change[J]. *J. Atmos. Sci.*, 1996, (53): 2076-2088.

DUNN L B, 1991. Evaluation of vertical motion: Past, Present, and Future[J]. *Wea. Forecasting*, **6**(1): 65-73.

EASTIN M D, LINK M C, 2009. Miniature supercells in an offshore outer rainband of hurricane Ivan (2004)[J]. *Mon. Wea. Rev.*, **137**: 2081-2104.

EMANUEL K A, 2003. A century of scientific progress an evaluation[M]//Hurricanes! Coping with disaster. Washington D C: Amer Geophy Union, 177-204.

EMANUEL K A, 1986. An air-sea Interaction theory for tropical cyclone, Part Ⅰ: steady state maintenance [J]. *J. Atmos. Sci.*, **43**: 585-604.

ERTEL H, 1942. Ein neuer hydrodynamischer Wirbelsatz[J]. *Meteorol.*, **59**: 271-281.

FARFAN L M, ZEHNDER J A, 1997. Orographic influence on the synoptic scale circulations associated with the genesis of hurricane Guillermo (1991)[J]. *Mon. Wea. Rev.*, **125**: 2683-2698.

FRITCH J M *et al*, 1994. Warm core vortex amplification over land[J]. *J. Atmos. Sci.*, **51**: 1780-1807.

FUJITA T, *et al*, 1969. Formation and structure of equatorial anti-cyclones caused by large-scale cross-equatorial flows determined by ATS-1 photographs. *Journal of Appl. Met.*, **8**: 649-667.

GRAY W M, 1968. Global view of the origin of tropical disturbances and storms[J]. *Mon. Wea. Rev.*, **96**(10): 669-700.

GRAY W M, 1998. The formation of tropical cyclones[J]. *Meteorol. Atmos. Phys.*, **67**: 37-69.

GUINN T A, Schubert W H, 1993. Hurricane spiral bands[J]. *J. Atmos. Sci.*, **50**(20): 3380-3403.

HAKIM G J, KEYSER D, BOSART L F, 1996. The Ohio valley wave-merger cyclogenesis event of 25-26 January 1978[J]. *Mon. Wea. Rev.*, **124**: 2176-2205.

HANKINS, RUBSAM,1968. Hurricane Hilda of 1964[J]. *M.W.R.*, **96**(7):428-452.

HENCE D A, HOUZE R A, 2008. Kinematic structure of convective-scale elements in the rainbands of Hurricanes Katrina and Rita(2005)[J]. *J. Geophys. Res.*, **113**, D15108, doi: 10.1029/2007D009429.

HENDERSON J M, LACKMANN G M, GRAKUM J R, 1999. An analysis of hurricane Opal's forecast track errors using quasigeostrophic potential vorticity inversion[J]. *Mon. Wea. Rev.*, **127**:292-307.

HILL K A, LACKMANN G M, 2009. Influence of environmental humidity on tropical cyclone size [J]. *Mon. Wea. Rev.*, **137**: 3294-3315.

HOLOPAINEN E, KAUROLA J, 1991. Decomposing the atmospheric flow using potential vorticity framework[J]. *J. Atmos. Sci.*, **48**: 2614-2625.

HOSKINS B J, DAGBICI I, DAVIES H C, 1978. A new look at the Omega equation[J]. *Quart. J. R. Meteor. Soc.*, **104**(439): 31-38.

HOSKINS B J, MCINTYRE M E, ROBERTSON A W, 1985. On the use and significance of isentropic potenetial vorticity maps[J]. *Quart. J. R. Meteor. Soc.*, **111**: 877-946.

HOU Z, ZHANG D L, GYAKUM J, 1998. An application of potential vorticity inversion to improving the numerical predication of the March 1993 superstorm[J]. *Mon. Wea. Rev.*, **126**: 424-436.

HOUZE JR R A, CHEN S S, SMULL B F, *et al*. 2007. Hurricane intensity and eyewall replacement[J]. *Science*, **315**:1235-1239.

HOUZE JR R A, 2010. Clouds in tropical cyclones[J]. *Mon. Wea. Rev.*, **138**:293-344.

HOUZE JR R A, 2014. Cloud Dynamics[M]. 2nd Edition. Academic Press.

HSIAO L F, PENG M S, CHEN D S, *et al*, 2009. Sensitivity of typhoon track predictions in a regional prediction system to initial and lateral boundary conditions[J]. *J. Applied Meteorol. Climatology*, **48**: 1913-1928.

JUDT F, Chen S S, 2010. Convectively generated potential vorticity in rainbands and formation of the secondary eyewall in hurricane Rita of 2005[J]. *J. Atmos. Sci.*, **67**: 3581-3599.

KAIN J S, COAUTHORS, 2008. Some practical considerations regarding horizontal resolution in the first generation of operational convection-allowing NWP[J]. *Wea. Forecasting*, **23**(5): 931-952.

KAPLAN J, DEMARIA M, 2003. Large-Scale Characteristics of Rapidly Intensifying Tropical Cyclones in the North Atlantic Basin[J]. *Weather and Forecasting*, **18**:1093-1108.

LANDSEA C W, 1993. A climatology of intense (or major) Atlantic hurricanes[J]. *Mon. Wea. Rev.*, **121**: 1703-1713.

LINDA A P, BARRY N H, NOEL E D, *et al*, 2005. Influence of environmental vertical wind shear on the intensity of hurricane-strength tropical cyclones in the Australian region[J]. *Mon. Wea. Rev.*, **133**:3644-3660.

MAY P T, HOLLAND G J, 1999. The role of potential vorticity generation in tropical cyclone rainbands[J]. *J. Atmos. Sci.*, **56**: 1224-1228.

MCTAGGART-COWAN R, GYAKUM J R, YAU M K, 2001. Sensitivity testing of extratropical transitions using potential vorticity inversions to modify initial conditions: Hurricane Earl case study[J]. *Mon. Wea. Rev.*, **129**: 1617-1636.

MENG ZHIYONG, CHEN LIANSHOU, XU XIANGDE, 2002. Resent progress on tropical cyclone research in China[J]. *Adv. Atmos. Sci.*, **19**(1): 103-110.

MILRAD S M, ATALLAH E H, GYAKUM J R, 2009. Dynamical and precipitation structures of poleward-moving tropical cyclones in eastern Canada, 1979-2005[J]. *Mon. Wea. Rev.*, **137**: 836-851.

MING JIE, NI YUNQI, SHEN XINYONG, 2009. The dynamical characteristics and wave structure of typhoon Rananim (2004)[J]. *Adv. Atmos. Sci.*, **26**(3): 523-542.

MOLINARI J, VOLLARO D, 2008. Extreme helicity and intense convective towers in hurricane Bonnie[J]. *Mon. Wea. Rev.*, **136**(11): 4355-4372.

MONTGOMERY M T, ENAGONIO J, 1998. Tropical cyclogenesis via convectively forced vortex Rossby wave in a three dimensional quasi geostrophic model[J]. *J. Atmos. Sci.*, **55**: 3176-3207.

MORGAN M C, 1988. Using piecewise potential vorticity inversion to diagnose frontogenesis. Part I: A partitioning Robinson. Analysis of LIMS data by potential vorticity inversion[J]. *J. Atmos. Sci.*, **45**: 2319-2342.

PENG JIAYI, WU RONGSHENG, WANG YUAN, 2002. Initiation mechanism of meso-β scale convective systems[J]. *Adv. Atmos. Sci.*, **19**(5): 870-884.

REASOR P D, MONTGOMERY M T, BOSART L F, 2005. Mesoscale observations of the genesis of hurricane dolly (1996)[J]. *J. Atmos. Sci.*,**62**: 3151-3171.

REASOR P D, Montgomery M T, Marks F D Jr, *et al*, 2000. Low-wavenumber structure and evolution of the hurricane inner core observed by airborne dual-Doppler radar[J]. *Mon. Wea. Rev.*, **128**: 1653-1680.

RIEHL H, 1950. A model of hurricane formation[J]. *J. Appl. Meteor.*, **9**: 917-925.

RIEHL H, Shafer R J, 1944. The recurvature of tropical storm[J]. *J. Atmos. Sci.*, (1): 42-54.

RIEHL H, 1954. Tropical Meteorology[M]. New York: McGraw-Hill.

RIEMER M, JONES S C, DAVIS C A, 2008. The impact of extra-tropical transition on the downstream flow: An idealized modeling study with a straight jet[J]. *Quart. J. R. Meteorol. Soc.*, **134**: 69-91.

RITCHIE E A, HOLLAND G J, 1999. Large scale patterns associated with tropical cyclogenesis in the Western Pacific[J]. *Mon. Wea. Rev.*, **127**: 2027-2043.

RITCHIE E A, HOLLAND G J, 1997. Scale interaction during the formation of typhoon Irving [J]. *Mon. Wea. Rev.*, **125**: 1377-1396.

RITCHIE E A, SIMPSON J, LIU W T, *et al*, 2003. Present day satellite technology for hurricane research: A closer look at formation and intensification[M]//Hurricane! Coping with disaster. Washington D C: Amer Geophy Union, 249-289.

ROSSBY C G, 1940. Planetary flow patterns in the atmosphere[J]. *Quart. J. R. Meteor. Soc.*, **66**(Suppl): 68-87.

SADLER J L, 1976. A role of the tropical upper tropospheric trough in early season typhoon development[J]. *Mon. Wea. Rev.*, **104**: 1266-1278.

SADLER J L, 1978. Mid season typhoon development and intensity changes and the tropical upper tropospheric trough[J]. *Mon. Wea. Rev.*, **106**: 1137-1152.

SHAPIRO L J, Moller J D, 2005. Influence of atmosphere asymmetries on the intensification of GFDL model forecast hurricanes[J]. *Mon. Wea. Rev.*, **133**: 2860-2875.

SHAPIRO L J, Moller J D, 2003. Influence of atmospheric asymmetries on the intensification of hurricane Opal: Piecewise PV inversion diagnosis of GFDL model forecast[J]. *Mon. Wea. Rev.*, **131**: 1637-1649.

SHAPIRO L J, Franklin J L, 1999. Potential vorticity asymmetries and tropical cyclone motion[J]. *Mon. Wea. Rev.*, **127**: 124-131.

SHAPIRO L J, 1977. Tropical storm formation from easterly waves: A criterion for development [J]. *J. Atmos. Sci.*, **34**: 1007-1021.

SHARPIRO L J, 1996. The motion of hurricane Gloria: A potential vorticity diagnosis[J]. *Mon. Wea. Rev.*, **124**: 2497-2508.

SIMPSON, RIEHL, 1981. The Hurricane and Its Impact[M]. Louisiana State University Press.

SIMPSON J *et al*, 1997. Mesoscale interaction in tropical cyclone genesis[J]. *Mon. Wea. Rev.*, **125**: 2643-2661.

WANG L, LAU K H, FANG C H, *et al*, 2007. The relative vorticity of ocean surface winds from the QuikSCAT satellite and its effects on the geneses of tropical cyclones in the South China Sea[J]. *Tellus.*, **59A**: 562-569.

WANG X, ZHANG D L, 2003. Potential vorticity diagnosis of a simulated hurricane[J]. *J. Atmos. Sci.*, **60**: 1593-1607.

WANG Y, 2002. Vortex Rossby waves in a numerically simulated tropica cyclone[J]. *J. Atmos.*

Sci., **59**: 1213-1238.

WANG YUQING,2010. 台风动力学[M]. 南京大学讲习班讲义.

WEIGHTMAN R H, 1919. The west India hurricane of September 1919 in light of sounding observation[J]. *Mon. Wea. Rev.*, (47):717-720.

WETZEL S W, MARTIN J E, 2001. An operational ingredients-based methodology for forecasting midlatitude winter season precipitation[J]. *Wea. Forecasting*, **16**: 156-167.

WILLIAMS K T, GRAY W M, 1973. Statistical analysis of satellite-observed trade wind cloud clusters in the western North Pacific[J]. *Tellus*, **25**(4):313-336.

WILLOUGHBY H E, 1998. Tropical cyclone eye thermodynamics[J]. *Mon. Weather Rev.*, **126**: 1653-1680.

WU C C, EMANUEL K A, 1995a. Potential vorticity diagnostics of hurricane movement. Part Ⅰ: A case study of hurricane Bob (1991)[J]. *Mon. Wea. Rev.*, **123**: 69-92.

WU C C, EMANUEL K A, 1995b. Potential vorticity diagnostics of hurricane movement. Part Ⅱ: Tropical storm Ana (1991) and hurricane Andrew (1992)[J]. *Mon. Wea. Rev.*, **123**:93-109.

WU C C, HUANG T S, CHOU K H, 2004. Potential vorticity diagnosis of the key factors affecting the motion of typhoon Sinlaku (2002)[J]. *Mon. Wea. Rev.*, **132**: 2084-2093.

WU C C, HUANG T S, HUANG W P, *et al*, 2003. A new look at the binary interaction: Potential vorticity diagnosis of the unusual southward movement of tropical storm Bopha (2000) and its interaction with supertyphoon Saomai (2000)[J]. *Mon. Wea. Rev.*, **131**: 1289-1300.

WU C C, KURIHARA Y, 1996. A numerical study of the feedback mechanisms of hurricane-environment interaction on hurricane movement from the potential vorticity perspective[J]. *J. Atmos. Sci.*, **53**(15): 2264-2282.

XU YAMEI, WU RONGSHENG, 2003. The conversation of helicity in hurricane Andrew (1992) and the formation of spiral rainband[J]. *Adv. Atmos. Sci.*, **20**(6):940-950.

YANG C C, WU C C, CHOU K H, *et al*, 2008. Binary interaction between typhoons Fengshen (2002) and Fung-wong (2002) based on the potential vorticity diagnosis[J]. *Mon. Wea. Rev.*, **136**: 4593-4611.

YAO XIU-PING, YU YU-BIN, SHOU SHAO-WEN, 2004. Diagnostic analyses and application of the moist ageostrophic vector ***Q***[J]. *Adv. Atmos. Sci.*, **21**(1): 96-102.

YUE CAIJUN, 2009a. Quantitative analysis of torrential rainfall associated with typhoon landfall: A case study of typhoon Haitang (2005)[J]. *Progr. Natur. Sci.*, **19**(1): 55-63.

ZEHR R M, 1992. Tropical cyclogenesis in the Western North Pacific[R]. NOAA Tech. Rep. NESDIS, **61**:181.

ZHANG D L, KIEU C Q, 2006. Potential vorticity diagnosis of a simulated hurricane. Part II: Quasi-balanced contributions to forced secondary circulations[J]. *J. Atmos. Sci.*, **63**: 2898-2914.

第 8 章　高影响天气

一般把灾害性很强的天气(如大风、寒潮、暴雨、雷暴、冰雹、龙卷、台风等)称为灾害性天气,而把可能对人类社会各方面产生高度影响的天气(如霜冻、寒露风、冻雨、雨凇、冰雪、大雾、沙尘暴、高温等),称为高影响天气。不过两者经常是一致的。因为灾害性天气当然是一种高影响天气,而高影响天气经常会致灾,有时则会造成严重灾害。对于上述各种灾害性或高影响天气很多已在前面各章中作了较详细的讨论,本章再把其他一些较常见的高影响天气作一概要介绍。

8.1　冷冻天气

这里我们把由于冷空气侵袭及各种降温作用而引起的霜冻、寒露风、冻雨、雨凇、冰雪等天气归类为冷冻天气或称为冷凝天气。下面分别对它们进行讨论。

8.1.1　霜与霜冻

(1)霜与霜冻的定义

“霜”是指当近地面的温度下降到 0℃以下时,由空气中的水汽在地面物体上凝华而成的白色冰晶,亦称为“白霜”。“霜冻”则是指地面(或农作物叶面)的温度突然下降到农作物生长温度以下时,农作物遭受冻害的现象。各种农作物遭受冻害的温度指标是不同的,但大多数农作物当地面(或叶面)最低温度降到 0℃以下时就要遭受冻害,所以中央气象台就把地面最低温度降到 0℃以下(包括 0℃)作为出现霜冻的标准。出现霜冻时地面可以有白色的结晶物——即白霜,也可能没有白霜,无白霜出现的霜冻亦称为“黑霜”。

(2)霜冻的种类

霜冻按其形成的原因可分为三种。

① 平流霜冻。平流霜冻是由北方强冷空气南下直接引起的霜冻。这种霜冻常见于早春和晚秋,在一天的任何时间内都可能出现,影响范围很广,而且可以造成区域性的灾害。在我国长城以北地区所出现的霜冻主要是这种霜冻。

② 辐射霜冻。辐射霜冻是由夜间辐射冷却而引起的霜冻。这种霜冻只出现在少云和风弱的夜间或早晨,通常是一块一块地出现在一个区域内的,且常见于低洼的

地方。在我国某些海拔较高而温度昼夜差异大的地区,常见这种单纯的辐射霜冻。

③ 平流—辐射霜冻。它是由平流降温和辐射冷却同时作用而引起的霜冻。这种霜冻的后期可转为辐射霜冻。

(3)我国初、终霜冻的一般情况

每年秋季出现的第一次霜冻称为初霜冻,每年春季最后一次出现的霜冻称为终霜冻。大范围的冷空气活动的早晚与强弱都直接影响大面积初、终霜冻的开始及结束的日期。各地的霜冻出现情况有所不同,下面分别来讨论不同地区的霜冻特点。

① 东部平原地区。从东北平原向南经华东平原、长江流域一直到南岭以北一带基本上是一大片平原。冷空气从北方南下,一般顺利地向南推进,因而霜冻形成时大体也连成一片。初、终霜冻日期线基本上是平行的东西走向,初霜冻线随季节自北向南推移。终霜冻线自南向北慢慢缩回。越向北初霜冻出现越早,终霜冻愈迟,霜冻期长;越往南霜冻期就越短。南岭以南就很少出现霜冻。东北平原平均 9 月下旬出现初霜冻,最早可在 9 月上旬,终霜冻约在 5 月中旬,霜冻期八九个月;华东平原初霜冻在 10 月底,最早可在 10 月上旬出现,终霜冻在 4 月中旬结束,霜冻期约 5.5 个月。但是辽东半岛和山东半岛因为三面临水,与同纬度相比初霜冻期晚 7～10 天,终霜冻期也较早结束。江淮地区初霜期约在 11 月中旬到 12 月初,终霜冻期则在 3 月中下旬;长江以南霜冻期为 12 月到次年 2 月,只有 90 天。纬度愈低的地区,霜冻期就更短,海南岛的个别地区终年无霜冻。

② 西部和北部高原地区。因其地势高而且冷空气影响很大,许多地方只有 7 月、8 月两个月没有霜冻,青海西部、西藏大部几乎全年都有霜冻,甚至全年为冰雪覆盖。但是高原中的几个盆地无霜冻期却比四周高山要长。

(4)霜冻对农业生产的影响

东北农业区 9 月上、中旬出现的初霜冻,会给正在成熟的秋粮造成很大影响,终霜冻时作物还未播种,影响不大;华北地区 4 月上、中旬冬小麦正处在拔节、抽穗阶段,如出现霜冻,就可能冻坏,而使产量受影响,初霜冻时期正是秋收播种季节,影响不大;长江流域终霜冻对玉米、蚕豆、豌豆、甘薯、油菜等作物的生产影响较大。

(5)霜冻的预报方法

从霜冻的成因可知,预报霜冻出现及影响程度,关键是预报冷空气活动和最低温度。值得注意的是,前面所讲的最低温度是指百叶箱高度上的气温,而衡量霜冻的温度是地面最低温度,二者之间有一定的差值。实践表明,在可能出现霜冻的季节里,如预报天空无云或少云、静风或微风,而且最低气温要降至 5℃以下时,就可能出现霜冻。例如甘肃平凉地区根据几年来各地对冬小麦作物的叶面、草面、地面、气温的对比观测和作物受冻程度的综合分析,确定地面最低温度为 1.0～0.9℃时所出现的霜冻为轻霜冻,−1.0～−2.9℃时所出现的为中等强度霜冻,≤−3.0℃时所出现的为强霜冻。

预报霜冻的方法，首先可考虑地面最低温度与气温的关系：

$$T_m = aT_L + b \tag{8.1}$$

式中，T_m 是地面（或叶面）最低温度，T_L 是最低气温，而 a，b 是随各地下垫面性质、近地面层空气湿度和风等项而定的系数，可以借在不同的天气条件下本地历年地面最低温度与最低气温的资料统计得出。实际上，根据预报的最低气温与夜间的天气条件就可以求得夜间到早晨是否有霜冻。

其次，可以绘制预报相关图。例如，甘肃省平凉地区，根据历史上发生霜冻的天气过程分析得出，本地区的霜冻都是冷空气侵入、天气转晴夜间地面辐射降温所造成的平流辐射霜冻。他们分析了 4 月中旬至 5 月中旬晚霜季节里，本地区气象要素的特点与霜冻发生与否的关系，发现凡是满足下列条件之一者，次日凌晨无霜冻：①夜间中低云量≥7 或有雨，或偏南风大于 6 m/s；②白天最高气温高于 25℃或 700 hPa 气温高于 5℃；③14 时的地面相对湿度大于 90%。于是他们在本站历年可能出现晚霜的季节里将符合无霜冻指标的日子剔除以后，把剩下的日子进行分型作预报霜冻的相关图，如图 8.1 所示。

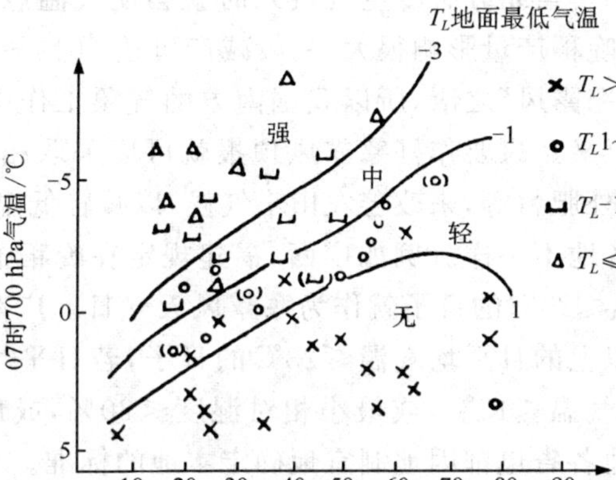

图 8.1 平凉气象台 14 时地面的风向为 W—N—ENE 时所用的霜冻预报相关图

（实线右端的数字为地面最低温度（℃）；r_{14} 为 14 时定时观测的地面相对湿度）

此外，还可以编制逐段回归预报方程。根据霜冻与各气象要素的相关分析，选出相关最好的一些气象要素，用逐段回归方法分别建立三个方程，以预报次日地面最低温度（T_m）。例如平凉气象台所用的方程有以下三个：

不考虑夜间云量预报值时的预报为：$T_{m1} = 0.26(T_M + T_{700}) + 0.06r_{14} - 6.45$；

夜间为少云条件的预报方程为：$T_{m2} = 0.146T_{700} + 0.06r_{14} - 1.13$；

夜间为多云条件的预报方程为：$T_{m3}=26.8-0.42p_{14}+0.08r_{14}$。

式中，T_M 是白天最高气温；T_{700}是 07 时 700 hPa 的气温；T_{m1}，T_{m2}，T_{m3}是不同天空状况下所求得的次日地面最低温度；r_{14}是 14 时的地面相对湿度；p_{14}是 14 时的本站气压，计算时取十位、个位和小数一位。

实际作预报时要优先考虑 T_{m1} 的预报值，然后根据形势及各种要素分析夜间云量变化的可能性，参考 T_{m2}，T_{m3} 的计算值，再结合霜冻预报相关图，作出霜冻预报。

各种农作物在较暖的生长期季节里，遭受霜冻冻害的温度指标互不相同，而且在不同的季节里也有所不同。在气象为农业服务的工作中，应根据当地的具体情况制作霜冻预报。

8.1.2 寒露风

寒露风是指由于秋季北方冷空气频繁南下，使江淮及其以南地区温度明显降低，导致双季晚稻受害而减产的一种低温冷害。在长江流域一般称为秋季低温；在两广和福建一带，因正值寒露节气前后，故称为寒露风。

寒露风是我国南方晚稻作物区的灾害性天气之一。在寒露节气前后，南方地区晚稻正处在抽穗扬花时期。当北方有冷空气侵入时就会使气温急剧下降，出现低温干燥或低温多雨天气，对晚稻产量影响很大，一般减产可达 20%～30%，严重的甚至颗粒无收。农谚有“禾怕寒露风”之语，所以我国南方的气象工作中作好寒露风预报对农业生产就具有重要意义。只要作好寒露风预报就可以采取相应的农业措施，如灌水、喷水、喷磷、喷施根外肥料等，来改善农田小气候，以减轻低温的危害。

寒露风天气的标准各地不一样。例如广西、福建规定在晚稻抽穗扬花期间连续 3 天或以上的日平均气温≤20℃的日子就作为寒露风天气日。广东则规定在晚稻抽穗扬花期间连续 3 天或以上的日平均气温≤23℃的日子，若日平均气温≤23℃的日子连续不足 3 天，但最低气温≤15℃，或最小相对湿度≤30%，或最大风力≥5 级的亦作为寒露风天气。其他各省也都因地制宜地确定本地的标准。

寒露风分为干、湿两种，干寒露风天气特点是天气晴、干，最低气温低，日较差大，午后相对湿度小；湿寒露风天气特点是低温多雨，气温日较差小，相对湿度大。广东、广西两省(区)以干寒露风为最多，湿寒露风较少。长江流域地区则以湿寒露风占多数。干寒露风出现时天气形势主要特点是低空有较强冷空气入侵，气温显著下降，高空则是在副热带高压控制下，形成秋高气爽的天气。湿寒露风出现时低空有强冷空气入侵，高空有较强盛的西南气流，而且南支低槽活动频繁。因为它们共同的特点是北方有较强冷空气入侵，所以可以认为寒露风天气的预报实质上是秋季强冷空气暴发的预报。江淮流域以南京为代表，多年平均寒露风日期是在 9 月 28—29 日，实际上是在秋分季节。当寒露风来临日期正常或偏迟时，对水稻影响不大，只有当寒露风来临偏早时，才对水稻有较大影响。

8.1.3 雨凇

冬季，当雨滴与地面或地物、飞机等物体相碰时可能即刻冻结的雨称为冻雨。这种雨从天空落下时是低于 0℃ 的过冷水滴，在碰到树枝、电线、枯草或其他地上物体时，就会在这些物体上冻结成外表光滑、晶莹透明的一层冰壳，有时雨水边冻结、边流淌，便会形成一条条冰柱。这种冰层在气象学上又称为雨凇。冻雨多发生在冬季和早春时期。我国出现冻雨较多的地区是贵州省，其次是湖南、江西、湖北、河南、安徽、江苏及山东、河北、陕西、甘肃、辽宁南部等地，其中山区比平原多，高山最多。

雨凇天气是冬半年降水中的一种特殊情况。雨凇天气出现次数虽不多，但严重的雨凇天气对国民经济和国防建设危害很大，例如可引起大范围供电及通信停顿和交通中断等，造成很大损失。

(1)雨凇的气候分析

如上所说，我国出现雨凇最多的地区是贵州省，次多在湖南、湖北、河南、江西等省。北方雨凇相对较多的地区在山东、河北、辽东半岛、陕西和甘肃，其中甘肃东南部和陕西关中地区则更多一些。华东沿海、华南沿海及四川、云南、宁夏、山西等省很少出现雨凇。

贵州出现雨凇天气日数最多，但每一次雨凇持续时间并不很长；湖北、湖南、河南、江西、安徽等省出现天数稍少，但一次雨凇持续时间较长，最长的一次是湖南常德和湖北钟祥，分别持续 466 h 和 443 h。其他出现雨凇很少的地区持续时间也较短，一般不到 10 h。

北方雨凇 11 月中旬就可开始出现，南方则要到 12 月才可能出现。但湖北的雨凇开始较早，11 月中旬就可能出现。雨凇结束期一般都在 3 月中旬以后。辽东半岛在 4 月初最晚结束，而华东沿海和华南沿海在 1 月底至 2 月初较早结束。雨凇出现频率大部分地区以 1—2 月为最多，3 月较少。但新疆乌鲁木齐、辽宁、河北、山东等地以 11 月与 3 月为最多，1 月与 2 月反而较少。

北方雨凇发生的源地，即经常首先发生雨凇的地区，主要有三个：①河南的郑州、信阳、驻马店附近地区，占总次数的 38%；②陕甘地区，主要是西锋镇附近，占 29%；③河北的石家庄、沧州、邢台及京津地区，占 24%。北方雨凇发生以后就地消失占多数，但也有的扩展到南方，有时最后要到贵州才消失。例如 1969 年 1 月 26—31 日寒潮天气过程所伴随发生的大范围雨凇，就是先自陕西渭水河谷发生，最后发展至云南、贵州才消失的。

南方雨凇的源地主要是贵州，占总次数的 84%，发生在湖南的仅占 16%。消失于贵州的占 94%，消失于湖南的占 60%。

从以上气候分析可以看出,雨凇天气分布的时空特点与环流背景、气候条件和地形特点有密切关系。根据中央气象台分析,雨凇发生时大范围天气形势主要特征是:亚洲中纬度500 hPa大多数情况下为横槽,西风较强,西风带多小波动,小槽使冷空气分股南下。同时南支西风带孟加拉湾低槽较深,槽前有强劲的西南气流。高低空的冷、暖空气在我国上空交汇。地面气温一般在0～－5℃(其中以0～1℃出现雨凇的几率最高)。地面风向多为N—NE。700 hPa强劲西南风带来暖湿空气,在江南700 hPa面上温度可达4～6℃,长江以北700 hPa暖空气温度略低,在0～4℃。中空的暖湿空气在低层冷空气垫上滑行,是出现雨凇天气非常有利的条件。

我国雨凇的几个源地的大地形背景为西高东低,而当地地形则为西、北、南三面环山,向东开口的盆地。冷空气取东路从低层进入盆地,构成冷空气垫。暖空气从西部上空移来,雨凇易于在这些地区发生。四川虽也为盆地,东路冷空气较难侵入四川,所以不仅不是个源地,而且发生雨凇的机会也很少。

(2)形成雨凇的机制

图8.2是1969年1月29日20时,在江西、安徽、湖南、湖北、河南、浙江等地发生雨凇天气时的垂直剖面图。从图中可以看出,雨凇发生时大气垂直结构上的特征,主要表现在以下四个方面:

① 低空有一个冷舌,自北向南伸展,在安徽南部和江西境内冷层的厚度约为

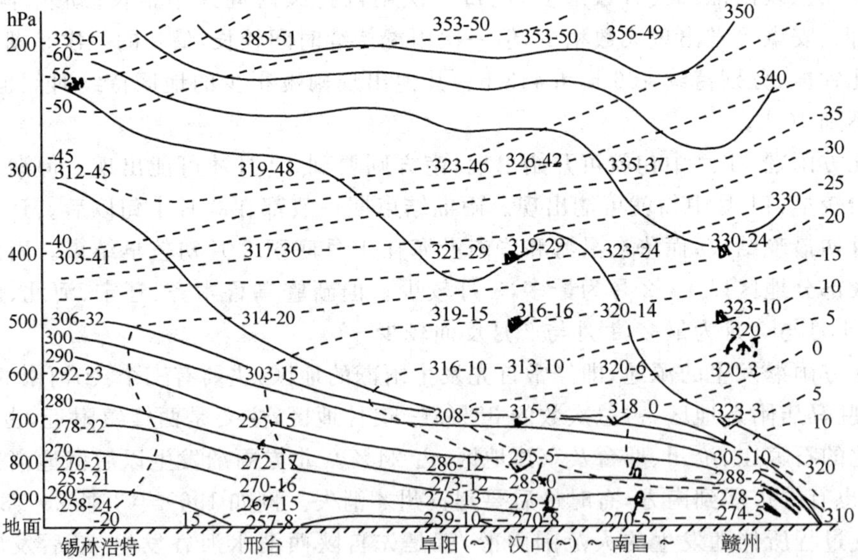

图8.2 1969年1月29日20时北方、南方雨凇发生时的空间剖面图

(图中实线为假相当位温的等值线;虚线为等温度线)

1500 m，冷层内风向为北—东北风，温度在 0℃以下，地面气温在－4℃以下。

② 中空（自 850 hPa 至 700 hPa）是个暖舌自南向北伸展，暖层中温度汉口以南均在 0℃以上，汉口以北均在 0℃以下。在 700 hPa 高度以下存在一个很强的逆温层。

③ 江西境内自吉安至北部九江、景德镇，安徽南部祁门到淮北的砀山县均出现雨凇天气。甚至陕西河南境内还持续出现雨凇，合肥市雨凇持续长达 171 h 40 min。这一次天气过程中，江苏省雨凇天气就不严重，南京仅持续 1 h 多。江西南昌甚至没有出现雨凇。但在南昌附近的贵溪气象站观测到的雨凇极其严重。雨凇在电线上积冰直径达 50 mm，创历史纪录。由此可见雨凇天气与地形关系很大。赣州地区则因冷层很薄，而暖层温度较高且厚度较厚，故只是降雨，没有发生雨凇天气。

④ 暖舌上方温度随高度递减，风向均为西—西南风。

以上是一次雨凇发生时大气垂直结构的特征。

中央气象台根据我国大量雨凇天气剖面图的分析，提出雨凇发生机制的初步看法，认为出现雨凇时大气垂直结构可分为冰晶层、暖层、冷层等几层。各层分别具有以下特征：

① 冰晶层。自 700 hPa 向上温度随高度递减，500 hPa 上温度达到－14～－10℃，如果在这层内有水汽凝结，一般应凝成冰晶或雪花。

② 暖层。或称融化层。雨凇天气时的温度垂直分布，就是在中空必须有一个暖层。在暖层里有足够的暖空气使落入该层的冰晶或雪花能融化为液态的水，否则若有雪花或冰晶下落只能是降雪，而不能形成雨凇。暖层高度一般在 2000～4000 m，厚度一般可有 1～2 km。暖层中温度一般高于 0℃，有时可以稍低于 0℃，可达－4℃。但须注意这一温度值可能含有探空仪器误差在内。暖层内吹一致的西南风，有暖湿平流，保证融化层中源源不断的热量供应。

③ 冷层。或称过冷却雨层。雨凇天气时的温度垂直分布，在低空必须具有一个气温低于 0℃的气层，一般都在 2000 m 以下，其厚度约为 2000～1000 m。从暖层中下降的液态雨滴经过这层能冷却到 0℃以下，保持为过冷却状态。这种过冷却雨滴从空中下降，碰到地面的任何物体（不管物体表面温度是否达到 0℃以下），很快就会发生冻结。当然在个别情况下，暖的雨滴（雨滴温度在 0℃以上）碰到 0℃以下的物体表面也可能冻结，但这不是主要的。

总结以上的讨论，雨凇的天气预报可在一般的降水预报基础上，着重作好特殊温度层结的预报，即中空（700 hPa 附近）暖层和低空（850 hPa 以下）冷层的预报。如果有降水发生的天气条件，而且本站上空温度层结将会出现中空有暖层和低空有冷层的条件，那么就可以预报将有雨凇天气出现。

8.1.4 降雪天气

(1)降雪天气及其影响

冬季有时会发生降雪或雨夹雪的现象。雪是一种固体降水,和降雨一样,降雪也有强度等级之分。降雪的等级以24 h降雪量或12 h降雪量大小为划分标准,按照中华人民共和国国家质量监督检验检疫总局、中国国家标准化管理委员会发布的《降雪量等级》标准(GB/T 28592—2012),降雪分为微量降雪(零星小雪)、小雪、中雪、大雪、暴雪、大暴雪、特大暴雪共7个等级。24 h降雪量为0.1～2.4 mm时称为小雪;2.5～4.9 mm时称为中雪;5.0～9.9 mm时称为大雪;24 h降雪量≥10.0 mm时统称为暴雪,其中24 h降雪量10.0～19.9 mm称为暴雪,20.0～29.9 mm称为大暴雪,≥30 mm称为特大暴雪(见表8.1)。所谓"降雪量",实际上是将雨量器外筒所接收的降雪融化成水所得的"降水量"。由于雪是固体降水,不象雨水那样会流淌,而会随时间越积越深。当气象站四周视野地面被雪覆盖超过一半时要观测雪深,观测地段一般选择在观测场附近平坦、开阔的地方,或较有代表性的、比较平坦的雪面。测量取间隔10 m以上的3个测点求取平均;积雪深度以厘米为单位。

表8.1 不同时段的降雪量等级划分表　　单位:mm

等级	时段降雪量	
	12 h降雪量	24 h降雪量
微量降雪(零星小雪)	<0.1	<0.1
小雪	0.1～0.9	0.1～2.4
中雪	1.0～2.9	2.5～4.9
大雪	3.0～5.9	5.0～9.9
暴雪	6.0～9.9	10.0～19.9
大暴雪	10.0～14.9	20.0～29.9
特大暴雪	≥15.0	≥30.0

雪是晶状的白色固体降水物,它是由冰晶在云中不断凝聚升华增大而形成的。雪花疏松多孔,5000～10 000朵雪花仅重1 g。但是,积雪受气温影响或在挤压、摩擦作用下会产生表面融化,形成的薄薄水层犹如润滑剂,使路面变得极其湿滑,给车辆和行人带来极大的不便。当积雪达到一定厚度或发生挤压(如踩踏、碾压),其疏松多孔的冰晶结构就会遭到破坏,从而密度增大,可变成重结晶冰,逐步成为密度极大的密实雪。密实雪具有极强的硬度,可使雪的表面非常坚硬。挤压后的雪地和结冰

后的路面，都会给交通安全造成极大的威胁。而且，雪压也会造成灾害。雪压即单位面积的积雪重量，以积雪厚度 10 cm 计算，每平方米屋顶上的积雪重量约为 20 kg，1000 m^2 的屋顶上就压了 20 t 积雪，因此那些简易工棚、蔬菜大棚、老旧房子就可能被压塌。此外，降雪时常常伴有冻雨和雨凇等现象。冻雨是当雪花从高空下落，在中低空遇到一个相对暖层融化成水滴后再往下降到冷的近地面层时形成的。水滴遇到0℃或低于 0℃的冷地面物体时马上会被冻结，但不是冻成冰，而是把水冻成相当一层冰盖似的，这就叫冻雨。冻雨一般对电线的影响比较大，严重的时候会使电线直径增加 2～3 cm，电线超过了它的负荷以后就会被压断，甚至把架高压电线的铁塔压塌，严重影响供电和通信。在地面上则会影响交通，使人和车辆行走都非常困难。降雪后天气回暖时，在融雪过程中又可能诱发滑坡、泥石流等次生地质灾害。所以，降雪会给生活和工农业、电力和交通运输等造成一系列严重影响。例如，2008 年 1 月中下旬至 2 月上旬，正值在春运前夕的关键时期，我国出现了一次大范围、持续性的雨雪、降温等天气，给春运交通、电力等造成了一系列严重影响和灾害。全国约有 14 个省(区、市)，8000 万人受灾。不过降雪也有其某些好的影响。例如，中国自古就有“瑞雪兆丰年”的民谚，就是说下雪对农业生产有一定好处。这是因为冬雪可以增加土壤的水分，对来年的春播生产比较有利；而且雪盖对冬小麦等冬季生长的作物，起到了保温、保墒、杀灭害虫卵等作用。

(2)雨一雪的阈温

为什么有时下雨而有时下雪，在很大程度上取决于地面气温。有人对固体或液体降水出现的阈温作过统计研究。由近 1000 个地面观测站报告，按固体降水(雪、阵雪、米雪)或液体降水(雨、阵雨、毛毛雨)及相应的温度进行分类，分类时不考虑降水强度，“雨夹雪”报告作为一个雨的报告和一个雪的报告处理，其分析结果由图 8.3 表示。

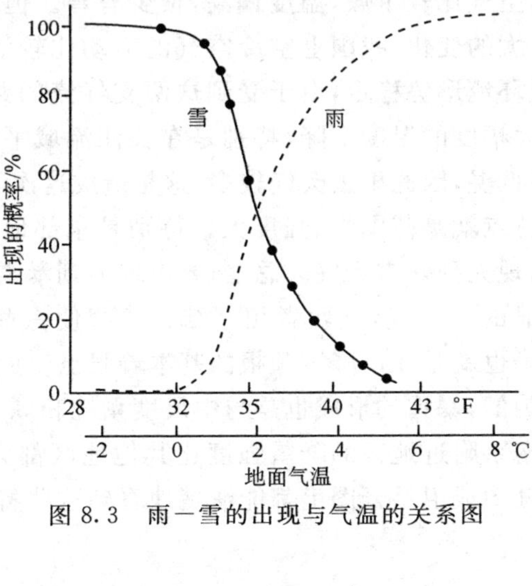

图 8.3　雨一雪的出现与气温的关系图

在图8.3中,28～48°F(约-2～8℃)每1度(华氏)间隔出现雨或雪的百分率,由该温度下观测到的雨、雪出现次数决定。由图可见,在地面气温为36.5°F(2.5℃)时,雨、雪出现的可能性相等(即50%)。雨夹雪出现的平均温度统计值为36.9°F(2.7℃),这也给雨、雪出现概率相等的温度为36.5°F(2.5℃)提供了证明。在较冷的温度下,雪出现的概率以优势增大,在温度为34°F(1.1℃)时,降水以雪的形式出现的概率为95%。另一方面,当温度高于36.5°F(2.5℃)时,出现雨的概率以优势增大。当温度为42°F(5.6℃)时,雨出现的概率为95%。值得注意的是,在温度等于或超过43°F(6.1℃)时,不再观测到雪。这样就可以认为,这一温度,即43°F(6.1℃),是地面上出现降雪的阈温。也就是说,当地面气温高于43°F(6.1℃)时,降水就不再以雪的形式出现了。

因此,可以得到一个预报基本降水形式(雨、雪)出现可能性的简单关系:雪经常可望在气温接近33°F(0.6℃)或更冷的情况下出现,当气温度超过43°F(6.1℃)时,不再会出现雪。在地面气温为36～37°F(2.2～2.8℃)时,可预报雪与雨出现的概率相等。

(3)降雪的天气学成因及预报

降雪的发生与降雨是一样的,都必须满足两个基本天气学条件,这就是要有暖湿气流(空气的湿度和温度比较高)以及必须要有冷空气。但降雪的发生与降雨也有不同之处,降雪时要求地面气温必须要低于一定程度。暖湿气流来自低纬、热带地区;冷空气来自极地、高寒地区。只有当高低纬环流适当配合时才可能形成降雪,因此降雪与环流形势密切相关。以2008年1月的大范围、持续性降雪过程为例,可以说明降雪的形成条件。在2008年1月上中旬之前,影响我国的冷空气强度偏弱,次数较少,即使有暖湿气流的配合,但没有冷空气也不易下雪。所以在1月份之前我国大部分地区降水相对较少,空气比较干燥,温度偏高,很少有雪。但是到了1月中下旬以后,大气环流发生了很大的变化,我国上空冷空气的活动比较活跃,低纬度的暖湿气流也在逐渐强盛,而且环流形势稳定,由于受到这两支气流的共同影响,结果导致我国中东部地区出现了大幅度的温度下降,特别是在长江流域平均最低气温达到零度以下,而且长时间维持低温,因此雨雪天气较多,这是造成这次降雪过程的主要原因。这次降雪过程最大的特点就是范围大、强度大。特别是东部地区,温度比较低,水汽条件比较好,更容易出现大到暴雪天气。总之,要出现大到暴雪需要有充足的水汽和暖湿气流以及比较明显的冷空气,这两者相互结合才会使一些地方出现大到暴雪。分析这几个方面的因子也就是作出降雪预报的基本着眼点。此外,和降雨一样,降雪量的分布也是很不均匀的,暴雪的形成也是与中尺度系统相联系的。例如2008年1月27—28日前后,在南京附近地区的降雪强度比其他地区都大些,这是与中尺度特征相关的。无论在天气图或卫星云图上都能清楚地看到这些特征,例如中尺度低压、较高云顶高度和较低云顶温度等。

8.2　雾、霾天气

8.2.1　雾的成因及影响

雾是由于大量直径仅为千分之几毫米的微小水滴(或冰晶)悬浮于近地面大气中,使地面水平能见度显著下降的一种天气现象。按照世界气象组织的规定,使能见距离降为 1～10 km 时称为轻雾;能见距离降为 1 km 之下时称为雾;能见距离为 200～500 m 时称为大雾;能见距离为 50～200 m 时称为浓雾;能见距离为 50 m 以下时称为强浓雾。雾是由空气中的水汽达到(或接近)饱和时,在凝结核上凝结而成的。它的形成是由天气系统、相对湿度、风速、大气稳定度、大气成分等诸多条件决定的。按其成因可分为辐射雾、平流雾、蒸发雾、上坡雾、锋面雾等种类,按其物态划分,则有水雾、冰雾和水冰混合雾等类别。

辐射雾是因地面辐射冷却所造成的雾。由于夜间地面辐射冷却,致使贴近地面的空气层中水汽达到饱和而凝结成雾。辐射雾一般发生在晴朗无云、风力微弱、水汽充沛的夜间。日出之前雾的浓度最大,日出以后随着地面气温的上升而逐渐消散。内陆地区一般以辐射雾最为多见。平流雾是当暖湿空气移到较冷的陆地或水面时,因下部冷却而形成的雾,通常发生在冬季,持续时间一般较长,范围较大,雾体浓厚,有时水平能见度不足几十米,厚度可达几百米。蒸发雾是由于水面蒸发而造成的雾。当冷空气流到温暖水面上时,若气温与水温相差较大,则水面会蒸发大量水汽,而水汽进入水面附近的冷空气中时又被冷却凝结成雾。蒸发雾一般范围小,强度弱,仅发生在水域附近。上坡雾是湿润空气沿着山坡上升时,因绝热膨胀冷却而形成的雾。锋面雾是发生在锋面附近的雾。冷空气位于锋下的近地面低空,从锋上云层中降下的小水滴遇冷凝结而形成雾。锋面雾分为锋前雾(出现在紧靠地面暖锋的前方)和锋后雾(出现在紧靠地面冷锋的后方)两种类型。水雾是由温度高于 0℃ 的水滴组成的雾。冰雾是由冰晶组成的雾。水冰混合雾是由过冷水滴和冰晶组成的雾。

大雾是一种灾害性天气,它会给人们生活、生产带来严重影响。它不但可以造成空气的严重污染,危害人民身体健康,还经常会造成高速公路封闭、航运中断、机场关闭、航班延误,甚至可引发重大交通事故。例如 2007 年 10 月 26—27 日,一场大雾笼罩整个华北平原,仅北京首都国际机场就有数千架次航班延误,造成大量旅客滞留机场。2007 年 11 月 9 日上午,京津地区、河北南部、山东西部、河南北部以及江苏南部和安徽东部等地再次出现大雾天气,大雾影响面积超为 8.7 万 km^2,多条高速公路被迫关闭。又例如1999年12月31日“江汉21号”客轮，由南京港驶往上海途中因江面大雾而与一货轮相撞；2006年4月5日早上，由于突起大雾，造成京珠高速公路河南新乡段发生特大交通事故，200多辆车连环相撞；大雾天气对电力网的危害也很大，由于大雾天气湿度大，使得高压输电线路的瓷瓶绝缘性能下降，极易造成高压线瓷瓶发生“频闪”和电线短路现象，常常引起大面积停电。近十多年来，在华北和东北等很多地区均发生过由大雾造成的大面积停电事故。2006年1月28日，河南省大部分地区出现浓雾天气，34个测站的能见度小于100 m，个别地方的能见度不足30 m。河南电网多条线路因雾闪与舞动跳闸，其中台前县的一条110 kV输电线路因雾闪造成跳闸，致使全县供电中断。同时大雾时水滴中常含有氢化物、硫化物，会造成对金属的腐蚀，每年可以使上千万吨的金属被雾气腐蚀。因此，作好大雾的预报和监测，对防灾减灾具有重要意义。

8.2.2 雾的预报和监测

雾的发生具有明显的地区和气候特征。一般来说，雾的持续时间长短，主要与当地的气候干湿有关。干旱地区多短雾，多在1 h以内消散，潮湿地区则以长雾为多见，常可持续6 h左右，有时可达数十小时之久。例如2006年12月24—27日，南京的大雾持续了51 h，成为当地自1951年以来持续时间最长的一次大雾过程。雾日多少与季节有关，大雾日数以秋冬季为多，春夏季较少。雾日主要集中在11月到翌年1月。以南京为例，南京全年的平均雾日数为26.5天，以11月份雾日最多，平均有4.4天；12月次之，平均有3.3天。这两个月正处于秋冬之交，共有7.7天的平均雾日，占了全年雾日数的29%，为雾日最多的时期。大雾区域分布极不均匀，总体来说是东多西少，平原和盆地较多，山区较少。

雾的发生具有一定的天气背景，主要特点有：①相对湿度较大，水汽含量比较高；②风速较小；③大气稳定；④适当的气温条件。温度高于12℃和低于−3℃时，出现雾的可能性都较小。而暖冬季较为容易具备这些条件，所以雾的发生较为频繁。如果两次较强冷空气之间的时间间隔较长，则在冷空气之间的时段内比较容易发生有雾的天气。

对我国东部地区而言，大雾前后的天气形势常常具有以下特点：①大雾前期高空中高纬度由西北气流逐渐转为稳定的平直纬向环流；低纬南支槽建立并逐渐发展；②大雾前期850 hPa暖平流明显，850 hPa以下有逆温层；后期随着中高层冷空气的南下，转为冷平流，逆温消失，雾也消失；③大雾前地面受高压控制，晚上天空晴朗，地面辐射强，夜间气温降低迅速，有利于辐射雾的形成。同时北方有冷空气扩散南下，地面高压东移入海，入海高压后部逐渐形成地面倒槽。大雾常常发生在入海高压的后部或倒槽顶端；④有雾时，近地面水汽含量较多，而850 hPa以上则相对干燥。

当中高层湿度加大时，大雾则极易转化为降水；⑤大雾发生时本站气压相对较低，风速较小（一般在 1～3 m/s 或以下）、相对湿度增大（至少到 85%以上）。

大雾常常与中尺度系统相联系。例如，地面中尺度辐合线（区）附近与辐射降温的作用常常有利于形成辐射雾。而且大雾在持续过程中性质也可以发生改变，由辐射雾转变为平流雾。若东北地区的地面冷高压中心西侧或南侧另有一小高压环流，在其南侧及西南侧产生的准地转气流和非地转气流在华北及黄河中下游地区的交汇为该地区带来了丰沛的水汽。这种形势通常为一种有利于华北及我国中、东部地区产生或维持大雾天气的环流型。

雾的分布常常是很不均匀的，局地性很强。常常是仅在几百米范围之内有雾，而另外一个地方没有雾。这是因为地表的状况差别很大，湿度比较大的地方容易发生雾，湿度较小的地方则不容易发生雾。还有就是它的生消非常快，这样一些特点，使我们对雾的预报非常困难。所以虽然我们可以从雾的气候规律，也就是说雾的地理分布和时间演变状况，以及大范围天气形势特点大致知道雾的发生地区，但是确切地预报雾发生的地点和时间，还是一个有待攻克的难题。目前，一般还是以加强雾的监测为主。例如，在沪宁高速线上每 10 km 左右就布置一个自动气象监测站，全线几十个自动气象站可以每隔 1 min 将能见度、温度、湿度、气压、雨量、风速、风向等气象要素记录下来，并传送给气象台进行分析研究，气象台通过严密地监测雾的浓度变化，来作出雾的临近预报和发布预警信号。大雾预警分成黄、橙、红三个颜色等级，从时间上讲它们分别表示大雾在 12 h、6 h、2 h 以内要发生或者不会消散。从能见度来讲，它们分别表示大雾影响下的能见度会在 200～500 m、200～50 m 及小于 50 m。

8.2.3 霾

霾是指悬浮在空中的大量烟、尘及各种化学物等气溶胶微粒而形成的大气浑浊现象，它可导致能见度降低。按照中国气象局的《地面气象观测规范》规定，若水平能见度小于 10 km 时，便可将这种由非水成物组成的气溶胶系统造成的视程障碍现象称为霾或灰霾。灰霾又称大气棕色云，灰霾使远处光亮物微带黄、红色，使黑暗物微带蓝色。组成霾的粒子极小，通常不能用肉眼分辨。当大气凝结核由于各种原因长大时也能形成霾。在这种情况下水汽进一步凝结可能使霾演变成轻雾、雾和云。

人们常常把雾和霾现象笼统地称为“雾霾”天气。而实际上雾和霾是不同的，区别在于发生霾时相对湿度不大，而雾中的相对湿度是饱和的（如有大量凝结核存在时，相对湿度不一定达到 100%就可能出现饱和）。一般相对湿度小于 80%时的大气混浊视野模糊导致的能见度恶化是霾造成的，相对湿度大于 90%时的大气混浊视野模糊导致的能见度恶化是雾造成的，相对湿度介于 80%～90%时的大气混浊视野模糊导致的能见度恶化是霾和雾的混合物共同造成的，但其主要成分是霾。霾的厚度比较厚,可达1～3 km。霾与雾、云不一样,与晴空区之间没有明显的边界,霾粒子的分布比较均匀,而且灰霾粒子的尺度比较小,从0.001 μm到10 μm,平均直径大约在1～2 μm,肉眼是看不到的。而雾是由大量悬浮在近地面空气中的微小水滴或冰晶组成的气溶胶系统,是近地面层空气中水汽凝结(或凝华)的产物。就其物理本质而言,雾与云都是空气中水汽凝结(或凝华)的产物,所以雾升高离开地面就成为云,而云降低到地面或云移动到高山时就称其为雾。雾和云一样,与晴空区之间有明显的边界,雾滴浓度分布不均匀,而且雾滴的尺度比较大,从几微米到100 μm,平均直径大约在10～20 μm,肉眼可以看到空中飘浮的雾滴。由于液态水或冰晶组成的雾散射的光与波长关系不大,因而雾看起来呈乳白色或青白色。

霾一般分成轻微霾、轻度霾、中度霾和重度霾等不同等级,它们的具体标准如下:

①轻微霾:空气相对湿度小于等于80%,能见度大于等于5 km且小于10 km;

②轻度霾:空气相对湿度小于等于80%,能见度大于等于3 km且小于5 km;

③中度霾:空气相对湿度小于等于80%,能见度大于等于2 km且小于3 km;

④重度霾:空气相对湿度小于等于80%,且能见度小于2 km。

霾天气现象出现时,空气中含有数百种大气化学颗粒物质,其中最有害健康的为矿物颗粒物、硫酸盐、硝酸盐、燃料和汽车废气等,它们可能引起人体呼吸系统、心血管系统、血液系统等严重疾病。而且,灰霾天气还可导致近地层紫外线减弱,易使空气中的传染性病菌的活性增强,传染病增多。所以霾现象是一种对人体健康危害性很强的天气。此外出现灰霾天气时,室外能见度低,容易造成交通事故。还可能影响区域气候,而且还可能使城市遭受光化学烟雾污染。其主要成分是一系列氧化剂,如臭氧、醛类、酮等,毒性很大,对人体有强烈的刺激作用。

霾作为一种自然现象,其形成主要有三方面因素。一是水平方向静风现象的增多。随着城市建设的发展,增大了地面摩擦系数,使风流经城区时明显减弱。静风现象增多,容易在城区内增大污染浓度。二是垂直方向的逆温层,覆盖在城市上空,导致污染物不能及时排放出去。三是悬浮颗粒物的增加。近些年来随着工业的发展,机动车辆的增多等等各种原因,导致城市悬浮物大量增加。霾的形成与污染物的排放密切相关。排放源排出粒径在微米级的细小颗粒物,停留在大气中,当逆温、静风等不利于扩散的天气出现时,就形成霾。

作为对广大公众的气象服务,要普及对霾天气的防范知识:

①在中度霾天气条件下,应减少不必要的户外活动,适度减少运动量与运动强度,预防呼吸道疾病发生。

②在重度霾天气条件下,应尽量避免户外活动,预防呼吸道疾病发生;能见度低劣时更要注意交通安全。

③应防范霾天气的长期危害,及早采取有效措施,改善环境问题,并注重饮食养

生，从，最大程度降低健康隐患。

8.3　沙尘天气

8.3.1　沙尘天气的定义和影响

沙尘天气是指由于地面尘沙被风吹起而造成的天空混浊、能见度下降的天气现象(图 8.4)。沙尘天气包括浮尘、扬沙、沙尘暴、强沙尘暴、特强沙尘暴天气等不同类别。各类沙尘天气的具体定义如下：①浮尘：尘土、细沙均匀地浮游在空中，使能见度小于 10 km 的天气现象；②扬沙：风将地面尘沙吹起，使空气相当混浊，水平能见度在 1～10 km 的天气现象；③沙尘暴：沙尘暴（sand-duststorm）是沙暴（sandstorm）和尘暴（duststorm)两者兼有的总称，是指强风把地面大量沙尘物质吹起卷入空中，使空气特别混浊，水平能见度小于 1 km 的严重风沙天气现象；④强沙尘暴：大风将地面尘沙吹起，使空气非常混浊，水平能见度小于 500 m 的天气现象；⑤特强沙尘暴：狂风将地面大量尘沙吹起，使空气特别混浊，水平能见度小于 50 m 的天气现象。

图 8.4　沙尘暴来临时的情景

沙尘天气是我国西北和华北北部地区较常出现的一种严重灾害性天气，有时也可以影响到南方地区。沙尘天气，特别是沙尘暴天气可以造成多方面的危害，例如可使房屋倒塌、交通受阻、供电中断、引发火灾、人畜伤亡、作物毁损、环境污染，给国民经济建设和人民生命财产安全造成严重的损失。

沙尘暴对人类生活环境的污染主要是使在沙尘暴影响区内大气中的可吸入颗粒物(TSP)急剧增加。例如,1993 年“5・5”特强沙尘暴发生时,甘肃省金昌市的室外空气的 TSP 浓度达到 1016 mg/m^3,室内为 80 mg/m^3,超过国家标准的 40 倍;2000 年 3—4 月,北京地区受沙尘暴影响时空气污染指数达到 4 级以上的有 10 天, 3 月 24—30 日,包括南京、杭州在内的 18 个南方城市的日污染指数也超过 4 级。沙尘影响地区的空气浑浊,浮尘弥漫,呛鼻迷眼,呼吸道等疾病人数常常显著增加。

沙尘暴对自然环境的破坏主要是通过沙埋和风蚀的作用造成的。在沙尘暴影响时,风沙流可造成农田、渠道、村舍、铁路、草场等被大量流沙掩埋,尤其是对交通运输可造成严重威胁。每次沙尘暴的沙尘源和影响区都会受到不同程度的风蚀危害,风蚀深度可达 1～10 cm。据估计,我国每年由沙尘暴产生的土壤细粒物质流失高达 10^6～10^7 t,其中绝大部分粒径在 10 μm 以下,对源区农田和草场的土地生产力造成严重破坏。沙尘暴又称黑风暴,发生时风力常常很大,大风可以破坏建筑物,吹倒树木电杆,撕毁农田大棚和地膜,打落果木花蕊,造成停电停水,影响工农业生产,甚至造成人的生命的损失。例如,1993 年 5 月 5 日黑风中共死亡 85 人,伤 264 人,失踪 31 人。此外,死亡和丢失大牲畜 12 万头,农作物受灾 560 万亩,沙埋干旱地区的生命线水渠总长 2000 多千米,兰新铁路停运 31 h。总经济损失超过 5.4 亿元。沙尘暴天气经常造成机场关闭、航班延误、火车停运或脱轨等。2002 年 3 月 18—21 日,20 世纪 90 年代以来范围最大、强度最强、影响最严重、持续时间最长的沙尘天气过程袭击了我国北方 140 万 km^2 多的大地,影响人口达 1.3 亿。

沙尘天气的危害甚多,所以作好沙尘天气的预报和警报对防灾减灾是十分重要的。

8.3.2 我国沙尘天气的源地和路径

据中国气象局统计和分析,影响我国的沙尘天气源地可分为境外和境内两种。大约有三分之二的沙尘天气起源于蒙古国南部地区,在途经我国北方时得到沙尘物质的补充而加强;境内沙源仅为三分之一左右。例如从 1999 年到 2002 年春季,我国境内共发生 53 次沙尘天气,其中有 33 次就起源于蒙古国中南部戈壁地区。一般来说,发生在中亚(哈萨克斯坦)的沙尘天气,不大可能直接影响我国西北地区东部乃至华北地区。新疆南部的塔克拉玛干沙漠是我国境内的沙尘天气高发区,但一般也不会直接影响到西北地区东部和华北地区。

我国沙尘天气的传播路径可分为西北路径、偏西路径和偏北路径三条主要路径。其中西北路径又可再分为两条:其一为西北 1 路路径,沙尘天气起源于蒙古高原中西部或内蒙古西部的阿拉善高原,主要影响我国西北、华北;其二为西北 2 路路径,沙尘天气起源于蒙古国南部或内蒙古中西部，主要影响西北地区东部、华北北部、东北大部。偏西路径，沙尘天气起源于蒙古国西南部或南部的戈壁地区、内蒙古西部的沙漠地区，主要影响我国西北、华北。偏北路径，沙尘天气一般起源于蒙古国乌兰巴托以南的广大地区，主要影响西北地区东部、华北大部和东北南部。

影响我国的沙尘天气源地、沙尘天气的传播路径每年的情况大致相同。例如2006年春季发生在我国北方的19次沙尘暴天气过程中，有16次沙尘暴天气过程起始于蒙古国，占总过程的84%以上，起始于其他地区的沙尘暴只有3次，不到总数的16%；沙尘暴传播路径以西北路径（10次）为主，偏北路径次之（4次），偏西路径最少（1次）。

8.3.3 沙尘天气成因及预报

沙尘暴天气大多在冷空气过境影响时发生，容易在北方、冬春季出现。沙尘暴天气的形成主要与沙尘源地以及有利于扬沙和沙尘传播的气象条件有关。

具体地说，沙尘暴天气的形成首先必须具备沙尘的物质条件。我国西北和华北北部干旱半干旱地区生态环境脆弱，土地沙化较为严重，为沙尘天气提供了大量的沙尘物质。而且北方地区冬春降水稀少，地表土壤干燥、疏松，植被还未形成，因此北方地区冬春季节沙尘天气容易产生。此外，在城市建设中有很多在建工地，如果对地表土缺乏保护设施，表土裸露，旋风刮来，极易扬尘，也是可能加剧沙尘天气的一个重要原因。

沙尘暴的形成及其强度大小，还直接与气温、降水、风力及垂直速度的大小等气象条件有关。气温高、降雨少、层结不稳定和有强对流运动以及适合的高空气流都是形成沙尘暴天气的有利条件。在北方地区春天，如果气温偏高，降水稀少，可使土壤解冻的时间提前，土壤水分的蒸发增速，地表土壤干燥化加剧，就有利于增强形成沙尘天气的沙尘物质条件。同时气温高使大气层结不稳定，如果有较强的冷空气活动，便会产生大风和强上升运动，容易使沙尘从地面扬起，并随适合的高空气流传播，为沙尘天气的形成提供了动力条件。

总的来说，沙尘暴天气的发生是一个包含大气、土壤和陆面相互作用的复杂物理过程，涉及气象学、流体力学、土壤物理学等多学科的研究。目前认为沙尘暴发生的物理过程是：在有利的地表条件和热力条件下，当摩擦速度大于临界摩擦速度时，沙粒被带离地表悬浮在近地层空气中，再由较强的上升运动将沙粒卷到不同的高度，然后靠大尺度环流输送并沉降到下游地区。由此可知，大气运动是沙尘暴发生的动力背景，要研究沙尘暴发生发展的机制，就必须研究产生沙尘暴天气的大气运动。

沙尘暴的发生和很多大气环流系统有密切关系。高、低空急流是与沙尘暴关系密切的大气环流系统之一。研究表明，强沙尘暴区通常位于高空急流出口区右侧、

500 hPa正涡度中心下风方和次级反环流的上升区内;高空急流的次级环流下沉支是使高空动量有效地下传到地面,从而形成地面大风的一个重要原因;锋后强冷平流,蒙古气旋强烈发展是触发内蒙古地区强沙尘暴天气过程的重要原因。

通过对上述沙尘天气成因的分析可知,对沙尘的物质条件和动力条件的具体分析就是作出沙尘暴天气预报的着眼点。

8.4 夏季高温天气

8.4.1 高温的定义及影响

夏季高温是一种较常见的气象灾害。根据我国气候及环境特点,一般将我国每日极端高温分为三个等级:高温(≥35 ℃),危害性高温(≥37 ℃),强危害性高温(≥40 ℃)。

根据WMO对异常气候标准的规定,平均气温距平大于或等于两个标准差,即$\Delta T/\delta \geqslant 2$为异常高温。式中$\Delta T$为当年某地某时段的平均气温的距平,$\delta$为历年同地同时段的平均气温的标准差。例如,设某地某年6月的平均气温距平ΔT为4.9℃,而根据当地30年的平均气温资料可得,当地6月平均气温标准差δ为2.1℃,则可得$\Delta T/\delta$为2.3,于是便可认为该地该年6月出现了异常高温。

高温会给人民生活和工农业生产带来严重影响。尤其是用水、用电等的需求量急剧上升,造成水电供应紧张、故障频发。高温会加剧土壤水分蒸发和作物蒸腾作用。高温与少雨常同时出现,造成土壤失墒严重,加速旱情的发展。持续高温对植物的生长发育和产量的形成,以及畜、禽、水产等动物养殖都可造成损害,还易引发火灾,特别是森林火灾,会对生态环境造成严重破坏。故在农业气象上又称其为高温热害。持续性高温还给人们的健康造成危害,当人体皮肤的温度随着气温升高后,体内和皮肤之间温差便缩小,结果严重地阻碍人体热平衡调节功能的正常进行,当气温持续高于皮肤温度时,容易引起中暑甚至死亡。另外,旅游、交通、建筑等行业也会受到不同程度的影响。但高温热浪同时也给一些生产、销售防暑降温用品及设备的厂家和商家带来商机。

2003年夏季,我国华南、江南地区出现持续高温天气,很多县(市)日最高气温、日平均气温超过历史最高纪录。与高温天气同时出现的是干旱少雨,蒸发量大,如7月份江西有72%的县(市)雨量偏少8成以上,40%的县(市)雨量创历史新低,月蒸发量达230~400 mm,严重旱情给该地区工农业生产和人民群众生活带来不利影响。从2010年7月下旬开始,我国多地持续高温闷热天气,局地达38~40℃,很多地方甚至连饮水都发生严重困难。

夏季高温对我国各地都可能造成一定影响，而长江流域、江南和华南地区更是我国夏季受高温热浪袭击的重灾区。梅雨季节过后的 7 月、8 月，一般年份都会出现 20～30 天的高温天气，梅雨期短的年份高温日数可超过 40 天，给人民生活和工农业生产造成了极大危害。因此研究夏季高温的成因，作好高温预报预警工作具有重要意义。

8.4.2 高温的成因及预报

根据对 1993—2003 年上海、南京、杭州、合肥等城市 6 月、7 月、8 月、9 月≥35℃的高温日的日数、时段的统计表明，长江流域高温一般出现在 7 月中下旬到 8 月。1994 年、1998 年、2001 年、2003 年这四年均出现异常高温，其中 2003 年 7 月下旬出现了连续 8～10 天的高温天气，高温连续日的最高气温达 40℃以上。

资料分析清楚地表明，导致高温这种灾害性异常天气气候的直接原因是西太平洋副热带高压异常偏强，且持续西伸控制我国长江中下游地区。高温的形成与西太平洋副高密切相关。我国 105°E 以东，约 40°N 以南的广大区域主要受西风带、副热带和热带天气系统的相互作用和影响，形成了该地区千变万化的天气特点。西太平洋副热带高压是夏季影响我国天气气候的最大环流系统之一。副高的部位不同，结构不同，天气也不同。副高内的天气，由于盛行下沉气流，以晴朗、少云、微风、炎热为主。特别是在脊线附近，为下沉气流，多晴好天气，又气压梯度力小，风力较弱，天气则更为炎热，副热带高压控制下的空气下沉增温和晴空条件下的辐射加热使得气温持续异常偏高，长江中下游地区 8 月份伏旱，就是由于副高脊线长期控制这个地区形成的。

2005 年 6 月，河南省中部也出现了持续高温天气。6 月 22—23 日，河南省中部连续 2 天出现了三站以上≥40℃的区域性高温天气。分析表明，持续高温天气的出现与大尺度天气系统活动异常有关，尤其是与大陆暖高压或副高以及中纬度冷空气活动有密切关系。从当月北半球 500 hPa 平均高度场可见，格陵兰东部和阿拉斯加各有一高压脊发展至极地，使得极涡呈现一强一弱两个中心并偏离极地，与常年 6 月单极涡不同，由于极涡主体强中心位于西半球加拿大东北部格陵兰以西，弱中心位于新地岛附近。亚洲极涡偏弱，其南部乌拉尔山以东地区存在一个弱脊区，亚洲中高纬度锋区偏北，导致东亚冷空气活动偏北偏弱，这种形势有利于 2005 年 6 月持续高温天气的发生。同时，2005 年 6 月，副高主体偏东，西伸脊点为 120°E，副高脊线平均位置在 16°N 附近，明显偏南。台风少于常年同期，致使高温天气出现时，河南省中部处于大陆高压系统的控制。可见，2005 年 6 月河南省中部持续高温日数多，主要是因为大尺度环流背景场形势稳定，多日受稳定的暖气团控制，降水偏少而造成的。随着西风带低压槽活动和冷空气的扩散，才使河南省中部高温天气得到缓解。

2005年6月22—23日,河南省中部的区域性高温天气也与700 hPa河套高压有密切关系。这是一个直接导致河南省中部高温天气的影响系统,它于22日08时形成于河套地区,导致河套地区出现高温,在东移过程中将炎热天气输送到河南省中部。直到其于23日20时移出河南省中部时,这次区域性高温天气才告结束。

由于深厚的负涡度区域内存在下沉运动,同时,近地面层空气中水汽含量逐渐减少,下沉气流就使得空气下沉增温。同时,河套高压控制的深厚的反气旋环流内,天空晴朗无云,能见度好,中午的太阳短波辐射强,十分有利于地面的辐射增温,从而导致了河南省中部高温天气的出现。

分析了6月22—23日200 hPa环流形势演变过程,发现在此期间,西北部存在一支极锋急流,东南部为副热带急流,河南省中部处于西北部极锋急流出口区右侧与东南部副热带急流入口区左侧的辐合下沉区中。这也可视为导致河南省中部高温天气出现的有利因子之一。

除了天气系统的作用外,还可能有其他的影响因子,例如焚风、城市热岛效应等。一般来说,空气流动遇山受阻时会出现爬坡或绕流,气流在迎风坡上升时,温度会随之降低,空气上升到一定高度时,水汽遇冷出现凝结,以雨雪形式降落。空气到达山脊附近后,变得干燥,然后在背风坡一侧顺坡下降,并以干绝热率增温。因此,空气沿着高山峻岭沉降到山麓的时候,气温常有大幅度的升高。这种现象叫焚风效应。李戈等(2006)统计了1961—2004年河南各代表站的高温资料表明,高温日数较多,日最高气温≥40℃较多的台站多数处于伏牛山前倾斜平原区。河南省中部,处于伏牛山、外云山东部余脉与黄淮平原交界地带,地势西高东低,呈梯形分布,西部的鲁山最高山峰海拔2152 m,东部的郏县海拔高度仅为83.4 m,相差2068.6 m。当气流越过山脉下降时,在山脉东麓的台站常会出现焚风效应,致使这些台站高温日数和日最高气温≥40℃的日数比其他地方都要多些。

分析可知,2005年6月河南省中部的这次异常高温天气的环流形势背景的特点是:亚洲中高纬度锋区偏北,导致东亚冷空气活动偏北偏弱;副高主体偏东,台风偏少,大气环流形势稳定,多日受稳定的暖性大陆高压系统控制。对流层中层700 hPa的河套高压是河南省中部这次高温天气过程的主要影响系统,它所带来的平流增温、下沉增温和辐射增温是导致这次高温天气的主要原因。200 hPa极锋急流出口区和副热带急流入口区的高空辐合配合低空辐散,进一步加强了河套高压中的下沉运动和地面增温。此外,焚风效应在河南省中部高温天气的发生中也起着一定的作用。

以上分析说明,作高温预报时,主要应密切关注副高的动态以及周边系统的影响,同时还要充分考虑地形和局地因子的影响。

8.5 环境气象问题

8.5.1 环境气象概论

地球大气是地球上存在的一切事物(指自然物质和自然事件),包括人类、生物、有机物质和无机物质以及其中所发生的自然事件的自然环境。地球大气的运动和状态变化都会影响到这一切事物的运动和变化。对于人类来说,他们周围的一切事物都是他们存在的自然环境,地球大气不仅作为人类的直接环境因子直接地影响着人类,而且也通过影响其他人类的自然环境因子而间接地影响着人类。一般把所有由于地球大气的运动和状态变化而对人类和人类环境产生影响的问题称为环境气象问题。

现在的气象预报已经不仅仅包括传统的气象要素预报,而是已越来越多地增加了环境气象预报的内容,一般称其为特种预报或环境指数预报,即把一些单一的气象要素综合起来加工成各种环境气象指数,把它们发布给用户使用,从而大大地扩展了气象服务的领域。

环境气象问题很多,相应的特种预报项目或环境气象指数也很多,一般可分为两大类:第一大类是与社会生产活动有关的预报,主要是向政府领导及决策部门提供的,包括与抗灾救灾(如干旱、洪涝等)、产业气象(如农业估产、林木长势、渔获量、盐业、输电线积冰、建筑物与输电网的风压风振、雷电灾害、商品贮存、风能、太阳能、水电调度等)、交通气象(航线、云、气流、能见度、路面积雪、道路结冰、冻土、路面温度、城市积水)等有关的气象预报;第二大类是与人们日常生活息息相关的内容,主要是向社会公众发布的,包括与城市气象(如热岛、街谷、大气污染、空气质量、紫外线、人体舒适度、城市火险、雨伞、上下班、雷击、食品、果蔬、冷饮、啤酒、空调、穿衣、晒衣、晾衣、住宅方位与朝向等)、医疗气象(如流行病、感冒、高血压、冠心病、气管炎、中暑、冻伤、花粉等)、旅游气象(如避暑、滑冰、滑雪、海滨浴场、沙浴)等有关的气象预报。本节只对较常用的与人体有关的环境气象指数作一简略介绍。

8.5.2 人体环境气象指数

大气作为人类的环境,有时使人体感到舒适、适宜于生活、有利于健康;相反有时却使人体感到不舒适、不宜于生活、不利于健康,甚至可能引起疾病。人体对大气环境的感觉往往是由多种气象要素的共同影响而产生的,而不取决于单一的气象要素。例如,人体对冷暖的感觉通常并不简单地取决于气温的高低,因为尽管在相同的气温下,有时会使人感到热(凉),有时却使人感到凉(热)。因此关于人体对环境的感觉问题是需要深入研究的问题。这种研究迄今已经有二三百年的历史了,产生出很多能较好用以反映人体舒适感觉程度的指数,以下略举一二。

一种是表示人体对冷暖感觉程度的指数,叫作体感温度(T_g),它的计算公式为:

$$T_g = T_a + T_F + T_H - T_v \tag{8.2}$$

式中,T_a 为气温(℃);T_F,T_H 和 T_v 分别为辐射作用、湿度和风对体感温度的修正(℃),其中 T_F 取决于外衣颜色、云量多少等因子。T_F,T_H 和 T_v 可以分别通过经验公式的计算或查表得出。(8.2)式表明,体感温度(T_g)是由气温、湿度、风速、太阳辐射(云量及服装颜色等)因子共同决定的。

第二种是表示人体舒适或不舒适度的指数,称为不舒适度指数(Id),这是由E. C. Thom 提出的,在美国较为常用的一种人体舒适度指数,也称为温湿指数,它主要用来表示天气的闷热程度。其表达式分成无风和有风两种情况。

当无风时,Id 表达式为:

$$\mathrm{Id} = 0.72(T_d + T_w) + 40.6 \tag{8.3}$$

式中,T_d 和 T_w 分别为干球温度(℃)和湿球温度(℃)。

当有风和日晒时,Id 表达式为:

$$\mathrm{Id} = 0.72(T_d + T_w) - 7.2\sqrt{u} + 0.03J + 40.6 \tag{8.4}$$

式中,J 为日射量(W/m^2),u 为风速(m/s),一般来说,当 Id 数值中等,约在 60~74 时,人体感觉较舒适,Id 为 69~72 时最舒适;Id 数值太大或太小,都表示不舒适,而且越大或越小时,不舒适的程度越严重。例如,当 Id 由 59 向下逐渐递减至 5 或更低时,就会感到凉、冷、很冷、酷冷甚至被冻伤;相反,当 Id 由 75 向上逐渐递增至 85 或更高时,就会感到偏热、闷热、炎热、酷热甚至中暑。不过不同地区、不同人种、不同年龄、不同性别、不同个体的人体感觉标准是不可能完全相同的,实际应用时应根据统计加以细化。

与以上两种指数相类似的还有炎热指数、寒冷指数等很多种,这里不再一一介绍。

复习与思考

(1) 什么是高影响天气?

(2) 什么是霜和霜冻?

(3) 霜冻按其形成的原因可分为哪些种类?

(4) 我国不同地区的霜冻各有什么特点?

(5) 怎样划分霜冻的轻重程度?

(6) 怎样制作霜冻预报?

(7) 什么是寒露风?

(8) 寒露风的天气特点是什么?

(9) 什么是雨凇？
(10) 我国南北方雨凇各有哪些发生源地？
(11) 雨凇发生时大气垂直结构有哪些特征？
(12) 雨凇的天气预报着眼点是什么？
(13) 怎样划分降雪的等级和测定降雪量？
(14) 降雪天气对社会生产和生活会产生什么影响？
(15) 降雪天气发生概率大小与地面气温高低有什么关系？
(16) 降雪天气预报着眼点是什么？
(17) 雾有哪些种类？
(18) 大雾天气对社会生产和生活会产生什么影响？
(19) 发生雾的天气背景条件有哪些？
(20)雾有哪些等级？划分的标准是什么？
(21)什么是霾？
(22)霾和雾有哪些区别？
(23)霾分哪些等级？划分的标准是什么？
(24)形成霾须有哪些基本条件？
(25)霾有哪些危害性？
(26)如何有效防范霾的危害？
(27) 什么是沙尘天气？沙尘天气包括哪些类别？它们的定义是什么？
(28) 沙尘天气对社会生产和生活会产生什么影响？
(29) 影响我国的沙尘天气源地有哪些？
(30) 我国沙尘天气的传播路径有哪些？
(31) 沙尘暴的形成及其强度与哪些因子有关？
(32) 作沙尘天气预报的着眼点是什么？
(33) 什么是异常高温？
(34) 异常高温对社会生产和生活会产生什么影响？
(35) 影响高温产生的因子有哪些？
(36) 预报高温的着眼点是什么？
(37) 什么是环境气象问题？
(38) 有哪些环境气象问题？
(39) 什么是体感温度(T_g)？
(40) 什么是不舒适度指数(Id)？

参考文献

保广裕,戴升,马林,等,2004.2002年高原春秋两次暴雪天气过程分析[J]. 青海环境,**14**(1):5-11.

贝耐芳,赵思雄,高守亭,2003.1998年"二度梅"期间武汉—黄石突发性暴雨的模拟研究[J]. 大气科学,**27**(3):399-417.

迟竹萍,龚佃利,2006. 山东一次连续性降雪过程云微物理参数数值模拟研究[J]. 气象,**32**(7):25-32.

崔晶,张丰启,钱永甫,等,2008.2005年12月威海连续性暴雪的气候背景[J]. 南京气象学院学报.**31**(6):844-851.

崔宜少,张丰启,李建华,等,2008.2005年山东半岛连续三次冷流暴雪过程的分析[J]. 气象科学,**28**(4):395-401.

邓远平,程麟生,张小玲,2000. 三相云显式降水方案和"96·1"暴雪成因的中尺度数值模拟[J]. 高原气象,**19**(4):401-413.

董安祥,郭慧,贾建颖,等,2001. 青藏高原东部一次大雪过程的 Q 矢量分析[J]. 南京气象学院学报,**24**(3):405-409.

高玉中,周海龙,苍蕴琦,等,2007. 黑龙江省暴雪天气分析和预报技术[J]. 自然灾害学报,**16**(6):25-30.

宫德吉,李彰俊,2001. 低空急流与内蒙古的大(暴)雪[J]. 气象,**27**(12):3-7.

河北省气象局,1987. 河北省天气预报手册[M]. 北京:气象出版社.

胡中明,周伟灿,2005. 我国东北地区暴雪形成机理的个例研究[J]. 南京气象学院学报,**28**(5):679-684.

李戈,寿绍文,张广周,等,2007a. 河南一次沙尘天气过程干空气侵入的数值模拟及诊断分析[J]. 气象,**33**(10):28-36.

李戈,寿绍文,张广周,等,2007b. 2006年4月11—12日平顶山市沙尘天气中尺度动力机制分析[J]. 气象与环境科学,**30**(1):66-71.

李加洛,达成荣,刘海明,等,2003. 青海东部一次强暴雪天气的 Q 矢量诊断分析[J]. 气象,**29**(9):8-12.

李建华,崔宜少,单宝臣,2007. 山东半岛低空冷流降雪分析研究[J]. 气象,**33**(5):49-55.

李江波,李根娥,裴雨杰,等,2009. 一次春季强寒潮的降水相态变化分析[J]. 气象,**35**(7):87-94.

李鹏远,傅刚,郭敬天,等,2009. 2005年12月上旬山东半岛暴雪的观测与数值模拟研究[J]. 中国海洋大学学报,**39**(2):173-180.

李戈,寿绍文,等,2006. 2005年6月河南省中部异常高温动力机制研究[C]//中国气象学会2006年年会"中尺度天气动力学,数值模拟和预测"分会场论文集,2006年.

李兴宇,郭学良,朱江,2008. 中国地区空中云水资源气候分布特征及变化趋势[J]. 大气科学,**32**(5):1094-1106.

林良根,寿绍文,沈之林,2006. 一次强沙尘暴过程中干空气侵入的数值模拟和诊断分析[J]. 南京气象学院学报,**29**(3):371-378.

林曲凤,吴增茂,梁玉海,等,2006. 山东半岛一次强冷流降雪过程的中尺度特征分析[J]. 中国海洋大学学报, **36**(6):908-914.

刘建军,程麟生,2000."97·12"高原暴雪过程中尺度热量和水汽收支诊断[J]. 气象,**28**(6):14-20.

刘建军,2000. 模式物理过程及地形对高原暴雪中尺度数值模拟的影响[D]. 兰州:兰州大学.

刘梅,濮美娟,高苹,等, 2008. 江苏省夏季最高温度定量预报方法[J]. 气象科技,**36**(6):728-733.

刘宁微, 2006."2003·3"辽宁暴雪及其中尺度系统发展和演变[J]. 南京气象学院学报,**29**(1):129-135.

刘宁微,齐琳琳,韩江文,2009. 北上低涡引发辽宁历史罕见暴雪天气过程的分析[J]. 大气科学,**33**(2):275-284.

隆霄,程麟生,2001."95·1"高原暴雪中尺度系统发展和演变的非静力模式模拟[J]. 兰州大学学报(自然科学版),**37**(2):141-148.

路爽,李丹,2007. 沈阳"06·2"暴雪天气过程诊断分析[J]. 气象科学(增刊),**27**:89-94.

苗爱梅,安炜,刘月丽,等,2007. 春季一次暴雪过程的多普勒雷达动力学诊断[J]. 气象, **33**(2):57-61.

任余龙,寿绍文,2007. 甘肃中西部近年沙尘天气气候特征及典型个例诊断分析[J]. 南京气象学院学报,**30**(2):266-273.

盛春岩,杨晓霞,2002. 一次罕见的山东暴雪天气的对称不稳定分析[J]. 气象, **28**(3):33-37.

寿绍文,1975. 雨—雪的阈温[J]. 气象科技,(9). 译自 Weather Wise, **27**(2).

宋晓辉,王咏青,寿绍文,等,2010. 冀南一次暴雪过程分析[J]. 气象与环境科学,**26**(5):1-6.

孙健,赵平,2003. 用 WRF 与 MM5 模拟 1998 年三次暴雨过程的对比分析[J]. 气象学报,**61**(6):692-700.

孙兴池,王文毅,闫丽凤,等,2007. 2005 年山东半岛特大暴风雪分析[J]. 中国海洋大学学报,**37**(6):879-884.

王建中,丁一汇, 1995. 一次华北强降雪过程的湿对称不稳定性研究[J]. 气象学报,**53**(4):451-460.

王金兰,寿绍文,刘经军,等,2008. 河南省一次大雾的数值模拟及生消机制分析[J]. 气象与环境科学,**31**(1):39-44.

王丽娟,赵琳娜,寿绍文,等,2011. 2009 年 4 月北方一次强沙尘暴过程的特征分析和数值模拟[J]. 气象,**37**(3):309-317.

王清川,寿绍文,霍东升,2011. 河北省廊坊市一次初冬雨转暴雪天气过程分析[J]. 干旱气象,**29**(1):62-68.

王文,程麟生,2000."96·1"高原暴雪过程湿对称不稳定的数值研究[J]. 高原气象,**19**(2):129-140.

王文,刘建军,李栋梁,等,2002. 一次高原强降雪过程三维对称不稳定数值模拟研究[J]. 高原气象,**21**(2):132-138.

王文辉,徐祥德,1979. 锡林郭勒盟大雪过程和"77·10"暴雪分析[J]. 气象学报,**37**:80-86.

王迎春,钱婷婷,郑永光,2004. 北京连续降雪过程分析[J]. 应用气象学报,**15**(1):58-65.

杨成芳,李泽椿,李静,等,2008. 山东半岛一次持续性强冷流降雪过程的成因分析[J]. 高原气象,**27**(2):442-450.

杨成芳,李泽椿,周兵,等,2007. 渤海南部沿海冷流暴雪的中尺度特征[J]. 南京气象学院学报,**30**(6):857-865.

杨柳,苗春生,寿绍文,等,2006. 2003年春季江淮一次暴雪过程的模拟研究[J]. 南京气象学院学报,**29**(3):379-384.

禹东辉,寿绍文,孟丽丽,等,2007. 洛阳市城市环境气象监测预报服务研究[J]. 气象与环境科学,**30**(2):55-60.

张守保,2009. 华北回流天气的多尺度结构特征[D]. 南京:南京信息工程大学.

张守保,张迎新,杜青文,等,2008. 华北平原回流天气综合形势特征分析[J]. 气象科技,**36**(1):25-30.

张小玲,程麟生,2000a."96·1"暴雪期中尺度切变线发生发展的动力诊断,I:涡度和涡度变率诊断[J]. 高原气象,**19**(3):285-294.

张小玲,程麟生,2000b."96·1"暴雪期中尺度切变线发生发展的动力诊断,II:散度和散度变率诊断[J]. 高原气象,**19**(4):459-466.

张迎新,侯瑞钦,张守保,2007. 回流暴雪过程的诊断分析和数值试验[J]. 气象,**33**(9):25-32.

张迎新,张守保,2006. 华北平原回流天气的结构特征[J]. 南京气象学院学报,**29**(1):107-113.

张勇,寿绍文,王咏青,等,2008. 山东半岛一次强降雪过程的中尺度特征[J]. 南京气象学院学报,**31**(1):51-56.

赵桂香,程麟生,李新生,2007."04·12"华北大到暴雪过程切变线的动力诊断[J]. 高原气象,**26**(3):615-623.

赵桂香,许东蓓,2008. 山西两类暴雪预报的比较[J]. 高原气象,**27**(5):1140-1148.

赵桂香,2007. 一次回流与倒槽共同作用产生的暴雪天气分析[J]. 气象,**133**(11):41-48.

赵思雄,孙建华,陈红,等,2002. 北京"12·7"降雪过程的分析研究[J]. 气候与环境研究,**7**(1):7-21.

周淑玲,丛美环,吴增茂,等,2008. 2005年12月3—21日山东半岛持续性暴雪特征及维持机制[J]. 应用气象学报,**19**(4):444-453.

周淑玲,闫淑莲,2003. 威海市冬季暴雪的天气气候特征年[J]. 气象科学,**31**(3):183-189.

周雪松,谈哲敏,2008. 华北回流暴雪发展机理个例研究[J]. 气象,**34**(1):18-26.

朱爱民,寿绍文,1993. 长江中下游地区"84·1"暴雪过程分析[J]. 气象,**19**(3):20-24.

朱爱民,寿绍文,1994. 一次冬季暴雪过程锋生次级环流的诊断分析[J]. 南京气象学院学报,**17**(2):183-187.

宗志平,刘文明,2004. 2003年华北初雪的数值模拟和诊断分析[J]. 气象,**30**(11):3-7.

第9章 天气预报的技术和方法

9.1 天气预报的类别

天气预报是通过对气象信息的时空分布和演变的分析，根据天气学原理对未来天气变化的趋势进行预测的一种技术。

天气预报有不同的类别。在天气预报业务中，按预报时效的长短分类，天气预报一般可分成超长期预报（1年以上的天气预报）、长期天气预报（10天以上、月、季、年的天气预报）、中期天气预报（4天至10天的天气预报）、短期天气预报（3天以内的天气预报）、甚短期天气预报或短时天气预报（0～12 h的天气预报）、临近天气预报（0～2 h的天气预报）。其中，甚短期天气预报（VSRF）和临近天气预报（Nowcasting）两类预报是由世界气象组织（WMO）在20世纪80年代初提出的概念。在我国天气预报的业务部门通常把"短时天气预报"与"临近预报"一起合称为"短临天气预报"。

以上各类预报构成"无缝（seamless）"链接，成为现代天气预报完整的"无缝隙预报"体系。所谓"无缝隙预报"是指在时间上连续不断、空间上全覆盖的天气预报，它可以提供从数分钟到数年（数分钟、数小时、数天、1周至1旬、1旬至1月、数月、数季、数年）时间尺度、连续不断的、无缝隙的、不同地理位置（区域）的各种天气、水文和气候预报产品。它具有以下重要特点：其一，各种预报是连续、渐进、滚动、相互关联、相互一致的；其二，强调天气学与水文学和气候学等其他学科的交叉和相关技术的融合，预报内容更丰富、分辨率更高，使用更方便；其三，预报产品具有透明性、开放性；其四，预报产品具有较高的精准度、可靠性、分辨率，以及信息内容具有较高的时间和空间跨度及时效性等。它以气象现代化建设为基础，是现代天气预报业务进一步深化的方向。

天气预报是一项应用性的科学技术和业务。它为国家、社会、公众、行业等提供天气信息和预报服务。这是气象事业对人类生命财产安全、国家建设、社会发展、国计民生做出的意义重大的贡献。

不同的服务对象对天气预报业务有不同的要求。因此天气预报业务也可按天气预报的服务对象和内容进行分类。一般有以下类别：

第一类是为决策机构和决策者提供服务的预报，主要为国家和政府各级领导机关和领导人员提供天气情报和预报,供他们做重大决策时使用(例如防洪、抗涝、抗旱、防台风、抗灾、救灾、安排生产等),一般通过各级政府的专线系统提供。

第二类是为公民提供服务的预报,主要为广大人民群众提供天气情报和预报服务,一般通过各种媒体包括电视、电台、报纸、网络、手机以及警报器具等发布,内容广泛包括晴雨、冷暖、灾害、空气质量、太阳辐射、花粉浓度、人体舒适度等。

第三类是为专项要求(如重大庆典、重大工程、重大活动等)提供专门气象服务的预报。其内容包括特定时间、特定地点的天气信息和预报,一般均通过对相关单位和部门的专线系统提供服务。

第四类是为专业要求提供服务的预报。服务专业广泛,包括工业、农业、林业、牧业、副业、渔业、交通、商贸、能源、建筑、环保、海洋、金融、保险、旅游、体育、航空、航天等百余种行业。内容包括特定时间、特定地点的特定项目的天气信息和预报,一般均由天气预报专项预报专家或专业团队、商业预报服务公司及机构提供相应的专项服务。

天气预报是建立在科学和技术基础上的。根据天气预报的基本原理和方法,天气预报可分为天气学方法、数值预报方法、统计预报方法以及各种预报方法互相结合的综合预报方法等。

9.2 天气预报的发展历程

天气预报科技的发展是建立在科学和技术发展基础上的。追溯人类历史可知,自古至今,由于生存、生活和安全及发展的需要,人类始终渴望理解和预测天气的演变,并使用各种方法进行天气预报研究和实践。

我国早在公元前 13 世纪至公元前 11 世纪(商代后期),人们就用占卜预测气象和天象等。河南安阳殷墟出土的大量商代甲骨文中关于占卜风、雨、水等方面的卜辞可以看作是原始的天气预报,这是已知的世界上最早的“天气预报”。

但是真正科学的天气预报开始于 19 世纪初期,至今才经历了百余年的发展历程,按其发展的不同时期的不同特点,可分为以下四个主要阶段:

(1)初期的单站预报方法阶段

在最近几百年内,各种气象要素(气压、气温、湿度、风等)的观测仪器逐渐发明,实现了对大气状态的定量描述和分析。但在电报发明之前,各处的观测信息不能及时传送和交流,人们主要利用当地单站的天气资料进行分析预报,通过分析气压等气象要素的变化来预报天气的变化。

(2)早期的地面天气图方法阶段

随着电报(即时远距离通信方式)的发明和发展使各地的气象资料可以及时传

输，因而为即时地面天气图分析与预报提供了条件。20 世纪初至 20 年代，V. Bjerknes 与 J. Bjerknes 等气象学家，开始系统地研究分析大气状态与运动的理论和方法，并提出了锋面气旋模式等著名理论，对近代天气学的发展起到了重要的作用。

(3)近代的高空天气图方法阶段

随着无线电探空技术的发展，使得人们对高空气象的状况和天气系统的三维结构有了了解。Rossby 等气象学家通过分析指出气旋或发展与高空波动的关系，以及波动的运动与天气过程的密切关系。还有其他很多气象学家提出了各种预测地面气旋的发生与发展的理论。这些理论已经成为当代天气系统分析和预报的理论基础。

(4)现代的多种大气探测、分析和预报技术及方法应用阶段

随着电子计算机、气象卫星、气象雷达等遥感技术、数值预报技术、人工智能技术、通信技术等多种现代大气探测、分析和预报技术及方法的应用，天气预报已经进入多尺度、高精度、无缝隙预报时代，天气预报服务也进入为全社会、全民众、全覆盖服务的时代，天气学的发展已由此进入了前所未有的全新时期，并展现了广阔的前景。

我国近代气象事业发展历史上也经历了上述阶段，由于受到历史条件和种种原因的限制，起步较晚、发展缓慢，很长时期在世界上处于落后状态。但是新中国成立后，特别是改革开放以来，我国气象事业发展突飞猛进。目前在我国，各种现代的大气探测、分析预报技术和方法、超级大型电子计算机、风云系列气象卫星、多普勒雷达网、雷电探测网、自动气象站网等遥感技术、数值预报技术、人工智能技术、卫星通信等多种现代大气探测、分析和预报技术及方法广泛应用，天气预报技术也紧随世界发达国家已经逐步进入多尺度、高精度、无缝隙预报时代，天气预报服务也进入为全社会、全民众、全覆盖服务的时代。2022 年 4 月，国务院印发了《气象高质量发展纲要(2022—2035 年)》，中国天气学的发展由此将逐渐进入前所未有的全新时期。

9.3　现代天气探测技术及应用

随着近代科学技术的飞速发展，数不胜数的科技成果被应用到气象科技领域之中。这里仅介绍卫星、雷达、遥感、数值预报等技术的应用。

(1)气象卫星探测资料及应用

人类历史上第一颗气象卫星 TIROS-1 于 1969 年 4 月 1 日发射成功，从此开创了卫星探测地球大气的新纪元。1988 年 9 月开始，我国也成功发射风云(FY)系列的气象卫星。从此中国也成为世界上拥有气象卫星的少数国家之一。

中国的风云(FY)系列气象卫星有两类。FY 字样后数字为奇数的(如 FY-1，FY-3 等)表示极轨卫星，数字 1、3 分别表示该极轨卫星的代别(第一、二代)；FY 字

样后数字为偶数的(如 FY-2,FY-4 等)表示地球静止卫星,数字 2、4 等数字表示该地球静止卫星的代别(第一、二代),后缀 A、B、C、D 等表示同代卫星的先后次序,例如,FY-1A,FY-1B,FY-1D 分别表示第一、二和四颗发射的 FY-1 极轨卫星,FY-2A,FY-2D 分别表示第一和四颗发射的 FY-2 地球静止卫星。

第二代 FY-3 极轨卫星主要以气象业务和研究及环境与灾害监测为目的,将实现全球、全天候、多光谱、三维、定量的地球大气遥感探测。FY-2 气象卫星系列共计划发射五颗卫星,其中,FY-2A、FY-2B、FY-2C、FY-2D 都已经于 1997—2006 年期间发射。目前 FY-2C 定点于 105°E 赤道上空业务运行,FY-2D 定点于 86.5°E 赤道上空作为备用星运行,它们除了提供可见光、水汽和红外等五个通道的图像外,还可以提供海面温度、风矢量等加工产品。我国自己及外国的气象卫星资料都将被合理利用,对提高我国天气预报和服务起到巨大的推动作用。

气象卫星探测有很多产品,包括图像产品、定量产品、图形和分析产品。其中卫星云图是天气分析和预报中最常用的产品之一,包括可见光云图、红外云图等。通过对卫星云图上的云和云区的形态、结构、大小、色调、暗影、纹理等特征分析可以识别各种天气系统的云系。云图上最常见的云型和云系有云带、云线、云团、涡旋云系、细胞状云系、逗点云系、叶状云系等。天气图上的高空槽脊、高空急流、地面锋面、气旋、热带气旋、热带辐合带等天气系统在卫星云图上都会有明显的表现。通过卫星云图可以帮助我们正确地分析天气系统的位置、强度、演变情况,特别是高分辨云图,可以帮助我们了解天气系统的细致结构,在短临天气预报中具有重要作用。此外,云迹风图(通过分析卫星云体运动轨迹而推导所得的大气风矢量分布图)、水汽图像(通过卫星测定的 6.7 μm 辐射量值,或各种"亮温"及灰度与颜色反映的大气水汽分布图像)等气象卫星产品,对于改进大气流场分析和大气水汽分布分析都有重要意义。上述各种气象卫星产品的应用在本书前面很多章节中都有相关的实例,这里不作重复。

(2)天气雷达探测资料及应用

雷达(RADAR)是一种利用电磁波探测目标物的电子设备,它是利用目标对电磁波的反射或散射现象对目标进行检测、定位、跟踪、成像与识别的。天气雷达是可以用以测定气象目标(如云、雨等)的气象专用雷达。早期的天气雷达的回波信号是模拟信号,因此只能获取定性的气象信息。通过把模拟信号转换成数字信号后的天气雷达称为数字化天气雷达,由它便可定量地测定气象目标和获取定量的气象信息。20 世纪 80 年代我国研制的具有数字化处理系统的 714－S 波段天气雷达就是数字化天气雷达的代表之一。数字化天气雷达的使用可以提高对云雨的探测精度,并便于数据资料的处理、储存、加工、传输和研究。

多普勒雷达(DOPPLAR RADAR),又名脉冲多普勒雷达,是一种利用多普勒效应来探测运动目标的位置和相对运动速度的雷达。多普勒天气雷达，是专门用于天气探测的多普勒雷达。多普勒天气雷达不仅可以和一般数字化天气雷达一样获取探测范围内降水的时空分布和变化，而且还可以获得降水区风场的信息。其工作原理是以多普勒效应为基础，测定散射体（云、降水物等）相对于雷达的速度，从而在一定条件下反演出大气风场、气流垂直速度的分布以及湍流情况等。多普勒天气雷达在测量云、降水和各种强对流天气发生发展内在因素方面有重要的应用，这对警戒强对流天气等具有重要意义，在本书前面很多章节中都有相关的叙述和实例，例如在对普通雷暴、多单体雷暴、超级单体风暴、龙卷、下击暴流、冰雹、飑线、热带气旋等强对流系统的分析、监测及临近预报中都起着十分重要的作用。目前我国已建立相当稠密的多普勒天气雷达站网，给科研和业务提供了十分有利的条件。

风廓线雷达，也叫风廓线仪（WIND PROFILER），是一种可以用来探测高空水平风场及其垂直分布的遥感设备。它通过向高空发射不同方向的电磁波束，接收并处理这些电磁波束因大气垂直结构不均匀而返回的信息进行高空风场的探测。风廓线雷达利用多普勒效应能够探测其上空风向、风速等气象要素随高度的变化情况，具有探测时空分辨率高、自动化程度高等优点。在风廓线雷达基础上增加声发射装置构成无线电-声探测系统，也可以遥感探测大气中温度的垂直廓线。风廓线雷达是多普勒天气雷达的一种，但与通常的多普勒天气雷达不同，它采用不同的探测波段，不但可以探测云和雨滴等气象目标的运动，还可以观测到晴空大气的运动，因而很好地弥补了常规多普勒天气雷达在晴空条件下观测能力的不足。

风廓线雷达可测出各高度上的水平风、垂直运动、湍流和风切变等三维风场信息，还能监测下击暴流、龙卷风、雷暴等危险天气现象。在机场设置的声多普勒测风雷达，可测定1000 m高度以下的风向、风速的垂直分布；微波多普勒测风雷达，可测出500 m高度以下的风场结构。安装在飞机上的脉冲多普勒激光雷达，用来探测强风暴中气流的速度。与常规大气探测设备相比，风廓线雷达在探测精度、垂直分辨率和探测时间间隔等方面是其他观测系统所无法比拟的。间距适中、布局合理的风廓线雷达网在气象业务和气象研究、航天航空气象、环境监测、军事气象保障以及紧急突发事件保障、防灾减灾等方面都可以发挥重要作用。

(3)大气遥感资料的应用

闪电定位仪是一种监测雷电发生的气象自动化探测设备。它通过利用闪电辐射的声、光、电磁场特性来遥测闪电放电参数，并把经过预处理的实时闪电数据通过通信系统送到中心数据处理站，进行实时交汇处理，可提供全天候、长期、连续的雷电发生时间、位置、强度和极性等指标。闪电定位仪是开展雷暴预报的基础条件，对森林防火、防雷减灾、灾害调查和人工增雨等工作都有很大作用，提供了有力的气象服务和保障。

自动气象站是一种能自动收集和传递气象信息的观测装置(气象站)。它能够自动探测多个气象要素,并无须人工干预便可自动地定时向中心站传输探测数据,是弥补空间区域上气象探测数据空白的重要手段。整个自动气象站由气象传感器、微电脑气象数据采集仪、电源系统、防辐射通风罩、全天候防护箱和气象观测支架、通信模块等部分构成。

自动气象站,能够用于对风速、风向、雨量、空气温度、空气湿度、光照强度、土壤温度、土壤湿度、蒸发量、大气压力等十几个气象要素进行全天候现场监测,并可以通过专业配套的数据采集通讯线与计算机进行连接,将数据传输到气象计算机气象数据库中,用于统计分析和实时处理。

目前我国各地已建立稠密的自动气象站网,给中尺度气象学研究和短临天气预报业务提供了有力的支持,也为特殊地区的气象研究提供了条件。2022 年 5 月 4 日,中国在珠穆朗玛峰海拔 8830 m 处成功架设全球海拔最高的自动气象站,为青藏高原气象研究提供了宝贵观测资料。

9.4 现代天气诊断分析-预报方法

天气是各种大气状态的综合表现。各种大气状态都可以用一定的气象要素(气压、气温、湿度、风等)表征。将各种气象要素填绘在一张特殊的地图上来进行分析,便构成"天气图"(高空天气图和地面天气图),通过对天气系统和天气形势的分析和预报来预报天气过程。这种方法叫作天气图方法,这是日常天气预报的基本方法。

大气状态还可以通过各种由大气动力学和热力学理论导出的物理量来表示。一般用以表示大气热力状态的物理量有位温、相当位温、假相当位温、湿静力温度、总温度、湿有效能量、对流有效位能及各种稳定度指数等等。用以表示大气动力状态的物理量有散度、涡度、垂直速度、$\boldsymbol{Q}$ 矢量散度、螺旋度等。将各种表征大气状态的物理量进行定量的计算与分析,从而来评估天气的现状与发展的方法,称为天气诊断分析-预报方法。这种方法对单纯的天气图方法起了重要的补充作用。特别是在暴雨、强对流天气等灾害性天气预报中天气诊断分析-预报方法有着十分广泛的应用。

我国从"75・8"暴雨攻关研究开始,大力引进和发展了基于大气动力学和热力学理论的暴雨诊断分析方法,从而使暴雨强对流天气研究逐渐客观化和定量化。例如关于暴雨的研究和预报,通过对暴雨形成因子的分析 ,可以看出形成暴雨需要具有丰富的水汽和较强的垂直运动,并持续较长的时间。垂直运动包括抬升及对流,后者与大气不稳定性相关。所以对这些条件进行诊断就是进行暴雨研究的基本着眼点。水汽条件的诊断分析内容主要包括:①水汽含量,具体包括各层比湿或露点、各层饱和程度、湿层厚度、可降水量等。②水汽输送,水汽通量具体包括水汽通量散度（$-D=-\frac{1}{g}\int_0^{p_0}\nabla\cdot(q\boldsymbol{V})\mathrm{d}p$）。若不考虑地形和地面摩擦的影响，且认为地面和大气层顶的垂直速度为0，而且考虑到水汽的局地变化量比降水量要小得多，于是可得：$I\approx -D$。由此可见，整层水汽水平辐合的大小，近似地等于降水率。由于水汽通量散度是由水汽平流和风的散度两部分组成的，而实际计算表明，在降水区中，水汽通量辐合主要由风的辐合和水汽平流所造成，特别是在低层空气里水平辐合最为重要。总之，分析水汽条件主要是分析大气中的水汽含量及其变化、水汽通量和水汽平流等。水汽通量辐合主要决定于空气的水平辐合。而且水汽条件还影响到大气的对流性稳定度。低层湿平流、高层干平流就会使对流性不稳定增强，从而使对流强烈发展。因此不少研究者都对"暖输送带"或"低空急流"以及"湿急流"等暖湿空气输送系统给予很大关注。其中"湿急流"是指低层空气在湿不稳定大气的上升过程中，不断加速形成一支斜穿整个对流层的自下而上的急流。陶祖钰等(1994,2005)指出，在暴雨区中存在着将低空急流和高空急流在垂直方向上连接起来的湿急流，利用可视化技术可将湿空气块在暴雨云团中的上升、加速和转向的轨迹清楚地展示出来。

关于垂直运动条件的诊断分析在暴雨、强对流天气等灾害性天气分析和预报中有重要作用。垂直速度一般是通过间接计算而得到的物理量。计算垂直速度的方法很多，从物理上可以分为热力学、运动学和动力学方法三类。常用的有个别变化法（又称绝热法）、运动学法、地转涡度求解法、通过降水量反算法、求解ω方程等。这些垂直运动的诊断分析方法主要是通过分析水平风场和温压场来进行的。各种方法都各有优缺点。其中用准地转ω方程可以诊断垂直运动是常用方法之一。但是，经典的准地转ω方程在定量计算和定性应用上都有一定的困难。为了克服其缺点，Hoskins等(1978)推导得到了一个用$\boldsymbol{Q}$矢量表示的准地转ω方程。并得到$\omega\propto\nabla\cdot\boldsymbol{Q}$的关系。因而可得出：$\nabla\cdot\boldsymbol{Q}>0$，$\omega>0$，有下沉运动；$\nabla\cdot\boldsymbol{Q}<0$，$\omega<0$，有上升运动。可见用$\boldsymbol{Q}$矢量散度来判断垂直运动简单明瞭。尤其是用地转风与温度场或位温场形式的$\boldsymbol{Q}$矢量来计算，只要用一层等压面的资料即可算出该层的垂直运动。这是用$\boldsymbol{Q}$矢量场散度诊断垂直运动的优点。

$\boldsymbol{Q}$矢量不仅能用来诊断垂直环流，还可用来判断锋生、锋消。具体来说，当$\boldsymbol{Q}$与∇T交角小于90°，$\boldsymbol{Q}\cdot\nabla T>0$，即$\boldsymbol{Q}$指向暖空气时，将减小原有的温度梯度，因而有利于锋消。当$\boldsymbol{Q}$与∇T同向时，最有利于锋消。当$\boldsymbol{Q}$与∇T交角大于90°，$\boldsymbol{Q}\cdot\nabla T<0$，即$\boldsymbol{Q}$指向冷空气时，将增加原有的温度梯度，因而有利于锋生。当$\boldsymbol{Q}$与∇T反向时，有利于锋生。

近年来，$\boldsymbol{Q}$矢量分析方法得到了很大发展，提出了半地转$\boldsymbol{Q}$矢量、非地转$\boldsymbol{Q}$矢量、湿$\boldsymbol{Q}$矢量等等概念，以及$\boldsymbol{Q}$矢量分解分析等方法。国内外许多研究表明，$\boldsymbol{Q}$矢量分解等诊断方法具有对实际天气系统诊断分析很高的应用价值，是一个非常有效的诊断分析工具，能分离出具有气象意义的过程和结构，而这些仅靠“总”的 Q 矢量是无法揭示的。通常情况下，将 Q 矢量分解在以等位温线为参照线的自然坐标系中(简称为 PT 分解)。也有另外一种分解方法，即将 Q 矢量分解在以等高线为参照线的自然坐标系中(简称为 PG 分解)。无论哪种分解方法，分解后的各 Q 矢量分量与“总”的 Q 矢量具有相同的诊断特性。在实际研究工作中，究竟采用何种分解方法，取决于研究分析的目的。同时需要特别强调的是，应用 Q 矢量 PT 或 PG 分解时，要认真考虑到分解所得的各 Q 矢量分量应具有明确的物理意义，这样分解工作才有意义。

地形和摩擦对降水的影响在暴雨、强对流天气等灾害性天气分析预报中也有重要作用。很多事实表明，在一定的条件下地形对降水会产生显著的作用，主要包括动力作用和云物理作用。一般而言，由于迎风坡的强迫抬升及地形辐合作用都会使降水增强。而在一定的天气条件下，在山脉的背风面产生的背风波对降水也有明显的影响。李冀等(1978)曾对太行山地区的背风波进行过数值试验，结果表明，强降水区位于背风波的上升气流区。地形对降水的影响，除了加强动力上升运动，还可以改变降水形成的云雾物理过程，使得降水量增加。此外，山谷风、海陆风等由地形的热力和动力强迫所造成的局地环流都会引起垂直运动从而影响暴雨的发生和发展。例如在海岸线附近，沿海岸造成了海风锋和海岸锋等中尺度系统，使海岸附近常有强的降水带形成。

关于大气不稳定性和风速垂直切变的诊断分析在暴雨、强对流天气等灾害性天气分析预报中通常有十分重要的作用。与对流密切相关的大气不稳定性主要包括条件性不稳定、对流性不稳定、第二类条件性不稳定、条件性对称不稳定，开尔文-亥姆霍兹不稳定等。大气不稳定能量是大气对流发生发展的能量来源。不同类型的对流系统是在不同的大气不稳定性支配下产生的。大气不稳定性一般可具体通过计算各种稳定度指数，如沙瓦特指数、抬升指数、里查森数、对流有效位能(CAPE)以及湿位涡等等参数来分析。风垂直切变是大气斜压性的重要表现，也是影响对流发生发展的重要因子之一。风垂直切变对于对流系统的作用是多方面的。它可以影响对流系统的传播和运动、对流系统的结构和类型、对流系统的分裂和强度等。有利于暴雨形成的准静止对流、列车效应以及重力波现象等都与一定的风垂直切变条件密切相关。风速垂直切变常用 0～6000 m 的风速差，以及里查森数、螺旋度等等参数直接或间接地表示。

关于能量场的分析和诊断也在暴雨、强对流天气等灾害性天气分析预报中有广泛的应用。谢义炳等(1978,1979)在深入研究河南“75・8”特大暴雨后，提出了湿斜压概念和湿斜压天气动力学的系统理论，强调了凝结潜热释放的反馈对大气运动的重要性。他在开放系统中引入的“湿有效位能”概念被发展成为一种新的暴雨诊断和预报方法。雷雨顺等(1986)将能量天气学理论应用于暴雨、冰雹等强对流天气的研究,形成了一套系统、实用的能量天气学分析预报方法。在能量天气学分析和诊断中应用最普遍的概念有总能量、总温度、湿静力总温度、能量锋、次天气尺度 Ω 系统(又称锢囚高能舌)、压能-湿焓场等。它们对暴雨等强天气都有很好的指示性。

暴雨和强对流天气的形成通常与很多因子有关,例如暴雨与地转偏差(偏差风)、重力波、大气不稳定性、不稳定能量等都有密切关系。这些因子都要通过诊断分析才能知道它们的正确的时空分布和演变情况。因此,通过诊断分析可以有助于作出正确的预报。下面仅以重力波和位涡诊断为例来说明。

先来看重力波,它常常可以起到触发机制的作用,使大气不稳定能量得以释放,造成对流,从而有利于形成暴雨。判断重力波的产生的判据很多,例如 $Ri<0.25$ 时易发生重力波;高低层涡度差(可用 200 hPa 与 850 hPa 的涡度差值 $\zeta_{200}-\zeta_{850}$ 表示)较大时,易发生重力波;斯科勒参数随高度减小$\left(\frac{\partial l^2}{\partial z}<0\right.$,其中 $l^2\approx\frac{\beta g}{U^2}$ 为斯科勒参数,β,g,U 分别为稳定度、重力加速度、水平风速$\left.\right)$;罗斯贝数($Ro=U/fL$,其中,U,f,L 分别为风速、地转参数、水平尺度)较大,以及 NBE 较大等地区均为易发生重力波的地区。这里,NBE 称为非线性平衡方程,它可以表达为:

$$\mathrm{NBE}=2J(u,v)-\beta u+f\zeta-\nabla^2\Phi \tag{9.1}$$

式中,Φ 为位势,∇^2 为二维拉普拉斯算子,u,v 为水平风速分量,J 为雅各比算子;f 为地转参数,ζ 为相对涡度。这四项均可通过模式输出的高空风场和高度场资料进行计算。上式可用于分析模式输出场中非平衡流的量级。在前人的研究中,波动形成的区域就是 NBE 的极值区。高空急流出口区域,非线性平衡方程(9.1)右端四项之和有明显的非零值。在急流附近风速垂直切变最大,所以在高空槽前和脊后以及高空急流出口区附近地区是有利于重力波发生的地区。一般来说,在有利于重力波发生的地区,当水汽等条件同时具备时,也是有利于暴雨发生的地区。例如,1991 年 7 月 6 日 08 时至 20 时江淮流域的暴雨区与 Ro 数的大值区的位置基本一致。重力波的产生与大气的非地转偏差和风速垂直切变密切相关。重力波也会影响降水的分布。例如,2007 年 7 月 8 日的一次梅雨锋暴雨过程在南阳—启东间的降水分布由于受到重力波的影响而呈现明显的波状特征(图 9.1)。

再来看位涡的诊断和应用。近年来,位涡等物理量的诊断在暴雨诊断和分析中也有非常广泛的应用。位涡是绝对涡度矢量与位温梯度矢量的点乘积。在静力平衡条件下,位涡 q 可以简化为绝对涡度垂直分量与静力稳定度的乘积:

$$q=(\zeta_\theta+f)\left(-g\frac{\partial\theta}{\partial p}\right) \tag{9.2}$$

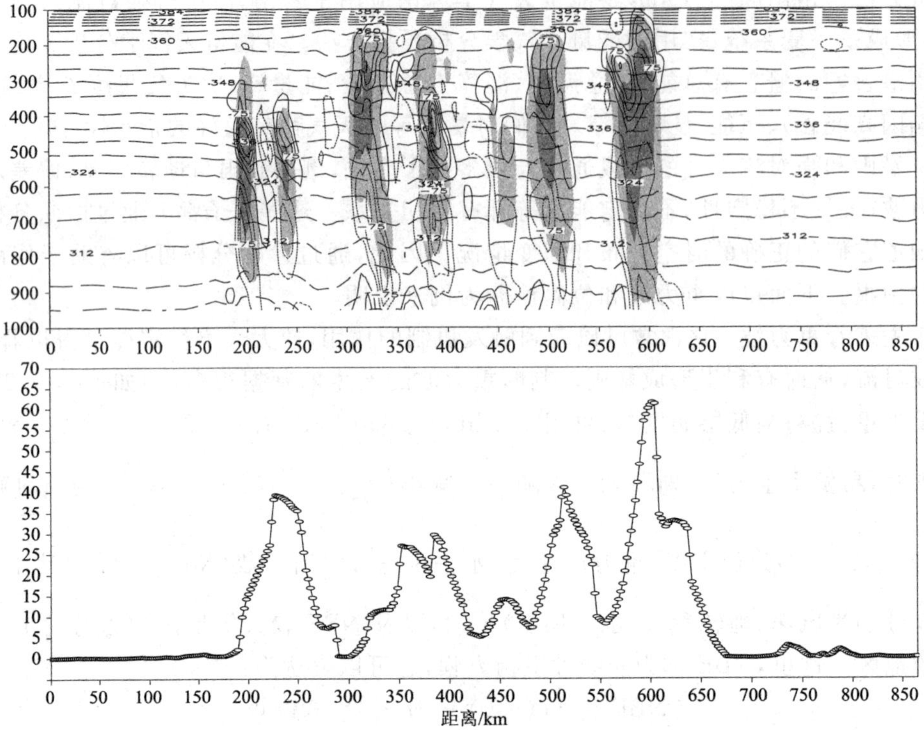

图 9.1 2007 年 7 月 8 日 08 时南阳—启东垂直剖面散度(细实线和点线,单位:±1/s)、位温(虚线,等值线间隔:4 K)和垂直上升速度(阴影区域为垂直上升速度≥0.6 m/s)、剖面要素分布(上图)及对应时刻 1 h 累积降水量(下图,纵坐标为降水量,单位:mm)(易军 等,2009)

式中,ζ_θ 为等熵面涡度垂直分量,f 是地转涡度的垂直分量,$\left(\frac{\partial\theta}{\partial p}\right)$ 为静力稳定度,g 为重力加速度。如上所述,位涡是绝对涡度与位温梯度的乘积。因而,位涡便是一个既包含热力因子又包含动力因子的综合的物理量。利用等熵位涡思想可以很好地解释地面气旋的发展过程。在考虑降水特别是暴雨的生成机制时,必须考虑水汽的作用,从而出现了湿位涡(MPV)的概念。湿位涡这一物理量不仅表征了大气动力、热力属性,而且考虑了水汽的作用,所以对湿位涡进行诊断,可以寻求各热力和动力及水汽条件与降水的关系,从而揭示降水发生发展的物理机制。近年来湿位涡概念得到广泛的应用。湿位涡可以分解为 MPV1 和 MPV2 两项。其中 $\text{MPV1} = -g(\zeta+f)\frac{\partial\theta_e}{\partial p}$,表示惯性稳定性和对流稳定性的作用。当惯性稳定 $(\zeta+f>0)$ 和对流稳定$\left(\frac{\partial\theta_e}{\partial p}<0\right)$时,MPV1>0。而 $\text{MPV2} = g\left(\frac{\partial v}{\partial p}\frac{\partial\theta_e}{\partial x}-\frac{\partial u}{\partial p}\frac{\partial\theta_e}{\partial y}\right)$,包含了湿斜压性

($\nabla_p \theta_e$)和水平风垂直切变的贡献。在大气静止时($u=0, v=0$)的湿位涡，也可以说是大气的背景湿位涡。很明显，从湿位涡 MPV 中减去大气的背景位涡，因此可以称为大气的扰动湿位涡。

最近二三十年来，位涡理论和应用研究发展很快。位涡的理论得到很多方面的应用。例如 Bennets 和 Hoskins(1979)提出了条件性对称不稳定的概念，并提出当湿位涡为负值时就可能出现条件性对称不稳定。他们还分析了有利于形成对称不稳定的天气形势：当沿热成风方向湿度增大时，有利于形成条件性对称不稳定。同时，Bennets 和 Hoskins(1979) 指出，在初始为静(重)力稳定、惯性稳定(即 MPV1>0)的情况下，但当 MPV2<0 时可能出现对称不稳定，说明湿斜压性和水平风垂直切变对形成对称不稳定的重要作用。对称不稳定理论可以很好地解释锋面中尺度雨带的发生和发展的原因。同时也可以很好地解释为什么在大气层结位势稳定的情况下，有时也会发生暴雨。有很多实例表明，有时虽然大气层结是位势稳定的，但却也会发生暴雨。例如，1983 年 6 月 13 日安徽阜阳地区发生 170 mm·(12 h)$^{-1}$的大暴雨，2003 年 10 月 11 日河北沧州等地发生了 110.5 mm·(24 h)$^{-1}$的暴雨，但是当天的各种稳定度参数都表明大气层结是稳定的，只有湿位涡小于零，表明大气是对称不稳定的，具有倾斜对流不稳定能量。这个结果提示预报员，在大气层结是条件性稳定或对流性稳定的情况下，如果大气是对称不稳定的，则对流性降水仍有可能发生。

Hoskins 等(1985)论证了对流层的上部或平流层的位涡扰动下传，可以引起对流层下部及地面的气旋发展。高低层的位涡和温度扰动，以及它们诱发的环流共同作用的结果，便造成了低涡或气旋的发生和发展。吴国雄等(1995)在湿位涡方程的基础上，证明了绝热无摩擦的饱和大气具有湿位涡守恒的特性，并由此去研究湿斜压过程中涡旋垂直涡度的发展，提出倾斜涡度发展(SVD)理论，在暴雨等强天气研究中得到广泛应用。

来自平流层下层和对流层中上层的以低相对湿度和高位涡表征的干燥下沉气流，它们可以与对流层低层暖湿空气相互作用。这种现象称为干侵入，也称为对流层顶折叠或高层高位涡柱。由于来自高层稳定环境的高位涡气流到达低层不稳定环境后其涡度增大，于是便会促进气旋的发生和发展，有利于引起暴雨或强对流天气的形成。

自 20 世纪 80 年代以来，在我国，很多人将位涡(PV)作为一个诊断量用于对暴雨等天气系统的诊断。例如，刘还珠等(1996)通过一个强降水个例分析了湿位涡与锋面强降水天气的关系，指出，可利用对流层低层湿位涡的符号与数值来判断强降水的落区。侯定臣(1991)分析了夏季江淮气旋活动的等熵面位涡图和位涡垂直廓线，探讨了夏季江淮气旋发生发展的可能机制，提出夏季江淮地区气旋波活动的一个概念模式，即从高原一带东移的对流层中层弱的扰动在有利条件下引起江淮地区较强降水，中层潜热释放导致气旋性环流向下延伸，最终可在地面静止锋上形成波动。他还指出，来自中高纬平流层下部的高位涡空气沿等熵面向南方下滑，是典型温带气旋区别于夏季江淮气旋的主要特征。陆尔和丁一汇(1994)应用位涡分析讨论了1991年江淮特大暴雨冷空气活动的特征，指出南下的冷空气在江淮一带被来自低纬西南暖气流和东南暖气流所切断，形成高位涡冷空气中心，它与两支暖气流相互作用，维持梅雨锋，从而形成持续暴雨。吴海英等(2002)研究了在1991年7月5—6日的江淮暴雨过程中位涡扰动与气旋发展的关系，通过对等压面位涡的垂直结构演变的分析发现，高层位涡的下传，促进了对流层低层及地面的气旋发展。王淑云等(2005)分析了在层结对流性稳定条件下产生的暴雨过程，根据对称不稳定机制解释了暴雨的成因。从上述应用实例可见，位涡理论在暴雨等强天气的诊断分析和预报中得到广泛的应用。

此外，高守亭等(2007)还将位涡的定义广义化，引入了对流涡度矢量(**CVV**)和湿涡度矢量(**MVV**)这样两个新概念。其中，$\mathbf{CVV}=(\boldsymbol{\zeta}_a\times\nabla\theta_e)/\rho$，$\mathbf{MVV}=(\boldsymbol{\zeta}_a\times\nabla q_v)/\rho$(其中，$\boldsymbol{\zeta}_a$为绝对涡度矢量，$\theta_e$为相当位温，$q_v$为比湿，$\rho$为密度)。他们指出，**CVV**和**MVV**的垂直分量与热带对流密切相关，并且能把热带对流的中尺度动力过程和热力过程与云微物理过程密切联系起来。因此，提出了一种很有应用潜力的诊断分析方法。还有一些研究者，把湿位涡与$\boldsymbol{Q}$矢量散度相乘的乘积(称为PVQ)的较大正值作为暴雨指标，其物理意义也是很清晰的，因为湿位涡是负值时为对称不稳定，$\boldsymbol{Q}$矢量散度是负时为上升运动。

9.5 数值天气预报及其产品释用

数值预报是根据大气探测资料和大气动力学模式并利用数值计算方法来预测未来天气的一种现代技术。随着大气科学的发展、计算机科技的发展、各种现代探测技术和资料同化技术的发展和应用，数值预报的准确率不断提高，数值预报已成为现代气象预报业务和服务的坚实基础和根本的科学发展途径。由数值预报与其他各种天气预报方法相结合所组成的现代综合气象预报系统，已成为当今天气分析预报的重要手段。

我国的业务数值预报研制相对起步较晚。1956年开始成立专门研制小组，取得一系列成果，20世纪80年代初开始更得到迅猛发展，2002年3月实现了T213模式的业务运行。经过多年攻关研究，T213模式又升级为T639模式，并取得重大进展。2001年起，启动了我国新一代全球区域同化预报系统(Global/Regional Assimilation Prediction System)，简称GRAPES，取得了重要成就。目前该系统已在全国天气预报业务、科研、教学等许多单位得到广泛应用。通过多年的研究，我国的数值预报水平已得到显著提高。

目前在我国气象业务部门常用的数值预报基本业务模式，包括自主研制的和国外引进的，主要有全球谱模式(T213)、中期预报模式(T639)、中尺度 MM5、WRF 模式、HLAFS 有限区域模式、台风预报模式和 T06 集合预报等。其中 T213 是中期预报系统，其核心是 T213 全球谱模式，它是在欧洲中期天气预报中心的 IFSCODES 基础上，经过适应性的移植开发、改造和优化而建立起来的。它利用最优插值分析系统提供的初值，进行 10 天预报，输出预报场。T213 模式每天做两次预报(世界时 00:00 的 72 h 预报和世界时 12:00 的 168 h 预报)。产品内容形成场库，具体包括各标准等压面层的高度、温度、湿度、风以及各种诊断量如垂直速度、涡度、散度和温度平流、涡度平流、水汽通量散度、假相当位温、K 指数等，还有地面气压、温度、降水等。产品通过卫星传输，每天分发一次。分发产品的水平格距为 1°× 1°，共 1864 个场、17 个层次、24 个要素、15 个预报时效，总信息量为 90 MB，各个场量均为格点数据，也能以图形显示。T_L639 模式是在国家气象中心的业务中期预报系统 T213 基础上，经过多年的研发，由 T213L31 升级至 T319L31、再升级至 T_L639L60 而逐渐发展起来的。模式的水平分辨率由 60 km 左右提升到 30 km 左右，高斯格点数由 640×320 增加为 1280×640，垂直分辨率由 31 层增加到 60 层，模式顶由 10 hPa(30 km)提高 0.1 hPa(65 km)，垂直分辨率的增加主要在行星边界层和平流层，使模式能更好反映对流层低层和平流层对天气过程的影响。未来通过进一步提高模式的分辨率、进一步完善模式的动力学框架、进一步改进对青藏高原大地形影响下气压梯度力的精确计算方法、进一步加强对物理过程的研究以及对诊断技术的开发等方面的努力工作，必将使我国的中期数值预报模式得到进一步的改进。

GRAPES 系统，是 21 世纪初开始完全由我国科学家自主研制和发展起来的新的数值预报系统。它从理论方案设计、程序编写到系统运行都按“一体化”思想进行构造。它可以通过简单的参数置换来选用不同版本，并增加了很多特殊的处理技术。它采用完全可压缩的非静力学方程组，同时设置静力和非静力开关系数，使能兼顾较低和较高分辨率的不同应用，是一个多尺度通用的动力学框架。该系统在国家气象中心的降水预报、广州区域气象中心热带气象预报 、上海台风研究所的台风数值预报等预报业务中都发挥了显著作用。

以上简略介绍了目前在我国气象业务部门一些常用的数值预报基本业务模式。此外，还有不少专用气象预报系统。它们是专门用于某种特殊天气现象预报的预报系统。常用的专用气象预报系统有环境紧急响应系统、城市空气质量预报系统、森林火险气象等级预报系统、沙尘天气预报系统和紫外辐射(UVR)预报系统等。

其中，环境紧急响应系统，是用以针对严重危害大气环境和人类生命的核辐射、火山灰、毒气扩散等重大大气污染事件进行紧急响应、处理，从而起到保障人民生命和财产安全的一个气象预报和服务系统，主要考虑风、大气湍流、温度层结、降水等气象因子对污染物的扩散、传输的影响以及相关应急防护行动的组织和实施方案等。依据突发事件发生时的污染源参数和前期的气象条件对污染物颗粒或烟羽的弥散路径、空中和地面污染浓度与范围做出及时准确的预报，并对这些预报结果及时分发给紧急响应的决策、组织、实施部门和相关的公众。

环境紧急响应系统可以分为以下类别：①城市空气质量预报系统，是用以针对影响城市大气质量的污染物包括 SO_2、NO_2、PM_{10} 等的污染指数的预报系统；②森林火险气象等级预报系统，是用以针对影响森林火险等级的气象因子，包括风速、风向、温度、相对湿度、降水以及可燃物的湿度等的森林火险气象等级的预报系统；③沙尘天气预报系统，是用以针对影响沙尘天气分布、强度、沙尘浓度、输送与沉降等的气象因子的监测、预报和服务系统；④紫外辐射(UVR)预报系统，是用以针对影响容易对人体健康造成伤害的紫外辐射(UVR)的强度、吸收和紫外线辐射指数，气象因子包括水汽、臭氧、CO_2、氧气、云以及气溶胶等的监测、预报和服务系统。

数值预报的产品除了被直接应用于预报外，还可以通过利用统计分析、动力学分析、人工智能方法以及结合经验等方法，对其进行加工、解释和应用来做出精确的气象要素客观预报或特殊需要的预报产品。这种方法称为数值预报产品的释用。

数值预报产品的释用的主要方法有 DMO(模式产品直接输出)、MOS(模式输出统计)、PP(完全预报)、卡曼滤波法、MOS-PP 结合、模式产品动力释用及神经网络法和相似法等 AI(人工智能)方法。

9.6 气象的高质量发展

气象事业是科技型、基础性、先导性社会公益事业。在全球气候变暖背景下，极端天气气候事件增多、增强，人民群众对统筹发展和安全应对及防范气象灾害重大风险的要求越来越高。为了保障群众美好生活，对气象服务的需求越来越多样。

为了适应新形势新要求，我国正在加快推进气象高质量发展，加快构建新发展格局，面向国家重大战略、面向人民生产生活、面向世界科技前沿，以提供高质量气象服务为导向，坚持创新驱动发展、需求牵引发展、多方协同发展，加快推进气象现代化建设，努力构建科技领先、监测精密、预报精准、服务精细、人民满意的现代气象体系，充分发挥气象防灾减灾第一道防线作用，全方位保障生命安全、生产发展、生活富裕、生态良好，更好满足人民日益增长的美好生活需要，为加快生态文明建设、全面建成社会主义现代化强国、实现中华民族伟大复兴的中国梦提供坚强支撑。

根据国务院 2022 年 4 月印发的《气象高质量发展纲要(2022—2035 年)》，我国气象发展具有明确的战略部署，首先到 2025 年，我国将实现气象关键核心技术自主可控，现代气象科技创新、服务、业务和管理体系更加健全，监测精密、预报精准、服务精细能力不断提升，气象服务供给能力和均等化水平显著提高，使气象现代化迈上新台阶。到2035年，气象关键科技领域实现重大突破，气象监测、预报和服务水平达到全球领先，国际竞争力和影响力显著提升，以智慧气象为主要特征的气象现代化基本实现。气象与国民经济各领域深度融合，气象协同发展机制更加完善，结构优化、功能先进的监测系统更加精密，无缝隙、全覆盖的预报系统更加精准，气象服务覆盖面和综合效益大幅提升，全国公众气象服务满意度稳步提高。

为了实现以上目标，将采取一系列有力措施。首先是通过加快关键核心技术攻关，增强气象科技自主创新能力。实施国家气象科技中长期发展规划，将气象重大核心技术攻关纳入国家科技计划（专项、基金等）予以重点支持。加强天气机理、气候规律、气候变化、气象灾害发生机理和地球系统多圈层相互作用等基础研究，强化地球系统数值预报模式、灾害性天气预报、气候变化、人工影响天气、气象装备等领域的科学研究和技术攻关。开展暴雨、强对流天气、季风、台风、青藏高原和海洋等大气科学试验。加强人工智能、大数据、量子计算与气象深度融合应用。推动国际气象科技深度合作，探索牵头组织地球系统、气候变化等领域国际大科学计划和大科学工程。

同时，我国将加强气象科技创新平台建设。推进海洋、青藏高原、沙漠等区域气象研究能力建设，做强做优灾害性天气相关全国重点实验室，探索统筹重大气象装备、气象卫星、暴雨、台风等气象科技创新平台和能力建设。推进气象国家野外科学观测研究站建设，在关键区域建设一批气象野外科学试验基地。强化气象科研机构科技创新能力建设，探索发展新型研发机构和气象产业技术创新联盟。研究实施气象科技力量倍增计划，并将更加完善气象科技创新体制机制。建立数值预报等关键核心技术联合攻关机制，推动气象重点领域项目、人才、资金一体化配置。改进气象科技项目组织管理方式，完善“揭榜挂帅”制度。深化气象科研院所改革，扩大科研自主权。健全气象科技成果分类评价制度，完善气象科技成果转化应用和创新激励机制。建设气象科研诚信体系。

在加强气象基础能力建设方面，中国气象局将抓紧以下工作：①建设精密气象监测系统。按照相关规划统一布局，共同建设国家天气、气候及气候变化、专业气象和空间气象观测网，形成陆海空天一体化、协同高效的精密气象监测系统。持续健全气象卫星和雷达体系，强化遥感综合应用，做好频率使用需求分析和相关论证。加强全球气象监测，提升全球气象资料获取及共享能力。发展高精度、智能化气象探测装备，推进国产化和迭代更新，完善气象探测装备计量检定和试验验证体系。科学加密建设各类气象探测设施。健全气象观测质量管理体系。鼓励和规范社会气象观测活动。②构建精准气象预报系统。加强地球系统数值预报中心能力建设，发展自主可控的地球系统数值预报模式，逐步形成“五个1”的精准预报能力，实现提前1 h预警局地强天气、提前1天预报逐小时天气、提前1周预报灾害性天气、提前1月预报重大天气过程、提前1年预测全球气候异常。完善台风、海洋、环境等专业气象预报模式,健全智能数字预报业务体系,提高全球重要城市天气预报、灾害性天气预报和重要气候事件预测水平。建立协同、智能、高效的气象综合预报预测分析平台。③发展精细气象服务系统。推进气象服务数字化、智能化转型,发展基于场景、基于影响的气象服务技术,研究构建气象服务大数据、智能化产品制作和融媒体发布平台,发展智能研判、精准推送的智慧气象服务。建立气象部门与各类服务主体互动机制,探索打造面向全社会的气象服务支撑平台和众创平台,促进气象信息全领域高效应用。④打造气象信息支撑系统。在确保气象数据安全的前提下,建设地球系统大数据平台,推进信息开放和共建共享。健全跨部门、跨地区气象相关数据获取、存储、汇交、使用监管制度,研制高质量气象数据集,提高气象数据应用服务能力。适度超前升级迭代气象超级计算机系统。研究建设固移融合、高速泛在的气象通信网络。构建数字孪生大气,提升大气仿真模拟和分析能力。制定气象数据产权保护政策。强化气象数据资源、信息网络和应用系统安全保障。

在筑牢气象防灾减灾第一道防线方面,要做到:①提高气象灾害监测预报预警能力。坚持人民至上、生命至上,健全分灾种、分重点行业气象灾害监测预报预警体系,提高极端天气气候事件和中小河流洪水、山洪灾害、地质灾害、海洋灾害、流域区域洪涝、森林草原火灾等气象风险预报预警能力。完善国家突发事件预警信息发布系统。建设气象灾害风险评估和决策信息支持系统,建立气象灾害鉴定评估制度。发展太阳风暴、地球空间暴等空间天气灾害监测预报预警,加强国家空间天气监测预警中心能力建设。②提高全社会气象灾害防御应对能力。定期开展气象灾害综合风险普查和风险区划。加强气象灾害防御规划编制和设施建设,根据气象灾害影响修订基础设施标准、优化防御措施,提升重点区域、敏感行业基础设施设防水平和承灾能力。统筹制定气象灾害预警发布规程,建立重大气象灾害预警信息快速发布“绿色通道”制度,推动第五代移动通信(5G)、小区广播等技术在预警信息发布中的应用。实施“网格+气象”行动,将气象防灾减灾纳入乡镇、街道等基层网格化管理。加强科普宣传教育和气象文化基地建设。强化重大气象灾害应急演练。③提升人工影响天气能力。编制和实施全国人工影响天气发展规划。加强国家、区域、省级人工影响天气中心和国家人工影响天气试验基地建设。发展安全高效的人工影响天气作业技术和高性能增雨飞机等新型作业装备,提高防灾减灾救灾、生态环境保护与修复、国家重大活动保障、重大突发事件应急保障等人工影响天气作业水平。健全人工影响天气工作机制,完善统一协调的人工影响天气指挥和作业体系。加强人工影响天气作业安全管理。④加强气象防灾减灾机制建设。坚持分级负责、属地管理原则,健全气象防灾减灾体制机制。完善气象灾害应急预案和预警信息制作、发布规范。健全以气象灾害预警为先导的联动机制，提高突发事件应急救援气象保障服务能力，建立极端天气防灾避险制度。定期开展气象灾害防御水平评估，督促落实气象灾害防御措施。加强气象灾害风险管理，完善气象灾害风险转移制度。依法做好重大规划、重点工程项目气候可行性论证，强化国家重大工程建设气象服务保障。

在提高气象服务经济高质量发展水平方面，要做到：①实施气象为农服务提质增效行动。加强农业生产气象服务，强化高光谱遥感等先进技术及相关设备在农情监测中的应用，提升粮食生产全过程气象灾害精细化预报能力和粮食产量预报能力。面向粮食生产功能区、重要农产品生产保护区和特色农产品优势区，加强农业气象灾害监测预报预警能力建设，做好病虫害防治气象服务，开展种子生产气象服务。建立全球粮食安全气象风险监测预警系统。探索建设智慧农业气象服务基地，强化特色农业气象服务，实现面向新型农业经营主体的直通式气象服务全覆盖。充分利用气候条件指导农业生产和农业结构调整，加强农业气候资源开发利用。②实施海洋强国气象保障行动。加强海洋气象观测能力建设，实施远洋船舶、大型风电场等平台气象观测设备搭载计划，推进海洋和气象资料共享共用。加强海洋气象灾害监测预报预警，全力保障海洋生态保护、海上交通安全、海洋经济发展和海洋权益维护。强化全球远洋导航气象服务能力，为海上运输重要航路和重要支点提供气象信息服务。③实施交通强国气象保障行动。探索打造现代综合交通气象服务平台，加强交通气象监测预报预警能力建设。开展分灾种、分路段、分航道、分水域、分铁路线路的精细化交通气象服务。强化川藏铁路、西部陆海新通道、南水北调等重大工程和部分重点水域交通气象服务。加强危险天气咨询服务。建立多式联运物流气象服务体系，开展全球商贸物流气象保障服务。④实施“气象＋”赋能行动。推动气象服务深度融入生产、流通、消费等环节。提升能源开发利用、规划布局、建设运行和调配储运气象服务水平。强化电力气象灾害预报预警，做好电网安全运行和电力调度精细化气象服务。积极发展金融、保险和农产品期货气象服务。健全相关制度政策，促进和规范气象产业有序发展，激发气象市场主体活力。⑤实施气象助力区域协调发展行动。在京津冀协同发展、长江经济带发展、粤港澳大湾区建设、长三角一体化发展、黄河流域生态保护和高质量发展等区域重大战略实施中，加强气象服务保障能力建设，提供优质气象服务。鼓励东部地区率先实现气象高质量发展，推动东北地区气象发展取得新突破，支持中西部地区气象加快发展，构建与区域协调发展战略相适应的气象服务保障体系。

在优化人民美好生活气象服务供给方面，要做到：①加强公共气象服务供给。创新公共气象服务供给模式，建立公共气象服务清单制度，形成保障公共气象服务体系有效运行的长效机制。推进公共气象服务均等化，加强气象服务信息传播渠道建设，实现各类媒体气象信息全接入。增强农村、山区、海岛、边远地区以及老年人、残疾人等群体获取气象信息的便捷性,扩大气象服务覆盖面。②加强高品质生活气象服务供给。开展个性化、定制化气象服务,推动气象服务向高品质和多样化升级。推进气象融入数字生活,加快数字化气象服务普惠应用。强化旅游资源开发、旅游出行安全气象服务供给。提升冰雪运动、水上运动等竞技体育和全民健身气象服务水平。③建设覆盖城乡的气象服务体系。加强城市气象灾害监测预警,按照有关规划加密城市气象观测站点,发展分区、分时段、分强度精细化预报。在城市规划、建设、运行中充分考虑气象风险和气候承载力,增强城市气候适应性和重大气象灾害防控能力。将气象服务全面接入城市数据大脑,探索推广保障城市供水供电供气供热、防洪排涝、交通出行、建筑节能等智能管理的气象服务系统。将农村气象防灾减灾纳入乡村建设行动,构建行政村全覆盖的气象预警信息发布与响应体系,加强农村气象灾害高风险地区监测预警服务能力建设。

在强化生态文明建设气象支撑方面,要做到:①强化应对气候变化科技支撑。加强全球变暖对青藏高原等气候承载力脆弱区影响的监测。开展气候变化对粮食安全、水安全、生态安全、交通安全、能源安全、国防安全等影响评估和应对措施研究。强化气候承载力评估,建立气候安全早期预警系统,在重点区域加强气候变化风险预警和智能决策能力建设。加强温室气体浓度监测与动态跟踪研究。建立气候变化监测发布制度。加强国际应对气候变化科学评估,增强参与全球气候治理科技支撑能力;②强化气候资源合理开发利用。加强气候资源普查和规划利用工作,建立风能、太阳能等气候资源普查、区划、监测和信息统一发布制度,研究加快相关监测网建设。开展风电和光伏发电开发资源量评估,对全国可利用的风电和光伏发电资源进行全面勘查评价。研究建设气候资源监测和预报系统,提高风电、光伏发电功率预测精度。探索建设风能、太阳能等气象服务基地,为风电场、太阳能电站等规划、建设、运行、调度提供高质量气象服务;③强化生态系统保护和修复气象保障。实施生态气象保障工程,加强重要生态系统保护和修复重大工程建设、生态保护红线管控、生态文明建设目标评价考核等气象服务。建立"三区四带"(青藏高原生态屏障区、黄河重点生态区、长江重点生态区和东北森林带、北方防沙带、南方丘陵山地带、海岸带)及自然保护地等重点区域生态气象服务机制。加强面向多污染物协同控制和区域协同治理的气象服务,提高重污染天气和突发环境事件应对气象保障能力。建立气候生态产品价值实现机制,打造气象公园、天然氧吧、避暑旅游地、气候宜居地等气候生态品牌。

在建设高水平气象人才队伍方面,要做到:①加强气象高层次人才队伍建设。加大国家级人才计划和人才奖励对气象领域支持力度。实施专项人才计划,培养造就一批气象战略科技人才、科技领军人才和创新团队,打造具有国际竞争力的青年科技人才队伍,加快形成气象高层次人才梯队。京津冀、长三角、粤港澳大湾区及高层次人才集中的中心城市，要深化气象人才体制机制改革创新，进一步加强对气象高层次人才的吸引和集聚。强化气象人才培养。加强大气科学领域学科专业建设和拔尖学生培养。鼓励和引导高校设置气象类专业，扩大招生规模，优化专业结构，加强气象跨学科人才培养，促进气象基础学科和应用学科交叉融合，形成高水平气象人才培养体系。将气象人才纳入国家基础研究人才专项。强化气象人才培养国际合作。加强气象教育培训体系和能力建设，推动气象人才队伍转型发展和素质提升；②优化气象人才发展环境。建立以创新价值、能力、贡献为导向的气象人才评价体系，健全与岗位职责、工作业绩、实际贡献等紧密联系，充分体现人才价值、鼓励创新创造的分配激励机制，落实好成果转化收益分配有关规定。统筹不同层级、不同区域、不同领域人才发展，将气象人才培养统筹纳入地方人才队伍建设。引导和支持高校毕业生到中西部和艰苦边远地区从事气象工作，优化基层岗位设置，在基层台站专业技术人才中实施“定向评价、定向使用”政策，夯实基层气象人才基础。大力弘扬科学家精神和工匠精神，加大先进典型宣传力度。对在气象高质量发展工作中作出突出贡献的单位和个人，按照国家有关规定给予表彰和奖励。

在强化组织实施方面，要做到：①加强组织领导。坚持党对气象工作的全面领导，健全部门协同、上下联动的气象高质量发展工作机制，将气象高质量发展纳入相关规划，统筹做好资金、用地等保障。中国气象局要加强对纲要实施的综合协调和督促检查，开展气象高质量发展试点，探索形成可复制、可推广的经验和做法，为加快推进气象现代化建设作出示范；②统筹规划布局。科学编制实施气象设施布局和建设规划，推进气象资源合理配置、高效利用和开放共享。深化气象服务供给侧结构性改革，推进气象服务供需适配、主体多元。建立相关行业气象统筹发展体制机制，将各部门各行业自建的气象探测设施纳入国家气象观测网络，由气象部门实行统一规划和监督协调；③加强法治建设。推动完善气象法律法规体系。依法保护气象设施和气象探测环境，实施公众气象预报、灾害性天气警报和气象灾害预警信号统一发布制度，规范人工影响天气、气象灾害防御、气候资源保护和开发利用、气象信息服务等活动。加强防雷安全、人工影响天气作业安全监管。健全气象标准体系；④推进开放合作。深化气象领域产学研用融合发展。加强风云气象卫星全球服务，为共建“一带一路”国家气象服务提供有力支撑。加强气象开放合作平台建设，在世界气象组织等框架下积极参与国际气象事务规则、标准制修订；⑤加强投入保障。加强对推动气象高质量发展工作的政策和资金支持。在国家科技计划实施中支持气象领域科学研究和科研项目建设。完善升级迭代及运行维护机制，支持基层和欠发达地区气象基础能力建设。按规定落实艰苦边远地区基层气象工作者有关待遇。积极引导社会力量推动气象高质量发展。

复习与思考

(1)天气预报有哪些不同的类别?

(2)天气预报的发展经历了哪些不同的阶段?

(3)有哪些现代天气探测技术?它们在天气预报中起到什么作用?

(4)什么是现代天气诊断技术?

(5)目前在我国气象业务部门常用的数值预报基本业务模式有哪些?

(6)什么是专用气象预报系统?

(7)根据国家气象高质量发展纲要,我国气象发展具有怎样的战略部署和有力措施?

参考文献

包澄澜,王两铭,李真光,1979.华南前汛期暴雨的研究[J].气象,(10):8-10.

蔡则怡,章名立,温市耕,等,1981.沙漠地区的一次强对流暴雨[J].气象学报,**39**(1):110-117.

陈汉耀,1957. 1954年长江淮河流域洪水时期的环流特征[J].气象学报,**28**(1):1-12.

陈艳,寿绍文,宿海良,2005.CAPE等环境参数在华北罕见秋季大暴雨中的应用[J].气象,**31**(10):56-61.

长江流域暴雨科研协作片,1982.长江流域暴雨文集[C].北京:气象出版社.

丁一汇,蔡则怡,李吉顺,1978. 1975年8月上旬河南特大暴雨的研究[J].大气科学,**2**(4):276-289.

丁一汇,张建云,2009.暴雨洪涝[M].北京:气象出版社.

丁一汇,1989.天气动力学中的诊断分析方法[M].北京:科学出版社.

丁一汇,1993. 1991年江淮流域持续性特大暴雨研究[M].北京:气象出版社.

高守亭,崔春光,2007.广义湿位涡理论及其应用研究[J]. 暴雨灾害,**26**:3-8.

高守亭,1987.流场配置及地形对西南低涡形成的动力作用[J].大气科学,**11**(3):263-271.

《华北暴雨》编写组,1992.华北暴雨[M].北京:气象出版社.

《华南前汛期暴雨文集》编写组,1981.华南前汛期暴雨文集[C].北京:气象出版社.

侯定臣,1991.夏季江淮气旋的Ertel位涡诊断分析[J].气象学报,**49**(2):141-149.

康建伟,陆汉城,张少波,等,2006.长江中下游地区梅雨期降水的集合预报试验[J].气象科学,**26**(6):598-604.

来小芳,张艳玲,陆汉城,等,2007."配料法"用于长江下游暴雨预报[J].南京气象学院学报,**30**(4):556-560.

雷雨顺,1986.能量天气学[M].北京:气象出版社.

李冀,等,1978. 背风波形成的非线性数值试验及其对降水的影响[J].大气科学,**2**(3):210-218.

李耀辉,寿绍文,2000.一次江淮暴雨的MPV及对称不稳定研究[J].气象科学,**20**(2):172-178.

李耀辉,寿绍文,1999.旋转风螺旋度及其在暴雨演变过程中的作用[J].南京气象学院学报,**22**

(1):95-102.

李柏,寿绍文,励申申,1996. 梅雨锋生次级环流对暴雨的作用[J]. 气象科学,**16**(4):314-321.

李娜,冉令坤,周玉淑,等,2013. 北京“7.21”暴雨过程中变形场引起的锋生与倾斜涡度发展诊断分析[J]. 气象学报,**71**(4):593-605.

励申申,寿绍文,王信,1992. 登陆台风与其外围暴雨的相互作用[J]. 气象学报,**50**(1):33-40.

励申申,寿绍文,潘宁,1996. 1991 年梅雨锋暴雨与锋生环流的诊断分析[J]. 南京气象学院学报,**19**(3):364-369.

廖胜石,寿绍文,等,2004. 一次江淮暴雨中中尺度低涡的数值模拟及分析[J]. 南京气象学院学报,(6):753-759.

刘还珠,张绍晴,1996. 湿位涡与锋面强降水天气的三维结构[J]. 应用气象学报,**7**(3):275-284.

柳崇健,1998. 天气预报技术的若干进展[M]. 北京:气象出版社.

陆尔,丁一汇,等,1994. 1991 年江淮特大暴雨的位涡分析与冷空气活动[J]. 应用气象学报,**5**(3):19-27.

卢敬华,1986. 西南涡概论[M]. 北京:气象出版社.

马鹤年,1978. 次天气尺度 Ω 系统和暴雨落区[C]//暴雨文集. 吉林:吉林出版社,171-176.

马淑红,席元纬,1997. 新疆暴雨的若干规律性[J]. 气象学报,**55**(2):239-248.

倪允琦,周秀骥,陶诗言,等,2004. 国家 973“中国暴雨”项目研究专著系列丛书[M]. 北京:气象出版社.

覃丽,寿绍文,刘泽军,等,2007. 一次“北涡南槽”型广西强降水过程的数值模拟与诊断分析[J]. 热带气象学报,(1):27-34.

任丽,赵玲,马国忠,等,2018. 台风残涡北上引发东北地区北部大暴雨的中尺度特征分析[J]. 高原气象,**37**(6):1277-1286.

任余龙,寿绍文,李耀辉,2007. 西北区东部一次大暴雨过程的湿位涡诊断与数值模拟[J]. 高原气象,**26**(2):344-352.

寿绍文,励申申,张诚忠,2001. 梅雨锋中尺度切变线雨带的动力结构分析[J]. 气象学报,**59**(4):405-413.

寿绍文,励申申,任开平,1994. 一次江淮暴雨过程的 β 中尺度分析[J]. 应用气象学报,**5**(3):257-265.

寿绍文,励申申,彭广,等,1993. 条件性对称不稳定与梅雨锋暴雨[J]. 南京气象学院学报,**16**:364-367.

寿绍文,等,2017. 中尺度气象学研究[M]. 北京:气象出版社.

寿绍文,等,2016. 中尺度气象学(第三版)[M]. 北京:气象出版社.

寿绍文,等,2019. 中国天气概论(第二版)[M]. 北京:气象出版社.

寿绍文,等,2012. 现代天气学方法[M]. 北京:气象出版社.

寿亦萱,陆风,寿绍文,等,2017. 对流层顶折叠检测新方法及其在中纬度灾害性天气预报中的应用[J]. 大气科学,**38**(6):1109-1123.

陶诗言,等,1980. 中国之暴雨[M]. 北京:科学出版社.

陶诗言,卫捷,2007. 夏季中国南方流域性致洪暴雨与季风涌的关系[J]. 气象,**33**(3):10.

陶诗言,张小玲,张顺利,2003. 长江流域梅雨锋暴雨灾害研究[M]. 北京:气象出版社,91-102.

陶诗言,等,2001. 1998 年夏季中国暴雨的形成机理与预报研究[M]. 北京:气象出版社.

陶诗言,2000. 涂长望文集[C]. 北京:气象出版社.

陶祖钰,刘伟,2005. 关于暴雨和湿急流的讨论[J]. 气象学报,(5):825-833.

陶祖钰,1980. 湿急流的结构及形成过程[J]. 气象学报,(4):331-340.

陶祖钰,黄伟,1994. 大暴雨过程中与急流相关气块的三维运动分析[J]. 气象学报,(3):359-367.

王德瀚,1981. 雨季划分及雨带变动的研究[J]. 气象学报,**39**(2):252-260.

王遵娅,丁一汇,2008. 夏季长江中下游旱涝年季节内振荡气候特征[J]. 应用气象学报,**19**(6):710-715.

王永中,杨大升,1984. 暴雨和低层流场的位涡[J]. 大气科学,**8**(4):411-417.

王颖,寿绍文,周军,2007. 水汽螺旋度及其在一次江淮暴雨分析中的应用[J]. 南京气象学院学报,(1). DOI:10.3969/j.issn.1674-7097.

王淑云,寿绍文,刘艳钗,2005. 2003 年 10 月河北省沧州秋季暴雨成因分析[J]. 气象,**31**:69-72.

王巍巍,张艳玲,寿绍文,2007. 一次局地大暴雨过程的数值模拟和诊断分析[J]. 南京气象学院学报,**30**(3):412-416.

王家祁,2002. 中国暴雨[M]. 北京:中国水利水电出版社.

吴海英,寿绍文,2002. 位涡扰动与气旋的发展[J]. 南京气象学院学报,**25**(4):510-517.

吴国雄,蔡雅萍,唐晓菁,1995. 湿位涡和倾斜涡度发展[J]. 气象学报,**53**(4):387-404.

吴正华,丁一汇,1992. 甚短期天气预报[M]. 北京:气象出版社.

谢义炳,1978. 湿斜压大气动力学问题[C]//暴雨文集. 长春:吉林人民出版社.

谢义炳,等,1979. "75·8"暴雨会议北京组,"75·8"河南特大暴雨的动力学分析[J]. 气象学报,**37**(4):45-55.

徐群,1965. 近八十年长江中、下游的梅雨[J]. 气象学报,**35**:507-518.

《西北暴雨》编写组,1992. 西北暴雨[M]. 北京:气象出版社.

阎凤霞,寿绍文,张艳玲,等,2005. 一次江淮暴雨过程中干空气侵入的诊断分析[J]. 南京气象学院学报,**28**(1):117-124.

袁佳双,寿绍文,等,2001. 1998 年华南大暴雨冷空气活动的位涡场分析[J]. 南京气象学院学报,**24**(1):92-98.

俞小鼎,等,2010. 强对流天气临近预报[M]. 北京:中国气象局培训中心.

游景炎,1965. 暴雨带内的中尺度系统[J]. 气象学报,**35**(3).

岳彩军,寿亦萱,姚秀萍,等,2005. 中国 $\boldsymbol{Q}$ 矢量分析方法的应用与研究[J]. 高原气象,(3):450-455.

姚秀萍,岳彩军,寿绍文,2012. $\boldsymbol{Q}$ 矢量原理及其在天气分析和预报中的应用[M]. 北京:气象出版社.

姚秀萍,2015. 1981—2013 年 6—7 月江淮地区切变线及暴雨统计分析[J]. 气象学报,**73**(5):883-894.

姚秀萍，吴国雄，赵兵科，等，2007. 与梅雨锋上低涡降水相伴的干侵入研究[J]. 中国科学(D辑：地球科学)，**50**(9)：1396-1408.

易军，寿绍文，高守亭，等，2009. 一次梅雨锋暴雨过程中的中尺度特征分析[J]. 气象科学，**30**(6) 761-767.

章国才，矫梅燕，李延香，等，2007. 现代天气预报技术和方法[M]. 北京：气象出版社.

章淹，等，1990. 暴雨预报[M]. 北京：气象出版社.

章淹，1979. 我国暴雨研究和预报的进展[J]. 气象(11)：1-4.

张丙辰，1990. 长江中下游梅雨锋暴雨研究[M]. 北京：气象出版社.

张家宝，邓子风，1987. 新疆降水概论[M]. 北京：气象出版社.

张小玲，陶诗言，张顺利，2004. 梅雨锋上的三类暴雨[J]. 大气科学，**28**(2)：187-205.

张庆云，陶诗言，张顺利，2003. 夏季长江流域暴雨洪涝灾害的天气气候条件[J]. 大气科学，**27**(6)：1018-1030.

张文建，许健民，方宗义，等，2004. 暴雨系统的卫星遥感理论和方法[M]. 北京：气象出版社.

张文，寿绍文，杨金虎，2007. 长江中下游地区汛期极端降水量的异常特征分析[J]. 气象，**33**(3)：61-67.

中国科学院大气物理研究所，1998. 东亚季风和中国暴雨[M]. 北京：气象出版社.

竺可桢，1934. 东南季风与中国之雨量[J]. 地理学报，**1**(1)：1-27.

朱乾根，林锦瑞，寿绍文，等，2007. 天气学原理和方法[M]. 北京：气象出版社.

赵思雄，陶祖钰，孙建华，等，2004. 长江流域梅雨锋暴雨机理的分析研究[M]. 北京：气象出版社.

郑秀雅，张廷治，白人海，1992. 东北暴雨[M]. 北京：气象出版社.

周曾奎，等，1999. 江淮梅雨[M]. 北京，气象出版社.

ALLAN R P, SODEN B J, 2008. Atmospheric warming and the amplification of precipitation extremes[J]. *Science*, **321**:1481-1484.

BADER M J, FORBES G S, GRANT J R, *et al*, 1995. Images in weather forecasting, a practical guide for interpreting satellite and radar images[M]. Cambridge University Press, 499. ISBN 0-521-45111-6.

BENNETTS D A, HOSKINS B J, 1979. Conditional symmetric instability—A possible explanation for frontal rainbands[J]. *Quart. J. Roy. Meteor. Soc.*, **105**: 945-962.

BROWNING K A, *et al*, 1974. Structure and mechanism of precipitation and effect of orography in a wintertime warm-sector[J]. *Q. J. R. Meteor. Soc.*, **100**: 309-330.

HOSKINS B J, DAGBICI I, DAVIES H C, 1978. A new look at the Omega equation[J]. *Quart. J. R. Meteor. Soc.*, **104**(439):31-38.

HOUZE JR R A, 2014. Cloud Dynamics[M]. Second edition, International Geophysics Series, Volume 104, Academic Press.

LI YAOHUI, SHOU SHAOWEN, FAN KE, 2002. Isentropic Potential Vorticity Analysis on the Mesoscale Cyclone Development in a Torrential rain Process[J]. *Acta Meteorologica Sinica*, **16**(4):75-85.

ORLANSKI I, 1975. A rational subdivision of scales for atmospheric process[J]. *Bull. Am. Meteor. Soc.*, **56**:527-530.

SHOU SHAOWEN, LI YAOHUI, 1999. Study on Moist Potential Vorticity and Symmetric Instability during a Heavy Rain Event Occurred in the Jiang-Huai Valleys[J]. *Advances in Atmospheric Sciences*, **16**(2):312-321.

SHOU Y X, LU F, LIU H, et al, 2019. Satellite-based Observational Study of the Tibetan Plateau Vortex: Features of Deep Convective Cloud Tops[J]. *Adv. Atmos. Sci.*, **36**(2):31-38.

TAO S Y, CHEN L X, 1987. A review of recent research on the East Asian Summer Monsoon in China. Monsoon Meteorology[M]. Oxford University Press, 61-92.

ZHAO SIXIONG, SUN JIANHUA, 2007. Study on Cut-off Low Pressure Systems Causing Flood in North Asia[J]. *Meteorology and Atmospheric Physics*, **96**(1-2):159-180.

附录 A　蒲福风力等级表

风力级数	名称	海面状况 海浪		海岸船只征象	陆地地面征象	相当于空旷平地上标准高度 10 m 处的风速		
		一般（m）	最高（m）			n mile/h	m/s	km/h
0	静稳	—	—	静	静，烟直上	小于 1	0.0～0.2	小于 1
1	软风	0.1	0.1	平常渔船略觉摇动	烟能表示风向，但风向标不能动	1～3	0.3～1.5	1～5
2	轻风	0.2	0.3	渔船张帆时，每小时可随风移行 2～3 km	人面感觉有风，树叶微响，风向标能转动	4～6	1.6～3.3	6～11
3	微风	0.6	1.0	渔船渐觉颠簸，每小时可随风移行 5～6 km	树叶及微枝摇动不息，旌旗展开	7～10	3.4～5.4	12～19
4	和风	1.0	1.5	渔船满帆时，可使船身倾向一侧	能吹起地面灰尘和纸张，树的小枝摇动	11～16	5.5～7.9	20～28
5	清劲风	2.0	2.5	渔船缩帆（即收去帆之一部）	有叶的小树摇摆，内陆的水面有小波	17～21	8.0～10.7	29～38
6	强风	3.0	4.0	渔船加倍缩帆，捕鱼须注意风险	大树枝摇动，电线呼呼有声，举伞困难	22～27	10.8～13.8	39～49
7	疾风	4.0	5.5	渔船停泊港中，在海者下锚	迎风步行感觉不便	28～33	13.9～17.1	50～61
8	大风	5.5	7.5	进港的渔船皆停留不出	微枝折毁，人行向前感觉阻力甚大	34～40	17.2～20.7	62～74
9	烈风	7.0	10.0	汽船航行困难	建筑物有小损（烟囱顶部及平屋摇动）	41～47	20.8～24.4	75～88

续表

风力级数	名称	海面状况		海岸船只征象	陆地地面征象	相当于空旷平地上标准高度10 m处的风速		
		海浪						
		一般(m)	最高(m)			n mile/h	m/s	km/h
10	狂风	9.0	12.5	汽船航行颇危险	陆上少见,可使树木拔起或使建筑物损坏严重	48～55	24.5～28.4	89～102
11	暴风	11.5	16.0	汽船遇之极危险	陆上很少见,有则必有广泛损坏	56～63	28.5～32.6	103～117
12	飓风	14.0	—	海浪滔天	陆上绝少见,摧毁力极大	64～71	32.7～36.9	118～133
13	—	—	—	—	—	72～80	37.0～41.4	134～149
14	—	—	—	—	—	81～89	41.5～46.1	150～166
15	—	—	—	—	—	90～99	46.2～50.9	167～183
16	—	—	—	—	—	100～108	51.0～56.0	184～201
17	—	—	—	—	—	109～118	56.1～61.2	202～220

蒲福风级(Beaufort scale)是一种表示风强度的等级单位。由英国人蒲福(Francis Beaufort)于1805年根据风对地面(或海面)物体影响程度而定出的风力等级。后几经修改,分成13个风级(0～12级)。1964年后,增至23个等级(0～22级)。风速与风力的折合关系式为:风速(m/s)＝0.835 $\sqrt{F^3}$,式中F为风力等级数。风速为该风等级的中数,指相当于10 m高处的风速。(参见《大气科学词典》,气象出版社,1994)

附录B　西北太平洋和南海热带气旋命名表

（自2012年3月1日起执行）

第一列	第二列	第三列	第四列	第五列	备注
		英文/中文			名字来源
Damrey 达维	Kong-rey 康妮	Nakri 娜基莉	Krovanh 科罗旺	Sarika 莎莉嘉	柬埔寨
Haikui 海葵	Yutu 玉兔	Fengshen 风神	Dujuan 杜鹃	Haima 海马	中国
Kirogi 鸿雁	Toraji 桃芝	Kalmaegi 海鸥	Mujigae 彩虹	Meari 米雷	朝鲜
Kai-tak 启德	Man-yi 万宜	Fung-wong 凤凰	Choi-wan 彩云	Ma-on 马鞍	中国香港
Tembin 天秤	Usagi 天兔	Kammuri 北冕	Koppu 巨爵	Tokage 蝎虎	日本
Bolaven 布拉万	Pabuk 帕布	Phanfone 巴蓬	Champi 蔷琵	Nock-ten 洛坦	老挝
Sanba 三巴	Wutip 蝴蝶	Vongfong 黄蜂	In-Fa 烟花	Muifa 梅花	中国澳门
Jelawat 杰拉华	Sepat 圣帕	Nuri 鹦鹉	Melor 茉莉	Merbok 苗柏	马来西亚
Ewiniar 艾云尼	Fitow 菲特	Sinlaku 森拉克	Nepartak 尼伯特	Nanmadol 南玛都	密克罗尼西亚
Maliksi 马力斯	Danas 丹娜丝	Hagupit 黑格比	Lupit 卢碧	Talas 塔拉斯	菲律宾
Kaemi 格美	Nari 百合	Changmi 蔷薇	Mirinae 银河	Noru 奥鹿	韩国
Prapiroon 派比安	Wipha 韦帕	Mekkhala 米克拉	Nida 妮坦	Kulap 玫瑰	泰国
Maria 玛利亚	Francisco 范斯高	Higos 海高斯	Omais 奥麦斯	Roke 洛克	美国
Son Tinh 山神	Lekima 利奇马	Bavi 巴威	Conson 康森	Sonca 桑卡	越南
Bopha 宝霞	Krosa 罗莎	Maysak 美莎克	Chanthu 灿都	Nesat 纳沙	柬埔寨
Wukong 悟空	Haiyan 海燕	Haishen 海神	Dianmu 电母	Haitang 海棠	中国
WSonamu 清松	Podul 杨柳	Noul 红霞	Mindulle 蒲公英	Nalgae 尼格	朝鲜
Shanshan 珊珊	Lingling 玲玲	Dolphin 白海豚	Lionrock 狮子山	Banyan 榕树	中国香港
Yagi 摩羯	Kajiki 剑鱼	Kujira 鲸鱼	Kompasu 圆规	Washi 天鹰	日本
Leepi 丽琵	Faxai 法茜	Chan-hom 灿鸿	Namthcun 南川	Pakhar 帕卡	老挝
Bebinca 贝碧嘉	Peiah 琵琶	Linfa 莲花	Malou 玛瑙	Sanvu 珊瑚	中国澳门

续表

第一列	第二列	第三列	第四列	第五列	备注
英文/中文					名字来源
Rumbia 温比亚	Tapah 塔巴	Nangka 浪卡	Meranti 莫兰蒂	Mawar 玛娃	马来西亚
Soulik 苏力	Mitag 米娜	Soudelor 苏迪罗	Rai 雷伊	Guchol 古超	密克罗尼西亚
Cimaron 西马仑	Hagibis 海贝思	Molave 莫拉菲	Malakas 马勒卡	Talim 泰利	菲律宾
Chcbi 飞燕	Neoguri 浣熊	Koni 天鹅	Megi 鲇鱼	Doksuri 杜苏芮	韩国
Mangkhut 山竹	Ramasun 威马逊	Atsani 艾沙尼	Chaba 暹 芭	Khanun 卡努	泰国
Utor 尤特	Matmo 麦德姆	Etau 艾涛	Aere 艾利	Icente 韦森特	美国
Trami 潭美	Halong 夏浪	Vamco 环高	Songda 桑达	Saola 苏拉	越南

根据 2012 年 2 月 6—11 日在浙江杭州举行的 ESCAP/WMO 台风委员会第 44 届会议的决定，“RAI”取代“凡亚比”(FANAPI)成为台风命名表中的新成员，经与香港天文台、澳门地球物理暨气象局和我国台湾地区气象部门协商，一致同意“RAI”的中文译名为“雷伊”。

附录C 中央气象台气象灾害预警发布办法

（2023年3月17日中国气象局以气发〔2023〕34号文印发）

第一章 总 则

第一条 为了规范中央气象台气象灾害预警发布工作，防御和减轻气象灾害，保护国家和人民生命财产安全，依据《中华人民共和国气象法》与《国家气象灾害应急预案》，制定本办法。

第二条 本办法适用于中央气象台根据中国气象局授权发布的台风、暴雨、强对流、暴雪、寒潮、大风、沙尘暴、低温、高温、干旱、霜冻、冰冻、大雾和霾等14类气象灾害预警。

第三条 根据气象灾害可能造成的危害和紧急程度，每类气象灾害预警最多设为Ⅰ、Ⅱ、Ⅲ、Ⅳ级，分别以红、橙、黄、蓝四种颜色对应Ⅰ至Ⅳ级标示，Ⅰ级为最高级别。

第二章 气象灾害预警标准

第四条 台风预警按以下标准发布：

（一）红色预警：预计未来48小时将有强台风（中心附近最大平均风力14—15级）、超强台风（中心附近最大平均风力16级以上）登陆或影响我国沿海。

（二）橙色预警：预计未来48小时将有台风（中心附近最大平均风力12—13级）登陆或影响我国沿海。

（三）黄色预警：预计未来48小时将有强热带风暴（中心附近最大平均风力10—11级）登陆或影响我国沿海。

（四）蓝色预警：预计未来48小时将有热带风暴（中心附近最大平均风力8—9级）登陆或影响我国沿海。

第五条 暴雨预警按以下标准发布：

（一）红色预警：过去24小时2个以上省（区、市）部分地区已经出现100毫米以上降雨，且上述地区有至少5站出现日雨量超过250毫米的降雨，预计未来24小时上述地区仍将出现100毫米以上降雨；或者预计未来24小时2个以上省（区、市）部分地区将出现250毫米以上降雨，并有分散的400毫米以上降雨。

（二）橙色预警：过去24小时2个以上省（区、市）部分地区已经出现100毫米以上降雨，预计未来24小时上述地区仍将出现100毫米以上降雨；或者预计未来24小时2个以上省(区、市)部分地区将出现250毫米以上降雨。

(三)黄色预警:过去24小时2个以上省(区、市)部分地区已经出现100毫米以上降雨,预计未来24小时上述地区仍将出现50毫米以上降雨;或者预计未来24小时2个以上省(区、市)部分地区将出现100毫米以上降雨。

(四)蓝色预警:预计未来24小时2个以上省(区、市)部分地区将出现50毫米以上降雨,且南方地区有成片(5个县级行政区以上)或北方地区有分散的超过100毫米的降雨;或者已经出现并可能持续。

第六条 强对流预警按以下标准发布:

(一)橙色预警:预计未来24小时3个以上相邻省(区、市)部分地区将出现10级以上雷暴大风或冰雹,且局地可能出现12级以上雷暴大风或直径50毫米以上冰雹或强龙卷风;或者80毫米/小时以上强度的短时强降水,并伴随成片(5个县级行政区以上)雷暴大风或冰雹;或者已经出现并可能持续。

(二)黄色预警:预计未来24小时3个以上相邻省(区、市)部分地区将出现9级以上雷暴大风或冰雹,且局地可能出现11级雷暴大风或直径20毫米以上冰雹或龙卷风;或者50毫米/小时以上强度的短时强降水,并伴随成片(5个县级行政区以上)雷暴大风或冰雹;或者已经出现并可能持续。

(三)蓝色预警:预计未来24小时3个以上相邻省(区、市)部分地区将出现8级以上雷暴大风或冰雹,且局地可能出现10级雷暴大风或直径10毫米以上冰雹;或者20毫米/小时以上强度的短时强降水,并伴随成片(5个县级行政区以上)雷暴大风或冰雹;或者已经出现并可能持续。

第七条 暴雪预警按以下标准发布:

(一)红色预警:过去24小时2个以上省(区、市)部分地区已经出现20毫米以上降雪,预计未来24小时上述地区仍将出现10毫米以上降雪;或者预计未来24小时2个以上省(区、市)部分地区将出现30毫米以上降雪。

(二)橙色预警:过去24小时2个以上省(区、市)部分地区已经出现10毫米以上降雪,预计未来24小时上述地区仍将出现10毫米以上降雪;或者预计未来24小时2个以上省(区、市)部分地区将出现20毫米以上降雪。

(三)黄色预警:过去24小时2个以上省(区、市)部分地区出现5毫米以上降雪,预计未来24小时上述地区仍将出现5毫米以上降雪;或者预计未来24小时2个以上省(区、市)部分地区将出现10毫米以上降雪。

(四)蓝色预警:预计未来24小时2个以上省(区、市)部分地区将出现5毫米以上降雪,且有成片(5个县级行政区以上)超过10毫米的降雪。

第八条 寒潮预警按以下标准发布:

(一)橙色预警:预计未来48小时,有4个以上省(区、市)的大部分地区日平均气温或日最低气温将下降12℃以上，且其中2个以上省（区、市）的部分地区日平均气温或日最低气温下降16℃以上，且冬季长江中下游地区（春、秋季江淮地区）最低气温降至4℃以下。

（二）黄色预警：预计未来48小时，有4个以上省（区、市）的大部分地区日平均气温或日最低气温将下降10℃以上，且其中2个以上省（区、市）的部分地区日平均气温或日最低气温下降14℃以上，且冬季长江中下游地区（春、秋季江淮地区）最低气温降至4℃以下。

（三）蓝色预警：预计未来48小时，有4个以上省（区、市）的大部分地区日平均气温或日最低气温将下降8℃以上，且冬季长江中下游地区（春、秋季江淮地区）最低气温降至4℃以下。

第九条　大风预警按以下标准发布：

（一）橙色预警：预计未来48小时，有3个省（区、市）以上大部地区将出现平均风力达7级，且部分地区阵风11—12级的大风天气；或者预计未来48小时我国海区将出现平均风力达11级以上，且阵风达13级以上的大风天气；或者已经出现并可能持续。

（二）黄色预警：预计未来48小时，有3个省（区、市）以上大部地区将出现平均风力达6级，且部分地区阵风9—10级的大风天气；或者预计未来48小时我国海区将出现平均风力达9—10级，且阵风11—12级的大风天气；或者已经出现并可能持续。

（三）蓝色预警：预计未来48小时，有3个省（区、市）以上大部地区将出现平均风力达5级，且阵风7—8级的大风天气；或者预计未来48小时我国海区将出现平均风力达8级，且阵风9—10级的大风天气；或者已经出现并可能持续。

第十条　沙尘暴预警按以下标准发布：

（一）橙色预警：预计未来24小时3个以上省（区、市）的成片（5个县级行政区以上）地区将出现强沙尘暴，或者已经出现并可能持续。

（二）黄色预警：预计未来24小时3个以上省（区、市）的成片（5个县级行政区以上）地区将出现沙尘暴，或者已经出现并可能持续。

（三）蓝色预警：预计未来24小时3个以上省（区、市）的部分地区将出现扬沙或浮尘天气，或者已经出现并可能持续。

第十一条　低温预警按以下标准发布：

（一）黄色预警：过去48小时5个以上省（区、市）的大部地区日平均气温或日最低气温已经较常年同期持续偏低5℃以上，预计未来72小时上述地区日平均气温或日最低气温仍将偏低5℃以上，同时日最低气温江淮地区将下降到2℃以下，江南地区将下降到5℃以下；或者预计未来72小时5个以上省（区、市）的大部地区日平均气温或日最低气温较常年同期将持续偏低7℃以上，同时日最低气温江淮地区将下降到2℃以下，江南地区将下降到5℃以下。

（二）蓝色预警：过去48小时5个以上省（区、市）的大部地区日平均气温或日最低气温较常年同期已经偏低5℃以上,预计未来48小时上述地区日平均气温或日最低气温仍将偏低5℃以上,同时日最低气温江淮地区下降到4℃以下,江南地区下降到7℃以下;或者预计未来72小时5个以上省(区、市)的大部地区日平均气温或日最低气温较常年同期将持续偏低5℃以上,同时日最低气温江淮地区将下降到4℃以下,江南地区将下降到7℃以下。

第十二条 高温预警按以下标准发布:

(一)红色预警:过去48小时4个以上省(区、市)部分地区连续出现日最高气温达40℃以上,预计上述地区仍将持续出现40℃以上高温天气;或者预计未来48小时有4个以上省(区、市)大部地区日最高气温将持续达到40℃以上。

(二)橙色预警:过去48小时4个以上省(区、市)大部地区连续出现日最高气温达37℃以上,且有2个以上省(区、市)部分地区连续出现日最高气温达40℃以上,预计上述地区仍将持续出现37℃以上高温天气,且部分地区40℃以上;或者预计未来48小时有4个以上省(区、市)大部地区将持续出现日最高气温达37℃以上,且有2个以上省(区、市)大部地区将持续出现日最高气温达40℃以上。

(三)黄色预警:过去24小时有4个以上省(区、市)大部地区已经连续出现日最高气温达37℃以上,预计上述地区的高温天气将发展;或者预计未来48小时4个以上省(区、市)大部地区将持续出现日最高气温达37℃以上的高温天气。

第十三条 干旱预警按以下标准发布:

(一)红色预警:5个以上省(区、市)大部地区达到气象干旱重旱等级,且至少2个省(区、市)部分地区或2个大城市达到气象干旱特旱等级,预计干旱天气或干旱范围将进一步发展。

(二)橙色预警:3—5个省(区、市)大部地区达到气象干旱重旱等级,且至少1个省(区、市)部分地区或1个大城市达到气象干旱特旱等级,预计干旱天气或干旱范围将进一步发展。

(三)黄色预警:2个省(区、市)大部地区达到气象干旱重旱等级,预计干旱天气或干旱范围将进一步发展。

第十四条 霜冻预警按以下标准发布:

蓝色预警:

秋季霜冻(8月下旬—10月上旬),在我国北方地区,预计未来24小时2个以上相邻省(区、市)将出现霜冻天气。

春季霜冻(3月中旬—6月上旬),在我国华北、西北、黄淮及长江流域,预计未来24小时2个以上相邻省(区、市)将出现霜冻天气。

冬季霜冻(11月中旬—翌年3月上旬),在我国华南和西南热带、亚热带地区,预计未来24小时2个以上相邻省(区、市)将出现霜冻天气。

第十五条　冰冻预警按以下标准发布：

(一)红色预警：过去72小时3个以上省(区、市)部分地区已持续出现冰冻天气，预计未来48小时上述地区仍将出现冰冻天气。

(二)橙色预警：过去48小时3个以上省(区、市)部分地区已持续出现冰冻天气，预计未来24小时上述地区仍将出现冰冻天气。

(三)黄色预警：预计未来24小时3个以上省(区、市)部分地区将出现冰冻天气。

第十六条　大雾预警按以下标准发布：

(一)红色预警：预计未来24小时3个以上省(区、市)的部分地区将出现能见度不足200米的强浓雾，且有成片(5个县级行政区以上)的能见度小于50米的特强浓雾；或者已经出现并可能持续。

(二)橙色预警：预计未来24小时3个以上省(区、市)的部分地区将出现能见度不足500米的浓雾，且有成片(5个县级行政区以上)的能见度小于50米的特强浓雾；或者预计未来24小时我国近海海区将出现能见度不足500米的浓雾；或者已经出现并可能持续。

(三)黄色预警：预计未来24小时3个以上省(区、市)的大部地区将出现能见度不足1000米的大雾，且有成片(5个县级行政区以上)的能见度小于200米的强浓雾；或者预计未来24小时我国近海海区将出现能见度不足1000米的大雾；或者已经出现并可能持续。

第十七条　霾预警按以下标准发布：

(一) 红色预警：预计未来24小时3个以上相邻或相近省(区、市)的部分地区霾天气将达到持续6小时以上能见度小于1000米且$PM_{2.5}$浓度值大于等于500微克/立方米，或者已经出现并可能持续。

(二) 橙色预警：预计未来24小时3个以上相邻或相近省(区、市)的部分地区霾天气将达到持续6小时以上能见度小于3000米且$PM_{2.5}$浓度值大于等于250微克/立方米，或者已经出现并可能持续。

(三) 黄色预警：预计未来24小时3个以上相邻或相近省(区、市)的部分地区霾天气将达到持续6小时以上能见度小于3000米且$PM_{2.5}$浓度值大于等于150微克/立方米，或者已经出现并可能持续。

第三章　气象灾害预警发布及解除

第十八条　以中央气象台名义发布(或解除)各级预警的原则如下：

(一)蓝色、黄色气象灾害预警由制作单位值班首席预报员直接签发(或解除)。

(二)橙色气象灾害预警由制作单位值班首席预报员提出建议，经单位值班领导审核后签发(或解除)。

(三)红色气象灾害预警由各制作单位首席预报员提出建议，经单位主要负责人审核后签发(或解除)。

第十九条 当变更(升级和降级)气象灾害预警等级时,由制作单位值班首席预报员提出建议,并根据变更后的预警等级,按照第十八条之规定审核签发。

第二十条 当解除气象灾害预警时,由制作单位值班首席预报员提出建议,根据解除前的预警等级,按照第十八条之规定解除。

第二十一条 各类预警按照规定签发(或解除)后由制作单位报送至中国气象局值班室。

第二十二条 各制作单位向中国气象局值班室报送气象灾害预警,等同于制作单位向中国气象局值班室报送相应等级的应急响应建议。如:报送橙色预警表示建议启动Ⅱ级应急响应,以此类推。

第二十三条 中央气象台发布气象灾害预警时,须加强与即将受气象灾害影响的省级气象单位的会商与沟通,并达成一致的预报意见。

第二十四条 根据实际情况,当某种气象灾害未达到预警标准的规定,但可能造成严重灾害,或某种气象灾害已经引起社会严重关注,并且该种气象灾害接近预警标准时,经由制作单位值班首席预报员和值班主任商定,可以发布相应预警或气象灾害预报。

第二十五条 制作单位发布的预警信息除过程结束后一次性解除外,中间不对已经发过但影响减弱或已经结束区域解除预警,即上次预警中提到、而本次预警中未提到的区域,该区域预警自然解除。

第四章 附 则

第二十六条 本办法所称的"以上""以下",包括本数。

第二十七条 本办法自印发之日起施行,《中央气象台气象灾害预警发布办法》(2018年)同时废止。

第二十八条 本办法由国家气象中心、国家气候中心按职责分工负责解释。